建筑主体工程施工

主　编　艾思平
副主编　张　延　慕　欣
编　委　蒋　红　吴　瑞　何　俊
　　　　赵慧敏　刘　春　杨夏红
主　审　陈送财

合肥工业大学出版社

内容提要

本书是国家示范建设院校重点专业——城镇建设专业的特色教材之一，是以具体工作项目为载体、以工作过程为导向进行开发的。全书内容共分为7个学习项目，主要包括：钢筋混凝土梁、板施工；钢筋混凝土墙、柱施工；钢筋混凝土楼梯施工；预应力混凝土梁施工；承重墙砌体工程施工；非承重墙砌体工程施工；综合实训。

本书以实际的工作项目为载体、施工方法及应用为主线，注意理论与实际相结合，突出实用性。突出高等职业技术教育的基于工作过程开发的主要特色，体现"校企合作、工学结合"主要精髓，加大了实践运用力度，其基础内容具有系统性、全面性，具体内容具有针对性、实用性，满足专业特点要求。内容实用、项目新颖、案例典型。

本书可作为高职高专学校城镇建设(市政工程技术)专业的教学用书，亦可作为建筑工程技术专业及其他相关专业的教学用书，还可作为从事城镇建设、新农村建设方面的技术人员与相关人员参考用书。

图书在版编目(CIP)数据

建筑主体工程施工/艾思平主编．—合肥：合肥工业大学出版社，2010.7(2013.7重印)

ISBN 978-7-5650-0188-8

Ⅰ.建… Ⅱ.艾… Ⅲ.建筑工程—工程施工—高等学校—教材 Ⅳ.TU7

中国版本图书馆CIP数据核字(2010)第082318号

建筑主体工程施工

主编 艾思平　　　　责任编辑 陆向军

出　版	合肥工业大学出版社	版　次	2010年7月第1版
地　址	合肥市屯溪路193号	印　次	2013年7月第2次印刷
邮　编	230009	开　本	787毫米×1092毫米 1/16
电　话	总　编　室：0551—62903038	印　张	26.5
	市场营销部：0551—62903198	字　数	644千字
网　址	www.hfutpress.com.cn	印　刷	安徽昶颉包装印务有限责任公司
E-mail	hfutpress@163.com	发　行	全国新华书店

ISBN 978-7-5650-0188-8　　　　定价：44.00元

如果有影响阅读的印装质量问题，请与出版社市场营销部联系调换。

前　言

本书是国家示范建设院校重点建设专业——城镇建设专业的专业建设与课程改革的重要成果之一。

它是根据教育部有关指导性精神和意见，充分吸收高职教育相关课程改革的成果，着力体现"职业性"与"高等性"的高职教育特色，依照国家示范性高职高专专业——城镇建设专业人才培养目标对本门课程的要求，遵循城镇建设专业的以项目为载体"工学交替任务驱动"的工学结合人才培养模式，以"工作过程为导向"进行开发的。在校企共同开发的课程标准与教学组织设计、教材编写大纲的基础上，由院内具有本门课程教学经验丰富的教师和企业中具有较强实践经验的工程师组成校企合作编写团队编写而成的。培养学生具备城镇建筑主体工程施工、质量控制与管理的职业能力。

本书注重结合城镇和新农村建设实际，体现建筑业人才需求特点，重点突出基本知识和基本技能的培养及相关施工标准的熟悉，在内容编排上，以结构设计的基本原理、材料认识与管理、施工图的识读、施工放线、模板的施工、钢筋施工、混凝土施工等内容为主线，构成了一个完整的工作过程。在编写过程中，突出了"以就业为导向、以岗位为依据、以能力为本位"的思想，依托仿真或真实的学习情境，注重职业能力的训练和个性培养，体现两个育人主体、两个育人环境的本质特征，实现了理论与实践的融合。

本书由安徽水利水电职业技术学院艾思平主编，艾思平、赵慧敏编写学习项目1；安徽水利水电职业技术学院张延、何俊编写学习项目2；安徽水利水电职业技术学院吴瑞编写学习项目3；安徽水利水电职业技术学院蒋红编写学习项目4；安徽水利水电职业技术学院慕欣编写学习项目5；安徽合肥房建公司杨夏红编写学习项目6；安徽水利股份开发有限公司刘春编写学习项目7。全书由艾思平统稿，安徽水利水电职业技术学院陈送财主审。

限于编者水平，不足之处在所难免，敬请读者对本书的缺点予以批评指正。

编　者

2010年7月

目　录

学习项目1　钢筋混凝土梁、板施工

【学习目标】 学生通过本学习项目的学习，能够了解钢筋混凝土结构的材料；掌握梁、板的配筋计算；掌握梁、板的施工图识读；能够对混凝土和钢材进行性能检测和质量控制；对模板的材料、形状、种类、性能有较全面的认识；能够掌握梁、板模板设计方法及模板安装和拆除方法；能够掌握梁、板中钢筋的加工、连接和绑扎方法；能够掌握梁、板混凝土浇筑、养护方法；掌握梁、板的模板施工、钢筋施工、混凝土施工的质量验收标准及安全保障措施。

【项目描述】 某建筑物总长为94.342 m，宽52.52 m，占地面积8623 m^2，总建筑面积为61342 m^2，其中地下2层，地上24层、局部27层，总高度94.75 m。地下二层为设备用房及汽车库兼地下人防，平战结合用房，层高分别为3.9 m和4.5 m。裙房5层，首层高5.1 m为会所大厅、贵宾厅、商务中心及公寓入口大厅。2层高4.8 m，为宴会厅、KTV等餐饮娱乐场所。3层、4层层高4.2 m，为酒店客房，配有俱乐部和健身中心。5层4.8 m，以水疗健身为主，配备游泳池、按摩间、美容、桑拿等。6层为办公区。主楼7层以上为高级公寓，标准较高，层高均为3 m。其中内部设置6部楼梯、6部住宅电梯(其中4部为货梯，2部为货用电梯)，交通便捷，有利于人流疏散。

该工程是全现浇钢筋混凝土结构，分为主楼和裙房。基础为现浇混凝土灌注桩、梁板基础，基础底板厚800 mm。主楼基础梁700 mm×2000 mm，裙房基础梁700 mm×1500 mm。灌注桩有直径为800 mm及700 mm两种，共424根。

1～5层为框架结构，6～24层为短肢剪力墙结构。框架为800 mm×800 mm、800 mm×1200 mm、1200 mm×1200 mm矩形柱和直径为1200 mm、800 mm的圆形柱，主楼钢筋全部采用新Ⅲ级钢。

主要施工方法如下：

第一节　施工测量

工程开工前项目工程部将对场区水准点进行全面复查，复查后报业主和设计批准认可，方可施工。所用的仪器为：经纬仪——用于角度测量，水准仪——将用于建筑物的沉降和各种变形测量。

施工现场的测量和沉降观测工作，项目工程部将派专人负责，并上报阶段测量成果，以保证整体工程施工准确完美和运行正常。

一、施工测量平面控制网的测设

根据本工程轴线坐标和天津市测绘院所给的建筑物外轮廓线控制点，一次性建立统一的平面施工控制网。

(一)控制点引测

天津市勘测院所给的现场水准点为3.887 m(现场±0.000相当于大沽高程为4.2 m)。因考虑水准点离建筑物太近，我方已与2000年8月31日导测在龙潭酒家侧墙上作为现场水准点。

（二）控制网布设

所示定位点 P2P6 为勘测院提供，因在槽内福建地矿打桩时将 P2P6 两位导测在 A 点和 B 点，具体尺寸见我方现场定位。

1. 内控制基准点布设

根据工程实际情况采用内控制，用激光经纬仪竖向投测，基准点选在距轴线内偏 1 m 的交叉位置，布设时要注意尽量避开混凝土墙柱。

2. 内控基准点埋设方法

依据施工前布设控制网基准点将塔楼和板楼的内控点埋设在首层偏离轴线 1 m 的位置。基准点的埋设采用 10 cm×10 cm 钢板，钢针刻画十字线，钢板通过锚抓与顶板钢板焊牢。基准点周围严禁堆放杂物，向上每层在相应位置留洞，以便于基准点的竖向投测。

二、结构施工中的楼层标高控制

（一）水准点的检测及要求

对场内设的水准点，每间隔一定的时间须联测一次，以作相互检校。仪器采用精密水准仪，精度按二等水准技术指标执行。对检测后的数据成果须作一分析，以保证水准点使用的准确性。

（二）结构施工中楼层标高控制方法及测设要求

1. 在首层平面易于向上传递标高的位置布设基本传递高程点，用水准仪往返测，测设合格后，用红色油漆标记“▽”，并在旁边注建筑标高，以红“▽”上顶线为标高基准，同一层平面内红“▽”不得少于三个，间距分布均匀并要满足结构施工需要，且红“▽”需设在同一水平高度，其误差控制在±5 mm 以内则认为合格，在施测各层标高时，应后视其中的两个“▽”上顶线以作校核。

2. ±0.000 以上各层的标高传递均利用首层红“▽”上顶线为标高基准，用检定合格的钢尺向上引测，并在投测层标记红“▽”，检核合格后，方可在该层施测。

3. 在结构施工到一定高度后，应重新引测相应的结构标高，以保证高层建筑的质量要求。

三、沉降观测

（一）沉降观测水准点的埋设

为了准确反映工程的实际沉降量及测量工作的整体性，必须在工程影响范围外埋设沉降观测水准点。沉降观测水准点应埋设在地质条件良好的地方，并尽可能埋设在建筑物附近便于引测的地方，基准点不少于 3 个。

（二）沉降观测点的埋设

沉降观测点设在柱子或混凝土墙上，沉降观测点布置要符合设计和规范要求。为高质量地完成本工程沉降观测工作，必须做到连续观测并达到规范要求的测量精度，观测标志在施工期间不被破坏是关键所在，为此，观测点标志采用内藏式。标志埋设时，采用大直径电锤在设计位置打直径为 70 mm 的孔。将直径 58 mm 预埋件放入孔内，周围由环氧树脂填充牢固，观测时将活动标志旋紧，测毕后取出外旋保护盖，既不影响原有建筑物的外观又起到保护标志的作用。

（三）观测方案及技术要求

沉降观测按《国家一、二等水准测量规范》规定的二等水准测量要求作业。观测仪器采用瑞士威特 N3 精密水准仪，采用相同观测线路和观测方法，使用同一仪器和设备，并要固定观测人员，在基本相同的环境和条件下工作。

第二节　主体工程施工方法

一、施工部署

根据资金供应状况，现场条件和施工技术要求，我们将本着“质量第一”的原则，按照施工图纸及建设单位的要求顺利完成单位工程。

新建建筑共有主体和裙房两部分，在施工中考虑先施工主体再施工裙房，待主体施工到五层部位时，再进行裙房施工。

完成上述意图需在整个施工周期内调集 1000 人劳动力，其中施工高峰时达到 1200 人。

计划 2 台塔吊，布置在西侧和东侧；外电梯 2 台，布置在建筑物南侧，其他设备详见主要机械计划。

二、钢筋工程

(一)工艺流程

材质进场检验三证→加工制作成型→现场保管→弹线→绑扎(水电配合)→验收。

(二)操作要点

1. 钢筋进场：进场的钢筋要对其外观及力学性能进行检验，每批进场钢筋要检验其出厂合格证，并作复试。经复试合格后方可使用，并把试验报告送到现场方可使用。

2. 钢筋加工及现场保管：钢筋在加工前，钢筋的表面保持洁净，油污、泥污和浮皮铁锈等在使用前清除干净。钢筋加工要按图纸及设计要求进行制作和验收。加工成型的钢筋进入现场要注意防水、防锈，钢筋区为硬地面，四周设排水沟，成品钢筋全部放于钢筋架格之上。

3. 钢筋的绑扎：钢筋绑扎前由项目工程师按施工图、规范等对管理人员和操作班组进行详细的技术交底。

4. 划钢筋位置线：在钢筋绑扎之前，先划出钢筋位置线，柱的箍筋在柱的两根对角柱主筋上划线，梁的箍筋在架立筋上划点，板钢筋在模板上划线，而墙的分布筋在立筋上划点。

(三)柱钢筋

1. 工艺流程

调整柱插筋位置→用箍筋固定→搭架子立柱筋→逐根柱筋埋弧焊→柱主筋上穿箍筋→立筋上只用外圈大箍筋固定立筋→其余箍筋按间距绑扎→绑挂垫块→绑墙拉筋及埋件。

2. 钢筋的绑扎

根据规范规定的要求，柱筋直径大于 ϕ22的接头全部采用埋弧电渣对接，接头要相互错开，箍筋绑扎时，要先在对角柱筋上划线，角筋部位要用双钢丝扣，柱筋的非角部分钢筋的相交点应成梅花状交错绑扎，钢丝拧向柱心，柱箍筋端头应弯成 135°，平直部分长度不小于 10 d(d 为箍筋直径)，柱筋保护层用带钢丝水泥砂浆垫块，垫块应绑在柱子主筋外皮上，间距一般不大于 1000 mm。

3. 操作要点

(1)插筋时受力筋的接头应错开。从任意绑扎接头中心至 1.3 倍搭接长度范围内，接头数目受拉区不超过截面总数 25%，受压区不超过截面总数 50%。

(2)将箍筋位置在主筋上标明，开口方向符合规范规定及图纸要求。

(3)钢筋安装采取加盖和其他措施防止生锈。

(四)墙钢筋

1. 工艺流程

顶板放线→校正预埋插筋→绑定位竖筋→绑其他竖筋及横筋→安放附加钢筋及预埋→安放砂浆垫块。

2. 钢筋绑扎

立筋按图纸尺寸距离先划线再绑扎，为防止墙筋倾倒应加设钢筋十字撑，墙周围的两行钢筋交叉点必须全部绑扎。在搭接绑扎前，先将甩筋上的混凝土彻底清理干净，支模前用带钢丝的混凝土垫块与钢筋骨架外面绑扎，确保保护层厚度。墙的双向钢筋网全部钢筋交叉点都要绑牢、绑扎时要绑八字扣，以免网片歪斜变形，钢筋的弯钩都朝向墙内，双层钢筋网在两层钢筋之间要设置撑铁以固定钢筋间距。墙上预留门洞口处要注意区分过梁筋、洞口加强筋的位置、规格，当绑扎出现困难时及时与设计人员联系。墙的预留、预埋电气管线及线盒应在绑筋时予以固定。

3. 操作要点

(1)顶板放线后，校正竖向预埋插筋。

(2)绑筋时先绑 2～4 根竖筋在其上画分档标志，然后再下部及齐胸处绑两根横筋，画分档标志绑竖筋、横筋。

(3)绑扎洞口附加筋，严格控制洞口标高，门洞口上、下梁两端锚入墙的长度应符合设计要求。

(4)钢筋网和骨架安装入模后，一直到浇筑完毕，都应注意保护修理，检查钢筋的绑扎是否牢固，对已安装好的钢筋网，采取加盖或其他措施防止钢筋生锈。

(五)梁、板绑筋

工艺流程：在梁底板上放梁箍筋→穿主梁下层纵筋→穿次梁下层纵筋→穿主梁上层纵筋→穿次梁上层纵筋→按箍筋间距画线绑牢→绑梁、柱节点加密箍筋→梁绑侧模板安装及楼板底模安装→弹线→绑楼板底层纵横筋→水电水平管路安装→楼板盖筋绑扎→放垫块及架立筋。

1. 梁筋绑扎

(1)在梁底模两侧画箍筋间距摆放箍筋后穿梁下层纵筋和上层纵筋，绑扎时先绑上层筋再绑下层，框架梁上部纵向钢筋贯穿中间节点，梁下部纵筋伸入节点的锚固长度及伸过中心的长度符合设计要求，设计无要求的按规范规定的锚固长度执行。

(2)梁保护层使用高强度砂浆垫块，主次梁均应设置，垫块间距 800～1000 mm，对角相错垫置，梁受力钢筋搭接接头位置不应在梁的最大弯矩区，搭接处绑扣不得少于 3 扣，接头要相互错开，同一截面处绑扎接头率受拉区不大于截面总数 25%，受压区不大于截面总数 50%，焊接接头率受拉区不大于截面总数 25%，受压区不限制。

(3)梁箍筋的绑扎

梁上层纵筋与箍筋交接点用套扣法绑扎，转角处用双扣正反方向交错绑扎，箍筋弯钩满足135°，平直部分长度为10 d，梁端第一个箍筋在支座边50 mm处开始绑扎，梁主筋为双排排列时，两排主筋之间要垫直径大于2.5 mm短钢筋，箍筋接头要交错布置在两根架立筋之上，保护层垫块间距800～1500 mm对角相错设置。

(4)板钢筋的绑扎

在绑扎前先清扫楼板模板上杂物，在模板上弹好纵横筋网格墨线，按线摆放主筋，后摆分布筋，先从外围两根筋绑起，外围两根筋的纵横交叉点全部绑扎，然后绑扎中间交叉点，可以跳扣或梅花式绑扎，双向板全部绑扎，板为双层筋时两层钢筋之间要加钢筋支架。板筋直径小于10 mm时，支架间距不大于1.2 m；板筋直径大于10 mm时，适当加大支架间距。绑扎负弯矩筋时，每个交叉点均要绑扎，且在主筋下垫混凝土垫块，顶板盖筋由前向后退着绑扎，以防踩压，盖筋绑扎前，必须同水、电、通专业办好预留预埋工作，防止踩压盖筋。

(5)操作要点

钢筋绑扎接头的位置应错开，从任一绑扎接头中心至搭接长度1.3倍区段范围内接头数量受拉区不超过截面总数25%，受压区不超过截面总数50%。绑扎钢筋时禁止碰动预埋件及洞口模板。柱筋、楼板弯起筋、负弯矩筋绑好后，不准踩踏。在浇筑前采取措施，防止施工人员踩踏钢筋，在浇筑中设专人管理及整理钢筋。

梁柱节点的柱箍筋要保证间距及数量，必要时可焊钢筋笼子吊装。

三、模板工程

(一)方案确定

本工程柱配制定型角模，角模中间配制组合钢模板。墙模配制组合钢模板。梁、柱结点配制定型模板、梁采用组合钢模板，楼板采用竹模板，模板配制时，考虑到各层高度及柱、梁截面尺寸，合理配制，使模板在各层都能够通用且易拼装、拆模。

(二)总工艺流程

按图纸尺寸做模板拼装小样→备模进场→验收→码放→放线→支模→加固→校正→验收→准备混凝土浇筑。

(三)一般要求

1. 模板的材料，模板支架材料的材质符合有关专门规定。

2. 模板及其支架要能保证工程结构和构件各部分形状尺寸和相互位置的正确。有足够的承载能力，刚度和稳定性，能可靠地承受新浇筑混凝土的自重和侧压力，以及在施工过程中所产生的荷载；并且构造简单，装拆方便，便于钢筋的绑扎、安装和混凝土浇筑、养护要求，模板的接缝不漏浆。

3. 模板与混凝土的接触面应涂隔离剂。对油质类等影响结构或妨碍装饰工程施工的隔离剂不采用。严禁隔离剂污染钢筋与混凝土接茬处。

4. 对模板及其支架应定期维修，钢模板和钢支架防止锈蚀。

(四)模板设计

1. 模板其支架的设计根据工程结构、荷载大小、地基土类别、施工设备和材料供应等条件进行。

2. 模板其支架设计考虑下列各项荷载：

(1)模板及其支架自重；

(2)新浇筑混凝土自重;

(3)钢筋自重;

(4)施工人员及施工设备荷载;

(5)振捣混凝土时产生的荷载;

(6)新浇筑混凝土对模板侧面的压力;

(7)倾倒混凝土时产生的荷载。

(五)柱模板

1. 工艺流程

测量放线→弹轴线及其边线→绑立杆顺水→安装角柱模板→经纬仪校正固定→安装校正中间各柱→检查轴线尺寸及加固情况。

2. 柱模拼装加固

(1)矩形柱模

先将定型角模放在柱角,使其与柱角十字线重合,加以临时支撑,再安装柱中组合钢模,并用L型卡具连接及螺栓连接,再用同样的方法连接第三片和第四片模板,使之组成完整柱模。模板拼装时,接缝处粘贴海面胶条。先校核柱的垂直度和位置后,再正式连接支撑体系并加固使之成为完整柱模的安装,钢管加固体系每300 mm设一道与满堂红脚手架相连,然后每隔600 mm加设工字钢,做成的柱箍设在每两道钢管中间加固。

(2)圆柱

采用定型钢模板,先按图示尺寸在正确位置上弹上十字线,交点位于柱中心,并划出半径及控制线两条,然后与柱模上的点找正,再将定型模板用螺栓加固,使之成为完整的柱模。拼装时接缝处粘贴海绵胶条,经校正垂直度和位置后再正式加固连接支撑体系,使之成为一个完整的柱模体系。

(3)操作要点

支模前先用水准仪抄平。柱模底部留清扫口,柱高超过3 m由地面起每1～2 m留一道施工口。由地面起每30 cm加一道柱箍,且接口位置必须加螺栓和穿钉加固。支模后检查模板的加固情况及平整度,加固时有足够的支撑和拉杆。模板及其支架在安装过程中,设置防倾覆的临时固定设施。固定在模板上的预埋件和预留孔洞不得有遗漏,安装牢固位置准确。柱模安装主要采用钢模拼装,先弹出柱子的中心线及四周边线,按照放线位置,在柱四边或在墙两边每隔500 mm,离地约50 mm处的主筋上焊支顶杆,从四面顶住模板,以防止位移。先安装四个角柱,用经纬仪校正、固定、拉通线,然后再逐排安装校正中间各柱。柱子模板安装完后用水平杆和斜杆对加固支撑进行加固。

(六)剪力墙模板

1. 工艺流程

弹线→按位置线安装门窗洞口模板→下预埋件→将预先拼好的一面模按线就位→安装拉杆斜撑、穿墙螺栓→清扫墙内杂物→安装另一侧模、调整斜撑、拧紧穿墙螺栓。

2. 墙模拼装加固

墙体支模先将模板组成单侧墙模,模板底边内侧与位置线重合。加设支撑的每个节间内做好斜撑,四周做好十字封撑,并按要求绑好扫地杆。墙模垂直方向每隔700 mm加设两根ϕ48的钢管做竖肋,高度为墙体通高,水平间隔600 mm加设两根ϕ48钢管做横肋,内穿

ϕ18穿墙螺栓。单侧加固好后再合另一侧模，合模前必须做好以下工作：

(1)请监理建设单位验筋做好隐蔽验收；

(2)检查预留预埋是否准确无误；

(3)墙体内杂物是否清理干净，然后用同样方法加固另一侧模板。经校核垂直度和位置后，与满堂红脚手架连成加固体系。墙模板拼缝时，凡模板连接处加一层自粘胶海绵条作为封条。模板底部用水泥砂浆堵缝，以防止发生严重漏浆而导致蜂窝麻面，露筋和烂根现象。模板表面必须彻底清干净，并涂刷隔离剂。隔离剂应该用水溶性隔离剂，以防止混凝土表面脱皮麻面。

3. 操作要点

(1)单块就位组拼时，应从墙角模开始，向互相垂直的两个方向组拼；

(2)预组拼模板就位安装时，应边就位边校正，随时安装各种连接件，支承件并加设临时支撑；

(3)墙模板上预留的各种小型设备孔洞，遇有钢筋应设法保证钢筋位置正确；

(4)组装模板时，使两侧穿孔模板对称放置，使穿墙螺栓与墙模保持垂直。

(七)梁、板模板

1. 工艺流程

搭支撑及操作架子→安装快拆调节器→安装龙骨→调整标高→安装底模→检查→柱脖模板安装→梁侧模安装→梁中调节模安装→梁垫块→楼板底模安装→检验。

2. 操作要点

(1)先搭架子，搭架子前在地面上铺通长脚手板于立杆下面。上螺旋调节器，绑顺水杆，绑排木，铺 10 cm×10 cm 木方作龙骨。

(2)按设计标高调整支柱的标高，然后铺设底模，拉通线找直，梁底起拱。梁底支设完毕后，绑扎钢筋，经检查钢筋合格后安装两侧模，用木模时长度不合模数时，用 5 cm 厚木模做调整，调整模设置在跨中位置，以保证梁柱节点整齐。梁的侧模用角模与柱角连接，梁整体采用帮夹底的方法，梁的两个侧模与底交界处夹自粘胶带封条。

(3)梁帮用直径 48 mm 钢管核对拉螺栓加固，梁帮内侧设支顶杆间距 800～1000 mm。梁帮加固点水平间距 600～800 mm。竖向加固点随高度增减，梁高超过600 mm加设一道穿梁螺栓。

(4)在梁帮外侧，梁板腋角处设斜顶杆间距 600～800 mm。安装后校正梁中线标高，断面尺寸，将梁模板内杂物清净，并垫好钢筋保护层垫块和下预埋件。

(5)梁模板安装后，复核满堂红架子上顶部纵向水平杆的标高，由螺旋式支撑调节器支撑。首层搭设前将地基夯实，垫 5 cm 后通板，满堂红架子的水平杆，第一道距底 20 cm，以上每 1.2～1.5 m 一道。用三层支架支模时，立杆上下垂直，上下层立杆在同一竖向中心线上，间距 80～120 cm。

(6)在架顶纵模水平杆上搭 10 cm×10 cm 方木龙骨，间距不大于 1.2 m，合格后铺板底模板。

(7)板底板抄平调整，将标高线划在钢筋上，并将标高线上反 50 cm 划线作为拉线检查模板、混凝土梁板上表面标高的基线。将模板上杂物清干净后，检查验收后再进行绑扎板钢筋。

（八）模板拆除

1. 柱模拆模

先拆除对拉螺栓与柱箍连接的水平管，再拆除柱箍，并拆除连接每片模板的 U 型卡及螺栓，然后用撬棍轻轻撬动模板，使之与柱混凝土脱离。

2. 梁板模拆模

先拆除梁帮，在拆楼板底模，楼板底模先拆除调整螺栓调节器，然后拆架顶水平杆，拆 10 cm×10 cm 方木，继续往下拆一步水平杆后，间断性地拆除立杆，操作人员用钢钩子拆除一部分顶板底模后，再拆其他立杆，最后将全部顶板底模拆除后，拆除梁模与支撑系统进而拆除梁模，对拆除时间较早部分用立杆支撑，用调节器的作用拆掉水平杆和龙骨后把立杆旁的梁底模分解拆除。

3. 墙模拆除

先拆除穿墙螺栓，钩螺栓及支撑、斜撑、斜拉撑等，然后用撬棍轻轻撬动模板，使之与墙脱离，按组装块的情况，拆除每块模板间的连接 U 型卡。

四、主体混凝土工程

（一）工艺流程

材料检验→钢筋、模板、机具准备及验收→商品混凝土检验→混凝土浇筑→混凝土整理→养护。

（二）操作要点

1. 浇筑混凝土前准备工作

（1）混凝土为商品混凝土，进现场时备有水泥、砂、石报告及合格证，外加剂出厂合格证及检测报告。

（2）混凝土浇筑前派专人到预定搅拌站验其单位资质，是否属于一级站，是否有能力承揽此项工作。独立柱采用塔吊浇筑，墙体及梁板采用固定泵浇筑，局部部位采用象泵浇筑。浇筑梁板时根据现场情况，使用 2～3 台固定泵或两台固定泵和一台象泵。商品混凝土的各项资料应随第一车混凝土送至施工现场，资料员检验合格后作为存档用。商品混凝土的出厂时间至现场的时间以车票为准，严禁超出混凝土的初凝时间，否则责令退回，商品混凝土对运灰车进行坍落度抽验，如发现离析现象时，必须在浇筑前进行第二次搅拌。商品混凝土从出搅拌机至浇筑完毕的延续时间不超过相关规定。

在每次浇筑过程中，由试验工在监理人员的见证下，制作混凝土标准试件，以备检测其抗压强度。制作试块应符合下列规定：不超过 100 m^3 的混凝土配合比的混凝土，其取样不得少于一次，每增加 100 m^3，应增加一组试块。每一现浇楼层同配合比的混凝土，其取样不得少于一次。同单位工程每一验收项目中同配合比的混凝土，其取样不得少于一次。除以上三条还需留出拆模用混凝土试块。

2. 混凝土的浇筑

（1）独立柱及剪力墙混凝土的浇筑

1）浇筑前清理模板内的杂物、积水，其堵严模板一切孔洞及缝隙；并且在柱底用砂浆堵模板缝，防止跑浆，造成柱底烂根。

2）灌注柱子混凝土时，应先在底部浇一层 3～5 cm 与混凝土内成分相同的水泥砂浆，然后分层灌注混凝土（每层厚度不超过 50 cm），分层振捣，如浇筑高度超过 3 m 时采用串桶或溜管，以防混凝土离析。浇筑时一气灌至施工缝处，中间不停歇。当混凝土灌到将近施工缝时，在上面加入一定数量与原混凝土相同粒径的洁净石子，再进行振捣，并掌握好标高，防止超高。

3）浇筑时，安排专人随时检查模板、钢筋、水电管线、预埋件、预埋孔洞和插筋等有无走动，移位，变形和堵塞等现象；并重点检查模板及钢筋位置，如发现问题，及时补救，应在已灌注的混凝土初凝前，修整完好然后再继续施工。

4）混凝土振捣用的振捣棒插入间距不大于作用半径的1.5倍，棒不直接接触模板且距模板不大于0.5倍振捣作用半径，每层混凝土振捣插入下层50 mm即可。混凝土振捣棒要快插慢拔且不能撬动钢筋。混凝土的浇筑需留施工缝时，提前制定位置。

（2）梁、板、楼梯混凝土的浇筑

浇筑前对模板内杂物、积水等进行专人清理，且堵严模板一切孔洞及缝隙，并提前制订布泵方案，尽量减少弯头管的使用，以减少管对灰的阻力，避免堵管，以保证泵管送灰的畅通，增加运灰车次，保证泵的连续工作。

验看模板及钢筋是否符合设计要求，并对问题进行更改。混凝土振捣用的振捣棒插入间距不大于作用半径的1.5倍，棒不直接接触摸板，且距模板不大于0.5倍振捣棒作用半径，每层混凝土振捣插入下层混凝土50 mm即可，混凝土振捣棒快插慢拔，且不能撬动钢筋。浇筑过程中派出专人负责检查钢筋、预留孔洞等，并安排专人察看模板机支架，一旦发现问题及时解决。混凝土的浇筑留施工缝时，提前制定位置，保证施工缝在梁板的1/3～2/3之间，单向板留在短边任何位置，梁缝留为直茬。

为了保证结构良好的整体性，灌注混凝土时连续进行。如有特殊情况需间歇，一般情况下，间歇时间不超过2 h，如超过2 h，待混凝土抗压强度大于1.2 MPa/mm^{2}时，再继续灌注。

用振捣器振捣混凝土时，保证不碰撞钢筋、模板、水电管线和预埋件。操作时快插慢拔，在振捣过程中，上下抽动振捣棒，以使上下振捣均匀密实，在振捣上一层混凝土时使振捣棒插入下层混凝土中5 cm左右，以消除两层之间的接缝。同时在振捣上层混凝土时，保证在下层混凝土初凝前进行，插电保证排列均匀，采用“行列式”次序移动，以避免漏振。每点振捣时间在20～30 s之间，以混凝土表面呈现水平，不再下浮，不再出现气泡，表面浮出灰浆为准。

灌注混凝土时，随时检查模板、钢筋、水电管线、预埋件、预埋孔洞和插筋等有无走动，移位，变形和堵塞等现象，并重点检查楼板钢筋的位置是否准确。如发现问题，在已灌注的混凝土初凝前，修整完好后再继续施工。

楼梯段混凝土自下面向上浇筑，先振实底板混凝土，达到踏步位置时，再与踏步混凝土一起浇筑，不断连续向上推进，并随时用木抹子将踏步上面抹平。梁板的施工缝留直茬，不留坡茬，在梁上施工缝处用木板堵实，在板处应放置与板厚相同的木方，中间按照钢筋位置留有切口，以通过钢筋。在施工缝处继续浇筑的已硬化的茬时，先清除水泥薄膜和松动石子及软弱混凝土层，而后充分湿润和冲洗净，再浇筑一层符合设计要求的素水泥浆。

（3）混凝土的养护

当平均气温低于5 ℃时，混凝土不浇水养护，覆盖一层塑料膜后在覆盖一层草帘子以保湿保温。

混凝土在浇筑养护后12 h以内进行浇水养护，覆盖草帘子并保持其湿润，养护期不少于 14 昼夜。C60 混凝土的养护期为 14d。

冬期时，采用塑料膜、草帘子两层养护，梁板下外围用彩条布封严。

冬期掺防冻剂，混凝土出机温度不低于 10 ℃，入模温度为 5 ℃。

五、砌体工程

工艺流程：清理施工面放线→剔凿墙拉结筋埋件→试摆砖排模数力皮数杆→砌筑水暖电配合施工→砌筑到设计标高→验收。

（一）放线、剔墙拉结筋埋件

根据框架施工时所放的 1 m 控制线，与建筑物四角轴线进行验线符合要求之后放砌体轴线及门窗洞口线，经工长验线合格之后，试摆砖排模数，立皮数杆。

在放线清理施工面的同时，剔墙拉结筋埋件，并且要单面焊 10 d 连接，当墙体埋件位置不准时考虑到剔除柱箍筋汇会对柱产生不良影响，因此用电锤打眼，灌注与柱混凝土同等标号的素水泥浆并堵严、挤密来处理拉结筋与柱连接的施工方法，拉结筋长度为 1000 mm，上下皮保护层厚度为 15 mm。

（二）砌筑

1. 准备工作

砌体在施工时严格浇水湿润，当天气干燥炎热时要提前一天喷水湿润。

皮数杆的位置：结合本工程特点房间开间小皮数杆设置在门窗洞口及墙体交界处。

2. 砌筑方法

首层砌筑时在－0.02 cm 处做 6 mm 厚防潮层，用 1∶2.5 水泥砂浆振实，并在水泥终凝前抹压 3 次，走光找平，然后方可砌筑。

砌筑时采用随铺灰随砌筑的施工方法，在施工中要遵守“反砌”原则，即混凝土小砌块底面朝上砌与墙体上，并且要上下皮砌块对空，错缝搭砌。始砌时应从外墙角及定位砌块初开始砌筑，墙体的转角和内墙处交接处要同时砌筑，严禁内外墙分砌，在施工中严禁留直槎，砌体在砌筑半头时用无齿锯割保证不破坏砌快的质量。

（1）灰缝的控制

水平缝厚度为 11～15 cm，垂直灰缝采用批灰和加灰相结合的砌筑方法。在施工中严禁用水冲浆灌缝，更不得采用石子、木楔等物垫塞灰缝砌筑，砌筑时应随砌随清理灰缝表面，随砌高度不应大于 4 批砖，勾缝采用原浆压缝与墙面齐平。水平灰缝不得低于 90%，垂直灰缝不得低于 85%，再砌筑中水平与垂直缝不得有瞎缝、裂缝、透明缝、假缝等。

（2）施工洞口与临时间断处

砌体的临时间断处采用从墙面砌筑 200 mm 长的凹凸直槎，沿墙高每隔 600 mm 设 ϕ6 拉结筋，埋入灰缝中从留槎处，算每边 600 mm。砌体的施工洞口砌侧边离交接处不小于 700 mm，并且在顶部设置×120 mm 高，内放 4ϕ12 钢筋混凝土过梁每边离洞口边不得小于 240 mm，并沿高度每 600 mm 设 2ϕ6 拉结筋伸入墙内 600 mm，洞口留置宽度为 1000 mm。填砌时所用砂浆强度等级要比原设计要求高一级。

从以上项目描述可看到，一栋建筑物的施工包括基础施工和主体施工，其中主体工程施工主要内容包括：

一、施工测量

1. 施工测量平面控制网的测设；

2. 结构施工中的楼层标高控制；

3. 沉降观测。

二、梁、板、柱、墙、楼梯的钢筋施工，内容包括：钢筋原材料验收、钢筋下料、钢筋的加工、钢筋的绑扎与安装、成品验收等。

三、梁、板、柱、墙、楼梯的模板施工，内容包括：模板的设计、模板的安装、模板的拆除、模板的成品验收、模板的成品保护等。

四、梁、板、柱、墙、楼梯的混凝土施工，内容包括：商品混凝土的验收(混凝土的施工配合比计算)、混凝土的运输、混凝土的浇筑、混凝土的振捣、混凝土养护及验收等。

五、墙体施工，内容包括：砌体材料的原材料的验收、砌筑方法的选择、砌筑工艺、质量控制等。

【项目内容】 本项目将以此建筑中的钢筋混凝土梁板施工为载体，以工作过程为导向介绍施工测量方法、梁板的钢筋下料计算、钢筋加工、钢筋绑扎及安装、模板设计、模板安装和拆除、混凝土的运输、混凝土的浇注和养护等内容，并进行相应的操作训练。另外，为了让学生了解梁板中钢筋的由来，本项目还介绍了梁板配筋计算的基本原理。

有关钢筋混凝土柱、墙的施工、楼梯施工及砌体施工将在后面的章节中逐一介绍。

学习情境1.1 钢筋混凝土梁、板配筋计算

1.1.1 钢筋混凝土结构的概念

混凝土是人工石材，它由石子、砂粒、水泥、外加剂和水按一定比例拌和而成，简称“砼”。混凝土材料像天然石材一样，承受压力的能力很强，但抵抗拉力的能力却很弱。而钢材则不然，其抗压和抗拉的能力都很强。于是，人们利用两种材料各自的特点，把它们有机地结合在一起共同工作，形成了用于工程实际的混凝土结构(Concrete Structure)。土木工程中常用的有素混凝土结构、钢筋混凝土结构、预应力混凝土结构、钢管混凝土结构、钢骨混凝土结构、纤维混凝土结构等，其中以钢筋混凝土结构(Reinforced Concrete Structure，也可简称RC)应用最广。图1-1为常见钢筋混凝土结构和构件的配筋实例。

钢筋和混凝土这两种性质不同的材料之所以能有效地结合在一起而共同工作，主要是由于混凝土硬化后钢筋与混凝土之间产生了良好粘结力，使两者可靠地结合在一起，从而保证在外荷载的作用下，钢筋与相邻混凝土能够共同变形；其次，钢筋与混凝土两种材料的温度线膨胀系数的数值颇为接近(钢筋为1.2×10^{-5}，混凝土为$1.0\times10^{-5}\sim1.5\times10^{-5}$)，所以，当温度变化时，不致产生较大的温度应力而破坏两者之间的粘结，从而保持结构的整体性；另外，应用这两种材料时，总是混凝土包围在钢筋的外围，起着保护钢筋免遭锈蚀的作用，这对这两种材料的共同工作无疑也是一项保证。

钢筋混凝土结构除了能较合理地应用这两种材料的性能外，还有下列一些优点：

1. 耐久性　混凝土的强度是随龄期增长的，钢筋被混凝土保护着锈蚀较小，所以只要保护层厚度适当，则混凝土结构的耐久性比较好。当处于侵蚀性的环境时，可以适当选用水泥品种及外加剂，增大保护层厚度，就能满足工程要求。

2. 耐火性　比起容易燃烧的木结构和导热快且抗高温性能较差的钢结构来讲，混凝土

结构的耐火性是好的。因为混凝土是不良热导体，遭受火灾时，混凝土起隔热作用，使钢筋不致达到或不致很快达到降低其强度的温度。经验表明，虽然经受了较长时间的燃烧，混凝土常常只损伤表面。对承受高温作用的结构，还可应用耐热混凝土。

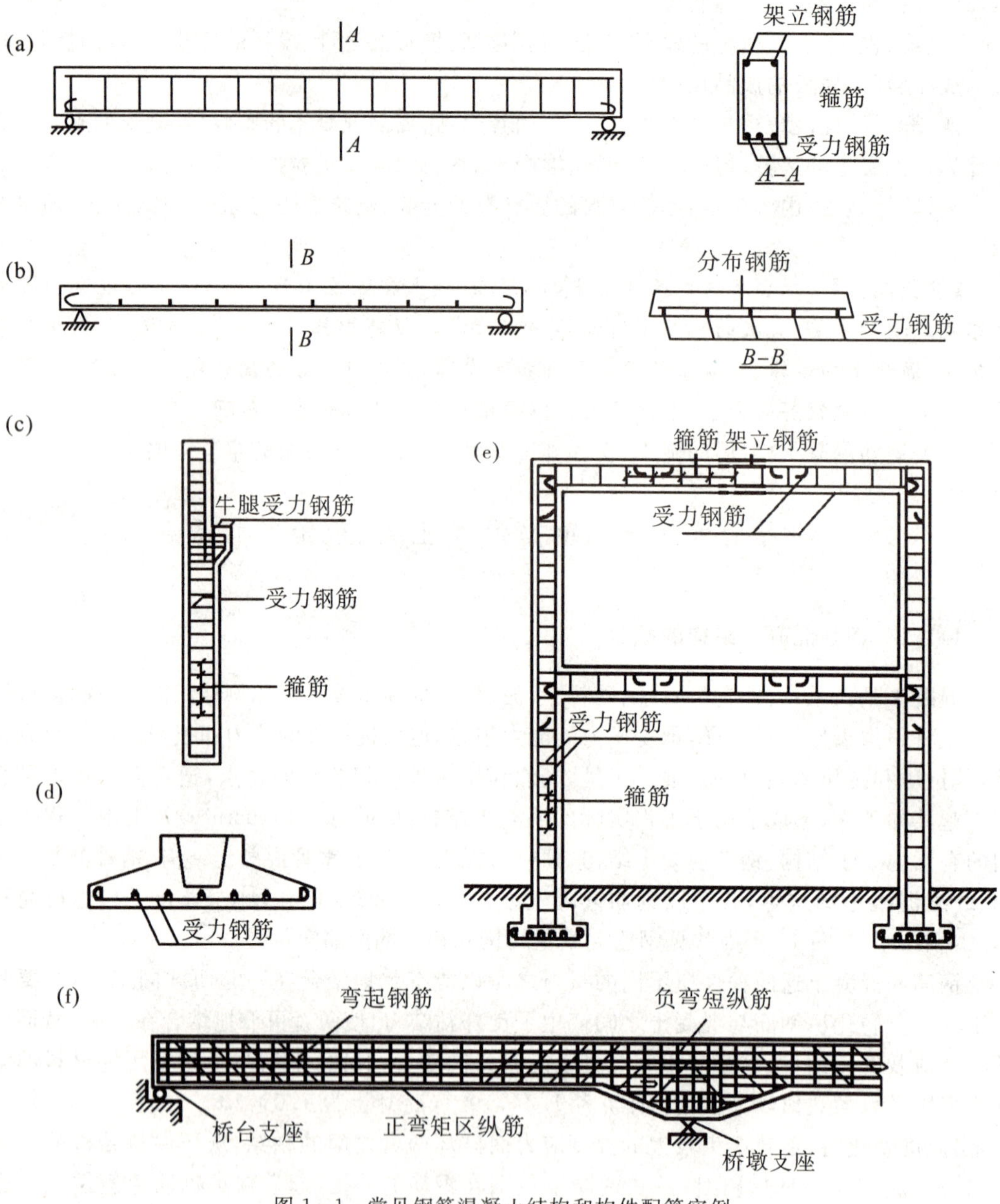

图 1-1　常见钢筋混凝土结构和构件配筋实例

3. 就地取材　在混凝土结构的组成材料中，用量较大的石子和砂往往容易就地取材，有条件的地方还可以将工业废料制成人工骨料应用，这对材料的供应、运输和土木工程结构的造价都提供了有利的条件。

4. 保养费节省　混凝土结构的维修较少，不像钢结构和木结构需要经常保养。

5. 节约钢材　混凝土结构合理地应用了材料的性能，在一般情况下可以代替钢结构，从而能节约钢材、降低造价。

6. 可模性　因为新拌和未凝固的混凝土是可塑的，故可以按照不同模板的尺寸和式样浇筑成建筑师设计所需要的构件。

7. 刚度大、整体性好　混凝土结构刚度较大，对现浇混凝土结构而言其整体性尤其好，宜用于变形要求小的建筑，也适用于抗震、抗爆结构。

但是，混凝土结构也有不少缺点和不足之处，如：普通钢筋混凝土结构本身自重比钢结构大，自重过大对于大跨度结构、高层建筑结构的抗震都是不利的；另外混凝土结构的抗裂性较差，在正常使用时往往带裂缝工作；而且建造较为费工，现浇结构模板需耗用较多的木材，施工受到季节气候条件的限制，补强修复较困难；隔热隔声性能较差等等。这些缺点，在一定条件下限制了混凝土结构的应用范围。不过，随着人们对于混凝土结构这门学科研究认识的不断提高，上述一些缺点已经或正在逐步加以改善。例如，目前国内外均在大力研究轻质、高强混凝土以减轻混凝土的自重；采用预应力混凝土（Prestresed Concrete，也简称PC）技术以减轻结构自重和提高构件的抗裂性；采用预制装配构件以节约模板加快施工速度；采用工业化的现浇施工方法以简化施工，采用粘钢技术和碳纤维技术加固进行补强等等。

1.1.2　钢筋混凝土结构的材料

1.1.2.1　钢筋

1. 钢筋的强度与变形

钢筋的力学性能有强度、变形（包括弹性和塑性变形）等。单向拉伸试验是确定钢筋性能的主要手段。经过钢筋的拉伸试验可以看到，钢筋的拉伸应力应变关系曲线可分为两类：有明显流幅的（图1－2）和没有明显流幅的（图1－3）。

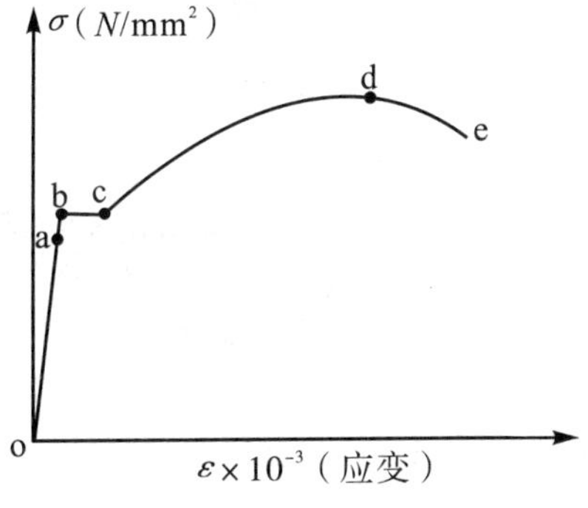

图1－2　有明显流幅的钢筋的应力应变曲线

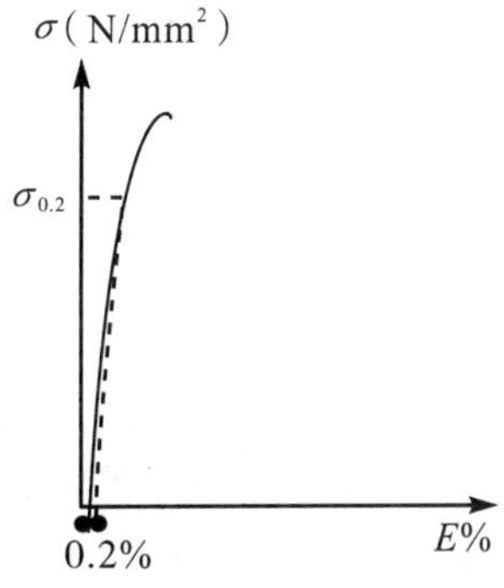

图1－3　没有明显流幅的钢筋的应力应变曲线

图1－2表示了一条有明显流幅的典型的应力应变曲线。在图1－2中：oa为一段斜直线，其应力与应变之比为常数，应变在卸荷后能完全消失，称为弹性阶段，与oa相应的应力称为比例极限（或弹性极限）。应力超过a点之后，钢筋中晶粒开始产生相互滑移错位，应变即较应力增长得稍快，除弹性应变外，还有卸荷后不能消失的塑性变形。到达b点后，钢筋开始屈服，即使荷载不增加，应变却继续发展增加很多，出现水平段bc，bc即称之为流幅或屈服台阶；b点则称屈服点，与b点相应的应力称为屈服应力或屈服强度。经过屈服阶段之后，钢筋内部晶粒经调整重新排列，抵抗外荷载的能力又有所提高，cd段即称为强化阶段，d

点叫做钢筋的抗拉强度或极限强度，而与 d 点应力相应的荷载是试件所能承受的最大荷载称为极限荷载。过 d 点之后，在试件的最薄弱截面出现横向收缩，截面逐渐缩小，塑性变形迅速增大，出现所谓颈缩现象，此时应力随之降低，直至 e 点试件断裂。

对于有明显流幅的钢筋，一般取屈服点作为钢筋设计强度的依据。因为屈服之后，钢筋的塑性变形将急剧增加，钢筋混凝土构件将出现很大的变形和过宽的裂缝，以致不能正常使用。所以，构件大多在钢筋尚未或刚进入强化阶段即产生破坏。但在个别意外的情况和抗震结构中，受拉钢筋可能进入强化阶段，故而钢筋的抗拉强度也不能过低，若与屈服强度太接近则是危险的。钢筋强度用标准值和设计值表示。根据可靠度要求，混凝土结构设计规范具有 95%以上的保证率的屈服强度作为钢筋强度标准值 f_{yk}，钢筋强度设计值 f_y 等于钢筋强度标准值除以材料分项系数 γ_s，即：

$$f_y=\frac{f_{yk}}{\gamma_s} \tag{1-1}$$

由于钢材的匀质性较好，建筑工程规范对各种热轧钢筋统一取 $\gamma_s=1.10$。

热轧钢筋强度标准值、设计值、弹性模量见附表 A.2。

试验表明，钢筋的受压性能与受拉性能类同，其受拉和受压弹性模量也是相同的。

在图 1-2 中，e 点的横坐标代表了钢筋的伸长率，它和流幅 bc 的长短，都因钢筋的品种而异，均与材质含碳量成反比。含碳量低的叫低碳钢或软钢，含碳量愈低则钢筋的流幅愈长、伸长率愈大，即标志着钢筋的塑性指标好。这样的钢筋不致突然发生危险的脆性破坏，由于断裂前钢筋有相当大的变形，足够给出构件即将破坏的预告。

伸长率用 δ 表示，即：

$$\delta=\frac{l'-l}{l}100\% \tag{1-2}$$

图 1-3 表示没有明显流幅的钢筋的应力应变曲线，此类钢筋的比例极限大约相当于其抗拉强度的 65%。一般取抗拉强度的 80%，即残余应变为 0.2%时的应力 $\sigma_{0.2}$ 作为条件屈服点。一般来说，含碳量高的钢筋，质地较硬，没有明显的流幅，其强度高，但伸长率低，下降段极短促，其塑性性能较差。冷弯性能是检验钢筋塑性的另一项性能指标。为使钢筋在加工、使用时不开裂、弯断或脆断，可对钢筋试件进行冷弯试验，见图 1-4，要求钢筋弯绕一辊轴弯心而不产生裂缝、鳞落或断裂现象。弯转角度愈大、弯心直径 D 愈小，钢筋的塑性就愈好。冷弯试验较受力均匀的拉伸试验能更有效地揭示材质的缺陷，冷弯性能是衡量钢筋力学性能的一项综合指标。

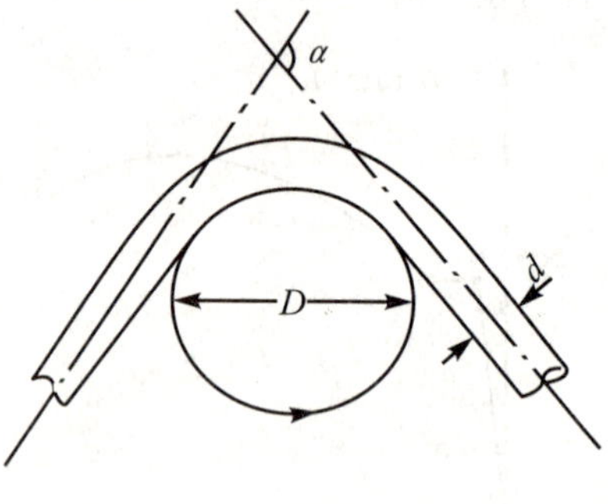

图 1-4　钢筋的冷弯实验

此外，根据需要，钢筋还可做冲击韧性试验和反弯试验，以确定钢筋的有关力学性能。

2. 钢筋的品种

在钢筋混凝土结构中主要采用热轧钢筋，热轧钢筋是低碳钢、普通低合金钢在高温下轧制而成。热轧钢筋为软钢，其应力应变曲线有明显的屈服点和流幅，断裂时有“颈缩”现象，伸长率较大。根据力学指标的高低，分为 HPB235 级（Ⅰ级，符号Φ），HRB335 级（Ⅱ级，符号Φ)，HRB400级(Ⅲ级，符号Φ)，RRB400级(余热处理Ⅲ级，符号$Φ^R$)四个种类。

为了简化起见，在设计计算书和施工图纸上，各种强度等级的热轧钢筋均以符号代表。因此，要记住各个符号代表的钢筋级别，不要将它们混淆。

3. 钢筋的形式

钢筋混凝土结构中所采用的钢筋，有柔性钢筋和劲性钢筋，见图1-5。柔性钢筋即一般的普通钢筋，是我国使用的主要钢筋形式。柔性钢筋的外形选择取决于钢筋的强度。为了使钢筋的强度能够充分地利用，强度高的钢筋要求与混凝土粘结的强度越大。提高粘结强度的办法是将钢筋表面轧成有规律的凸出花纹，称为变形钢筋。HPB235钢筋的强度低，表面做成光面即可，其余级别的钢筋强度较大，应为变形钢筋。

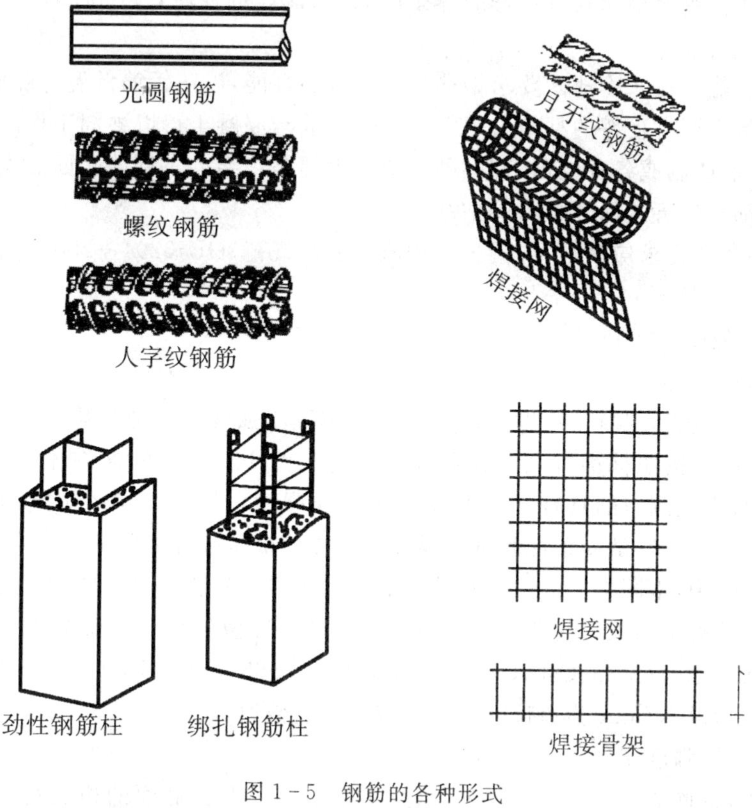

图1-5　钢筋的各种形式

光圆钢筋直径为6～20 mm，变形钢筋的公称直径为6～50 mm，公称直径即相当于横截面面积相等的光圆钢筋的直径。当钢筋直径在12 mm以上时，通常采用变形钢筋。当钢筋直径在6～12 mm时，可采用变形钢筋，也可采用光圆钢筋。直径小于6 mm的常称为钢丝，钢丝外形多为光圆，但因强度很高，故也有在表面上刻痕以加强钢丝与混凝土的粘结作用。

钢筋混凝土结构构件中的钢筋网、平面和空间的钢筋骨架可采用铁丝将柔性钢筋绑扎成型，也可采用焊接网和焊接骨架。

劲性钢筋以角钢、槽钢、工字钢、钢轨等型钢作为结构构件的配筋。

4. 钢筋混凝土结构对钢筋性能的要求

用于混凝土结构中的钢筋，一般应能满足下列要求：

(1)具有适当的屈强比　在钢筋的应力应变曲线中，强度有两个：一是钢筋的屈服强度(或条件屈服强度)，这是设计计算时的主要依据，屈服强度高则材料用量省，所以要选用高强度钢筋；另一是钢筋的抗拉强度，屈服强度与抗拉强度的比值称为屈强比，它可以代表结构的强度储备，比值小则结构的强度后备大，但比值太小则钢筋强度的有效利用率太低，所以要选择适当的屈强比。

(2)足够的塑性在混凝土结构中，若发生脆性破坏则变形很小，没有预兆，而且是突发性的，因此是危险的。故而要求钢筋断裂时要有足够的变形，这样，结构在破坏之前就能显示出预警信号，保证安全。另外在施工时，钢筋要经受各种加工，所以钢筋要保证冷弯试验的要求。屈服强度、抗拉强度、伸长率和冷弯性能是钢筋的强度和变形的四项主要指标。

(3)可焊性　要求钢筋具备良好的焊接性能，保证焊接强度，焊接后钢筋不产生裂纹及过大的变形。

(4)低温性能　在寒冷地区要求钢筋具备抗低温性能，以防钢筋低温冷脆而致破坏。

(5)与混凝土要有良好的粘结力　粘结力是钢筋与混凝土得以共同工作的基础，在钢筋表面上加以刻痕或制成各种纹形，都有助于或大大提高粘结力。钢筋表面沾染油脂、糊着泥污、长满浮锈都会损害这两种材料的粘结。

对钢筋的各项要求应满足《混凝土工程施工验收规范》GB50204—2002 中的规定。

1.1.2.2　混凝土

1. 混凝土强度

(1)立方体抗压强度 $f_{cu,k}$

我国《规范》规定，混凝土强度等级应按立方体抗压强度标准值。确定立方体抗压强度标准值($f_{cu,k}$)系指按照标准方法制作和养护的边长为 150 mm 的立方体试块，在 28 天龄期，用标准试验方法测得的具有 95%保证率的抗压强度。按照这样的规定，就可以排除不同制作方法、养护环境、试验条件和试件尺寸对立方体抗压强度的影响。

在工程实际中，不同类型的构件和结构对混凝土强度的要求是不同的。为了应用方便，我国《规范》将混凝土的强度按照其立方体抗压强度标准值的大小划分为十三个强度等级，即 C15、C20、C25、C30、C35、C40、C45、C50、C55、C60、C65、C70、C75、C80。十四个等级中的数字部分即表示以 N/mm^2 为单位的立方体抗压强度数值。

(2)轴心抗压强度 f_{ck}

在工程中，钢筋混凝土受压构件的尺寸，往往是高度 h 比截面的边长 b 大很多，形成棱柱体，也就是说端部的摩擦力影响失去约束作用。在棱柱体上所测得的强度称为混凝土的轴心抗压强度 f_{ck}，f_{ck} 能更好地反映混凝土的实际抗压能力。从图 1－6 所作试验的曲线可知，当 $h/b=2\sim3$ 时，轴心抗压强度即摆脱了摩擦力的作用而趋稳定，达到纯压状态。所以轴心抗压强度的试件往往取 150 mm×150 mm×300 mm、150×150×450 mm 等尺寸。我国《普通混凝土力学性能试验方法》规定以 150 mm×150 mm×300 mm 的棱柱体作为混凝土轴心抗压强度试验的标准试件。图 1－7 表示轴心抗压试验的装置和试件的破坏情况。

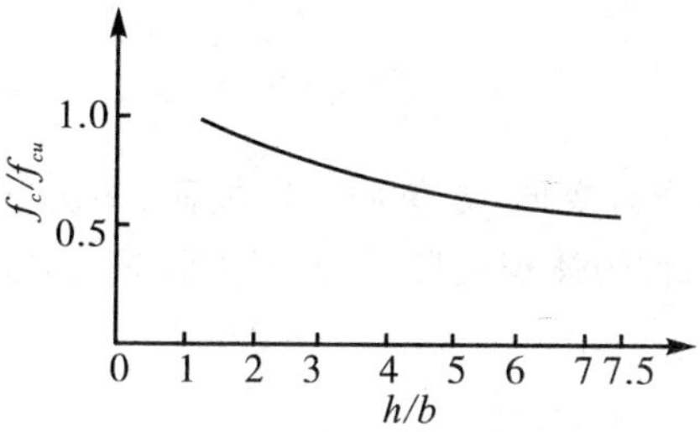

图 1－6　柱体高宽比对抗压强度的影响

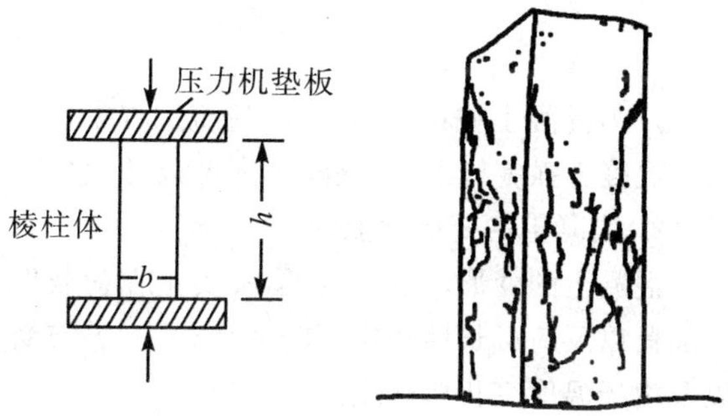

(a) 试验装置　　(b) 破坏情况

图 1－7　混凝土轴心抗压试验

考虑到实际结构构件制作、养护和受力情况，实际构件强度与试件强度之间存在的差异，《规范》基于安全取偏低值，轴心抗压强度标准值与立方体抗压强度标准值的关系按下式确定：

$$f_{ck}=0.88\alpha_1\alpha_2 f_{cu,k} \tag{1-3}$$

式中，α_1 为棱柱体强度与立方体强度之比，对混凝土等级为 C50 及以下的取 $\alpha_1=0.76$，对 C80 取 $\alpha_1=0.82$，在此之间按直线变化取值。α_2 为高强度混凝土的脆性折减系数，对 C40 取 $\alpha_2=1.00$，对 C80 取 $\alpha_2=0.87$ 中间按直线规律变化取值。0.88 为考虑实际构件与试件之间的差异而取用的折减系数。

(3)抗拉强度 f_{tk}

混凝土的抗拉强度很低，与立方抗压强度之间为非线性关系，一般只有其立方抗压强度的 1/17～1/8。中国建筑科学研究院等单位对混凝土的抗拉强度作了系统的测定，试件用 100 mm×100 mm×500 mm 的钢模筑成，两端各预埋一根Φ 16 钢筋，钢筋埋入深度为 150 mm，并置于试件的中心轴线上，见图 1－8。试验时用试验机的夹具夹紧试件两端外伸的钢筋施加拉力，破坏时试件在没有钢筋的中部截面被拉断，其平均拉应力即为混凝土的轴心抗拉强度 f_t，根据 72 组试件所得混凝土抗拉强度的试验结果经修正后，其与混凝土立方体抗压强度的关系为：

$$f_{tk}=0.88\times0.395f_{cu,k}^{0.55}(1-1.645\delta)^{0.45}\times\alpha_2 \tag{1-4}$$

式中，δ 为变异系数；0.88 的意义和 α_2 的取值与式(1－1)中的相同。

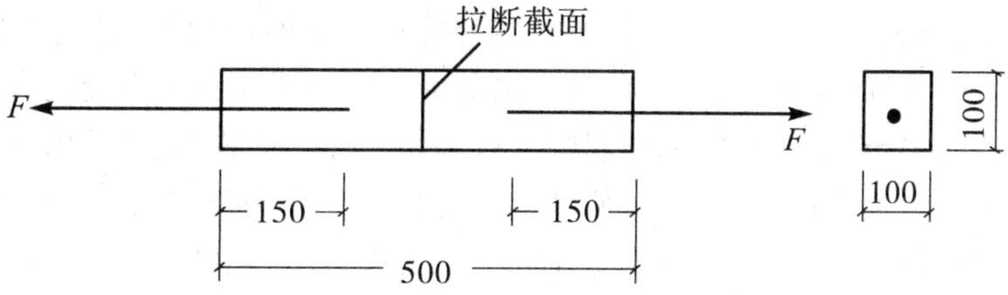

图 1－8　混凝土抗拉强度试验试件

混凝土抗压强度设计值和抗拉强度设计值与其对应的标准值之间的关系为

$$f_c=\frac{f_{ck}}{\gamma_c} \tag{1-5}$$

$$f_t=\frac{f_{tk}}{\gamma_c} \tag{1-6}$$

γ_c 为混凝土材料分项系数，建筑工程中取为 1.4。

混凝土强度标准值、混凝土强度设计值见附表 A.1。

2. 混凝土的变形性能

混凝土的变形可分为两类，一类是在荷载作用下的受力变形，如单调短期加荷、多次重复加荷以及荷载长期作用下的变形；另一类与受力无关，称为体积变形，如混凝土收缩、膨胀以及由于温度变化所产生的变形等。

(1)混凝土在单调、短期加荷作用下的变形性能

1)混凝土的应力一应变曲线

混凝土在单调短期加荷作用下的应力一应变曲线是其最基本的力学性能，曲线的特征是研究钢筋混凝土构件的强度、变形、延性(承受变形的能力)和受力全过程分析的依据。

一般取棱柱体试件来测试混凝土的应力一应变曲线，测试时在试件的四个侧面安装应变仪读取纵向应变。混凝土试件受压时典型的应力一应变曲线示于图 1-9，整个曲线大体上呈上升段与下降段两个部分。在上升 OC 段：起初压应力较小，当应力 $\sigma\leqslant 0.3f_c$ 时(OA 段)，变形主要取决于混凝土内部骨科和水泥结晶体的弹性变形，应力应变关系呈直线变化。当应力 σ 在 $0.3\sim0.8f_c$ 范围时(AB 段)，由于混凝土内部水泥凝胶体的粘性流动，以及各种原因形成的微裂缝亦渐处于稳态的发展中，致使应变的增长较应力为快，表现了材料的弹塑性性质。当应力 $\sigma>0.8f_c$ 之后(BC 段)，混凝土内部微裂缝进入非稳态发展阶段，塑性变形急剧增大，曲线斜率显著减小。当应力到达峰值时，混凝土内部粘结力破坏，随着微裂缝的延伸和扩展，试件形成若干贯通的纵裂缝，混凝土应力达到受压时最大承压应力 σ_{max}(C 点)，即轴心抗压强度 f_c。在下降 CE 段：当试件应力达到 f_c(C 点)后，随着裂缝的贯通，试件的承载能力将开始下降。在峰值应力以后，裂缝迅速发展，内部结构的整体受到愈来愈严重的破坏，赖以传递的传力路线不断减少，试件的平均应力强度下降，所以，应力—应变曲线向下弯曲，直到凹向发生改变，曲线出现“拐点”。超过“拐点”，曲线开始凸向应变轴，这时，只靠骨料间的咬合及摩擦力与残余承压面来承受荷载。随着变形的增加，应力—应变曲线逐渐凸向水平轴方向发展，此段曲线中曲率最大的一点 E 称为“收敛点”。从收敛点 E 点开始以后的曲线称为收敛段，这时贯通的主裂缝已很宽，内聚力几乎耗尽，对无侧向约束的混凝土，收敛段 EF 已失去结构意义。如果测试时使用的是一般性的试验机，则由于机器的刚度小，试验机在释放加荷过程中积累起来的应变能所产生的压缩量，将大于试件可能的变形，于是试件在此一瞬间即被压碎，从而测不出应力一应变曲线的下降段。故而必须使用刚度较大的试验机，或者在试验时附加控制装置以等应变速度加载，或者采用辅助装置以减慢试验机释放应变能时变形的恢复速度，使试件承受的压力稳定下降，试件不致破坏，才能测出下降段，得到混凝土受压时应力应变全曲线。应力应变曲线中最大应力值 f_c 与其相应的应变值 ε_0(C 点)，以及破坏时的极限应变值 ε_{max}(E 点)是曲线的三个特征值。最大应变值 ε_{max}包括弹性应变和塑性应变两部分，塑性部分愈长，变形能力愈大，即其延性愈好。对于均匀受压的棱柱体试件，其压应力达到 f_c 后，混凝土就不能承受更大的荷载，此时 ε_0 就成为计算结构构件时的主要指标。在应力应变曲线图中，相应于 f_c 的应变 ε_0 随混凝土的强度等级而异，约在 $1.5\times10^{-3}\sim2.5\times10^{-3}$ 间变动，通常取为其平均值 $\varepsilon_0=2.0\times10^{-3}$。不

过，对于非均匀受压的情况，譬如弯曲受压或大偏心受压构件截面的受压区，混凝土所受压力是不均匀的，即其应变也是不均匀的。在这种情况下，受压区最外层纤维达到最大应力后，附近受压较小的内层纤维会协助外层纤维受压，对外层起卸荷的作用，直至最外层纤维的应变到达受压极限应变 ε_{max} 时，截面才破坏，此时压应变值约为 0.002～0.006，甚至达到 0.008 或者更高。

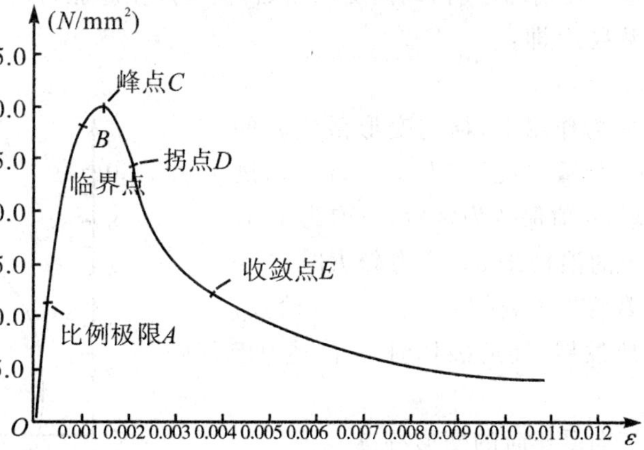

图 1-9 混凝土受压时应力一应变曲线

在实用上，我国《规范》根据试验结果并顾及混凝土的塑性性能，将混凝土轴心受压的应力一应变曲线加以简化以便应用(见图 1-10)，其所采用的表达式为：

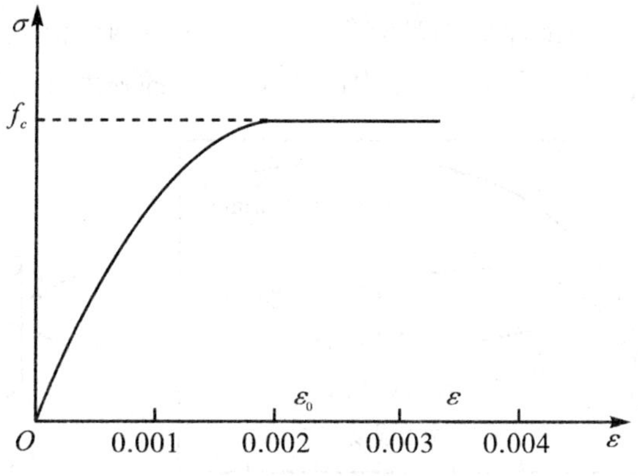

图 1-10 应力一应变曲线

在上升段，当 $\varepsilon_c \leqslant \varepsilon_0$ 时取为二次抛物线：

$$\sigma = f_c\left[1-\left(1-\frac{\varepsilon_c}{\varepsilon_0}\right)^n\right] \tag{1-7}$$

水平段，当 $\varepsilon_0 < \varepsilon_c \leqslant \varepsilon_u$ 时

$$\sigma = f_c$$

式中，参数 n、ε_0、ε_u 取值如下：

$$n=2-\frac{1}{60}(f_{cu}-50)\leqslant 2$$

$$\varepsilon_0=0.002+0.5(f_{cu}-50)\times 10^{-5}\geqslant 0.002$$

$$\varepsilon_u=0.003-(f_{cu}-50)\times 10^{-5}\leqslant 0.0033$$

2)混凝土受压时横向应变与纵向应变的关系

混凝土试件在单调短期加压时,纵向受到压缩,横向产生膨胀,横向应变 ε_h 与纵向变 ε_l 之比称为横向变形系数 μ,即:

$$\mu=\varepsilon_h/\varepsilon_l \tag{1-8}$$

试件在不同压应力作用下,横向变形系数 μ 的变化曲线如图 1-11 所示:当压应力<$0.5f_c$ 时,试件大体处于弹性阶段,μ 值保持为常数,可取为 1/6,这个数值就是混凝土的泊松比 v。应力较大时,当 $\sigma>0.5f_c$ 后,横向系数将增大,材料已处于塑性阶段,试件内部微裂缝有所发展,接近破坏时,μ 值达 0.5 以上。

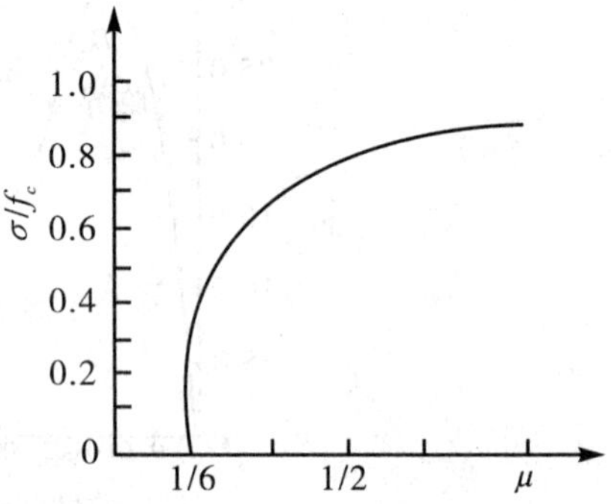

图 1-11 应力与横向变形系数 μ 的关系

3)混凝土处于三向受压时的变形特点

在三向受压的情况下,因为混凝土试件横向处于约束状态,其强度与延性均有较大程度的增长。图1-12所示为混凝土圆柱体试件在三向受压作用下,其轴向应力一应变曲线。圆柱体周围用液体压力把它约束住,每条曲线都使液压保持为常值,轴向压力逐渐增加直至破坏并量测它的轴向应变。图中注明当试件周围没有侧向力,即 $\sigma=0$ 时,混凝土强度 f_c 的数值只有 25.74 N/mm^2,但是随着试件周围侧向压力的加大,试件的强度和延性都大为提高了。

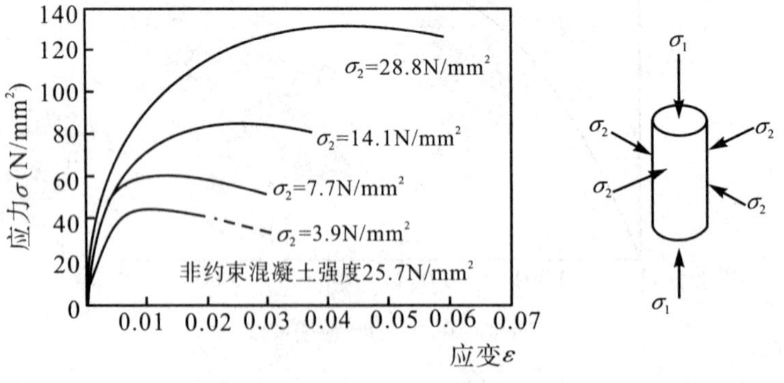

图 1-12 混凝土圆柱体三向受压试验时轴向应力应变曲线

在工程实际中,常以间距较小的螺旋式钢筋或箍距较密的普通箍筋来约束混凝土,这是一种被动、间接的约束方式,所以螺旋筋也称间接钢筋。当轴向压力较小时,由于没有横向膨胀,螺旋筋或箍筋几乎不受力,混凝土是非约束性的。但当轴向压力增大,混凝土应力接近抗压强度时,混凝土体积膨胀,向外挤压螺旋筋或箍筋(见图 1-13),从而使螺旋筋或箍筋受力,反过来抑制混凝土的膨胀,使混凝土成为约束性混凝土,达到与周围有液压的相似效果。图 1-13 还将螺旋筋和普通箍的作用作了对比。螺旋筋约束力匀称,效果自然好。箍筋只对四角和核心部分的混凝土约束较好,对边部的约束则甚差。所以间距密集的箍筋对提高延性的效果是好的，但对提高混凝土强度的作用就不大，不过，普通箍筋制作和施工较方便，也容易配合方形截面。

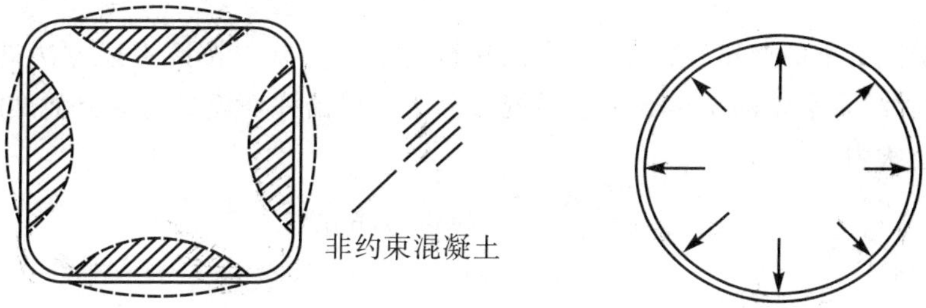

(a) 普通方形箍筋　　(b) 螺旋筋

图 1－13　普通方形箍筋和螺旋筋对混凝土的约束

图 1－14 与图 1－15 分别为螺旋筋圆柱体试件和箍筋棱柱体试件所测得的约束混凝土的应力一应变曲线。从图中可知，在应力接近混凝土抗压强度之前，螺旋筋和箍筋并无明显作用，其应力一应变曲线与不配置螺旋筋或箍筋的试件基本相同。直至螺旋筋和箍筋发挥出约束作用之后，混凝土遂处于三向受力状态。随着螺旋筋和箍筋间距的加密，约束混凝土的峰值应力愈为提高，与峰值应力相应的应变亦愈显增大，而其下降段则发生较多的变化。因为螺旋筋和箍筋约束延缓了裂缝的发展，使得应力的下降减慢，下降坡度趋向平缓，曲线延伸甚长，延性大为提高。因此，对结构的构件和节点区，采用间距较密的螺旋筋和箍筋，造成约束混凝土来提高构件的延性，以承受地震力的作用是行之有效的。

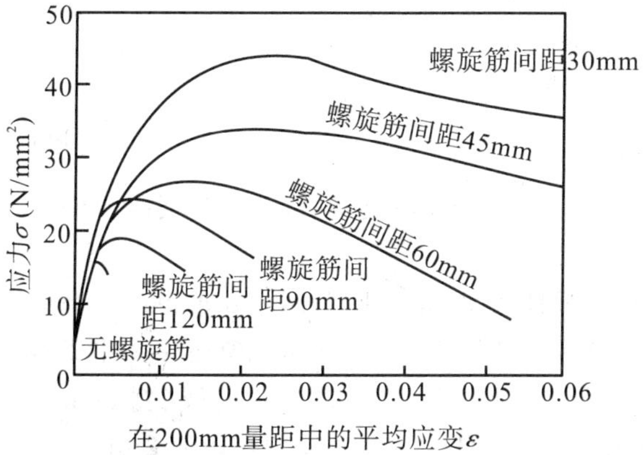

图 1－14　螺旋筋圆柱体约束混凝土试件的应力一应变曲线图

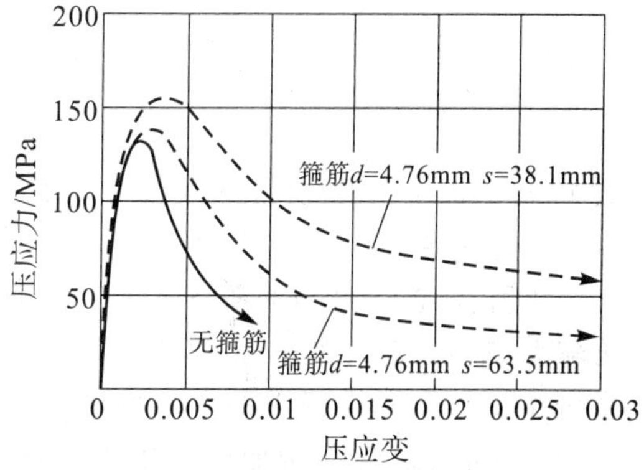

图 1－15　普通箍筋棱柱体约束混凝土试件的应力一应变曲线图

4)混凝土的弹性模量和变形模量

在材料力学中，衡量弹性材料应力一应变之间的关系，可用弹性模量表示：

$$E=\frac{\sigma}{\varepsilon} \tag{1-9}$$

弹性模量高，即表示材料在一定应力作用下，所产生的应变相对较小。在钢筋混凝土结构中，无论是进行超静定结构的内力分析，还是计算构件的变形、温度变化和支座沉陷对结构构件产生的内力，以及预应力构件等等都要应用到混凝土的弹性模量。

但是，混凝土是弹塑性材料，它的应力－应变关系只是在应力很小的时候，或者在快速加荷进行试验时才近乎直线。一般说来，其应力－应变关系为曲线关系，不是常数而是变数。

为了确定混凝土的受压弹性模量，中国建筑科学研究院曾按照上述方法进行了大量的测定试验，试验结果示于图 1-16 中。经统计分析并得出弹性模量与立方强度的关系，弹性模量的计算公式为：

$$E_c=\frac{10^5}{2.2+\frac{34.7}{f_{cu}}}(\mathrm{N/mm^2}) \tag{1-10}$$

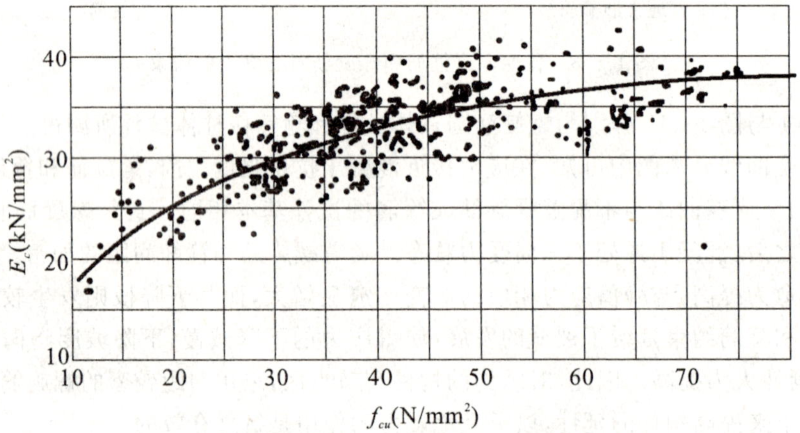

图 1-16　混凝土的弹性模量与立方强度的关系

根据弹性理论，弹性模量与剪变模量 G 之间的关系为：

$$G_c=\frac{E_c}{2(1+v_c)} \tag{1-11}$$

式中，v_c 为混凝土泊松比，我国《规范》取为 0.2。这样，我国《规范》经取整规定混凝土的剪变模量为 $G_c=0.4E_c$。

我国《规范》所规定的各个强度等级的混凝土弹性模量，是根据上述公式求得的。当应力较大，混凝土进入弹塑性阶段后，可应用变形模量或切线模量，不过切线模往往只用于科学研究中。另外，混凝土的弹性模量和变形模量，只有在混凝土的应力很低（例如 $\sigma_c \leqslant 0.2f_c$）时才近似相等，故而材料力学对弹性材料的公式不能在混凝土材料中随便套用。

5）混凝土的受拉变形

混凝土受拉时的应力－应变曲线，其形状与受压时的相似。当拉应力较小时，应力－应变关系近乎直线，当拉应力较大和接近破坏时，出于塑性变形的发展，应力－应变关系呈曲线形。如采用等应变速度加荷，也可以测得应力－应变曲线的下降段。

混凝土抗拉性能弱，其峰值的应力应变要比受压时小很多。试件断裂时的极限应变与混凝土的强度等级、级配和养护条件等有关。强度等级愈高，则极限拉应变也愈大，一般在构件计算中，对于 C15～C40 强度等级的混凝土，其极限拉应变 ε_{tu} 可取为 $1\times10^{-4}\sim1.5\times10^{-4}$。

根据我国试验资料，混凝土受拉时应力－应变曲线上切线的斜率与受压时基本一致，即两者的弹性模量相同。当拉应力 $\sigma_t = f_t$ 时，弹性系数 $\nu' = 0.5$，故相应于 f_t 时的变形模量 $E'_c = \nu' E_c = 0.5E_c$。

(2)混凝土在重复荷载下的变形性能

混凝土在重复荷载下的变形性能，也就是混凝土的疲劳性能。

一般来说，混凝土的疲劳破坏归因于混凝土微裂缝、孔隙、弱骨料等内部缺陷，在承受重复荷载之后产生应力集中，导致裂缝发展、贯通，结果引起骨料与砂浆间的粘结破坏所致。混凝土发生疲劳破坏时无明显预兆，是属于脆性性质的破坏，开裂不多，但变形很大。采用级配良好的混凝土、加强振捣以提高混凝土的密实性，并注意养护，都有利于混凝土疲劳强度的提高。

在工程实际中，工业厂房中的吊车梁，在其整个使用期限内吊车荷载作用重复次数可达200万～600万次，因此在疲劳试验机上用脉冲千斤顶对试件快速加、卸荷的重复次数，也不宜低于200万次。通常把试件承受200万次(或更多次数)重复荷载时发生破坏的压应力值，称为混凝土的疲劳强度 f_c^f。

(3)混凝土在荷载长期作用下的变形性能

在荷载的长期作用下，即荷载维持不变，混凝土的变形随时间而增长的现象称为徐变。

混凝土产生徐变的原因，一般而言，归因于混凝土中未晶体化的水泥凝胶体，在持续的外荷载作用下产生粘性流动，压应力逐渐转移给骨料，骨料应力增大试件变形也随之增大。卸荷后，水泥胶凝体又渐恢复原状，骨料遂将这部分应力逐渐转回给凝胶体，于是产生弹性后效。另外，当压应力较大时，在荷载的长期作用下，混凝土内部裂缝不断发展，也致使应变增加。

混凝土的徐变，对钢筋混凝土构件的内力分布及其受力性能有所影响。比如：徐变会使钢筋与混凝土间产生应力重分布，例如钢筋混凝土柱的徐变，使混凝土的应力减小，使钢筋的应力增加，不过最后不影响柱的承载量。由于徐变，受弯构件的受压区变形加大，会使它的挠度增加、对于偏压构件，特别是大偏压构件，会使附加偏心距加大而导致强度降低、对于预应力构件，会产生预应力损失等不利影响。但徐变也会缓和应力集中现象、降低温度应力、减少支座不均匀沉降引起的结构内力，延续收缩裂缝在受拉构件中的出现，这些又是对结构的有利方面。

影响徐变的因素很多，受力大小，外部环境、内在因素等都有关系。荷载持续作用的时间愈长，徐变也愈大，混凝土龄期愈短，徐变越大。

混凝土的制作、养护都对徐变有影响。养护环境湿度愈大、温度愈高，徐变就愈小，因此加强混凝土的养护，促使水泥水化作用充分，尽早尽多结硬，尽量减少不转化为结晶体的水泥胶凝体的成分，是减少徐变的有效措施，对混凝土加以蒸气养护，可使徐变量减少20%～35%。但在使用期处于高温、干燥条件下，则构件的徐变将增大。由于混凝土中水分的挥发逸散和构件的体积与其表面之比有关，故而构件的尺寸愈大，则徐变就愈小。

显然，在混凝土的组成成分中，水灰比愈大，徐变愈大，在常用的水灰比(0.4～0.6)情况下，徐变与水灰比呈线性关系，水泥用量愈多，徐变也愈大；水泥品种不同对徐变也有影响，用普通硅酸盐水泥制成的混凝土，其徐变要较火山灰质水泥或矿渣水泥制成的大；骨料的力学性质也影响徐变变形，骨料愈坚硬、弹性模量愈大，以及骨科所占体积比愈大，徐变就愈小。因为对于骨料无所谓徐变，骨料能阻滞水泥肢体的蠕动，其弹性模量及所其弹性模量及所占体积比大，则阻滞作用好。试验表明，当骨料所占体积比由60%增加到75%时，徐变量将减少50%。

(4)混凝土的收缩、膨胀和温度变形

收缩和膨胀是混凝土在结硬过程中本身体积的变形，与荷载无关。混凝土在空气中结硬体积会收缩，在水中结硬体积要膨胀，但是膨胀值要比收缩值小很多，而且膨胀往往对结构受力有利，所以一般对膨胀可不予考虑。

混凝土收缩变形也是随时间而增长的。结硬初期收缩变形发展得很快，半个月大约可完成全部收缩的25%，一个月可完成约50%，二个月可完成约75%，其后发展趋缓，一年左右即渐稳定。混凝土收缩变形的试验值很分散，最终收缩值约为 $2\times10^{-4}\sim5\times10^{-4}$，对一般混凝土常取为 3×10^{-4}。

当混凝土受到各种制约不能自由收缩时，将在混凝土中产生拉应力，甚而导致混凝土产生收缩裂缝。裂缝会影响构件的耐久性、疲劳强度和观瞻，还会使预应力混凝土发生预应力损失，以及使一些超静定结构产生不利的影响。在钢筋混凝土构件中，钢筋使混凝土收缩受到压应力，而混凝土则受有拉应力。为了减少结构中的收缩应力，可设置伸缩缝，必要时也可使用膨胀水泥。

一般认为，混凝土结硬过程中特别是结硬初期，水泥水化凝结作用引起体积的凝缩，以及混凝土内游离水分蒸发逸散引起的干缩，是产生收缩变形的主要原因。

影响收缩的原因很多，就环境因素方面而言，大凡影响混凝土中水分保持的，都影响混凝土的收缩。注意养护，在湿度大、温度高的环境中结硬则收缩小；蒸汽养护不但加快水化作用，而且减少混凝土中的游离水分，故而收缩减少；体表比直接涉及混凝土中水分蒸发的速度，体表比比值大，水分蒸发慢，收缩小，体表比比值小的构件如工字形。箱形构件，收缩量大，收缩变形的发展也较快。

混凝土的制作方法和组成也是影响收缩的重要原因。密实的混凝土收缩小；水泥用量多、水灰比大、收缩就大；用强度高的水泥制成的混凝土收缩较大；骨料的弹性模量高、粒径大、所占体积比大，收缩小。

当温度变化时，混凝土也随之热胀冷缩，混凝土的线温度膨胀系数在绪论中已经述及，与钢筋的相近，故而温度变化时在混凝土和钢筋间引起的内力很小，不致产生不利的变形。但是钢筋没有收缩性能，当配置过多时，由于对混凝土收缩变形的阻滞作用加大，会使混凝土收缩开裂；对于大体积混凝土，表层混凝土的收缩较内部为大，而内部混凝土因水泥水化热蓄积得多，其温度却比表层高，若内部与外层变形差较大，也会导致表层混凝土开裂。

1.1.2.3 钢筋与混凝土之间的粘结与锚固

1. 粘结力的组成

钢筋与混凝土之间的粘结是这两种材料共同工作的保证，使之能共同承受外力、共同变形、抵抗相互间的滑移。而钢筋能否可靠地锚固在混凝土中则直接影响到这两种材料的共同工作，从而关系到结构和构件的安全和材料强度的充分利用。

一般而言，钢筋与混凝土的粘结锚固作用所包含的内容有：

(1)混凝土凝结时，水泥胶的化学作用，使钢筋和混凝土在接触面上产生的胶结力；

(2)由于混凝土凝结时收缩，握裹住钢筋，在发生相互滑动时产生的摩阻力；

(3)钢筋表面粗糙不平或变形钢筋凸起的肋纹与混凝土的咬合力；

(4)当采用锚固措施后所造成的机械锚固力等。

实际上,粘结力是指钢筋和混凝土接触界面上沿钢筋纵向的抗剪能力,也就是分布在界面上的纵向剪应力。而锚固则是通过在钢筋一定长度上粘结应力的积累、或某种构造措施,将钢筋“锚固”在混凝土中,保证钢筋和混凝土的共同工作,使两种材料正常、充分地发挥作用。

2. 影响粘结强度的因素

(1)混凝土的质量　混凝土的质量对粘结力和锚固的影响很大。水泥性能好、骨料强度高、配比得当、振捣密实、养护良好的混凝土对粘结力和锚固非常有利。

(2)钢筋的形式　由于使用变形钢筋比使用光圆钢筋对粘结力要有利得多,所以变形钢筋的末端一般无需作成弯钩。

(3)变形钢筋纹型不同以及直径较大对粘结力的影响　钢筋纹型对粘结强度有所影响,月牙纹比螺旋纹钢筋的粘结强度降低5%～15%,所以月牙纹钢筋的锚固长度就略需加长。

另外,变形钢筋的肋高随着钢筋直径 d 的加大而相对变矮,影响粘结力下降,所以当钢筋直径 $d>25$ mm后,锚固长度应予修正。

(4)钢筋保护层厚度　前已述及,钢筋的混凝土保护层不能过薄;另外,钢筋的净距不能过小。就粘结力的要求而言,为了保证粘结锚固性能可靠,应取保护层厚度 $c\geq$ 钢筋的直径 d,以防止发生劈裂裂缝,因为沿纵向钢筋的劈裂裂缝对受力和耐久性都极为不利。试验表明,粘结强度随混凝土保护层增厚而提高,当 $c\geq 5d$ 后,锚固长度的取值可以减少。

(5)横向钢筋对粘结力的影响　横向钢筋可以延续内裂缝和劈裂裂缝的发展,提高粘结强度。设置箍筋可将纵向钢筋的抗滑移能力提高25%,使用焊接骨架或焊接网则提高得更多。所以在直径较大钢筋的锚固区和搭接区,以及一排钢筋根数较多时,都应设置附加钢筋,以加强锚固或防止混凝土保护层劈裂剥落。不过,横向钢筋的约束作用是有限度的,用横向钢筋加强后所得的粘结强度,总不至大过外因混凝土较厚时所得剪切型破坏的粘结强度。

(6)钢筋锚固区有横向压力时对粘结力的影响　此时,混凝土横向变形受到约束,摩阻力增大,抗滑好,有利于粘结强度,故而在梁的简支支座处,可以相应减少钢筋在支座中的锚固长度。

(7)反复荷载对粘结力的影响　结构和构件承受反复荷载对粘结力不利。反复荷载所产生的应力愈大、重复的次数愈多,则粘结力遭受的损害愈严重。

1.1.3　梁、板的配筋计算

1.1.3.1　概述

结构中各种类型的梁、板是弯矩和剪力共同作用受弯构件。梁和板的区别在于梁的截面高度一般大于其宽度,而板的截面高度则远小于其宽度。

受弯构件在荷载作用下可能发生两种破坏。当受弯构件沿弯矩最大的截面发生破坏,破坏截面与构件的纵轴线垂直,称为沿正截面破坏,如图1-17(a)所示;当受弯构件沿剪力最大或弯矩和剪力都较大的截面发生破坏,破坏截面与构件的纵轴线斜交,称为沿斜截面破坏,如图1-17(b)所示。因此,受弯构件需要进行正截面承载力和斜截面承载力计算。

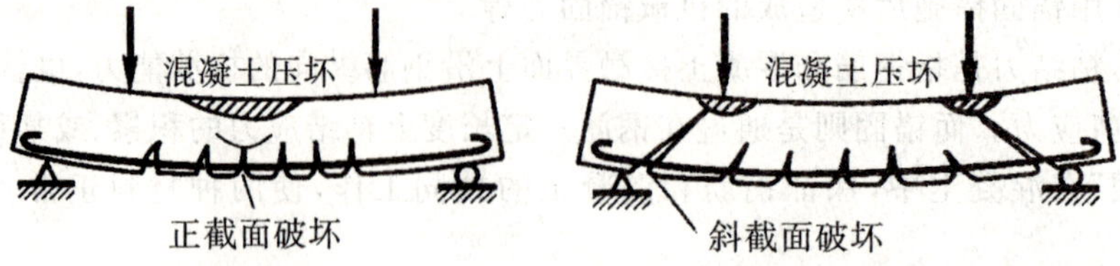

(a) 正截面破坏　　(b) 斜截面破坏

图 1-17　受弯构件的破坏形式

1.1.3.2　受弯构件的截面形式

受弯构件常用矩形、T 形、I 字形、环形、槽形板、空心板、矩形板等截面，如图 1-18 所示。

在受弯构件中，仅在截面的受拉区配置纵向受力钢筋的截面，称为单筋截面，如图 1-18(a)所示。同时在截面的受拉区和受压区配置纵向受力钢筋的截面，称为双筋截面，如图1-18(b)所示。

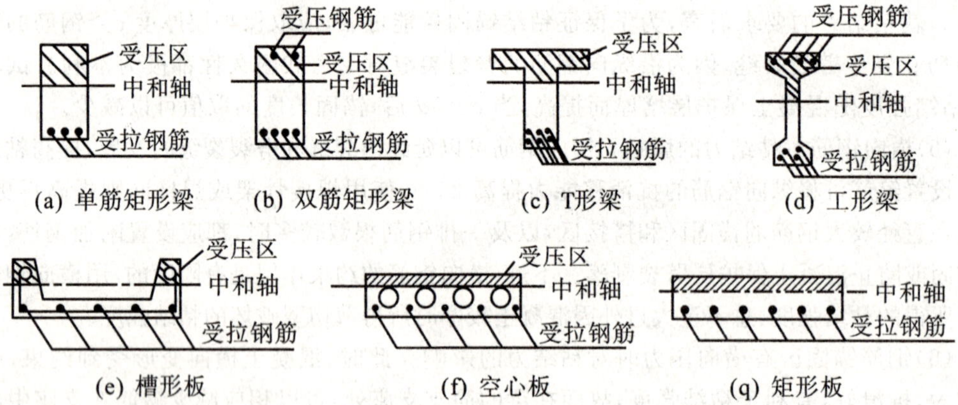

图 1-18　受弯构件截面形式

1.1.3.3　梁的构造要求

梁中一般配置纵向受力钢筋、弯起钢筋、箍筋和架立钢筋，如图 1-19 所示。

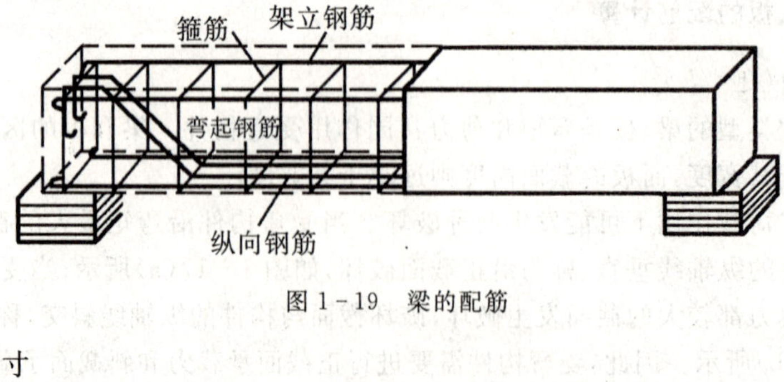

图 1-19　梁的配筋

1. 截面尺寸

高与跨度之比 h/l 称为高跨比。对于肋形楼盖的主梁为 1/8～1/14，次梁为 1/12～1/18；独立梁不小于 1/15(简支)和 1/20(连续)；对于一般铁路桥梁为 1/6～1/10，公路桥梁为 1/10～1/18。

矩形截面梁的高宽比 h/b 一般取 2.0～3.0；T 形截面梁的 h/b 一般取 2.5～4.0（此处 b 为梁肋宽）。为便于统一模板尺寸，通常采用矩形截面梁的宽度或 T 形截面梁的肋宽 b(mm)＝100、120、150、(180)、200、(220)、250 和 300，300 mm 以上的级差为 50 mm。括号中的数值仅用于木模；梁的高度 h(mm)＝250、300... 750、800、900、1000 等尺寸。当 $h<800$ mm 时，级差为 50 mm，当 $h\geqslant 800$ mm 时，级差为 100 mm。

2. 混凝土强度等级和保护层厚度

梁常用的混凝土强度等级是 C20、C25、C30、C35、C40 等。

纵向受力钢筋的外边缘至混凝土表面的垂直距离，称为混凝土保护层厚度，用 c 表示，如图 1－20 所示。为保证结构的耐久性、防火性以及钢筋与混凝土的粘结，混凝土保护层厚度不应小于钢筋的公称直径，且应符合附表 B.2 的规定。

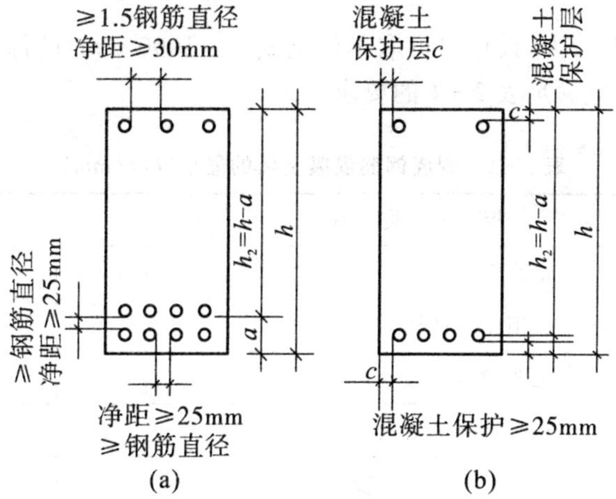

图 1－20　钢筋净距、保护层及有效高度

梁、板、柱的混凝土保护层厚度与环境类别（见附表 B.1）和混凝土强度等级有关。

3. 纵向受力钢筋

梁中纵向受力钢筋宜采用 HRB400（Ⅲ级）或 RRB400（Ⅲ级）和 HRB335（Ⅱ级），常用钢筋直径为 10～32 mm，根数不得少于 2 根。梁内受力钢筋的直径宜尽可能相同。设计中若采用两种不同直径的钢筋，钢筋直径相差至少 2 mm，以便于在施工中能用肉眼识别，但相差也不宜超过 6 mm。

钢筋混凝土梁纵向受力钢筋的直径，当梁高 $h\geqslant 300$ mm 时，不应小于 10mm；当梁高 $h<300$ mm时，不应小于 8 mm。为了便于浇注混凝土，保证钢筋周围混凝土的密实性，以及保证钢筋能与混凝土粘结在一起，纵筋的净距应满足图 1－20 所示的要求。

4. 纵向构造钢筋

（1）架立钢筋

为了固定箍筋并与纵向受力钢筋形成骨架，在梁的受压区应设置架立钢筋。梁内架立钢筋的直径，当梁的跨度 $l<4$ m 时，不宜小于 8 mm；当梁的跨度 $l=4\sim6$ m 时，不宜小于 10 mm；当梁的跨度 $l>6$ m 时，不宜小于 12 mm。

（2）梁侧腰筋

由于混凝土收缩量的增大，近年在梁的侧面产生收缩裂缝的现象时有发生。裂缝一般呈枣核状，两头尖而中间宽，向上伸至板底，向下至于梁底纵筋处，截面较高的梁，情况更为严重。

《规范》规定，当梁的腹板高度 $h_w \geqslant 450$ mm 时，在梁的两个侧面沿高度配置纵向构造钢筋(腰筋)。每侧纵向构造钢筋(不包括梁上、下部受力钢筋及架立钢筋)的截面面积不应小于腹板截面面积 bh_w 的 0.1%，且其间距不宜大于 200 mm。此处腹板高度 h_w：矩形截面为有效高度 h_0；对 T 形截面，取有效高度 h_0 减去翼缘高度；对工形截面，取腹板净高。

5. 箍筋

梁的箍筋宜采用 HPB235(Ⅰ级)、HRB335(Ⅱ级)和 HRB400(Ⅲ级)的钢筋，常用直径是 6 mm、8 mm 和 10 mm。

1.1.3.4　*板的构造要求*

1. 板的最小厚度

现浇板的宽度一般较大，设计时可取单位宽度(b=1000 mm)进行计算。其厚度除应满足各项功能要求外，还应满足表 1-1 的要求。

表 1-1　现浇钢筋混凝土板的最小厚度(mm)

板的类别		厚度
单向板	屋面板	60
	民用建筑楼板	60
	工业建筑楼板	70
	行车道下的楼板	80
双向板		80
密肋板	肋间距小于或等于 700 mm	40
	肋间距大于 700 mm	50
悬臂板	板的悬臂长度小于或等于 500 mm	60
	板的悬臂长度大于 500 mm	80
无梁楼板		150

注：悬臂板的厚度指悬臂根部的厚度。

2. 板常用的混凝土强度等级

板常用强度等级是 C20、C25、C30、C35、C40 等。

3. 板的受力钢筋

板内钢筋一般有纵向受力钢筋和分布钢筋，如图 1-21 所示。

板的纵向受力钢筋常用 HPB235(Ⅰ级)、HRB335(Ⅱ级)和 HRB400(Ⅲ级)钢筋，直径通常采用 6～12 mm；当板厚较大时，钢筋直径可用 14～18 mm。为了便于浇筑混凝土，保证钢筋周围混凝土的密实性，板内钢筋间距不宜太密；为了使板能正常的承受外荷载，也不宜过稀；钢筋的间距一般为 70～200 mm，如图 1-22 所示。当板厚 $h \leqslant 150$ mm 时，不宜大于 200 mm；当板厚 $h > 150$ mm，不宜大于 1.5 h，且不宜大于 250 mm。

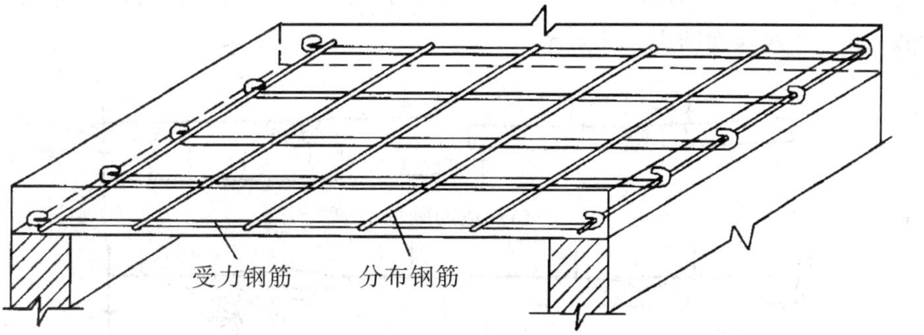

图 1-21 板的配筋

4. 板的分布钢筋

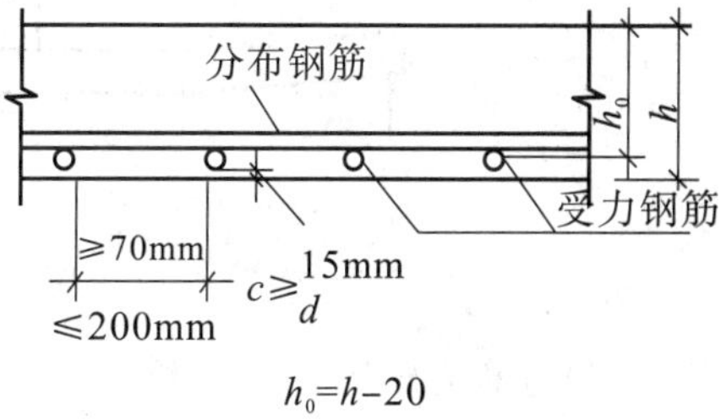

图 1-22 板的配筋构造

当按单向板设计时，除沿受力方向布置受力钢筋外，尚应在垂直受力方向布置分布钢筋，如图 1-21、图 1-22 所示。分布钢筋宜采用 HPB235(Ⅰ级)和 HRB335(Ⅱ级)的钢筋，常用直径是 6 mm 和 8 mm。单位长度上分布钢筋的截面面积不宜小于单位宽度上受力钢筋截面面积的 15%，且不宜小于该方向板截面面积的 0.15%；分布钢筋的间距不宜大于 250 mm，直径不宜小于 6 mm；对集中荷载较大或温度变化较大的情况，分布钢筋的截面面积应适当增加，其间距不宜大于 200 mm。

1.1.3.5 受弯构件正截面承载力计算

1. 纵向受拉钢筋的配筋率 ρ

钢筋混凝土构件是由钢筋和混凝土两种材料组成的，随着它们的配比变化，将对其受力性能和破坏形态有很大影响。截面上配置钢筋的多少，通常用配筋率来衡量。

对矩形截面受弯构件，纵向受拉钢筋的面积 A_s 与截面有效面积 bh_0 的比值，称为纵向受拉钢筋的配筋率，简称配筋率，用 ρ 表示，即：

$$\rho=\frac{A_s}{bh_0} \tag{1-12}$$

式中，ρ——纵向受拉钢筋的配筋率，用百分数计量；

A_s——纵向受拉钢筋的面积；

b——截面宽度；

h_0——截面有效高度，$h_0=h-a$；

a——纵向受拉钢筋合力点至截面近边的距离。当为一排钢筋时，$a=c+d/2$，其中 d 为钢筋直径，c 为混凝土保护层厚度。若环境类别为一类，当混凝土强度等级≥C25 时，对于板：$c=15$ mm，当 $d=10$ mm 时，$a=20$ mm；对于梁：一排钢筋时，$c=25$ mm，当 $d=20$ mm时，$a=35$ mm；两排钢筋时，$a=50\sim60$ mm。

2. 受弯构件正截面的破坏形态

根据试验研究，受弯构件正截面的破坏形态主要与配筋率、混凝土和钢筋的强度等级、截面形式等因素有关，但以配筋率对构件的破坏形态的影响最为明显。根据配筋率不同，其破坏形态为适筋破坏、超筋破坏和少筋破坏，如图 1-23 所示，与三种破坏形态相对应的弯矩—挠度（M—f）曲线如图 1-24 所示。

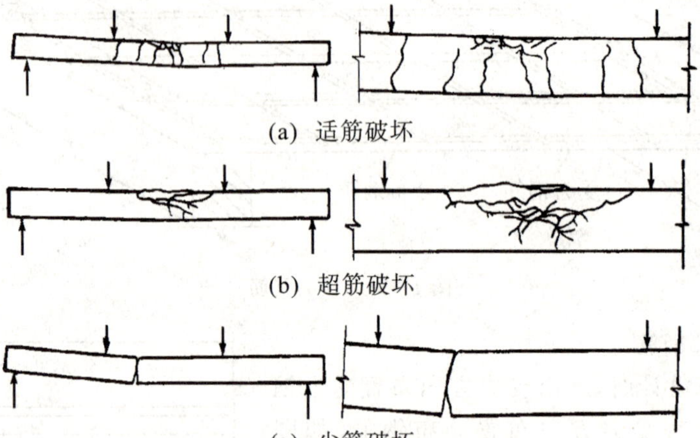

(a) 适筋破坏

(b) 超筋破坏

(c) 少筋破坏

图 1-23　梁的三种破坏形态

(1)适筋梁破坏

当配筋适中，即 $\rho_{min}\leqslant\rho\leqslant\rho_{max}$ 时（ρ_{min}、ρ_{max} 分别为纵向受拉钢筋的最小配筋率、最大配筋率）发生适筋梁破坏，其特点是纵向受拉钢筋先屈服，然后随着弯矩的增加受压区混凝土被压碎，破坏时两种材料的性能均得到充分发挥。

适筋梁的破坏特点是破坏始自受拉区钢筋的屈服。在钢筋应力达到屈服强度之初，受压区边缘纤维的应变小于受弯时混凝土极限压应变。在梁完全破坏之前，由于钢筋要经历较大的塑性变形，随之引起裂缝急剧开展和梁挠度的激增（如图 1-24），它将给人以明显的破坏预兆，属于延性破坏类型，如图 1-23(a)。

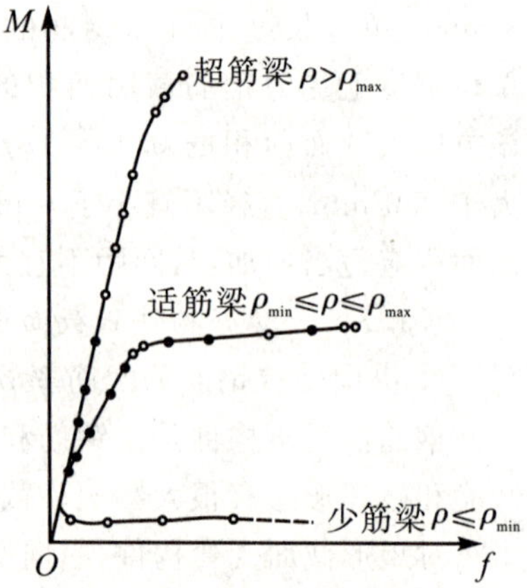

图 1-24　适筋梁、超筋梁、少筋梁的 M－f 曲线

(2)超筋梁破坏

当配筋过多，即 $\rho>\rho_{max}$ 时发生超筋梁破坏，其特点是混凝土受压区先压碎，纵向受拉钢筋不屈服。

超筋梁的破坏特点在受压区边缘纤维应变达到混凝土受弯极限压应变值时，钢筋应力尚小于屈服强度，但此时梁已告破坏。试验表明，钢筋在梁破坏前仍处于弹性工作阶段，裂缝开展不宽，延伸不高，梁的挠度亦不大，如图1-24所示。总之，它在没有明显预兆的情况下由于受压区混凝土被压碎而突然破坏，故属于脆性破坏类型，如图1-23(b)所示，超筋梁虽配置过多的受拉钢筋，但由于梁破坏时其钢筋应力低于屈服强度，不能充分发挥作用，造成钢材的浪费。这不仅不经济，而且破坏前没有预兆，故设计中不允许采用超筋梁。

(3)少筋梁破坏

当配筋过少，即 $\rho<\rho_{min}$ 时发生少筋破坏形态，其特点是受拉区混凝土一开裂就破坏。少筋梁的破坏特点是一旦开裂，受拉钢筋立即达到屈服强度，有时可迅速经历整个流幅而进

入强化阶段，在个别情况下，钢筋甚至可能被拉断。少筋梁破坏时，裂缝往往只有一条，不仅裂缝开展过宽，且沿梁高延伸较高，即已标志着梁的“破坏”，如图 1－23(c)。

从单纯满足承载力需要出发，少筋梁的截面尺寸过大，故不经济；同时它的承载力取决于混凝土的抗拉强度，属于脆性破坏类型，故在土木工程中不允许采用。水利工程中，往往截面尺寸很大，为了经济，有时也允许采用少筋梁。

比较适筋梁和超筋梁的破坏特点，可以发现两者的差异在于：前者破坏始自受拉钢筋屈服；后者破坏则始自受压区混凝土被压碎。显然，总会有一个界限配筋率 ρ_b，这时钢筋应力达到屈服强度的同时，受压区边缘纤维应变也恰好达到混凝土受弯时极限压应变值，这种破坏形态叫“界限破坏”，即适筋梁与超筋梁的界限。界限配筋率 ρ_b 即为适筋梁的最大配筋率 ρ_{max}。界限破坏也属于延性破坏类型，所以界限配筋的梁也属于适筋梁的范围。可见，梁的配筋率应满足 $\rho_{min} \leqslant \rho \leqslant \rho_{max}$ 的要求。

3. 最大配筋率 ρ_{max} 和最小配筋率 ρ_{min}

(1)最大配筋率

$$\rho_{max} = \xi_b \alpha_1 \frac{f_c}{f_y} \tag{1-13}$$

式中，ξ_b——相对界限受压区高度 $\xi_b = \dfrac{x_b}{h_0}$，具体见表 1－2；

x_b——界限受压区高度；

α_1——为受压区混凝土矩形应力图的应力值与混凝土轴心抗压强度设计值 f_c 的比值。《规范》规定 $f_{cu,k} \leqslant 50\ \mathrm{N/mm^2}$ 时，$\alpha_1 = 1.0$；当 $f_{cu,k} = 80\ \mathrm{N/mm^2}$ 时，$\alpha_1 = 0.94$ 其间按线性内插法确定。

表 1－2　相对界限受压区高度 ξ_b 取值

混凝土强度等级	≤C50			C60			C70			C80		
	Ⅰ级	Ⅱ级	Ⅲ级	Ⅰ级	Ⅱ级	Ⅲ级	Ⅰ级	Ⅱ级	Ⅲ级	Ⅰ级	Ⅱ级	Ⅲ级
钢筋级别	HPB 235	HRB 335	HRB 400	HPB 235	HRB 335	HRB 400	HPB 235	HRB 335	HRB 400	HPB 235	HRB 335	HRB 400
ξ_b	0.614	0.550	0.518	0.594	0.531	0.499	0.575	0.512	0.481	0.555	0.493	0.463

(2)最小配筋率 ρ_{min}

少筋破坏的特点是一裂就坏，而最小配筋率 ρ_{min} 是适筋梁与少筋梁的界限配筋率。我国《规范》规定：对梁类受弯构件，受拉钢筋的最小配筋率取 $\rho_{min} = 45 \dfrac{f_t}{f_y} 100\%$，同时不应小于 0.2%。

若按最小配筋率配筋，当是矩形截面 $\rho_{min} = \dfrac{A_{s,min}}{bh}$，当为 T 形或工字形截面时，

$$A_{s,min} = \rho_{min}[bh + (b_f - b)h_f] \tag{1-14}$$

或

$$A_{s,min} = \rho_{min}[A - (b'_f - b)h'_f] \tag{1-15}$$

式中，$A_{s,min}$——按最小配筋率配置的纵向受拉钢筋的面积；

A——构件全截面面积；

b——矩形截面宽度，T 形、工形截面的腹板宽度；

h——梁的截面高度；

b'_f、b_f——T 形或工形截面受压区、受拉区的翼缘宽度；

h'_f、h_f——T 形或工形截面受压区、受拉区的翼缘高度。

4. 单筋矩形截面正截面受弯承载力计算

(1)基本计算公式

单筋矩形截面受弯构件正截面承载力计算简图如图 1－25 所示。

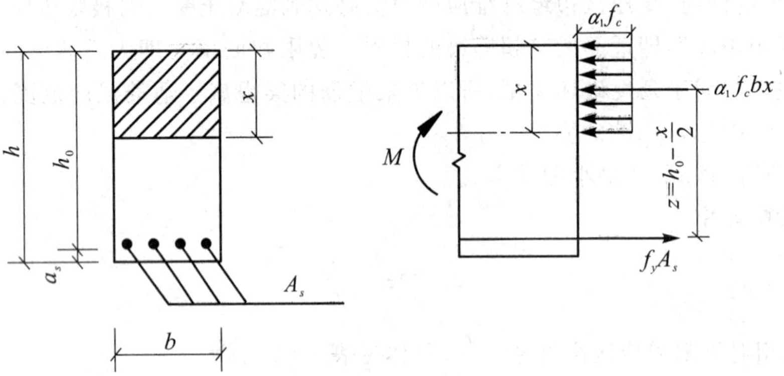

图 1－25　单筋矩形截面受弯构件正截面承载力计算简图

$$\sum X = 0 \qquad f_y A_s = \alpha_1 f_c bx \tag{1-16a}$$

$$\sum M = 0 \qquad M \leqslant M_u = \alpha_1 f_c bx \left(h_0 - \frac{x}{2}\right) \tag{1-16b}$$

或

$$M \leqslant M_u = f_y A_s \left(h_0 - \frac{x}{2}\right) \tag{1-16c}$$

式中，M——弯矩设计值；

M_u——正截面受弯承载力设计值；

f_c——混凝土轴心抗压强度设计值；

f_y——钢筋抗拉强度设计值；

A_s——纵向受拉钢筋截面面积；

h_0——截面有效高度，$h_0 = h - a_s$；

b——截面宽度；

x——混凝土受压区高度。

采用相对受压区高度 $\xi = \dfrac{x}{h_0}$，式(1－16)可写成：

$$f_y A_s = \alpha_1 f_c b h_0 \xi \tag{1-17a}$$

$$M \leqslant M_u = \alpha_1 f_c b h_0^2 \xi (1 - 0.5\xi) \tag{1-17b}$$

或

$$M \leqslant M_u = f_y A_s h_0 (1 - 0.5\xi) \tag{1-17c}$$

适用条件：

1)$\xi \leqslant \xi_b$（$x \leqslant \xi_b h_0$）　　或　　$\rho = \dfrac{A_s}{bh_0} \leqslant \rho_{max}$——防止发生超筋脆性破坏

2)$\rho=\frac{A_s}{bh_0}\geqslant\rho_{min}$——防止发生少筋脆性破坏

若令：

$$\alpha_s=\xi(1-0.5\xi) \tag{1-18a}$$

将式(1-18a)代入式(1-17b)，得：

$$\alpha_s=\frac{M}{\alpha_1 f_c b h_0^2} \tag{1-18b}$$

α_s——截面抵抗矩系数

由式(1-18a)可知：

$$\xi=1-\sqrt{1-2\alpha_s} \tag{1-18c}$$

由式(1-17a)可知：

$$A_s=\frac{\alpha_1 f_c b h_0 \xi}{f_y} \tag{1-19}$$

根据我国设计经验，梁的经济配筋率范围为0.5%～1.6%，板的经济配筋率范围为0.4%～0.8%。这样的配筋率远小于最大配筋率ρ_{max}，既节约钢材，又降低成本，且可防止脆性破坏。

(2)设计计算方法

在受弯构件正截面承载力计算时，一般仅需对控制截面进行受弯承载力计算。所谓控制截面，在等截面构件中一般是指弯矩设计值最大的截面；在变截面构件中则是指截面尺寸相对较小，而弯矩相对较大的截面。

在工程设计计算中，正截面受弯承载力计算包括截面设计和截面复核。

1)截面设计

截面设计是指根据截面所承受的弯矩设计值M选定材料、确定截面尺寸，计算配筋量。设计时，应满足$M\leqslant M_u$。为了经济起见，一般按$M=M_u$进行计算。

已知：弯矩设计值M、截面尺寸$b\times h$、混凝土和钢筋的强度等级，求受拉钢筋截面面积A_s。

计算的一般步骤如下：

①由式(1-18b)、(1-18c)计算$\alpha_s=\frac{M}{\alpha_1 f_c b h_0^2}$、$\xi=1-\sqrt{1-2\alpha_s}$；

②若$\xi\leqslant\xi_b$，则由式(1-19)计算$A_s=\frac{\alpha_1 f_c b h_0\xi}{f_y}$，选择钢筋；

③验算最小配筋率$\rho=\frac{A_s}{bh_0}\geqslant\rho_{min}$。

2)截面复核

截面复核是在截面尺寸、截面配筋以及材料强度已给定的情况下，要求确定该截面的受弯承载力M_u，并验算是否满足$M\leqslant M_u$的要求。若不满足承载力要求，应修改设计或进行加固处理。这种计算一般在设计审核或结构检验时进行。

如果计算发现$A_s<\rho_{min}bh$，则该受弯构件认为是不安全的，应修改设计或进行加固。

已知：弯矩设计值M、截面尺寸$b\times h$、混凝土和钢筋的强度等级、受拉钢筋的面积A_s，求受弯承载力M_u。

计算的一般步骤如下：

①计算 $\rho=\dfrac{A_s}{bh_0}$；

②$\xi=\rho\dfrac{f_y}{\alpha_1 f_c}$；

③若 $\xi\leqslant\xi_b$，则 $M_u=f_yA_sh_0(1-0.5\xi)$ 或 $M_u=\alpha_1 f_cbh_0^2\xi(1-0.5\xi)$；

④若 $\xi>\xi_b$，则取 $\xi=\xi_b$，$M\leqslant M_u$；

⑤当 $M\leqslant M_u$ 时，构件截面安全，否则为不安全。

当 $M<M_u$ 过多时，该截面设计不经济。也可以按基本计算公式求解 M_u，更为直观。

【例 1-1】 已知矩形梁截面尺寸 $b\times h=250\ \text{mm}\times500\ \text{mm}$，弯矩设计值 $M=150\ \text{kN}\cdot\text{m}$，混凝土强度等级为 C30，钢筋采用 HRB335 级，环境类别为一类，结构的安全等级为二级，求所需的受拉钢筋截面面积 A_s。

解：(1)设计参数

C30 混凝土，附表 A.1 查得：$f_c=14.3\ \text{N/mm}^2$、$f_t=1.43\ \text{N/mm}^2$、$\alpha_1=1.0$，环境类别为一类，附表 B.2 查得 $c=25$ mm，$a=35$ mm，$h_0=500-35=465$ mm，HRB335 级钢筋，附表 A.2 查得 $f_y=300\ \text{N/mm}^2$，表 1-2 查得 $\xi_b=0.55$。

(2)计算系数 α_s、ξ

$$\alpha_s=\frac{M}{\alpha_1 f_cbh_0^2}=\frac{150\times10^6}{1.0\times14.3\times250\times465^2}=0.194$$

$\xi=1-\sqrt{1-2\alpha_s}=1-\sqrt{1-2\times0.194}=0.218<\xi_b=0.55$，满足适筋要求。

(3)计算配筋 A_s

$$A_s=\frac{\alpha_1 f_cbh_0\xi}{f_y}=\frac{1.0\times14.3\times250\times465\times0.218}{300}=1208\ \text{mm}^2$$

选用 4⌀20，$A_s=1256\ \text{mm}^2$。

(4)验算最小配筋率

$$\rho=\frac{A_s}{bh_0}=\frac{1256}{250\times465}=1\%>\rho_{\min}=0.45\frac{f_t}{f_y}=0.45\frac{1.43}{300}=0.214\%$$

同时＞0.2%满足要求。

(5)验算配筋构造要求

钢筋净间距$=\dfrac{250-4\times20-2\times25}{3}=40\ \text{mm}>25\ \text{mm}$，且$>d$，满足要求。

截面配筋如图 1-26 所示。

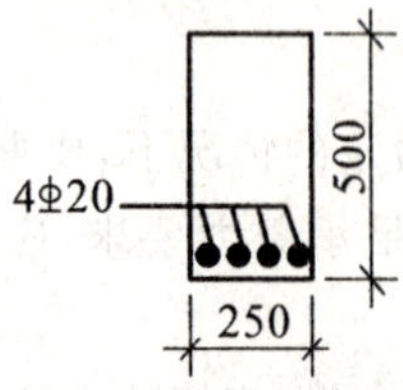

图 1-26 例题 1-1 截面配筋图

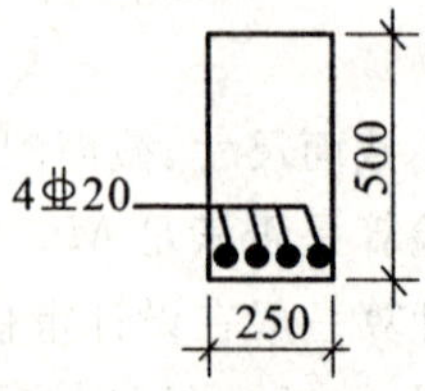

图 1-27 例题 1-2 截面配筋图

【例 1-2】 已知矩形截面梁 $b\times h=250\ \text{mm}\times500\ \text{mm}$，承受弯矩设计值 $M=$

160 kN·m，混凝土强度等级为C20，钢筋采用HRB400级，环境类别为一类，结构的安全等级为二级。截面配筋如图1-27所示，试复核该截面是否安全。

解：(1)设计参数

C20混凝土，附表A.1查得：$f_c=9.6\ N/mm^2$、$f_t=1.1\ N/mm^2$、$\alpha_1=1.0$，

环境类别为一类，附表B.2查得$c=30$ mm，$a=30+20/2=40$ mm，$h_0=500-40=460$ mm，

HRB400级钢筋，附表A.2查得$f_y=360\ N/mm^2$，表1-2查得$\xi_b=0.518$，

4 Ф 20，$A_s=1256\ mm^2$。

(2)验算最小配筋率

$$\rho=\frac{A_s}{bh_0}=\frac{1256}{250\times465}=1\%>\rho_{min}=0.45\frac{f_t}{f_y}=0.45\frac{1.43}{300}=0.214\%$$

同时>0.2%满足要求。

(3)计算受压区高度x

由式(1-16a)得：

$$x=\frac{f_yA_s}{f_cb}=\frac{360\times1256}{9.6\times250}=188.4\ mm<\xi_bh_0=0.518\times460=238.28\ mm$$

满足适筋要求。

(4)计算受弯承载力M_u

由式(1-16c)计算：

$$M_u=f_yA_s\left(h_0-\frac{x}{2}\right)=360\times1256\times(460-0.5\times188.4)\times10^{-6}$$

$$=165.4\ kN\cdot m>M=160\ kN\cdot m$$

满足受弯承载力要求。

【例1-3】 某办公楼的走廊为简支在砖墙上的现浇钢筋混凝土板，如图1-28(a)所示，计算跨度$l_0=2.38$ m，板上作用的均布活荷载标准值$q_k=2\ kN/m^2$，水磨石地面及细石混凝土垫层共30 mm厚(重力密度为22 kN/m³)，板底粉刷白灰砂浆12 mm厚(重力密度为17 kN/m³)。已知环境类别为一类，结构的安全等级为二级，混凝土强度等级为C25，纵向受拉钢筋采用HPB235级。试确定板厚和所需的受拉钢筋截面面积。

解：设板厚$h=80$ mm，取板宽$b=1000$ mm的板带作为计算单元，如图1-28(b)所示。

(1)设计参数

C25混凝土：$f_c=11.9\ N/mm^2$、$f_t=1.27\ N/mm^2$、$\alpha_1=1.0$，

环境类别为一类，$c=15$ mm，$a=20$ mm，$h_0=80-20=60$ mm，

HPB235级钢筋，$f_y=210\ N/mm^2$，表1-2查得$\xi_b=0.614$。

(2)计算荷载标准值和设计值

1)荷载标准值

恒荷载标准值：g_k

水磨石地面及细石混凝土垫层30 mm厚：$0.03\times22=0.66\ kN/m^2$

80mm厚钢筋混凝土板自重：$0.08\times25=2\ kN/m^2$

板底粉刷白灰砂浆12mm厚：$0.012\times17=0.204\ kN/m^2$

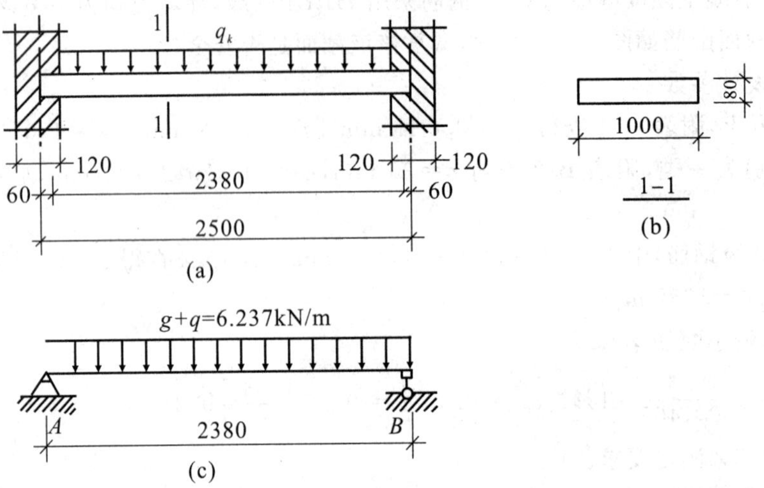

图 1-28　例题 1-3 图

$g_k=(0.66+2+0.204)\times 1=2.864\ \text{kN/m}$

活荷载标准值：$q_k=2\times 1=2\ \text{kN/m}$

2)荷载设计值

$g+q=1.2g_k+1.4q_k=1.2\times 2.864+1.4\times 2=6.237\ \text{kN/m}$

$g+q=1.35g_k+1.4\times 0.7q_k=1.35\times 2.864+1.4\times 0.7\times 2=5.826\ \text{kN/m}$

∴取 $g+q=6.237\ \text{kN/m}$

计算简图如图 1-28(c)所示。

(3)计算弯矩设计值 M

$$M=\frac{1}{8}(g+q)l_0^2=\frac{1}{8}\times 6.237\times 2.38^2=4.416\ \text{kN}\cdot\text{m}$$

(4)计算系数 α_s、ξ

$$\alpha_s=\frac{M}{\alpha_1 f_c b h_0^2}=\frac{4.416\times 10^6}{1.0\times 11.9\times 1000\times 60^2}=0.103$$

$\xi=1-\sqrt{1-2\alpha_s}=1-\sqrt{1-2\times 0.103}=0.109<\xi_b=0.614$，满足适筋要求。

(5)计算配筋 A_s

$$A_s=\frac{\alpha_1 f_c b h_0 \xi}{f_y}=\frac{1.0\times 11.9\times 1000\times 60\times 0.109}{210}=371\ \text{mm}^2$$

选用 $\phi 8@130$，$A_s=387\ \text{mm}^2$。

(6)验算最小配筋率 ρ_1

$$\rho_1=\frac{A_s}{bh}=\frac{387}{1000\times 80}=0.48\%>\rho_{\min}=0.45\frac{f_t}{f_y}=0.45\frac{1.27}{210}=0.272\%$$

同时 $\rho_1>0.2\%$ 满足要求，截面配筋如图 1-29 所示。

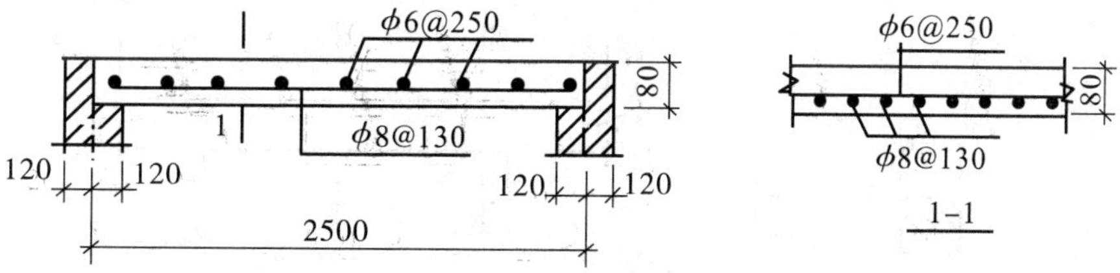

图 1－29　例题 1－3 截面配筋图

5. T 形截面梁

(1)受弯性能

受弯构件在破坏时，大部分受拉区混凝土早已退出工作，故可挖去部分受拉区混凝土，并将钢筋集中放置，如图 1－30(a)，形成 T 形截面，对受弯承载力没有影响。这样既可节省混凝土，也可减轻结构自重。若受拉钢筋较多，为便于布置钢筋，可将截面底部适当增大，形成工形截面，如图 1－30(b)。

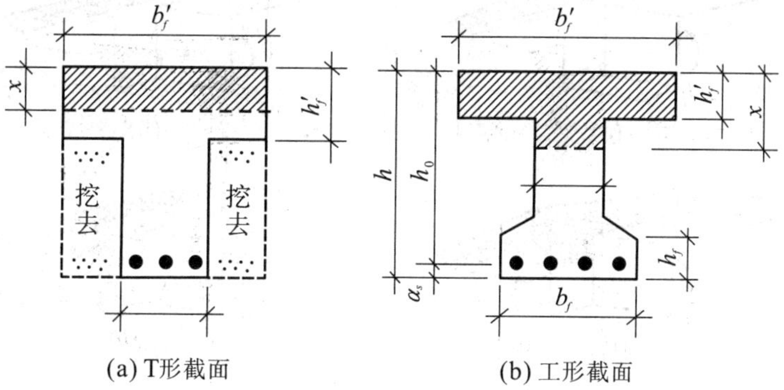

图 1－30　T 形截面

T 形截面伸出部分称为翼缘，中间部分称为肋或梁腹。肋的宽度为 b，位于截面受压区的翼缘宽度为 b'_f，厚度为 h'_f，截面总高为 h。工形截面位于受拉区的翼缘不参与受力，因此也按 T 形截面计算。

工程结构中，T 形和工形截面受弯构件的应用是很多的，如现浇肋形楼盖中的主、次梁，T 形吊车梁、薄腹梁、槽形板等均为 T 形截面；箱形截面、空心楼板、桥梁中的梁为工字形截面。

但是，若翼缘在梁的受拉区，如图 1－31(a)所示的倒 T 形截面梁，当受拉区的混凝土开裂以后，翼缘对承载力就不再起作用了。对于这种梁应按肋宽为 b 的矩形截面计算承载力。又如整体式肋梁楼盖连续梁中的支座附近的 2－2 截面，如图 1－31(b)，由于承受负弯矩，翼缘(板)受拉，故仍应按肋宽为 b 的矩形截面计算。

(2)翼缘的计算宽度 b'_f

由实验和理论分析可知，T 形截面梁受力后，翼缘上的纵向压应力是不均匀分布的，离梁肋越远压应力越小，实际压应力分布如图 1－32(a)、(c)所示。故在设计中把翼缘限制在一定范围内，称为翼缘的计算宽度 b'_f，并假定在 b'_f 范围内压应力是均匀分布的，如图 1－32(b)、(d)所示。

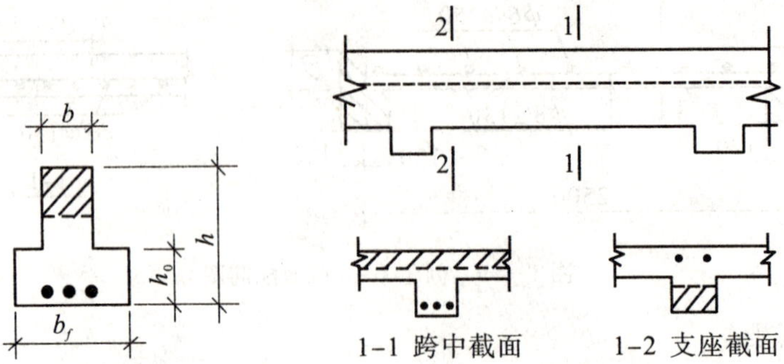

(a) 倒T形截面　　(b) 连续梁跨中与支座截面

图 1-31　倒 T 形截面

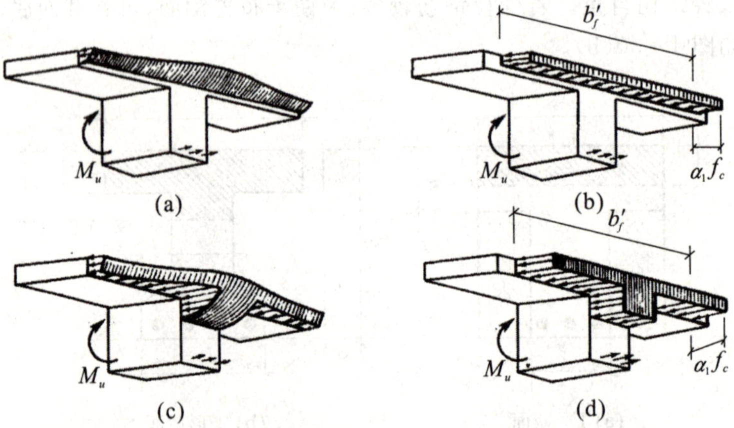

图 1-32　T 形截面受弯构件受压翼缘的应力分布和计算图形

《规范》对翼缘计算宽度 b'_f 的取值规定见表 1-3，计算时应取表中有关各项中的最小值。

表 1-3　T 形、工形及倒 L 形截面受弯构件翼缘的计算宽度 b'_f

项次	情况		T 形、工形截面		倒 L 形截面
			肋形梁(肋形板)	独立梁	肋形梁(板)
1	按跨度 l_0 考虑		$\frac{1}{3}l_0$	$\frac{1}{3}l_0$	$\frac{1}{6}l_0$
2	按梁(纵肋)净距 s_n 考虑		$b+s_n$	—	$b+\frac{s_n}{2}$
3	按翼缘高度 h'_f 考虑	$\frac{h'_f}{h_0}\geqslant 0.1$	—	$b+12h'_f$	—
		$0.1>\frac{h'_f}{h_0}\geqslant 0.05$	$b+12h'_f$	$b+6h'_f$	$b+5h'_f$
		$\frac{h'_f}{h_0}<0.05$	$b+12h'_f$	b	$b+5h'_f$

注：1. 表中 b 为梁的腹板宽度。

2. 如肋形梁在梁跨内设有间距小于纵肋间距的横肋时，则可不遵守表中项次 3 的规定。

3. 对有加腋的 T 形、工形和倒 L 形截面，当受压区加腋的高度 h_h 不小于 h'_f 且加腋的宽度 $b_h \leqslant 3h_h$ 时，则其翼缘计算宽度可按表中项次 3 的规定分别增加 $2b_h$（T 形、工形截面）和 b_n（倒 L 形截面）。

4. 独立梁受压区的翼缘板在荷载作用下经验算沿纵肋方向可能产生裂缝时，则其计算宽度应取用腹板宽度 b。

T 形截面正截面承载力计算与矩形截面正截面承载力计算类似，不再赘述。

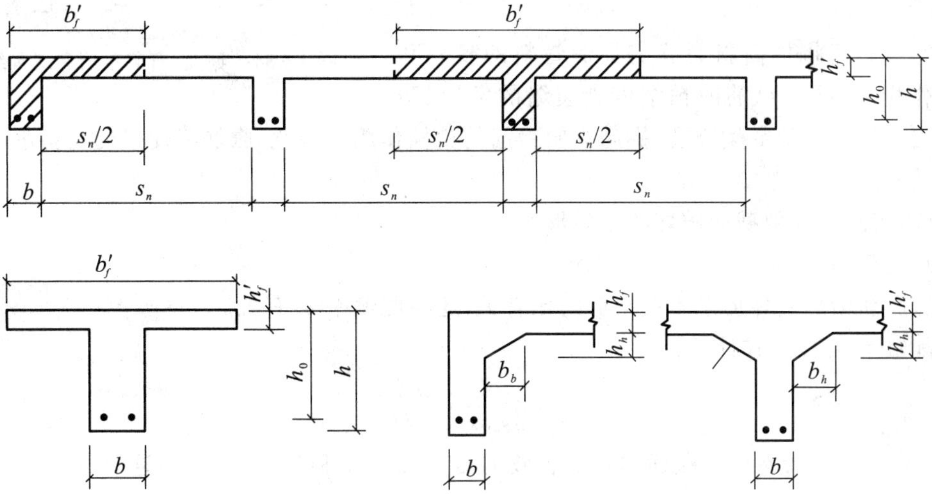

图 1 - 33　T 形截面受压翼缘的计算宽度

1.1.3.6　受弯构件斜截面承载力计算

在荷载作用下，截面除产生弯矩 M 外，常常还产生剪力 V，在剪力和弯矩共同作用的剪弯区段，产生斜裂缝，如果斜截面承载力不足，可能沿斜裂缝发生斜截面受剪破坏或斜截面受弯破坏。因此，还要保证受弯构件斜截面承载力，即斜截面受剪承载力和斜截面受弯承载力。

工程设计中，斜截面受剪承载力是由抗剪计算来满足的，斜截面受弯承载力则是通过构造要求来满足的。

1. 斜裂缝的形成

由于混凝土抗拉强度很低，随着荷载的增加，当主拉应力超过混凝土复合受力下的抗拉强度时，就会出现与主拉应力轨迹线大致垂直的裂缝。除纯弯段的裂缝与梁纵轴垂直以外，M、V 共同作用下的截面主应力轨迹线都与梁纵轴有一倾角，其裂缝与梁的纵轴是倾斜的，故称为斜裂缝。

当荷载继续增加，斜裂缝不断延伸和加宽，当截面的抗弯强度得到保证时，梁最后可能由于斜截面的抗剪强度不足而破坏。

为了防止斜截面破坏，理论上应在梁中设置与主拉应力方向平行的钢筋最合理，可以有效地限制斜裂缝的发展。但为了施工方便，一般采用梁中设置与梁轴垂直的箍筋（如图 1 - 34 所示）。弯起钢筋一般利用梁内的纵筋弯起而形成，虽然弯起钢筋的方向与主拉应力方向一致（如图 1 - 34 所示），但由于其传力较集中，受力不均匀，同时增加了施工难度，一般仅在箍筋略有不足时采用。箍筋和弯起钢筋称为腹筋。

2. 有腹筋梁的斜截面受剪性能

(1)箍筋的作用

在有腹筋的梁中，箍筋的作用：

1)箍筋可以直接承担部分剪力；

2)箍筋能限制斜裂缝的开展和延伸，增大混凝土剪压区的截面面积，提高混凝土剪压区的抗剪能力；

3)箍筋还将提高斜裂缝交界面骨料的咬合和摩擦作用，延缓沿纵筋的粘结劈裂裂缝的发展，防止混凝土保护层的突然撕裂，提高纵向钢筋的销栓作用。因此，腹筋将使梁的受剪承载力有较大的提高。

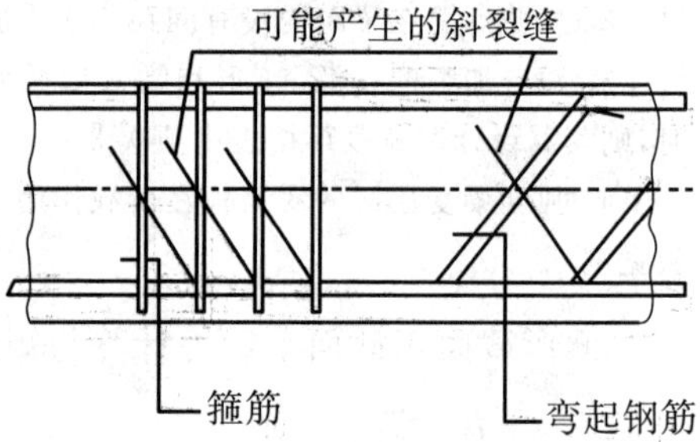

图 1－34 箍筋、弯起钢筋和斜裂缝

(2)有腹筋梁斜截面破坏的主要形态

1)配箍率 ρ_{sv}

有腹筋梁的破坏形态不仅与剪跨比有关，还与配箍率 ρ_{sv} 有关。

配箍率 ρ_{sv} 按下式计算：

$$\rho_{sv}=\frac{A_{sv}}{bs}=\frac{nA_{sv1}}{bs} \quad (1-20)$$

式中，A_{sv}——配置在同一截面内箍筋各肢的截面面积总和，$A_{sv}=nA_{sv1}$，这里 n 为同一截面内箍筋的肢数，如图 1－35 中箍筋为双肢箍，$n=2$；

A_{sv1}——为单肢箍筋的截面面积；

s——箍筋的间距；

b——梁宽。

2)有腹筋梁斜截面破坏的主要形态

有腹筋梁斜截面剪切破坏形态与无腹筋梁一样，也可概括为三种主要破坏形态：斜压、剪压和斜拉破坏。

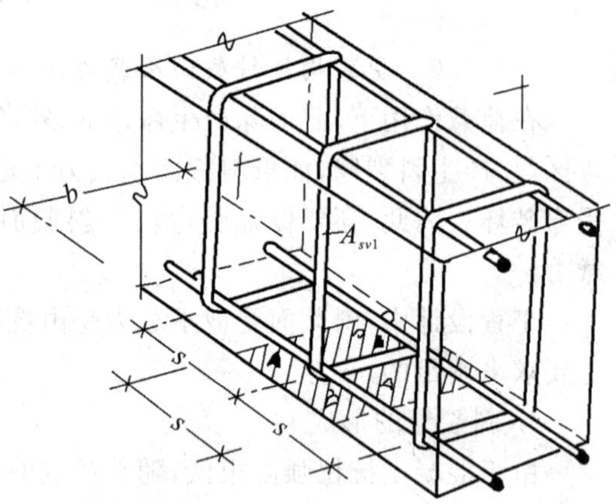

图 1－35 配箍率

①斜拉破坏

当配箍率太小或箍筋间距太大且剪跨比较大($\lambda>3$)时，易发生斜拉破坏。其破坏特征与无箍筋梁相同，破坏时箍筋被拉断。

②斜压破坏

当配置的箍筋太多或剪跨比很小($\lambda<1$)时，发生斜压破坏，其特征是混凝土斜向柱体被压碎，但箍筋不屈服。

③剪压破坏

当配箍适量且剪跨比($\lambda>1$)时发生剪压破坏，其特征是箍筋受拉屈服，剪压区混凝土压碎，斜截面受剪承载力随配箍率及箍筋强度的增加而增大。

斜压破坏和斜拉破坏都是不理想的。因为斜压破坏在破坏时箍筋强度未得到充分发挥，斜拉破坏发生得十分突然，因此在工程设计中应避免出现这两种破坏。

剪压破坏在破坏时箍筋强度得到了充分发挥，且破坏时承载力较高。因此斜截面承载力计算公式就是根据这种破坏模型建立的。

3. 有腹筋梁的受剪承载力计算公式

由于各种理论的计算结果不尽相同，有些计算模型过于复杂，还无法在实际设计中应用。因此《规范》中的斜截面受剪承载力的计算公式是在大量试验的基础上，依据极限破坏理论，采用理论与经验相结合的方法建立的。

(1)基本假定

对于梁的三种斜截面破坏形态，在工程设计时都应设法避免。对于斜压破坏，通常采用限制截面尺寸的条件来防止；对于斜拉破坏，则用满足最小配箍率及构造要求来防止；剪压破坏，因其承载力变化幅度较大，必须通过计算，用构件满足一定的斜截面受剪承载力，防止剪压破坏。《规范》的基本计算公式就是根据这种剪切破坏形态的受力特征而建立的。采用理论与试验相结合的方法，同时引入一些试验参数。假设梁的斜截面受剪承载力 V_u 由斜裂缝上端剪压区混凝土的抗剪能力 V_C、与斜裂缝相交的箍筋的抗剪能力 V_{sv} 和斜裂缝相交的弯起钢筋的抗剪能力 V_{sb} 三部分所组成(图1－36)，由平衡条件 $\sum y=0$ 得：

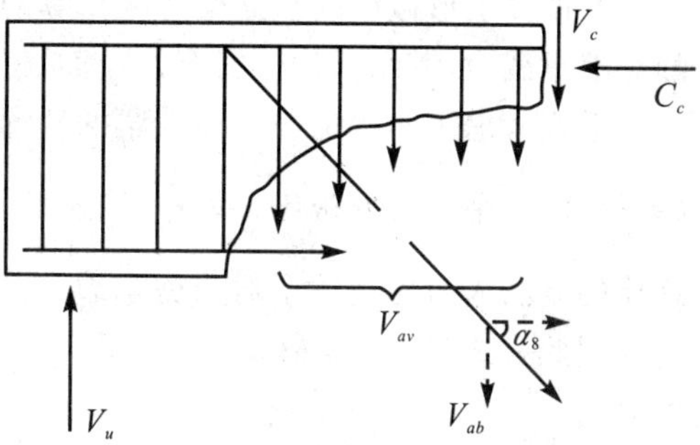

图 1－36　有腹筋梁斜截面破坏时的受力状态

$$V_u=V_{cs}+V_{sb}=V_c+V_{sv}+V_{sb} \tag{1-21}$$

(2)计算公式

1)当仅配有箍筋时，斜截面受剪承载力计算公式采用无腹筋梁所承担的剪力和箍筋承担的剪力两项相加的形式：

$$V_u=V_c+V_{sv}=V_{cs} \tag{1-22}$$

根据试验结果分析统计，《规范》按 95%保证率取偏下限给出受剪承载力的计算公式如下：

对矩形、T 形和工形截面的一般受弯构件：

$$V\leqslant V_{cs}=0.7f_tbh_0+1.25f_{yv}\frac{A_{sv}}{s}h_0 \tag{1-23}$$

式中，V——构件斜截面上的最大剪力设计值；

V_{cs}——构件斜截面上混凝土和箍筋的受剪承载力设计值；

A_{sv}——配置在同一截面内箍筋各肢的全部截面面积，$A_{sv}=nA_{sv1}$；

n——在同一截面内箍筋肢数；

A_{sv1}——单肢箍筋的截面面积；

s——沿构件长度方向的箍筋间距；

f_t——混凝土轴心抗拉强度设计值；

f_{yv}——箍筋抗拉强度设计值；

b——矩形截面的宽度或 T 形截面和工形截面的腹板宽度。

对集中荷载作用下(包括作用有多种荷载，其中集中荷载对支座截面或节点边缘所产生的剪力值占总剪力值的 75%以上的情况)的矩形、T 形和工形截面的独立梁，按下列公式计算：

$$V \leqslant V_{cs}=\frac{1.75}{\lambda+1}f_t b h_0+f_{yv}\frac{A_{sv}}{s}h_0 \tag{1-24}$$

式中，λ——计算截面的计算剪跨比，可取 $\lambda=a/h_0$，a 为集中荷载作用点至支座截面或节点边缘的距离；当 $\lambda<1.5$ 时，取 $\lambda=1.5$；当 $\lambda>3$ 时，取 $\lambda=3$，此时，在集中荷载作用点与支座之间的箍筋应均匀配置。

T 形和工形截面的独立梁忽略翼缘的作用，只取腹板的宽度作为矩形截面梁计算构件的受剪承载力，其结果偏于安全。

上式考虑了间接加载和连续梁的情况，对连续梁，公式(1－24)式采用计算截面剪跨比 $\lambda=\frac{a}{h_0}$，而不用广义剪跨比 $\lambda=\frac{M}{Vh_0}$。这是为了计算方便，且偏于安全，实际上是采用加大剪跨比的方法来考虑连续梁对受剪承载力降低的影响。

因此公式(1－23)和(1－24)适用于矩形、T 形和工字形截面的简支梁、连续梁和约束梁。

必须指出的是，由于配置箍筋后混凝土所能承受的剪力与无箍筋时所能承受的剪力是不同的，因此，对于上述二项表达式，虽然其第一项在数值上等于无腹筋梁的受剪承载力，但不应理解为配置箍筋梁的混凝土所能承受的剪力；同时，第二项的代表箍筋受剪承载力和箍筋对限制斜裂缝宽度后间接抗剪作用。换句话说，对于上述二项表达式应理解为二项之和代表有箍筋梁的受剪承载力。

2)同时配置箍筋和弯起钢筋的梁

弯起钢筋所能承担的剪力为弯起钢筋的总拉力在垂直于梁轴方向的分力如图 1－37 所示，即 $V_{sb}=0.8f_y A_{sb}\sin\alpha_s$。系数 0.8 是考虑弯起钢筋在破坏时可能达不到其屈服强度的应力不均匀系数。因此，对于配有箍筋和弯起钢筋的矩形、T 形和工形截面的受弯构件，其受剪承载力按下列公式计算：

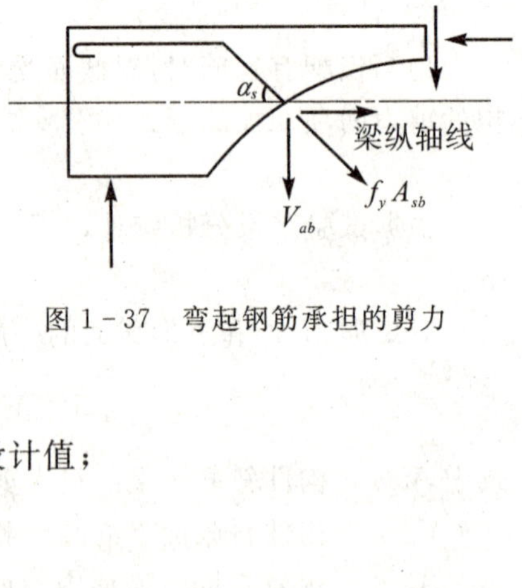

图 1－37　弯起钢筋承担的剪力

$$V \leqslant V_u=V_{cs}+V_{sb}=V_{cs}+0.8f_y A_{sb}\sin a_s \tag{1-25}$$

式中，V——剪力设计值；

V_{cs}——构件斜截面上混凝土和箍筋的受剪承载力设计值；

f_y——弯起钢筋的抗拉强度设计值；

A_{sb}——同一弯起平面内弯起钢筋的截面面积；

α_s——弯起钢筋与构件纵轴线之间的夹角，一般情况下 $\alpha_s=45°$，梁截面高度较大时($h\geqslant 800$ mm)，取 $\alpha_s=60°$。

3)有腹筋梁的受剪承载力计算公式的适用范围

为了防止发生斜压及斜拉这两种严重脆性的破坏形态，必须控制构件的截面尺寸不能过小及箍筋用量不能过少，为此规范给出了相应的控制条件。

①上限值——最小截面尺寸

当梁的截面尺寸较小而剪力过大时，可能在梁的腹部产生过大的主压应力，使梁腹产生斜压破坏。这种梁的承载力取决于混凝土的抗压强度和截面尺寸，不能靠增加腹筋来提高承载力，多配置的腹筋不能充分发挥作用。为了避免斜压破坏，同时也为了防止梁在使用阶段斜裂缝过宽(主要指薄腹梁)。对矩形、T形和工形截面的一般受弯构件，应满足下列条件：

当 $h_w/b \leqslant 4$ 时　$V \leqslant 0.25\beta_c f_c bh_0$　(1-26a)

当 $h_w/b \geqslant 6$ 时　$V \leqslant 0.2\beta_c f_c bh_0$　(1-26b)

当 $4 < h_w/b < 6$ 时，按直线内插法取用。

式中，V——构件斜截面上的最大剪力设计值；

β_c——高强混凝土的强度折减系数，当混凝土强度等级不大于C50级时，取 $\beta_c=1$；当混凝土强度等级为C80时，$\beta_c=0.8$，其间按线性内插法取值；

h_w——截面腹板高度，见图1-38规定采用；

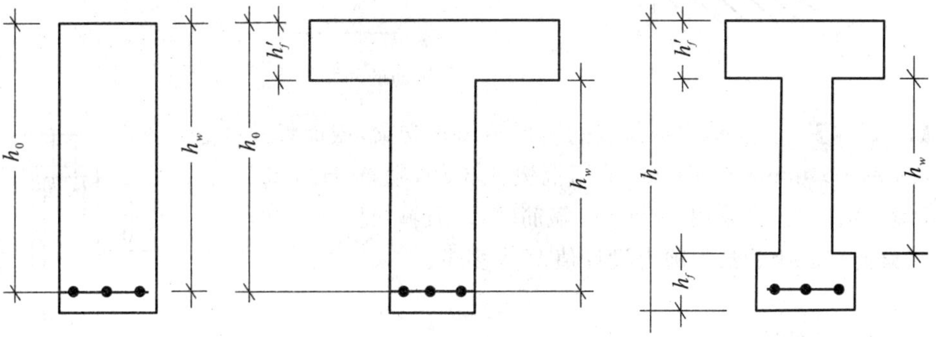

(a) $h_w=h_0$　(b) $h_w=h_0-h'_f$　(c) $h_w=h-h'_f-h_f$

图1-38　梁的腹板高度 h_w

b——矩形截面的宽度或T形截面和工形截面的腹板宽度。

对于薄腹梁，由于其肋部宽度较薄，所以在梁腹中部剪应力很大，与一般梁相比容易出现腹剪斜裂缝，裂缝宽度较宽，因此对其截面限值条件(公式1-26b)取值有所降低。

②下限值——最小配箍率

当配箍率小于一定值时，斜裂缝出现后，箍筋不能承担斜裂缝截面混凝土退出工作释放出来的拉应力，而很快达到屈服，其受剪承载力与无腹筋梁基本相同，当剪跨比较大时，可能产生斜拉破坏。为了防止斜拉破坏，《规范》规定：当 $V>V_c$ 时配箍率应满足

$$\rho_{sv}=\frac{nA_{sv1}}{bs} \geqslant \rho_{sv,\min}=0.24\frac{f_t}{f_{yv}} \quad (1-27)$$

为控制使用荷载下的斜裂缝宽度，并保证箍筋穿越每条斜裂缝，《规范》规定了最大箍筋间距 $S_{\max}$(表1-5)。

同样，为防止弯起钢筋间距太大，出现不与弯起钢筋相交的斜裂缝，使其不能发挥作用，《规范》规定当按计算要求配置弯起钢筋时，前一排弯起点至后一排弯终点的距离不应大于表1-5中 $V>0.7f_t bh_0$ 栏的最大箍筋间距 $S_{\max}$，且第一排弯起钢筋弯终点距支座边的间距也不应大于 $S_{\max}$(见图1-39)。

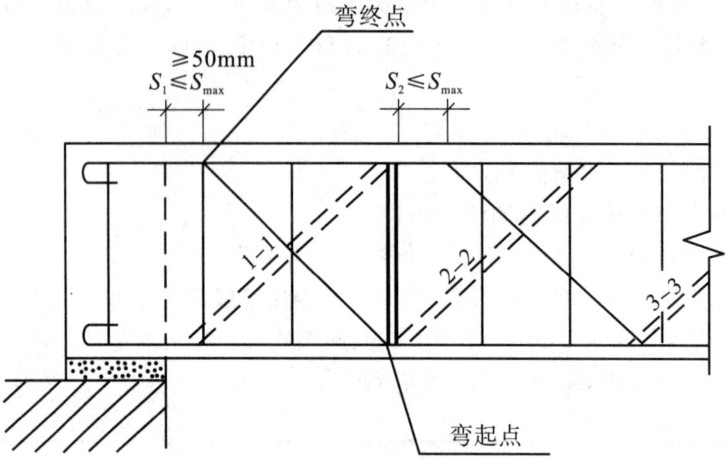

图 1－39　弯起钢筋的间距

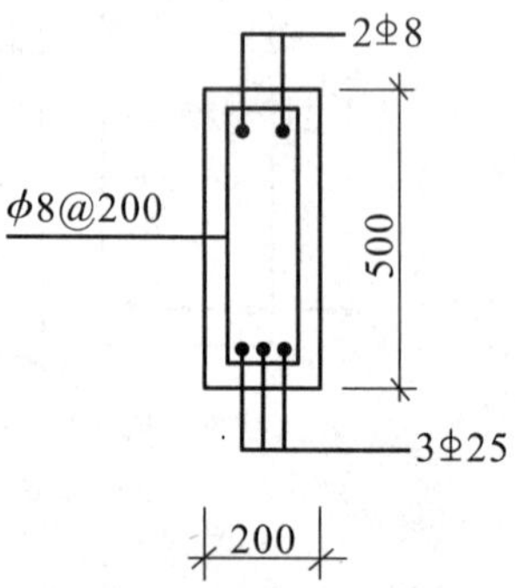

图 1－40　例 1－4 图

【例 1－4】 一承受均布荷载的矩形截面简支梁，截面尺寸为 $b\times h=200\ \text{mm}\times 500\ \text{mm}$，采用混凝土 C30，箍筋 HPB235 级，环境类别一类，当采用 $\phi 8$@200 箍筋时，双肢箍，见图1－40，试求该梁能够承担的最大剪力设计值 V 为多少。

解：

(1)已知条件

$h_0=500-35=465\ \text{mm}$，混凝土 C30，$f_c=14.3\ \text{N/mm}^2$，$f_t=1.43\ \text{N/mm}^2$，箍筋 HPB235 级 $f_{yv}=210\ \text{N/mm}^2$，$\phi 8$双肢箍，$A_{sv1}=50.3\ \text{mm}^2$，$n=2$

(2)复核截面尺寸及配箍率

$$h_w=h_0=465\ \text{mm}\quad \frac{h_w}{b}=\frac{465}{200}=2.325<4$$

$0.25\beta_c f_c bh_0=0.25\times 1\times 14.3\times 200\times 465=332475\text{N}=332.475\text{kN}>V_{cs}=154.49\text{kN}$ 截面尺寸满足要求，不会发生斜压破坏。

$$\rho_{sv}=\frac{nA_{sv1}}{bs}=\frac{2\times 50.3}{200\times 200}=0.2515\%>\rho_{sv,\min}=0.24f_t/f_{yv}=0.163\%$$

所以不会发生斜拉破坏。

所选箍筋直径和间距均满足要求。

(3)计算箍筋和混凝土承担的剪力值 V_u

$$V_u=V_{cs}=0.7f_tbh_0+1.25f_{yv}\frac{A_{sv}}{s}h_0=0.7\times 1.43\times 200\times 465+1.25\times 210\times\frac{2\times 50.3}{200}\times 465=154.49\ \text{kN}$$

所以该梁能承担的最大剪力设计值 $V=V_u=154.49\ \text{kN}$

【例 1－5】 如图 1－41(a)所示一钢筋混凝土简支梁，承受永久荷载标准值 $g_k=25\ \text{kN/m}$，可变荷载标准值 $q_k=40\ \text{kN/m}$，环境类别一类，采用混凝土 C25，箍筋 HPB235 级，纵筋 HRB335 级，按正截面受弯承载力计算得，选配 3Φ25 纵筋，试根据斜截面受剪承载力要求确定腹筋。

解:配置腹筋的方法有两种:(1)只配置箍筋;(2)同时配置箍筋和弯起钢筋。

下面分别介绍:

方法一:只配置箍筋不配置弯起钢筋

解:(1)已知条件:

$l_n=3.56$,$h_0=500-35=465$ mm　混凝土 C25,$f_c=11.9$ N/mm²,$f_t=1.27$ N/mm²,箍筋 HPB235 级 $f_{yv}=210$ N/mm²,纵筋 HRB335 级 $f_y=300$ N/mm²

(2)计算剪力设计值

最危险的截面在支座边缘处,剪力设计值为:

以永久荷载效应组合为主:

$$V=\frac{1}{2}(\gamma_G g_k+\gamma_Q q_k)\times l_n=\frac{1}{2}(1.35\times25+1.4\times0.7\times40)\times3.56=130.12\text{kN}$$

以可变荷载效应组合为主:

$$V=\frac{1}{2}(\gamma_G g_k+\gamma_Q q_k)\times l_n=\frac{1}{2}(1.2\times25+1.4\times40)\times3.56=153.08\text{kN}$$

两者取大值 $V=153.08$kN

(3)验算截面尺寸

$$h_w=h_0=465\qquad \frac{h_w}{b}=\frac{465}{200}=2.325<4$$

$$0.25\beta_c f_c bh_0=0.25\times1\times11.9\times200\times465=276675\text{N}=276.675\text{kN}>V=153.08\text{kN}$$

截面尺寸满足要求。

(4)判断是否需要按计算配置腹筋

$$0.7f_t bh_0=0.7\times1.27\times200\times465=82677\text{N}=82.677\text{kN}<V=153.08\text{kN}$$

所以需要按计算配置腹筋。

(5)计算腹筋用量

$$V\leqslant V_{cs}=0.7f_t bh_0+1.25f_{yv}\frac{A_{sv}}{s}h_0$$

$$\frac{nA_{sv1}}{s}\geqslant\frac{V-0.7f_t bh_0}{1.25f_{yv}h_0}=\frac{153.08\times10^3-82677}{1.25\times210\times465}=0.577\ \text{mm}^2/\text{mm}$$

选 ϕ8双肢箍,$A_{sv1}=50.3$ mm²,$n=2$,代入上式得 $s\leqslant\dfrac{nA_{sv1}}{0.577}=\dfrac{2\times50.3}{0.577}$　$s\leqslant174$ mm

取 $s=150$ mm$<s_{\max}=200$

(6)验算配箍率

$$\rho_{sv}=\frac{nA_{sv1}}{bs}=\frac{2\times50.3}{200\times150}=0.335\%>\rho_{sv,\min}=0.24f_t/f_{yv}=0.163\%$$

配箍率满足要求,且所选箍筋直径和间距均符合构造要求,配筋图如图 1－41(a)所示。

方法二:既配置箍筋又配置弯起钢筋

(1)截面尺寸验算与方法一相同。

(2)确定箍筋和弯起钢筋。

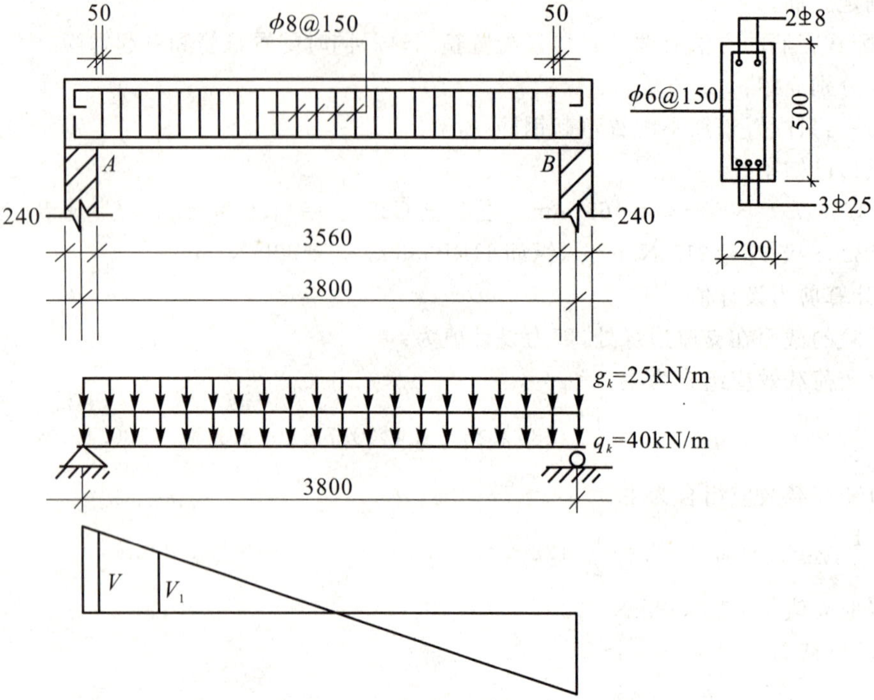

图 1-41(a)

一般可先确定箍筋，箍筋的数量可参考设计经验和构造要求，本题选 φ6@150，弯起钢筋利用梁底纵筋 HRB335，$f_y=300\ \text{N/mm}^2$，弯起角 $\alpha=45°$

$$\rho_{sv}=\frac{nA_{sv1}}{bs}=\frac{2\times28.3}{200\times150}=0.1887\%>\rho_{sv,\min}=0.24f_t/f_{yv}=0.145\%$$

$$V\leqslant V_u=V_{cs}+0.8f_yA_{sb}\sin\alpha$$

$$V_{cs}=0.7f_tbh_0+1.25f_{yv}\frac{A_{sv}}{s}h_0=0.7\times1.27\times200\times465+1.25\times210\ \frac{2\times28.3}{150}\times465$$

$$=128735\ \text{N}=128.735\ \text{kN}$$

$$A_{sb}\geqslant\frac{V-V_{cs}}{0.8f_y\sin\alpha}=\frac{153.08\times10^3-128735}{0.8\times300\times0.707}=143\ \text{mm}^2$$

实际从梁底弯起 1Φ25，$A_{sb}=491\text{mm}^2$，满足要求，若不满足，应修改箍筋直径和间距。

上面的计算考虑的是从支座边 A 处向上发展的斜截面 $A—I$(图 1-41(b))，为了保证沿梁各斜截面的安全，对纵筋弯起点 C 处的斜截面 $C—J$ 也应该验算。根据弯起钢筋的弯终点到支座边缘的距离应符合 $s_1<s_{\max}$，本例取 $s_1=50$ mm，根据 $\alpha=45°$可求出弯起钢筋的弯起点到支座边缘的距离为 50+500−25−25−25=475 mm，因此 C 处的剪力设计值为

$$V_1=\frac{0.5\times3.56-0.475}{0.5\times3.56}\times153.08=112.23\ \text{kN}$$

$$V_{cs}=0.7f_tbh_0+1.25f_{yv}\frac{A_{sv}}{s}h_0=128.735\ \text{kN}>V_1=11223\ \text{kN}$$

$C—J$ 斜截面受剪承载力满足要求，若不满足，应修改箍筋直径和间距或再弯起一排钢筋，直到满足。既配箍筋又配弯起钢筋的情况见图 1-41(b)。

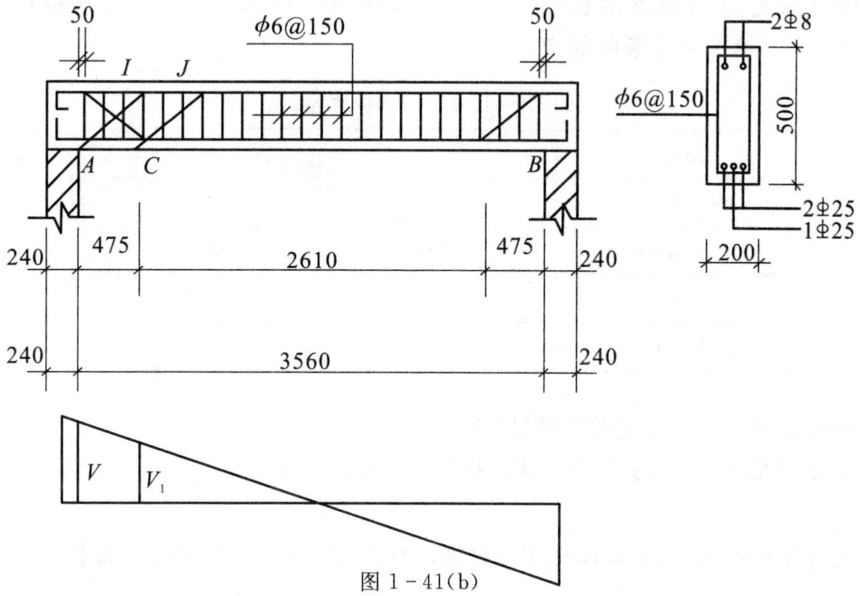

图 1-41(b)

4. 箍筋的构造要求

(1)箍筋的设置

当 $V \leqslant V_c$,按计算不需设置箍筋时,对于高度大于 300 mm 的梁,仍应按梁的全长设置箍筋;高度为 150～300 mm 的梁,可仅在梁的端部各 1/4 跨度范周内设置箍筋,但当梁的中部 1/2 跨度范围内有集中荷载作用时,则应沿梁的全长配置箍筋;高度为 150 mm 以下的梁,可不设箍筋。

梁支座处的箍筋应从梁边(或墙边)50 mm 处开始放置。

(2)箍筋的直径

箍筋除承受剪力外,尚能固定纵向钢筋的位置,并与纵向钢筋一起构成钢筋骨架,为使钢筋骨架具有一定的刚度,箍筋直径应不小于表 1-4 的规定。当梁中配有计算需要的纵向受压钢筋时,箍筋直径尚不应小于 d/4(d 为纵向受压钢筋的最大直径)。

表 1-4　箍筋的最小直径(单位:mm)

梁高 h	箍筋直径
$h \leqslant 800$	6
$h > 800$	8

(3)箍筋的间距

①梁内箍筋的最大间距应符合表 1-5 的要求。

②当梁中配有按计算需要的纵向受压钢筋时,箍筋应做成封闭式;此时,箍筋的间距不应大于 15 d(d 为纵向受压钢筋的最小直径),同时不应大于 400 mm;当一层内的纵向受压钢筋多于 5 根且直径大于 18 mm 时,箍筋间距不应大于 10 d;当梁的宽度大于 400 mm 且一层内的纵向受压钢筋多于 3 根时,或当梁的宽度不大于 400 mm 但一层内的纵向受压钢筋多于 4 根时,应设置复合箍筋;

③梁中纵向受力钢筋搭接长度范围内的箍筋间距应符合《混凝土结构设计规范》(GB50010—2002)第9.4.5条的规定。

表1-5　箍筋的最大间距 s_{max}

梁高 h	$V>0.7f_tbh_0$	$V\leqslant 0.7f_tbh_0$
$150<h\leqslant 300$	150	200
$300<h\leqslant 500$	200	300
$500<h\leqslant 800$	250	350
$h>800$	300	400

箍筋通常有开口式和封闭式两种(图1-42)。

对于T形截面梁，当不承受动荷载和扭矩时，在其跨中承受正弯矩区段内，可采用开口式箍筋。

除上述情况外，一般均应采用封闭式箍筋。在实际工程中，大多数情况下都是采用封闭式箍筋。

(4)箍筋的肢数

箍筋按其肢数，分为单肢，双肢及四肢，如图1-43所示。

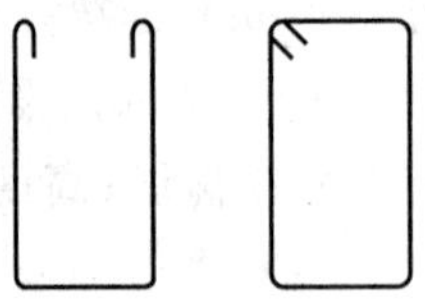

图1-42　箍筋的形式

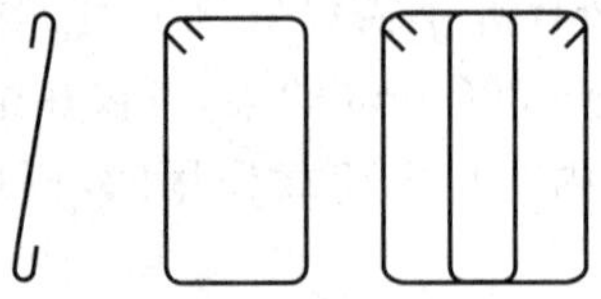

图1-43　箍筋的肢数

梁中箍筋肢数按顺剪力方向数。

单肢箍一般在梁宽 $b\leqslant 150$ mm时采用；双肢箍一般在梁宽 $b<350$ mm时采用。当梁宽 $b\geqslant 350$ mm，或一排中受拉钢筋超过5根，受压钢筋超过3根时，采用四肢箍。四肢箍一般由两个双肢箍组合而成。

采用图1-43所示形式的双肢箍或四肢箍时，钢筋末端应采用135°的弯钩，且弯钩伸进梁截面内的平直段长度，对于一般结构，应不小于箍筋直径的5倍。

学习情境1.2　梁、板施工图识读

1.2.1　梁的平法识读

梁平法施工图是在梁的结构平面布置图上，采用平面注写方式或截面注写方式表达的梁配筋图。

平面注写方式，是在梁平面布置图上，分别在不同编号的梁中各选一根梁，在其上注写梁的截面尺寸和配筋的具体数值，包括集中标注和原位标注(见图1-44)。集中标注表达梁的通用数值，原位标注表达梁的特殊数值。当集中标注中的某项数值不适用于梁的某部位时，则将该项数值用原位标注。使用时，原位标注取值优先。

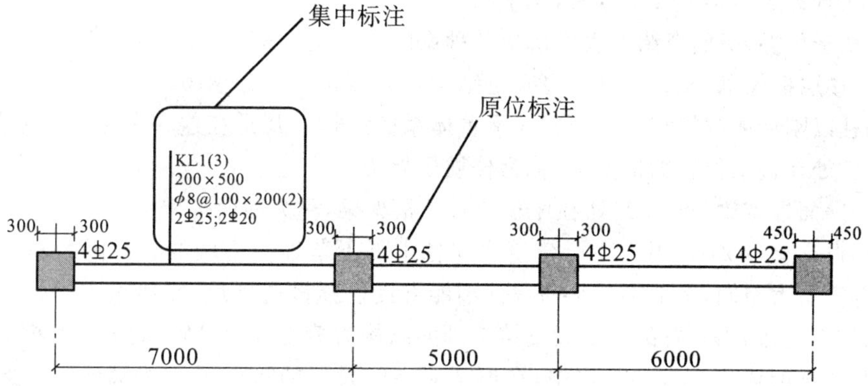

图1-44　平面注写方式示例图

1.2.1.1　集中标注

集中标注可从梁的任意一跨引出。集中标注的内容，包括五项必注值和一项选注值。五项必注值包括：梁编号、梁截面尺寸、梁箍筋、梁上部通长筋或架立筋配置、梁侧面纵向构造钢筋或受扭钢筋配置；一项选注值为梁顶面标高高差。

1. 梁编号

梁编号由梁类型、代号、序号、跨数及有无悬挑几项组成，见表1-6。

表1-6　梁编号

序号	梁类型	代号	序号	跨数及是否带有悬挑	备　注
1	楼层框架梁	KL	××	(××)、(xxA)或(xxB)	03G101－1 梁构件制图规则
2	屋面框架梁	WKL	××	(××)、(xxA)或(xxB)	
3	框支梁	KZL	××	(××)、(xxA)或(xxB)	
4	非框架梁	L	××	(××)、(xxA)或(xxB)	
5	悬挑梁(纯悬挑梁)	XL	××		
6	井字梁	JZL	××	(××)、(xxA)或(xxB)	
7	基础主梁	JZL	××	(××)、(xxA)或(xxB)	04G101－3 梁构件制图规则
8	基础次梁	JCL	××	(××)、(xxA)或(xxB)	
9	基础梁	JL	××	(××)、(xxA)或(xxB)	06G101－6 梁构件制图规则
10	基础圈梁	JQL	××	(××)、(xxA)或(xxB)	
11	地下框架梁	DKL	××	(××)、(xxA)或(xxB)	
12	承台梁	CTL	××	(××)、(xxA)或(xxB)	
13	基础连梁	JLL	××	(××)、(xxA)或(xxB)	

注：A表示一端悬挑，B表示两端悬挑，悬挑段不计入跨数。

例：KL2(2A)表示第2号框架梁，2跨，一端悬挑；

L9(7B)表示第9号非框架梁，7跨，两端有悬挑；

XL3 表示第 3 号悬挑梁；

CTL4(2)表示第 4 号承台梁，2 跨。

为便于掌握，下面介绍上表中所指各种梁的定义及位置。

(1)楼层框架梁(KL)：现行《混凝土结构设计规范》(GB50010－2002)定义框架结构系由梁和柱以刚接或铰接相连接而构成承重体系的结构。凡是在这种框架结构中的梁，就是框架梁。处在楼层位置的框架梁，称为楼层框架梁。

(2)屋面框架梁(WKL)：处在屋顶位置的框架梁，称为屋面框架梁。

(3)框支梁(KZL)：用于高层建筑中支撑上部不落地剪力墙的梁。因为建筑功能的要求，下部需要大空间，上部部分竖向构件不能直接连续贯通落地，而通过水平转换结构与下部竖向构件连接，当布置的转换梁支撑上部的结构为剪力墙的时候，此梁称为框支梁。

(4)非框架梁(L)：框架结构中，在框架梁之间设置的将楼板的重量传给框架梁的其他梁就是非框架梁。

(5)悬挑梁(XL)：只有一端有支撑，另一端悬挑的梁。

(6)井字梁(JZL)：在同一矩形平面内，通常由非框架梁相互正交所组成的结构构件。梁的跨距相等或接近，梁的截面尺寸相等。

(7)基础主梁(JZL)：梁板式筏形基础中的主梁。

(8)基础次梁(JCL)：梁板式筏形基础中的次梁。

(9)基础梁(JL)：在 06G101－6 中，将条基分为平板和基础梁两部分，条基中间的梁就是基础梁。

另外还有：基础圈梁(JQL)、地下框架梁(DKL)、承台梁(CTL)、基础连梁(JLL)，各种梁的位置见图 1－45～图 1－52。

图 1－45　梁的类型

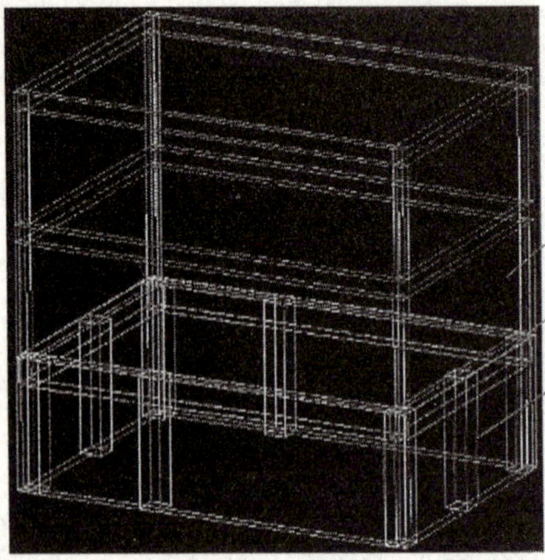

图 1－46　框支梁

图 1-47　井字梁 JZL

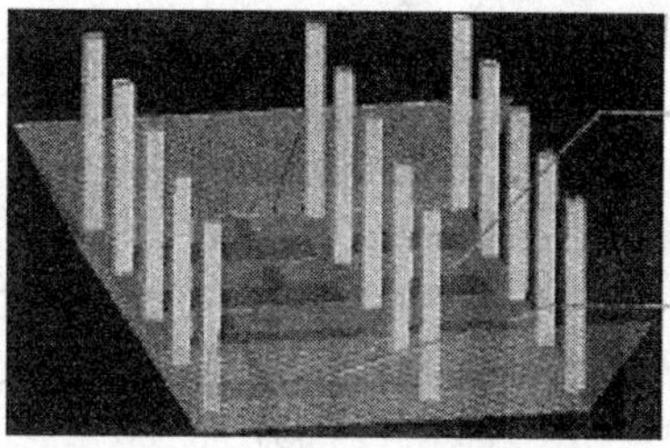

图 1-48　梁板式筏形基础中的梁

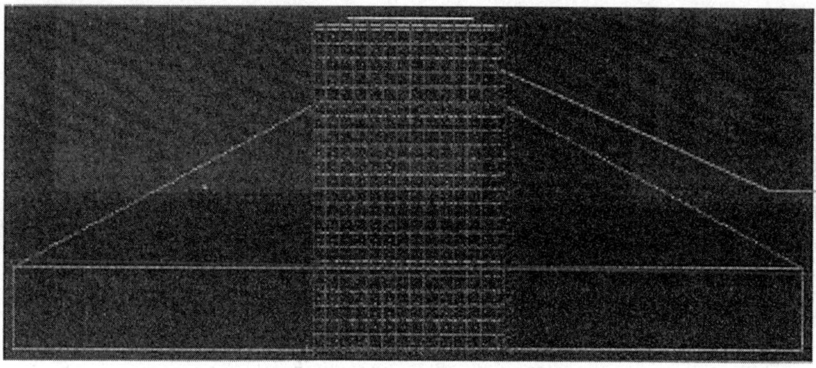

图 1-49　基础梁 JL

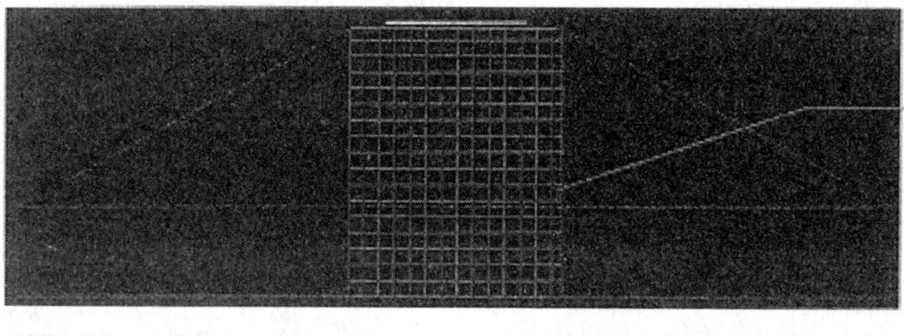

图 1-50　基础圈梁 JQL

图 1-51　承台梁 CTL

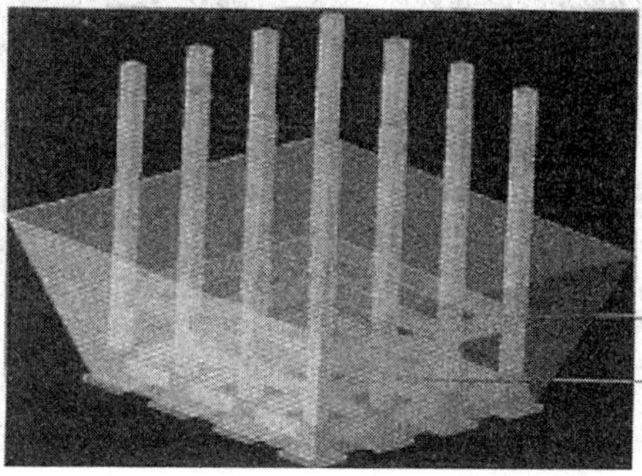

图 1-52　基础连梁与地框梁

2. 梁截面尺寸

等截面梁用 $b\times h$ 表示；加腋梁用 $b\times h$、$yc_1\times c_2$ 表示（其中 c_1 为腋长，c_2 为腋高），见图

1-53;悬挑梁当根部和端部不同时,同 $b\times h_1/h_2$ 表示(其中 h_1 为根部高,h_2 为端部高),见图1-54。

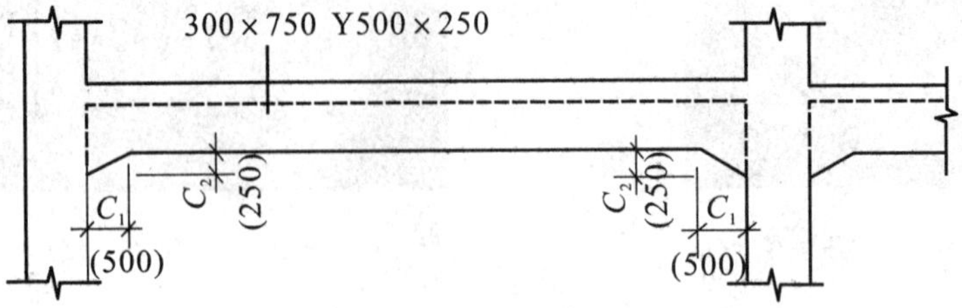

图1-53 加腋梁截面尺寸注写示意

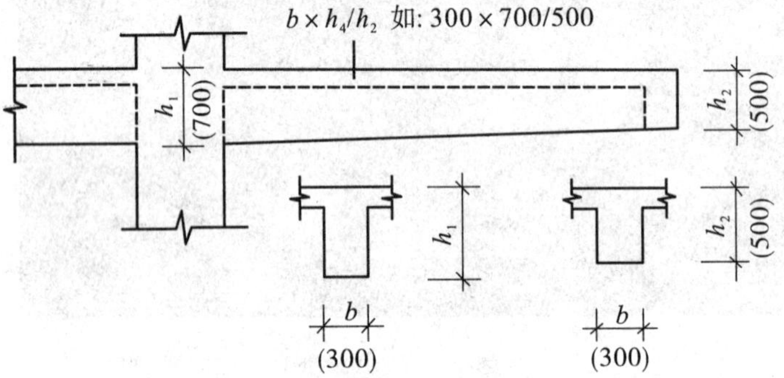

图1-54 悬挑梁不等高截面尺寸注写

梁中钢筋常有:上部钢筋(有抗弯和骨架立作用)、中间侧部钢筋(抗裂和抗扭作用)、下部钢筋(抗弯和骨架作用)、箍筋(抗剪和骨架作用)及吊筋(抵抗集中力带来的剪力)(见图1-55)。

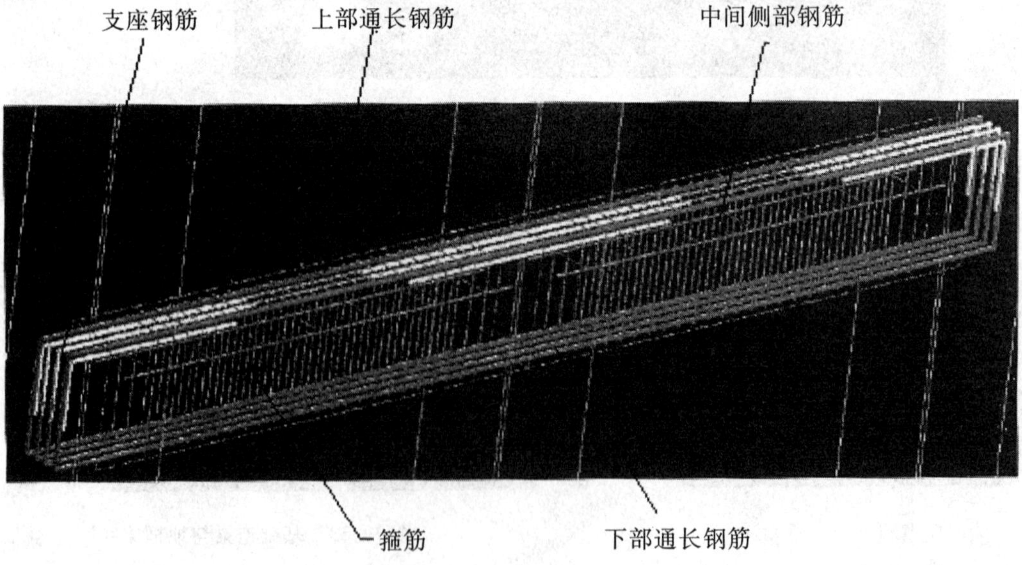

图1-55 梁钢筋骨架

3. 梁箍筋

抗震结构中的框架梁箍筋的表示包括钢筋级别、直径、加密区与非加密区间距及肢数。箍筋加密区与非加密区的不同间距及肢数需用斜线“/”分隔，如果加密区和非加密区的箍筋肢数不同，要分别写在各间距后的括号内，若相同只要最后写一次。箍筋加密区长度按相应抗震等级的标准构造详图采用。

如：φ10@200(2)表示Ⅰ级钢筋、直径 10 mm、间距 200 mm、双肢箍。

φ8@100/150(2)表示Ⅰ级钢筋、直径 8 mm、加密区间距 100 mm、非加密区间距 150 mm，均为双肢箍。

φ10@100(4)/150(2)表示Ⅰ级钢筋、直径 10 mm、加密区间距 100 mm 为四肢箍、非加密区间距 150 mm 为双肢箍。

当抗震结构中的非框架梁、悬挑梁、井字梁、基础梁，及非抗震结构中的各类梁采用不同的箍筋间距及肢数时，也用斜线“/”将其分隔开来。注写时，先注写梁支座端部的箍筋(包括箍筋的箍数、钢筋级别、直径、间距与肢数)，在斜线后注写梁跨中部分的箍筋间距及肢数。

15φ10@150/200(4)表示Ⅰ级钢筋，直径 10 mm，梁的两端各有 15 道四肢箍，间距 150 mm，梁的中部间距 200 mm，均为四肢箍。

18φ12@150(4)/200(2)，表示箍筋为Ⅰ级钢筋，直径为 12；梁的两端各有 18 道，四肢箍，间距为 150；梁跨中部分，间距为 200，双肢箍。

9Φ14@100/12Φ14@150/Φ14@200(4)，表示箍筋直径为 14 mm，Ⅱ级钢筋，从梁两端向跨内，间距为 100 mm 的 9 道，间距是 150 的 12 道，剩下中间部分的箍筋间距皆为 200 mm，均为 4 肢箍。

4. 梁上部通长筋或架立筋配置

上部通长筋即是全跨通长，当超过钢筋的定尺长度时，中间用焊接、搭接或机械连接方式接长。这是抗震梁的构造要求。架立筋一般与支座负筋连接，只起骨架作用。

所注规格及根数应根据结构受力要求及箍筋肢数等构造要求而定。

(1)当同排纵筋中既有通长筋又有架立筋时，应用加号“＋”将通长筋和架立筋相联。注写时须将角部纵筋写在加号的前面，架立筋写在加号后面的括号内，以示不同直径及与通长筋的区别。

如：2Φ20＋(4Φ12)，其中 2Φ20 为通长筋，4Φ12 为架立筋。

(2)当梁的上部纵筋和下部纵筋均为全跨相同，且多数跨配筋相同时，可加注下部纵筋的配筋值，用分号“；”将上部与下部纵筋的配筋值分隔。

如：3Φ14；3Φ18 表示梁的上部配置 3Φ14 的通长筋，下部配置 3Φ18 的通长筋。

(3)对于基础梁来说，上部贯通纵筋前要加上“T”，底部贯通纵筋前加上“B”。

如：B3Φ16；T3Φ18 表示基础梁底部贯通纵筋为 3Φ16，上部贯通纵筋为 3Φ18。

5. 梁侧面纵向构造钢筋或受扭钢筋配置

(1)当梁腹板高度 H_W＞450 mm 时，须配置符合规范规定的纵向构造钢筋。此项注写值以大写字母 G 打头，注写总数，且对称配置。

如：G4Φ12，表示梁的两个侧面共配置 4Φ12 的纵向构造钢筋，两侧各配置 2Φ12。

(2)当梁侧面需配置受扭纵向钢筋时，此项注写值以大写字母 N 打头，注写总数，且对称配置。

如:N4Φ18,表示梁的两个侧面共配置 4Φ18 的受扭纵向钢筋,两侧各配置 2Φ18。

当配置受扭纵向钢筋时,不再重复配置纵向构造钢筋,但此时受扭纵向钢筋应满足规范对梁侧面纵向构造钢筋的间距要求。

6. 梁顶面标高高差

此项为选注值。当梁顶面标高不同于结构层楼面标高时,需要将梁顶面标高相对于结构层楼面标高的高差值注写在括号内,无高差时不注。高于楼面为正值,低于楼面为负值。例:(−0.050)表示该梁顶面标高比该楼层的结构层标高低 0.050 m。

1.2.1.2 原位标注

原位标注的内容包括:梁支座上部纵筋、梁下部纵筋、附加箍筋或吊筋。

1. 梁支座上部纵筋

原位标注的梁支座上部纵筋应为包括集中标注的通长筋在内的所有钢筋。

(1)当梁支座上部钢筋多于一排时,用斜线“/”将各排纵筋自上而下分开。

如:6Φ20 4/2 表示支座上部纵筋共两排,上排 4Φ20,下排 2Φ20。

(2)同排纵筋有两种直径时,用加号“+”将两种直径的纵筋相联,且角部纵筋写在前面。

如:2Φ25+2Φ22 表示支座上部纵筋共四根一排放置,其中角部 2Φ25,中间 2Φ22。

(3)当梁中间支座左右的上部纵筋相同时,仅在支座的一边标注配筋值;否则,须在两边分别标注。

2. 梁下部纵筋

与上部纵筋标注类似,多于一排时,用斜线“/”将各排纵筋自上而下分开。同排纵筋有两种不同直径时,用加号“+”将两种直径的纵筋相联,且角部纵筋写在前面。

如:6Φ25 2/4 表示下部纵筋共两排,上排 2Φ25,下排 4Φ25,全部伸入支座。

当梁下部纵筋不全伸入支座时,将梁支座下部纵筋减少的数量写在括号内。

如:6Φ25 2(−2)/4 表示上排纵筋 2Φ25,不伸入支座,下排纵筋 4Φ25,全部伸入支座;2Φ25+2Φ22(−2)/5Φ25,表示梁下部纵筋共有两排,上排 2Φ25 和 2Φ22,其中 2Φ22 不伸入支座,下排是 5Φ25,全部伸入支座。

3. 附加箍筋或吊筋

附加箍筋和吊筋直接画在平面图中的主梁上,用线引注总配筋值(附加箍筋的肢数注在括号内)。当多数附加箍筋或吊筋相同时,可在图中统一说明,少数与统一说明不一致者,再原位引注。图 1-56 中,配有吊筋 2Φ18,图 1-57 中配有箍筋 8Φ10(两边各 4 根),双肢。

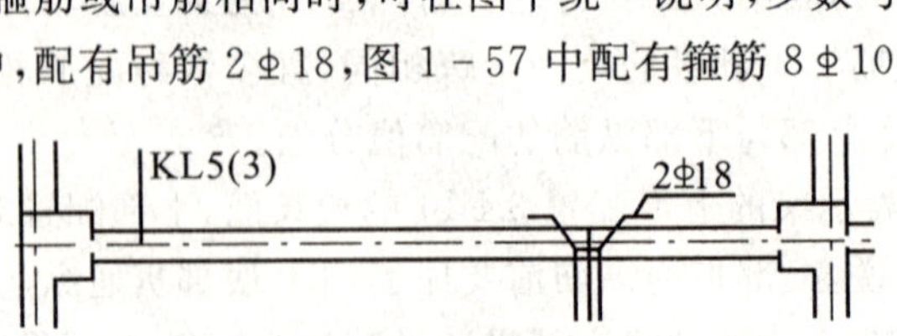

图 1-56 梁吊筋标注示例

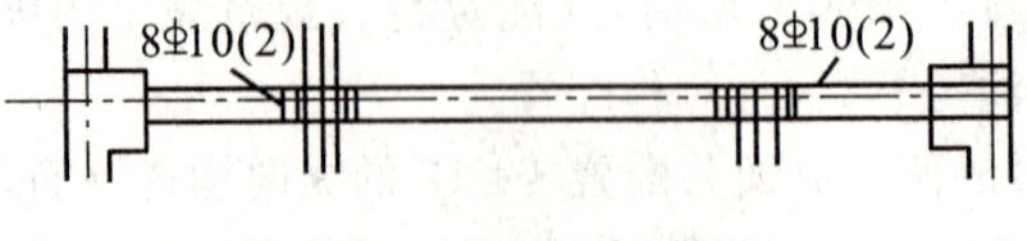

图 1-57 梁附加箍筋示例

1.2.1.3　梁的平法识读例题

【例 1-6】

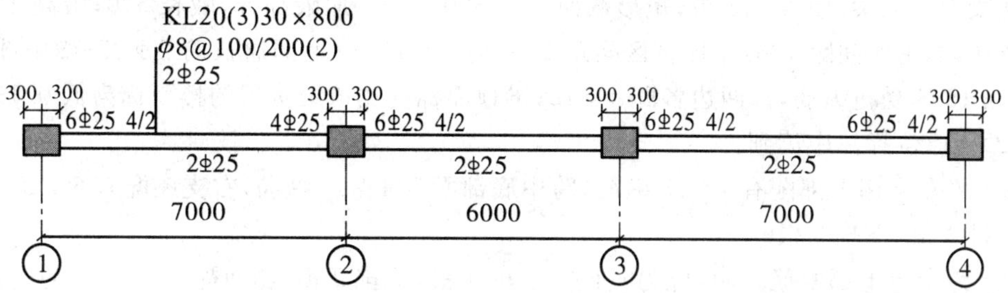

图1-58　例1-6图

解：

(1)从集中标注中读到：

此梁为框架梁，序号20；3跨；矩形截面尺寸是300×800；箍筋为Ⅰ级钢筋，直径8 mm，加密区间距是100 mm，非加密区间距是200 mm，双肢箍；上部两根通长筋，Ⅱ级钢筋，直径为25 mm。

(2)从原位标注中读到：

从左至右依次称为1跨、2跨、3跨。

①1跨左支座上部有6⌀25纵筋（包括2根通长筋），共两排，上排4⌀25，下排2⌀25；1跨跨中底部有2⌀25纵筋；1跨右支座上部有4⌀25纵筋（包括2根通长筋）。

②2跨左支座上部有6⌀25纵筋（包括2根通长筋），共两排，上排4⌀25，下排2⌀25；2跨跨中底部有2⌀20纵筋；2跨右支座上部和3跨左支座上部配筋相同，配有6⌀25纵筋（包括2根通长筋），上排4⌀25，下排2⌀25。

③3跨跨中底部有2⌀25纵筋；3跨右支座配有6⌀25纵筋（包括2根通长筋），上排4⌀25下排2⌀25。

从以上叙述可知，原位标注的梁支座上部纵筋应为包括集中标注的通长筋在内的所有钢筋。

【例 1-7】

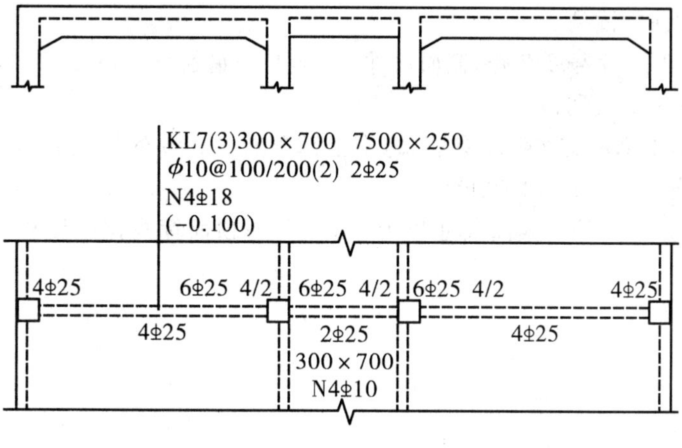

图1-59　例1-7图

解：

(1)从集中标注中读到：

此梁为框架梁，序号 7；3 跨；矩形截面尺寸 300×700，加腋部分，腋长 500，腋高 250；箍筋为 ϕ10，加密区间距 100，非加密区间距 200，均为双肢箍；上部通长筋 2Φ25；梁中部侧面配有 4Φ18 的受扭纵筋，即两边各配 4Φ18；梁顶面标高比该结构层的楼面标高低 0.1 m。

(2)从原位标注中读到：

①1 跨左支座上部配有 4Φ25 纵筋；跨中底部配有 4Φ25 纵筋；右支座配有 6Φ25 纵筋，其中上排 4 根，下排 2 根。

②2 跨全跨上部配筋相同，皆为 6Φ25 上排 4 根，下排 2 根；侧面配有 4 ϕ10 的受扭；纵筋底部配有 2Φ25 的纵筋；截面尺寸是 300×700（不加腋）。

③3 跨和 1 跨配筋对称，不再赘述。

从以上叙述可知，当集中标注不适合某跨时，该跨要以原位标注为准。

【例 1－8】

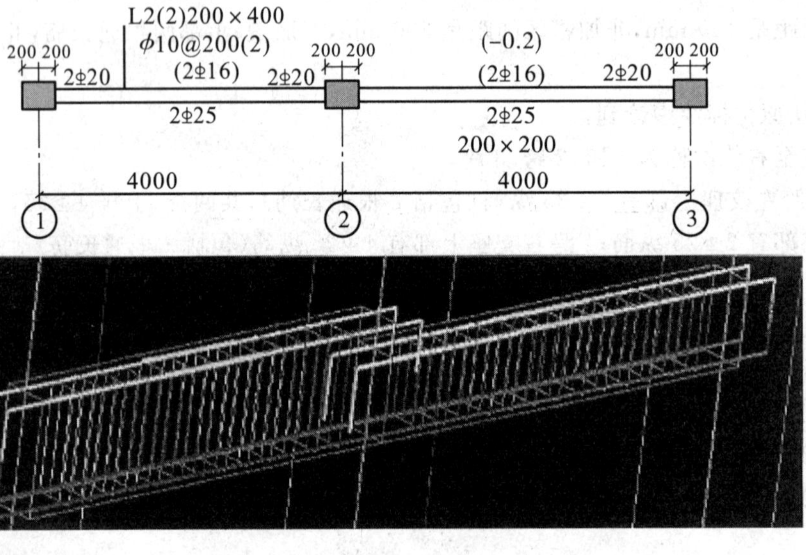

图 1－60　例 1－8 图

(1)从集中标注中读到：

此梁为非框架梁，序号 2；2 跨；截面尺寸 200×400；箍筋 ϕ10，间距 200，双肢箍。

(2)从原位标注中读到：

①1 跨左支座上部配有 2Φ20 纵筋，跨中上部配有 2Φ16 的架立筋；跨中下部配有 2Φ25 的纵筋；右支座上部配有 2Φ20 的纵筋。

②2 跨配筋与 1 跨相同，截面尺寸位为 200×200；顶面标高比该结构层的楼面标高低 0.2 m。

【例 1－9】

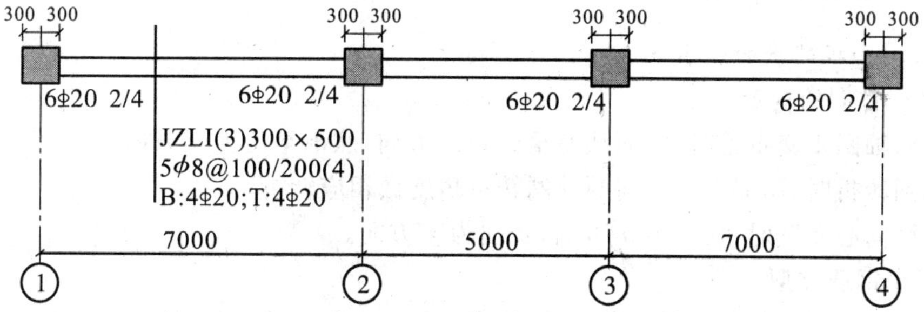

图 1－61　例 1－9 图

解：

（1）从集中标注中读到：

此梁是基础主梁，序号 1；3 跨；截面尺寸 300×500；每跨的两端各配有 5 φ8 间距是 100 的箍筋，跨中配有 φ8 间距是 200 的箍筋，均为 4 肢箍；梁底部配有 4 Φ 20 的通长筋；梁上部也配有 4 Φ 20 的通长筋。

（2）从原位标注中读到：

此梁所有跨的支座底部配筋都相同，皆为 6 Φ 20，其中上排 2 根，下排 4 根。

1.2.1.4　*截面注写方式*

即在梁平面布置图上，分别在不同编号的梁中各选择一根梁，用剖面号引出配筋图，并在其上注写梁的截面尺寸和配筋，具体数值见图 1－62。

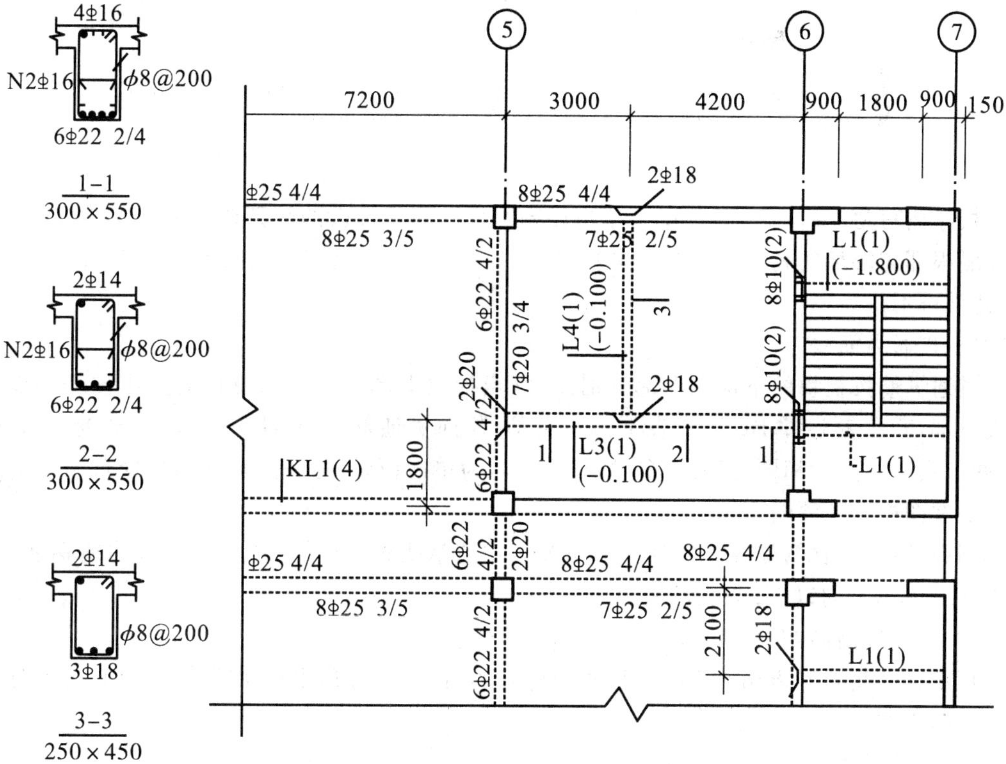

图 1－62　梁截面注写示例图

1.2.2 板的平法识读

1.2.2.1 板的平面表示方法

1. 坐标方向的规定

当两向轴网正交布置时，图面从左至右为 x 方向，从下至上为 y 方向；

当轴网转折时，局部坐标方向顺轴网转折角度做相应转折；

当轴网向心布置时，切向为 x 方向，径向为 y 方向。

2. 板中钢筋类型

(1)根据位置不同，分为板下部钢筋(板底筋)、板上部钢筋(板面筋)；

(2)根据作用不同，分为受力筋、分布筋、其他构造筋。

3. 板块集中标注

板块集中标注的内容为：板块编号、板厚、贯通纵筋以及当板面标高不同时的标高高差。

对于普通楼面，两向均以一跨为一块板；对于密肋楼盖，两向主梁(框架梁)均以一跨为一块板(非主梁密肋不计)。所有板块应逐一编号，相同编号的板块可择其一做集中标注，其仅注写置于圆圈内的板编号，以及当板面标高不同时的标高高差。

(1)板块编号(见表 1－7)

表 1－7 板块编号

板类型	代 号	序 号
楼面板	LB	××
屋面板	WB	××
延伸悬挑板	YXB	××
纯悬挑板	XB	××

(2)板厚

板厚注写为 h=×××(为垂直于板面的厚度)；当悬挑板的端部改变截面厚度时，用斜线分隔根部与端部的高度值，注写为向=×××/×××；当设计已在图注中统一注明板厚时，此项可不注。

(3)贯通纵筋

贯通纵筋按板块的下部和上部分别注写(当板块上部不设贯通纵筋时则不注)，并以 B 代表下部，T 代表上部；B&T 代表下部与上部；X 向贯通筋以 X 打头，Y 向贯通筋以 Y 打头，两向贯通筋配置相同时则以 X&Y 打头。当为单向板时，另一向贯通筋的分布筋可不必注写而在图中统一注明。

当在某些板内(例如在延伸悬挑板 YXB，或纯悬挑板 XB 的下部)配置有构造钢筋时，则 X 向以 Xc，Y 向以 Yc 打头注写。

(4)板面标高高差

板面标高高差系指相对于结构层楼面标高的高差，应将其注写在括号内，且有高差时注无高差时不注。

(5)有关说明

同一编号板块的类型、板厚和贯通纵筋均应相同，但板面标高、跨度、平面形状以及板支座上部的非贯通纵筋可以不同，如同一编号板块的平面形状可为矩形、多边形及其他形状等。

【例 1-10】 板平法集中标注见图 1-63。

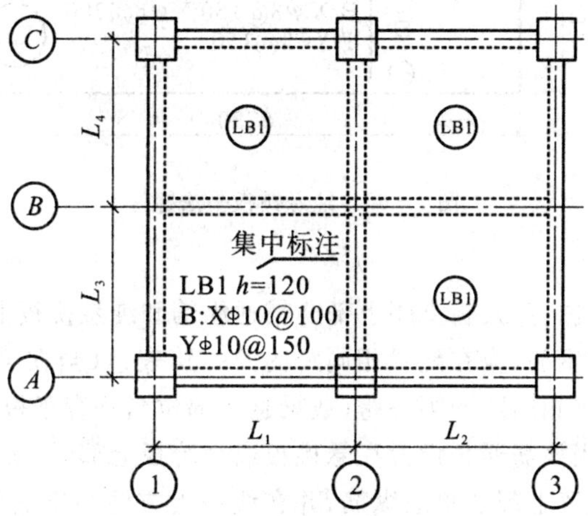

图 1-63　板平法集中标注

解：LBl 表示 1 号楼板，板厚 120 mm，板下部配置的贯通纵筋 X 向为 ϕ10@150，Y 向为 ϕ10@100；板上部未配置贯通纵筋。

【例 1-11】 延伸悬挑板平法标注见图 1-64。

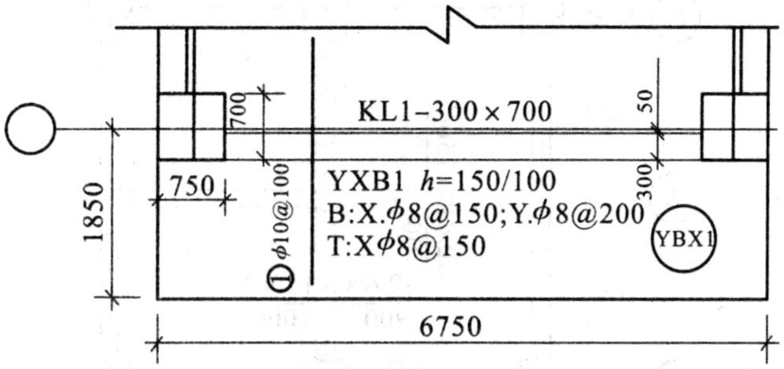

图 1-64　延伸悬挑板平法标法

解：

YXBl 表示延伸悬挑板的编号，h=150/100 表示板的根部厚度为 150 mm，板的端部厚度为 100 mm，下部构造钢筋 X 方向为 ϕ8@150，Y 方向为 ϕ8@200，上部 X 方向为 ϕ8@150，Y 方向按①号筋布置。

【例 1-12】 纯悬挑板平法标注见图 1-65。

解：

XB2 表示纯悬挑板的编号，h=150/100 表示板的根部厚度为 150 mm，板的端部厚度为 100 mm，下部构造钢筋 X 方向为 ϕ8@150，Y 方向为 ϕ8@200，上部 X 方向为 ϕ8@150，Y 方向按①号筋布置。

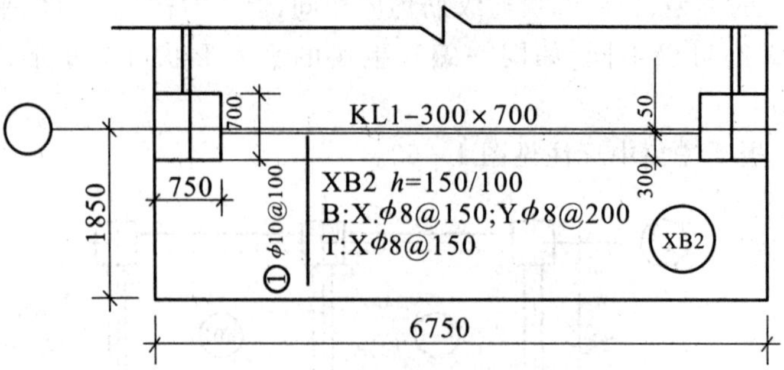

图 1-65 纯悬挑板平法标注

4. 板支座原位标注

板支座原位标注的内容为：板支座上部非贯通纵筋和纯悬挑板上部受力钢筋。

板支座原位标注的钢筋，应在配置相同跨的第一跨表达（当在梁悬挑部位单独配置时，则在原位表达）。在配置相同跨的第一跨（或梁悬挑部位），垂直于板支座（梁或墙）绘制一段适宜长度的中粗实线（当该筋通长设置在悬挑板或短跨板上部时，实线段应画至对边或贯通短跨），以该线段代表支座上部非贯通纵筋；并在线段上方注写钢筋编号（如①、②等）、配筋值、横向连续布置的跨数（注写在括号内，且当为一跨时可不注），以及是否横向布置到梁的悬挑端。例如：（××）为横向布置的跨数，（××A）为横向布置的跨数及一端的悬挑部位，（××B）为横向布置的跨数及两端的悬挑部位。

（1）非悬挑板的平法原位标注（见图 1-66）

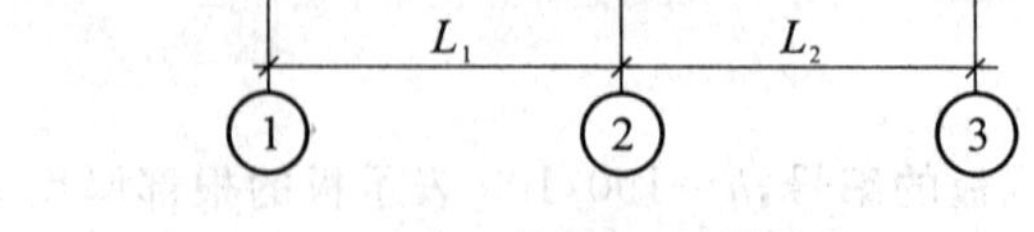

图 1-66 非悬挑板的原位标注

图中②表示 2 号筋，ϕ8@150，(2)表示连续布置的跨数位两跨，900、1000 表示自梁支座中线向跨内延伸的长度，当两边对称延伸时，另一侧可不标注。

（2）延伸悬跳板和纯悬挑板平法原位标注见图 1-67、1-68。

5. 洞口加强筋布置见图 1-69。

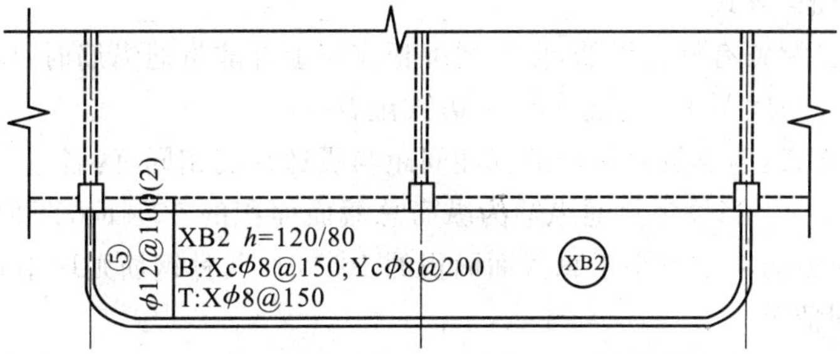

图 1-67　纯悬挑板

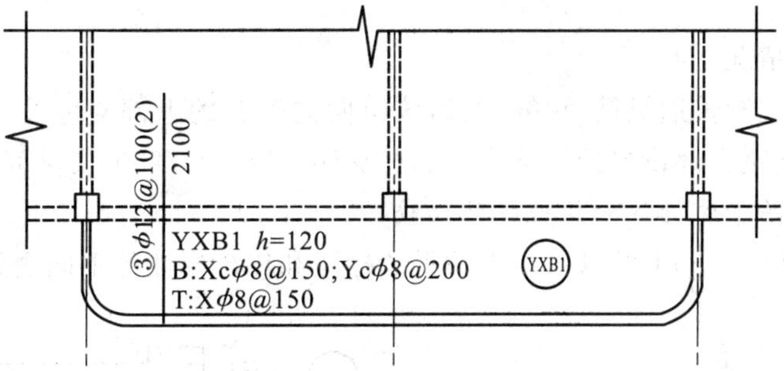

图 1-68　延伸悬挑板的原位标注

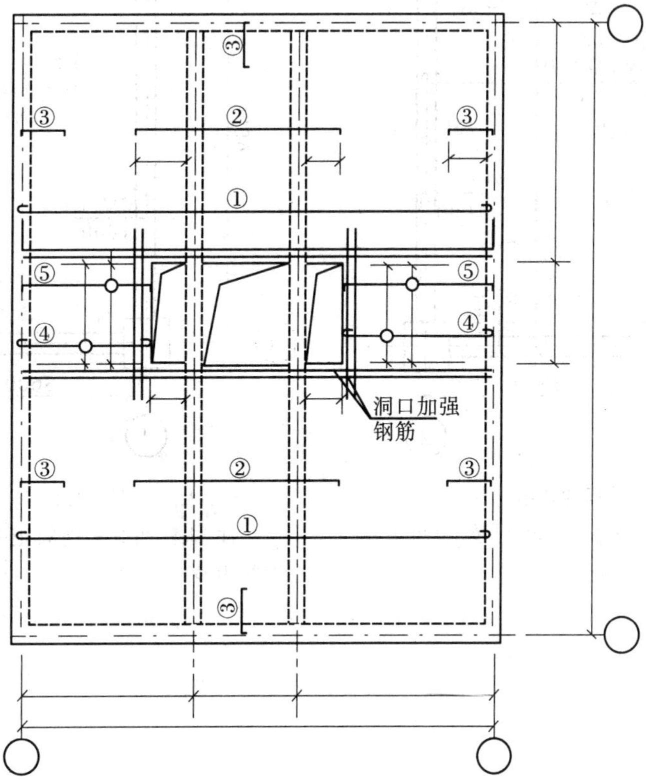

图 1-69　洞口加强筋布置

6."隔一布一筋"方式

当板的上部已配置有贯通纵筋,但需增配板支座上部非贯通纵筋时,应结合已配置的同向贯通纵筋的直径与间距采取"隔一布一"方式配置。

"隔一布一"方式,为非贯通纵筋的标注间距与贯通纵筋相同,两者组合后的实际间距为各自标注间距的 1/2。当设定贯通纵筋为纵筋总截面面积的 50%时,两种钢筋应取相同直径;当与设定贯通纵筋大于或小于总截面面积的 50%时,两种钢筋则取不同直径。

(1)直径相同情况

如:板上部已配置贯通纵筋 ϕ12@250,该跨同向配置的上部支座非贯通纵筋为⑤ ϕ12@250,表示在该支座上部设置的纵筋实际为 ϕ12@125,其中 1/2 为贯通纵筋,1/2 为⑤非贯通纵筋。

(2)直径不同情况

如:板上部已配置贯通纵筋 ϕ10@250,该跨同向配置的上部支座非贯通纵筋为⑧ ϕ12@250,表示在该支座上部设置的纵筋实际为(1ϕ10+1ϕ12)/250,实际间距为 125 mm。

1.2.2.2　板的平法标注和传统标注比较

从图 1-70 和图 1-71 可以看出板的平法标注和传统标注的不同之处。

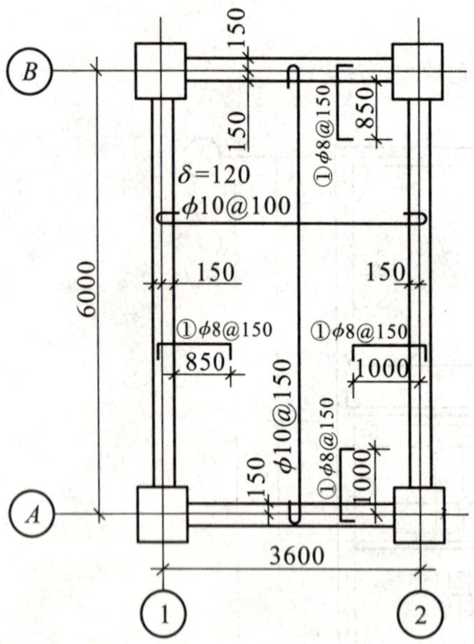

图 1-70　板的传统标注

注:未注明分布筋间距为 ϕ8@250 温度筋为 ϕ8@200。

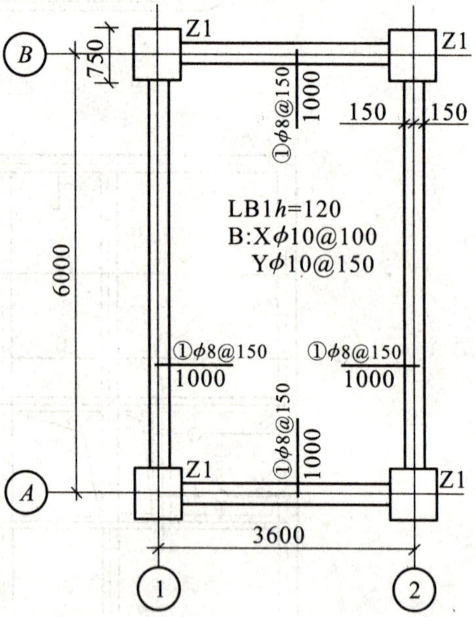

图 1-71　板的平法标注

注:未注明分布筋间距为 ϕ8@250 温度筋为 ϕ8@200。

学习情境1.3　建筑主体工程施工测量

1.3.1　测量前的准备工作

1.3.1.1　熟悉和校对图纸

首先熟悉设计资料及图纸，了解设计意图，这是施工测量的主要依据。由此了解施工的建筑物与相邻建筑物之间的相互位置关系，建筑物的尺寸和施工的要求等。并对设计图纸的有关尺寸进行仔细核对，必要时将图纸上主要尺寸抄于施测记录本上，以便随时查找使用。与测设有关的图纸资料主要有：

1. 总平面图，是建筑施工放线的总体依据，也是建筑物定位的依据。

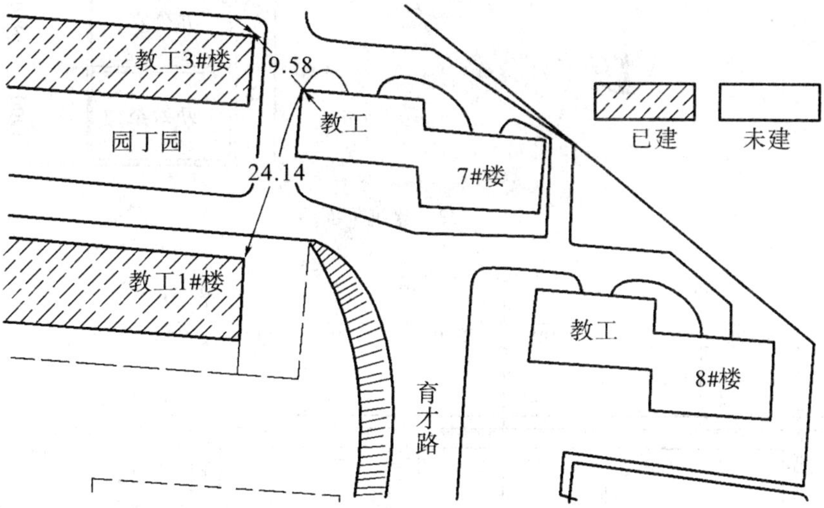

图1-72　建筑总平面图

2. 建筑平面图，给出建筑物各定位轴线间的尺寸关系及室内地坪标高等。

3. 基础平面图，给出基础边线和定位轴线的平面尺寸和编号。

1.3.1.2　现场勘测

了解建筑施工现场上地物、地貌以及原有控制测量点的分布情况，应进行现场踏勘，并对建筑施工现场上的平面控制点和水准点进行检核，以便获得正确的测量数据，然后根据实际情况考虑测设方法。

1.3.1.3　确定测设方案和准备测设数据

在熟悉设计图纸，掌握施工计划和施工进度的基础上，结合现场条件和实际情况。在满足工程测量规范(GB50026－2007)的建筑物施工放样的主要技术要求的前提下，拟定测设方案。测设方案包括测设方法，测设步骤，采用的仪器工具，精度要求，时间安排等。

在每次现场测设之前，应根据设计图纸和测设控制点的分布情况，准备好相应的测设数据并对数据进行检核，必要时还可绘出测设略图，把测设数据标注在略图上，使现场测设时更方便快捷，并减少出错的可能。

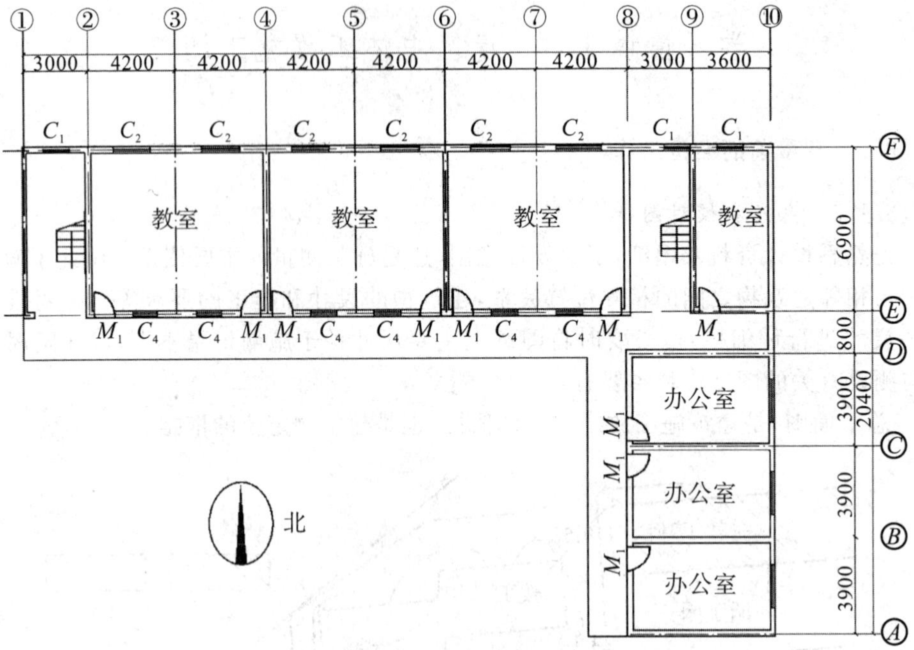

图 1-73　建筑平面图

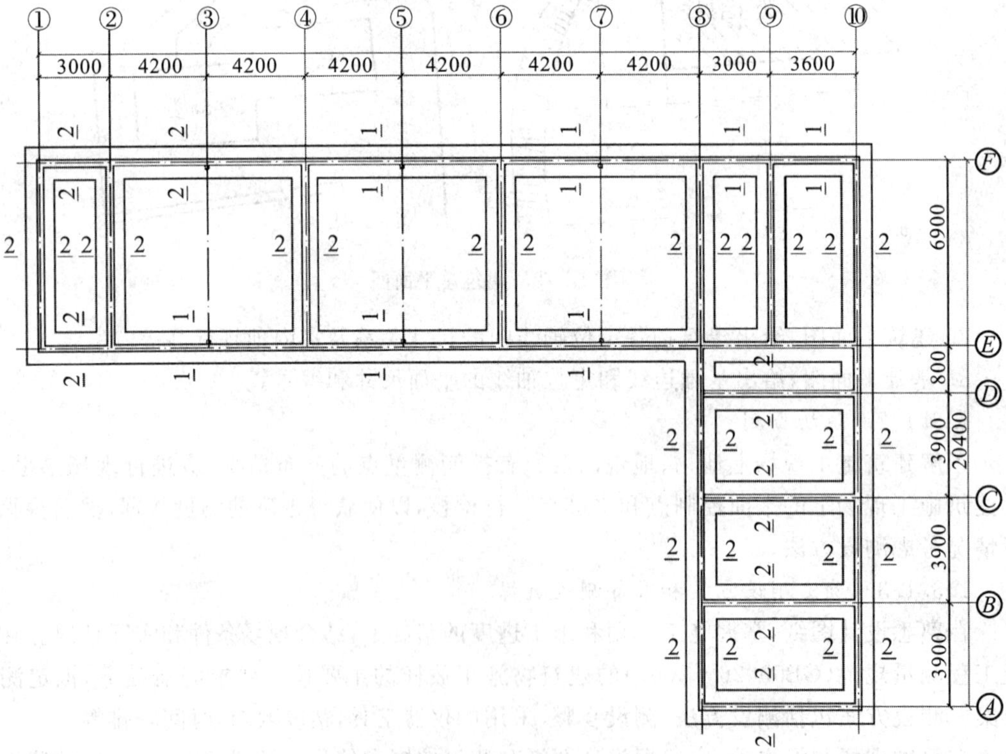

图 1-74　基础建筑平面图

1.3.2　建筑物的定位和放线

1.3.2.1　建筑物的定位

建筑物的定位就是在地面上确定建筑物的位置。即根据设计条件，将建筑物外廓的各轴线交点测设到地面上，如图1-75(a)中的A、B、C、D各点，称为定位桩（又称角桩），作为基础和细部放样的依据。

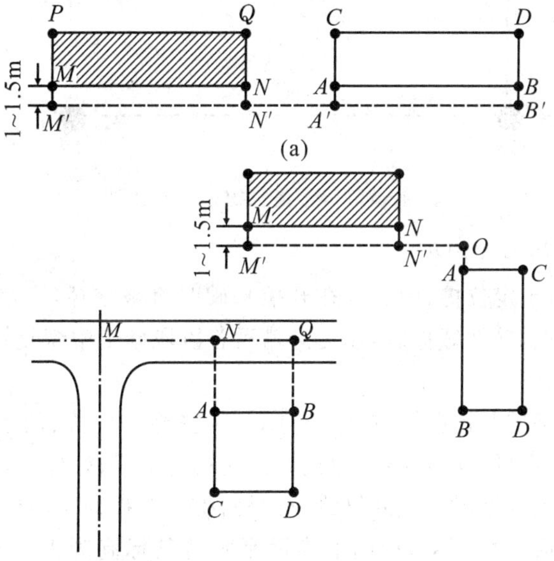

图1-75(a)　建筑物定位示意图

放样定位点的方法很多，最常见的是根据与周围原有建筑物的关系放样和根据规划道路红线进行建筑物定位两种方法：

1. 根据与原有建筑物的关系定位

图1-75(a)中，首先沿原建筑物PM与QN墙面向外量出MM'及NN'，并使$MM'=NN'$（距离大小根据实地情况而定，一般为1～4 m），在地面上定出M'、N'两点，用小木桩（桩上钉小铁钉）标定。将经纬仪安置于M'点，瞄准N'点，并从N'点沿$M'N'$方向测设已知距离，定出A'点，用相同的方法测设出B'点，然后分别将经纬仪安置于A'、B'两点上，后视M'点测设水平角90°，沿视线测设已知距离即可定出A、C、B、D四点。最后检查A、B、C、D四点位置是否符合精度要求。

2. 根据规划道路红线进行建筑物定位

图1-75(b)中，靠近城市道路的建筑物设计位置应以城市规划道路的红线为依据。

1.3.2.2　施工放线

建筑物的放线是指根据定位的主轴线桩，详细测设其他各轴线交点的位置，并用木桩（桩上钉小钉）标定出来，称为中心桩。并据此按基础宽和放坡宽用白灰线撒出基槽边界线建筑物放线的基本工作。

1. 测设中心桩

如为基础大开挖，则可以先不进行此项工作。

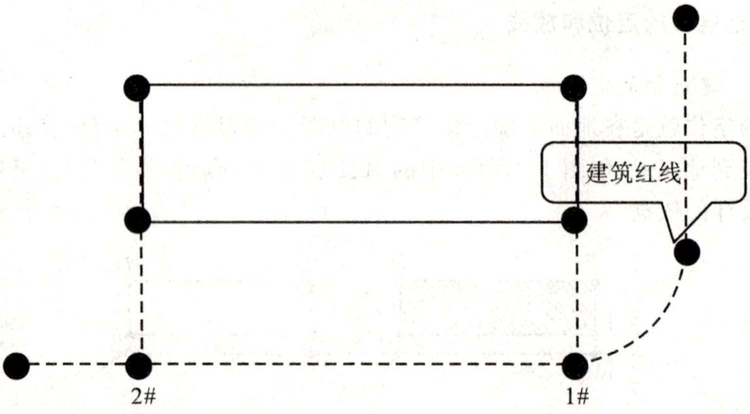

图 1-75(b) 建筑物定位示意图

2. 钉设轴线控制桩或龙门板

建筑物定位后，由于定位桩、中心桩在开挖基础时将被挖掉，一般在基础开挖前把建筑物轴线延长到安全地点，并做好标志，作为开槽后各阶段施工中恢复轴线的依据。延长轴线的方法有以下两种(见图 1-76)：

引桩一般钉设在基础开挖范围以外 2～4 m、不受施工干扰、便于引测和保存桩位的地方，如图 1-76 所示。也可以将轴线投测到周围建筑物上，做好标志，代替引桩。

龙门板也是在基础开挖范围以外钉设龙门桩，桩上钉板即龙门板。要求钉设牢固、龙门板的方向与轴线平行或垂直、龙门板的上表面平整且其标高为±0.000 m。其优点是使用方便，可以控制±0.000 m 以下各层标高和基槽宽、基础宽、墙身宽等具体位置。但它占用施工场地、影响交通、对施工干扰很大，一经碰动，必须及时校核纠正，且需要木材较多、钉设也比较麻烦，现已少用。

3. 确定开挖边界线

根据基础宽和放坡宽(依据挖深与土质现场确定)，用石灰撒出基础开挖边界线，施工时按此线进行开挖。

1.3.3 主体施工测量

1.3.3.1 墙体定位和标高控制

1. 墙体轴线投测

基础墙砌筑到防潮层以后，可根据轴线控制桩或龙门板上中线钉，用经纬仪或拉细线，把这一层楼房的墙中线和边线投测到防潮层上，并弹出墨线，检查外墙轴线交角是否等于90°；符合要求后，把墙轴线延伸到基础墙的侧面上画出标志，作为向上投测轴线的依据。同时把门、窗和其他洞口的边线，也在外墙基础立面上画出标志。

2. 墙体标高的控制

墙体砌筑时，其标高也常用皮数杆控制。在墙身皮数杆上根据设计尺寸，按砖和灰缝的厚度画线，并标明门、窗、过梁、楼板等的标高位置。杆上注记从±0.000 向上增加(如图 1-78)。墙身皮数杆的设立方法与基础皮数杆相同。

每层墙体砌筑到一定高度后，常在各层墙面上测设出+0.50 m 的标高线(俗称 50 线)，作为掌握楼面抹灰及室内装修的标高依据。

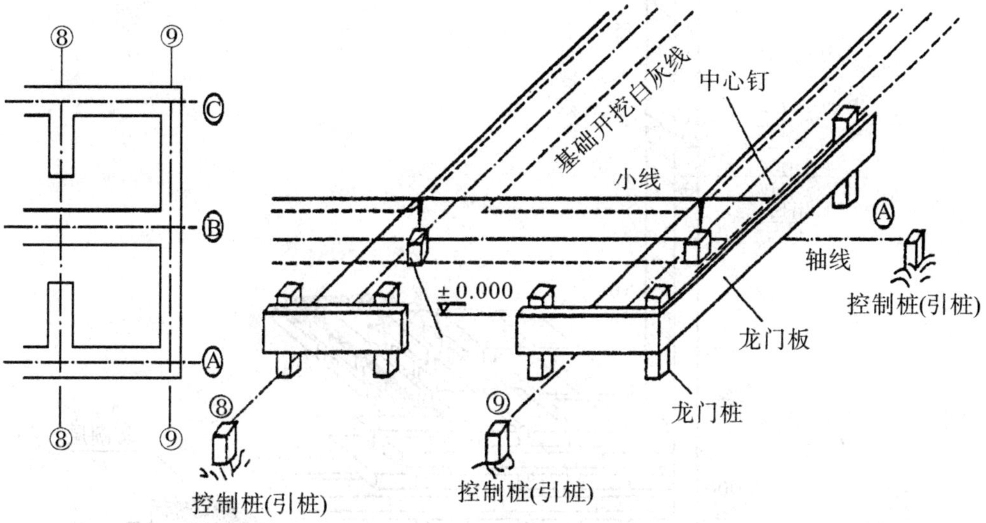

图1-76　轴线控制桩和龙门板法示意图

1.3.3.2　二层以上楼层轴线和标高的测设

1. 轴线投测

(1)经纬仪投测法

墙体砌筑到二层以上时，为了保证建筑物轴线位置正确，通常把经纬仪安置在轴线控制桩上，如图1-79所示，经纬仪安置在A轴与B轴的控制桩上，瞄准底层轴线标志a、a'，b、b'，用盘左盘右取平均的方法，将轴线投测到上一层楼板边缘，并取中点作为该层中心轴线点，a_1、a'_1和b_1、b'_1两线的交点o'即为该层的中心点。此时轴线$a_1o'a'_1$与$b_1o'b'_1$便是该层细部放样的依据。随着建筑物不断升高，同法逐层向上投测。

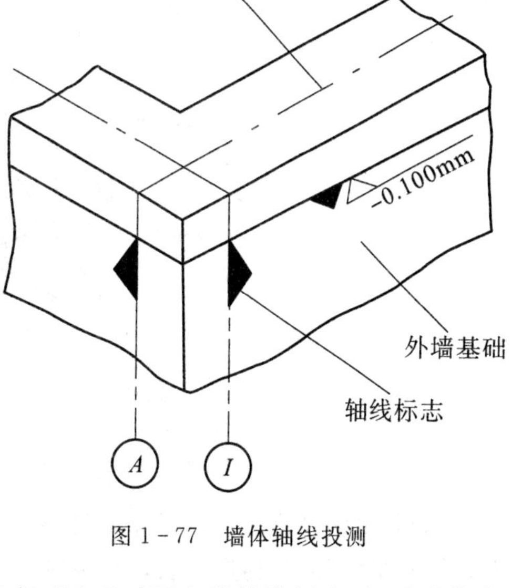

图1-77　墙体轴线投测

(2)吊锤球引测法

用较重的垂球悬吊在楼板或柱顶边缘，当垂球尖对准基础面上的轴线标志时，垂球线在楼板或柱边缘的位置即为楼层轴线位置。画出标志线，同样可投测出其余各轴线。经检测，各轴线间距符合要求即可继续施工。但当测量时风力较大或楼层建筑物较高时，投测误差较大，此时应采用经纬仪投测法。

2. 楼层面标高的传递

(1)利用皮数杆传递。一层楼房砌好后，把皮数杆移到二层楼继续使用，为了使皮数杆立在同一水平面上，用水准仪测定楼板面四角的标高，取平均值作为二楼的地坪标高，并竖立二层的皮数杆，以后一层一层往上传递。

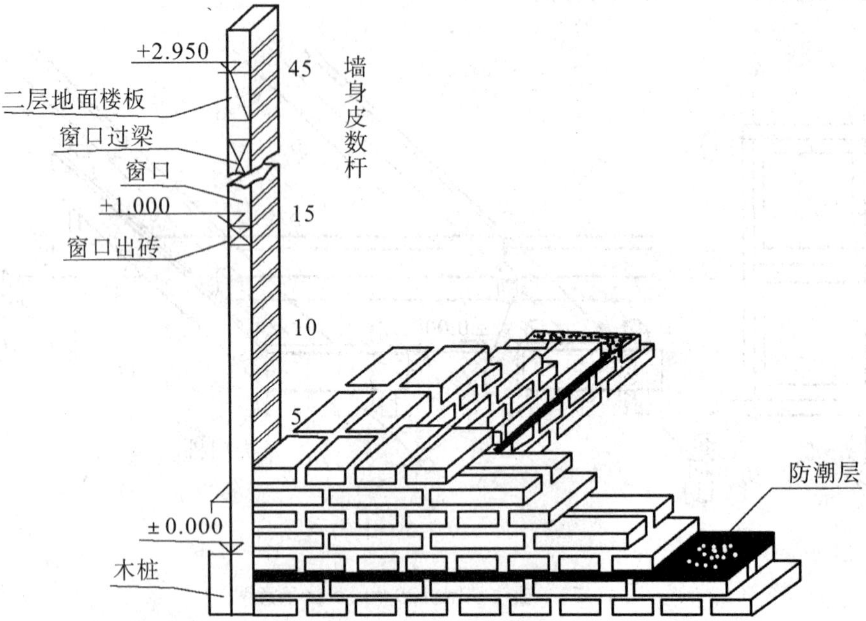

图 1-78 皮数杆控制墙体标高

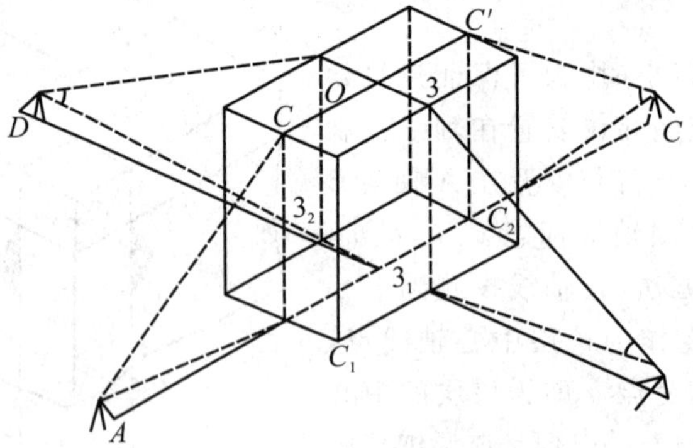

图 1-79 轴线投测

(2)利用钢尺丈量。在标高精度要求较高时,可用钢尺从墙脚±0.00 标高线沿墙面向上直接丈量,把高程传递上去。然后钉立皮数杆,作为该层墙身砌筑和安装门窗、过梁及室内装修,地坪抹灰时控制标高的依据。

(3)悬吊钢尺法。如图 1-80,在外墙或楼梯间悬吊钢尺,钢尺下端挂一重锤,然后使用水准仪把高程传递上去。一般需 3 个底层标高点向上传递,最后用水准仪检查传递的高程点是否在同一水平面上,误差不超过±3 mm。

此外,也可使用水准仪和水准尺按水准测量方法沿楼梯将高程传递到各层楼面。

3. 各分项工程的高程传递

(1)钢筋工程高程传递

利用往返观测将工作基点引测至柱竖向钢柱上,此项工作的精度不得低于水准网的精度要求,此工作经复测无误后,交给工长作为整个施工层标高控制的依据。工长在进一步引

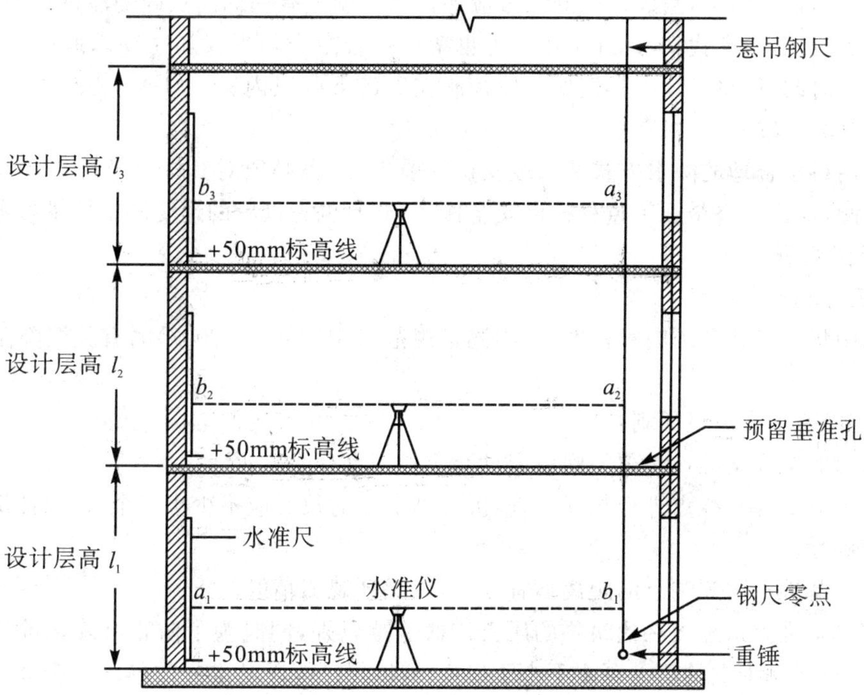

图 1-80　悬吊钢尺法

测过程中，保证层间偏差值不得超过±3 mm 的要求。

现场标高点用红或蓝胶带纸进行标识，应注意胶带纸上下边的统一。在绑扎门窗洞口过梁时，可用 5 m 钢卷尺将标高再向上传递，拉尺过程中应保持立筋垂直，以免造成立筋垂直偏差过大，从而导致出现过梁钢筋偏低的质量问题。工长在过程控制中，应注意检查以下部位标高情况：梁梁接头钢筋的顶标高，看是钢筋否有保护层，锚入本楼层的墙筋顶标高。

(2)模板工程高程传递

板底模支设高度是依据测设于脚手架立杆的标高点，所以测设脚手架立杆的标高点是模板工程标高控制的着重点。测设时可选择位于满堂脚手架的角点、中间点底部稳定可靠、垂直的立杆，将标高测设其上，扶尺人员是注意标高的上方是否有扣件、横杆阻碍标高点向上的传递。然后有红或蓝胶带纸做统一的标识。测设完毕后可沿立杆向上传递，定出水平杆的标高点，利用细线将各标高点连线，检查合格后(连线应重合，偏差值小于 3 mm)，可将此细线作为其他脚手架搭设的依据。待部分板模铺设完成后，可将水准仪架设其上，检查模板面标高、平整度以及相邻两块模板的高低差。若发现问题，现场改正，直至符合以下要求。

现浇结构模板安装允许偏差值：底模上表面±5 mm；相邻两板表面高差 2 mm。

工长在过程控制中，应注意检查以下部位标高情况：吊模侧模底标高，外墙模板标高是否低于砼顶面标高，跨度不小于 4 m 梁、板跨中标高是否按要求起拱，电梯井底模，焊接预埋件标高高差等。

(3)砼工程高程传递

工作重点：控制板砼顶面标高。

待板底模铺设完成后，即可将水准仪架设其上，将距砼面 500 mm 的控制标高测设在剪力墙竖筋及暗柱立筋上，测设标高的数量应保证每面墙上有一标高点砼浇注过程中，应随时将各标高点拉线，检查找平，此外工作面上也架设一台激光扫平仪随时动态地进行监控，发现问题应及时改正，将砼顶面标高偏差值控制在±10 mm以内。

1.3.3.3 沉降变形观测

在采用科学合理的降水方式及边坡支护的前提下，也必须对其本身及周边环境进行沉降变形监测，从而为整个施工过程提供安全保障，同时也为以后的形变测量提供参考依据。

1. 沉降观测

(1)沉降基准点埋设

根据中华人民共和国国家标准《工程测量规范》(GB50026－2007)的有关沉降基准点埋设规定。

(2)沉降基准点布设原则：

1)布设的沉降基准点必须坚固稳定且便于长期保存。

2)为了对沉降基准点进行相互检查，沉降基准点的数目应不少于三个，以保证沉降观测成果的正确性。

3)沉降基准点与观测点的距离不宜太远，以保证观测精度。

4)沉降基准点须埋设在建筑物的压力传播范围以外，同时为了防止沉降基准点受到冻胀的影响，沉降基准点的埋设深度不小于1.5 m，以保证沉降基准点的稳定。沉降观测基准点埋设在变形区以外，数量三个，按国家二等水准测量的技术要求施测，每站高差中误差±0.3 mm，闭合差±0.6 mm×n0.5。

2. 沉降观测点的布设

根据中华人民共和国国家标准《工程测量规范》(GB50026－2007)的有关沉降观测点埋设规定进行沉降点的埋设。

变形观测点是直接反映建筑物变形的参照点，应与变形体固结为一体，布设在能明显反映变形的位置。

在承重墙柱上沉降观测点标志采用内藏式，用直径为32 mm电锤在设计位置位置打孔，将直径28 mm预埋件放入孔内，周围用氧树脂填充使牢固，观测时将活标志旋紧，测毕取出外旋保护，即不影响原有建筑物的外观又到保护标志的作用。

3. 沉降观测要求

根据中华人民共和国国家标准《工程测量规范》(GB50026－2007)的有关沉降观测的规定，结合当前世界先进测量技术，按《工程测量规范》规定的二等水准测量作业要求进行。观测仪器采用DS2精密水准仪，配合铟钢尺作业，采用相同观测路线和观测方法，使用同一仪器和设备，并要固定观测人员，在基本相同的环境和条件下工作。

4. 沉降观测周期及期限

1)沉降观测周期按每一个结构观测一次，直至封顶，封顶后每月观测一次，直至竣工。

2)出现不均匀沉降时，根据情况增加观测次数。

3)施工期间因故停工超过三个月，应在停工时及复工前进行观测。

4)结构封顶至工程竣工沉降周期应符合下列要求。

均匀沉降且连续三个月内平均沉降量不超过1 mm时，每三个月观测一次；连续二次每三个月平均沉降量不超过2 mm时，每六个月观测一次；外界发生剧烈变化时应及时观测；

封顶后应每六个月观测一次，直至基本稳定(1 mm/100 d)为止。

5. 沉降变形资料的提交：

1)垂直位移量成果表；

2)观测点位置图；

3)荷载、时间、位移量、曲线图；

4)变形分析报告。

1.3.3.4　高层建筑施工测量

高层建筑物施工测量中的主要问题是控制垂直度，就是将建筑物基础轴线准确地向高层引测，保证各层相应的轴线位于同一铅直面内，控制垂直偏差，使轴线向上投测的偏差值不超限。高层建筑轴线向上投测的竖直偏差值在本层内不超过±5 mm，全高不超过楼高1/1000，累计偏差不超过 20 mm。

1. 轴线的竖向投测

(1)外控法

外控法是在建筑物外部，利用经纬仪，根据建筑物的轴线控制桩来进行轴线的竖向投测。高层建筑物的基础工程完工后，经纬仪安置在轴线控制桩上，将建筑物主轴线精确地投测到建筑物底部，并设立标志，以供下一步施工与向上投测之用。另外，以主轴线为基准，重新把建筑物角点投测到基础顶面，并对原来作的柱列轴线进行复核。随着建筑物的砌筑升高，要逐步将轴线向上投测传递。外控法向上投测建筑物轴线时，是将经纬仪安置在远离建筑物的轴线控制桩上，分别以正、倒镜两次投测取其中点，得到投测在该层上的轴线点，按此方法分别在建筑物纵、横主轴线的控制桩上安置经纬仪，就可在同一层楼面上投测出轴线点。楼面上纵、横轴线点连线构成的交点，即是该层楼面的施工控制点。当建筑物楼层增至相当高度(一般为 10 层以上)时，经纬仪向上投测的仰角增大，投点精度会随着仰角的增大而降低，且观测操作也不方便．因此必须将主轴线控制桩引测到远处的稳固地点或附近大楼的屋面上，以减小仰角。为了保证投测质量，使用的经纬仪必须经过严格的检验校正，尤其是照准部水准管轴应严格垂直仪器竖轴。安置经纬仪时必须使照准部水准管气泡严格居中。

(2)内控法

高层建筑物轴线的竖向投测目前大多使用重锤或铅垂仪等仪器，利用内控法来进行。根据使用仪器的不同，内控法有吊线坠法、激光铅垂仪法等。

1)吊线坠法

吊线坠法一般用于高度在 50～100 m 的高层建筑施工中，可用 10～20 kg 重的特制线坠，用直径 0.5～0.8 mm 钢丝悬吊，在±0.000 首层地面上以靠近高层建筑结构四周的轴线点为准，逐层向上悬吊引测轴线和控制结构的竖向偏差。在用此法施测时，要采取一些必要措施，如用铅直的塑料管套着坠线，以防风吹，并采用专用观测设备，以保证精度。

2)激光铅垂仪法

铅垂仪又称垂准仪，置平仪器上的水准管气泡后，仪器的视准轴即处于铅垂位置，可以据此向上或向下投点。若采用内控法，首先应在建筑物底层平面轴线桩位置预埋标志，其次在施工时要在每层楼面相应位置处都预留孔洞，供铅垂仪照准及安放接收屏之用。图1-81(a)是向上作铅垂投点，图 1-81(b)是向下作铅垂对点。

另外,用经纬仪或全站仪加上弯管目镜亦可进行内控法投测。

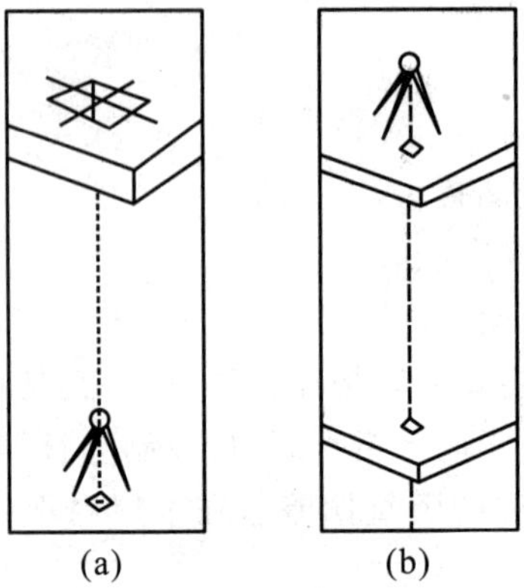

图 1-81 铅垂仪投点

2. 高程传递

高层建筑物施工中,要由下层楼面向上层传递高程,使上层楼板、门窗口、室内装修等工程的高程符合设计要求。传递高程的方法与多层建筑物高程传递的方法相同,如利用皮数杆传递高程,利用钢尺直接丈量,吊钢尺法(利用水准仪观测上下传递高程)和普通水准测量法等。

学习情境 1.4 钢筋混凝土梁、板的模板施工

1.4.1 模板的作用、要求和种类

1. 模板系统包括模板、支架和紧固件三个部分。模板又称模型板,是新浇混凝土成型用的模型。

2. 支承模板及承受作用在模板上的荷载的结构(如支柱、桁架等)均称为支架。

3. 模板及其支架应根据工程结构形式、荷载大小、地基土类别、施工设备和材料供应等条件进行设计。

4. 模板及其支架的要求:

(1)有足够的承载力、刚度和稳定性,能可靠地承受浇筑混凝土的重力、侧压力以及施工荷载;

(2)保证工程结构和构件各部位形状尺寸和相互位置的正确;

(3)构造简单,装拆方便,便于钢筋的绑扎与安装,满足混凝土的浇筑与养护等工艺要求;

(4)接缝严密,不得漏浆。

5. 模板及其支架的分类:

(1)按其所用的材料不同分为木模板、钢模板、钢木模板、钢竹模板、胶合板模板、塑料模板、铝合金模板等;

(2)按其结构构件的类型不同分为基础模板、柱模板、楼板模板、墙模板、壳模板和烟囱

模板等；

(3)按其形式不同分为整体式模板、定型模板、工具式模板、滑升模板、胎模等。

图 1-82 所示为施工现场不同构件的模板制作实例。

1.4.2　梁、板模板构造

1.4.2.1　木模板构造

木模板的构造的基本原理也适用于组合钢模板。

木模板及其支架系统一般在加工厂或现场木工棚制成元件，然后再在现场拼装。图 1-83所示为基本元件之一——拼板，它由板条和拼条组成。板条厚度一般为 25～50 mm，宽度不宜超过 200 mm，以保证在收缩时，缝隙均匀，浇水后易密缝又不翘曲。拼条的间距根据施工荷载的大小和板条的厚度而定，一般取 400～500 mm。

图 1-84 所示为梁、板模板施工现场。

新浇混凝土对梁模板既有侧压力也有竖向混凝土自重等荷载，梁的模板及支架系统必须考虑此特点。

图 1-82　模板制作实例

梁模板由底模板和侧模板组成，底模承受垂直荷载，一般较厚(为 40～50 mm)，底模下有支架承托，支架包括立柱或桁架等。立柱多为伸缩式，可以调整高度，立柱底应支在坚实的地面或楼面上，下垫木楔，以便拆除。当立柱直接支于地面时，应做好排水设施，避免土壤被水泡软而产生较大沉降，同时还应在立柱下加垫木板，以分布开立柱传给地面的集中荷载，减少立柱沉降量。立柱的侧向弯曲和压缩变形造成的标高降低值不得大于梁跨度的 1/1000。立柱间应用水平和斜向拉杆拉牢，以增强其整体稳定性。在多层或高层建筑施工时，上、下层立柱应在同一竖直线上，否则要求采取措施使上层楼面立柱的荷载能直接传递到下层楼面立柱上去，因为下层楼面混凝土的强度还较低，不能承受由立柱传来的施工荷载。

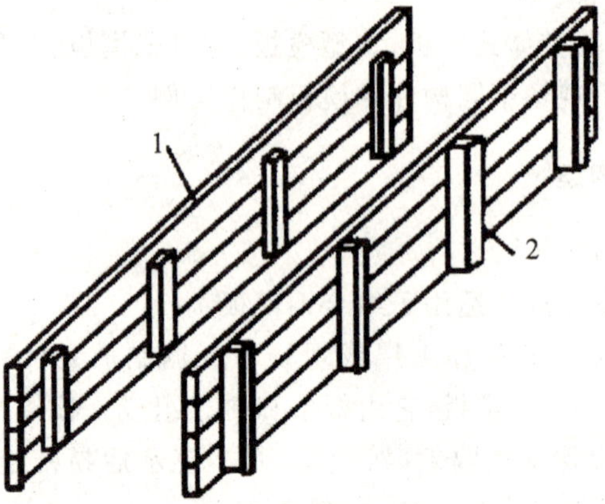

图 1-83　拼板的构造

图 1-84　梁、板模板施工现场

当梁的跨度在 4 m 或 4 m 以上时，梁底模应起拱，起拱值由设计规定，如设计无要求时，起拱高度宜为全跨长度的 0.1%～0.3%。

图 1-85 所示为单梁模板构造图，梁的侧模必须通过夹板夹紧梁的底模，而不应将侧模搁置在底模之上，因为这种连接在混凝土浇筑时极易漏浆。图中撑木 5 是防止侧模向外倾，搭头木 4 是防止侧模向内倾倒，两者必须同时使用以确保梁模几何尺寸的准确。

图 1-86 所示为肋形楼盖中梁及楼板的模板图。楞木 3 可防止梁侧模外倾，短撑木 7

的作用是加固横档4，因为横档钉在梁侧模的拼条上，承受着由楼板模板通过楞木3传来的荷载。由于荷载较大，必须另加短撑木7加强，其间距与立柱9相同，也就是说，把楞木传来的楼板荷载通过短撑木传给立柱。安装梁模板时，先安装底模板及下面的立柱，立柱间钉上水平及斜拉杆，再安装梁侧模板。一般高度的梁，在安装好模板后，再在梁模上方的楼板模板上绑扎钢筋，然后放进梁模中。如果梁较高(例如1 m以上)，则应留出一面侧模不安装，待扎好梁钢筋后再安上另一侧模板。梁模板安装后轴线允许偏差不得超过5 mm，底模上表面标高为±5 mm，内部尺寸为+4、−5 mm。

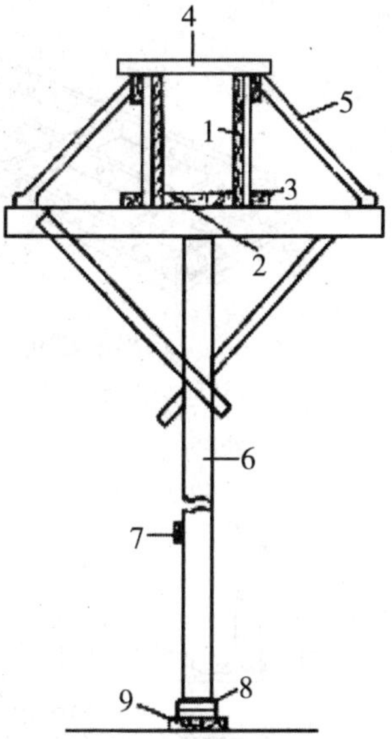

图1-85　单梁模板

1—侧模板；2—底模板；3—夹板；4—搭头木；5—撑木；6—立柱；7—立杠；8—木楔；9—垫板

1.4.2.2　钢模板构造

定型组合钢模板是一种工具式定型模板，由钢模板和配件组成，配件包括连接件和支承件。

钢模板通过各种连接件和支承件可组合成多种尺寸、结构和几何形状的模板，以适应各种类型建筑物的梁、柱、板、墙、基础和设备等施工的需要，也可用其拼装成大模板、滑模、隧道模和台模等。

施工时可在现场直接组装，亦可预拼装成大块模板或构件

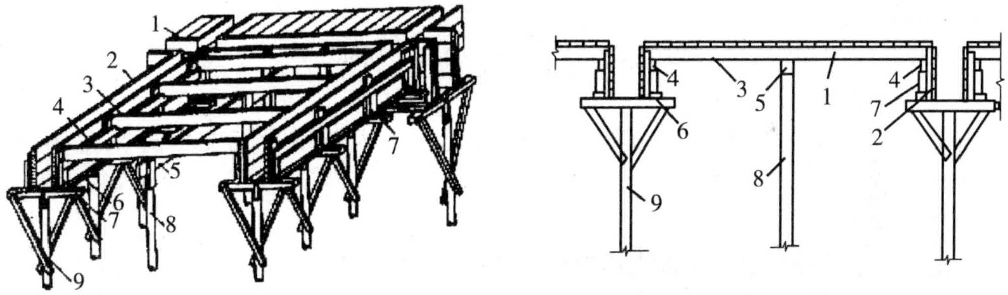

(a) 立面图　　(b) 剖视图

图1-86　梁及楼板模板

1—楼板模板；2—梁侧模板；3—楞木；4—横档；5—牵杠；6—夹板；7—短撑木；8—牵杠撑；9—立柱

模板用起重机吊运安装。定型组合钢模板组装灵活，通用性强，拆装方便；每套钢模可重复使用50～100次；加工精度高，浇筑混凝土的质量好，成型后的混凝土尺寸准确，棱角整齐，表面光滑，可以节省装修用工。

1. 钢模板组成：平面模板、阳角模板、阴角模板、连接角模

(1)平面模板

平面模板用于基础、墙体、梁、板、柱等各种结构的平面部位，它由面板和肋组成，肋上设有U形卡孔和插销孔，利用U形卡和L形插销等拼装成大块板，主要规格有：钢模板长度为600 mm、750 mm、900 mm、1200 mm、1500 mm、1800 mm；宽度为100 mm、150 mm、200 mm、250 mm、300 mm、350 mm、400 mm、450 mm、500 mm、550 mm、600 mm，如图1-87(a)所示。

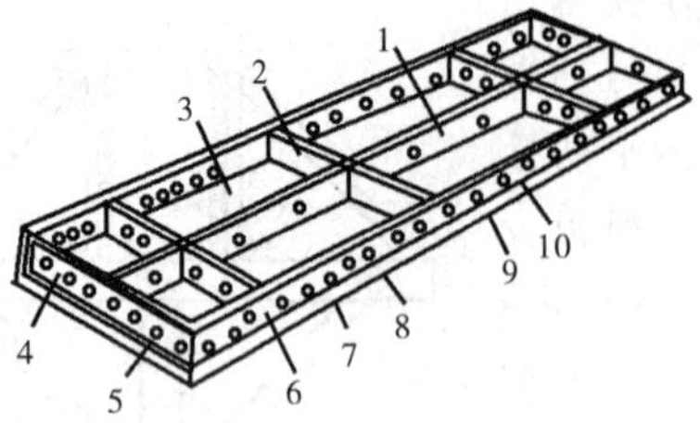

(a) 平面模板

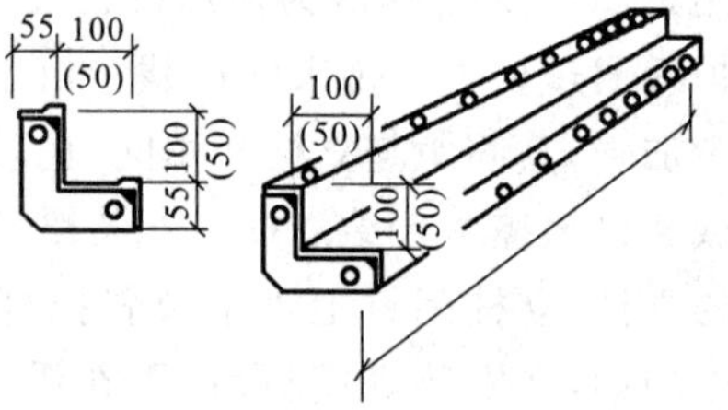

(b) 阳角模板

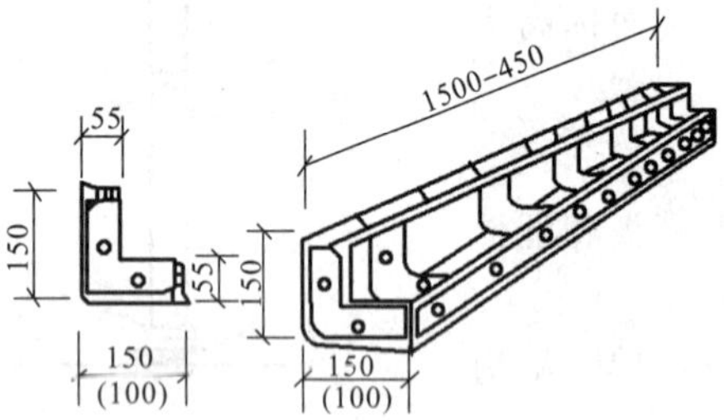

(c) 阴角模板

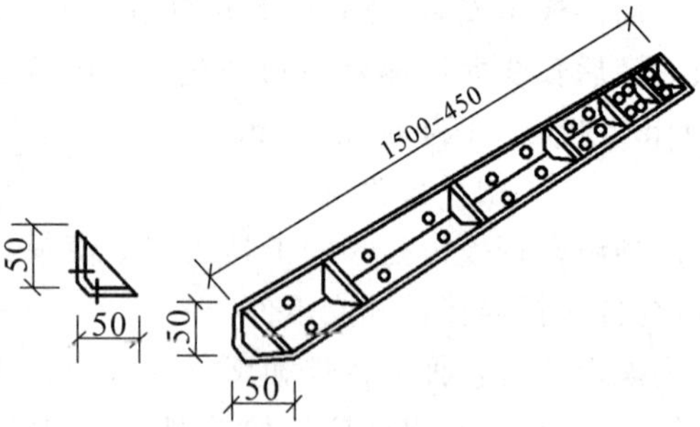

(d) 连接角模

图 1－87　钢模板类型

1－中纵肋；2－中横肋；3－面板；4－横肋；5－插销孔；6－纵肋；7－凸棱；8－凸鼓；9－U 形卡孔；10－钉子孔

(2)阳角模板

阳角模板主要用于混凝土构件阳角，如图 1－87(b)所示。

(3)阴角模板

阴角模板用于混凝土构件阴角，如内墙角、水池内角及梁板交接处阴角等，如图 1－87(c)所示。

(4)连接角模

角模用于平模板作垂直连接构成阳角，如图 1－87(d)所示。

2. 连接件

定型组合钢模板的连接件包括 U 形卡、L 形插销、钩头螺栓、对拉螺栓、紧固螺栓和扣件等，如图 1－88 所示。

(1)U 形卡：模板的主要连接件，用于相邻模板的拼装。

(2)L 形插销：用于插入两块模板纵向连接处的插销孔内，以增强模板纵向接头处的刚度。

(3)钩头螺栓：连接模板与支撑系统的连接件。

(4)紧固螺栓：用于内、外钢楞之间的连接件。

(5)对拉螺栓：又称穿墙螺栓，用于连接墙壁两侧模板，保持墙壁厚度，承受混凝土侧压力及水平荷载，使模板不致变形。

(6)扣件：扣件用于钢楞之间或钢楞与模板之间的扣紧，按钢楞的不同形状，分别采用蝶形扣件和"3"形扣件。

3. 支承件

定型组合钢模板的支承件包括柱箍、钢楞、支架、斜撑及钢桁架等。

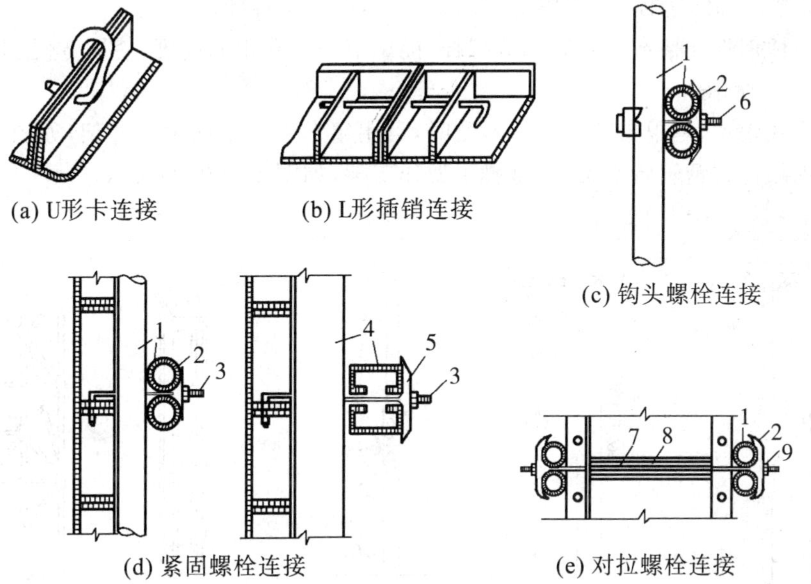

图1-88　钢模板连接件

1—圆钢管钢楞；2—“3”形扣件；3—钩头螺栓；4—内卷边槽钢钢楞；5—蝶形扣件；6—紧固螺栓；7—对拉螺栓；8—塑料套管；9—螺母

(1)钢楞

1)钢楞即模板的横档和竖档，分内钢楞与外钢楞；

2)内钢楞配置方向一般应与钢模板垂直，直接承受钢模板传来的荷载，其间距一般为700～900 mm。

3)钢楞一般用圆钢管、矩形钢管、槽钢或内卷边槽钢，而以钢管用得较多。

(2)柱箍

柱模板四角设角钢柱箍，角钢柱箍由两根互相焊成直角的角钢组成，用弯角螺栓及螺母拉紧。如图1-89所示。

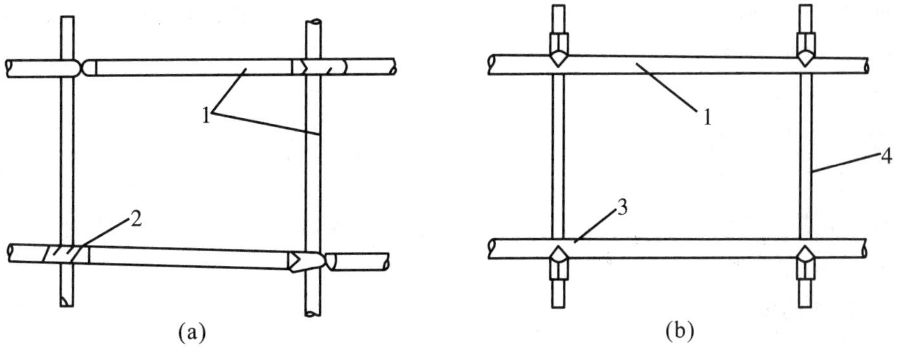

图1-89　柱箍

1—圆钢管；2—直角扣件；3—“3”形扣件；4—对拉螺栓

(3)钢支架

1)常用钢管支架如图1-90(a)所示。它由内外两节钢管制成，其高低调节距模数为

100 mm；支架底部除垫板外，均用木楔调整标高，以利于拆卸。

2）另一种钢管支架本身装有调节螺杆，能调节一个孔距的高度，使用方便，但成本略高，如图 1－90(b)所示。

3）当荷载较大、单根支架承载力不足时，可用组合钢支架或钢管井架，如图 1－90(c)所示。还可用扣件式钢管脚手架、门型脚手架作支架，如图 1－90(d)所示。

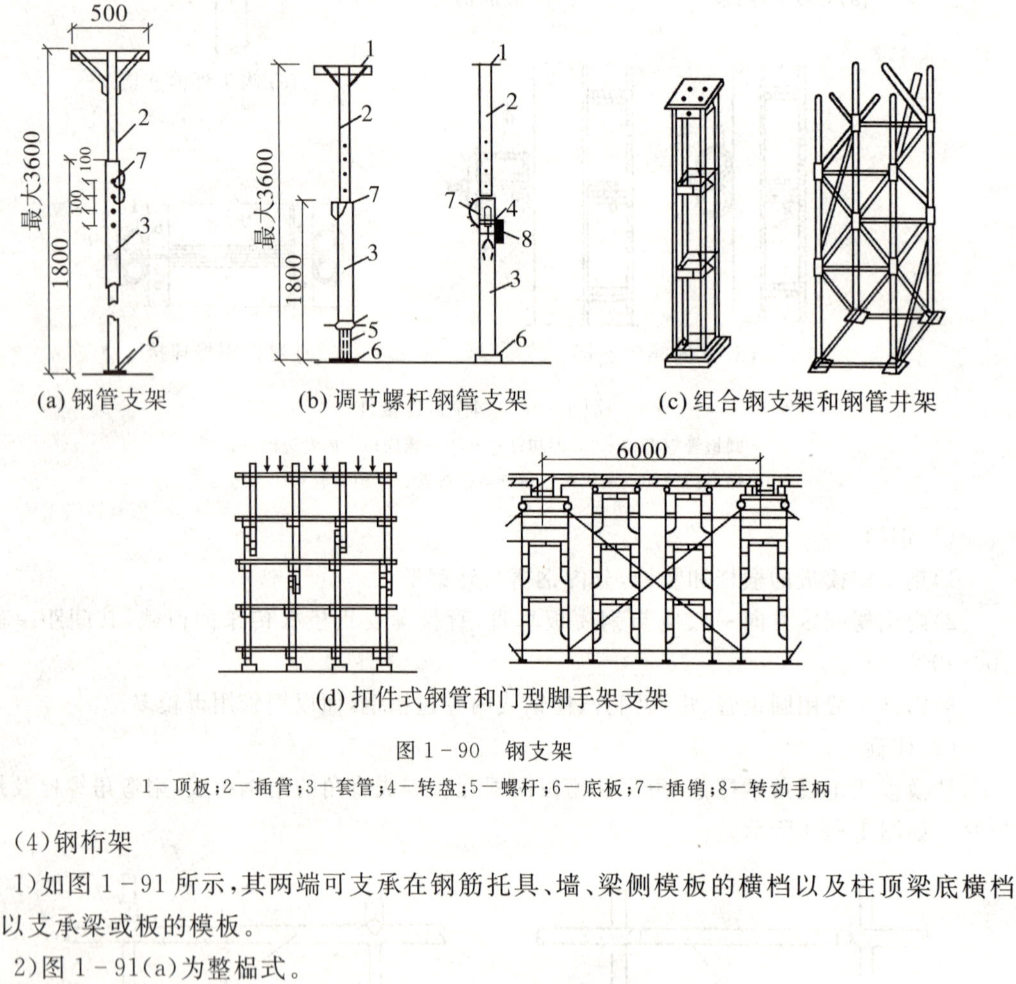

图 1－90 钢支架

1－顶板；2－插管；3－套管；4－转盘；5－螺杆；6－底板；7－插销；8－转动手柄

(4)钢桁架

1）如图 1－91 所示，其两端可支承在钢筋托具、墙、梁侧模板的横档以及柱顶梁底横档上，以支承梁或板的模板。

2）图 1－91(a)为整榀式。

3）图 1－91(b)为组合式。

(5)梁卡具

又称梁托架，用于固定矩形梁、圈梁等模板的侧模板，可节约斜撑等材料，也可用于侧模板上口的卡固定位，如图 1－92 所示。

4. 模板间的配合

当梁与板、梁与柱、次梁与主梁连接时，配板设计要考虑相互间的连接方法及尺寸的配合。

图 1－93 所示为梁与楼板模板的两种连接方法。一种是用阴角模板 1 连接；一种是用补模板 2 连接。图 1－94 所示为某次梁与主梁的连接及配板设计。图中斜线部分为嵌补模板，这是由于定型钢模板没有这种规格，所以采用木模板加以填补连接。

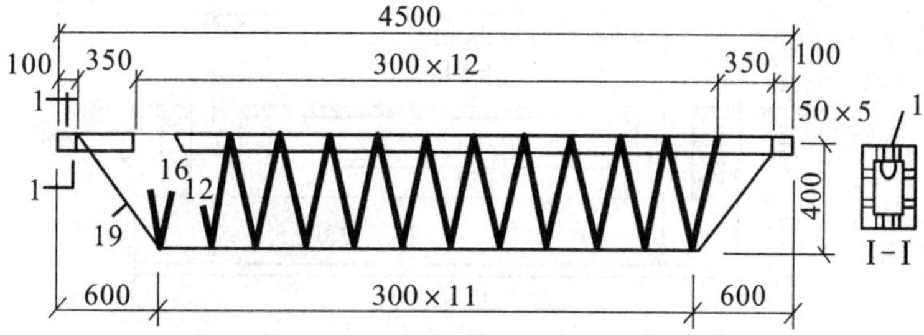

(a) 整榀式

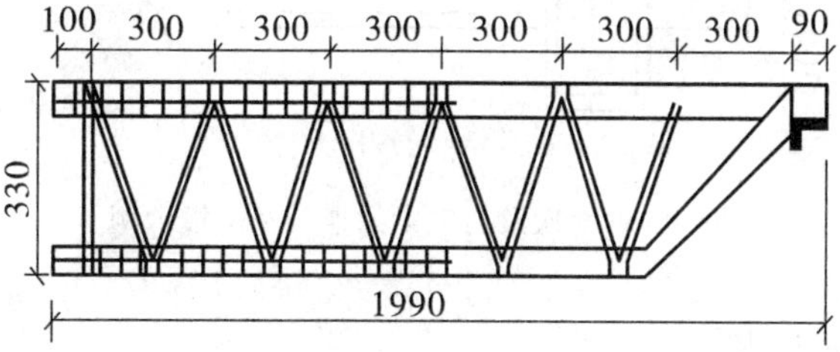

(b) 组合式

图 1-91　钢桁架

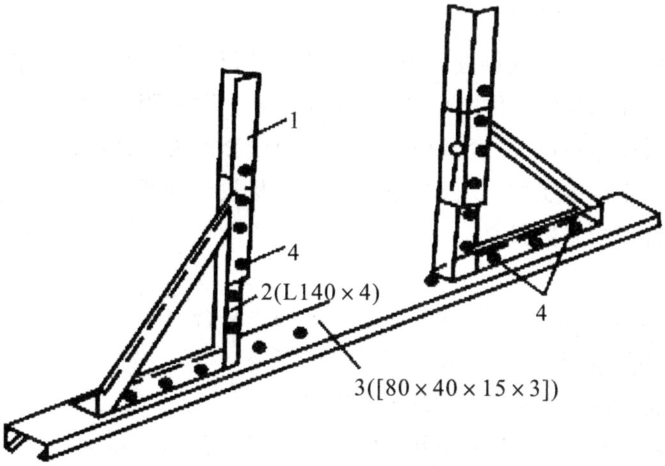

图 1-92　梁卡具

1—调节杆;2—三脚架;3—底座;4—螺栓

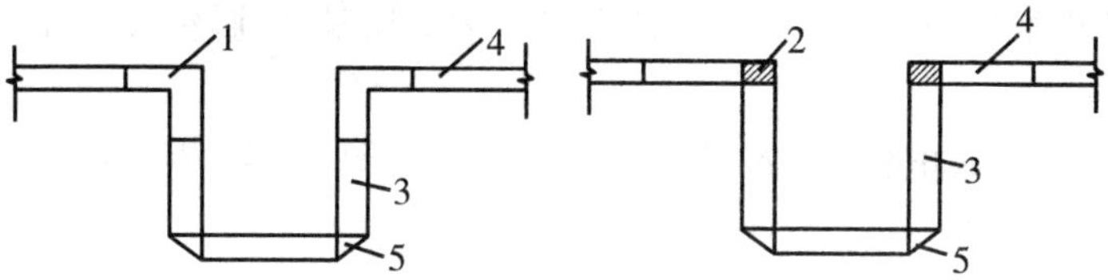

图 1-93　梁与板模板相互连接的两种方法

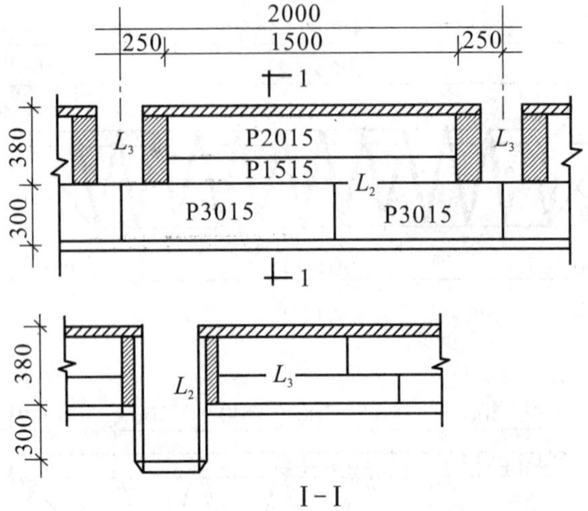

图1-94　次梁与主梁的连接及配板示例

1.4.3　梁、板模板安装

1.4.3.1　施工准备

1. 模板设计和拼装

(1)模板设计

根据工程结构和特点及现场施工条件,对模板进行设计,确定模板平面布置、纵横龙骨规格、数量、排列尺寸,梁箍选用的形式及间距,梁板支撑间距,模板组装形式,连接节点大样。验算模板和支撑的强度、刚度及稳定性。绘制全套模板设计图(模板平面图、分块图、组装图、节点大样图、零件加工图)。模板数量应在模板设计时按流水段划分,进行综合分析,然后确定模板的合理配置数量。

(2)钢模板拼装

1)模板拼装场地应夯实,有条件时应设拼装操作平台。

2)按模板设计图进行拼装,相邻两块拼缝应严密。

3)梁模板在拼装时,应预留清扫口或灌浆口。

(3)放好轴线、模板边线、水平控制标高。

(4)模板支撑受力点已达到支撑要求,水电管线及预埋件、预留洞模具已安装。

2. 材料准备

材料进场后,分规格码放。检查材料的进场证明、合格证等有关质量的凭证。检查材料的表观情况以及规格是否符合要求。使用前模板要预刷隔离剂,钢模板要刷防锈漆。

3. 机具准备

斧子、锯、扳手、打眼电钻、线坠、靠尺板、方尺、水平尺、撬棍、钢卷尺。

1.4.3.2　操作工艺

1. 安装楼板模板

(1)工艺流程:地面夯实→支立柱→安大小龙骨→铺模板→校正标高→加立杆的水平拉杆→办预检。

(2)土地面应夯实,并垫通长脚手板,楼层地面立支柱前也应垫 50 mm×100 mm 方木,长度不小于 400 mm。采用多层支架支模时,支柱应垂直,上下层支柱应在同一竖向中心线上。

(3)从边跨一侧开始安装,先安第一排龙骨和支柱,临时固定;再安第二排龙骨和支柱,依次逐排安装。支柱与龙骨间距应根据模板设计确定:一般支柱间距为 80～120 cm,大龙骨间距为 60～120 cm,小龙骨间距为 40～60 cm。

(4)调节支柱高度,将大龙骨找平。

(5)铺定型组合钢模板块:可从一侧开始铺,每两块板间边肋用 U 形卡连接,U 形卡安装间距一般不大于 30 cm(即每隔一孔插一个)。每个 U 形卡卡紧方向应正反相间,不要安在同一方向。楼板在大面积上均应采用大尺寸的定型组合钢模板块,在拼缝处可采用窄尺寸的拼缝模板或木板代替,但均应拼缝严密。铺定型竹编板板块:从一侧开始铺,每两块板间应硬拼,不符合模数的可根据实际尺寸拼,应拼缝严密。拼铺后,板块与次龙骨用钉子连接,钉子间距一般为 20～30 cm,钉子规格应与板厚度及锚固深度相配。

(6)平板铺设完后,用水平仪测量模板标高,进行校正,并用靠尺找平。测量标高时,应考虑模板起拱,当板跨度不小于 4 m 时,按设计要求起拱,设计无要求时,起拱高度定为跨度的 1/1000～3/1000。

(7)标高校完后,支柱之间应加水平拉杆。根据支柱高度决定水平拉杆设几道,一般情况下离地面 20～30 cm 处一道,往上纵横方向每隔 1.6 m 左右一道,并应经常检查,保证完整牢固。

(8)将模板内杂物清理干净,办预检。

2. 安装梁模板

(1)工艺流程:弹线→支立柱→调整标高→安装梁底板→绑梁钢筋→安装侧模→办预检。

(2)柱子或墙拆模后,在混凝土面上弹出梁的轴线和水平标高线。

(3)安装梁钢支柱之前(如土地面必须夯实),支柱下垫通长脚手板。一般梁支柱采用单排,当梁截面较大时可采用双排或多排,支柱的间距应由模板设计确定,一般情况下,间距以 60～100 cm 为宜。支柱上面垫截面 100 mm×100 mm 方木,支柱双向加剪刀撑和水平拉杆,离地 50 cm 设一道,以上每隔 2 m 设一道。

(4)按设计标高调整支柱的标高,然后安装梁底板,并拉线找直。当梁跨度等于或大于 4 m 时,梁底板按设计要求起拱。如设计无要求时,起拱高度宜为全跨长度的 1/1000～3/1000。

(5)绑扎梁钢筋,经检查合格后办理隐检,并清除杂物。安装侧模板,把两侧模板与底板用 U 形卡或钉子连接。

(6)用梁托架或三脚架支撑固定梁侧模板。龙骨间距应由模板设计确定,一般情况下宜为 75 cm,梁模板上口用定型卡子固定。当梁高超过 60 cm 时,加穿梁螺栓加固。

(7)安装后校正梁中线、标高、断面尺寸。将梁模板内杂物清理干净,检查合格后办预检。

1.4.4　梁、板模板拆除

1. 拆除模板的顺序和方法,应按照配板设计的规定进行。当设计无规定时,应遵循先支后拆，后支先拆；先拆不承重的模板，后拆承重部分的模板；自上而下，支架先拆侧向支撑，后拆竖向支撑等原则。

2. 在拆除楼板及梁模板时，应先拆掉水平拉杆，然后拆除支柱，每根龙骨留1～2根支柱暂不拆。

3. 操作人员站在已拆除的空隙，拆去近旁余下的支柱，使其龙骨自由坠落。

4. 用钩子将模板钩下，等该段的模板全部脱模后，集中运出，整齐堆放。

5. 楼层较高，支撑采用双层排架时，先拆上层排架，使龙骨和模板落在底层排架上，上层模板全部运出后，再拆底层排架。

6. 有穿墙螺栓者，先拆掉穿墙螺栓和梁托架，再拆除梁底模。

7. 侧模板拆除时，混凝土强度应能保证其表面及楞角不因拆除模板受损坏，方可拆除。底模拆除遵照本标准之验收标准内容。拆模强度如设计有规定时，按照设计要求。

8. 拆下的模板及时清理粘连物，涂刷脱模剂，拆下的扣件及时集中收集管理。

9. 拆模时严禁模板直接从高处往下扔，以防止模板变形和损坏。

1.4.5 梁、板模板的质量控制

1. 作业班组进行拆模前，应书面申请，经技术部门批准后方可拆除。

2. 梁、板模板容易产生的问题是：梁身不平直，梁底不平，梁侧面鼓出，梁上口尺寸偏大，板中部下挠。防止办法是：梁、板模板应通过设计确定龙骨、支柱的尺寸及间距，使模板支撑系统有足够的强度及刚度，防止浇混凝土时模板变形。模板支柱的底部应支在坚实地面上，垫通长脚手板，防止支柱下沉，梁、板模板应按设计要求起拱，防止挠度过大。梁模板上口应用拉杆锁紧，防止上口变形。

3. 已拆除模板及支架的结构，在混凝土达到设计强度等级后方允许承受全部使用荷载；当施工荷载所产生的效应比使用荷载的效应更不利时，必须经核算，加设临时支撑。

1.4.6 梁、板模板的质量标准

1.4.6.1 一般规定

1. 模板及其支架应根据工程结构形式、荷载大小、地基土类别、施工设备和材料供应等条件进行设计。模板及其支架应具有足够的承载能力、刚度和稳定性，能可靠地承受浇筑混凝土的重量、侧压力以及施工荷载。

2. 在浇筑混凝土之前，应对模板工程进行验收。

3. 模板及其支架拆除的顺序及安全措施应按施工技术方案执行。

1.4.6.2 模板安装的质量标准

1. 主控项目

(1)安装现浇结构的上层模板及其支架时，下层楼板应具有承受上层荷载的承受能力，或加设支架；上、下层支架的立柱应对准，并铺设垫板。

检验方法：对照模板设计文件和施工技术方案观察。

(2)在涂刷模板隔离剂时，不得沾污钢筋和混凝土接茬处。

检验方法：观察。

2. 一般项目

(1)模板安装应满足下列要求：

板的接缝不应漏浆；在浇筑混凝土前，木模板应浇水湿润，但模板内部不应有积水。

模板与混凝土的接触面应清理干净并涂刷隔离剂，但不得采用影响结构性能或妨碍装饰工程施工的隔离剂。

浇筑混凝土前，模板内的杂物应清理干净。

检验方法：观察。

(2)对跨度不小于4 m的现浇钢筋混凝土梁、板，其模板应按设计要求起拱；当设计无具体要求时，起拱高度宜为跨度的1/1000～3/1000。

检验方法：水准仪或拉线、钢尺检查。

现浇结构模板安装的允许偏差及检验方法见表1-8。

表1-8 现浇结构模板安装的允许偏差及检验方法

项目		允许偏差(mm)	检验方法
抽线位置		5	钢尺检查
底模上表面标高		±5	水准仪或拉线、钢尺检查
截面内部尺寸	基础	±10	钢尺检查
	柱、墙、梁	+4，-5	钢尺检查
层高垂直度	不大于5 m	6	经纬仪或吊线、钢尺检查
	大于5 m	8	经纬仪或吊线、钢尺检查
相邻两板表面高低差		2	钢尺检查
表面平整度		5	靠尺和塞尺检查

(3)固定在模板上的预埋件、预留孔和预留洞均不得遗漏，且应安装牢固。

检验方法：钢尺检查。

预埋件和预留孔洞的允许偏差见表1-9。

表1-9 预埋件和预留孔洞的允许偏差

项目		允许偏差(mm)
预埋钢板中心线位置		3
预埋管、预留孔中心线位置		3
插筋	中心线位置	5
	外露长度	+10，0
预埋螺栓	中心线位置	2
	外露长度	+10，0
预留洞	中心线位置	10
	外露长度	+10，0

1.4.6.3　模板拆除质量标准

1. 主控项目

(1)底模及其支架拆除时的混凝土强度应符合设计要求；当设计无具体要求时，混凝土强度应符合本标准规定。

检验方法：检查同条件养护试件强度试验报告。

(2)后浇带模板的拆除和支撑应按施工技术方案执行。

检验方法：观察检查。

表 1-10　底模拆除时的混凝土强度要求

构件类型	构件跨度(m)	达到设计的 $f_{cu,k}$ 的百分率(%)
板	≤2	≥50
	>2，≤8	≥75
	>8	≥100
梁、拱、壳	≤8	≥75
	>8	≥100
悬臂构件	—	≥100

注：$f_{cu,k}$——混凝土立方体抗压强度标准值

2. 一般项目

(1)侧模拆除时的混凝土强度应能保证其表面及棱角不受损伤。

检验方法：观察检查。

(2)模板拆除时，不应对楼层形成冲击荷载。拆除的模板和支架宜分散堆放并及时清运。

检验方法：观察检查。

3. 拆模顺序

(1)一般是先支后拆，后支先拆，先拆除侧模板，后拆除底模板。

(2)对于肋形楼板的拆模顺序，首先拆除柱模板，然后拆除楼板底模板、梁侧模板，最后拆除梁底模板。

(3)多层楼板模板支架的拆除，应按下列要求进行：

1)上一层楼板正在浇筑混凝土时，下一层楼板的模板支架不得拆除，再下一层楼板模板的支架仅可拆除一部分；

2)跨度≥4 m 的梁均应保留支架，其间距不得大于 3 m。

4. 拆模的注意事项

(1)模板拆除时，不应对楼层形成冲击荷载。

(2)拆除的模板和支架宜分散堆放并及时清运。

(3)拆模时，应尽量避免混凝土表面或模板受到损坏。

(4)拆下的模板，应及时加以清理、修理，按尺寸和种类分别堆放，以便下次使用。

(5)若定型组合钢模板背面油漆脱落，应补刷防锈漆。

(6)已拆除模板及支架的结构，应在混凝土达到设计的混凝土强度标准后，才允许承受全部使用荷载。

(7)当承受施工荷载产生的效应比使用荷载更为不利时，必须经过核算，并加设临时支撑。

1.4.7　成品保护

1. 吊装模板时轻起轻放，不准碰撞，防止模板变形。

2. 拆模时不得用大锤硬砸或撬棍硬撬，以免损伤混凝土表面和棱角。

3. 拆下的钢模板，如发现模板不平时或肋边损坏变形，应及时修理。

4. 模板在使用过程中应加强管理，分规格堆放，及时补刷防锈剂等。

5. 预组拼的模板要有存放场地，场地要平整夯实。不可乱堆乱放或在组拼的模板上堆放分散模板和配件。

1.4.8　安全技术措施

1.4.8.1　模板安装安全措施

1. 模板支撑不得使用扭裂、劈裂的材料。顶撑要垂直、底部平整坚实，并加垫木。

2. 安装模板应按工序进行，当模板没有固定前，不得进行下道工序作业。禁止利用拉杆、支撑攀登上下。

3. 支模时，支撑、拉杆不得连接在门窗、脚手架或其他不稳固的物件上。在砼浇筑的过程当中，要有专人检查，发现变形、松动等现象，要及时加固和修理，防止塌模伤人。

4. 在现场安装模板时，所用工具应装入工具袋，防止高处作业时，工具掉下伤人。

5. 两人抬运模板时，要互相配合，协同工作。传送模板、工具应用运输工具或绳子绑扎牢固后升降，不得乱扔。

6. 基础工程模板安装时，应先检查基坑土壁边坡的稳定情况，发现有塌方危险时，必须采取安全加固措施后，方能作业。

7. 操作人员上下基坑要设扶梯。基坑(槽)上口边缘 1 m 以内不允许堆放模板构件和材料。

8. 向坑内运送模板时应用吊机，溜槽或绳索，运送时要有专人指挥，上下呼应。

9. 模板支撑在土壁上时，应在支板上加垫板，以防支撑不牢固或造成土壁坍塌。

10. 安装柱梁模板应设临时工作台，不得站在柱模板上操作和梁底板上行走。

11. 安装楼面模板，遇有预留洞口的地方，应作临时封闭，以防误踏和坠物伤人。

12. 在通道地段，安装模板的横撑及斜撑必须伸出通道时，应先考虑通道通过行人或车辆时所需的高度。

1.4.8.2　模板拆除的安全措施

1. 拆除模板必须经施工技术负责人同意，方可拆除，操作人员必须戴好安全帽。操作时应按顺序分段进行，超过 4 m 以上高度，不允许让模板料自由下落。严禁猛撬、硬砸或大面积撬落和拉倒。

2. 拆除模板前，应将下方一切预留洞口及建筑物用木板或安全网作防护围蔽，防止模板枋料坠落伤人。

3. 完工后，不得留下松动和悬挂的模板枋料等。拆下的模板枋料应及时运送到指定地点集中堆放稳妥。

4. 拆除模板用长撬棍，应防止整块模板掉下，以免伤人。

1.4.9 现浇混凝土结构模板的设计

1.4.9.1 模板设计的内容和原则

1. 设计的内容

模板设计的内容，主要包括选型、选材、配板、荷载计算、结构设计和绘制模板施工图等。各项设计的内容和详尽程度，可根据工程的具体情况和施工条件确定。

2. 设计的主要原则

(1)实用性

主要应保证混凝土结构的质量，具体要求是：

1)接缝严密，不漏浆；

2)保证构件的形状尺寸和相互位置的正确；

3)模板的构造简单，支拆方便。

(2)安全性

保证在施工过程中，不变形，不破坏，不倒塌。

(3)经济性

针对工程结构的具体情况，因地制宜，就地取材，在确保工期、质量的前提下，减少一次性投入，增加模板周转，减少支拆用工，实现文明施工。

1.4.9.2 荷载及荷载组合

1. 荷载

计算模板及其支架的荷载，分为荷载标准值和荷载设计值，后者以荷载标准值乘以相应的荷载分项系数。

(1)荷载标准值

1)模板及支架自重标准值——应根据设计图纸确定。对肋形楼板及无梁楼板模板的自重标准值，见表 1-11。

表 1-11 模板及支架自重标准值(kN/m^2)

模板构件的名称	木模板	组合钢模板	钢框胶合板摸板
平板的模板及小楞	0.30	0.50	0.40
楼板模板(其中包括梁的模板)	0.50	0.75	0.60
楼板模板及其支架(楼层高度 4 m 以下)	0.75	1.10	0.95

2)新浇混凝土自重标准值——对普通混凝土，可采用 24 kN/m^2；对其他混凝土，根据实际重力密度确定。

3)钢筋自重标准值——按设计图纸计算确定。一般可按每立方米混凝土含量计算：

框架梁 1.5 kN/m^3

楼板　1.1 kN/m^3

4)施工人员及设备荷载标准值：

①计算模板及直接支承模板的小楞时，对均布荷载取 2.5 kN/m^2，另应以集中荷载 2.5 kN再进行验算，比较两者所得的弯矩值，按其中较大者采用；

②计算直接支承小楞结构构件时，均布活荷载取 1.5 kN/m^2；

③计算支架立柱及其他支承结构构件时，均布活荷载取 1.0 kN/m^2。

说明：

——对大型浇筑设备如上料平台、混凝土输送泵等，按实际情况计算。

——混凝土堆集料高度超过 300 mm 以上者，按实际高度计算。

——模板单块宽度小于 150 mm 时，集中荷载可分布在相邻的两块板上。

5)振捣混凝土时产生的荷载标准值——对水平面模板可采用 2.0 kN/m^2；对垂直面模板可采用 4.0 kN/m^2(作用范围在新浇筑混凝土侧压力的有效压头高度以内)。

6)模板侧面的压力标准值——采用内部振捣器时，可按以下两式计算，并取较小值：

$$F=0.22\gamma_c t_0 \beta_1 \beta_2 V^{1/2} \tag{1-28}$$

$$F=\gamma_c H \tag{1-29}$$

式中，F——新浇筑混凝土对模板的最大侧压力(kN/m^2)；

γ_c——混凝土的重力密度(kN/m^3)；

t_0——新浇筑混凝土的初凝时间(h)，可按实测确定。当缺乏试验资料时，可采用 $t_0=200/(T+15)$计算(T 为混凝土的温度 ℃)；

V——混凝土的浇筑速度(m/h)；

H——混凝土侧压力计算位置处至新浇筑混凝土顶面的总高度(m)；

β_1——外加剂影响修正系数，不掺外加剂时取 1.0，掺具有缓凝作用的外加剂时取 1.2；

β_2——混凝土坍落度影响修正系数，当坍落度小于 30 mm 时，计算分布图取 0.85；50～90 mm 时，取 1.0；110～150 mm 时，取 1.15。

混凝土侧压力的计算分布图形，见图 1-95。其中

$$h=F/\gamma_c (m)$$

式中，h——有效压头高度。

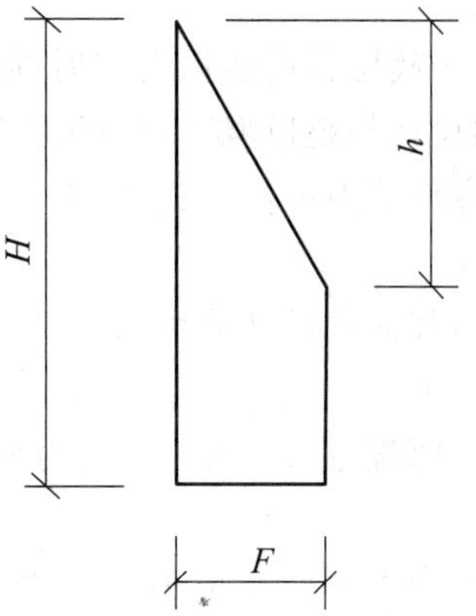

图 1-95　侧压力计算分布图

7)倾倒混凝土时产生的荷载标准值——倾倒混凝土时对垂直面模板产生的水平荷载标准值,可按表 1-12 采用。

除上述 7 项荷载外,当水平模板支撑结构的上部继续浇筑混凝土时,还应考虑由上部传递下来的荷载。

(2)荷载设计值

计算模板及其支架的荷载设计值,应为荷载标准值乘以相应的荷载分项系数,见表 1-13。

表 1-12 倾倒混凝土时产生的水平荷载(kN/m²)

向模板内供料方法	水平荷载
溜槽、串筒或导管	2
容积小于 0.2 m^3的运输工具	2
容积为 0.2～0.8 m^3的运输工具	4
容积为大于 0.8 m^3的运输工具	6

注:作用范围在有效压头高度以内。

表 1-13 模板及支架荷载分项系数表

项 次	荷 载 类 别	γ_1
1	模板及支架自重	1.2
2	新浇筑混凝土自重	
3	钢筋自重	
4	施工人员及施工设备荷载	1.4
5	振捣混凝土时产生的荷载	
6	新浇筑混凝土对模板侧面的压力	1.2
7	倾倒混凝土时产生的荷载	1.4

(3)荷载折减(调整)系数

模板工程属临时性工程。由于我国目前还没有临时性工程的设计规范,所以只能按正式结构设计规范执行。由于新的设计规范以概率理论为基础的极限状态设计法代替了容许应力设计法,又考虑到原规范对容许应力值作了提高,因此原《混凝土结构工程施工及验收规范》(GB50204—92)进行了套改。

1)对钢模板及其支架的设计,其荷载设计值可乘以 0.85 系数予以折减,但其截面塑性发展系数取 1.0;

2)采用冷弯薄壁型钢材,由于原规范对钢材容许应力值不予提高,因此荷载设计值也不予折减,系数为 1.0;

3)对木模板及其支架的设计,当木材含水率小于 25%时,其荷载设计值可乘以 0.9 系数予以折减;

4)在风荷载作用下,验算模板及其支架的稳定性时,其基本风压值可乘以 0.8 系数予以折减。

2. 荷载组合

(1)荷载类别及编号见表1-14。

表1-14　荷载类别及编号

名　　称	类　别	编　号
模板结构自重	恒载	①
新浇筑混凝土自重	恒载	②
钢筋自重	恒载	③
施工人员及施工设备荷载	活载	④
振捣混凝土时产生的荷载	活载	⑤
新浇筑混凝土对模板侧面的压力	恒载	⑥
倾倒混凝土时产生的荷载	活载	⑦

(2)荷载组合见表1-15。

表1-15 荷载组合

项　次	项　目	荷载组合	
		计算承载能力	验算刚度
1	平板及薄壳的模板及支架	①+②+③+④	①+②+③
2	梁和拱模板的底板及支架	①+②+③+⑤	①+②+③
3	梁、拱、柱(边长≤300 mm)、墙(厚≤100 mm)的侧面摸板	⑤+⑥	⑥
4	大体积结构、柱(边长>300 mm)、墙(厚>100 mm)的侧面摸板	⑥+⑦	⑥

1.4.9.3　模板结构的挠度要求

模板结构除必须保证足够的承载能力外,还应保证有足够的刚度。因此,应验算模板及其支架的挠度,其最大变形值不得超过下列允许值:

1. 结构表面外露(不做装修)的模板,为模板构件计算跨度的1/400。

2. 结构表面隐蔽(做装修)的模板,为模板构件计算跨度的1/250。

3. 支架的压缩变形值或弹性挠度,为相应的结构计算跨度的1/1000。

当梁板跨度≥4 m时,模板应按设计要求起拱;如无设计要求,起拱高度宜为全长跨度的1/1000～3/1000,钢模板取小值(1/1000～2/1000)。

4.《组合钢模板技术规范》(GB50214—2001)规定:

(1)结构允许挠度按表1-16执行。

(2)计算模板及支架在自重和风荷载作用下的抗倾覆稳定性时,其抗倾倒系数不小于1.15。

5.《钢框胶合板模板技术规程》(JGJ96—95)规定:

(1)面板各跨的挠度计算值不宜大于面板相应跨度的 1/300,且不宜大于 1 mm。

(2)钢楞各跨的挠度计算值,不宜大于钢楞相应跨度的 1/1000,且不宜大于 1 mm。

表 1-16　模板结构允许挠度

名　称	允许挠度(mm)
钢模板的面板	1.5
单块钢模板	1.5
钢楞	$L/500$
柱箍	$B/500$
桁架	$L/1000$
支承系统累计	4.0

注:L 为计算跨度,B 为柱宽。

1.4.9.4　模板结构设计示例

【例 1-13】 根据人、机、物等客观条件及施工组织要求,确定模板体系如下:梁、楼板、柱、墙采用 1830 mm×915 mm×20 mm 的木胶合板制作而成,其容许应力$[f]$=9.68 MPa,弹性模量 E=4680 MPa。内楞采用 60 mm×90 mm×2000 mm 枋木,其容许应力$[f]$=15 MPa,弹性模量 E=10000 MPa。外楞、支撑体系、柱箍选用,ф48 mm×3.5 mm 钢管及配套扣件,钢管的容许应力$[f]$=215 MPa,弹性模量 E=2.1×105 MPa,惯性矩 I=1.22×105 mm^4,截面积 A=489 mm^2,截面抵抗矩 W=5078 mm^3。穿墙螺杆用ф12 圆钢做成,其容许拉力$[N]$=12.9 kN 配套 3 形扣件型号为 12,其容许荷载 12 kN。试设计该工程的梁模板。

解:

根据主要梁的截面尺寸,分两种类型:

一、(梁宽≤300 mm)×(梁高≤1050 mm)的,选择±0.000 以下 300 mm×1050 mm 截面作为计算对象,梁底距地面 2.8 m;选择±0.000 以上 240 mm×900 mm 截面作为计算对象,梁底距地面 2.1 m。

二、(300 mm≤梁宽≤600 mm)×(梁高≥1050 mm)的。选择±0.000 以上 550 mm×1600 mm 截面作为计算对象。梁截面为 550 mm×1600 mm,取梁底模小楞、侧模竖楞间距为 200 mm;截面 300 mm×1050 mm,取梁底模小楞、侧模竖楞间距为 300 mm;梁截面为 240 mm×900 mm,取梁底模小楞、侧模竖楞间距为 350 mm。支承梁模架采用双排钢管脚手架,立杆间距梁高≤700 mm 为 1000 mm,梁高>700 mm 为 600 mm。纵横水平杆步距为 1500 mm。

(1)底模计算(按四跨等跨连续计算)

1)荷载计算见表 1-17。

2)抗弯强度验算:

A. 240 mm×900 mm 梁:$\sigma=\frac{M}{W}=\frac{Kql^2}{W}=\frac{0.121\times6.6\times350^2}{\frac{240\times20^2}{6}}=6.11\ \text{MPa}$

小于 9.68 MPa,满足要求。

B. 550 mm×1600 mm 梁：$\sigma=\frac{M}{W}=\frac{Kql^2}{W}=\frac{0.121\times25.73\times200^2}{\frac{550\times20^2}{6}}=3.4$ MPa

小于 9.68 MPa，满足要求。

C. 300 mm×1050 mm 梁：$\sigma=\frac{M}{W}=\frac{Kql^2}{S}=\frac{0.121\times9.5\times300^2}{\frac{300\times20^2}{6}}=5.17$ MPa

表 1-17　计算底模时荷载计算

梁截面	240×900	550×1600	300×1050
底模自重	0.24×0.02×9 =0.043 kN/m	0.55×0.02×9 =0.099 kN/m	0.3×0.02×9 =0.054 kN/m
砼自重	0.24×0.9×24 =5.18 kN/m	0.55×1.6×24 =21.12 kN/m	0.3×1.05×24 =7.56 kN/m
钢筋荷载	0.24×0.9×1.5 =0.32 kN/m	0.55×1.6×1.5 =1.32 kN/m	0.3×1.05×1.5 =0.47 kN/m
振捣砼荷载	0.24×2 =0.48 kN/m	0.55×2 =1.2 kN/m	0.3×2 =0.6 kN/m
验算抗弯强度时 q	[(0.043+5.18+0.32)×1.2+0.48×4]×0.9=6.6 kN/m	[(0.099+21.12+1.32)×1.2+1.1×1.4]×0.9=25.73 kN/m	[(0.054+7.56+0.47)×1.2+0.6×1.4]×0.9=9.5 kN/m
验算挠度时 q	(0.043+5.18+0.32)×1.2×0.9=5.99 kN/m	(0.099+21.12+1.32)×1.2×0.9=24.32 kN/m	(0.054+7.56+0.47)×1.2×0.9=8.73 kN/m

3)挠度验算：

A. 240 mm×900 mm 梁：

$$\omega=\frac{Kql^4}{100EI}=\frac{0.967\times5.99\times350^4}{100\times4680\times\frac{240\times20^3}{12}}=1.15\ \text{mm}$$

小于 $L/250$=350/250=1.4 mm，满足要求。

B. 550 mm×1600 mm 梁：

$$\omega=\frac{Kql^4}{100EI}=\frac{0.967\times27.05\times200^4}{100\times4680\times\frac{550\times20^3}{12}}=0.68\ \text{mm}$$

小于 $L/250$=300/250=1.2 mm，满足要求。

C. 300 mm×1050 mm 梁：

$$\omega=\frac{Kql^4}{100EI}=\frac{0.967\times8.73\times300^4}{100\times4680\times\frac{300\times20^3}{12}}=0.73\ \text{mm}$$

小于 $L/250$=300/250=1.2 mm，满足要求。

(2)小楞验算(按简支梁计算)

1)荷载见表 1-18。

表 1-18 小楞验算时荷载计算

梁截面	240×900	550×1600	300×1050
验算抗弯强度时 q	6.6×350÷240=9.6 N/mm	25.73×200÷550=9.36 N/mm	9.5×300÷300=9.5 N/mm
验算挠度时 q	5.99×350÷240=8.74 N/mm	27.05×200÷550=9.84 N/mm	8.73×300÷300=8.73 N/mm

2)抗弯强度验算

A. 240 mm×900 mm 梁:

$$\sigma=\frac{M}{W}=\frac{\frac{qbl}{8}\left[2-\frac{b}{l}\right]}{W}=\frac{\frac{9.6\times240\times550}{8}\times\left[2-\frac{240}{550}\right]}{\frac{60\times90^2}{6}}=3.06\ \text{MPa}$$

小于 15 MPa,满足要求。

B. 550 mm×1600 mm 梁:

$$\sigma=\frac{M}{W}=\frac{\frac{qbl}{8}\left[2-\frac{b}{l}\right]}{W}=\frac{\frac{9.36\times550\times600}{8}\times\left[2-\frac{550}{1000}\right]}{\frac{60\times90^2}{6}}=6.92\ \text{MPa}$$

小于 15 MPa,满足要求。

C. 300 mm×1050 mm 梁:

$$\sigma=\frac{M}{W}=\frac{\frac{qbl}{8}\left[2-\frac{b}{l}\right]}{W}=\frac{\frac{9.5\times300\times600}{8}\times\left[2-\frac{300}{600}\right]}{\frac{60\times90^2}{6}}=3.96\ \text{MPa}$$

小于 15 MPa,满足要求。

3)挠度验算

A. 240 mm×900 mm 梁:

$$\omega=\frac{qbl^3}{384EI}\left[8-\frac{4b^2}{l^2}+\frac{b^2}{l^3}\right]=\frac{8.74\times240\times600^3}{384\times10000\times\frac{60\times90^3}{12}}\times\left[8-\frac{4\times240^2}{600^2}+\frac{240^2}{600^3}\right]=0.24\ \text{mm}$$

小于 $L/250=600/250=2.4$ mm,满足要求。

B. 550 mm×1600 mm 梁:

$$\omega=\frac{qbl^3}{384EI}\left[8-\frac{4b^2}{l^2}+\frac{b^2}{l^3}\right]=\frac{9.84\times550\times600^3}{384\times10000\times\frac{60\times90^3}{12}}\times\left[8-\frac{4\times550^2}{600^2}+\frac{550^2}{600^3}\right]=0.45\ \text{mm}$$

小于 $L/250=600/250=2.4$ mm,满足要求。

C. 300 mm×1050 mm 梁:

$$\omega=\frac{qbl^3}{384EI}\left[8-\frac{4b^2}{l^2}+\frac{b^2}{l^3}\right]=\frac{8.73\times300\times600^3}{384\times10000\times\frac{60\times90^3}{12}}\times\left[8-\frac{4\times300^2}{600^2}+\frac{300^2}{600^3}\right]=0.28\ \text{mm}$$

小于 $L/250=600/250=2.4$ mm，满足要求。

(3)钢管大楞验算(按四等跨连续梁计算)

钢管大楞跨度取 600 mm 计(梁高小于 700 mm 方为 1000 mm)，方木小楞间距分别为 350 mm、300 mm、200 mm，作用在钢管上的集中荷载间距均按 330 mm 作近似简化计算。

1)荷载见表 1-19。

表 1-19　钢管大楞验算时荷载计算

梁截面	240×900	550×1600	300×1050
验算抗弯强度时 F	9.6×240÷2=1152 N	9.36×550÷2=2574 N	9.5×300÷2=1425 N
验算挠度时 F	8.74×240÷2=1049 N	9.84×550÷2=2706 N	8.73×300÷2=1310 N

2)抗弯强度验算

A. 240 mm×900 mm 梁：

$$\sigma=\frac{M}{W}=\frac{KFl}{W}=\frac{0.321\times1152\times600}{5078}=43.69\ \text{MPa}$$

小于 215 MPa，满足要求。

B. 550 mm×1600 mm 梁：

$$\sigma=\frac{M}{W}=\frac{KFl}{W}=\frac{0.321\times2574\times600}{5078}=97.6\ \text{MPa}$$

小于 215 MPa，满足要求。

C. 300 mm×1050 mm 梁：

$$\sigma=\frac{M}{W}=\frac{KFl}{W}=\frac{0.321\times1425\times600}{5078}=54.1\ \text{MPa}$$

小于 215 MPa，满足要求。

3)挠度验算

A. 240 mm×900 mm 梁：

$$\omega=\frac{KFl^3}{100EI}=\frac{2.657\times1049\times600^3}{100\times2.1\times10^5\times1.22\times10^5}=0.235\ \text{mm}$$

小于 $L/250=600/250=2.4$ mm，满足要求。

B. 550 mm×1600 mm 梁：

$$\omega=\frac{KFl^3}{100EI}=\frac{2.657\times1049\times600^3}{100\times2.1\times10^5\times1.22\times10^5}=0.61\ \text{mm}$$

小于 $L/250=600/250=2.4$ mm，满足要求。

C. 300 mm×1050 mm 梁：

$$\omega=\frac{KFl^3}{100EI}=\frac{2.657\times1310\times600^3}{100\times2.1\times10^5\times1.22\times10^5}=0.29\ \text{mm}$$

小于 $L/250=600/250=2.4$ mm，满足要求。

(4)钢管立柱验算

按两端铰接受压构件计算，以连接方式为扣件搭接验算钢管立柱稳定性。水平杆步距为 1500 mm，钢管(ф48 mm×3.5 mm)立柱连接方式为扣件搭接时，立柱允许荷载[N]=

12.4 kN；单个扣件抗滑力 NV＝8 kN。取截面为 550 mm×1600 mm 梁进行计算，由钢管大楞传给每根立柱的力 N＝2808×2＝5616 N＝5.616 kN＜[N]＝12.4 kN，满足要求。考虑扣件抗滑力 NV＝8kN＞N＝5.616 kN，满足要求。

立杆稳定性计算：

水平杆步距为 1500 mm，则计算长度为 10＝1500 mm，钢管的回转半径为 $i=15.8$ mm，则 $\lambda=10/i=1500/15.8=94.9$，经查表得 $\Psi=0.676$，按轴心受压简化计算，则 6 ＝$N/\Psi A=5.616\times103/(0.676\times489)=16.99\ \mathrm{N/mm^2}<205\ \mathrm{N/mm^2}$，满足要求。

(5)侧模验算

梁侧模立档采用 60 mm×90 mm 方木条立放，间距与小楞相同。即：240×900 梁：350 mm；550×900 梁：200 mm；300×1050 梁：300 mm。

1)荷载计算见表 1－20。

砼侧压力

$F_1=0.22\gamma_c t_0 \beta_1 \beta_2 V^{1/2}$

$F_2=\gamma_c H$

表 1－20　侧模验算时荷载计算

240×900 梁：	$F_1=0.22\times24\times\dfrac{200}{25+15}\times1.2\times1.2\times2^{1/2}=53.75\ \mathrm{kN/m^2}$
	$F_2=24\times(0.9-0.1)=19.2\ \mathrm{kN/m^2}$
550×1600 梁：	$F_1=53.75\ \mathrm{kN/m^2}$
	$F_2=24\times(1.6-0.25)=32.4\ \mathrm{kN/m^2}$
300×1050 梁：	$F_1=53.75\ \mathrm{kN/m^2}$
	$F_2=24\times(1.05-0.25)=19.2\ \mathrm{kN/m^2}$

经计算且取较小值后得 240 mm×900 mm 梁的侧模荷载为 19.2 kN/m²；550 mm×1600 mm 梁的侧模荷载为 32.4 kN/m²；300 mm×1050 mm 梁的侧模荷载为 19.2 kN/m²。

振捣时产生的荷载：4 kN/m²，则强度验算荷载设计值见表 1－21。

表 1－21　强度验算荷载设计值

240×900(300×1050)梁：	$F=19.2\times1.2+4\times1.4=28.64\ \mathrm{kN/m^2}$
550×1600 梁：	$F=32.4\times1.2+4\times1.4=44.48\ \mathrm{kN/m^2}$

挠度验算荷载设计值见表 1－22。

表 1－22　挠度验算荷载设计值

240×900(300×1050)梁：	$F=19.2\times1.2=23.04\ \mathrm{kN/m^2}$
550×1600 梁：	$F=32.4\times1.2=38.88\ \mathrm{kN/m^2}$

2)侧模面板验算(按四等连续跨计算)

A. 抗弯强度验算

取荷载折减系数为 0.9，转化为线荷载见表 1－23。

表 1－23　侧模面板抗弯强度验算时的线荷载

240×900 梁：	$q=0.9\times28.64\times0.9=23.20$ kN/m
550×1600 梁：	$q=0.9\times44.48\times1.6=64.05$ kN/m
300×1050 梁：	$q=0.9\times28.64\times1.05=27.06$ kN/m

a. 240 mm×900 mm 梁：

$$\sigma=\frac{M}{W}=\frac{Kql^2}{W}=\frac{0.121\times23.2\times350^2}{\frac{900\times20^2}{6}}=5.73\text{ MPa}$$

小于 9.68 MPa，满足要求。

b. 550 mm×1600 mm 梁：

$$\sigma=\frac{M}{W}=\frac{Kql^2}{W}=\frac{0.121\times64.05\times200^2}{\frac{900\times20^2}{6}}=5.17\text{ MPa}$$

小于 9.68 MPa，满足要求。

c. 300 mm×1050 mm 梁：

$$\sigma=\frac{M}{W}=\frac{Kql^2}{W}=\frac{0.121\times27.06\times300^2}{\frac{1050\times20^2}{6}}=4.21\text{ MPa}$$

小于 9.68 MPa，满足要求。

B. 挠度验算

取荷载折减系数为 0.9，转化为线荷载见表 1－24。

表 1－24　侧模面板挠度验算时的线荷载

240×900 梁：	$q=0.9\times23.04\times0.9=18.66$ kN/m
550×1600 梁：	$q=0.9\times38.88\times1.6=55.99$ kN/m
300×1050 梁：	$q=0.9\times23.04\times1.05=21.77$ kN/m

a. 240 mm×900 mm 梁：

$$\omega=\frac{Kql^4}{100EI}=\frac{0.967\times18.66\times350^4}{100\times4680\times\frac{900\times20^3}{12}}=0.96\text{ mm}$$

小于 $L/250=350/250=1.4$ mm，满足要求。

b. 550 mm×1600 mm 梁：

$$\omega=\frac{Kql^4}{100EI}=\frac{0.967\times55.99\times200^4}{100\times4680\times\frac{900\times20^3}{12}}=0.31\text{ mm}$$

小于 $L/250=200/250=0.8$ mm，满足要求。

c. 300 mm×1050 mm 梁：

$$\omega=\frac{Kql^4}{100EI}=\frac{0.967\times 21.77\times 300^4}{100\times 4680\times \frac{1050\times 20^3}{12}}=0.52\ \text{mm}$$

小于 $L/250=300/250=1.2$ mm，满足要求。

3)立档验算(240×900 梁按简支梁计算，550×1600 及 300×1050 梁按三跨连续梁计算)

A. 抗弯强度验算

取荷载折减系数为 0.9，转化为线荷载见表 1-25。

表 1-25 立档抗弯强度验算时线荷载

240×900 梁：	$q=0.9\times 28.64\times 0.35=9.02$ kN/m
550×1600 梁：	$q=0.9\times 44.48\times 0.20=8$ kN/m
300×1050 梁：	$q=0.9\times 28.64\times 0.30=7.73$ kN/m

a. 240 mm×900 mm 梁：

$$\sigma=\frac{M}{W}=\frac{1/8ql^2}{W}=\frac{1/8\times 9.02\times 780^2}{\frac{60\times 90^2}{6}}=8.47\ \text{MPa}$$

小于 15 MPa，满足要求。

b. 550 mm×1600 mm 梁：

$$\sigma=\frac{M}{W}=\frac{Kql^2}{W}=\frac{0.1\times 8\times 450^2}{\frac{60\times 90^2}{6}}=2\ \text{MPa}$$

小于 15 MPa，满足要求。

c. 300 mm×1050 mm 梁：

$$\sigma=\frac{M}{W}=\frac{Kql^2}{W}=\frac{0.1\times 7.73\times 450^2}{\frac{60\times 90^2}{6}}=1.93\ \text{MPa}$$

小于 15 MPa，满足要求。

B. 挠度验算

取荷载折减系数为 0.9，转化为线荷载见表 1-26。

表 1-26 立档挠度验算时线荷载

240×900 梁：	$q=0.9\times 23.04\times 0.35=7.26$ kN/m
550×1600 梁：	$q=0.9\times 38.88\times 0.20=7$ kN/m
300×1050 梁：	$q=0.9\times 23.04\times 0.30=6.22$ kN/m

a. 240 mm×900 mm 梁：

$$\omega=\frac{5ql^4}{384EI}=\frac{5\times 7.26\times 780^4}{384\times 10000\times \frac{60\times 90^3}{12}}=0.96\ \text{mm}$$

小于 $L/250=780/250=3.1$ mm，满足要求。

b. 550 mm×1600 mm 梁：

$$\omega=\frac{5ql^4}{384EI}=\frac{5\times 7.26\times 450^4}{384\times 10000\times \frac{60\times 90^3}{12}}=0.1\ \text{mm}$$

小于 $L/250=450/250=1.8$ mm，满足要求。

c. 300 mm×1050 mm 梁：

$$\omega=\frac{5ql^4}{384EI}=\frac{5\times 6.22\times (1050-250)^4}{384\times 10000\times \frac{60\times 90^3}{12}}=0.91\ \text{mm}$$

小于 $L/250=800/250=3.2$ mm，满足要求。

4)外楞钢管验算(按四等连续跨计算)

240 mm×900 mm 的梁无外楞，直接用压脚方木和斜撑支撑，这里仅计算 300 mm×1050 mm、550 mm×1600 mm 梁的外楞。

A. 弯强度验算

作用在钢管上的集中荷载为：300 mm×1050 mm 梁：$F'=0.2\times 0.45\times F=0.3\times 0.45\times F=0.3\times 0.45\times 28.64=3.87$ kN，550 mm×1600 mm 梁：

$F'=0.2\times 0.45\times F=0.2\times 0.45\times F=0.2\times 0.45\times 44.48=4$ kN

计算外楞钢管的内力

300 mm×1050 mm 梁：

$$\sigma=\frac{M}{W}=\frac{KF'l}{W}=\frac{0.21\times 3.87\times 450\times 1000}{5078\times 2}=36\ \text{MPa}$$

小于 215 MPa，满足要求。

550 mm×1600 mm 梁

$$\sigma=\frac{M}{W}=\frac{KF'l}{W}=\frac{0.21\times 4\times 450\times 1000}{5078\times 2}=37.2\ \text{MPa}$$

小于 215 MPa，满足要求。

B. 挠度验算

作用在钢管上的集中荷载为：

300 mm×1050 mm 梁：

$F'=0.3\times 0.45\times F=0.3\times 0.45\times 23.04=3.11$ kN，挠度为

$$\omega=\frac{KF'l^3}{100EI}=\frac{1.581\times 3.11\times 10^3\times 600^3}{100\times 2.06\times 10^5\times 1.22\times 2\times 10^5}=0.21\ \text{mm}$$

小于 $L/400=450/400=1.1$ mm，满足要求。

550 mm×1600 mm 梁

$F'=0.3\times 0.45\times F=0.3\times 0.45\times 38.88=5.25$ kN，挠度为

$$\omega=\frac{KF'l^3}{100EI}=\frac{1.581\times 5.25\times 10^3\times 600^3}{100\times 2.06\times 10^5\times 1.22\times 2\times 10^5}=0.36\ \text{mm}$$

小于 $L/400=450/400=1.1$ mm，满足要求。

5)对拉螺杆及3形扣件验算(只计算 300×1050 梁及 550 mm×1600 mm 梁)

300 mm×1050 mm 梁：

$N=Fab=28.64\times 0.45\times 0.45=5.8$ kN

550 mm×1600 mm 梁：

$N = Fab = 44.48 \times 0.45 \times 0.45 = 9$ kN

小于螺杆[N]=12.9 KN,小于3形扣件容许荷载12 kN,满足要求。

梁支模见图1-96。

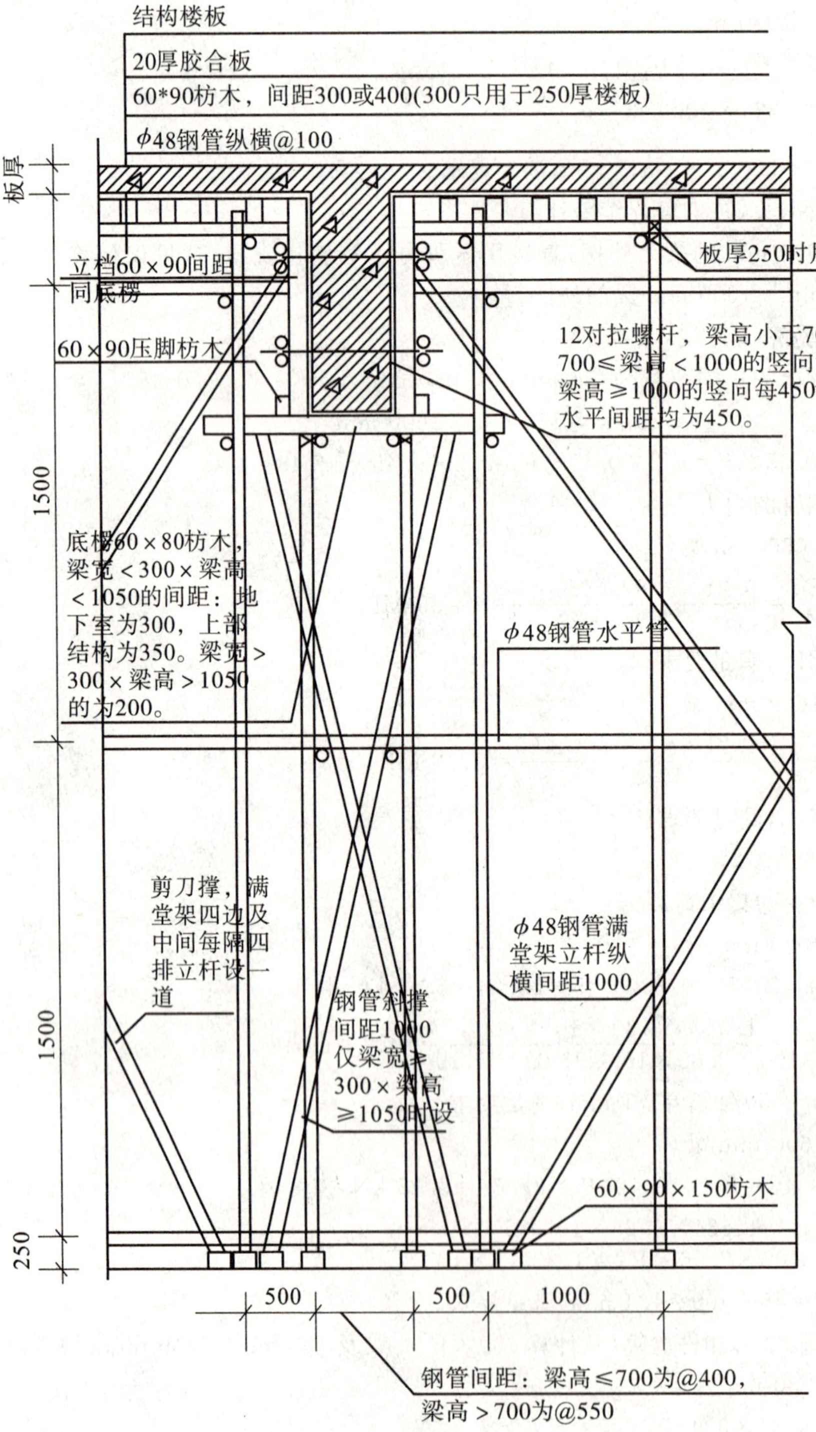

图1-96　梁板支模施工示意图

学习情境1.5　梁、板钢筋的施工

梁板钢筋的施工包括:钢筋的下料、加工、连接、绑扎安装等工序。图1-97为绑扎好的梁、板钢筋的实例。

图1-97　梁、板钢筋实例

1.5.1　钢筋的验收和存放

钢筋混凝土结构和预应力混凝土结构的钢筋应按下列规定选用:普通钢筋即用于钢筋混凝土结构中的钢筋及预应力混凝土结构中的非预应力钢筋,宜采用HRB400和HRB335,也可采用HPB235和RRB400钢筋;预应力钢筋宜采用预应力钢绞线、钢丝,也可采用热处理钢筋。

钢筋混凝土工程中所用的钢筋均应进行现场检查验收,合格后方能入库存放、待用。

1.5.1.1　钢筋的验收

(1)钢筋进场时,应按现行国家标准《钢筋混凝土用热轧带肋钢筋》(GB1499)等的规定抽取试件做力学性能检验,其质量必须符合有关标准的规定。

(2)验收内容:查对标牌,检查外观,并按有关标准的规定抽取试样进行力学性能试验。

(3)钢筋的外观检查包括:钢筋应平直、无损伤,表面不得有裂纹、油污、颗粒状或片状锈蚀。钢筋表面凸块不允许超过螺纹的高度;钢筋的外形尺寸应符合有关规定。

(4)力学性能试验时,从每批中任意抽出两根钢筋,每根钢筋上取两个试样分别进行拉力试验(测定其屈服点、抗拉强度、伸长率)和冷弯试验。

1.5.1.2　钢筋的存放

(1)钢筋运至现场后,必须严格按批分等级、牌号、直径、长度等挂牌存放,并注明数量,不得混淆。

(2)应堆放整齐,避免锈蚀和污染,堆放钢筋的下面要加垫木,离地一定距离;有条件时,尽量堆入仓库或料棚内。

1.5.2 钢筋配料

钢筋配料:根据结构施工图,先绘出各种形状和规格的单根钢筋简图并加以编号,然后分别计算钢筋下料长度、根数及质量,填写配料单,申请加工。

1.5.2.1 钢筋配料单编制

1. 钢筋配料单

钢筋配料单是根据施工图纸中钢筋的品种、规格及外形尺寸、数量进行编号,计算下料长度,用表格形式表达的过程叫钢筋配料单。

2. 钢筋配料单作用

(1)钢筋配料单是钢筋加工的依据;

(2)钢筋配料单是提出材料计划,签发任务单和限额领料的依据;

(3)钢筋配料单是钢筋施工中一道很重要的工序。合理的配料,不但能节约钢材,还能使施工操作简化。

3. 配料单方式

按钢筋的编号、形状和规格,计算下料长度并根据根数算出每一编号钢筋的总长度,然后再汇总各种规格的总长度,算出其重量。当需要成型钢筋很长,尚需配有接头时,应根据原材料供应情况和接头形式要求,来考虑钢筋接头的布置,其下料计算时要增加接头要求的长度。

4. 编制原则

(1)凡设计图中对钢筋配置的细节没有具体表明的,一般可按国家规范中的构造规定处理。

(2)在考虑钢筋的形状和尺寸能符合设计要求的前提下,应满足加工和安装的条件。

(3)对形状复杂的钢筋,如鱼腹式吊车梁的弧形钢筋和箍筋等,其各部分的尺寸,当采用数学方法计算有一定困难时,采用放大样的方法配筋。

(4)在按设计图配筋时,必须考虑施工需要而增设有关附加钢筋,如后张预应力构件中的固定预留孔道管子用的钢筋井字架;梁下多排受力钢筋间用短垫条钢筋;板和墙结构构件中双层钢筋间的定位撑脚及拉条钢筋;防止现浇柱钢筋骨架在绑扎后扭转的四面斜撑拉筋等。

5. 编制步骤与方法

(1)熟悉图纸(构件配筋表);

(2)绘制钢筋简图;

(3)计算每种规格钢筋的下料长度(接头);

(4)填写和编制钢筋配料单;

(5)填写钢筋料牌。

6. 钢筋料牌

在钢筋施工过程中,光有钢筋配料单还不能作为钢筋加工与绑扎的依据。还要将每一编号的钢筋制作一块料牌(如图 1-98)。料牌是随着加工工艺传送,最后系在加工好的钢筋上作为标志。因此料牌必须严格校核,准确无误,以免返工浪费(如图 1-98)。

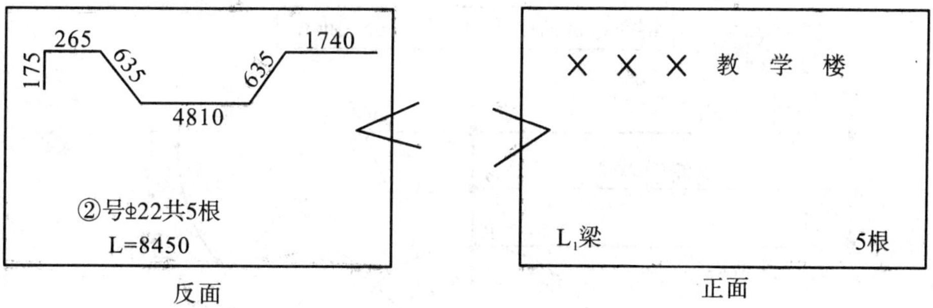

图1-98　钢筋料牌

1.5.2.2　钢筋下料长度的计算

构件中的钢筋，因弯曲或弯钩会使长度发生变化，所以配料时不能根据配筋图的尺寸直接下料。必须了解各种构件的混凝土保护层、钢筋弯曲、搭接、弯钩等规定，结合所掌握的一些计算方法，再根据图中尺寸计算出下料长度。

1. 下料长度的概念

所谓下料长度就是按钢筋中心线计算出来的长度。如图1-99所示。

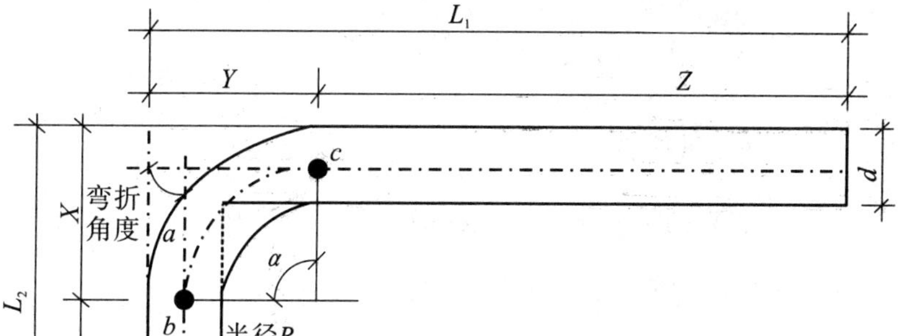

实际下料长度 $=W+$ 弧长 $bc+Z$

图1-99　实际下料长度

2. 钢筋弯曲差值

钢筋弯曲或弯折时，外侧伸长，内侧缩短，轴线长度不变，结构施工图中所标注的尺寸和钢筋的下料尺寸两者之间存在差值，此差值有外皮差值和内皮差值两种。

(1)外皮差值

以图1-100所示为例，计算钢筋弯曲时的差值。钢筋的直径大小为 d；钢筋弯曲的加工半径为 R。钢筋加工弯曲后，钢筋内皮 p、q 间弧线，就是以 R 半径的弧线。假设钢筋弯折的角度为 $\alpha°$。

解：自 O 点引线垂直水平钢筋外皮线于 x 点，在从 O 点引线垂直交斜钢筋外皮线于 z 点。$\angle xoz$ 等于 $\alpha°$。oy 平分 $\angle xoz$，得到两个 $\alpha°/2$。

钢筋弯折角度差值的计算公式推得

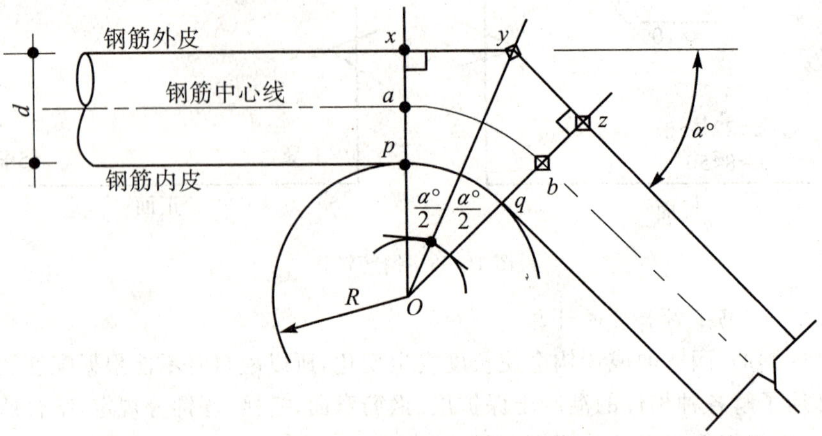

图 1-100　钢筋外皮差值示意图

$$\overline{XY}=\overline{YZ}=(R+d)\times \text{tg}\,\frac{\alpha^\circ}{2}$$

$$\overline{XY}+\overline{YZ}=2\times(R+d)\times \text{tg}\,\frac{\alpha^\circ}{2}$$

$$\overset{\frown}{ab}=\left(R+\frac{d}{2}\right)\times\alpha$$

$$\overline{XY}+\overline{YZ}-\overset{\frown}{ab}=2\times(R+d)\times \text{tg}\,\frac{\alpha^\circ}{2}-\left(R+\frac{d}{2}\right)\times\alpha$$

以角度 α°、弧度 α 和 R 为变量计算外皮差值公式为：

$$2\times(R+d)\times \text{tg}\,\frac{\alpha^\circ}{2}-\left(R+\frac{d}{2}\right)\times\alpha \tag{1-30}$$

把上式中的弧度 α 换算成角度 α°，得到：

$$2\times(R+d)\times \text{tg}\,\frac{\alpha^\circ}{2}-\left(R+\frac{d}{2}\right)\times\pi\times\frac{\alpha^\circ}{180^\circ} \tag{1-31}$$

从式中可看出，钢筋弯曲差值与钢筋的弯曲半径 R、弯折角度 α° 以及钢筋直径有关。

【例 1-14】 图 1-101 为钢筋表中的简图。并且已知钢筋是非框架结构构件 HPB235 级主筋，直径 $d=22$ mm。求钢筋加工弯曲前，所需备料切下的实际长度。

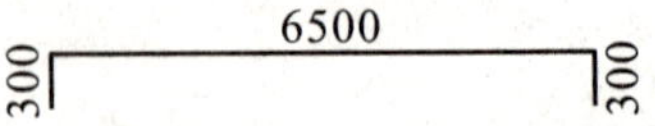

图 1-101　例 1—14 图

解：由表 1-27，得知钢筋加工弯曲半径 $R=1.25$ 倍钢筋直径 $d=22$ mm，由图 1-101 知，$\alpha^\circ=90^\circ$，

由公式(1-31)知钢筋外皮差值为：

$2\times(1.25\times22+22)\times\text{tg}(90^\circ/2)-(1.25\times22+22/2)\times90^\circ\times\pi/180^\circ=99\times1-60.455=38.555$ mm

下料长度为：

$6500+300+300-2\times38.555=7022.9$ mm

根据公式计算出常用钢筋弯曲时的外皮差值，见表 1-28、1-29。

表 1－27　常用钢筋加工弯曲半径 R 表

钢筋用途	钢筋加工弯曲半径 R
HPB235 级[①]箍筋、拉筋	2.5 倍箍筋直径 d 且＞主筋直径/2
HPB235 级[①]主筋	≥1.25 倍钢筋直径 d
HPB335 级[①]主筋	≥2 倍钢筋直径 d
HPB400 级[①]主筋	≥2.5 倍钢筋直径 d
平法框架主筋直径 $d \geqslant 25$ mm	4 倍钢筋直径 d
平法框架顶层边节点主筋直径 $d>25$ mm	6 倍钢筋直径 d
平法框架顶层边节点主筋直径 $d \leqslant 25$ mm	6 倍钢筋直径 d
平法框架顶层边节点主筋直径 $d>25$ mm	8 倍钢筋直径 d
轻骨料混凝土结构构件 HPB235 级主筋	≥3.5 倍钢筋直径 d

①HPB235、HRB335、HRB400 就是工地上习惯说的Ⅰ级、Ⅱ级和Ⅲ级钢筋。

表 1－28　钢筋外皮尺寸的差值表之一

弯曲角度	箍　筋	HPB235 级主筋	平法框架主筋		
	$R=2.5d$	$R=1.25d$	$R=4d$	$R=7d$	$R=8d$
30°	$0.305d$	$0.29d$	$0.323d$	$0.348d$	$0.373d$
45°	$0.543d$	$0.49d$	$0.608d$	$0.694d$	$0.78d$
60°	$0.9d$	$0.765d$	$1.061d$	$1.276d$	$1.491d$
90°	$2.288d$	$1.751d$	$2.931d$	$3.79d$	$4.648d$
135°	$2.831d$	$2.24d$	$3.539d$	$4.484d$	$4.428d$
180°	$4.576d$	$3.502d$			

注意：(1)135°和 180°的差值必须具备准确的外皮尺寸值；

(2)$d \leqslant 25$ mm 时，$R=4d(6d)$；$d>25$ mm，$R \to 6d(8d)$，括号内为顶层边节点要求。

表 1－29　钢筋外皮尺寸的差值表之二

弯曲角度	HRB335 级主筋	HRB400 级主筋	轻骨料中 HPB235 级主筋
	$R=2d$	$R=2.5d$	$R=1.75d$
30°	$0.299d$	$0.305d$	$0.296d$
45°	$0.522d$	$0.543d$	$0.511d$
60°	$0.846d$	$0.9d$	$0.819d$
90°	$2.073d$	$2.288d$	$1.966d$
135°	$2.595d$	$2.831d$	$2.477d$
180°	$4.146d$	$4.576d$	$3.932d$

注意：135°和 180°的差值必须具备准确的外皮尺寸值。

【例 1－15】　已知抗震等级为四级的框架楼层连续梁如图 1－102，选用 HRB335 级钢筋，直径 $d=22$ mm，C30 混凝土，边净跨度为 5.2 m，柱宽 400 mm，求边跨下部纵筋的下料长度。

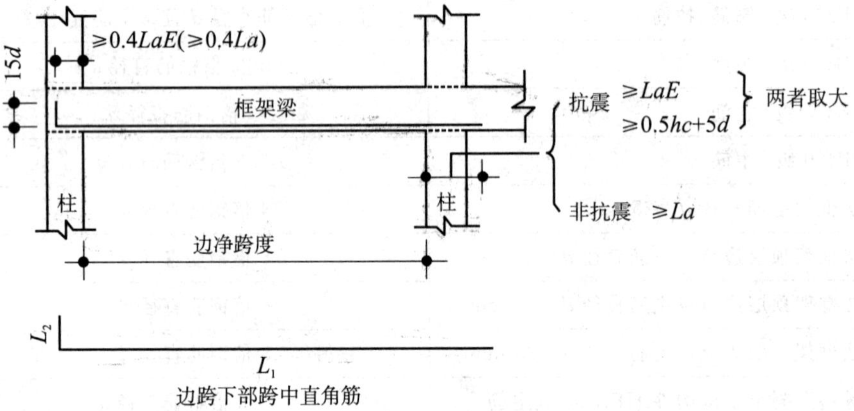

图 1-102　例 1-15 图

解：

$LaE=30d=660$ mm

$0.5hc+5d=200+110=310$ mm

取较大值 660 mm。

若钢筋伸到边支座的水平长度按 $0.4LaE$ 计算，则：

$L_1=12d+5200+660=6124$ mm

$L_2=15d=330$ mm

下料长度 $=L_1+L_2-$ 外皮差值

$=6124+330-2.931d$

$=6389$ mm

内皮差值如图 1-103。

折线的长度　$\overline{XY}-\overline{YZ}=R\times \mathrm{tg}\,\dfrac{\alpha^\circ}{2}$

二折线之和的展开长度　$\overline{XY}+\overline{YZ}=2\times R\times \mathrm{tg}\,\dfrac{\alpha^\circ}{2}$

弧线展长度　$\widehat{AB}=\left(R+\dfrac{\alpha}{2}\right)\times\pi\times\dfrac{\alpha^\circ}{180^\circ}$

内皮差值公式为：

$$\overline{XY}+\overline{YZ}-\widehat{AB}=2\times R\times \mathrm{tg}\,\frac{\alpha^\circ}{2}-\left(R+\frac{d}{2}\right)\times\pi\times\frac{\alpha^\circ}{180^\circ}\qquad(1-32)$$

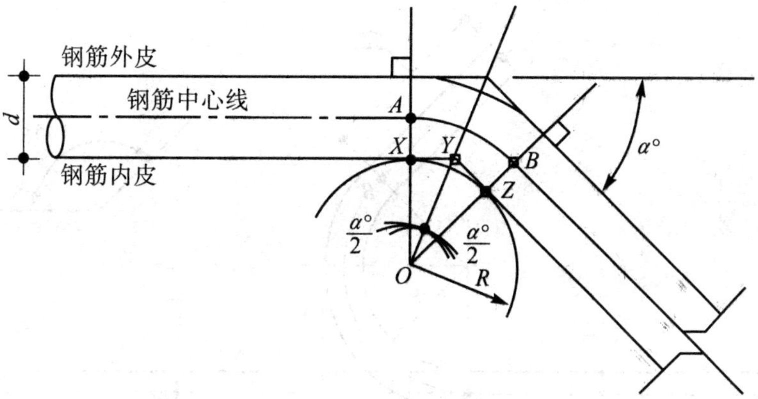

图 1-103　内皮差值示意图

表 1-30　钢筋内皮差值见表

弯曲角度	箍筋(直径 d)
	$R=2.5d$
30°	$-0.231d$
45°	$-0.285d$
60°	$-0.255d$
90°	$0.288d$
135°	$0.003d$
180°	$0.576d$

【例 1-16】 图 1-104 为钢筋表中的简图。并且已知钢筋是非框架结构构件 HPB235 级主筋，直径 $d=22$ mm。求钢筋加工弯曲前，所需备料切下的实际长度。

图 1-104　例 1-16 图

解：由表 1-27，得知钢筋加工弯曲半径 $R=1.25$ 倍钢筋直径 $d=22$ mm，由图 1-104 知，$\alpha°=90°$，由公式 1-32 知钢筋内皮差值为：

$2\times1.25\times22\times \text{tg}(90°/2)-(1.25\times22+22/2)\times90°\times\pi/180°$

$=55-38.5\times1.57=-5.445$ mm

下料长度为：

$6456+278+278-2\times(-5.445)=7022.9$ mm

3. 钢筋端部弯钩尺寸

钢筋端部弯钩，系指大于 90°的弯钩。

(1)135°弯钩尺寸如图 1-105。

(2)180°弯钩尺寸如图 1-106。

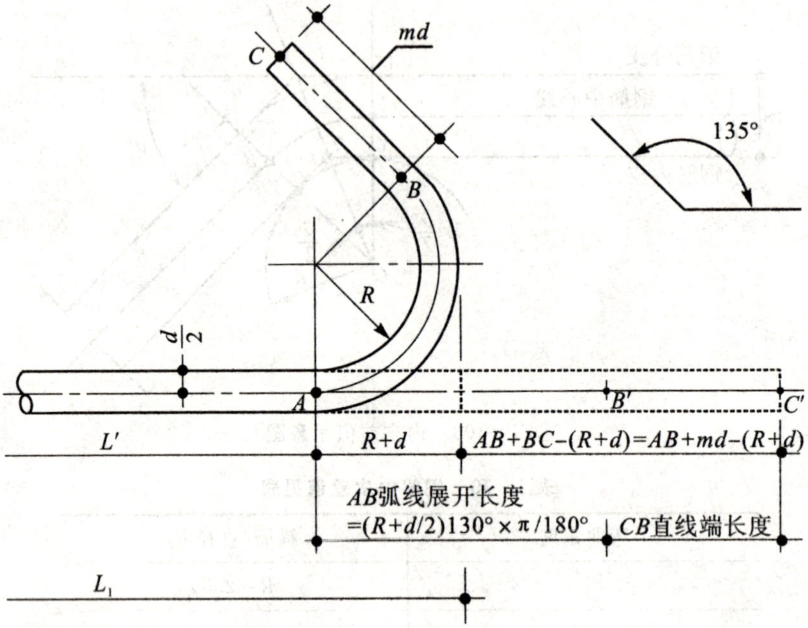

图 1－105　135°弯钩示意图

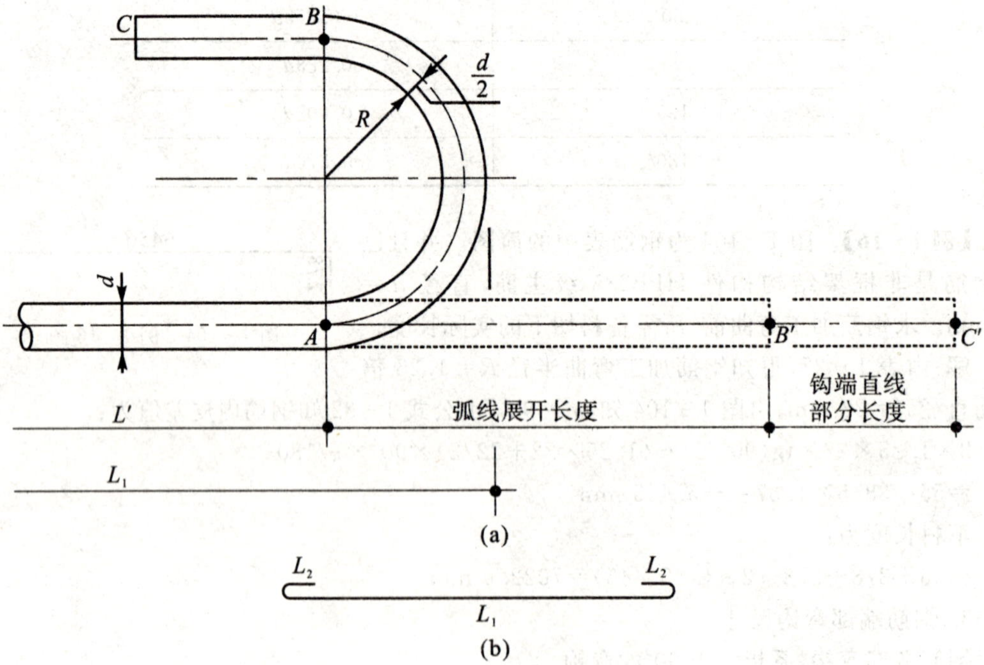

图 1－106(a)　180°弯钩示意图

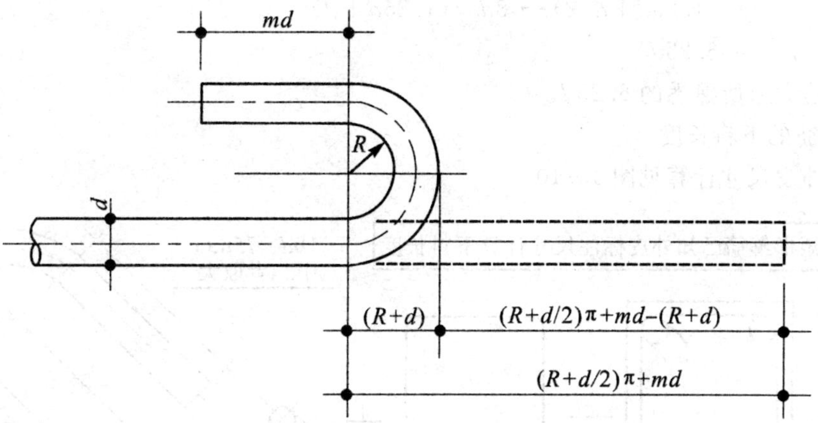

图 1-106(b)　180°弯钩长度

常用钢筋端部弯钩长度见表 1-31。

表 1-31　常用弯钩端部长度表

弯起角度	钢筋弧中心线长度	钩端直线部分长度	合计长度
30°	$\left(R+\frac{d}{2}\right)\times 30°\times\frac{\pi}{180°}$	$10d$	$(R+d/2)\times 30°\times\pi/180°+10d$
		$5d$	$(R+d/2)\times 30°\times\pi/180°+5d$
45°	$\left(R+\frac{d}{2}\right)\times 45°\times\frac{\pi}{180°}$	$10d$	$(R+d/2)\times 45°\times\pi/180°+10d$
		$5d$	$(R+d/2)\times 45°\times\pi/180°+5d$
		75 mm	$(R+d/2)\times 45°\times\pi/180°+75$ mm
60°	$\left(R+\frac{d}{2}\right)\times 60°\times\frac{\pi}{180°}$	$10d$	$(R+d/2)\times 60°\times\pi/180°+10d$
		$5d$	$(R+d/2)\times 60°\times\pi/180°+5d$
		75 mm	$(R+d/2)\times 60°\times\pi/180°+75$ mm
135°	$\left(R+\frac{d}{2}\right)\times 135°\times\frac{\pi}{180°}$	$10d$	$(R+d/2)\times 135°\times\pi/180°+10d$
		$5d$	$(R+d/2)\times 135°\times\pi/180°+5d$
		75 mm	$(R+d/2)\times 135°\times\pi/180°+75$ mm
180°	$\left(R+\frac{d}{2}\right)\times\pi$	$10d$	$(R+d/2)\times\pi+10d$
		$5d$	$(R+d/2)\times\pi+5d$
		75 mm	$(R+d/2)\times\pi+75$ mm
		$3d$	$(R+d/2)\times\pi+3d$

【例 1-17】　参考图 1-106(b)。设纵向受力钢筋直径为 d 加工 180°端部弯钩；$R=1.25$d；钩端直线部分为 md，当 $m=3$ 时，弯钩增长值是多少？

弯钩增长值＝弯钩端部长度－$(R+d)$

解：由表 1-31 可得：

弯钩增长值＝$(R+d/2)\pi+md-(R+d)$

$$=(1.25d+d/2)\pi+3d-(1.25d+d)$$
$$\approx 6.25d$$

这就是大家所熟悉的 6.25d。

4. 箍筋的下料长度

设按外皮尺寸计算见图 1-107。

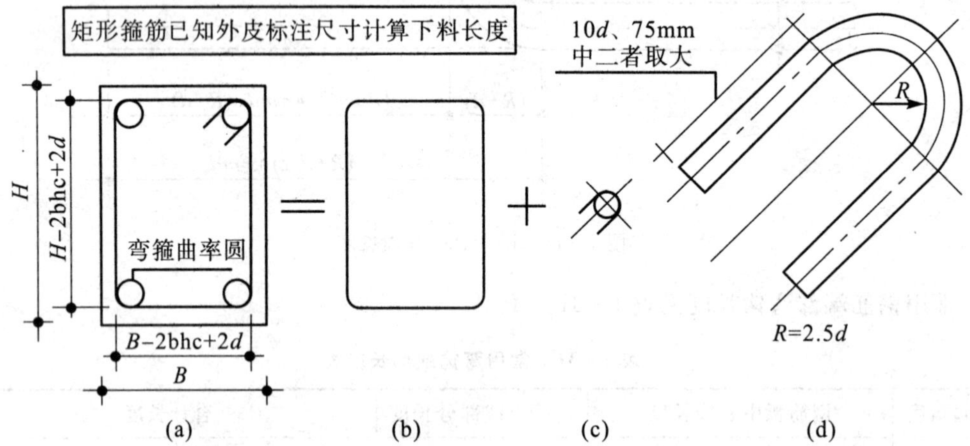

图 1-107　箍筋下料长度示意图

长度=外皮尺寸−4×差值
$=2(H-2\text{bhc}+2d)+2(B-2\text{bhc}+2d)-4\times 2.288d$
$=2H+2B-8\text{bhc}+8d-9.152d$
$=2H+2B-8\text{bhc}-1.152d$

半圆中心线长：
$3d\pi=9.424d$

10d>75mm情况下：
$9.424d+2\times 10d$
$=9.424d$

75mm>10d情况下：
$9.424d+2\times 75$
$=9.424d+150$

10d>75mm情况下：箍筋下料长度$=2H+2B-8\text{bhc}+28.272d$

75mm>10d情况下：箍筋下料长度$=2H+2B-8\text{bhc}+8.272d+150$

上式中的 bhc 代表保护层。

图 1-107(b)是带有圆角的矩形，四边的外部尺寸，减去外皮法的钢筋弯曲 90°的差值就是此矩形的长度。

图 1-107(c)或(d)是半圆和两段直筋组成。半圆圆弧底展开长度，是由它的中心线展开长度决定的。

5. 钢筋下料计算注意事项

(1)在设计图纸中，钢筋配置的细节问题没有注明时，一般按构造要求处理；

(2)配料计算时，要考虑钢筋的形状和尺寸，在满足设计要求的前提下，要有利于加工；

(3)配料时，还要考虑施工需要的附加钢筋。

1.5.3　钢筋的连接

钢筋的连接方式可分为两类:搭接连接、焊接或机械连接。

纵向受力钢筋的连接方式应符合设计要求。

机械连接接头和焊接连接接头的类型及质量应符合国家现行标准的规定。

1.5.3.1　钢筋搭接连接

钢筋搭接位置应设在受力较小处,且同一根钢筋上宜少设置连接。同一构件中相邻纵向受力钢筋搭接位置宜相互错开。规范规定,两搭接接头的中心距应大于 $1.3l_1$,l_1 为搭接长度(见图 1-108)。否则,则认为两搭接接头属于同一搭接范围。对于纵向受压钢筋,其搭接长度不应小于 $0.7l_1$,且不小于 200 mm。

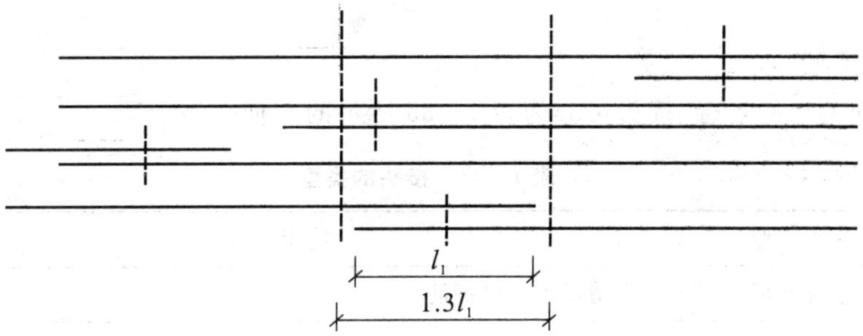

图 1-108　钢筋搭接接头

1.5.3.2　钢筋机械连接

1. 套筒挤压连接

套筒挤压连接是把两根待接钢筋的端头先插入一个优质钢套管,然后用挤压机在侧向加压数道,套筒塑性变形后即与带肋钢筋紧密咬合达到连接的目的。

2. 锥螺纹连接

锥螺纹连接是用锥形纹套筒将两根钢筋端头对接在一起,利用螺纹的机械咬合力传递拉力或压力。所用的设备主要是套丝机,通常安放在现场对钢筋端头进行套丝。

3. 直螺纹连接

直螺纹连接是近年来开发的一种新的螺纹连接方式。它先把钢筋端部镦粗,然后再切削直螺纹,最后用套筒实行钢筋对接。

(1)等强直螺纹接头的制作工艺及其优点

1)等强直螺纹接头制作工艺分下列几个步骤:钢筋端部镦粗;切削直螺纹;用连接套筒对接钢筋。

2)直螺纹接头的优点:强度高;接头强度不受扭紧力矩影响;连接速度快;应用范围广;经济;便于管理。

(2)接头性能

为充分发挥钢筋母材强度,连接套筒的设计强度大于等于钢筋抗拉强度标准值的 1.2 倍,直螺纹接头标准套筒的规格、尺寸见表 1-32。

表 1－32 标准型套筒规格、尺寸

钢筋直径(mm)	套筒外径(mm)	套筒长度(mm)	螺纹规格(mm)
20	32	40	M24×2.5
22	34	44	M25×2.5
25	39	50	M29×3.0
28	43	56	M32×3.0
32	49	64	M36×3.0
36	55	72	M40×3.5
40	61	80	M45×3.5

(3)接头类型

根据不同的应用场合，接头可分为表 1－33 所示的 6 种类型。

表 1－33 接头的类型

序号	类 型	使用场合
1	标准型	正常情况下连接钢筋
2	加长型	用于转动钢筋困难的场合，通过转动套筒连接钢筋
3	扩口型	用于钢筋较难对中的场合
4	异径型	用于连接不同直径的钢筋
5	正反丝扣型	用于两端钢筋均不能转动而要求调节轴向长度的场合
6	加锁母型	用于钢筋完全不能转动，通过转动套筒连接钢筋，用锁母锁定套筒

4. 钢筋机械连接接头质量检查与验收

(1)工程中应用钢筋机械连接时，应由该技术提供单位提交有效的检验报告。

(2)钢筋连接工程开始前及施工过程中，应对每批进场钢筋进行接头工艺检验，工艺检验应符合设计图纸或规范要求。

(3)现场检验应进行外观质量检查和单向拉伸试验。接头的现场检验按验收批进行。

(4)对接头的每一验收批，必须在工程结构中随机截取 3 个试件做单向拉伸试验，按设计要求的接头性能等级进行检验与评定。

(5)在现场连续检验 10 个验收批。

(6)外观质量检验的质量要求、抽样数量、检验方法及合格标准由各类型接头的技术规程确定。

1.5.3.3 钢筋的焊接

钢筋常用的焊接方法有闪光对焊、电弧焊、电渣压力焊、埋弧压力焊和气压焊等。

钢筋焊接接头质量检查与验收应符合下列规定：

(1)钢筋焊接接头或焊接制品(焊接骨架、焊接网)应按 JGJ18—96 的规定进行质量检查与验收。

(2)钢筋焊接接头或焊接制品应分批进行质量检查与验收,质量检查应包括外观检查和力学性能试验。

(3)外观检查首先应由焊工对所焊接头或制品进行自检,然后再由质量检查人员进行检验。

(4)力学性能试验应在外观检查合格后随机抽取试件进行试验。

(5)钢筋焊接接头或焊接制品质量检验报告单中应包括下列内容:1)工程名称、取样部位;2)批号、批量;3)钢筋级别、规格;4)力学性能试验结果;5)施工单位。

1. 闪光对焊

闪光对焊的原理如图1－109所示。

根据钢筋级别、直径和所用焊机的功率,闪光对焊工艺可分为连续闪光焊、预热闪光焊、闪光－预热－闪光焊三种。

(1)连续闪光焊

1)连续闪光焊的工艺过程包括连续闪光和顶锻过程,见图1－110。施焊时,闭合电源使两钢筋端面轻微接触,此时端面接触点很快熔化并产生金属蒸气飞溅,形成闪光现象;接着徐徐移动钢筋,形成连续闪光过程,同时接头被加热;待接头烧平、闪去杂质和氧化膜、白热熔化时,立即施加轴向压力迅速进行顶锻,使两根钢筋焊牢。

2)连续闪光焊宜用于焊接直径25 mm以内的HPB235、HRB335和HRB400钢筋。

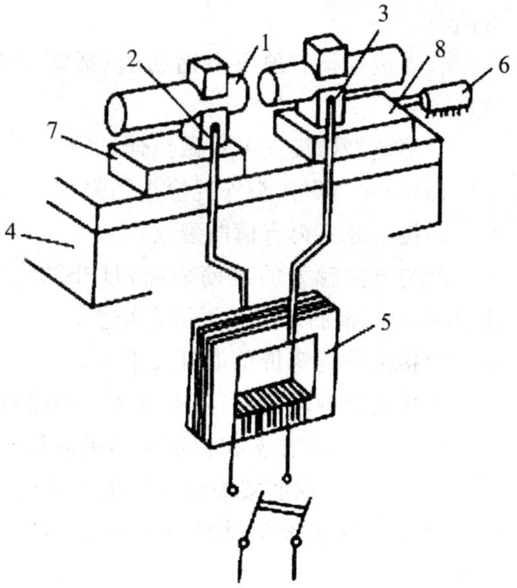

图1－109　钢筋闪光对焊原理

1－焊接的钢筋;2－固定电极;3－可动电极;4－机座
5－变压器;6－平动顶压机构;7－固定支座;8－滑动支座

(2)预热闪光焊

1)预热闪光焊的工艺过程包括预热、连续闪光及顶锻过程,即在连续闪光焊前增加了一

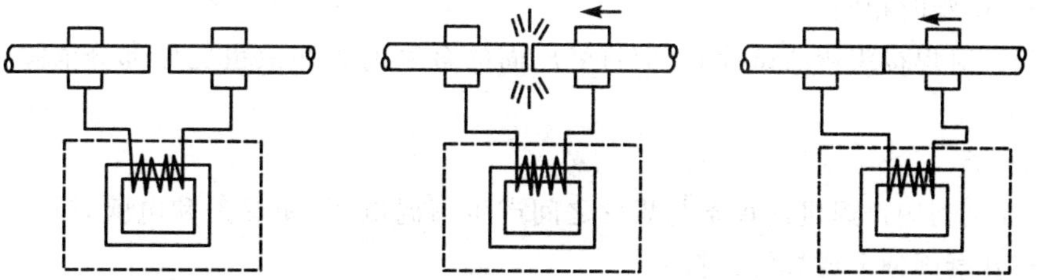

图1－110　连续闪光对焊工艺过程

次预热过程,使钢筋预热后再连续闪光烧化进行加压顶锻。

2)预热闪光焊适宜焊接直径大于25 mm且端部较平坦的钢筋。

(3)闪光－预热－闪光焊

即在预热闪光焊前面增加了一次闪光过程,使不平整的钢筋端面烧化平整,预热均匀,最后进行加压顶锻。它适宜焊接直径大于 25 mm 且端部不平整的钢筋。

(4)闪光对焊接头的质量检验，应分批进行外观检查和力学性能试验，并应按下列规定抽取试件。

1)在同一台班内，由同一焊工完成的 300 个同级别、同直径钢筋焊接接头应作为一批。当同一台班内焊接的接头数量较少，可在一周之内累计计算；累计仍不足 300 个接头，应按一批计算。

2)外观检查的接头数量，应从每批中抽查 10%，且不得少于 10 个。

3)力学性能试验时，应从每批接头中随机切取 6 个试件，其中 3 个做拉伸试验，3 个做弯曲验。

4)焊接等长的预应力钢筋(包括螺丝端杆与钢筋)时，可按生产时同等条件制作模拟试件。

5)螺丝端杆接头可只做拉伸试验。

(5)闪光对焊接头外观检查结果，应符合下列要求：

1)接头处不得有横向裂纹；

2)与电接触处的钢筋表面，HPB235、HRB335 和 HRB400 钢筋焊接时不得有明显烧伤；RRB400 钢筋焊接时不得有烧伤；

3)接头处的弯折角不得大于 4°；

4)接头处的轴线偏移，不得大于钢筋直径的 0.1 倍，且不得大于 2 mm。

(6)闪光对焊接头拉伸试验结果应符合下列要求：

1)3 个热轧钢筋接头试件的抗拉强度均不得小于该级别钢筋规定的抗拉强度；余热处理 HRB400 钢筋接头试件的抗拉强度均不得小于热轧 HRB400 钢筋规定的抗拉强度 570 MPa。

2)应至少有 2 个试件断于焊缝之外，并呈延性断裂。

(7)预应力钢筋与螺丝端杆闪光对焊接头拉伸试验结果，3 个试件应全部断于焊缝之外，呈延性断裂。

(8)模拟试件的试验结果不符合要求时，应从成品中再切取试件进行复验，其数量和要求应与初始试验时相同。

(9)闪光对焊接头弯曲试验时，应将受压面的金属毛刺和镦粗变形部分消除，且与母材的外表齐平。

2. 电弧焊

电弧焊是利用弧焊机使焊条与焊件之间产生高温电弧，使焊条和电弧燃烧范围内的焊件熔化，待其凝固便形成焊缝或接头。

电弧焊广泛用于钢筋接头与钢筋骨架焊接、装配式结构接头焊接、钢筋与钢板焊接及各种钢结构焊接。

弧焊机有直流与交流之分，常用的是交流弧焊机。

焊条的种类很多，根据钢材等级和焊接接头形式选择焊条，如结 420、结 500 等。

焊接电流和焊条直径应根据钢筋级别、直径、接头形式和焊接位置进行选择。

钢筋电弧焊的接头形式有三种：搭接接头、帮条接头及坡口接头。

搭接接头的长度、帮条的长度、焊缝的宽度和高度，均应符合规范的规定。

(1)电弧焊接头外观检查时，应在清渣后逐个进行目测或量测。

(2)钢筋电弧焊接头外观检查结果，应符合下列要求：

1)焊缝表面应平整，不得有凹陷或焊瘤；

2)焊接接头区域不得有裂纹；

3)咬边深度、气孔、夹渣等缺陷允许值及接头尺寸的允许偏差，应符合相关的规定；

4)坡口焊、熔槽帮条焊和窄间隙焊接头的焊缝余高不得大于 3 mm。

(3)钢筋电弧焊接头拉伸试验结果应符合下列要求：

1)3 个热轧钢筋接头试件的抗拉强度均不得小于该级别钢筋规定的抗拉强度；

2)3 个接头试件均应断于焊缝之外，并应至少有 2 个试件呈延性断裂。

3. 电渣压力焊

电渣压力焊是利用电流通过渣池产生的电阻热将钢筋端部熔化，然后施加压力使钢筋焊合。

钢筋电渣压力焊分手工操作和自动控制两种。采用自动电渣压力焊时，主要设备是自动电渣焊机，电渣焊构造如图 1－111所示。

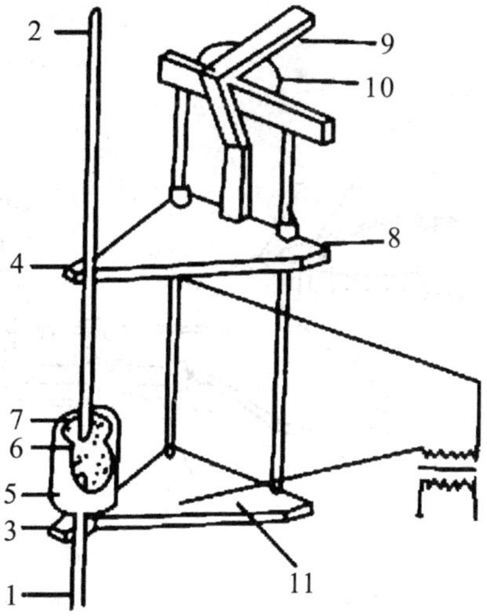

图 1－111　电渣焊构造

1、2—钢筋；3—固定电极；4—活动电极；5—焊剂盒；6—导电剂；7—焊剂；8—滑动架；9—手柄；10—支架；11—固定架

电渣压力焊的焊接参数为焊接电流、渣池电压和通电时间等，可根据钢筋直径选择。

电渣压力焊的接头应按规范规定的方法检查外观质量并进行试样拉伸试验。

(1)电渣压力焊接头应逐个进行外观检查。

(2)电渣压力焊接头外观检查结果应符合下列要求：

1)四周焊包凸出钢筋表面的高度应大于或等于 4 mm；

2)钢筋与电极接触处，应无烧伤缺陷；

3)接头处的弯折角不得大于 4°；

4)接头处的轴线偏移不得大于钢筋直径的 0.1 倍，且不得大于 2 mm。

(3)电渣压力焊拉头拉伸试验结果，3 个试件的抗拉强度均不得小于该级别钢筋规定的抗拉强度。

4. 埋弧压力焊

(1)埋弧压力焊是利用焊剂层下的电弧，将两焊件相邻部位熔化，然后加压顶锻使两焊件焊合，如图 1－112 所示。

(2)具有焊后钢板变形小、抗拉强度高的特点。

5. 钢筋气压焊

(1)钢筋气压焊是利用乙炔、氧气混合气体燃烧的高温火焰，加热钢筋结合端部，不待钢筋熔融使其高温下加压接合。

(2)气压焊的设备包括供气装置、加热器、加压器和压接器等,见图 1-113。

(3)气压焊操作工艺:

1)施焊前,钢筋端头用切割机切齐,压接面应与钢筋轴线垂直,如稍有偏斜,两钢筋间距不得大于 3 mm;

2)钢筋切平后,端头周边用砂轮磨成小八字角,并将端头附近 50～100 mm 范围内钢筋表面上的铁锈、油渍和水泥清除干净。

3)施焊时,先将钢筋固定于压接器上,并加以适当的压力使钢筋接触,然后将火钳火口对准钢筋接缝处,加热钢筋端部至 1100 ℃～1300 ℃,表面发深红色时,当即加压油泵,对钢筋施以 40 MPa 以上的压力。

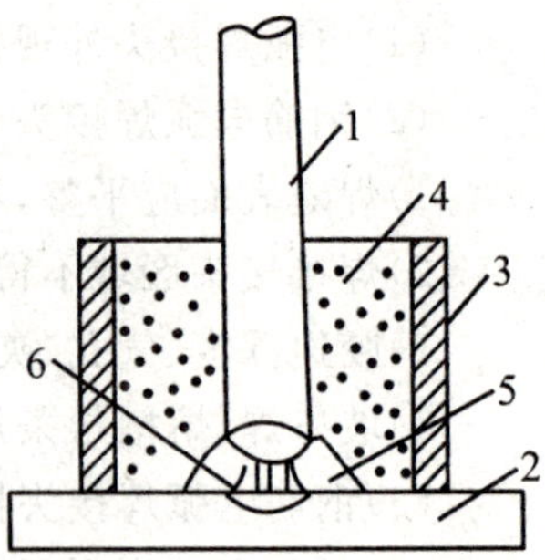

图 1-112 埋弧压力焊示意图

1—钢筋;2—钢板;3—焊剂盒;4—431 焊剂;5—电弧柱;6—弧焰

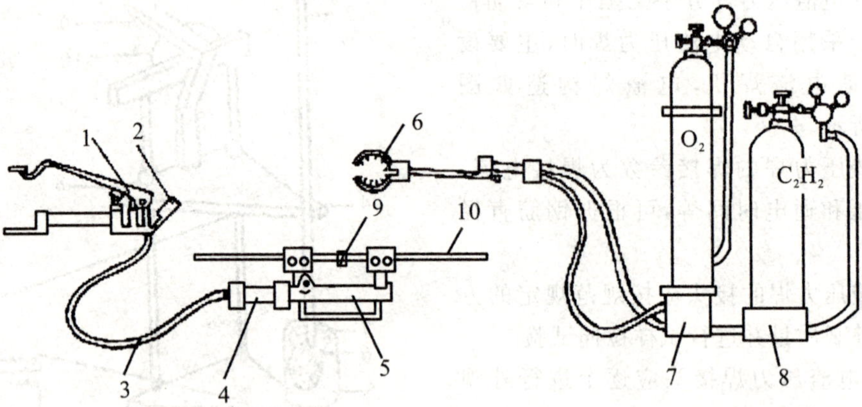

图 1-113 气压焊设备

1—脚踏油压泵;1—压力表;3—液压胶管;4—活动油泵;5—卡具;6—烤枪;7—氧气瓶;8—乙炔瓶;9—接头;10—钢筋

1.5.4 钢筋的加工

钢筋的加工有除锈、调直、下料剪切及弯曲成型。钢筋加工的形状、尺寸应符合设计要求,其偏差应符合表 1-34 的规定。

表 1-34 钢筋加工的允许偏差

项 目	允许偏差(mm)
受力钢筋顺长度方向全长的净尺寸	±10
弯起钢筋的弯折位置	±20
箍筋内净尺寸	±5

1.5.4.1 除锈

钢筋除锈一般可以通过以下两个途径:

1. 大量钢筋除锈可通过钢筋冷拉或钢筋调直机调直过程中完成；

2. 少量的钢筋局部除锈可采用电动除锈机或人工用钢丝刷、砂盘以及喷砂和酸洗等方法进行。

1.5.4.2　调直

钢筋调直宜采用机械方法，也可采用冷拉。对局部曲折、弯曲或成盘的钢筋在使用前应加以调直。钢筋调直方法很多，常用的方法是使用卷扬机拉直和用调直机调直。

钢筋调直切断机具有钢筋除锈、调直、切断三项功能，这三项工序能在操作中一次完成，是钢筋调直中首选的一种方法。

1. 钢筋调直切断机的工作原理

如图1－114所示，钢筋调直切断机主要由调直筒、传递压辊、切断机构、受料架、定尺板、电动机等机构组成，其工作原理是：电动机端部有两个皮带轮，大皮带轮直接带动调直筒内的调直块高速旋转，使穿过调直块的钢筋调直，钢筋表面锈迹也被清除了，电动机端另一个小皮带轮带动减速转向轮，从而带动两个上、下传送压辊转动，牵引调直好的钢筋引向受料架。

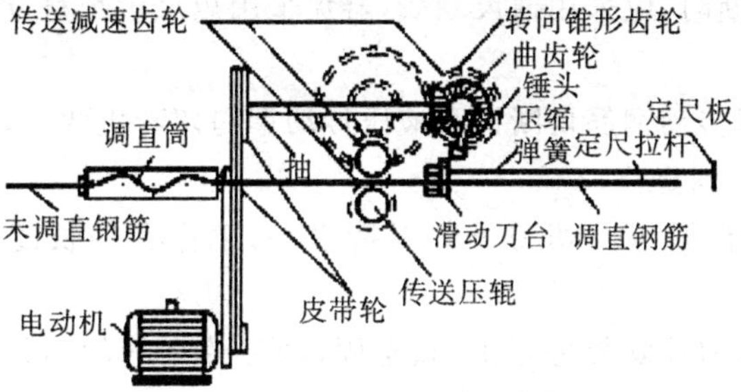

图1－114　钢筋调直机工作原理

同时，通过锥形齿轮的轴端，带动一个曲柄轮，轮上的连杆端一个锤头不停地上下运动，一个安装有切断钢筋装置的滑动刀台在锤头一侧，可以左右移动，如图1－114所示，当调直钢筋达到预定长度，钢筋端头就触到和滑动刀台相连接的定尺板，定尺拉杆就将滑动刀台拉倒，锤头下放，锤头锤击上刀架，将钢筋切断。切断的钢筋从受料架内排出，同时，由定尺拉杆上压缩弹簧的作用，将滑动刀台和上刀架顶回到原来的位置。

2. 使用钢筋调直切断机调直、切断钢筋的操作要求：

①使用程序：机械检查调直准备→钢筋上盘开捆→确定钢筋切断长度定好定尺板位置→将钢筋穿过调直筒→将钢筋压入压辊内→调整调直筒内调直块的位置→开机试调→正式成批调直、切断钢筋→机械保养。

②操作要求：

料架、料槽应安装平直，并应对准导向筒、调直筒和下切刀孔的中心线，应用手转动皮带轮，检查传动机构和工作装置，调整间隙，坚固螺栓，确认正常后，启动空运转，并应检查轴承无异响，齿轮咬合良好，运转正常后，方可作业。

应按调直钢筋的直径，选用适当的调直块及传动速度，调直块的孔径应比钢筋直径大2～5 mm，传动速度应根据钢筋直径确定，直径大的钢筋宜选用慢速，经调试合格方可送料。

送料前，应将不直的钢筋端头切除，导向筒前应安装一根1 m长的钢管，钢筋应先穿过钢管再送入调直筒前端的导孔内。经过调直后的钢筋如仍有慢弯，可逐渐加大调直块的偏心距，直到调直为止。切断 3～4 根钢筋后，应停机检查其长度，切断长度的允许偏差值是 ±1 mm，当超过允许偏差值时，应调整限位开关或定尺板。当料盘上还剩下钢筋长度小于 0.8 m 时，应停机，将钢筋用钢管套住，再引入调直机内，防止尾部钢筋甩出伤人。已调直、切断好的钢筋必须按规格、根数分成小捆堆放整齐，不要乱丢。地面上散乱钢筋也要随时清理，以防伤人。

1.5.4.3 钢筋切断

一般直径大于 10 mm 的钢筋是直条进入施工现场，对于较粗的钢筋一般采用机械切断下料，只有少量采用手工切断。

1. 钢筋切断前的准备工作

(1)根据钢筋配料单，复核钢筋切断下料长度尺寸、种类、直径、根数是否正确。

(2)根据钢筋原材料长度，将同规格钢筋根据不同长度进行长短搭配，统筹排料，先断长料，后断短料，尽量减少短头，减少损耗。

(3)钢筋采用对焊后通长切断。下料时，要注意一根钢筋不得有 2 个以上的对焊接头。

(4)在钢筋划线切断时，应采用通尺划线，避免采用短尺量长料，产生累计误差。

2. 钢筋切断机

钢筋切断机有机械传动钢筋切断机和液压传动钢筋切断机两种。

3. 钢筋机械切断下料操作

(1)接送料的工作台面应与切刀下部保持水平，工作台的长度可根据加工材料长度确定。

(2)使用前，应检查刀片安装是否正确、牢固，两刀片之间的间距应控制在 0.5～1 mm 的范围内，否则，切出的钢筋端面不平。

(3)检查电气设备有无异常，拧紧拉动连接零件，加足润滑油，应车试运转正常后，方能投入使用。

(4)确定钢筋切断长度，把挡板移至刻度尺上相应位置，拧紧螺钉，固定挡板，然后取一根钢筋使其一端碰到挡板，放入刀口进行切断，先试断一根，检查长度合格后，再成批生产。

(5)机械未达到正常转速时，不得切料。切料时，应使用切刀的中、下部位，紧握钢筋对准刃口迅速投入，操作者应站在固定刀口一侧用力压住钢筋，以防止钢筋末端弹出伤人。严禁用两手分在刀片两边握住钢筋俯身送料。

(6)不得剪切直径及强度超过机械铭牌规定的钢筋和烧红的钢筋。一次切断多根钢筋时，其总截面应在规定范围内。

(7)剪切低合钢钢筋时，应更换高硬度切刀，剪切直径应符合机械铭牌规定。

(8)切断短料时，手和切刀之间的距离应保持在 150 mm 以上，如手握端小于 400 mm 时，应采用套管或夹具将钢筋短头压住或夹牢。

(9)运转中，严禁用手直接清除切刀附近的断头和杂物。钢筋摆动周围和切刀周围不得停留非操作人员。

(10)当发现机械运转不正常，有异常响声或切刀歪斜时，应立即停机检修。

(11)作业完成后，应切断电源，用钢丝刷清除切刀间的杂物，进行整机清洁并加油润滑。

(12)液压传动切断机作业前，应检查并确认液压油位及电动机旋转方向符合要求。启动后，应空载运转，松开放油阀，排净液压缸体内的空气，方可进行切筋。

1.5.4.4　钢筋弯制成型

钢筋弯制成型是钢筋加工制作的最后一道工序，加工成型的钢筋尺寸、形状应符合钢筋配料单中钢筋简图要求的形状和尺寸，如果不符合要求就成为废品，因为弯制成型的钢筋尺寸、形状改变起来很困难，而且反复弯曲容易断裂。

1. 钢筋弯制成型的准备工作

(1)熟悉钢筋配料单中钢筋弯制的形状和各部位的尺寸。

(2)查对切断的钢筋长度和根数与钢筋配料单上所要求的下料长度是否相符。

2. 确定钢筋弯制的顺序

(1)钢筋弯曲的顺序是画线、试弯、弯曲成型。

(2)画线主要根据不同的弯曲角在钢筋上标出弯折的部位，以外包尺寸为依据，扣除弯曲量度差值。

(3)钢筋弯曲有人工弯曲和机械弯曲。

如图1-115箍筋的弯制顺序：

①先定出从心轴边到箍筋长边、短边的内径边长标志及箍筋下料长度的1/2长度的标志。

②先在箍筋下料长度的1/2处弯90°，如图1-115(a)所示。

③在1/2边长以短边内径为标准弯90°，如图1-115(b)所示。

④以长边内径为标准冷弯箍筋弯钩，如图1-115(c)所示。

⑤以长边内径为标准弯90°，如图1-115(d)所示。

⑥以短边内径为标准弯箍筋弯钩，如图1-115(e)所示。

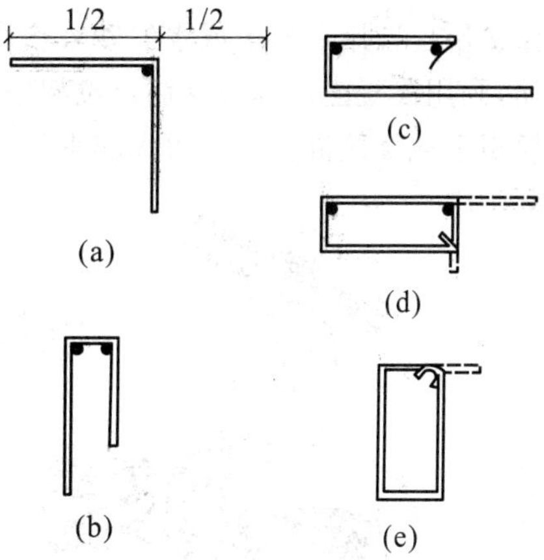

图1-115　箍筋制作步骤

1.5.5　钢筋的绑扎

1.5.5.1　施工准备

1. 作业条件

(1)梁、板模板按要求安装完毕，经检查符合设计要求，并办理预检手续。

(2)做好抄平放线工作，量划好箍筋分档线，板弹好钢筋分档线。

(3)根据设计图纸和工艺规程要求向班组进行技术交底。

2. 材料准备

(1)成型钢筋符合配料单的规格、尺寸、形状、数量，并应有现场标示牌。钢筋绑扎前，应检查有无锈蚀现象，除锈之后再运至绑扎部位，绑扎铁丝准备齐全并切割完毕。

(2)用于控制钢筋位置及混凝土保护层用的垫块、马凳等已准备齐全，经检查符合要求。

(3)当有接头连接工艺时，应提前准备，并检查接头部位是否符合要求。

3. 工具准备

(1)钢筋钩子(见图1-116)、钢筋板子、小撬棍、脚手架、钢丝刷、绑扎架、粉笔、钢筋运输车准备好。

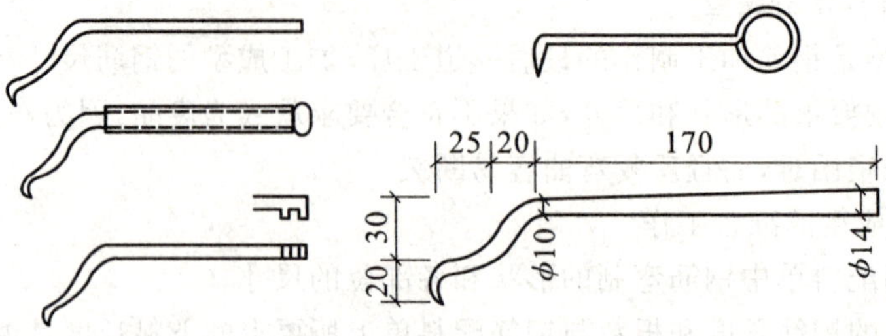

图 1－116　钢筋钩

(2)需要焊接时,焊接工具准备齐全。套筒或冷挤压接头时相应机械扳手等工具准备齐全。

(3)混凝土保护层垫块和定位钢筋架的准备

在浇灌和捣固混凝土过程中,钢筋必须牢固的保持在预定的位置上,为此,下部钢筋的保护层位置用混凝土或水泥砂浆垫块,或塑料环来固定。上部钢筋的位置,例如悬挑板的钢筋,则用混凝土吊锤或钢筋定位架来保证,如图 1－117 所示。无论如何不允许把钢筋放在模板上或浇筑混凝土时再提起来。

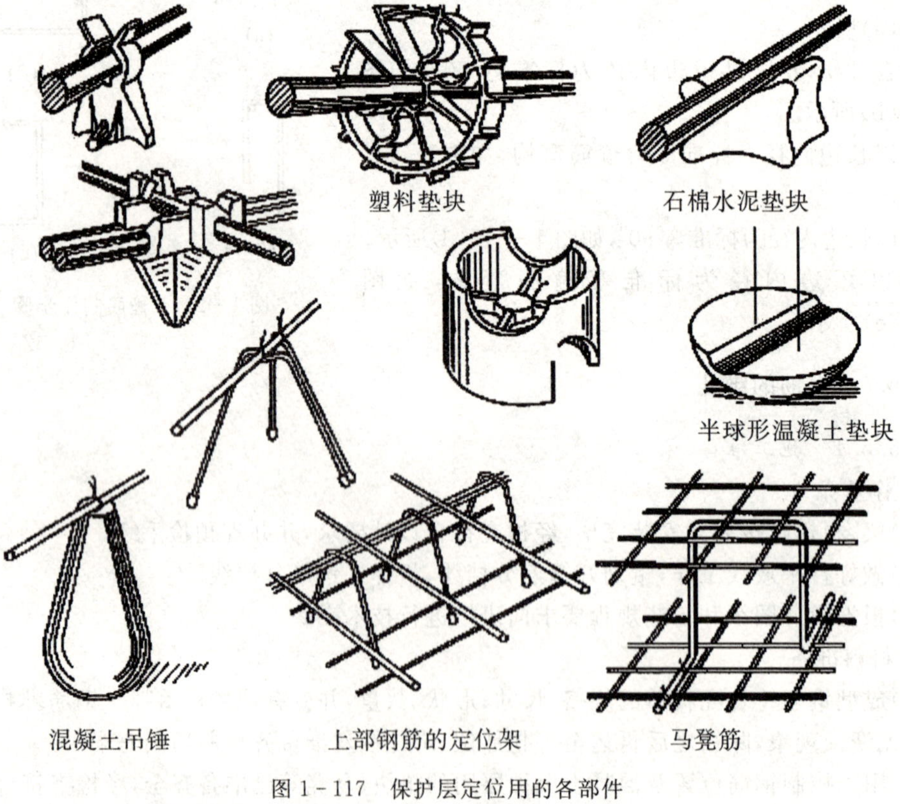

图 1－117　保护层定位用的各部件

1.5.5.2　钢筋绑扎要求

1. 钢筋的绑扎方法见图 1－118。

绑扎钢筋是指借助钢筋钩用钢丝把各种单根钢筋绑扎成整体骨架和网片。绑扎钢筋所用的钢丝主要是20～22号镀锌钢丝或绑扎钢筋专用的火烧丝。绑扎钢筋的扎口方法按稳固、顺势等操作的要求分为若干种，其中最常用的是一面顺口绑扎方法。

(1)一面顺扣绑扎法(见图1-118)

操作方法：绑扎时，先将钢丝拿在左手，右手拿钢丝钩，用右手将钢丝从左手抽出，再交于左手，左手将钢丝斜插于钢筋相交点，右手用钢丝钩钩住钢丝端部的半圆套，左手拉紧钢丝的尾部，右手用钢丝钩顶紧钢筋后拧转1.5～2周，抽出钢丝钩，即绑扎完毕。此种绑扣操作简单，绑扎效率高，绑点牢靠。

(2)其他绑扣法

如图1-118所示，依次为十字花扣、反十字花扣、缠扣、兜扣、套扣、兜加缠扣等，这几种绑扣操作比一面顺扣都复杂，绑扣速度慢，但这些绑扣有其特殊的作用，十字花扣、反十字花扣绑扎钢筋牢固，不变形，适用于纵、横钢筋相交点绑扎。缠扣绑扎钢筋不容易下滑，适用于混凝土墙体和柱子箍筋的绑扎；兜扣、套扣、兜加缠扣适用于纵向钢筋与箍筋转角出的绑扎，绑扎钢筋牢固、不变形。

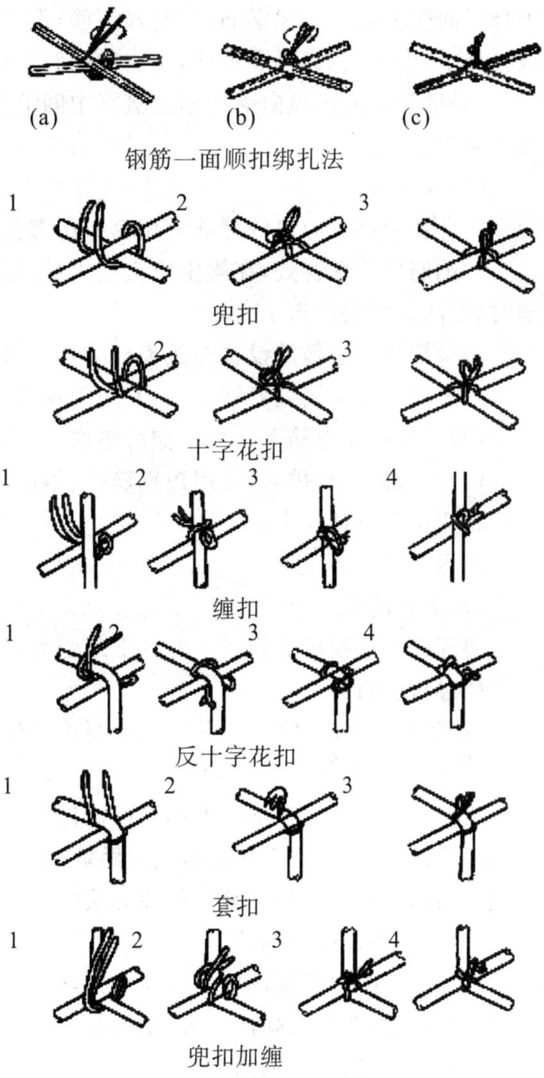

图1-118　钢筋的绑扎方法

2. 柱、梁的箍筋，除设计有特殊要求外，应与受力钢筋垂直；箍筋弯钩叠合处，应沿受力钢筋方向错开设置。

3. 板、次梁与主梁交叉处，板的钢筋在上，次梁的钢筋居中，主梁的钢筋在下；当有圈梁或垫梁时，主梁的钢筋应放在圈梁上。主筋两端的搁置长度应保持均匀一致。

4. 对于钢筋绑扎接头，同一构件中相邻纵向受力钢筋的绑扎搭接接头宜相互错开。

1.5.5.3　操作工艺

1. 梁钢筋绑扎

(1)梁钢筋绑扎的工艺流程：

画箍筋间距线→在主次梁模上口铺横杆数根→放箍筋→穿主梁下层钢筋→穿次梁下层钢筋→穿主梁上层钢筋→按箍筋间距绑牢→绑主梁下层纵筋→抽横杆一落骨架于模板内。

(2)在梁模板侧梆上画箍筋间距后摆放箍筋。

(3)先穿主梁的下部纵向受力筋及弯起钢筋，将箍筋按已分好的间距分开；再穿次梁的下部纵向受力筋及弯起钢筋，并套好箍筋；然后放主次梁的架立筋；调整箍筋间距使其符合设计要求，绑架立筋，再绑主筋，主次梁同时配合进行。

(4)框架梁上部纵向受力筋应贯穿中间节点，梁下部纵向受力钢筋深入中间节点的锚固长度应符合设计要求。

(5)绑扎箍筋

1)绑扎上部纵向筋的箍筋宜用套扣法绑扎。

2)钢筋弯钩叠合处，在梁中应交错绑扎，箍筋弯钩为135°平直长度为10d，如做成封闭箍时，单面焊缝长度为10d。

3)梁端第一个箍筋设置在距离柱节点边缘处50 mm。

4)梁端与柱交接处箍筋加密，其间距及加密区搭接长度均要符合设计或规范的要求。

(6)主次梁受力筋下均加保护层垫块(或塑料卡)，保证保护层厚度。

(7)受力筋为双排时，可用短钢筋(短钢筋直径等于受力筋排距)垫在两层钢筋之间，钢筋排距应符合设计要求。

2. 楼板钢筋绑扎

(1)工艺流程

清理模板→模板上弹线→绑扎下部受力钢筋→绑扎上层(负弯矩)钢筋。

(2)清理模板

清理模板杂物、油污等，并按图纸要求做好专业洞口在顶板上的开洞。

(3)模板上弹线

按受力钢筋先弹下部受力钢筋的标记线，弹线从梁墙边5 cm弹第一根受力钢筋线，再按间距依次弹线，至最后一根钢筋线距墙边大于5 cm，应增设一根受力钢筋，并对最后两根受力钢筋的间距做等分调整。依此方法弹另一方向受力钢筋模板线。

(4)绑扎下部受力钢筋

按已弹好的模板线绑扎下部受力钢筋，绑扎时应按图纸要求保证下部受力钢筋锚入墙内的长度一致，弯钩的朝向一致，受力钢筋绑扎严格按弹线摆直，确保钢筋间距。

(5)绑扎上层受力钢筋

1)按图纸设计要求布置好专业管线后，可进行上层受力筋的绑扎。

2)严格按图纸要求的板厚设置马凳。

(6)预留洞附加筋

按设计规格、数量保证传力正确，短向钢筋应入支座。

1.5.5.4 质量控制

1. 钢筋位置：绑扎时将多根钢筋端部对齐；防止钢筋绑扎偏斜或骨架扭曲。

2. 保护层：下层主筋用砂浆垫块要垫得适量可靠，竖立钢筋可采用埋有铁丝的垫块绑在钢筋骨架外侧；同时，为使保护层厚度准确，应用铁丝将钢筋骨架拉向模板，将垫块挤牢，严格检查钢筋的成型尺寸；模外绑扎钢筋骨架时，要控制好它的外形尺寸，不得超过允许偏差。

3. 以线布筋，保证钢筋间距均匀、位置正确，预先算好箍筋实际分布间距，用粉笔标示于主筋上绑扎骨架时作为依据。

1.5.5.5　质量标准

1. 主控项目

(1)钢筋的品种和质量必须符合设计要求和有关标准的规定。

检验方法:检查产品合格证和观察检查。

(2)带有颗粒状和片状老锈,经除锈后仍留有麻点的钢筋,严禁按原规格使用。

检验方法:观察检查。

(3)钢筋的规格、形状、尺寸、数量锚固长度、接头设置必须符合设计要求和施工规范规定。

检验方法:观察检查。

2. 一般项目

(1)缺扣、松扣的数量不得超过绑扣数的10%,且不应集中。

检验方法:观察检查。

(2)弯钩的朝向正确。绑扎接头应符合施工规范的规定,搭接长度不应小于规定值。

检验方法:观察检查和尺量检查。

(3)箍筋的间距数量应符合设计要求,有抗震要求时,弯钩角度为135°,弯钩平直长度为10d。

检验方法:观察检查和尺量检查。

(4)钢筋绑扎允许偏差项目见表1-35。

表1-35　现浇混凝土梁、板钢筋绑扎允许偏差(mm)

<table>
<tr><th colspan="3">项　目</th><th>允许偏差</th><th>检验方法</th></tr>
<tr><td rowspan="2">绑扎钢筋网</td><td colspan="2">长宽</td><td>±10</td><td>钢尺检查</td></tr>
<tr><td colspan="2">网眼尺寸</td><td>±20</td><td>钢尺量连续三档,取最大值</td></tr>
<tr><td rowspan="2">绑扎钢筋骨架</td><td colspan="2">长</td><td>±10</td><td>钢尺检查</td></tr>
<tr><td colspan="2">宽高</td><td>±5</td><td>钢尺检查</td></tr>
<tr><td rowspan="5">受力钢筋</td><td colspan="2">间距</td><td>±10</td><td>钢尺量两端,中间各一点取最大值</td></tr>
<tr><td colspan="2">排距</td><td>±20</td><td>钢尺检查</td></tr>
<tr><td rowspan="2">保护层厚度</td><td>基础</td><td>±10</td><td>钢尺检查</td></tr>
<tr><td>梁</td><td>±5</td><td>钢尺检查</td></tr>
<tr><td></td><td>板、壳</td><td>±3</td><td>钢尺检查</td></tr>
<tr><td colspan="3">绑扎箍筋、横向钢筋间距</td><td>±20</td><td></td></tr>
<tr><td colspan="3">钢筋弯起点位置</td><td>20</td><td></td></tr>
<tr><td rowspan="2">预埋件</td><td colspan="2">中心线位置</td><td>5</td><td>钢尺检查</td></tr>
<tr><td colspan="2">水平高差</td><td>+3,0</td><td>钢尺检查</td></tr>
</table>

1.5.6　钢筋工程验收

钢筋分项工程由工长组织施工,施工队班组经自检、互检合格,工长确认后填写《自、互检查记录表》，报项目技术组申请验收；工长组织质检员、技术员或技术负责人进行隐检，并填写《隐检记录》、《检验批验收记录》，如经隐检不合格，则按贯标程序由质检员填写《分项工程停工通知单》，技术员填写的《返工返修通知单》，工长组织返工或返修，项目主任工程师制定纠正措施，质检员进行措施的评审；分项合格后报工地监理工程师，监理验收合格并进行验收单的签认后，工长组织下一工序工长及施工班组进行交接检查，填写《交接检查记录表》，做好成品保护交接，以明确责任；进行下一工序施工。

1.5.7 成品保护

1. 钢筋原材进场后必须采取相应保管措施，避免钢筋锈蚀。
2. 成型钢筋按指定地点堆放，用垫木垫放整齐，防止钢筋变形、锈蚀、油污。
3. 楼板的弯起钢筋，负弯矩钢筋绑好后，不准许踩在上面行走，在浇筑混凝土前保持原有形状，浇灌中派钢筋工负责修理。
4. 绑扎时禁止碰动预埋件及洞口模板。

1.5.8 钢筋施工安全措施

1. 操作面楼板预留洞口加盖板并有醒目标志。绑扎钢筋用脚手架应由专业人员搭设，高空作业时操作人员必须系好安全带。
2. 绑扎暗柱、连梁时，操作使用的梯子必须摆放牢固，不得蹬踏钢筋或使用木方架在已绑扎好的钢筋上操作。
3. 塔吊调运成型料时要有统一的信号指挥，吊料杆下严禁站人。
4. 严格按照施工平面图布置堆放钢筋原材、成品、半成品材料和机具设备，不得侵占场内道路，安全防护设施和消防措施。
5. 电气设备必须有接地，设备电源必须有漏电保护装置，设备维修必须由专职人员进行，不得私自进行修理。
6. 施工现场道路要通畅，排水系统处于良好状态；保持场容整洁，随时将钢筋的下脚料集中放置。
7. 减少施工现场的机械噪音和机械振动，钢筋运输、放料要轻拿轻放。
8. 钢筋的废料及下脚料不得随意乱扔，应统一集中，随用随清。

学习情境 1.6 梁、板混凝土施工

梁、板混凝土施工工艺包括：原材料验收→混凝土搅拌→混凝土运输→混凝土浇筑→混凝土养护。

在现代混凝土施工中，混凝土已很少在施工现场进行配制、搅拌，大多数采用商品混凝土。我国颁布的《散装水泥发展“十五”规划》发展目标要求，直辖市、省会城市、沿海开放城市要积极发展预拌混凝土，其他城市 2005 年底起禁止在城区现场搅拌混凝土，预拌混凝土在搅拌厂集中生产，既可以更好地控制其质量又可以减少施工对周围环境的污染，因此，我们在混凝土施工中，应大量采用预拌商品混凝土。

1.6.1　商品混凝土的质量要求

商品混凝土即预拌混凝土，是指水泥、水、集料以及根据需要掺入的外加剂和掺和料等组合，按一定比例在集中搅拌站经计量、搅拌后出售，并采用运输车在规定时间运至使用地点的混凝土拌和物。商品混凝土分通用品，标记为A；特制品，标记为B两类。混凝土强度等级≤C40，坍落度≤150 mm，粗骨料最大粒径<40 mm的混凝土拌和物为通用品。C45≤强度等级≤C60、180 mm≤坍落度≤200 mm或有其他特殊要求的混凝土拌和物为特制品。

1.6.2　商品混凝土的验收

1.6.2.1　商品混凝土的检验

商品混凝土的验收分出厂检验和交货检验。

1. 出厂检验：出厂检验的取样试验工作由供货方承担，其检验结果作为商品混凝土的出厂质量证明书，由供货方统计评定后交使用方收入资料管理。

2. 交货检验：交货检验的取样试验工作由供需双方协商承担，当判断混凝土质量是否符合要求时，其强度、坍落度应以交货检验结果为依据，其他检验项目按合同约定执行。

1.6.2.2　商品混凝土检验项目

检验项目有强度、坍落度；特制品除按通用品检验外，还应按合同约定检验其他项目，包括含气量的检验。

1. 商品混凝土检验的结果作为施工试验结果的报告。

2. 对坍落度、含气量及氯化物总含量不符合合同约定及《预拌混凝土》要求的混凝土，应拒收和退货。

1.6.2.3　商品混凝土的出厂质量证明书

包括两部分资料：一是产品的出厂质量证明书；二是作为出厂质量证明书附件的文件，有单位资质证书、验收单、配合比、原材料证明，出厂时留取的混凝土试块试验报告及混凝土强度评定等级。以上资料由供方按工程名称与混凝土品种、等级向需方及时提供。

1.6.3　商品混凝土的运输

1.6.3.1　运输要求

1. 商品混凝土的远距离运输应使用滚筒式混凝土运输车(图1-119)。混凝土运输车的大罐，盛夏施工应淋水降温，冬期施工应加保温罩。

2. 运送混凝土的车辆应满足均匀、连续供应混凝土的需要，因此，必须有完善的调度系统和通信设施，根据施工情况指挥混凝土的搅拌与运送，减少停滞时间。

3. 混凝土运到施工现场，不得产生离析现象，符合浇筑时规定的坍落度，混凝土从搅拌出料、运至施工现场、浇筑完毕必须在混凝土初凝之前完成。因此，混凝土从搅拌机中卸出后到浇筑完毕的时间，不得超过表1-36的规定时间。当达不到要求时，应在混凝土内加缓凝剂。

图 1-119　混凝土搅拌运输车

1—搅拌筒；2—进料斗；3—卸料斗；4—卸料溜槽

表 1-36　混凝土从搅拌机中卸出后到浇筑完毕的延续时间

混凝土强度等级	延续时间(min)	
	气温＜25 ℃	气温≥25 ℃
低于及等于 C30	120	90
高于 C30	90	60

注：1. 掺用外加剂或采用快硬水泥拌制混凝土时，应按试验确定；

2. 轻骨料混凝土的运输、浇筑延续时间应适当缩短。

4. 混凝土搅拌运输车第一次装料时，应多加 2 袋水泥，运送过程中筒体应保持慢速转动，卸料前，筒体应加快运转 20～30 s 后方可卸料。

5. 送到现场混凝土的坍落度应随时检验，泵送混凝土的坍落度根据泵送高度确定，30 m以下为 100～140 mm，30～60 m 时为 140～160 mm，60～100 m 时为 160～180 mm，100 m 以上时为 180～200 mm。

6. 当运至现场的混凝土达不到要求时，需要调整加入减水剂时，应由搅拌站现场检验的专业技术人员执行，混凝土运输车司机不得向混凝土罐中随意加水。

7. 混凝土运至浇筑地点后，应在交货地点每车都要测定混凝土坍落度，其检测结果超过表 1-37 的允许偏差值时，混凝土不得在工程中使用。

表 1-37　混凝土坍落允许偏差

坍落度(mm)	允许偏差(mm)
≤40	±10
50～60	±20
≥100	±30

8. 商品混凝土生产单位与使用单位之间应建立对混凝土质量和数量的交接验收手续，交接验收工作应在交货地点进行。

1.6.3.2　泵送混凝土

泵送混凝土是通过专用混凝土输送泵和管道，借助泵的压力将混凝土输送到浇筑的部位，一次完成水平和垂直运输，此种施工方法具有现场临时设施少，操作方便，浇筑范围大的优点，泵送混凝土可以连续进行，提高效率。泵送设备有两类：一类是混凝土泵车，另一类为混凝土泵。

1. 混凝土泵车如图 1-120 所示。

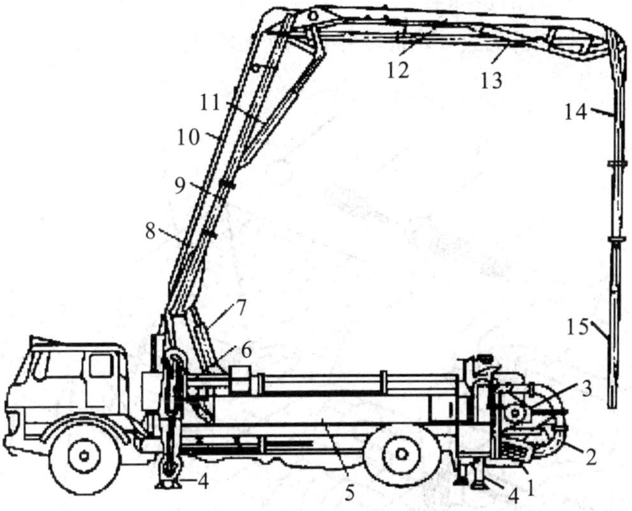

图 1-120　混凝土泵车

1—混凝土泵；2—出料管；3—料斗；4—支腿；5—水箱；6—回转台；7、11、13—布料杆用油缸；8、12、14、15—布料杆；9—输送管；10—油管

混凝土泵车的优点是可以把输送与浇筑工序结合在一起，节约劳动时间，没有中间转运过程，节约材料，施工速度快，浇筑质量好。但设备投资大，技术条件要求高。

混凝土泵有多种类型，最常用的是液压活塞式混凝土泵。

2. 液压活塞式混凝土泵

(1)液压活塞式混凝土泵如图 1-121 所示。

(2)它是利用柱塞的往复运动将混凝土吸入和排出。

(3)混凝土输送管有直管、弯管、锥形管和浇筑软管等，一般由合金钢、橡胶、塑料等材料制成，常用混凝土输送管的管径为 100～150 mm。

3. 泵送混凝土对原材料的要求

(1)粗骨料：碎石最大粒径与输送管内径之比不宜大于 1∶3；卵石不宜大于 1∶2.5。

(2)砂：以天然砂为宜，砂率宜控制在 40%～50%，通过 0.315 mm 筛孔的砂不少于 15%。

(3)水泥：最少水泥用量为 300 kg/m^3，坍落度宜为 80～180 mm，混凝土内宜适量掺入外加剂。泵送轻骨料混凝土的原材料选用及配合比，应通过试验确定。

4. 泵送混凝土施工中应注意的问题

(1)输送管的布置宜短直，尽量减少弯管数，转弯宜缓，管段接头要严密，少用锥形管；

(2)混凝土的供料应保证混凝土泵能连续工作，不间断；正确选择骨料级配，严格控制配合比；

(3)泵送前，为减少泵送阻力，应先用适量与混凝土内成分相同的水泥浆或水泥砂浆润滑输送管内壁；

(4)泵送过程中，泵的受料斗内应充满混凝土，防止吸入空气形成阻塞；

(5)防止停歇时间过长，若停歇时间超过 45 min，应立即用压力或其他方法冲洗管内残留的混凝土；

(6)泵送结束后，要及时清洗泵体和管道；

(7)用混凝土泵浇筑的建筑物，要加强养护，防止龟裂。

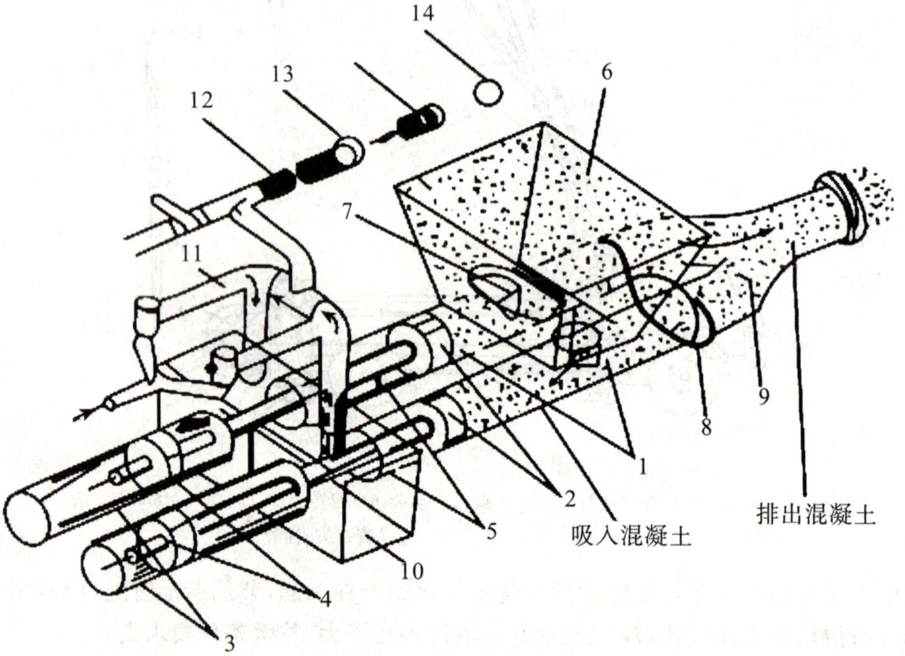

图 1-121　液压活塞式混凝土泵工作原理图

1—混凝土缸；2—混凝土活塞；3—液压缸；4—液压活塞；5—活塞杆；6—受料斗；7—吸入端水平片阀；8—排出端竖直片阀；9—V 形输送管；10—水箱；11—水洗装置换向阀；12—水洗用高压软管；13—水洗用法兰；14—海绵球；15—清洗活塞

1.6.4　混凝土的浇筑与振捣

1.6.4.1　混凝土浇筑前的准备工作

1. 混凝土浇筑前，应对模板、钢筋、支架和预埋件进行检查；

2. 检查模板的位置、标高、尺寸、强度和刚度是否符合要求，接缝是否严密，预埋件位置和数量是否符合图纸要求；

3. 检查钢筋的规格、数量、位置、接头和保护层厚度是否正确；

4. 清理模板上的垃圾和钢筋上的油污，浇水湿润木模板；

5. 填写隐蔽工程记录。

1.6.4.2　混凝土浇筑

1. 混凝土浇筑的一般规定

(1)混凝土浇筑前不应发生离析或初凝现象，如已发生，须重新搅拌。混凝土运至现场后，其坍落度应满足表 1-38 的要求。

表 1－38　混凝土浇筑时的坍落度

结　构　种　类	坍落度(mm)
基础或地面的垫层、无配筋的大体积结构(挡土墙、基础等)或配筋稀疏的结构	10～30
板、梁和大型及中型截面的柱子等	30～50
配筋密列的结构(薄壁、斗仓、筒仓、细柱等)	50～70
配筋特密的结构	70～90

混凝土坍落度试验见图 1－122。

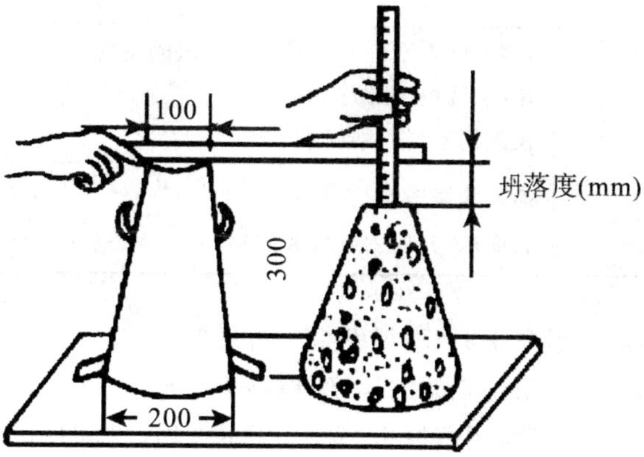

图 1－122　混凝土坍落度试验

(2)混凝土自高处倾落时，其自由倾落高度不宜超过 2 m；若混凝土自由下落高度超过 2 m，应设串筒、斜槽、溜管或振动溜管等，如图 1－123 所示。

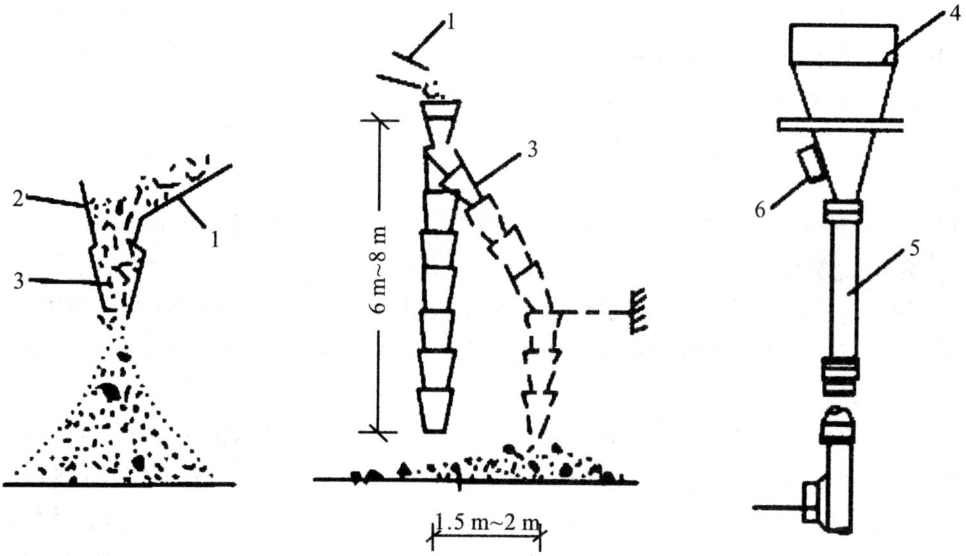

图 1－123　溜槽与串筒

1－溜槽；2－挡板；3－串筒；4－漏斗；5－节管；6－振动器

(3)混凝土的浇筑工作,应尽可能连续进行。

(4)混凝土的浇筑应分段、分层连续进行,随浇随捣。混凝土浇筑层厚度应符合表1-39的规定。

表1-39 混凝土浇筑层厚度

项次	捣实混凝土的方法		浇筑层厚度(mm)
1	插入式振捣		振捣器作用部分长度的1.25倍
2	表面振动		200
3	人工捣固	在基础、无筋混凝土或配筋稀疏的结构中	250
		在梁、墙板、柱结构中	200
		在配筋密列的结构中	150
4	轻骨料混凝土	插入式振捣器	300
		表面振动(振动时须加荷)	200

(5)在竖向结构中浇筑混凝土时,不得发生离析现象。

(6)混凝土拌和物运至浇筑地点时的温度,最高不宜超过35 ℃;最低不宜低于5 ℃。

(7)在浇筑混凝土时,应经常观察模板、支架、钢筋、预埋件和预留孔洞的情况,当发现有变形、移位时,应立即停止浇筑,并应在已浇筑的混凝土凝结前修整完好。

(8)在浇筑与柱、墙连成整体的梁和板时,应在柱和墙浇筑完毕后停歇1~1.5h,使混凝土获得初步沉实后,再继续浇筑,或者采取二次振捣的方法进行。

(9)在浇筑混凝土时,应制作供结构拆模、张拉、强度合格评定用的标准养护和与结构混凝土同条件养护的试件。需要时还应制作抗冻、抗渗或其他性能试验用的试件。

(10)对于有预留洞、预埋件和钢筋密集的部位,应采取技术措施,确保顺利布料和振捣密实。在浇筑混凝土时,应经常观察,当发现混凝土有不密实等现象,应立即予以纠正。

(11)水平结构的混凝土表面,应适时用木抹子磨平(必要时,可用铁筒滚压)搓毛两遍以上,且最后一遍宜在混凝土收水时完成。

(12)应控制混凝土处在有利于硬化及强度增长的温度和湿度环境中。

2. 梁、板浇筑要点:

(1)梁、板应同时浇筑,浇筑方法应由一端开始用"赶浆法",即先浇筑梁,根据梁高分层阶梯形浇筑,当达到板底位置时再与板的混凝土一起浇筑,随着阶梯形不断延伸,梁板混凝土浇筑连续向前进行。

(2)和板连成整体高度大于1 m的梁,允许单独浇筑。浇捣时,浇筑与振捣必须紧密配合,第一层下料慢些,梁底充分振实后再下二层料,用"赶浆法"保持水泥浆沿梁底包裹石子向前推进,每层均应振实后再下料,梁底及梁帮部位应振实,振捣时不得触动钢筋及预埋件。

(3)梁、柱节点钢筋较密时,浇筑此处混凝土时宜用小粒径石子同强度等级的混凝土浇筑,并用小直径振捣棒振捣。

(4)浇筑板混凝土的虚铺厚度应略大于板厚,用平板振捣器垂直浇筑方向来回振捣,厚板可用插入式振捣器振捣，并用铁插尺检查混凝土厚度，振捣完毕后用木抹子抹平。施工缝处或有预埋件及插筋处用木抹子找平，浇筑板混凝土时严禁用振捣棒铺摊混凝土。

(5)当柱与梁、板混凝土强度等级差二级以内时，梁柱节点核心区的混凝土可随楼板混凝土同时浇筑，但在施工前应核算梁柱节点核心区的承载力，包括抗剪、抗压应满足设计要求；当柱与梁、板混凝土级差大于二级时，应先浇筑节点混凝土，强度与柱相同，必须在节点混凝土初凝前浇筑梁板混凝土。

3. 大体积钢筋混凝土结构的浇筑

(1)大体积钢筋混凝土结构多为工业建筑中的设备基础及高层建筑中厚大的桩基承台或基础底板等。

(2)特点是混凝土浇筑面和浇筑量大，整体性要求高，不能留施工缝，以及浇筑后水泥的水化热量大且聚集在构件内部，形成较大的内外温差，易造成混凝土表面产生收缩裂缝等。

(3)为保证混凝土浇筑工作连续进行，不留施工缝，应在下一层混凝土初凝之前，将上一层混凝土浇筑完毕。要求混凝土按不小于下述的浇筑量进行浇筑：

$$Q=\frac{FH}{T} \tag{1-33}$$

式中，Q——混凝土最小浇筑量；

F——混凝土浇筑区的面积；

H——浇筑层厚度；

T——下层混凝土从开始浇筑到初凝所容许的时间间隔。

(4)大体积钢筋混凝土结构的浇筑方案，一般分为全面分层、分段分层和斜面分层三种，如图1-124所示。全面分层：即在第一层浇筑完毕后，再回头浇筑第二层，如此逐层浇筑，直至完工为止。分段分层：混凝土从底层开始浇筑，进行2～3 m后再回头浇第二层，同样依次浇筑各层。斜面分层：要求斜坡坡度不大于1/3，适用于结构长度超过厚度3倍的情况。

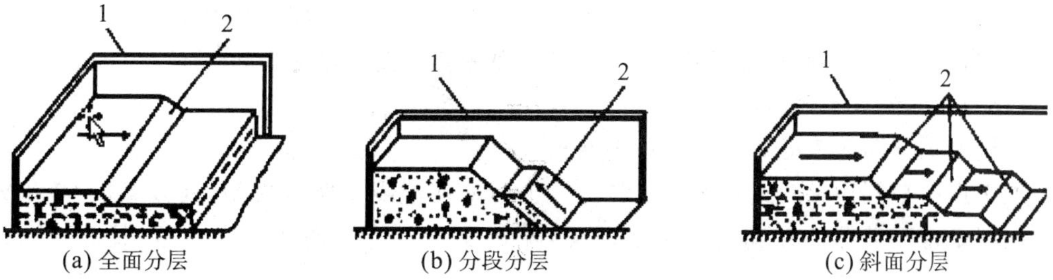

图1-124　大体积混凝土浇筑方案

1—模板；2—新浇筑的混凝土

4. 施工缝的留设与处理

(1)施工缝的留设。如果由于技术或施工组织上的原因，不能对混凝土结构一次连续浇筑完毕，而必须停歇较长的时间，其停歇时间已超过混凝土的初凝时间，致使混凝土已初凝；当继续浇混凝土时，形成了接缝，即为施工缝。

1)施工缝设置的原则，一般宜留在结构受力(剪力)较小且便于施工的部位。

2)高度大于1 m的钢筋混凝土梁的水平施工缝，应留在楼板底面下20～30 mm处，当板下有梁托时，留在梁托下部；单向平板的施工缝，可留在平行于短边的任何位置处；对于有主次梁的楼板结构，宜顺着次梁方向浇筑，施工缝应留在次梁跨度的中间 1/3 范围内，如图1－125所示。

(2)施工缝的处理

1)施工缝处继续浇筑混凝土时，应待混凝土的抗压强度不小于 1.2 MPa 方可进行。

2)施工缝浇筑混凝土之前，应除去施工缝表面的水泥薄膜、松动石子和软弱的混凝土层，并加以充分湿润和冲洗干净，不得有积水。

3)浇筑时，施工缝处宜先铺水泥浆（水泥：水＝1：0.4），或与混凝土成分相同的水泥砂浆一层，厚度为 30～50 mm，以保证接缝的质量。

4)浇筑过程中，施工缝应细致捣实，使其紧密结合。

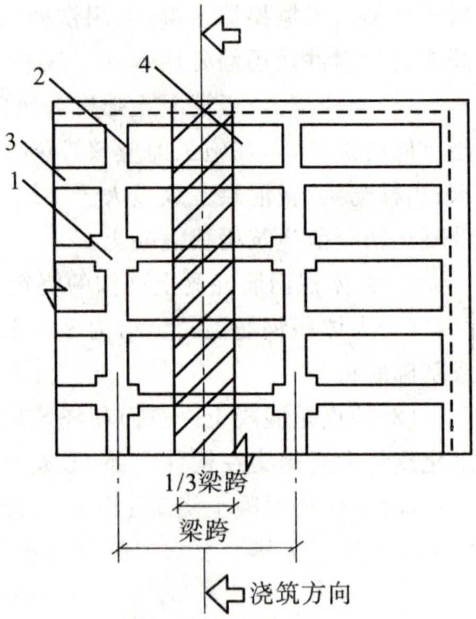

图 1－125　有梁板的施工缝位置

1－柱；2－主梁；3－次梁；4－板

5. 后浇带的设置

后浇带是在较长的现浇混凝土结构施工过程中设置的临时施工缝，缝宽 800～1000 mm，缝内的钢筋搭接长度为 35 d；后浇带的设置距离，在正常施工条件下，在室内或在土中为 30 m，在露天为 20 m。

(1)后浇带的留置位置、留置时间应按设计要求和施工技术方案确定。当后浇带的保留时间设计无要求时，宜保留 42 d 以上。

(2)后浇带内的钢筋应予保护。

(3)后浇带在浇筑混凝土前，应将整个混凝土表面按照施工缝的要求进行处理。

(4)后浇带混凝土宜采用补偿收缩混凝土，其强度等级不得低于两侧混凝土，并保持至少 28 d 的湿润养护。

(5)当后浇带用膨胀加强带代替时，膨胀加强带应用提高膨胀率 0.02％。

1.6.4.3　*混凝土的振捣*

振捣方式分为人工振捣和机械振捣两种。

人工振捣是利用捣锤或插钎等工具的冲击力来使混凝土密实成型，其效率低、效果差；机械振捣是将振动器的振动力传给混凝土，使之发生强迫振动而密实成型，其效率高、质量好。

混凝土振动机械按其工作方式分为内部振动器、表面振动器和振动台等，如图 1－126 所示。这些振动机械的构造原理，主要是利用偏心轴或偏心块的高速旋转，使振动器因离心力的作用而振动。

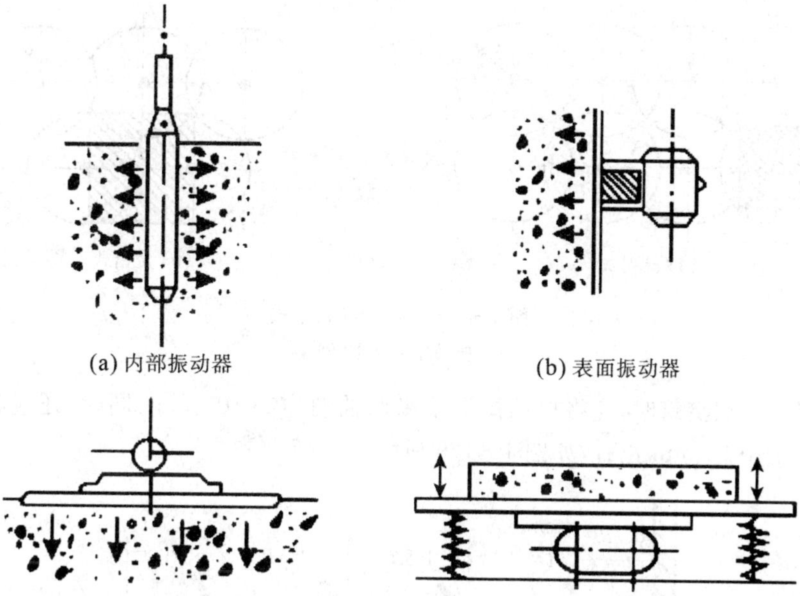

(a) 内部振动器　(b) 表面振动器

(c) 外部振动器　(d) 振动台

图 1-126　振动机械示意图

1. 内部振动器

(1)内部振动器又称插入式振动器,其构造如图 1-127 所示。适用于振捣梁、柱、墙等构件和大体积混凝土。

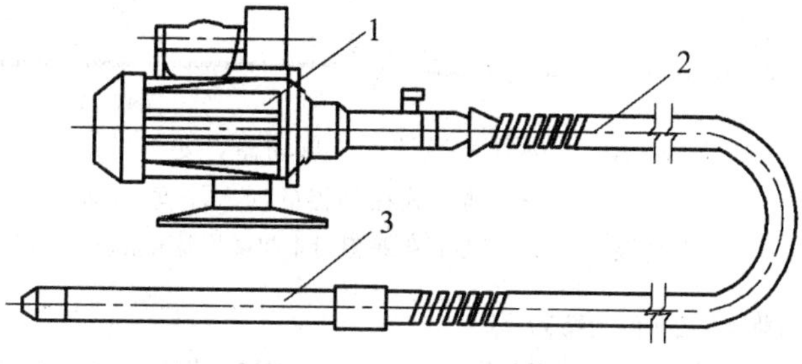

图 1-127　插入式振动器

1—电动机;2—软轴;3—振动棒

(2)插入式振动器操作要点:

1)插入式振动器的振捣方法有两种:一是垂直振捣,即振动棒与混凝土表面垂直;二是斜向振捣,即振动棒与混凝土表面成 40°～45°角。

2)振捣器的操作要做到快插慢拔,插点要均匀,逐点移动,顺序进行,不得遗漏,达到均匀振实。振动棒的移动,可采用行列式或交错式,如图 1-128 所示。

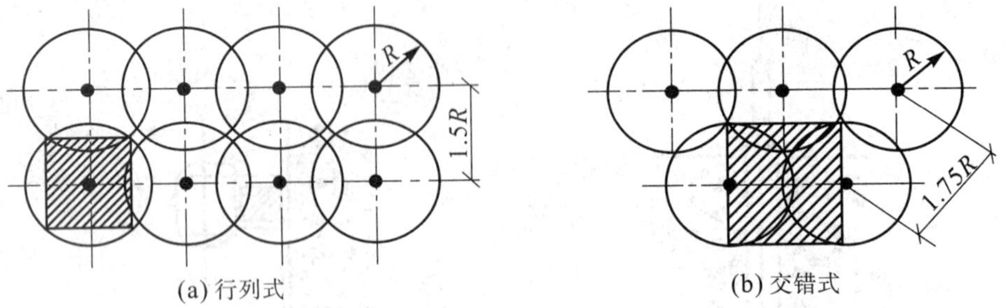

图 1-128　振捣点的布置

R—振动棒有效作用半径

3)混凝土分层浇筑时,应将振动棒上下来回抽动 50～100 mm;同时,还应将振动棒深入下层混凝土中 50 mm 左右,如图 1-129 所示。

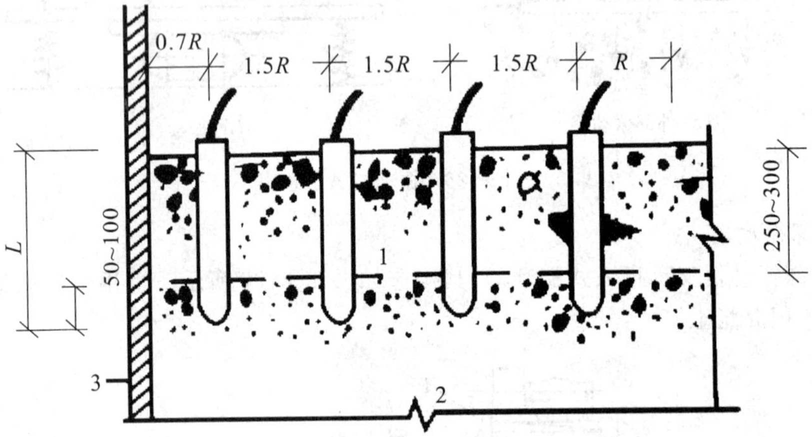

R—有效作用半径;L—振动棒长度

图 1-129　插入式振动器的插入深度

1—新浇筑的混凝土;2—下层已振捣但尚未初凝的混凝土;3—模板

4)每一振捣点的振捣时间一般为 20～30 s。

5)使用振动器时,不允许将其支承在结构钢筋上或碰撞钢筋上,不宜紧靠模板振捣。

2. 表面振动器

(1)表面振动器又称平板振动器,是将电动机轴上装有左右两个偏心块的振动器固定在一块平板上而成,其振动作用可直接传递于混凝土面层上。

(2)这种振动器适用于振捣楼板、空心板、地面和薄壳等薄壁结构。

3. 外部振动器

(1)外部的振动器又称附着式振动器,它是直接安装在模板上进行振捣的,它利用偏心块旋转时产生的振动力通过模板传给混凝土,达到振实的目的。

(2)适用于振捣断面较小或钢筋较密的柱子、梁、板等构件。

4. 振动台

(1)振动台一般在预制厂用于振实干硬性混凝土和轻骨料混凝土。

(2)宜采用加压振动的方法,加压力为 1～3 kN/m^2。

1.6.5　混凝土的养护

混凝土拌和物经浇筑振捣密实后，即进入静置养护期，其中水泥逐渐与水起水化作用而增加混凝土的强度。在这期间应设法为水泥的顺利水化创造条件，称为混凝土的养护。水泥的水化主要要有一定的温度和湿度条件。温度的高低主要影响水泥水化的速度，而湿度条件则严重影响水泥水化的能力。混凝土如在炎热气候下浇筑，又不及时洒水养护，会使混凝土中的水分蒸发过快，出现脱水现象，使已形成凝胶状态的水泥颗粒不能充分水化，不能转化为稳定的结晶而失去了黏结力，混凝土表面就出现片状或粉状剥落，降低了混凝土的强度。另外，混凝土过早失水，还会因收缩变形而出现干缩裂缝，影响混凝土的整体性和耐久性。所以一定温度条件下的混凝土养护的关键是防止混凝土脱水。

在混凝土浇筑完毕后，应在 12 h 以内加以覆盖和浇水；干硬性混凝土应于浇筑完毕后立即进行养护。常用的混凝土的养护方法有：

(1)自然养护法。自然养护是指在浇筑混凝土的当时当地的自然条件下采取湿润、防风、防晒、防冻、保温等措施的养护方法。

(2)洒水养护。洒水养护用吸水保温能力较强的材料(如草帘、芦席、麻袋、锯末等)将混凝土覆盖，经常洒水使其保持湿润而得到的养护。

混凝土必须养护至其强度达到 1.2 N/mm^2 以上，才准许在上面行人和架设支架、安装模板，但不得冲击混凝土。

拆模时，对不承重的侧模，只要能保证混凝土表面和棱角不致因拆模而损坏，即可拆除；对承重模板应根据结构类型、跨度，分别达到规定的强度(见情境 1.4)才允许拆除，否则必须经过验算。

拆模的顺序与安装模板的顺序相反。一般的顺序是：柱模板、楼板模板的底模、梁侧模及梁底模。拆模时尽可能避免损伤构件表面及模板本身。模板拆下后应及时加以清理和修正，按种类和尺寸堆放，以便重复使用。

1.6.6　混凝土的质量检查与缺陷防治

1.6.6.1　混凝土的质量检查

1. 混凝土的质量检查包括施工过程中的质量检查和养护后的质量检查。

2. 施工过程中的质量检查，即在混凝土制备和浇筑过程中对原材料的质量、配合比、坍落度等的检查，每一工作班至少检查两次，如遇特殊情况还应及时进行抽查。混凝土的搅拌时间应随时检查。

3. 混凝土养护后的质量检查，主要指混凝土的立方体抗压强度检查。混凝土的抗压强度应以标准立方体试件(边长 150 mm)在标准条件下(温度 20±3 ℃和相对湿度 90%以上的湿润环境)养护 28d 后测得的具有 95%保证率的抗压强度。

4. 结构混凝土的强度等级必须符合设计要求。

5. 现浇混凝土结构的允许偏差，应符合表 1 - 40 的规定；当有专门规定时，尚应符合相应的规定。

6. 混凝土表面外观质量要求：不应有蜂窝、麻面、孔洞、露筋、缝隙及夹层、缺棱掉角和裂缝等。

表 1-40　现浇混凝土结构的尺寸允许偏差和检验方法

项　目			允许偏差(mm)	抽验方法
轴线位置	基础		15	钢尺检查
	独立基础		10	
	墙、柱、梁		8	
	剪力墙		5	
垂直度	层高	≤5 m	8	经纬仪或吊线、钢尺检查
		>5 m	10	经纬仪或吊线、钢尺检查
	全高 H		H/1000 且≤30	经纬仪、钢尺检查
标高	层高		±10	水准仪或拉线、钢尺检查
	全高		±30	
截面尺寸			+8 −5	钢尺检查
电梯井	井筒长、宽对定位中心线		+25 0	钢尺检查
	井筒全高		H/1000 且≤30	经纬仪或吊线、钢尺检查
表面平整度			8	2 m 靠尺和塞尺检查
预埋设施中心线位置	预埋件		10	钢尺检查
	预埋螺栓		5	
	预埋管		5	
预留洞中心线位置			15	钢尺检查

1.6.6.2　现浇湿混凝土结构质量缺陷及产生原因

1. 现浇结构的外观质量缺陷的确定

现浇结构的外观质量缺陷，应由监理(建设)单位、施工单位等各方根据其对结构性能和使用功能影响的严重程度，按表 1-41 确定。

2. 混凝土质量缺陷产生的原因

混凝土质量缺陷产生的原因主要如下：

(1)蜂窝　由于混凝土配合比不准确，浆少而石子多，或搅拌不均造成砂浆与石子分离，或浇筑方法不当，或振捣不足，以及模板严重漏浆。

(2)麻面　模板表面粗糙不光滑，模板湿润不够，接缝不严密，振捣时发生漏浆。

(3)露筋　浇筑时垫块位移，甚至漏放，钢筋紧贴模板，或者因混凝土保护层处漏振或振捣不密实而造成露筋。

(4)孔洞　混凝土结构内存在空隙，砂浆严重分离，石子成堆，砂与水泥分离。另外，有泥块等杂物掺入也会形成孔洞。

(5)缝隙和薄夹层　主要是混凝土内部处理不当的施工缝、温度缝和收缩缝，以及混凝土内有外来杂物而造成的夹层。

（6）裂缝　构件制作时受到剧烈振动，混凝土浇筑后模板变形或沉陷，混凝土表面水分蒸发过快，养护不及时等，以及构件堆放、运输、吊装时位置不当或受到碰撞。

表 1－41　现浇结构的外观质量缺陷

名　称	现　象	严重缺陷	一般缺陷
露筋	构件内钢筋未被混凝土包裹而外露	纵向受力钢筋有露筋	其他钢筋有少量露筋
蜂窝	混凝土表面缺少水泥砂浆而形成石子外露	构件主要受力部位有蜂窝	其他部位有少量蜂窝
孔洞	混凝土中孔穴深度和长度均超过保护层厚度	构件主要受力部位有孔洞	其他部位有少量孔洞
夹渣	混凝土中夹有杂物且深度超过保护层厚度	构件主要受力部位有夹渣	其他部位有少量夹渣
疏松	混凝土中局部不密实	构件主要受力部位有疏松	其他部位有少量疏松
裂缝	缝隙从混凝土表面延伸至混凝土内部	构件主要受力部位有影响结构性能	其他部位有少量不影响结构性能
连接部位缺陷	构件连接处混凝土缺陷及连接钢筋、连接件松动	连接部位有影响结构传力性能的缺陷	基本不影响结构传力性能的缺陷
外形缺陷	缺棱掉角、棱角不直、翘曲不平、飞边凸肋等	清水混凝土构件有影响使用功能	有不影响使用功能的外形缺陷
外表缺陷	构件表面麻面、掉皮、起砂、沾污等	具有重要装饰效果的清水混凝土构件有外表缺陷	其他有不影响使用功能的外表缺陷

3. 产生混凝土强度不足的原因是多方面的，主要是由于混凝土配合比设计、搅拌、现场浇捣和养护等四个方面的原因造成的。

（1）配合比设计方面有时不能及时测定水泥的实际活性，影响了混凝土配合比设计的正确性；另外，套用混凝土配合比时选用不当外加剂及用量控制不准等，都有可能导致混凝土强度不足、分离，或浇筑方法不当，或振捣不足，以及模板严重漏浆。

（2）搅拌方面任意增加用水量，配合比称料不准，搅拌时颠倒加料顺序及搅拌时间过短等造成搅拌不均匀，导致混凝土强度降低。

（3）现场浇捣方面主要是施工中振捣不实，以及发现混凝土有离析现象时，未能及时采取有效措施来纠正。

（4）养护方面主要是不按规定的方法、时间对混凝土进行妥善的养护，以致造成混凝土强度降低。

1.6.6.3　混凝土质量缺陷的防治与处理

1. 表面抹浆修补

对数量不多的小蜂窝、麻面、露筋、露石的混凝土表面，主要是保护钢筋和混凝土不受侵蚀，可用 1∶2～1∶2.5 水泥砂浆抹面修整。

2. 细石混凝土填补

当蜂窝比较严重或露筋较深时，应取掉不密实的混凝土，用清水洗净并充分湿润后，再用比原强度等级高一级的细石混凝土填补并仔细捣实。

3. 水泥灌浆与化学灌浆

对于宽度大于 0.5 mm 的裂缝，宜采用水泥灌浆；对于宽度小于 0.5 mm 的裂缝，宜采用化学灌浆，如甲凝、丙凝。

1.6.7　安全环保措施

1. 混凝土搅拌开始前，应对搅拌机及配套机械进行无负荷试运转，检查运转正常，运输道路畅通，方可开机工作。

2. 搅拌机运转时，严禁将锹、耙等工具伸入罐内，必须进罐扒混凝土时，要停机进行。工作完毕，应将拌筒清洗干净。搅拌机应有专用开关箱，并应装有漏电保护器，停机时应拉断电闸，下班时电闸箱应上锁。

3. 采用手推车运输混凝土时，不得争先抢道，装车不应过满；卸车时应有挡车措施，不得用力过猛或撒把，以防车把伤人。

4. 使用井架提升混凝土时，应设制动安全装置，升降应有明确信号，操作人员未离开提升台时，不得发升降信号。提升台内停放手推车要平稳，车把不得伸出台外，车轮前后应挡牢。

5. 混凝土浇筑前，应对振动器进行试运转，振动器操作人员应穿绝缘靴、戴绝缘手套；振动器不能挂在钢筋上，湿手不能接触电源开关。

6. 混凝土运输、浇筑部位应有安全防护栏杆，操作平台。

7. 用电应按三级配电、二级保护进行设置；各类配电箱、开关箱的内部设置必须符合有关规定，开关电器应标明用途。所有配电箱应外观完整、牢固、防雨、箱内无杂物；箱体应涂有安全色标、统一编号；箱壳、机电设备接地应良好；停止使用时切断电源，箱门上锁。

8. 施工用电的设备、电缆线、导线、漏电保护器等应有产品质量合格证；漏电保护器要经常检查，动作灵敏，发现问题立即调换，闸刀熔丝要匹配。

9. 电动工具应符合有关规定，电源线、插头、插座应完好，电源线不得任意接长和调换，工具的外绝缘完好无损，维护和保管由专人负责。

10. 现场施工负责人应为机械作业提供道路、水电、机棚或停机场地等必备的条件，并消除对机械作业有妨碍或不安全的因素，夜间作业应设置充足的照明。

11. 机械进入作业地点后，施工技术人员应向操作人员进行施工任务和安全技术措施交底。操作人员应熟悉作业环境和施工条件，听从指挥，遵守现场安全规则。

12. 操作人员在作业过程中，应集中精力正确操作，注意机械工况，不得擅自离开工作岗位或将机械交给其他无证人员操作。严禁无关人员进入作业区或操作室内。

13. 实行多班作业的机械，应执行交接班制度，认真填写交接班记录；接班人员经检查确认无误后，方可进行工作。

14. 机械不得带病运转。运转中发现不正常时，应先停机检查，排除故障后方可使用。

15. 机械在寒冷季节使用，应符合《建筑机械寒冷季节的使用规定》。

16. 使用机械与安全生产发生矛盾时，必须首先服从安全要求。

17. 应在施工前，做好施工道路规划，充分利用永久性的施工道路。路面及其余场地地面宜硬化，闲置场地宜绿化。

18. 施工垃圾使用封闭的专用垃圾道或采用容器吊运，严禁随意凌空抛散造成扬尘。

19. 水泥和其他易飞扬的细颗粒散体材料应尽量安排库内存放。露天存放时宜严密遮盖，卸运时防止遗洒飞扬。

20. 混凝土运送罐车每次出场应清理下料斗，防止混凝土遗洒。

21. 现场搅拌机前台及运输车辆清洗处应设置沉淀池。废水应排入沉淀池内，经二次沉淀后，方可排入市政污水管线或回收用于洒水降尘。未经处理的泥浆水，严禁直接排入城市排水设施。

22. 现场使用照明灯具宜用定向可拆除灯罩型，使用时应防止光污染。

1.6.8　质量记录

1.6.8.1　混凝土梁、板结构工程施工质量验收时，应提供下列文件和记录：

1. 设计变更文件；
2. 混凝土原材料出厂合格证和进场复验报告；
3. 混凝土工程施工记录；
4. 混凝土试件的性能试验报告；
5. 混凝土隐蔽工程验收记录；
6. 混凝土分项工程验收记录；
7. 混凝土结构实体检验记录；
8. 工程的重大质量问题的处理方案和验收记录；
9. 其他必要的文件和记录。

1.6.8.2　混凝土梁、板结构工程施工质量验收合格应符合下列规定：

1. 有关分项工程施工质量验收合格；
2. 应有完整的质量控制资料；
3. 观感质量验收合格；
4. 结构实体检验结果满足规范的要求。

1.6.8.3　当混凝土结构施工质量不符合要求时，应按下列规定进行处理：

1. 经返工、返修或更换构件、部件的检验批，应重新进行验收；
2. 经有资质的检测单位检测鉴定达到设计要求的检验批，应予以验收；
3. 经有资质的检测单位检测鉴定达不到设计要求，但经原设计单位核算并确认仍可满足结构安全和使用功能的检验批，可予以验收；
4. 经返修或加固处理能够满足结构安全使用要求的分项工程，可根据技术处理方案和协商文件进行验收。

1.6.8.4　混凝土结构工程子分部工程施工质量验收合格后，应将所有的验收文件存档、备案。

复习思考题

1-1　选用钢筋时要注意些什么要求？为什么冷弯性能是衡量钢材力学性能的一项综合指标？

1-2　检验钢筋的机械性能，主要有哪些指标？

1-3　在钢筋混凝土结构中，宜采用哪些钢筋配筋？为什么？

1-4　混凝土的基本强度指标有哪些？各用什么符号表示？它们相互之间有怎样的关系？

1-5　混凝土的收缩和徐变对钢筋混凝土结构各有什么影响？减少徐变和收缩的措施有哪些？

1-6　为什么钢筋和混凝土能够共同工作？它们之间的粘结力是由哪几部分组成的？为了提高钢筋和混凝土之间的粘结力，可采取哪些措施？

1-7　钢筋混凝土梁的正截面破坏形态有几种？破坏特征是什么？钢筋混凝土适筋梁正截面受弯破坏的标志是什么？

1-8　什么叫配筋率？它对梁的正截面受弯承载力有何影响？

1-9　在实际工程中为什么应避免采用少筋梁和超筋梁？

1-10　整浇梁板结构中的连续梁，其跨中截面和支座截面应按哪种截面梁计算？

1-11　有腹筋梁斜裂缝出现后其传力过程和无腹筋梁有什么区别？腹筋对提高受剪承载力的作用有哪些？

1-12　钢筋混凝土梁的斜截面破坏形态有哪几种？设计中如何防止发生？

1-13　为什么设计厚度不大的普通板时，一般不需要进行抗剪计算且配置腹筋？

1-14　箍筋和弯筋间距为什么要加以限制而不能过大？

1-15　梁、板模板的施工工艺是什么？

1-16　梁、板模板安装、拆除时的质量控制要点有哪些？

1-17　梁、板钢筋施工工艺有哪些工序？

1-18　钢筋下料长度如何计算？

1-19　钢筋的弯曲差值和弯钩长度与哪些因素有关？

1-20　梁、板钢筋绑扎工艺流程有哪些？

1-21　梁、板钢筋绑扎质量控制要点有哪些？

1-22　梁、板混凝土浇筑质量控制要点有哪些？

1-23　现浇混凝土外观质量缺陷有哪些？原因各是什么？又如何处理？

习　题

1-1　已知矩形截面梁尺寸 $b\times h=200\ \text{mm}\times 500\ \text{mm}$，承受弯矩设计值 $M=90\ \text{kN}\cdot\text{m}$，采用混凝土强度等级 C25，HRB335 级钢筋，环境类别为一类，结构的安全等级为二级。求所需受拉钢筋截面面积，并绘制截面配筋图。

1-2　已知矩形截面梁尺寸(图 1-130)$b\times h=250\ \text{mm}\times 500\ \text{mm}$，纵向受拉钢筋为 4 Φ 25 的 HRB335 级钢筋，取 $a=35\ \text{mm}$，混凝土强度等级为 C30，试确定该梁所能承受的弯矩设计值 M。

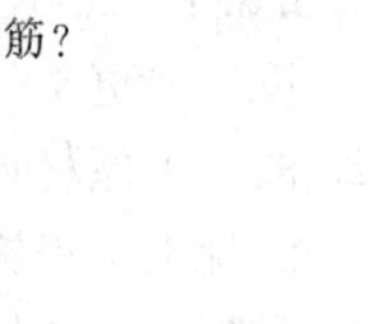

图 1-130　习题 1-2 图

1-3　某教学楼中间走廊单跨简支板如图 1-131 所示，计算跨度 $l_0=2.12\ \text{m}$，承受均布荷载设计值 $g+q=6\ \text{kN/m}$(包括自重)，已知环境类别为一类，结构的安全等级为二级，混凝土强度等级为 C25，纵向受拉钢筋采用 HPB235 级。试确定现浇板的厚度 h 和所需的受拉钢筋截面面积 A_s，选配钢筋并画截面配筋图。

1-4　钢筋混凝土矩形截面的简支梁，环境类别一类，截面尺寸为 $b\times h=200\ \text{mm}\times 500\ \text{mm}$，承受均布荷载，箍筋采用 HRB335 级，混凝土采用 C30，(1)当支座处剪力设计值为 $V=140\ \text{kN}$，试确定箍筋的直径和

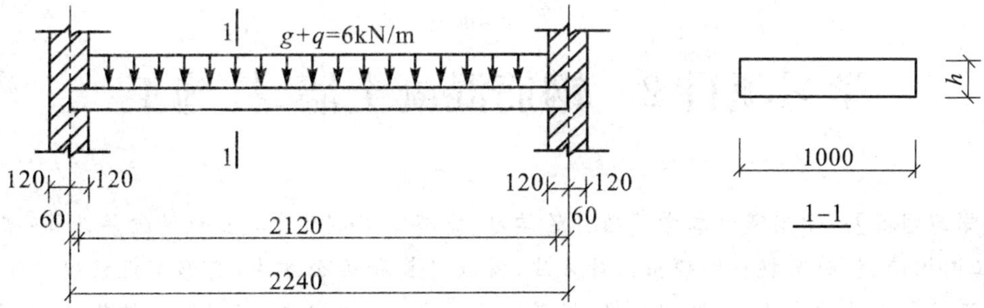

图 1-131　习题 1-3 图

间距；(2)当支座处剪力设计值为 $V=14$ kN 和 $V=680$ kN 时，如何设计？

实训练习

以本项目介绍的知识和钢筋混凝土梁、板施工相关标准为依据，在实训指导教师的辅助下，完成习题 1-2中梁相关的施工内容：

1. 读懂施工图；
2. 编制施工方案；
3. 模板的设计，安装；
4. 钢筋下料、加工、绑扎、质量检查。

学习项目 2　钢筋混凝土墙、柱施工

【学习目标】 学生通过本学习项目的学习，能够掌握钢筋混凝土柱的配筋计算；掌握柱的施工图识读；能够掌握柱墙模板设计方法、模板安装和拆除方法；能够掌握柱墙中钢筋的加工、连接和绑扎的方法；能够掌握梁、板混凝土浇筑、养护方法；掌握墙柱的模板、钢筋、混凝土的质量验收标准及安全保障措施。

【项目描述】 同项目 1。

【项目内容】 本项目将以此建筑中的钢筋混凝土墙柱施工为载体，以工作过程为导向，介绍墙柱的钢筋加工、墙柱钢筋绑扎及安装、墙柱模板设计、墙柱模板安装和拆除、墙柱混凝土的运输、墙柱混凝土的浇筑和养护等内容，并进行相应的操作训练。另外，为了让学生了解柱中钢筋的由来，本项目还介绍了柱配筋计算的基本原理。

学习情境 2.1　钢筋混凝土柱配筋计算

2.1.1　概述

钢筋混凝土柱在混凝土结构体系的各种构件中属于典型的受压构件，受压构件在荷载作用下其截面上一般作用有轴力、弯矩和剪力。在计算受压构件时，常将作用在截面上的弯矩化为等效的、偏离截面中心的轴向力考虑。

当轴向力作用线与构件截面中心重合时，称为轴心受压构件；当弯矩和轴力共同作用于构件上或当轴向力作用线与构件截面中心轴不重合时，称为偏心受压构件。

当轴向力作用线与截面中心轴平行且沿某一主轴偏离重心时，称为单向偏心受压构件；当轴向力作用线与截面中心轴平行且偏离两个主轴时，称为双向偏心受压构件，如图 2－1 所示。

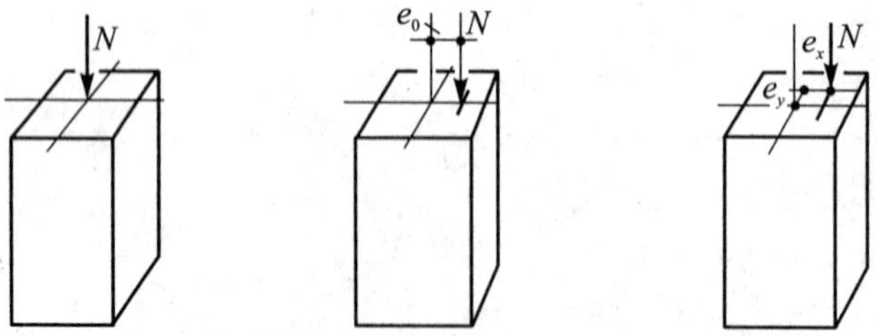

(a) 轴心受压　(b) 单向偏心受压　(c) 双向偏心受压

图 2－1　受压构件类型

在实际结构中，由于混凝土质量不均匀、配筋不对称、制作和安装误差等原因，往往存在着或多或少的偏心，所以工程中理想的轴心受压构件是不存在的。因此，目前有些国家的设计规范中已取消了轴心受压的计算。我国考虑到对以恒载为主的多层房屋的内柱、屋架的斜压腹杆和压杆等构件，往往因弯矩很小而略去不计，因此仍近似简化为轴心受压构件进行计算。

钢筋混凝土受压构件通常配有纵向受力钢筋和箍筋。在轴心受压构件中，纵向受力钢筋的主要作用是帮助混凝土受压，箍筋的主要作用是防止纵向受力钢筋压屈，并与纵向受力钢筋形成骨架以便施工；在偏心受压构件中，纵向受力钢筋的主要作用是，一部分纵向受力钢筋帮助混凝土受压，另一部分纵向受力钢筋抵抗由偏心压力产生的弯矩。箍筋的主要作用是抵抗剪力。

2.1.2　受压构件一般构造要求

2.1.2.1　截面形式及尺寸

轴心受压构件的截面多采用方形或矩形，有时也采用圆形或多边形，方形柱的截面尺寸不宜小于 250 mm×250 mm。偏心受压构件一般为矩形截面，矩形截面长边与弯矩作用方向平行。为了使矩形截面受压构件不致因长细比过大而使承载力降低过多，常取$\frac{l_0}{b}\leqslant 30$，$\frac{l_0}{h}\leqslant 25$。此处 l_0 为柱的计算长度，b 为矩形截面短边边长，h 为矩形截面长边边长。

为了节约混凝土和减轻柱的自重，特别是在装配式柱中，较大尺寸的柱常常采用工字形截面，拱结构的肋则多做成 T 形截面。采用离心法制造的柱、桩、电杆以及烟囱、水塔支筒等常用环形截面。此外，柱截面尺寸宜符合模数，800 mm 及以下的取 50 mm 的倍数；800 mm 以上的可取 100 mm 的倍数。对于工字形截面，翼缘厚度不宜小于 120 mm，因为翼缘太薄，会使构件过早出现裂缝，同时在靠近柱底处的混凝土容易在生产过程中碰坏，影响柱的承载力和使用年限。腹板厚度不宜小于 100 mm，抗震区使用工字形截面柱时，其腹板宜再加厚些。

2.1.2.2　材料强度要求

由于混凝土强度等级对受压构件的承载能力影响较大，故为了减小构件的截面尺寸，节省钢材，宜采用强度等级较高的混凝土。一般采用 C25、C30、C35、C40 等，对于高层建筑的底层柱，必要时可采用更高强度等级的混凝土。

纵向钢筋一般采用 HRB400 级、HRB335 级和 RRB400 级。由于高强度钢筋与混凝土共同受压时，不能充分发挥其作用，故不宜采用。箍筋一般采用 HPB235 级、HRB335 级钢筋，也可采用 HRB400 级钢筋。

2.1.2.3　纵筋

轴心受压构件的纵向受力钢筋应沿截面的四周均匀放置，钢筋数不得少于 4 根，见图 2-2(a)。偏心受压构件的纵向受力钢筋应放置在偏心方向截面的两边，当截面高度 $h\geqslant$ 600 mm 时，在侧面应设置直径为 10～16 mm 的纵向构造钢筋，并相应地设置附加箍筋或拉筋，见图 2-2(b)。

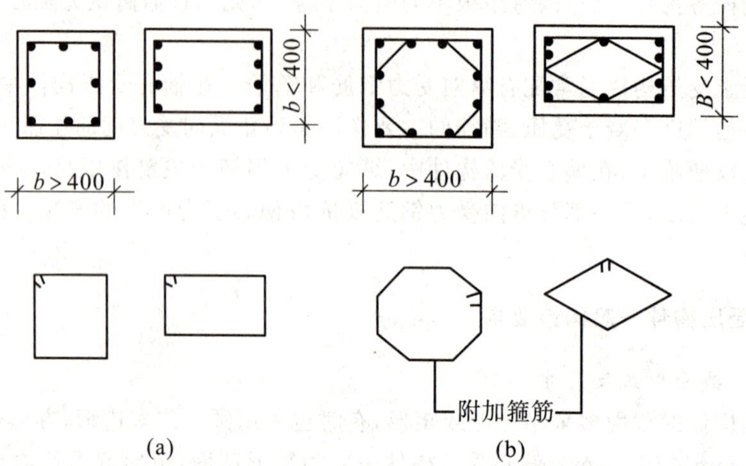

图 2-2 方形及矩形截面柱的纵筋分布及箍筋形式

轴心受压构件、偏心受压构件全部纵筋的配筋率不应小于 0.6%；同时，一侧钢筋的配筋率不应小于 0.2%。纵向钢筋直径不宜小于 12 mm，通常在 16～32 mm 范围内选用。为了减少钢筋在施工时可能产生的纵向弯曲，宜采用较粗的钢筋。从经济、施工以及受力性能等方面来考虑，全部纵筋配筋率不宜超过 5%。

柱内纵筋的混凝土保护层厚度对一级环境取 30 mm，纵筋净距不应小于 50 mm。在水平位置上浇注的预制柱，其纵筋最小净距可减小，但不应小于 30 mm 和 1.5 d(d 为钢筋的最大直径)。纵向受力钢筋彼此间的中距不应大于 350 mm，纵筋的连接接头宜设置在受力较小处。

钢筋的接头可采用机械连接接头，也可采用焊接接头和搭接接头。但对于直径大于 28 mm的受拉钢筋和直径大于 32 mm 的受压钢筋，不宜采用绑扎的搭接接头。

2.1.2.4 箍筋

柱中箍筋应符合下列规定：为防止纵筋压曲，柱中箍筋须做成封闭式；其间距在绑扎骨架中不应大于 $15d$，在焊接骨架中则不应大于 $20d$(d 为纵筋最小直径)，且不应大于 400 mm，也不大于构件横截面的短边尺寸。箍筋直径不应小于 $d/4$(d 为纵筋最大直径)，且不应小于 6 mm。当纵筋配筋率超过 3%时，箍筋直径不应小于 8 mm，其间距不应大于 $10d$(d 为纵筋最小直径)，且不应大于 200 mm。当截面短边不大于 400 mm，且纵筋不多于四根时，可不设置复合箍筋，见图 2-2(a)；当构件截面各边纵筋多于 3 根时，应设置复合箍筋，见图2-2(b)。

在纵筋搭接长度范围内，箍筋的直径不宜小于搭接钢筋直径的 0.25 倍；箍筋间距应加密。当搭接钢筋为受拉时，其箍筋间距不应大于 $5d$，且不应大于 100 mm；当搭接钢筋为受压时，其箍筋间距不应大于 $10d$，且不应大于 200 mm，d 为受力钢筋中的最小直径。当搭接的受压钢筋直径大于 25 mm 时，应在搭接接头两个端面外 50 mm 范围内各设置两根箍筋。

截面形状复杂的构件，不可采用具有内折角的箍筋，避免产生向外的拉力，致使折角处的混凝土破损，见图 2-3。

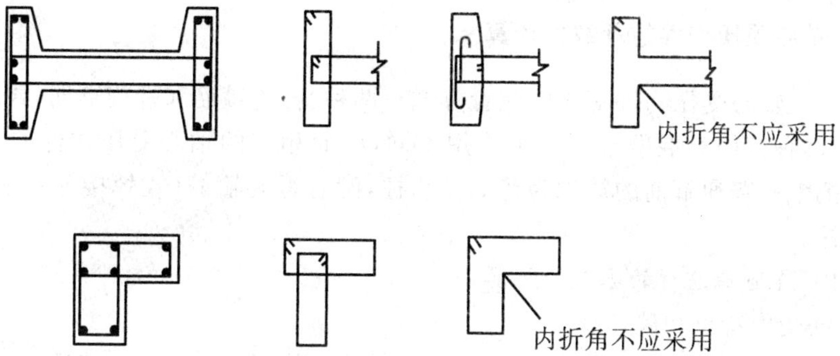

图 2-3　I 形及 L 形截面柱的箍筋形式

2.1.2.5　上下层柱的接头

在多层房屋中，上下柱要做接头。柱内纵筋接头位置一般设在各楼层面处 500～1200 mm 范围内。通常是将下层柱的纵筋伸出楼面一段距离，与上层柱筋相搭接，其长度为钢筋的搭接长度 l_a。

位于同一接头范围内的受压钢筋搭接接头百分率不宜超过 50%。当采用搭接连接时，受压纵筋搭接长度当接头面积百分率不大于 50%时，取 $0.85l_a$；当接头面积大于 50%时，取 $1.05l_a$；且在任何情况下不应小于 200 mm。

焊接骨架在受力方向连接若采用搭接连接，则受拉钢筋的搭接长度不应小于 l_a，受压钢筋的搭接长度不应小于 $0.7l_a$。

当柱每边的纵筋不多于 4 根时，可在同一水平截面处接头；当每边的纵筋为 5～8 根时应在两个水平截面处接头；当每边纵筋为 9～12 根时，应在三个截面处接头，如图 2-4(a)、(b)、(c)所示。

当下柱截面尺寸大于上柱截面尺寸，且上下柱相互错开尺寸与梁高之比≤1/6 时，下柱钢筋可弯折深入上柱；当上下柱相互错开尺寸与梁高之比>1/6 时，应加短筋。短筋直筋根数与上柱相同，如图 2-4(d)、(e)所示。

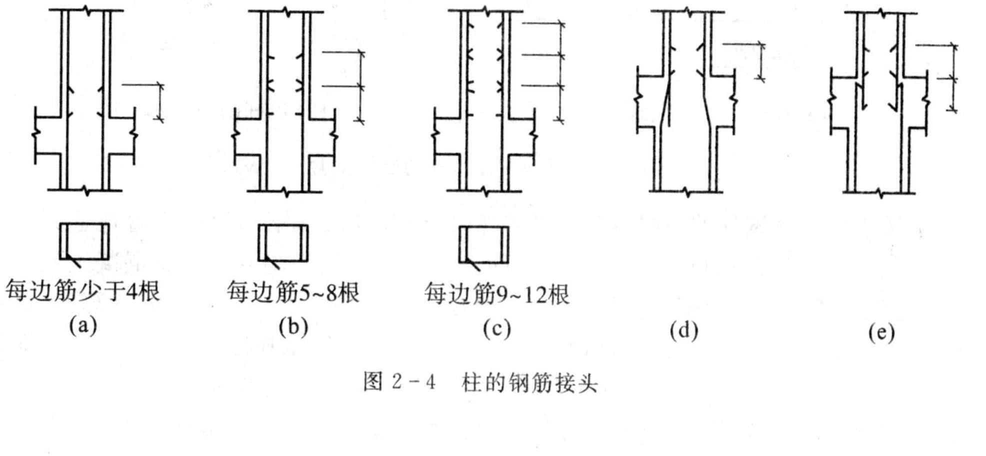

图 2-4　柱的钢筋接头

2.1.3 轴心受压构件的承载力计算

钢筋混凝土轴心受压构件箍筋的配置方式有两种：普通箍筋和螺旋箍筋（或焊接环式箍筋）。由于这两种箍筋对混凝土的约束作用不同，因而相应的轴心受压构件的承载力也不同。习惯上把配有普通箍筋的柱称为普通箍筋柱，配有螺旋箍筋（或焊接环式箍筋）的柱称为螺旋箍筋柱。

2.1.3.1 普通箍筋柱的承载力计算

1. 短柱的受力特点和破坏特征

典型的钢筋混凝土轴心受压短柱荷载—应力曲线如图 2－5(a)，破坏示意如图 2－5(b)。在轴心荷载作用下，截面应变基本是均匀分布的。由于钢筋与混凝土之间粘结力的存在，使两者的应变基本相同，即 $\varepsilon_c=\varepsilon'_s$。当荷载较小时，混凝土和钢筋均处于弹性工作阶段，柱子压缩变形的增加与荷载的增加成正比，混凝土压应力 σ_c 和钢筋压应力 σ'_s 增加与荷载增加也成正比；当荷载较大时，由于混凝土塑性变形的发展，压缩变形的增加速度快于荷载增加速度，另外，在相同荷载增量下，钢筋压应力 σ'_s 比混凝土压应力 σ_c 增加得快，亦即钢筋和混凝土之间的应力出现了重分布现象；随着荷载的继续增加，柱中开始出现微细裂缝，在临近破坏荷载时，柱四周出现明显的纵向裂缝，箍筋间纵筋压屈，向外凸出，混凝土被压碎，柱子即告破坏。

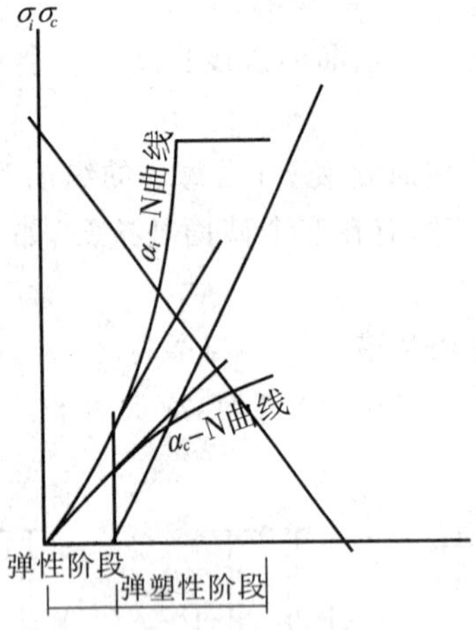

(a) 荷载—应力曲线图

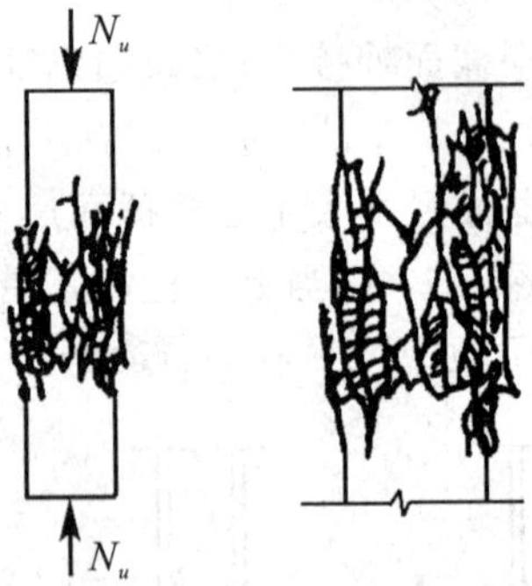

(b) 短柱的破坏示意图

图 2－5 轴心受压短柱的破坏试验

素混凝土棱柱体试件的极限压应变为 0.0015～0.002，而钢筋混凝土短柱达到最大承载力时的压应变一般在 0.0025～0.0035 之间。这是因为纵筋起到了调整混凝土应力的作用，较好地发挥了混凝土的塑性性能，改善了受压破坏的脆性性质。在构件计算时，通常以应变达到 0.002 为控制条件，认为此时混凝土达到了轴心抗压强度 f_c。相应的，纵筋的应力 $\sigma'_s\approx0.002\times2\times10^5=4\ \text{N/mm}^2$。因此，如果构件采用热轧钢筋（HPB235、HRB335、HRB400 和 RRB400）为纵筋，则破坏时其应力已达到屈服强度；如果采用高强钢筋为纵筋，则破坏时其应力达不到屈服强度，只能达到 $0.002E_s$（N/mm²）。《混凝土结构设计规范》用 f_y 表示钢筋的抗压强度设计值，见附表 A.2。

2. 细长轴心受压构件的承载力降低现象

如前所述，由于材料本身的不均匀性、施工的尺寸误差等原因，轴心受压构件的初始偏心是不可避免的。初始偏心距的存在，必然会在构件中产生附加弯矩和相应的侧向挠度，而侧向挠度又加大了原来的初始偏心距。这样相互影响的结果，必然导致构件承载能力的降低。试验表明，对粗短受压构件，初始偏心距对构件承载力的影响并不明显，而对细长受压构件，这种影响是不可忽略的。细长轴心受压构件的破坏，实质上已具偏心受压构件强度破坏的典型特征（破坏时，首先在凹侧出现纵向裂缝，随后混凝土被压碎，纵筋压屈向外凸出；凸侧混凝土出现垂直纵轴方向的横向裂缝，侧向挠度迅速增大，构件破坏。）如图 2－6。对于长细比很大的细长受压构件，甚至还可能发生失稳破坏。在长期荷载作用下，由于徐变的影响，使细长受压构件的侧向挠度增加更大，因而，构件的承载力降低更多。

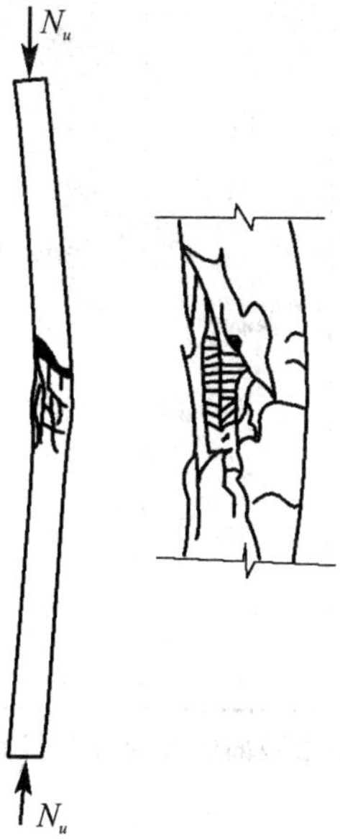

图 2－6　长柱的破坏

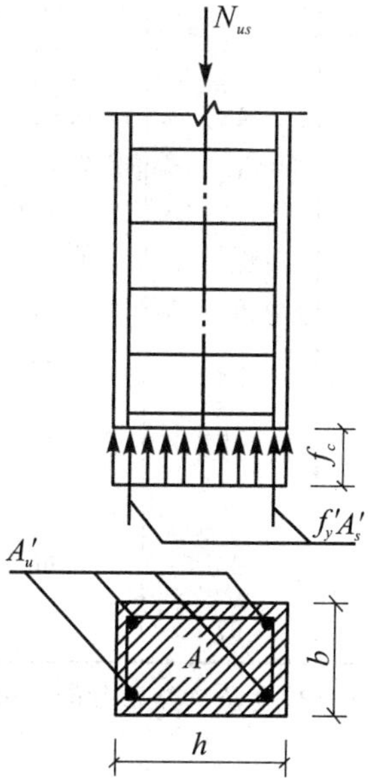

图 2－7　轴心受压构件应力图

3. 轴心受压构件的承载力计算

轴心受压构件在承载能力极限状态时的截面应力情况如图 2－7 所示，此时，混凝土应力达到其轴心抗压强度设计值 f_c，受压钢筋应力达到抗压强度设计值 f'_y。短柱的承载力设计值为：

$$N_{us}=f_cA+f'_yA'_s \tag{2-1}$$

式中，f_c——混凝土轴心抗压强度设计值；

f'_y——纵向钢筋抗压强度设计值；

A——构件截面面积；

A'_s——全部纵向钢筋的截面面积。

对细长柱，如前所述，其承载力要比短柱低，《混凝土结构设计规范》采用稳定系数 φ 来表示细长柱承载力降低的程度，则细长柱的承载力设计值为：

$$N_{ul}=\varphi N_{us} \tag{2-2}$$

式中，φ——钢筋混凝土构件的稳定系数，主要与构件的长细比有关，按表 2－1 采用。

则轴心受压构件承载力设计值为：

$$N_u=0.9\varphi(f_cA+f'_yA'_s) \tag{2-3}$$

式中系数0.9是可靠度调整系数。当纵向钢筋配筋率大于3%时，公式(2-1)和(2-3)中的A应改用$(A-A'_s)$代替。将式(2-3)设计表达式写成：

$$N\leqslant N_u=0.9\varphi(f_cA+f'_cA'_s) \tag{2-4}$$

式中，N——轴向压力设计值。

表2-1　钢筋混凝土轴心受压构件稳定系数φ

$\frac{l_0}{b}$	$\frac{l_0}{d}$	$\frac{l_0}{i}$	φ	$\frac{l_0}{b}$	$\frac{l_0}{d}$	$\frac{l_0}{i}$	φ
≤8	≤7	≤28	≤1.0	≤30	26	104	0.52
10	8.5	35	0.98	32	28	111	0.48
12	10.5	42	0.95	34	29.5	118	0.44
14	12	48	0.92	36	31	125	0.40
16	14	55	0.87	38	33	132	0.36
18	15.5	62	0.81	40	34.5	139	0.32
20	17	69	0.75	42	36.5	146	0.29
22	19	76	0.70	44	38	153	0.26
24	21	83	0.65	46	40	160	0.23
26	22.5	90	0.60	48	41.5	167	0.21
28	24	97	0.56	50	43	174	0.19

注：表中l_0为构件计算长度；b为矩形截面的短边尺寸；d为圆形截面的直径；i为截面最小回转半径。

4. 设计方法

轴心受压构件的设计问题可分为截面设计和截面复核两类。

(1)截面设计

一般已知轴心压力设计值(N)，材料强度设计值(f_c、f'_y)，构件的计算长度l_0，求构件截面面积(A或$b\times h$)及纵向受压钢筋面积(A'_s)。

由公式(2-4)知，仅有一个公式需求解三个未知量(φ、A、A'_s)，无确定解，故必须增加或假设一些已知条件。一般可以先选定一个合适的配筋率ρ'(即A'_s/A)，通常可取ρ'为1.0%～1.5%，再假定$\varphi=1.0$，然后代入公式(2-4)求解A。根据A来选定实际的构件截面尺寸($b\times h$)。由长细比l_0/b查表2-1确定φ，再代入公式(2-4)求实际的A'_s。当然，最后还应检查是否满足最小配筋率要求。

(2)截面复核

截面复核比较简单，只需将有关数据代入公式(2-4)，如果公式(2-4)成立，则满足承载力要求。

【例2-1】 某钢筋混凝土轴心受压柱，计算长度$l_0=49$ m，承受轴向力设计值$N=1580$ kN，采用C25级混凝土和HRB400级钢筋，求柱截面尺寸($b\times h$)及纵筋截面面积

(A'_s)。

解：

(1)估算截面尺寸

假定 $\rho'=\frac{A'_s}{A}=1\%$，$\varphi=1.0$，代入公式(2-4)得：

$$A\geqslant\frac{N}{0.9\varphi(f_c+\rho' f'_y)}=\frac{1580\times10^3}{0.9\times1.0\times(11.9+0.01\times360)}=113262\ \text{mm}^2$$

$b=h=\sqrt{A}=336.54$ mm

实取 $b=h=350$ mm，$A=122500$ mm^2

(2)求稳定系数

$\frac{l_0}{b}=\frac{4900}{350}=14$，查表2-1得 $\varphi=0.92$

(3)求纵筋面积

由公式(2-4)得：

$$A'_s=\frac{\frac{N}{0.9\varphi}-f_cA}{f'_y}=\frac{\frac{1580\times10^3}{0.9\times0.92}-11.9\times350\times350}{360}=1251\ \text{mm}^2$$

(4)验算配筋率

总配筋率 $\rho'=\frac{1251}{350\times350}=1.02\%>\rho_{min}=0.5\%$满足要求。

实选4 Φ 20钢筋，($A'_s=1256$ mm^2)

2.1.3.2　*螺旋箍筋柱的承载力计算*

配置有螺旋箍筋或焊接环形钢筋的柱用钢量大，施工复杂，造价较高，一般较少采用。当柱子需要承受较大的轴向压力，而截面尺寸又受到限制，增加钢筋和提高混凝土强度均无法满足要求的情况下，可以采用螺旋箍筋或焊接环形箍筋(统称为间接钢筋)以提高柱子的承载力。螺旋箍筋柱的构造形式见图2-8。间接钢筋的间距不应大于80 mm及 $d_{cor}/5$(d_{cor}为按间接钢筋内表面确定的核心截面直径)，且不小于40 mm；间接钢筋的直径要求与普通柱箍筋相同。

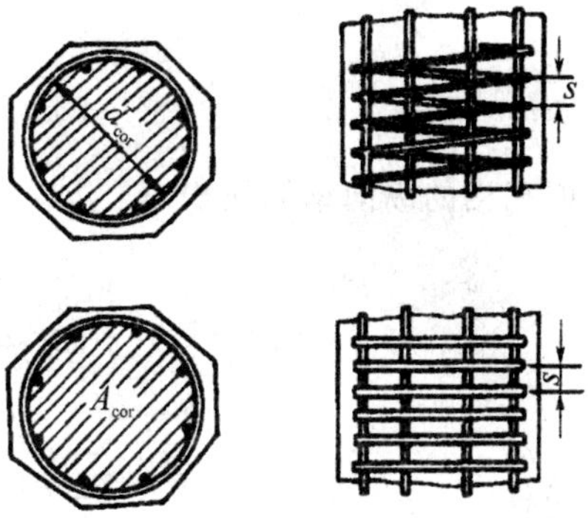

图2-8　螺旋箍筋和焊接环形箍筋柱

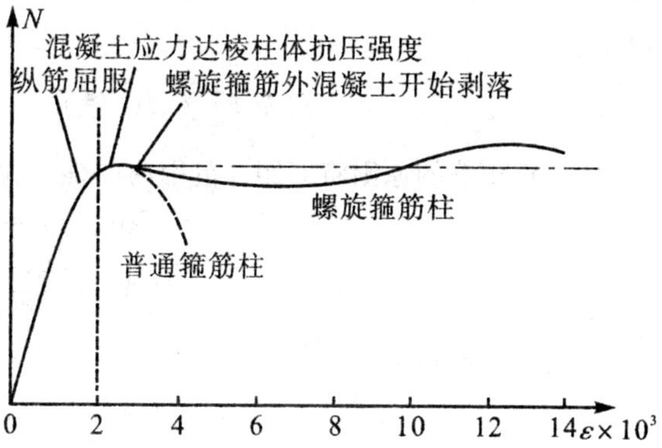

图2-9　轴心受压柱的荷载—应变曲线

1. 受力特点及破坏特征

螺旋箍筋柱的受力性能与普通箍筋柱有很大不同，图 2－9 为螺旋箍筋柱与普通箍筋柱的荷载—应变曲线的对比。图中可见，荷载不大（$\sigma_c \leqslant 0.8f_c$）时，两条曲线并无明显区别，当荷载增加至应变达到混凝土的峰值应变 ε_0 时，混凝土保护层开始剥落，由于混凝土截面减小，荷载有所下降。但由于核芯部分混凝土产生较大的横向变形，使螺旋箍筋产生环向拉力，亦即核芯部分混凝土受到螺旋箍筋的径向压力，处在三向受压的状态，其抗压强度超过了 f_c，曲线逐渐回升。随着荷载的不断增大，箍筋的环向拉力随核芯混凝土横向变形的不断发展而提高，对核芯混凝土的约束也不断增大。当螺旋箍筋达到屈服时，不再对核芯混凝土有约束作用，混凝土抗压强度也不再提高，混凝土被压碎，构件破坏。破坏时，螺旋箍筋柱的承载力及应变都要比普通箍筋柱大（压应变达到 0.01 以上）。试验资料表明，螺旋箍筋的配箍率越大，柱的承载力越高，延性越好。

2. 承载力计算

根据混凝土圆柱体在三向受压状态下的试验结果，约束混凝土的轴心抗压强度 f_{cc} 可近似按下列公式计算：

$$f_{cc} = f_c + 4\sigma_c \tag{2-5}$$

式中，f_c——混凝土轴心抗压强度设计值；

σ_c——混凝土的径向压应力。

设螺旋箍筋的截面面积为 A_{ss1}，间距为 s，螺旋箍筋的内径为 d_{cor}（即核芯混凝土截面的直径）。螺旋箍筋柱达到轴心受压极限状态时，螺旋箍筋达到屈服，其对核芯混凝土约束产生的径向压应力 σ_c 可由图 2－10 所示的隔离体平衡条件得到：

$$\sigma_c = \frac{2f_yA_{ss1}}{sd_{cor}} \tag{2-6}$$

代入式(2－5)得：

$$f_{cc} = f_c + \frac{8f_yA_{ss1}}{sd_{cor}} \tag{2-7}$$

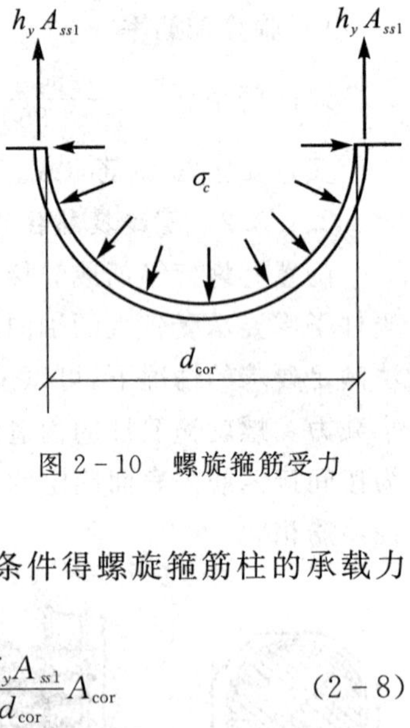

图 2－10　螺旋箍筋受力

由于箍筋屈服时，混凝土保护层已经剥落，所以混凝土的截面面积应取核芯混凝土的截面面积 A_{cor}。由轴向力的平衡条件得螺旋箍筋柱的承载力为：

$$N_u = f_{cc}A_{cor} + f'_yA'_s = f_cA_{cor} + f'_yA'_s + \frac{8f_yA_{ss1}}{sd_{cor}}A_{cor} \tag{2-8}$$

按体积相等的原则将间距 s 范围内的螺旋箍筋换算成相当的纵向钢筋面积 A_{ss0}，即：

$$\pi d_{cor}A_{ss1} = sA_{ss0}$$

$$A_{ss0} = \frac{\pi d_{cor}A_{ss1}}{s} \tag{2-9}$$

式(2－8)可写成：

$$N_u = f_cA_{cor} + f'_yA'_s + 2f_yA_{ss0} \tag{2-10}$$

试验表明，当混凝土强度等级大于 C50 时，径向压应力对构件承载力的影响有所降低，因此，上式中的第 3 项应乘以折减系数 α。另外，与普通箍筋柱类似，取可靠度调整系数为 0.9。于是，螺旋箍筋柱承载能力极限状态设计表达式为：

$$N \leqslant N_u = 0.9(f_c A_{cor} + 2\alpha f_y + A_{ss0} + f'_y A'_s) \quad (2-11)$$

式中，N——轴向压力设计值；

α——螺旋箍筋对混凝土约束的折减系数：当混凝土强度等级不大于 C50 时，取 1.0，当混凝土强度等级为 C80 时，取 0.85，其间按直线内插法确定。

应用公式(2－11)设计时，应注意以下几个问题：

(1)按公式(2－11)算得的构件受压承载力不应比按公式(2－4)算得的大 50%。这是为了保证混凝土保护层在标准荷载下不过早剥落，不会影响正常使用。

(2)当 $l_0/d>12$ 时，不考虑螺旋箍筋的约束作用，应用公式(2－4)进行计算。这是因为长细比较大时，构件破坏时实际处于偏心受压状态，截面不是全部受压，螺旋箍筋的约束作用得不到有效发挥。由于长细比较小，故公式(2－11)没考虑稳定系数 φ。

(3)当螺旋箍筋的换算截面面积 A_{ss0} 小于纵向钢筋的全部截面面积的 25%时，不考虑螺旋箍筋的约束作用，应用公式(2－4)进行计算。这是因为螺旋箍筋配置得较少时，很难保证它对混凝土发挥有效的约束作用。

(4)按公式(2－11)算得的构件受压承载力不应小于按公式(2－4)算得的受压承载力。

【例 2－2】 某展示厅内一根钢筋混凝土柱，按建筑设计要求截面为圆形，直径不大于 500 mm。该柱承受的轴心压力设计值 $N=4600$ kN，柱的计算长度 $l_0=5.25$ m，混凝土强度等级为 C25，纵筋用 HRB335 级钢筋，箍筋用 HPB235 级钢筋。试进行该柱的设计。

解：

(1)按普通箍筋柱设计

由 $l_0/d=5250/500=10.5$，查表 2－1 得 $\varphi=0.95$，代入公式(2－4)得：

$$A'_s=\frac{1}{f'_y}\left(\frac{N}{0.9\varphi}-f_cA\right)=\frac{1}{300}\left(\frac{4600\times10^3}{0.9\times0.95}-11.9\times\frac{\pi\times500^2}{4}\right)=10149\ \text{mm}^2$$

$$\rho'=\frac{A'_s}{A}=\frac{10149}{\frac{\pi\times500^2}{4}}=0.0517=5.17\%$$

由于配筋率太大，且长细比又满足 $l_0/d<12$ 的要求，故考虑按螺旋箍筋柱设计。

(2)按螺旋箍筋柱设计

假定纵筋配筋率 $\rho'=4\%$，则 $A'_s=0.04\times\frac{\pi\times500^2}{4}=7850\ \text{mm}^2$，

选 16 Φ 25，$A'_s=7854.4\ \text{mm}^2$。

取混凝土保护层为 30 mm，则 $d_{cor}=500-30\times2=440$ mm，

$$A_{cor}=\frac{\pi d_{cor}^2}{4}=\frac{\pi\times440^2}{4}=152053\ \text{mm}^2。$$

混凝土 C25<C50，$\alpha=1.0$。

由(2－11)得：

$$A_{ss0}=\frac{N/0.9-(f_cA_{cor}+f'_yA'_s)}{2f_y}=\frac{4600\times10^3/0.9-(11.9\times152053+300\times7854.4)}{2\times210}=2250.85\ \text{mm}^2$$

$A_{ss0}=2250.85\ \text{mm}^2>0.25A'_s=1963.6\ \text{mm}^2$　满足要求。

假定螺旋箍筋直径 $d=10$ mm，则 $A_{ss1}=78.5\ \text{mm}^2$，由公式(2－9)得：

$$s=\frac{\pi d_{\text{cor}}A_{ss1}}{A_{ss0}}=\frac{3.14\times440\times78.5}{2250.85}=48\text{ mm}$$

实取螺旋箍筋为ϕ10@45。

按公式(2-4)求普通箍筋柱的承载力为：

$$N_u=0.9\varphi(f_cA+f'_yA'_s)$$

$$=0.9\times0.95\left(11.9\times\frac{\pi\times500^2}{4}+300\times7854.4\right)$$

$$=4011.4\times10^3\text{N}$$

1.5×4011.4=6017.1kN>4600kN　满足设计要求。

2.1.4　偏心受压构件正截面承载力计算

工程中偏心受压构件应用颇为广泛，如常见的多高层框架柱、单层刚架柱、单层厂房排架柱；大量的实体剪力墙和联肢剪力墙中的相当一部分墙肢；水塔、烟囱的筒壁和屋架、托架的上弦杆以及某些受压腹杆等等均为偏心受压构件。

偏心受压构件大部分只考虑轴向压力N沿截面一个主轴方向的偏心作用，即按单向偏心受压进行截面设计。离偏心压力N较近一侧的纵向钢筋受压，其截面面积用A'_s表示；而另一侧的纵向钢筋则随轴向压力N偏心距的大小可能受拉也可能受压，其截面面积用A_s表示。

2.1.4.1　偏心受压构件正截面的破坏特征

偏心受压构件截面上同时作用有弯矩M和轴向压力N，轴向压力对截面重心的偏心距$e_0=M/N$。我们可把偏心受压状态视为轴心受压与受弯之间的过渡状态，故能断定，偏心受压截面中的应变和应力分布特征将随着偏心距e_0值的逐渐减小而从接近于受弯构件的状态过渡到接近于轴心受压状态。

钢筋混凝土偏心受压构件正截面的受力特点和破坏特征与轴向压力偏心距大小、纵向钢筋的数量、钢筋强度和混凝土强度等等因素有关，一般可分为两类：第一类——受拉破坏，亦称为“大偏心受压破坏”；第二类——受压破坏，亦称为“小偏心受压破坏”。

(1)大偏心受压破坏

当构件截面中轴向压力的偏心距较大，而且没有配置过多的受拉钢筋时，就将发生这种类型的破坏。

这类构件由于e_0较大，即弯矩M的影响较为显著，它具有与适筋受弯构件类似的受力特点。在偏心距较大的轴向压力N作用下，远离纵向偏心力一侧截面受拉。当N增大到一定程度时，受拉边缘混凝土将达到极限拉应变，出现垂直于构件轴线的裂缝。这些裂缝将随着荷载的增大而不断加宽并向受压一侧发展，裂缝截面中的拉力将全部转由受拉钢筋承担。随着荷载的增大，受拉钢筋将首先屈服。随着钢筋屈服后的塑性伸长，裂缝将明显加宽，并进一步向受压一侧延伸，从而使受压区面积减小，受压边缘的压应变逐步增大。最后当受压边缘混凝土达到其极限压应变ε_{cu}时，受压区混凝土被压碎而导致构件的最终破坏。这类构件的混凝土压碎区一般都不太长，破坏时受拉区形成一条较宽的主裂缝。试验所得的典型破坏状况如图2-11(a)所示。只要受压区相对高度不致过小，混凝土保护层不是太厚，即受压钢筋不是过分靠近中和轴，而且受压钢筋的强度也不是太高，则在混凝土开始压碎时，受压钢筋应力一般都能达到屈服强度。

大偏心受压关键的破坏特征是受拉钢筋首先屈服，然后受压钢筋也能达到屈服，最后由于受压区混凝土压碎而导致构件破坏，这种破坏形态在破坏前有明显的预兆，属于塑性破坏。破坏阶段截面中的应变及应力分布图形如图2-12(a)所示。这类破坏也称为“受拉破坏”。

(2)小偏心受压破坏

若构件截面中轴向压力的偏心距较小，或虽然偏心距较大，但配置过多的受拉钢筋时，构件就会发生这种类型的破坏。此时，截面可能处于大部分受压而少部分受拉状态。当荷载增加到一定程度时，受拉边缘混凝土将达到其极限拉应变，从而沿构件受拉边将出现一些垂直于构件轴线的裂缝。在构件破坏时，中和轴距受拉钢筋较近，钢筋中的拉应力较小，受拉钢筋达不到屈服强度，因此也不可能形成明显的主拉裂缝。构件的破坏是由受压区混凝土的压碎所引起的，而且压碎区的长度往往较大。当柱内配置的箍筋较少时，还可能于混凝土压碎前在受压区内出现较长的纵向裂缝。在混凝土压碎时，受压一侧的纵向钢筋只要强度不是过高，其压应力一般都能达到屈服强度。试验所得的典型破坏状况如图2-11(b)所示。破坏阶段截面中的应变及应力分布图形则如图2-12(b)所示。这里需要注意的是，由于受拉钢筋中的应力没有达到屈服强度，因此在截面应力分布图形中其拉应力只能用σ_s来表示。

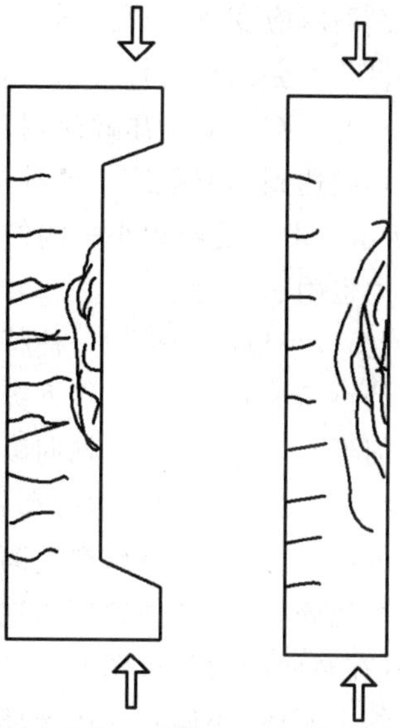

(a) 大偏心受压　(b) 小偏心受压

图2-11　偏心受压构件的破坏

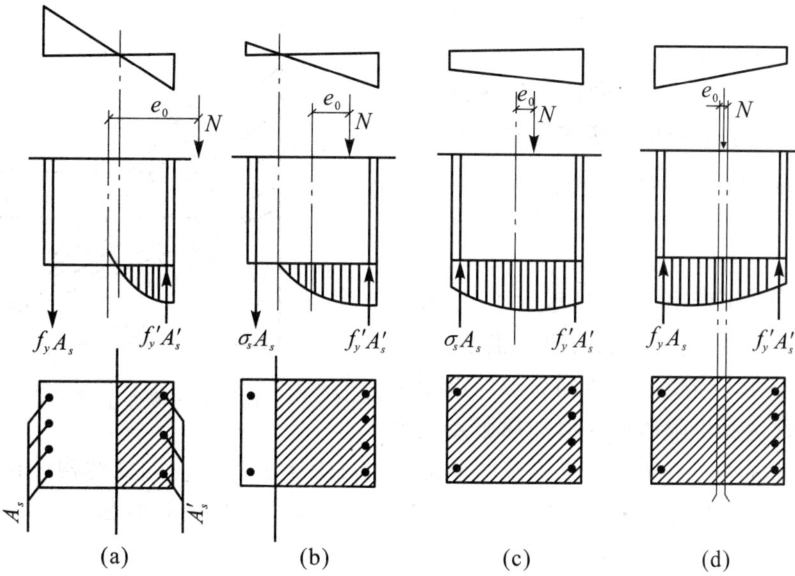

(a)大偏心受压　(b)(c)(d)小偏心受压

图2-12　偏心受压构件破坏时截面中的应变及应力分布图

当轴向压力的偏心距很小时，也发生小偏心受压破坏。此时，构件截面将全部受压，只不过一侧压应变较大，另一侧压应变较小。这类构件的压应变较小一侧在整个受力过程中自然也就不会出现与构件轴线垂直的裂缝。构件的破坏是由压应变较大一侧的混凝土压碎所引起的。在混凝土压碎时，接近纵向偏心力一侧的纵向钢筋只要强度不是过高，其压应力一般均能达到屈服强度。这种受压情况破坏阶段截面中的应变及应力分布图形如图 2－12(c)所示。由于受压较小一侧的钢筋压应力通常也达不到屈服强度，故在应力分布图形中它的应力也用 σ_s 表示。

此外，小偏心受压的一种特殊情况是：当轴向压力的偏心距很小，而远离纵向偏心压力一侧的钢筋配置得过少，靠近纵向偏心压力一侧的钢筋配置较多时，截面的实际重心和构件的几何形心不重合，重心轴向纵向偏心压力方向偏移，且越过纵向压力作用线。此时，破坏阶段截面中的应变和应力分布图形如图 2－12(d)所示。可见远离纵向偏心压力一侧的混凝土的压应力反而大，出现远离纵向偏心压力一侧边缘混凝土的应变先达到极限压应变，混凝土被压碎，导致构件破坏的现象。由于压应力较小一侧钢筋的应力通常也达不到屈服强度，故在截面应力分布图形中其应力只能用 σ'_s 来表示。

综上所述，小偏心受压破坏所共有的关键性破坏特征是：构件的破坏是由受压区混凝土的压碎所引起的。构件在破坏前变形不会急剧增长，但受压区垂直裂缝不断发展，破坏时没有明显预兆，属脆性破坏。具有这类特征的破坏形态统称为“受压破坏”。

2.1.4.2 大小偏心受压界限

受弯构件正截面承载力计算的基本假定同样也适用于偏心受压构件正截面承载力的计算。与受弯构件相似，利用平截面假定和规定了受压区边缘极限应变的数值后，就可以求得偏心受压构件正截面在各种破坏情况下，沿截面高度的平均应变分布，见图 2－13。

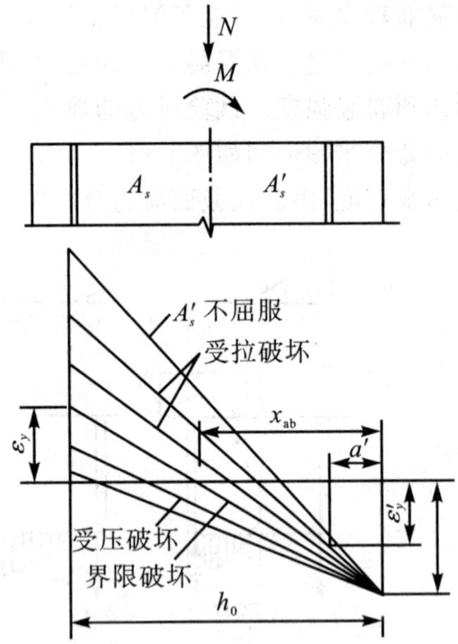

图 2－13 偏心受压构件正截面破坏时应变分布

在图 2－13 中，ε_{cu}表示受压区边缘混凝土极限应变值；ε_y 表示受拉纵筋在屈服点时的应变值；ε'_y 表示受压纵筋屈服时的应变值，$\varepsilon'_y = f'_y/E_s$；$x_{cb}$表示界限状态时截面受压区的实际高度。

从图 2－13 可看出，当受压区太小，混凝土达到极限应变值时，受压纵筋的应变很小，以至达不到屈服强度。当受压区达到 x_{cb}时，混凝土和受拉筋分别达到极限压应变值和屈服点应变值即为界限破坏形态。相应于界限破坏形态的相对受压区高度 ξ_b 与受弯构件相同。

当 $\xi \leqslant \xi_b$ 时为大偏心受压破坏形态，$\xi > \xi_b$ 时为小偏心受压破坏形态。

2.1.4.3 附加偏心距和初始偏心距

由于荷载的作用位置和大小的不定性、施工误差以及混凝土质量的不均匀性等原因，以致轴向力产生附加偏心距 e_a，e_a 取 20 mm 和偏心方向截面尺寸的 1/30 两者中的较大值。因此，轴向力的初始偏心距 e_i 按下式计算：

$$e_i = e_0 + e_a \tag{2-12}$$

2.1.4.4　轴向力偏心距增大系数

钢筋混凝土受压构件承受偏心荷载，产生纵向弯曲变形，即产生侧向挠度。对长细比小的短柱，侧向挠度小，计算时一般可忽略其影响。而对长细比较大的长柱，如图 2－14 所示，由于侧向挠度的影响，各个截面所受的弯矩不再是 Ne_0，而变为 $N(e_0+y)$，y 为构件任意点的水平侧向挠度，在柱高中点处，侧向挠度最大的截面中的弯矩为 $N(e_0+\Delta)$，Δ 是随着荷载的增大而不断加大，因而弯矩的增长也就越来越快。偏心受压构件中的弯矩受轴向压力和构件侧向附加挠度影响的现象称为“细长效应”或“压弯效应”，并把截面弯矩中的 Ne_0 称为初始弯矩或一阶弯矩（不考虑细长效应时构件截面中的弯矩），将 N_y 或 $N\Delta$ 称为附加弯矩或二阶弯矩。

钢筋混凝土柱按长细比可分为短柱、长柱和细长柱。

（1）短柱

虽然偏心荷载作用将产生侧向附加挠度，但在偏心受压短柱中，因其 Δ 值很小，一般可忽略不计。例如，若 Δ 产生的二阶弯矩 $N\Delta$ 与初始弯矩 Ne_0 相比＜5％，可不考虑二阶弯矩，各个截面中的弯矩均可以认为等于 Ne_0，即弯矩与轴向压力为线性关系。因此，《混凝土结构设计规范》规定，对于矩形截面柱 $l_0/h\leqslant5$ 时、广义的界限条件为 $l_0/i\leqslant17.5$ 时、环形及圆形截面柱 $l_0/d\leqslant4$ 时，可不考虑纵向弯曲引起的二阶弯矩，即取 $\eta=1.0$。短柱的破坏特征是随着荷载的增大，当达到极限承载力时，构件的截面由于材料的抗压强度（小偏心）或抗拉强度（大偏心）达到其极限强度而破坏，破坏曲线如图 2－15 中 OB 所示。

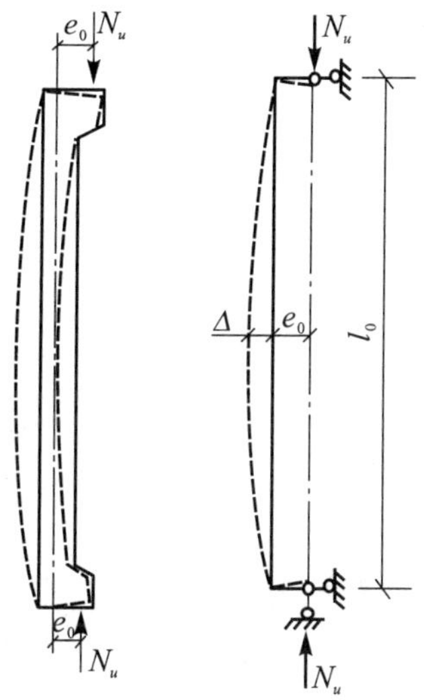

图 2－14　偏心受压构件的侧向挠度

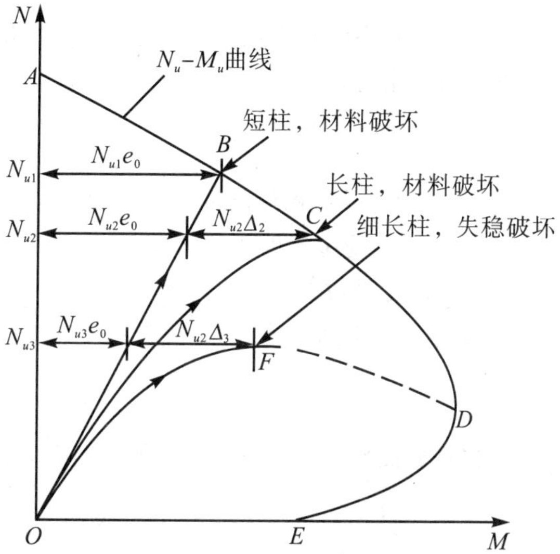

图 2－15　不同长细比偏心受压的 N—M 曲线

（2）长柱

当矩形截面柱 $5<l_0/h\leqslant30$ 时（I 形及 T 形截面柱 $17.5<l_0/i\leqslant104$、环形及圆形截面柱 $4<l_0/d\leqslant26$），即为长柱。长柱受偏心荷载作用时侧向挠度 Δ 大，与初始偏心距相比已不能忽略，故必须考虑二阶弯矩影响，尤其是在偏心距较小的构件中，其二阶弯矩在总弯矩中占有相当大的比重。因为 Δ 是随荷载的增加而不断增大，因此实际荷载偏心距是随荷载的增大而呈非线性增加，构件的承载力比相同截面的短柱有所减小，但就其破坏特征来说与短柱

相同,即构件控制截面最终仍然是由于截面中材料达到其强度极限而破坏,仍属材料破坏,破坏曲线如图2-15中OC所示。

(3)细长柱

长细比很大(矩形截面柱$l_0/h>30$)的柱,当偏心压力达到最大值时,侧向挠度Δ突然剧增,此时钢筋和混凝土的应变均未达到材料破坏时的极限值,即柱达到最大承载力是发生在其控制截面材料强度还未达到破坏强度,但由于纵向弯曲失去平衡而引起构件破坏,破坏曲线如图2-15中OF所示,由于此时的失稳破坏与材料破坏有本质的区别,一般尽量不采用细长柱。

上述三种柱在实际工程中最常遇到的是长柱,由于其最终破坏是材料破坏,因而在计算中需考虑构件的侧向挠度而引起的二阶弯矩的影响。目前世界各国的设计规范均采用对一阶弯矩乘以一个能反映构件长细比的扩大系数来考虑二阶弯矩的影响。我国《混凝土结构设计规范》规定,对长细比$l_0/i>17.5$的偏心受压构件,应考虑结构侧移和构件挠曲引起的二阶弯矩对轴向压力偏心距的影响。目前,在一般情况下,对于二阶弯矩的计算,各国规范均采用近似法。我国《混凝土结构设计规范》所采用的是下面介绍的近似法。

偏心受压构件控制截面的实际弯矩应为

$$M=N(e_0+\Delta)=N\frac{e_0+\Delta}{e_0}e_0=N\eta e_0 \tag{2-13}$$

式中,η——偏心距增大系数。对偏心距增大系数η,《混凝土结构设计规范》按下述方法确定。

由柱极限状态时临界截面的曲率,可直接求临界截面处的挠度Δ。

据材料力学可知

$$\Delta=\varphi_u=\frac{l_0^2}{\beta} \tag{2-14}$$

式中,φ_u——偏心受压构件临界截面的曲率;

l_0——偏心受压构件的计算长度;

β——挠度系数。

于是,η可按下列公式计算:

$$\eta=1+\frac{\varphi_u l_0^2}{e_0\beta} \tag{2-15}$$

根据平截面假定,可求得当截面为界限破坏时极限曲率φ_{ub}为

$$\varphi_{ub}=\frac{\varepsilon_{cu}+\varepsilon_y}{h_0} \tag{2-16}$$

式中,ε_{cu}——界限破坏时截面受压区边缘混凝土的极限压应变;

ε_y——界限破坏时受拉钢筋的拉应变,即$\varepsilon_y=f_y/E_s$。

试验表明,轴向力偏心率和构件长细比对偏心受压构件临界截面的极限曲率有一定的影响。因此,在公式(2-16)中乘以系数ζ_1(考虑轴向力偏心率对截面曲率的影响系数)和ζ_2(考虑构件长细比对截面曲率的影响系数)进行修正,就可得偏心受压构件临界截面的极限曲率φ_u为

$$\varphi_u=\frac{\varepsilon_{cu}+\varepsilon_y}{h_0}\zeta_1\zeta_2 \tag{2-17}$$

将公式(2-17)代入公式(2-15)，且取 $\varepsilon_{cu}=0.0033$，$\varepsilon_y=0.0017$，则可得

$$\eta=1+\frac{0.005l_0^2}{e_0h_0\beta}\zeta_1\zeta_2 \tag{2-18}$$

挠度系数 β 与沿构件长度方向的曲率分布有关。当曲率分布曲线为矩形时，$\beta=8$；为三角形时，$\beta=12$；为正弦曲线时，$\beta=10$。实际构件的曲率分布曲线可认为介于三角形和矩形之间的某种曲线，故近似取 $\beta=10$。又近似取 $\frac{h}{h_0}=1.1$，则由公式(2-18)可得

$$\eta=1+\frac{1}{1650\frac{e_0}{h_0}}\left(\frac{l_0}{h}\right)^2\zeta_1\zeta_2 \tag{2-19}$$

当考虑荷载长期作用影响时，可将 ε_{cu} 乘以系数1.25，则可得

$$\eta=1+\frac{1}{1400\frac{e_0}{h_0}}\left(\frac{l_0}{h}\right)^2\zeta_1\zeta_2 \tag{2-20}$$

对于I形、T形、环形和圆形截面，η 也可采用类似的方法确定。η 仍可按公式(2-20)计算，只须将公式中的 h_0 和 h 用相应的截面有效高度和截面高度(或直径)代替即可。

按照《混凝土结构设计规范》规定，计算偏心受压构件承载力时，应采用初始偏心距 e_i，则公式(2-20)可改写为

$$\eta=1+\frac{1}{1400\frac{e_i}{h_0}}\left(\frac{l_0}{h}\right)^2\zeta_1\zeta_2 \tag{2-21}$$

式中，l_0——构件的计算长度；

h——截面高度；

h_0——截面有效高度。

根据试验结果和理论分析，ζ_1 和 ζ_2 可分别按下列公式计算。

(1)轴向力偏心率对截面曲率的影响系数 ζ_1

对于大偏心受压构件，轴向力偏心率对临界截面极限曲率的影响不大，可近似取 $\zeta_1=1.0$；对于小偏心受压构件，临界截面的极限曲率随轴向力偏心率减小而减小。根据试验结果和理论分析，ζ_1 可按下列公式确定：

$$\zeta_1=\frac{0.5f_cA}{N}\leqslant 1 \tag{2-22}$$

式中，ζ_1——偏心受压构件的截面曲率修正系数，当 $\zeta_1>1.0$ 时，取 $\zeta_1=1.0$；

A——构件的截面面积，对T形、I形截面，均取 $A=bh+2(b'_f-b)h'_f$。

(2)构件长细比对截面曲率的影响系数 ζ_2

临界截面的极限曲率随构件长细比的增大而减少，当 $l_0/h<15$ 时，其影响较小，可予以忽略。根据试验资料分析，ζ_2 可按下列公式计算：

$$\zeta_2=1.15-0.01\frac{l_0}{h}\leqslant 1 \tag{2-23}$$

式中，ζ_2——构件长细比对截面曲率的影响系数，当 $l_0/h<15$ 时，$\zeta_2>1.0$，取 $\zeta_2=1.0$。

当偏心受压构件的长细比 $l_0/i\leqslant 17.5$ 时，可不考虑纵向弯曲对偏心距的影响，即取 $\eta=1.0$。

当 $l_0/h \leqslant 30$ 时，按上述公式计算的 η 值与试验结果符合程度较好，当 $l_0/h > 30$ 时，在承载能力极限状态下，柱的临界截面应变值较小，离材料破坏还相当远，接近弹性失稳破坏，按上述公式计算的 η 值误差较大。因此，当 $l_0/h > 30$ 时，建议采用较为准确的方法进行计算。

2.1.4.5 柱的计算长度

结构侧移和构件纵向弯曲都会使受压构件产生二阶弯矩，我们可以按《混凝土结构设计规范》确定其计算长度并由式(2-21)计算偏心距增大系数，从而得出二阶弯矩。根据理论分析并参照以往的工程经验，《混凝土结构设计规范》按下述规定，确定偏心受压柱和轴心受压柱的计算长度 l_0：

(1)刚性屋盖的单层房屋排架柱、露天吊车柱和栈桥柱，其计算长度 l_0 可按表 2-2 取用。

(2)一般多层房屋中梁柱为刚接的框架结构，各层柱的计算长度 l_0 可按表 2-3 的规定取用。

上述规定给出了相当于没有抗侧力刚性墙的两跨以上框架柱的计算长度的取值原则。

属于这类框架的有：全无任何墙体的纯框架结构，其中包括墙体可能拆除的框架结构；围护墙及内部纵横墙由轻质材料组成的框架结构；仅在温度区段一侧设有刚性山墙，其余部分无抗水平力刚性墙(或电梯井)的框架结构；房屋两端有刚性山墙，但中间无刚性隔墙(或电梯井)，而且房屋平面长宽比很大(例如，现浇楼盖房屋，平面长宽比大于 3；装配式楼盖房屋，平面长宽比大于 2.5 的框架结构等等。当按目前的弹性地震作用法进行框架抗震设计时，考虑到刚性填充墙可能已经严重开裂，并与框架脱离而不再能起抗水平力刚性墙体的作用，其框架柱计算长度亦可参照本条取用。

表 2-2 刚性屋盖单层房屋排架柱、露天吊车柱和栈桥柱的计算长度 l_0

项次	柱的类别		排架方向	垂直排架方向	
				有柱间支撑	无柱间支撑
1	无吊车房屋柱	单跨	$1.5H$	$1.0H$	$1.2H$
		两跨及多跨	$1.25H$	$1.0H$	$1.2H$
2	有吊车房屋柱	上柱	$2.0H_u$	$1.25H_u$	$1.5H_u$
		下柱	$1.0H_l$	$0.8H_l$	$1.0H_l$
3	露天吊车柱和栈桥柱		$2.0H_l$	$1.0H_l$	——

注：1. 表中 H 为从基础顶面算起的柱子全高；H_l 为从基础顶面至装配式吊车梁底面或现浇式吊车梁顶面的柱子下部高度；H_u 为从装配式吊车梁底面或从现浇式吊车梁顶面算起的柱子上部高度。

2. 表中有吊车房屋排架柱的计算长度，当计算中不考虑吊车荷载时，可按无吊车房屋柱的计算长度采用，但上柱的计算长度仍按有吊车房屋采用。

3. 表中有吊车房屋排架柱的上柱在排架方向的计算长度，仅适用于 $H_u/H_l \geqslant 0.3$ 的情况；当 $H_u/H_l < 0.3$时，计算长度宜采用 $2.5H_u$。

表 2-3　框架结构各层柱的计算长度 l_0

项　次	楼盖类型	柱的类别	计算长度 l_0
1	现浇楼盖	底层柱	1.0H
		其余各层柱	1.25H
2	装配式楼盖	底层柱	1.25H
		其余各层柱	1.5H

注：表中 H，对底层柱为从基础楼面到一层楼盖顶面的高度；对其余各层柱为上、下两层楼盖顶面之间的高度。

(3)按有侧移考虑的框架，当水平荷载产生的弯矩设计值占总弯矩设计值的 75%以上时，柱的计算长度可按下列两式计算，并取其中的较小值：

$$l_0=[1+0.15(\psi_u+\psi_l)]H \tag{2-24}$$

$$l_0=(2+0.2\psi_{min})H \tag{2-25}$$

式中，ψ_u、ψ_l——柱的上端、下端节点处交汇的各柱线刚度之和与交汇的各梁线刚度之和的比值；

ψ_{min}——ψ_u、ψ_l 两者中的较小值；

H——柱的高度，按表 2-3 采用。

2.1.4.6　矩形截面偏心受压构件正截面承载力计算公式

1. 大偏心受压

大偏心受压破坏时，承载能力极限状态下截面的实际应力和应变图如图 2-16(a)所示。与受弯构件的处理方法相同，将受压区混凝土曲线应力图用等效矩形应力分布图来代替，应力值为 $\alpha_1 f_c$，受压区高度为 x，则大偏心受压破坏的截面计算图如图 2-16(b)所示。

由轴向力为零和各力对受拉钢筋合力点的力矩为零两个平衡条件得：

$$N_u=\alpha_1 f_c bx+f'_y A'_s-f_y A_s \tag{2-26}$$

$$N_u e=\alpha_1 f_c bx\left(h_0-\frac{x}{2}\right)+f'_y A'_s(h_0-a') \tag{2-27}$$

式中，N_u——偏心受压承载力设计值；

α_1——系数，当混凝土强度等级不大于 C50 时，取 1.0；混凝土强度等级为 C80 时，取 0.94；其间按线性内插法确定；

x——受压区计算高度；

e——轴向力作用点到受拉钢筋 A_s 合力点之间的距离；

$$e=\eta e_i+\frac{h}{2}-a \tag{2-28}$$

$$e_i=e_0+e_u$$

适用条件：

(1)为保证为大偏心受压破坏，亦即破坏时受拉钢筋应力先达到屈服强度，必须满足 $x\leqslant\zeta_b h_0$(或 $\zeta\leqslant\zeta_b$)；

(2)为了保证构件破坏时，受压钢筋应力能达到抗压强度设计值 f'_y，应满足 $x\geqslant 2a'$。

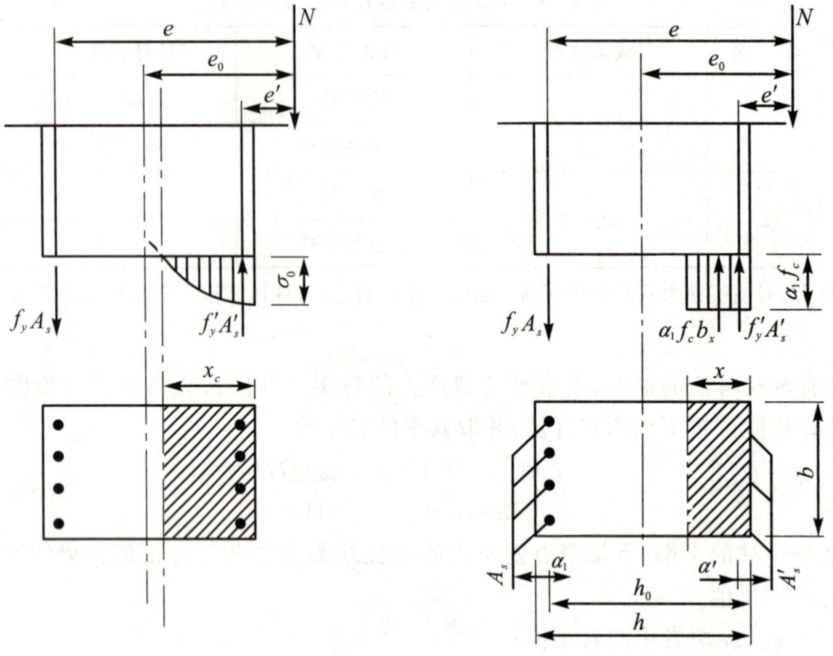

(a) 截面应力分布情况　　　　(b) 等效应力图

图 2-16　大偏心受压应变和应力图

2. 小偏心受压

小偏心受压破坏时，承载能力极限状态下截面的应力图形如图 2-17 所示。受压区的混凝土曲线应力图仍然用等效矩形应力图来代替。

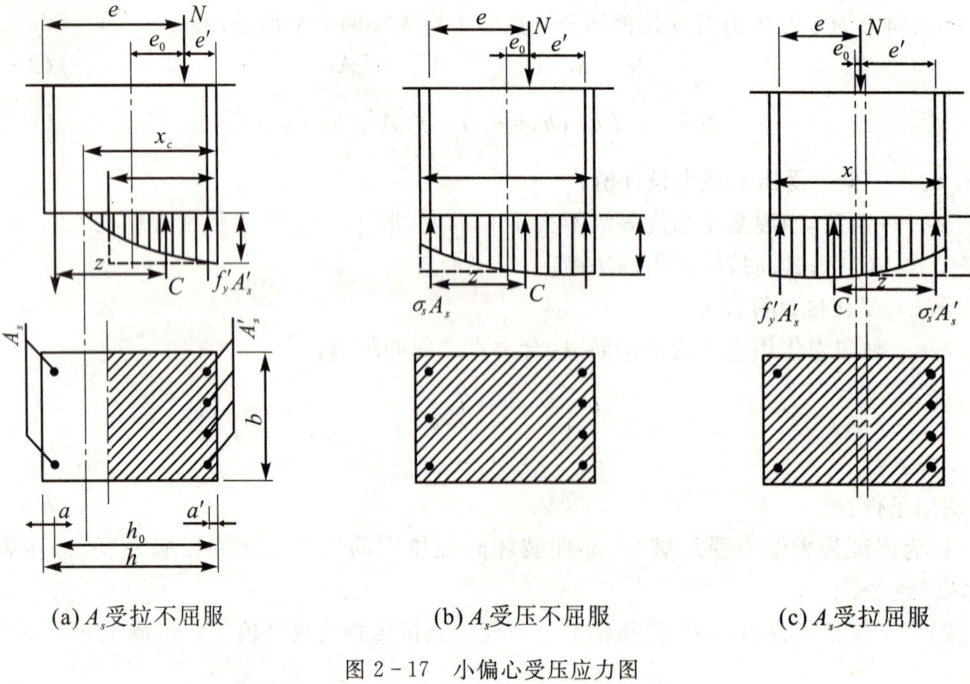

(a) A_s受拉不屈服　　　　(b) A_s受压不屈服　　　　(c) A_s受拉屈服

图 2-17　小偏心受压应力图

根据力的平衡条件及力矩平衡条件得：

$$N_u=\alpha_1 f_c bx+f'_y A'_s-\sigma_s A_s \tag{2-29}$$

$$N_u e=\alpha_1 f_c bx\left(h_0-\frac{x}{2}\right)+f'_y A'_s(h_0-a') \tag{2-30}$$

或

$$N_u e'=\alpha_1 f_c bx\left(\frac{x}{2}-a'\right)-\sigma_s A_s(h_0-a') \tag{2-31}$$

式中，σ_s——钢筋 A_s 的应力值。σ_s 可根据应变符合平截面假定的条件得到：

$$\sigma_s=\varepsilon_{cu}E_s\left(\frac{\beta_1}{\zeta}-1\right) \tag{2-32}$$

也可根据截面应力的边界条件（$\zeta=\zeta_b$ 时，$\sigma_s=f_y$；$\zeta=\beta_1$ 时，$\sigma_s=0$），近似取为：

$$\sigma_s=\frac{\zeta-\beta_1}{\zeta_b-\beta_1}f_y \tag{2-33}$$

σ_s 应满足 $-f'_y\leqslant\sigma_s\leqslant f_y$；

e、e'——分别为轴向力作用点到受拉钢筋合力点及受压钢筋合力点之间的距离。

$$e=\eta e_i+\frac{h}{2}-a$$

$$e'=\frac{h}{2}-\eta e_i-a' \tag{2-34}$$

对于小偏心受压破坏，当偏心距很小时，若 A_s 配置不足，或附加偏心距 e_a 与荷载偏心距 e_a 相反，则可能出现远离轴向压力的一侧混凝土首先达到受压破坏的情况，见图 2-17(c)。因此，为避免发生这种破坏，《混凝土结构设计规范》规定：当 $N>f_c bh$ 时，尚应按下列公式进行验算：

对 A'_s 取矩：

$$Ne'\leqslant f_c bh\left(h'_0-\frac{h}{2}\right)+f'_y A_s(h'_0-a) \tag{2-35}$$

此时，取偏心距增大系数 $\eta=1$，并取初始偏心距 $e_i=e_0-e_a$ 以确保安全，故

$$e'=\frac{h}{2}-a'-(e_0-e_a) \tag{2-36}$$

式中，h'_0——钢筋 A'_s 合力点至离轴向压力较远一侧边缘的距离，即 $h'_0=h-a'$。

2.1.4.7　非对称配筋矩形截面偏心受压构件正截面承载力计算方法

1. 大小偏心受压构件的判别

无论是截面设计还是截面复核，都必须先对构件进行大小偏心的判别。在截面设计时，由于 A_s 和 A'_s 未知，因而无法利用相对受压区高度 ζ 来进行判别，计算时，一般可以先用偏心距来进行判别。

取界限情况 $x=\zeta_b h_0$ 代入大偏心受压的计算公式(2-26)，并取 $a=a'$，可得界限破坏时的轴力 N_b 和弯矩 M_b（M_b 为对截面中心轴取矩）为：

$$N_b=\alpha_1 f_c b\zeta_b h_0+f'_y A'_s-f_y A_s \tag{2-37a}$$

$$M_b=0.5\alpha_1 f_c b\zeta_b h_0(h-\zeta_b h_0)+0.5(f'_y A'_s+f_y A_s)(h_0-a) \tag{2-37b}$$

从而可得相对界限偏心距为：

$$\frac{e_{0b}}{h_0}=\frac{M_b}{N_b h_0}=\frac{0.5\alpha_1 f_c b\zeta_b h_0(h-\zeta_b h_0)+0.5(f'_y A'_s+f_y A_s)(h_0-a)}{(\alpha_1 f_c b\zeta_b h_0+f'_y A'_s-f_y A_s)h_0} \tag{2-38}$$

分析上式知，当截面尺寸和材料强度给定时，界限相对偏心距 e_{0b}/h_0 就取决于截面配筋

A_s 和 A'_s。随着 A_s 和 A'_s 的减小，e_{0b}/h_0 也减小。故当 A_s 和 A'_s 分别取最小配筋率时，可得 e_{0b}/h_0 的最小值 $e_{0b,\min}/h_0$。将 A_s 和 A'_s 按最小配筋率 0.002 代入，并近似取 $h=1.05h_0$，$a'=0.05h_0$，则可得到常用的各种混凝土强度等级和常用钢筋的相对界限偏心距的最小值 $e_{0b,\min}/h_0$，如表 2-4 所示。计算时近似取其平均值 $e_{0b,\min}/h_0=0.3$。

表 2-4　最小相对界限偏心距

C80 ＼ 混凝土	钢筋	C20	C30	C40	C50	C60	C70
HRB335 级	0.303	0.294	0.288	0.284	0.291	0.298	0.306
HRB400 或 RRB400 级	0.321	0.312	0.306	0.302	0.308	0.315	0.322

在截面设计时，若 $\eta e_i<0.3h_0$，总是属于小偏心受压破坏，可以按小偏心受压进行设计；若 $\eta e_i\geqslant0.3h_0$，则可能属于大偏心受压破坏，也可能属于小偏心受压破坏。所以，可先按大偏心受压进行设计，然后再判断其是否满足适用条件，如不满足，则应按小偏心受压重新设计。

2. 截面设计

此时，截面尺寸($b\times h$)、材料强度(f_c，f_y，f'_y)、构件长细比(l_0/h)以及内力设计值 N 和 M 均已知，求纵向钢筋截面面积。求解时可先算出偏心距增大系数 η，再初步判断构件的偏心类型：当 $\eta e_i\geqslant0.3h_0$ 时，先按大偏心受压计算，求出钢筋截面面积和 x 后，若 $x\leqslant x_b$，说明原假定大偏心受压是正确的，否则需按小偏心受压重新计算；若 $\eta e_i<0.3h_0$，则按小偏心受压设计。在所有情况下，A_s 和 A'_s 均需满足最小配筋率要求，同时，$(A_s+A'_s)$不宜大于 $0.05bh$。最后，要按轴心受压构件验算垂直于弯矩作用平面的受压承载力。

(1)大偏心受压

令 $N=N_u$，由式(2-26)和(2-27)可得大偏心受压构件设计基本公式如下：

$$N=\alpha_1 f_c bx+f'_y A'_s-f_y A_s \tag{2-39}$$

$$Ne=\alpha_1 f_c bx\left(h_0-\frac{x}{2}\right)+f'_y A'_s(h_0-a') \tag{2-40}$$

式中，

$$e=\eta e_i+\frac{h}{2}-a$$

与双筋受弯构件一样，以上两个基本公式的适用条件为：

$$2a'\leqslant x\leqslant \zeta_b h_0$$

若 $x<2a'$，则近似取 $x=2a'$，对 A'_s 合力重心取矩，得此时唯一的计算公式：

$$Ne'=f_y A_s(h_0-a') \tag{2-41}$$

式中，

$$e'=\eta e_i-\frac{h}{2}+a' \tag{2-42}$$

1)第一种情况：求 A_s 和 A'_s。

此时，有 A_s、A'_s 和 x 三个未知数而只有(2-39)和(2-40)两个基本方程，因而无唯一解。与双筋受弯构件类似，为使总钢筋面积$(A_s+A'_s)$最小，应取 $x=\zeta_b h_0$，将其代入式(2-40)，则得计算 A'_s 的公式：

$$A'_s=\frac{Ne-\alpha_1 f_c bh_0^2\zeta_b(1-0.5\zeta_b)}{f'_y(h_0-a')} \tag{2-43}$$

若算得的 $A'_s \leqslant \rho_{min} bh = 0.002bh$，则将 A'_s 值和 $x = \zeta_b h_0$ 代入(2-39)式，便可由下式求出 A_s：

$$A_s = \frac{\alpha_1 f_c b \zeta_b h_0 + f'_y A'_s - N}{f_y} \tag{2-44}$$

若算得的 $A'_s < \rho_{min} bh = 0.002bh$，应取 $A'_s = \rho_{min} bh = 0.002bh$，按 A'_s 已知的第二种情况计算。

2)第二种情况：已知 A'_s，求 A_s。

此类问题往往是因为承受变号弯矩或如上所述需要满足 A'_s 最小配筋率等构造要求，必须配置截面面积为 A'_s 的钢筋，然后求 A_s 的截面面积。这时，$x \neq \zeta_b h_0$，故不能用公式(2-44)来计算 A_s。据(2-39)和(2-40)两个基本公式可解出 A_s 与 x 两个未知数，有唯一解。先由式(2-40)解二次方程求 x，x 有两个根，找出其中一个根是真实的 x 值，也可按下式直接算出 x：

$$x = h_0 - \sqrt{h_0^2 - \frac{2[Ne - f'_y A'_s (h_0 - a')]}{\alpha_1 f_c b}} \tag{2-45}$$

若 $2a' \leqslant x \leqslant \zeta_b h_0$，则将 x 代入式(2-39)得：

$$A_s = \frac{\alpha_1 f_c b x + f'_y A'_s - N}{f_y} \tag{2-46}$$

若 $x > \zeta_b h_0$，说明原 A'_s 过少，应按 A_s 和 A'_s 均未知的第一种情况重算。

若 $x < 2a'$，则据式(2-41)有：

$$A_s = \frac{Ne'}{f_y (h_0 - a')} \tag{2-47}$$

式中，$e' = \eta e_i - \frac{h}{2} + a'$。

还可再按不考虑受压钢筋，即取 $A'_s = 0$，用基本公式(2-39)和(2-40)求出 A_s 值，再将其与据式(2-47)算得的 A_s 值比较，取二者之较小者配筋。但因二者数值相差不多，故为了简化计算及偏于安全，直接取由式(2-47)求得的 A_s 即可。

(2)小偏心受压

当 $\eta e_i < 0.3h_0$ 时，应按小偏心受压进行设计，将式(2-29)和(2-30)写成设计公式：

$$N = \alpha_1 f_c b x + f'_y A'_s - \sigma_s A_s = \alpha_1 f_c b \zeta h_0 + f'_y A'_s - \sigma_s A_s \tag{2-48}$$

$$Ne = \alpha_1 f_c b x \left(h_0 - \frac{x}{2}\right) + f'_y A'_s (h_0 - a') = \alpha_1 f_c b h_0^2 \zeta (1 - 0.5\zeta) + f'_y A'_s (h_0 - a') \tag{2-49}$$

其中，$\sigma_s = \frac{\zeta - \beta_1}{\zeta_b - \beta_1} f_y$，应满足 $-f'_y \leqslant \sigma_s \leqslant f_y$

$$e = \eta e_i + \frac{h}{2} - a$$

(2-48)和(2-49)两个基本方程有 A_s、A'_s 及 ζ 三个未知数，故无唯一解。对于小偏心受压，$\zeta > \zeta_b$，$\sigma_s < f_y$，A_s 未达到受拉屈服；由式(2-33)知，若 A_s 的应力 σ_s 达到 $-f'_y$，且 $-f'_y = f_y$ 时，其相对受压区高度 $\zeta_{cy} = 2\beta_1 - \zeta_b$。若 $\zeta < \zeta_{cy}$，$\sigma_s > -f'_y$，则 A_s 未达到受压屈服。可见，当 $\zeta_b < \zeta < \zeta_{cy}$ 时，A_s 无论是受拉还是受压，无论配筋多少，都不能达到屈服。因而可取 $A_s = \rho_{min} bh = 0.002bh$，这样算得的总用钢量 $(A_s + A'_s)$ 一般为最少。

此外，当 $N>f_cbh$ 时，为使 A_s 配置不致过少，据式(2－35)得 A_s 应满足：

$$A_s \geqslant \frac{Ne'-\alpha_1 f_c bh\left(h'_0-\frac{h}{2}\right)}{f'_y(h'_0-a)} \tag{2-50}$$

式中 e' 由(2－36)式算得。

综上所述，当 $N>f_cbh$ 时，A_s 应取 $0.002bh$ 和按式(2－50)算得的两数值中之大者。

A_s 确定后，代入公式(2－48)和(2－49)，解二元二次方程组，就可求出 ζ 和 A'_s 的唯一解。

据算出的 ζ 值，可分为以下三种情况：

1)若 $\zeta<\zeta_{cy}$，则所得的 A'_s 值即为所求受压钢筋面积；

2)若 $\zeta_{cy}\leqslant\zeta\leqslant h/h_0$，此时 $\sigma_s=-f'_y$，公式(2－48)和(2－49)转化为：

$$N=\alpha_1 f_c b\zeta h_0+f'_yA'_s+f'_yA_s \tag{2-48a}$$

$$Ne=\alpha_1 f_c bh_0^2\zeta(1-0.5\zeta)+f'_yA'_s(h_0-a') \tag{2-49a}$$

将 A_s 值代入以上两式，重新求解 ζ 和 A'_s；

3)若 $\zeta>h/h_0$，此时为全截面受压，应取 $x=h$，同时取混凝土应力图形系数 $\alpha_1=1$，代入(2－49)直接解得：

$$A'_s=\frac{Ne-\alpha_1 f_c bh(h_0-0.5h)}{f'_y(h_0-a')} \tag{2-51}$$

设计小偏心受压构件时，还应注意须满足 $A'_s\geqslant 0.002bh$ 的要求。

3. 截面复核

截面复核问题一般是已知截面尺寸 $b\times h$，配筋 A_s 和 A'_s，混凝土强度等级与钢筋品种，构件长细比 l_0/h，轴向力设计值 N 及偏心距 e_0，验算截面是否能承受此 N 值；或已知 N 值时，求所能承受的弯矩设计值 M。

(1)弯矩作用平面的截面复核

1)已知 N，求 M

可先假设为大偏心受压，则由式(2－39)算得 x 值，即：

$$x=\frac{N-f'_yA'_s+f_yA_s}{\alpha_1 f_c b} \tag{2-52}$$

若 $x\leqslant\zeta_bh_0$，为大偏心受压，此时的截面复核方法为：将 x 代入式(2－40)求出 e，由式(2－28)算 e_i，从而易得 e_0 值，则所能承受的弯矩设计值 $M=Ne_0$。

若 $x>\zeta_bh_0$，按小偏心受压进行截面复核：由式(2－29)和(2－33)求 x，将 x 代入式(2－30)算得 e，亦按式(2－28)求出 e_0，则所能承受的弯矩设计值 $M=Ne_0$。

2)已知 e_0，求 N

先由式(2－21)求 η，此时因 N 未知，可近似按下式计算 ζ_1：

$$\zeta_1=0.2+2.7\frac{e_i}{h_0} \tag{2-53}$$

当 $\zeta_1>1$ 时，取 $\zeta_1=1$。

亦先假定为大偏心受压，据图 2－16，对 N 作用点取弯矩得：

$$\alpha_1 f_c bx(\eta e_i-0.5h+0.5x)=f_yA_s(\eta e_i+0.5h-a)-f'_yA'_s(\eta e_i-0.5h+a') \tag{2-54}$$

按上式求出 x。若 $x\leqslant\zeta_bh_0$，为大偏心受压，将 x 等数据代入式(2－26)便可算得 N。若

$x>\zeta_b h_0$，则为小偏心受压，将已知数据代入式(2-29)、(2-30)、和(2-33)联立求解 N。

(2)垂直于弯矩作用平面的承载力复核

偏心受压构件还应按轴心受压构件复核垂直于弯矩作用平面的受压承载力，此时应考虑稳定系数 φ 的影响，长细比则为 l_0/b。

【例 2-3】 某钢筋混凝土偏心受压柱，截面尺寸 $b=350$ mm，$h=500$ mm，计算长度 $l_0=4.2$ m，内力设计值 $N=1200$ kN，$M=250$ kN·m。混凝土采用 C30，纵筋采用 HRB400 级钢筋，求钢筋截面面积 A_s 和 A'_s。

解：

(1)判别大小偏心

取 $a=a'=40$ mm，$h_0=500-40=460$ mm

$$e_0=\frac{M}{N}=\frac{250\times10^6}{1200\times10^3}=208\text{ mm}$$

$e_a=20\text{ mm}>h/30=500/30=16.67$ mm

$e_i=e_0+e_a=208+20=228$ mm

因 $l_0/h=4200/500=8.4>5$，故要考虑偏心距增大系数影响。

$$\zeta_1=\frac{0.5f_cA}{N}=\frac{0.5\times14.3\times350\times500}{1200\times10^3}=1.04>1\text{ 取 }\zeta_1=1.0$$

$l_0/h<15$，取 $\zeta_2=1.0$

$$\eta=1+\frac{1}{1400e_i/h_0}\left(\frac{l_0}{h}\right)^2\zeta_1\zeta_2=1+\frac{1}{1400\times228/460}\times8.4^2\times1.0\times1.0=1.102$$

$\eta e_i=1.102\times228=251.3\text{ mm}>0.3h_0=138$ mm

先按大偏心受压计算。

(2)配筋计算

根据已知条件知：$\zeta_b=0.518$，$\alpha_1=1.0$

$e=\eta e_i+h/2-a=251.3+500/2-40=461.3$ mm

$$A'_s=\frac{Ne-\alpha_1 f_c bh_0^2\zeta_b(1-0.5\zeta_b)}{f'_y(h_0-a')}$$

$$=\frac{1200\times10^3\times461.3-1.0\times14.3\times350\times460^2\times0.518\times(1-0.5\times0.518)}{360\times(460-40)}$$

$$=973\text{ mm}^2$$

$A'_s>0.002bh=0.002\times350\times500=350\text{ mm}^2$

$$A_s=\frac{\alpha_1 f_c bh_0\zeta_b+f'_yA'_s-N}{f_y}$$

$$=\frac{1.0\times14.3\times350\times460\times0.518+360\times973-1200\times10^3}{360}$$

$$=953\text{ mm}^2$$

$A_s>0.002bh=0.002\times350\times500=350\text{ mm}^2$

选配 2 Φ 22+1 Φ 18 受拉钢筋($A_s=1014.5\text{ mm}^2$)

选配 2 Φ 22+1 Φ 18 受压钢筋($A'_s=1014.5\text{ mm}^2$)

(3)垂直于弯矩作用平面的承载力验算

$l_0/b=4200/350=12$,查表 2-1 得 $\varphi=0.95$

$N_u=0.9\varphi(f_cA+f'_yA'_y)=0.9\times0.95[14.3\times350\times500+360(1014.5+1014.5)]=2764164N=2764.2\ kN$

$N_u>N=1200\ kN$,满足要求。

【例 2-4】 基本数据同例 2-3,但在受压区配置了 3 ⌀22 钢筋($A'_s=1140\ mm^2$)。求所需的受拉钢筋 A_s。

解:

(1)判别大小偏心

见例 2-3,由于 $\eta e_i>0.3h_0$,故先按大偏心受压进行计算。

(2)配筋计算

将 $A'_s=1140\ mm^2$ 代入基本公式(2-40)

$$Ne=\alpha_1f_cbx(h_0-0.5x)+f'_yA'_s(h_0-a')$$

得 $1200\times10^3\times461.3=1.0\times14.3\times350x(460-0.5x)+360\times1140(460-40)$

整理得 $x^2-920x+152324=0$

$$x=\frac{920\pm\sqrt{920^2-4\times152324}}{2}=216.6\ mm$$

($x=703.5$ mm 不合理,舍去,$x=216.6\ mm<\zeta_bh_0=238.28$ mm,说明确属大偏心受压)

又 $x>2a'=80$ mm

将 x 代入基本公式(2-39)得

$$A_s=\frac{\alpha_1f_cbx+f'_yA'_s-N}{f_y}=\frac{1.0\times14.3\times350\times216.6+360\times1140-1200\times10^3}{360}=818\ mm^2$$

$A_s=818\ mm_2>\rho_{min}bh=350\ mm^2$

选配 2 ⌀20+1 ⌀18 受拉钢筋。($A_s=882.5\ mm^2$)

(3)垂直于弯矩作用平面的承载力验算

(略)

【例 2-5】 某钢筋混凝土偏心受压柱,截面尺寸 $b=350$ mm,$h=500$ mm,计算长度 $l_0=2.5$ m,内力设计值 $N=2500$ kN,$M=19$ kN·m。混凝土采用 C30,纵筋采用 HRB400 级钢筋。求钢筋截面面积 A_s 和 A'_s。

解:

(1)判别大小偏心

取 $a=a'=40$ mm,$h_0=500-40=460$ mm

$$e_0=\frac{M}{N}=\frac{19\times10^6}{2500\times10^3}=7.6\ mm$$

$e_a=20\ mm>h/30=500/30=16.67$ mm

$e_i=e_0+e_a=7.6+20=27.6$ mm

因 $l_0/h=2500/500=5$,可不考虑偏心距增大系数影响,取 $\eta=1.0$

$\eta e_i=27.6\ mm<0.3h_0=138\ mm$，属小偏心受压。

(2)配筋计算

根据已知条件，有 $\zeta_b=0.518$，$\alpha_1=1.0$，$\beta_1=0.8$，$\zeta_{cy}=2\beta_1-\zeta_b=1.082$

由于 $N=2500\ kN<f_cbh=14.3\times350\times500=2502500\ N=2502.5\ kN$

所以，取 $A_s=\rho_{min}bh=0.002\times350\times500=350\ mm^2$

$$e=\eta e_i+h/2-a=27.6+250-40=237.6\ mm$$

将 A_s 代入基本公式(2-48)(2-49)和(2-33)

$$N=\alpha_1 f_cb\zeta h_0+f'_yA'_s-\sigma_sA_s$$

$$Ne=\alpha_1 f_cbh_0^2\zeta(1-0.5\zeta)+f'_yA'_s(h_0-a')$$

$$\sigma_s=\frac{\zeta-\beta_1}{\zeta_b-\beta_1}f_y$$

得　$2500\times10^3=1.0\times14.3\times350\zeta\times460+360A'_s=\dfrac{\zeta-0.8}{0.518-0.8}\times360\times350$

$2500\times10^3\times237.6=1.0\times14.3\times350\times460^2\zeta(1-0.5\zeta)+360A'_s(460-40)$

整理得　$2749.1\zeta+0.36A'_s-2857.44=0$　(a)

$529529\zeta^2+95564\zeta-606124=0$　(b)

由(b)解得 $\zeta=0.981$

因 $\zeta_b<\zeta<\zeta_{cy}$，故将 ζ 代入(a)得

$$A'_s=\frac{2857.44-2749.1\times0.981}{0.36}=446\ mm^2>\rho'_{min}bh=350\ mm^2$$

(3)垂直于弯矩作用平面的承载力验算

(略)

【例 2-6】　已知某钢筋混凝土偏心受压柱，截面尺寸 $b=500\ mm$，$h=600\ mm$，取 $a=a'=45\ mm$，计算长度 $l_0=3\ m$，内力设计值 $N=5280\ kN$，$M=24.2\ kN\cdot m$。混凝土采用 C35，纵筋采用 HRB400 级钢筋。求钢筋截面面积 A_s 和 A'_s。

解：

(1)判别大小偏心

取 $a=a'=45\ mm$，$h_0=600-45=555\ mm$

$e_0=\dfrac{M}{N}=\dfrac{24.2\times10^6}{5280\times10^3}=4.58\ mm$

$e_a=\dfrac{h}{30}=600/30=20\ mm$

$e_i=e_0+e_a=4.58+20=24.58\ mm$

因 $l_0/h=3000/600=5$，可不考虑偏心距增大系数影响，取 $\eta=1.0$

$\eta e_i=24.58\ mm<0.3h_0=166.5\ mm$，属小偏心受压。

$e=\eta e_i+h/2-a=24.58+300-45=279.58\ mm$

$e'=0.5h-a'-(e_0-e_a)=300-45-(4.58-20)=270.42\ mm$

(2)配筋计算

根据已知条件，有 $\zeta_b=0.518$，$\alpha_1=1.0$，$\beta_1=0.8$，$\zeta_{cy}=2\beta_1-\zeta_b=1.082$

如按最小配筋率配筋，$A_s=0.002\times500\times600=600\ mm^2$

由于 $N=5280\ \text{kN}>f_c bh=16.7\times500\times600=5010000\ \text{N}=5010\ \text{kN}$

所以，A_s 还应满足

$$A_s=\frac{Ne'-f_c bh(h'_0-0.5h)}{f'_y(h'_0-a)}$$

$$=\frac{5280\times10^3\times270.42-16.7\times500\times600(555-300)}{360(555-45)}$$

$$=818.45\ \text{mm}^2$$

故将 $A_s=818.45\ \text{mm}^2$ 代入基本公式(2-48)(2-49)和(2-33)

$$N=\alpha_1 f_c b\zeta h_0+f'_y A'_s-\sigma_s A_s$$

$$Ne=\alpha_1 f_c bh_0^2\zeta(1-0.5\zeta)+f'_y A'_s(h_0-a')$$

$$\sigma_s=\frac{\zeta-\beta_1}{\zeta_b-\beta_1}f_y$$

得　$5280\times10^3=1.0\times16.7\times500\zeta\times555+360A'_s-\dfrac{\zeta-0.8}{0.518-0.8}\times360\times818.45$

$5280\times10^3\times279.58=1.0\times16.7\times500\times555^2\zeta(1-0.5\zeta)+360A'_s(555-45)$

整理得　$5679.1\zeta+0.36A'_s-6115.86=0$　(a)

$\zeta^2+0.2522\zeta-1.2775=0$　(b)

由(b)解得 $\zeta=1.011$

因 $\zeta_b<\zeta<\zeta_{cy}$，故将 ζ 代入(a)得

$$A'_s=\frac{6115.86-5679.1\times1.011}{0.36}=1040\ \text{mm}^2>\rho'_{\min}bh=600\ \text{m}^2$$

(3)垂直于弯矩作用平面的承载力验算

(略)

【例 2-7】 某钢筋混凝土矩形截面偏心受压柱，截面尺寸 $b=300$ mm，$h=400$ mm，取 $a=a'=40$ mm，柱的计算长度 $l_0=3.2$ m，轴向力设计值 $N=300$ kN。配有 2⌀18+2⌀22 ($A_s=1269\ \text{mm}^2$)的受拉钢筋及 3⌀20($A'_s=942\ \text{mm}^2$)的受压钢筋。混凝土采用 C20，求截面在 h 方向能承受的弯矩设计值 M。

解：

(1)判别大小偏心

根据已知条件，有 $\zeta_b=0.55$，$\alpha_1=1.0$

先假设为大偏心受压，将已知数据代入(2-39)得

$$N=\alpha_1 f_c bx+f'_y A'_s-f_y A_s$$

$$x=\frac{N-f'_y A'_s+f_y A_s}{\alpha_1 f_c b}=\frac{300\times10^3-300\times942+300\times1269}{1.0\times9.6\times300}=138.2\ \text{mm}$$

$x=138.2\ \text{mm}<\zeta_b h_0=0.55\times360=198\ \text{mm}$，为大偏心受压。

(2)求偏心距 e_0

因为 $x>2a'=80$ mm，故据公式(2-40)得

$$Ne=\alpha_1 f_c bx\left(h_0-\frac{x}{2}\right)+f'_y A'_s-f_y A_s$$

$$e=\frac{\alpha_1 f_c bx\left(h_0-\frac{x}{2}\right)+f'_y A'_s(h_0-a')}{N}$$

$=\dfrac{1.0\times9.6\times300\times138.2(360-138.2/2)+300\times942\times(360-40)}{300\times10^3}=687.4\ \text{mm}$

$\dfrac{h}{30}=\dfrac{400}{30}=13.33\ \text{mm}<20\ \text{mm}$，取 $e_a=20\ \text{mm}$

因 $l_0/h=3200/400=8>5$，故要考虑偏心距增大系数 η 的影响。

$\dfrac{h}{30}=\dfrac{500}{30}=16.67\ \text{mm}<20\ \text{mm}$，取 $e_a=20\ \text{mm}$

由 $e=\eta e_i+\dfrac{h}{2}-a$

得 $\eta e_i=e-\dfrac{h}{2}+a=687.4-200+40=527.4\ \text{mm}$

$e_i=\dfrac{527.4}{\eta}$

$\zeta_1=\dfrac{0.5f_cA}{N}=\dfrac{0.5\times9.6\times300\times400}{300\times10^3}=1.92>1.0$，取 $\zeta_1=1.0$

$l_0/h<15$，取 $\zeta_2=1.0$

$\eta=1+\dfrac{1}{1400e_i/h_0}\left(\dfrac{l_0}{h}\right)^2\zeta_1\zeta_2=1+\dfrac{1}{1400\times527.4/360\eta}\times8^2\times1.0\times1.0$

$\eta=1.032$

$e_i=511\ \text{mm}$

$e_0=e_i-e_a=511-20=491\ \text{mm}$

(3)求弯矩设计值 M

$M=Ne_0=300\times10^3\times491=147300\times10^3\ \text{N}\cdot\text{mm}=147.3\ \text{kN}\cdot\text{m}$

(4)垂直于弯矩作用平面的承载力验算

因 $l_0/b=3200/300=10.67$，查表2-1得 $\varphi=0.97$

$N_u=0.9\varphi(f_cA+f'_yA'_s)=0.9\times0.97[9.6\times300\times400+300(942+1269)]=1584800\text{N}$

$N_u=1584.8\ \text{kN}>N$ 满足要求。

【例2-8】 某钢筋混凝土矩形截面偏心受压柱，截面尺寸 $b=300\ \text{mm}$，$h=500\ \text{mm}$，取 $a=a'=40\ \text{mm}$，柱的计算长度 $l_0=6\ \text{m}$，混凝土强度等级为C30。配有 2Φ20($A_s=628\ \text{mm}^2$)的受拉钢筋及 3Φ20($A'_s=942\ \text{mm}^2$)的受压钢筋。轴向力的偏心距 $e_0=80\ \text{mm}$，求截面能承受的轴向力设计值 N。

解：

(1)判别大小偏心

根据已知条件，有 $\zeta_b=0.55$，$\alpha_1=1.0$，$\beta_1=0.8$，$\zeta_{cy}=1.05$

因 $l_0/h=6000/500=12>5$，故要考虑偏心距增大系数 η 的影响。

$e_0=80\ \text{mm}$，$\dfrac{h}{30}=\dfrac{500}{30}=16.67\ \text{mm}<20\ \text{mm}$，取 $e_a=20\ \text{mm}$

$e_i=e_0+e_a=80+20=100\ \text{mm}$

因 N 未知，故 ζ_1 近似用式(2-54)计算

$\zeta_1=0.2+2.7e_i/h_0=0.2+27\times100/460=0.787$

因 $l_0/h=12<15$ 故 $\zeta_2=1.0$

$$\eta=1+\frac{1}{1400e_i/h_0}\left(\frac{l_0}{h}\right)^2\zeta_1\zeta_2=1+\frac{1}{1400\times\frac{100}{460}}\times12^2\times0.787\times1.0=1.372$$

$e=\eta e_i+h/2-a=1.372\times100+250-40=347.2$ mm

把已知数据代入式(2-55)

$\alpha_1 f_c bx(\eta e_i-0.5h+0.5x)=f_yA_s(\eta e_i+0.5h-a)-f'_yA'_s(\eta e_i-0.5h+a')$

得 $1.0\times14.3\times300x(1.372\times100-250+0.5x)=300\times628(1.372\times100+250-40)-300\times941(1.372\times100-250+40)$

整理得　$x^2-225.6x-40086.6=0$

解方程得　$x=342.61$ mm

$x=342.61\text{ mm}>\zeta_bh_0=0.55\times460=253$ mm　故为小偏心受压。

(2)求轴向力设计值 N

将已知数据代入式(2-48)(2-49)及(2-33)

$N=\alpha_1 f_cb\zeta h_0+f'_yA'_s-\sigma_sA_s$

$Ne=\alpha_1 f_cbh_0^2\zeta(1-0.5\zeta)+f'_yA'_s(h_0-a')$

$\sigma_s=\frac{\zeta-\beta_1}{\zeta_b-\beta_1}f_y$

得　$N=1.0\times14.3\times300\times460\zeta+300\times942-\frac{\zeta-0.8}{0.55-0.8}\times300\times628$

$347.2N=1.0\times14.3\times300\times460^2\zeta(1-0.5\zeta)+300\times942(460-40)$

整理得　$N=2727000\zeta-320280$　(a)

$347.2N=907764\times10^3\zeta(1-0.5\zeta)+118692\times10^3$　(b)

将(a)代入(b)整理得　$\zeta^2+0.0860\zeta-0.5065=0$

解方程得　$\zeta=0.67$

因 $\zeta_b=0.55<\zeta<\zeta_{cy}=1.05$,故将 ζ 代入(a)即得

$N=2727000\times0.67-320280=1506800N=1506.8$ kN

(3)垂直于弯矩作用平面的承载力验算

因 $l_0/b=6000/300=20$,查表 2-1 得 $\varphi=0.75$

$N=0.9\varphi(f_cA+f'_yA'_s)=0.9\times0.75[1.43\times300\times500+300(628+942)]=1765800N=1765.8$ kN

比较计算结果得该柱所能承受的轴向力设计值为 1506.8 kN。

2.1.4.8　对称配筋矩形截面偏心受压构件正截面承载力计算方法

实际工程中,偏心受压构件截面在各种不同内力组合下,可能承受方向相反的弯矩,当两个方向的弯矩相差不大,或即使相差较大,但按对称配筋设计算得的纵向钢筋总用量比按不对称配筋设计增加不多时,均宜采用对称配筋($A_s=A'_s$)。装配式柱为避免吊装出错,一般采用对称配筋。

1. 截面设计

(1)判别大小偏心类型

对称配筋时,$A_s=A'_s$,$f_y=f'_y$,代入式(2-39)得:

$$x=\frac{N}{\alpha_1 f_c b} \tag{2-55}$$

当 $x\leqslant\zeta_b h_0$ 时，按大偏心受压构件计算；

当 $x>\zeta_b h_0$ 时，按小偏心受压构件计算。

不论是大小偏心受压构件的设计，A_s 和 A'_s 都必须满足最小配筋率的要求。

(2)大偏心受压

若 $2a'\leqslant x\leqslant\zeta_b h_0$，则将 x 代入式(2-40)得：

$$A_s=A'_s=\frac{Ne-\alpha_1 f_c bx(h_0-0.5x)}{f'_y(h_0-a')} \tag{2-56}$$

式中，$e=\eta e_i+\frac{h}{2}-a$

若 $x<2a'$，亦可按不对称配筋大偏心受压计算方法一样处理，由式(2-41)得：

$$A_s=A'_s=\frac{Ne'}{f_y(h_0-a')} \tag{2-57}$$

式中，$e'=\eta e_i-\frac{h}{2}+a'$

(3)小偏心受压

对于小偏心受压破坏，将 $A_s=A'_s$，$f_y=f'_y$ 代入式(2-29)、式(2-30)和式(2-33)得：

$$N=\alpha_1 f_c bx+f_y A_s-\frac{x/h_0-\beta_1}{\zeta_b-\beta_1}f_y A_s \tag{2-58}$$

$$Ne=\alpha_1 f_c bx\left(h_0-\frac{x}{2}\right)+f_y A_s(h_0-a') \tag{2-59}$$

由式(2-58)和(2-59)知，求 x 需求解三次方程，计算复杂，可改用下述简化方法。

1)迭代法

容易判断对称配筋小偏心受压构件的 x 介于 $\zeta_b h_0$ 和 $\frac{N}{\alpha_1 f_c b}$ 之间，故可取 x 的第一次近似值为 $\frac{1}{2}\left(\zeta_b h_0+\frac{N}{\alpha_1 f_c b}\right)$，将其代入式(2-59)，即可得：

$$A_s=\frac{Ne-\alpha_1 f_c bx(h_0-0.5x)}{f_y(h_0-a')} \tag{2-60}$$

再将求得的 A_s 代入式(2-58)，即可由下式求得 x 的第二次近似值：

$$x=\frac{N-f_y A_s-\dfrac{\beta_1 f_y A_s}{\zeta_b-\beta_1}}{\alpha_1 f_c b-\dfrac{f_y A_s}{(\zeta_b-\beta_1)h_0}} \tag{2-61}$$

然后将算得的 x 值代入式(2-60)，便可算出 A_s 的第二次近似值。

当前后两次算出的 A_s 相差不大，满足设计精度要求时，即可停止迭代。一般情况下，采用上述迭代方法，收敛速度较快。

2)近似公式法

由式(2-58)和 $\zeta=\frac{x}{h_0}$ 得：

$$f'_y A'_s=f_y A_s=(N-\alpha_1 f_c b\zeta h_0)\frac{\zeta_b-\beta_1}{\zeta_b-\zeta}$$

代入式(2-59)得：

$$Ne\frac{\zeta_b-\zeta}{\zeta_b-\beta_1}=\alpha_1 f_c bh_0^2\zeta(1-0.5\zeta)\frac{\zeta_b-\zeta}{\zeta_b-\beta_1}+(N-\alpha_1 f_c b\zeta h_0)(h_0-a') \tag{2-62}$$

这是 ζ 的三次方程，求解很麻烦。

令

$$\bar{y}=\zeta(1-0.5\zeta)\frac{\zeta_b-\zeta}{\zeta_b-\beta_1} \tag{2-63}$$

代入式(2-62)得：

$$\bar{y}=\frac{Ne}{\alpha_1 f_c bh_0^2}\left(\frac{\zeta_b-\zeta}{\zeta_b-\beta_1}\right)-\left(\frac{N}{\alpha_1 f_c bh_0^2}-\frac{\zeta}{h_0}\right)(h_0-a') \tag{2-63a}$$

对于选定的钢筋和混凝土，ζ_b 及 β_1 为已知，则据式(2-63)可画出 $\bar{y}\sim\zeta$ 关系曲线如图2-18所示。

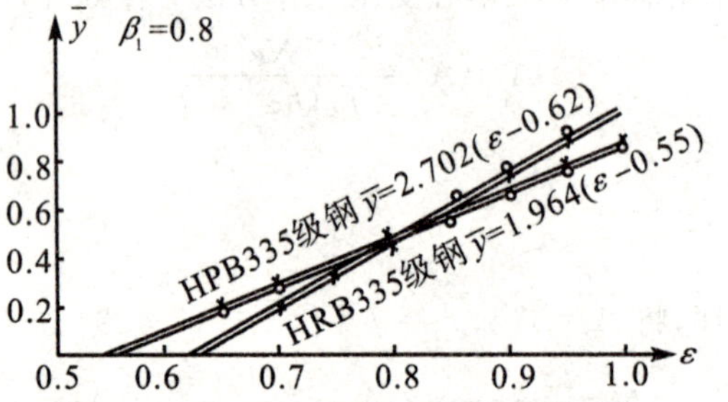

图 2-18　参数 $\bar{y}$—ζ 关系曲线

由图 2-18 可知，在小偏心受压($\zeta_b\leqslant\zeta\leqslant\zeta_{cy}$)的区段内，$\bar{y}\sim\zeta$ 逼近于直线。对于HPB235、HRB335、HRB400(或 RRB400)级钢筋，$\bar{y}$ 与 ζ 的线性方程可近似取为：

$$\bar{y}=0.43\frac{\zeta_b-\zeta}{\zeta_b-\beta_1} \tag{2-64}$$

将式(2-64)代入式(2-63a)整理后即可得求 ζ 的近似公式：

$$\zeta=\frac{N-\zeta_b\alpha_1 f_c bh_0}{\dfrac{Ne-0.43\alpha_1 f_c bh_0^2}{(\beta_1-\zeta_b)(h_0-a')}+\alpha_1 f_c bh_0}+\zeta_b \tag{2-65}$$

将 ζ 代入式(2-49)即可得：

$$A_s=A'_s=\frac{Ne-\alpha_1 f_c bh_0^2\zeta(1-0.5\zeta)}{f'_y(h_0-a')} \tag{2-66}$$

2. 截面复核

对称配筋与非对称配筋截面复核方法基本相同，计算时在有关公式中取 $A_s=A'_s$，$f_y=f'_y$ 即可。此外，在复核小偏心受压构件时，因采用对称配筋，故仅需考虑靠近轴向压力一侧的混凝土先破坏的情况。

【例 2-9】 某矩形截面钢筋混凝土柱，截面尺寸 $b=40$ mm，柱的计算长度 $l_0=3.0$ m，$a=a'=40$ mm。控制截面上的轴向力设计值 $N=1030$ kN，弯矩设计值 $M=425$ kN·m。混凝土采用 C25，纵筋采用 HRB335 级钢筋。采用对称配筋，求钢筋截面面积 A_s 和 A'_s。

解：

(1)判别大小偏心

根据已知条件，有 $\zeta_b=0.55$，$\alpha_1=1.0$，$\beta_1=0.8$，

由式(2-55)得

$$x=\frac{N}{\alpha_1 f_c b}=\frac{1030\times10^3}{1.0\times11.9\times400}=216.4\ \text{mm}$$

$x<\zeta_b h_0=0.55\times560=308$ mm，故为大偏心受压。

(2)配筋计算

$e_0=\frac{M}{N}=\frac{425\times10^6}{1030\times10^3}=412.62$ mm

$e_a=h/30=600/30=20$ mm

$e_i=e_0+e_a=412.62+20=432.62$ mm

因 $l_0/h=3000/600=5$，故取 $\eta=1.0$

$e=\eta e_i+\frac{h}{2}-a=1.0\times432.62+300-40=692.62$ mm

因 $x>2a'=80$ mm，故将 x 代入式(2-56)

$$A_s=A'_s=\frac{Ne-\alpha_1 f_c bx(h_0-0.5x)}{f'_y(h_0-a')}$$

得

$A_s = A'_s = \frac{1030\times10^3\times692.62-1.0\times11.9\times400\times216.4\times(560-216.4/2)}{300\times(560-40)}=1590$ mm^2

$A_s=A'_s>0.002bh=0.002\times400\times600=480$ mm^2

A_s 和 A'_s 均选 2⌀25+2⌀20($A_s=A'_s=982+628=1610$ mm^2)

(3)垂直于弯矩作用平面的承载力验算

(略)

【例 2-10】 某矩形截面钢筋混凝土柱，截面尺寸 $b=400$ mm，$h=500$ mm，柱的计算长度 $l_0=2.5$ m，$a=a'=40$ mm。控制截面上的轴向力设计值 $N=3450$ kN，弯矩设计值 $M=78$ kN·m。混凝土采用 C30，纵筋采用 HRB400 级钢筋。采用对称配筋，试用迭代法及近似公式法计算纵向求钢筋 A_s 和 A'_s。

解：

(1)判别大小偏心

根据已知条件，有 $\zeta_b=0.518$，$\alpha_1=1.0$，$\beta_1=0.8$，$\zeta_{cy}=1.082$

由式(2-55)得

$$x=\frac{N}{\alpha_1 f_c b}=\frac{3450\times10^3}{1.0\times14.3\times400}=603.15\ \text{mm}$$

$x>\zeta_b h_0=0.518\times460=238.28$ mm，故为小偏心受压。

(2)配筋计算

$e_0=\frac{M}{N}=\frac{78\times10^6}{3450\times10^3}=22.6$ mm

$e_a=20$ mm$>h/30=500/30=16.67$ mm

$e_i=e_0+e_a=22.6+20=42.6$ mm

因 $l_0/h=2500/500=5$，故取 $\eta=1.0$

$e=\eta e_i+\frac{h}{2}-a=1.0\times 42.6+250-40=252.6$ mm

1)用迭代法计算

取 $x_i=\frac{\zeta_b h_0+\frac{N}{\alpha_1 f_c b}}{2}=\frac{0.518\times 460+603.15}{2}=420.715$ mm

代入式(2-60)得

$$A_{s1}=\frac{Ne-\alpha_1 f_c bx1(h_0-x_1/2)}{f_y(h_0-a')}$$

$$=\frac{3450\times 10^3\times 252.6-1.0\times 14.3\times 400\times 420.71\times(460-420.715/2)}{360\times(460-40)}$$

$$=1790.4\ \text{mm}^2$$

将 A_{s1} 代入式(2-61)得

$$x_2=\frac{N-f_y A_s-\frac{\beta_1 f_y A_{s1}}{\zeta_b-\beta_1}}{\alpha_1 f_c b-\frac{f_y A_{s1}}{(\zeta_b-\beta_1)h_0}}=\frac{3450\times 10^3-360\times 1790.4-\frac{0.8\times 360\times 1790.4}{0.518-0.8}}{1.0\times 14.3\times 400-\frac{360\times 1790.4}{(0.518-0.8)\times 460}}=433.5\ \text{mm}$$

将 x_2 代入式(2-60)得

$$A_{s2}=\frac{Ne-\alpha_1 f_c bx_2(h_0-x_2/2)}{f_y(h_0-a')}$$

$$=\frac{3450\times 10^3\times 252.6-1.0\times 14.3\times 400\times 433.5\times(460-433.5/2)}{360\times(460-40)}=1774.5\ \text{mm}^2$$

因 A_{s2} 与 A_{s1} 相差只有 0.89%，已能满足工程上的精度要求，故取 $A_s=A'_s=1774.5\ \text{mm}^2$

2)用近似公式计算

将已知数据代入近似公式(2-65)得

$$\zeta=\frac{N-\zeta_b\alpha_{fc}bh_0}{\frac{Ne-0.43\alpha_1 f_c bh_0^2}{(\beta_1-\zeta_b)(h_0-a')}+\alpha_1 f_c bh_0}+\zeta_b$$

$$=\frac{3450\times 10^3-0.518\times 1.0\times 14.3\times 400\times 460}{\frac{3450\times 10^3\times 252.6-0.43\times 1.0\times 14.3\times 400\times 460^2}{(0.8-0.518)\times(460-40)}+1.0\times 14.3\times 400\times 460}+0.518$$

$$=0.891$$

将 ζ 值代入式(2-66)得

$$A_s=A'_s=\frac{Ne-\alpha_1 f_c bh_0^2\zeta(1-0.5\zeta)}{f'_y(h_0-a')}$$

$$=\frac{3450\times 10^3\times 252.6-1.0\times 14.3\times 400\times 460^2\times 0.891\times(1-0.5\times 0.891)}{360\times(460-40)}$$

$$=1808.8\ \text{mm}^2$$

(3)垂直于弯矩作用平面的承载力验算

(略)

2.1.4.9 对称配筋I形截面偏心受压构件承载力计算

尺寸较大的装配式柱往往采用I形截面柱，这样可以节省混凝土和减轻柱的自重。I形截面柱的正截面破坏形态和矩形截面相同。为保证吊装不会出错，I 形截面装配式柱一般都采用对称配筋。

1. 大偏心受压

(1)计算公式

1)当 $x \leqslant h'_f$ 时，则按宽度为 b'_f 的矩形截面计算，见图 2-19(a)，公式为：

$$N_u = \alpha_1 f_c b'_f x + f'_y A'_s - f_y A_s \qquad (2-29a)$$

$$N_u e = \alpha_1 f_c b'_f x \left(h_0 - \frac{x}{2}\right) + f'_y A'_0 (h_0 - a') \qquad (2-30a)$$

2)当 $x > h'_f$ 时，受压区为 T 形截面，见图 2-19(b)，按下面公式计算：

$$N_u = \alpha_1 f_u [bx + (b'_f - b) h'_f] + f'_y A'_s - f_y A_s \qquad (2-67)$$

$$N_u e = \alpha_1 f_c \left[bx\left(h_0 - \frac{x}{2}\right) + (b'_f - b) h'_f \left(h_0 - \frac{h'_f}{2}\right)\right] + f'_y A'_s (h_0 - a') \qquad (2-68)$$

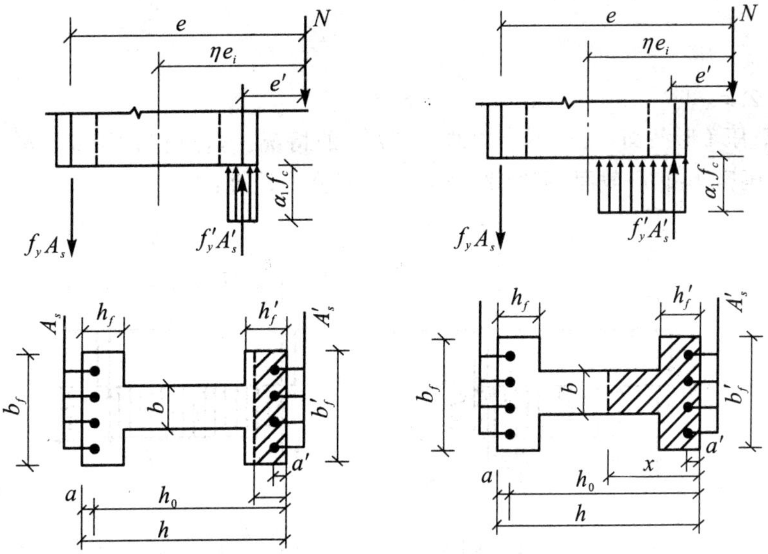

(a) 受压区为矩形　　(b) 受压区为T形

图 2-19　I 形截面大偏心受压计算简图

式中，b'_f——I 形截面受压翼缘宽度；

h'_f——I 形截面受压翼缘高度。

(2)适用条件

为了保证上述计算公式中的受拉钢筋 A_s 和受压钢筋 A'_s 均能达到屈服强度，要满足下列条件：

$$x \leqslant x_b \text{ 及 } x \geqslant 2a'$$

式中，x_b——界限破坏时受压区计算高度。

(3)计算方法

将 I 形截面假想为宽度是 b'_f 的矩形截面。因 $f'_y A'_s = A_s f_y$，得：

$$x = \frac{N}{\alpha_1 f_c b'_f}$$

按 x 值的不同，分成三种情况：

1）当 $x>h'_f$ 时，用式（2-67）、式（2-68）和 $f'_yA'_s=A_sf_y$ 一式，可求得钢筋截面面积。此时必须满足 $x\leqslant x_b$ 的条件。

2）当 $2a'\leqslant x\leqslant h'_f$ 时，用式（2-29a）、式（2-30a）和 $f'_yA'_s=A_sf_y$ 一式，求得钢筋截面面积。

3）当 $x<2a$ 时，则与双筋受弯构件一样，取 $x=2a'$，用下式求配筋：

$$A'_s=A_s=\frac{N(\eta e_i-h/2+a')}{f_y(h_0-a')} \tag{2-69}$$

另外，再按不考虑受压钢筋 A'_s，即取 $A'_s=0$ 按非对称配筋计算 A_s 值，然后与用上式计算出来的 A_s 值进行比较，两者取较小值配筋（具体配筋时，仍取 $A'_s=A_s$，但此时 A_s 值是上面所求得的小的数值）。为简化计算和偏于安全，也可只按式（2-69）计算。

不对称配筋的Ⅰ形截面的计算方法与前述矩形截面的计算方法类似，仅需注意翼缘的作用，在此从略。

2. 小偏心受压

（1）计算公式

小偏心受压Ⅰ形截面，一般不会出现 $x\leqslant h'_f$ 的情况。这里仅讨论 $x>h'_f$ 的情况。当 $x>h'_f$时，受压区为T形截面，见图2-20，按下列公式计算：

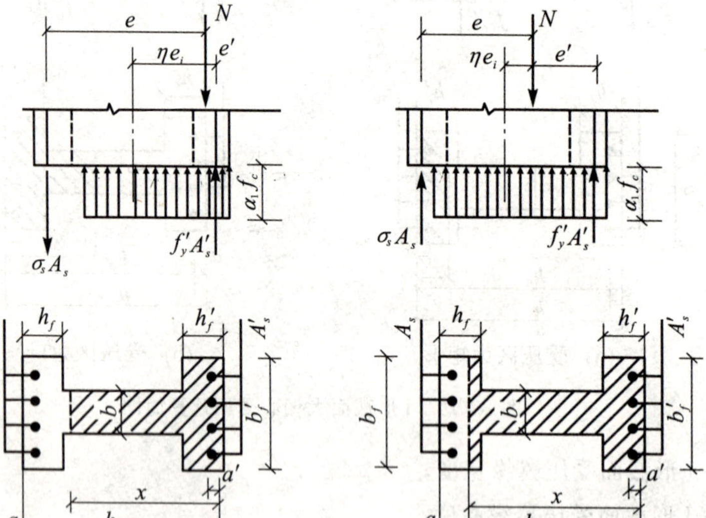

图2-20　Ⅰ形截面小偏心受压计算图

$$N_u=\alpha_1 f_u[bx+(b'_f-b)h'_f]+f'_yA'_s-\sigma_sA_s \tag{2-70}$$

$$N_ue=\alpha_1 f_c\left[bx\left(h_0-\frac{x}{2}\right)+(b'_f-b)h'_f\left(h_0-\frac{h'_f}{2}\right)\right]+f'_yA'_s(h_0-a') \tag{2-71}$$

式中，x——受压区计算高度。当 $x>h-h_f$ 时，在计算中应考虑翼缘 h_f 的作用，可改用以下公式计算：

$$N_u=\alpha_1 f_c[bx+(b'_f-b)h'_f+(b_f-b)(h_f+x-h)]+f'_yA'_s-\sigma_sA_s \tag{2-72}$$

$$N_u e=\alpha_1 f_c\left[\begin{array}{l}bx\left(h_0-\dfrac{x}{2}\right)+(b'_f-b)h'_f\left(h_0-\dfrac{h'_f}{2}\right)+(b_f-b)(h_f+x-h)\\ \left(h_f-\dfrac{h_f+x-h}{2}-a\right)\end{array}\right]+f'_f A'_s(h_0-a') \tag{2-73}$$

式中，x 值大于 h 时，取 $x=h$ 计算。σ_s 仍可近似按式(2-73)计算。

(2)适用条件

$$x>x_b$$

(3)计算方法

对称配筋 I 形截面计算方法与不对称配筋矩形截面计算方法基本相同，一般可采用迭代法和近似公式计算法两种方法，此处不再介绍。

【例 2-11】 某钢筋混凝土柱，其截面尺寸为 $b=100$ mm，$h=900$ mm，$b_f=b'_f=400$ mm，$h_f=h'_f=150$ mm 的工字形截面，采用 C30 混凝土，HRB400 钢筋，$a=a'=40$ mm，$l_0=8.9$ m，$\eta=1.123$，对称配筋，承受轴向力设计值 $N=923.68$ kN，弯矩设计值 $M=422.36$ kN·m，求钢筋截面面积。

解：

(1)判别大小偏心受压

由公式　$N=\alpha_1 f_c[bx+(b'_f-b)h'_f]+f'_f A'_s-f_y A_s$

得

$$x=\frac{N-(b'_f-b)h'_f\alpha_1 f_c}{\alpha_1 f_c b}=\frac{923.68\times10^3-(400-100)\times150\times1.0\times14.3}{1.0\times14.3\times100}=195.93\ \text{mm}$$

$h'_f=150\ \text{mm}<x<\zeta_b h_0=0.518\times860=445.48$ mm

构件为大偏心受压，且 x 即为所求之受压区高度。

(2)配筋计算

$$e_0=\frac{M}{N}=\frac{422.36\times10^6}{923.68\times10^3}=457.26\ \text{mm}$$

$$e_a=\frac{h}{30}=\frac{900}{30}=30\ \text{mm}>20\ \text{mm}$$

$$e_i=e_0+e_a=457.26+30=487.26\ \text{mm}$$

$$\eta e_i=1.123\times487.26=547.2\ \text{mm}$$

$$e=\eta e_i+\frac{h}{2}-a=547.2+450-40=957.2\ \text{mm}$$

$$A=600\times100+2\times150\times400=1.8\times10^5\ \text{mm}^2$$

由公式　$Ne=\alpha_1 f_c\left[bx\left(h_0-\dfrac{x}{2}\right)+(b'_f-b)h'_f+\left(h_0-\dfrac{h'_f}{2}\right)\right]+f'_y A'_s(h_0-a')$

得　$A_s A'_s=\dfrac{Ne-\alpha_1 f_c\left[bx\left(h_0-\dfrac{x}{2}\right)+(b'_f-b)h'_f+\left(h_0-\dfrac{h'_f}{2}\right)\right.}{f'_y(h_0-a')}$

$$=\frac{923.68\times10^3\times957.2-1.0\times14.3\times[100\times195.93\times\left(860-\dfrac{195.93}{2}\right)+(400-100)\times150+\left(860-\dfrac{150}{2}\right)}{360\times(860-40)}$$

$=560.61\ mm^2 > \rho_{min}A = 0.002\times1.8\times10^5 = 360\ mm^2$ 选配 3 ⌀16 受拉钢筋（$A_s = 603\ mm^2$）

选配 3 ⌀16 受压钢筋（$A'_s = 603\ mm^2$）

(3)垂直于弯矩作用平面的承载力验算

$$I=\frac{600\times100^3}{12}+2\times\frac{150\times400^3}{12}=1.65\times10^9\ mm^4$$

$$i=\sqrt{\frac{I}{A}}=\sqrt{\frac{1.65\times10^9}{1.8\times10^5}}=95.75$$

$$\frac{l_0}{i}=\frac{8900}{95.75}=92.96 \quad 查表得 \quad \varphi=0.583$$

$N_u = 0.9\times\varphi[f_cA + f'_y(A_s + A'_s)] = 0.9\times0.583(14.3\times180000+360\times2\times603) = 1578381\ N = 1578.4\ kN > N = 923.68\ kN$，满足要求。

【例 2－12】 某钢筋混凝土柱，其截面尺寸为 $b=120\ mm$，$h=800\ mm$，$b_f=b'_f=400\ mm$，$h_f=h'_f=120\ mm$ 的工字形截面，采用 C30 混凝土，HRB400 钢筋，$a=a'=40\ mm$，$l_0=7.2\ m$，$\eta=1.32$，对称配筋，承受轴向力设计值 $N=1620\ kN$，弯矩设计值 $M=350\ kN\cdot m$，求钢筋截面面积。

解：

(1)判别大小偏心受压

由公式 $N=\alpha_1 f_c[bx+(b'_f-b)h'_f)]+f'_yA'_s-f_yA_s$

得 $$x=\frac{N-(b'_f-b)h'_f\alpha_1 f_c}{\alpha_1 f_c b}=\frac{1620\times10^3-(400-120)\times120\times1.0\times14.3}{1.0\times14.3\times120}=664\ mm$$

$\zeta_b h_0=0.518\times760=393.68\ mm < x < (h-h_f)=800-120=680\ mm$

构件为小偏心受压。

(2)配筋计算

$$e_0=\frac{M}{N}=\frac{350\times10^6}{1620\times10^3}=216\ mm$$

$$e_a=\frac{h}{30}=\frac{800}{30}=26.67\ mm>20\ mm$$

$$e_i=e_0+e_a=216+26.67=242.67\ mm$$

$$\eta e_i=1.32\times242.67=320.32\ mm$$

$$e=\eta e_i+\frac{h}{2}-a'=320.32+400-40=680.32\ mm$$

$$A=560\times120+2\times120\times400=1.632\times10^5\ mm^2$$

由近似公式得

$$\zeta=\frac{N-\alpha_1 f_c[\zeta_b bh_0+(b'_f-b)h'_f)]}{\frac{Ne-\alpha_1 f_c[0.43bh_0^2+(b'_f-b)h'_f(h_0-0.5h'_f)]}{(\beta_1-\zeta_b)(h_0-a')}+\alpha_1 f_c bh_0}+\zeta_b$$

$$=\zeta_b\ \frac{1620\times10^3-1.0\times14.3\times[0.518\times120\times760+(400-120)\times120]}{\frac{1620\times10^3\times680.32-1.0\times14.3\times[0.43\times120\times760^2+(400-120)\times120\times(760-0.5\times120)]}{(0.8-0.518)\times(760-40)}+1.0\times14.3\times120\times760}$$

$+0.518=0.674$

$$A_s=A'_s=\frac{Ne-\alpha_a f_c\left[bh_0^2\zeta(1-0.5\zeta)+(b'_f-b)h'_f\left(h_0-\frac{h'_f}{2}\right)\right]}{f'_y(h_0-a')}$$

$$=\frac{1620\times10^3\times680.32-1.0\times14.3\times\left[120\times760^2\times0.674\times(1-0.5\times0.674)+(400-120)\times120\times\left(760-\frac{120}{2}\right)\right]}{360\times(760-40)}$$

$=1245.64\ \text{mm}^2>\rho_{\min}A=0.002\times1.632\times10^5=326.4\ \text{mm}^2$

选配 4 ⌀20 受拉钢筋（$A_s=1256\ \text{mm}^2$）

选配 4 ⌀20 受压钢筋（$A'_s=1256\ \text{mm}^2$）

（3）垂直于弯矩作用平面的承载力验算

$$I=\frac{560\times120^3}{12}+2\times\frac{120\times400^3}{12}=1.36\times10^9\ \text{mm}^4$$

$$i=\sqrt{\frac{I}{A}}=\sqrt{\frac{1.36\times10^9}{1.632\times10^5}}=91.29$$

$$\frac{l_0}{i}=\frac{7200}{91.29}=78.87\quad 查表得\quad \varphi=0.68$$

$$N_u=0.9\times\varphi[f_cA+f'_y(A_s+A'_s)]=0.9\times0.68(14.3\times1632000+360\times2\times1256)$$
$$=1981704.96\ N=1981.7\ \text{kN}>N=1620\ \text{kN}$$

满足要求。

2.1.4.10　偏心受压构件 N_u-M_u 相关曲线

对于给定截面尺寸、材料强度等级和配筋的偏心受压构件，达到正截面承载力极限状态时，其压力 N_u 和弯矩 M_u 是相互关联的，可用一条 N_u-M_u 相关曲线表示。由大小偏心受压构件正截面承载力计算公式可分别推导出截面中 N_u 与 M_u 之间的关系式均为二次函数。如图 2-21 所示。

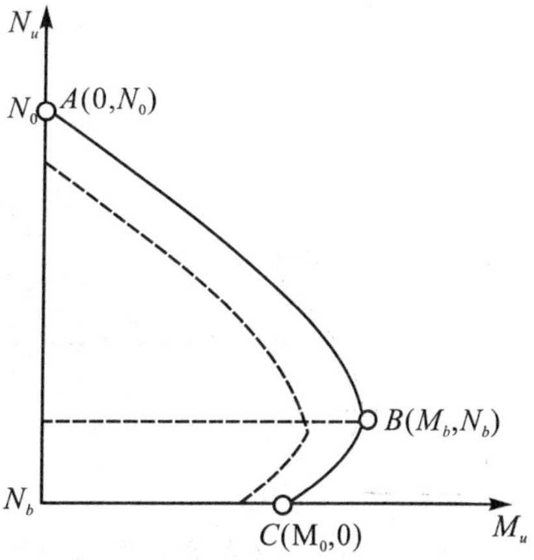

图 2-21　N_u-M_u 相关曲线

N_u-M_u 相关曲线反映了钢筋混凝土柱在压力和弯矩共同作用下正截面压弯承载力的规律，根据此曲线可看出以下特点：

（1）N_n-M_u 相关曲线上的任一点代表截面处于正截面承载能力极限状态时的一种内力组合。若一组内力（M，N）在曲线内侧，说明截面尚未达到承载力极限状态，是安全的；若（M，N）在曲线外侧，则表明截面承载力不足。

（2）当弯矩 M 为零时，轴向承载力 N_u 达到最大，即为轴心受压承载力 N_0，对应图2-21中的 A 点；当轴力 N 为零时，为纯受弯承载力 M_0，对应图 2-21 中的 C 点。

（3）截面受弯承载力 M_u 与作用的轴向压力 N 的大小有关。当 N 小于界限破坏时的轴力 N_b 时，M_u 随 N 的增加而增加（图 2-21 中 CB 段）；当 N 大于界限破坏时的轴力 N_b 时，M_u 随 N 的增加而减小（图 2-21 中 AB 段）。

（4）截面受弯承载力 M_u 在 B 点（M_b，N_b）达到最大，该点近似为界限破坏。因此，图 2-21中 CB 段为受拉破坏（大偏心受压破坏），AB 段为受压破坏（小偏心受压破坏）。

(5)如果截面尺寸和材料强度保持不变,$N_u - M_u$ 相关曲线随着配筋率的增加而向外侧扩大。

(6)对于对称配筋截面,界限破坏时的轴力 N_b 几乎与配筋率无关,而 M_b 随着配筋率的增加而增大。

应用 $N_u - M_u$ 相关方程,可以对特定的截面尺寸、特定的混凝土强度等级和特定的钢筋类别的偏心受压构件,预先绘制出一系列图表,设计时可直接查用。图 2-22 所示为以截面尺寸 $b \times h = 500\ mm \times 600\ mm$、混凝土强度等级 C30、钢筋 HRB400 级钢绘制的对称配筋矩形截面偏心受压构件正截面承载力计算图表。设计时,先计算 e_i 和 η 值,然后查与设计条件相应的图表,由 N 和 $N\eta e_i$ 值便可查出所需的 A_s 和 A'_s。

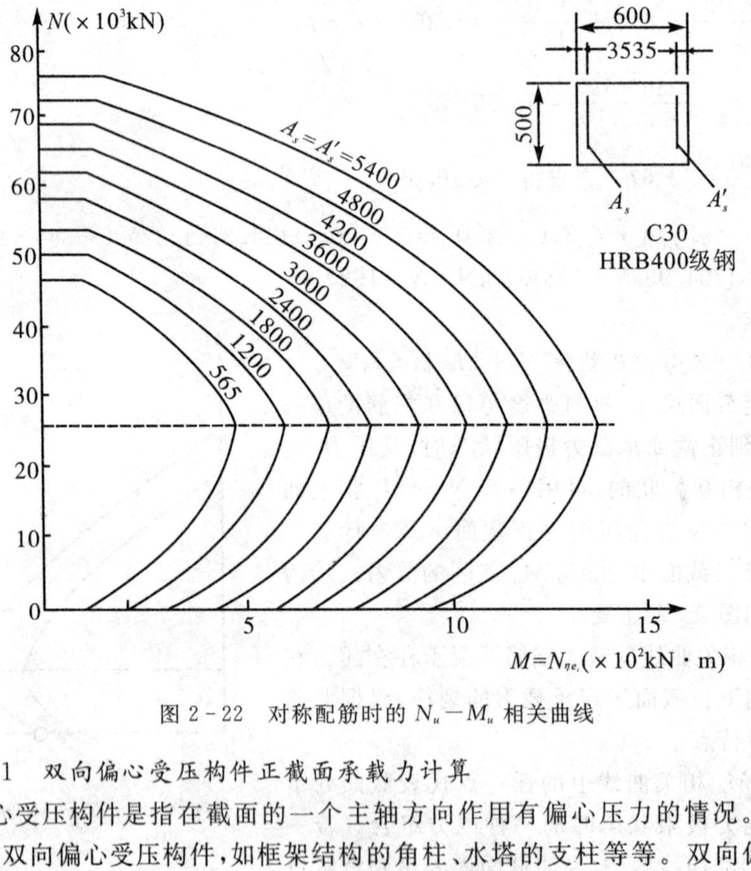

图 2-22 对称配筋时的 $N_u - M_u$ 相关曲线

2.1.4.11 双向偏心受压构件正截面承载力计算

上述偏心受压构件是指在截面的一个主轴方向作用有偏心压力的情况。而实际工程中,也会遇到双向偏心受压构件,如框架结构的角柱、水塔的支柱等等。双向偏心受压构件是指轴力 N 在截面的两个主轴方向都有偏心距,或构件同时承受轴心压力及两个方向的弯矩的作用。

试验结果表明,双向偏心受压构件正截面的破坏形态与单向偏心受压构件正截面的破坏形态相似,也可分为大偏心受压(受拉破坏)和小偏心受压(受压破坏)。因而,单向偏心受压构件正截面承载力计算时所采用的基本假定也可应用于双向偏心受压构件承载力的计算。

单向偏心受压构件正截面承载力计算中,由于截面对称于弯矩作用平面,中和轴与弯矩作用平面垂直,故受压区混凝土面积和内力臂均较容易确定。而双向偏心受压构件正截面承载力计算时,因其中和轴一般不与截面主轴相垂直,是倾斜的,与主轴有一个 ψ 值的夹角,如图 2-23 所示，截面的混凝土受压区形状较为复杂，可能是三角形、梯形和多边形。同时，钢筋的应力也不均匀，有的应力可达到其屈服强度，有的应力则较小，距中和轴愈近，其应力愈小。

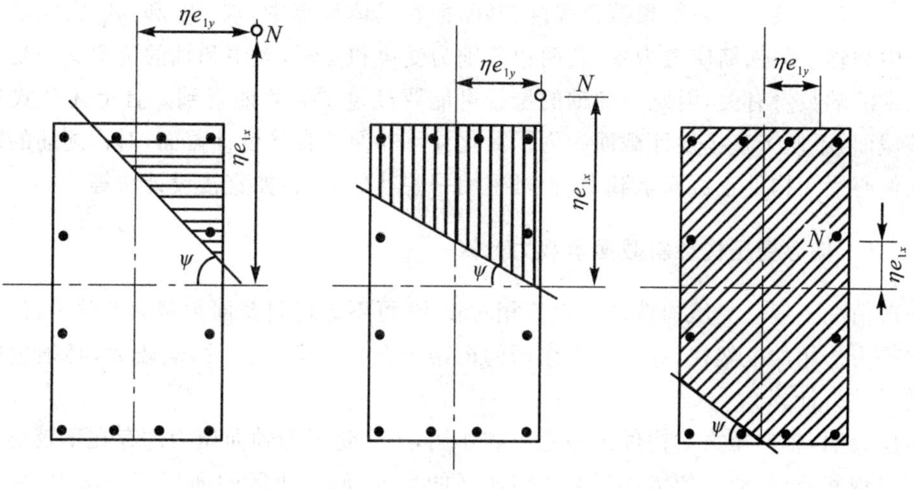

图 2-23　双向偏心受压的受压区形状

设计双向偏心受压构件时，亦可假定截面应变符合平截面假定。受压区边缘的极限应变值 $\varepsilon_u=0.0033$（对于斜向偏压的情况，采用此值相对偏小），受压区应力分布图仍近似简化成等效矩形应力图。

双向偏心受压精确计算的过程颇为烦琐，须借助计算机才能求解。对于常用的截面尺寸、不同配筋布置情况，可利用计算机计算并编制成图表手册，供设计时使用。

目前各国规范都采用近似的简化方法来计算双向偏心受压构件的正截面承载力，既能达到一般设计要求的精度，又便于手算。我国《混凝土设计规范》采用弹性容许应力方法推导的计算公式，计算正截面承载力。

设材料在弹性阶段的容许压应力为[σ]，根据材料力学有关公式，截面轴心受压、单向偏心受压及双向偏心受压的承载力可分别表示为：

$$\frac{N_{u0}}{A}=[\sigma] \tag{2-74}$$

$$N_{ux}\left(\frac{1}{A}+\frac{\eta_x e_{ix}}{W_x}\right)=[\sigma] \tag{2-75}$$

$$N_{ux}\left(\frac{1}{A}+\frac{\eta_y e_{iy}}{W_y}\right)=[\sigma] \tag{2-76}$$

$$N_u\left(\frac{1}{A}+\frac{\eta_x e_{ix}}{W_x}=\frac{\eta_y e_{iy}}{W_y}\right)=[\sigma] \tag{2-77}$$

式中，A、W_x 及 W_y 分别为截面面积和绕两个对称轴的截面抵抗矩。

在以上各式中消去[σ]、A、W_x 和 W_y，可得：

$$\frac{1}{N_u}=\frac{1}{N_{ux}}+\frac{1}{N_{uy}}-\frac{1}{N_{u0}} \tag{2-78}$$

式中，N_{u0}——构件的截面轴心受压承载力设计值；

N_{ux}——轴向力作用于 x 轴并考虑相应的计算偏心距 $\eta_x e_{ix}$ 后，按全部纵向钢筋计算的偏心受压承载力设计值；

N_{uy}——轴向力作用于 y 轴并考虑相应的计算偏心距 $\eta_y e_{iy}$ 后，按全部纵向钢筋计算的偏心受压承载力设计值。

上式计算结果与试验结果符合程度较好，但在具体计算中，求 N_{ux} 和 N_{uy} 比较复杂。因为位于中和轴上的钢筋应力为零，其两边分别为受拉和受压，而中和轴的位置又与受拉钢筋和受压钢筋的数量有关，因此中和轴的位置可能要经过试算才能得到。且上述公式只能用于复核截面，不便于直接设计截面。为了简化计算和便于直接设计截面，对称配筋的矩形截面双向偏心受压构件正截面承载力，也可采用一些其他方法，如直接设计法等。

2.1.5 偏心受压构件斜截面承载力计算

一般情况下偏心受压构件的剪力值相对较小，可不进行斜截面承载力的验算；但对于有较大水平力作用的框架柱，有横向力作用的桁架上弦压杆等，剪力影响较大，必须进行斜截面受剪承载力计算。

试验表明，轴向压力对构件抗剪起有利作用，主要是因为轴向压力的存在不仅能阻滞斜裂缝的出现和开展，而且能增加混凝土剪压区的高度，使剪压区的面积相对增大，从而提高剪压区混凝土的抗剪能力。

轴向压力对构件抗剪承载力的有利作用是有限度的，图 2－24 为一组构件的试验结果。在轴压比 N/f_cbh 较小时，构件的抗剪承载力随轴压比的增大而提高，当轴压比 $N/f_cbh=0.3\sim0.5$ 时，抗剪承载力达到最大值。若再增大轴压力，则构件抗剪承载力反而会随着轴压力的增大而降低，并转变为带有斜裂缝的小偏心受压正截面破坏。

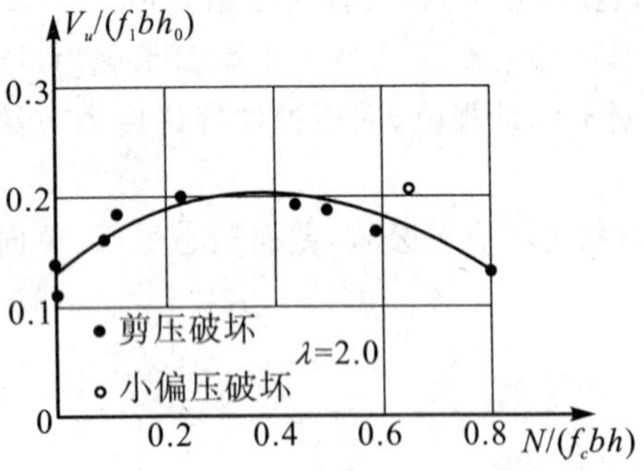

图 2－24 抗剪承载力与轴向压力的关系

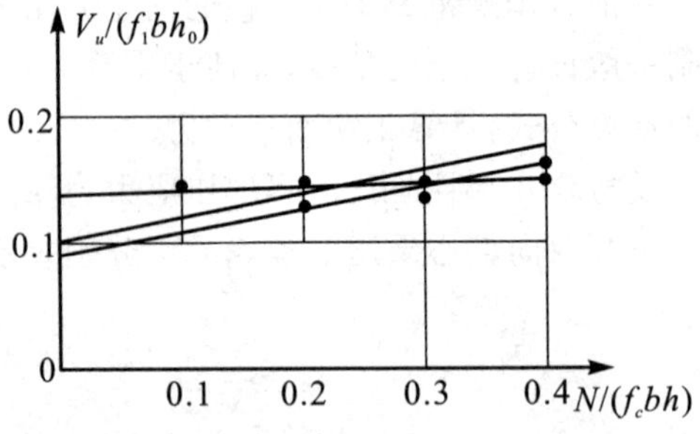

图 2－25 不同剪跨比的 V_u-N 关系

据图 2－24 和图 2－25 所示的试验结果，并考虑一般偏心受压框架柱两端在节点处是有约束的，故在轴向压力作用下的偏心受压构件受剪承载力，采用在无轴力受弯构件连续梁受剪承载力公式的基础上增加一项附加受剪承载力的办法，来考虑轴向压力对构件受剪承载力的有利影响。矩形、T 形和 I 形截面偏心受压构件的受剪承载力计算公式为：

$$V\leqslant\frac{1.75}{\lambda+1.0}f_tbh_0+1.0f_{yv}\frac{A_{sv}}{s}h_0+0.07N \tag{2-79}$$

式中，λ——偏心受压构件计算截面的剪跨比；

N——与剪力设计值 V 相应的轴向压力设计值，当 $N>0.3f_cA$ 时，取 $N=0.3f_cA$，A 为构件截面面积。

计算截面的剪跨比应按下列规定取用：

(1)对框架柱，当其反弯点在层高范围内时，取 $\lambda=H_n/(2h_0)$；当 $\lambda<1$ 时，取 $\lambda=1$；当 $\lambda>3$时，取 $\lambda=3$，此处 H_n 为柱净高。

(2)对其他偏心受压构件，当承受均布荷载时，取 $\lambda=1.5$；当承受集中荷载时(包括作用有多种荷载，其集中荷载对支座截面或节点边缘所产生的剪力值占总剪力值的 75%以上的情况)，取 $\lambda=a/h_0$；当 $\lambda<1.5$ 时，取 $\lambda=1.5$；当 $\lambda>3$ 时，取 $\lambda=3$，此处，a 为集中荷载到支座或节点边缘的距离。

与受弯构件类似，为防止斜压破坏，《混凝土结构设计规范》规定矩形、T 形和 I 形截面框架柱的截面必须满足下列条件：

当 $h_w/b\leqslant4$ 时　　$V\leqslant0.25\beta_c f_c bh_0$　　(2-80)

当 $h_w/b\geqslant6$ 时　　$V\leqslant0.2\beta_c f_c bh_0$　　(2-81)

当 $4<h_w/b<6$ 时，按线性内插法确定。

式中，β_c——混凝土强度影响系数：当混凝土强度等级不超过 C50 时，取 $\beta_c=1.0$；当混凝土强度等级为 C80 时取 $\beta_c=0.8$；其间按线性内插法确定；

h_w——截面的腹板高度，取值同受弯构件。

此外，当符合下面公式要求时，则可不进行斜截面受剪承载力计算，而仅需按构造要求配置箍筋。

$$V\leqslant\frac{1.75}{\lambda+1.0}f_t bh_0+0.07N \tag{2-82}$$

【例 2-13】 某偏心受压柱，截面尺寸 $b=400$ mm，$h=600$ mm，柱净高 $H_n=3.2$ m，取 $a=a'=40$ mm，混凝土强度等级 C30，箍筋用 HRB335 钢筋。在柱端作用剪力设计值 $V=280$ kN，相应的轴向压力设计值 $N=750$ kN。试确定该柱所需的箍筋数量。

解：

(1)验算截面尺寸是否满足要求

$$\frac{h_w}{b}=\frac{560}{400}=1.4<4$$

$$0.25\beta_c f_c bh_0=0.25\times1.0\times14.3\times400\times560=800800\ \text{N}=800.8\ \text{kN}>V=280\ \text{kN}$$

截面尺寸满足要求。

(2)验算截面是否需按计算配置箍筋

$$\lambda=\frac{H_n}{2h_0}=\frac{3200}{2\times560}=2.857$$

$$1<\lambda<3$$

$$0.3f_c A=0.3\times14.3\times400\times600=1029600\ \text{N}=1029.6\ \text{kN}>N=750\ \text{kN}$$

$$\begin{aligned}\frac{1.75}{\lambda+1}f_t bh_0+0.07N&=\frac{1.75}{2.857+1}\times1.43\times400\times560+0.07\times750000\\&=197835.75\ \text{N}\\&=197.8\ \text{kN}<V=280\ \text{kN}\end{aligned}$$

应按计算配箍筋。

(3)计算箍筋用量

由 $V \leqslant \frac{1.75}{\lambda+1} f_t b h_0 + f_{yv} \frac{A_{sv}}{s} + 0.07N$ 得：

$$\frac{nA_{sv1}}{s} \geqslant \frac{V - \left(\frac{1.75}{\lambda+1} f_t b h_0 + 0.07N\right)}{f_{yv} h_0} = \frac{280000 - 197835.75}{300 \times 560} = 0.489\ \mathrm{mm^2/mm}$$

采用⏀8@200 双肢箍筋，

$$\frac{nA_{sv1}}{s} = \frac{2 \times 50.3}{200} = 0.503 > 0.489$$

满足要求。

学习情境 2.2 钢筋混凝土柱施工图识读

混凝土柱施工图是按柱平面整体表示方法(平法)进行绘制的。柱平法施工图分为列表注写法和截面注写法，如下页图 2-26 和图 2-28 所示。

2.2.1 柱的平法施工图列表注写方式

柱的列表注写方式，是在柱平面布置图上列出各种柱规范的截面形式，平面布置图上的各种柱根据列出的表的要求选择截面形式和尺寸。同时在柱表中注写柱号，各层柱段的起止标高，配筋的具体数值。

2.2.1.1 柱的编号表示

柱编号是根据柱的类型用字的汉语拼音字母的字头表示，如框架柱的代号 KZ。同类柱不同的截面和配筋时，加序号进行区别，如 KZl、KZ2 等。

2.2.1.2 柱的标高表示方法

如图 2-26 所示，柱的标高在图的左侧表中表示了各楼层的标高和层高，在图的下侧表中表示了各标高的柱子配筋和截面尺寸的选择。当查看各层柱子的配筋时，要将左侧的表与下侧的表对照进行查找。当同一位置的柱子截面或配筋变化时，图的下侧就会出现与其标高对应的一种柱子截面和配筋表。

2.2.1.3 柱的截面尺寸表示方法

柱的上下两条边的长度用 b 表示，柱的左右两边的长度用 h 表示。为了区分各边与轴线的关系，柱的上下两条边的长度 $b=b_1+b_2$，b_1 是柱的左边缘到轴心的距离，b_2 是柱的右边缘到轴线的距离。柱的左右两条边的长度 $h=h_1+h_2$，h_1 是柱的上边缘到轴线的距离，h_2 是柱的下边缘到轴线的距离。如图 2-26 所示。KZl 在－0.030～19.470 的标高位置中柱的截面尺寸是 750 mm×700 mm，柱的左右边缘距轴线都是 375mm。轴线处于 b 边的中间，柱的上边缘距轴线 150 mm，柱的下边缘距轴线 550 mm，轴线处于 h 边是偏心轴，柱子的截面和配筋分别在第 6 层(19.470 m)和第 11 层(37.470 m)发生改变。

2.2.1.4 柱的纵向筋表示方法

柱子的纵向筋分别用角筋即柱子四个角的钢筋、上边的截面 b 边中部配筋和左边 h 边的中部配筋进行表示。对称配筋的矩形截面柱，两个 b 边和两个 h 边相等时，只注写一侧的中部配筋，如图 2-26 所示。

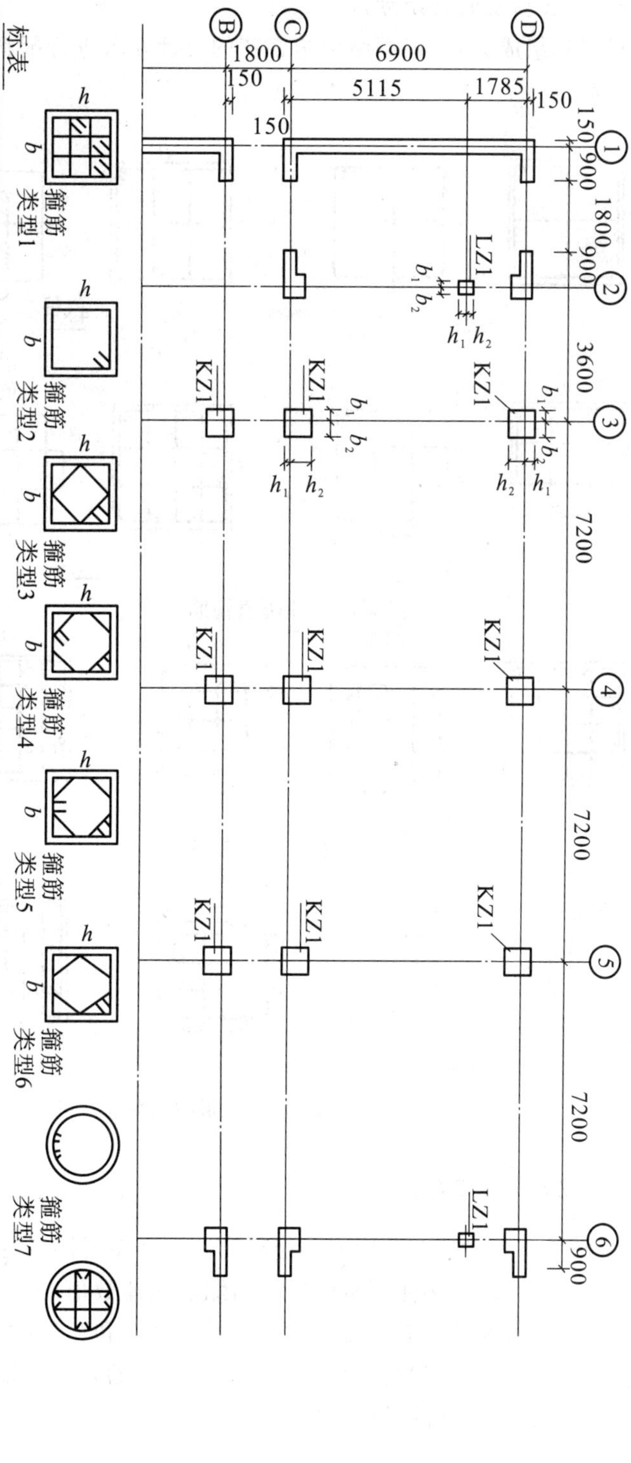

标表

柱号	标高	b×h	b_1	b_2	h_1	h_2	角筋	b边一侧中部筋	h边一侧中部筋	箍筋类型号	箍筋	备注
	-0.03~19.470	750×700	375	375	150	550	4Φ25	5Φ25	5Φ25	1(5×4)	φ10@100/200	
	19.470~37.470	650×600	375	325	150	450	4Φ25	5Φ25	4Φ22	1(4×4)	φ10@100/200	
	37.470~59.070	550×500	275	275	150	350	4Φ25	5Φ25	4Φ22	1(4×4)	φ8@100/20	采用焊接封闭筋

-0.030~+59.070柱平法施工图(局部)

图 2－26　柱平法施工图列表注写方式示例

KZ1b 边的一侧中部配筋各自是 5 Φ 25，两边采用 10 Φ 25。当采用圆柱时，表中角第一栏注写圆柱全部纵筋。

2.2.1.5　柱箍筋的表示方法

箍筋有各种组成方式，根据结构施工图的设计要求进行配料，各种矩形箍筋组成方式如图 2－27 所示。

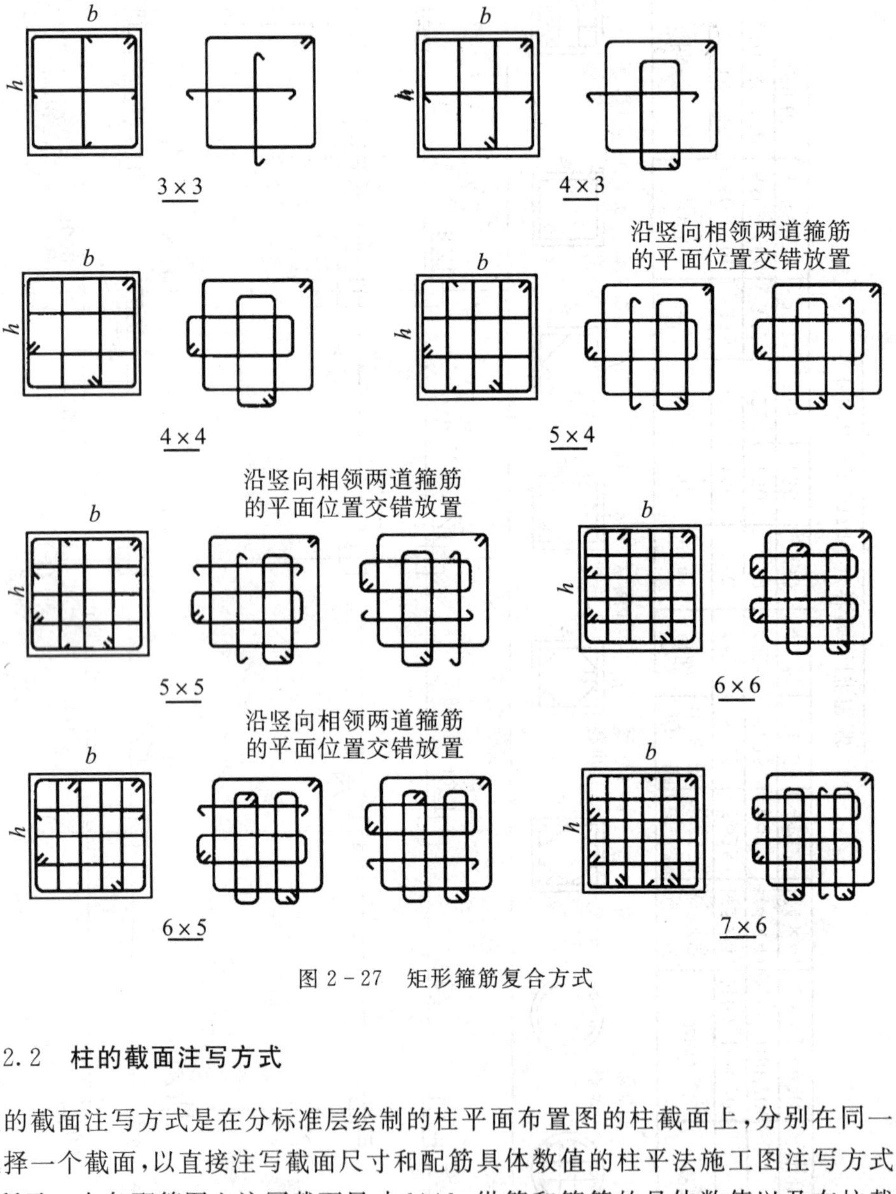

图 2－27　矩形箍筋复合方式

2.2.2　柱的截面注写方式

柱的截面注写方式是在分标准层绘制的柱平面布置图的柱截面上，分别在同一编号的柱中选择一个截面，以直接注写截面尺寸和配筋具体数值的柱平法施工图注写方式。如图 2－28 所示。在各配筋图上注写截面尺寸 $b \times h$、纵筋和箍筋的具体数值以及在柱截面配筋图上标注柱截面与轴线之间的关系，即 b_1、b_2、h_1、h_2 的具体数值。当纵筋采用两种直径时，须再注写截面各边中部筋的具体数值。

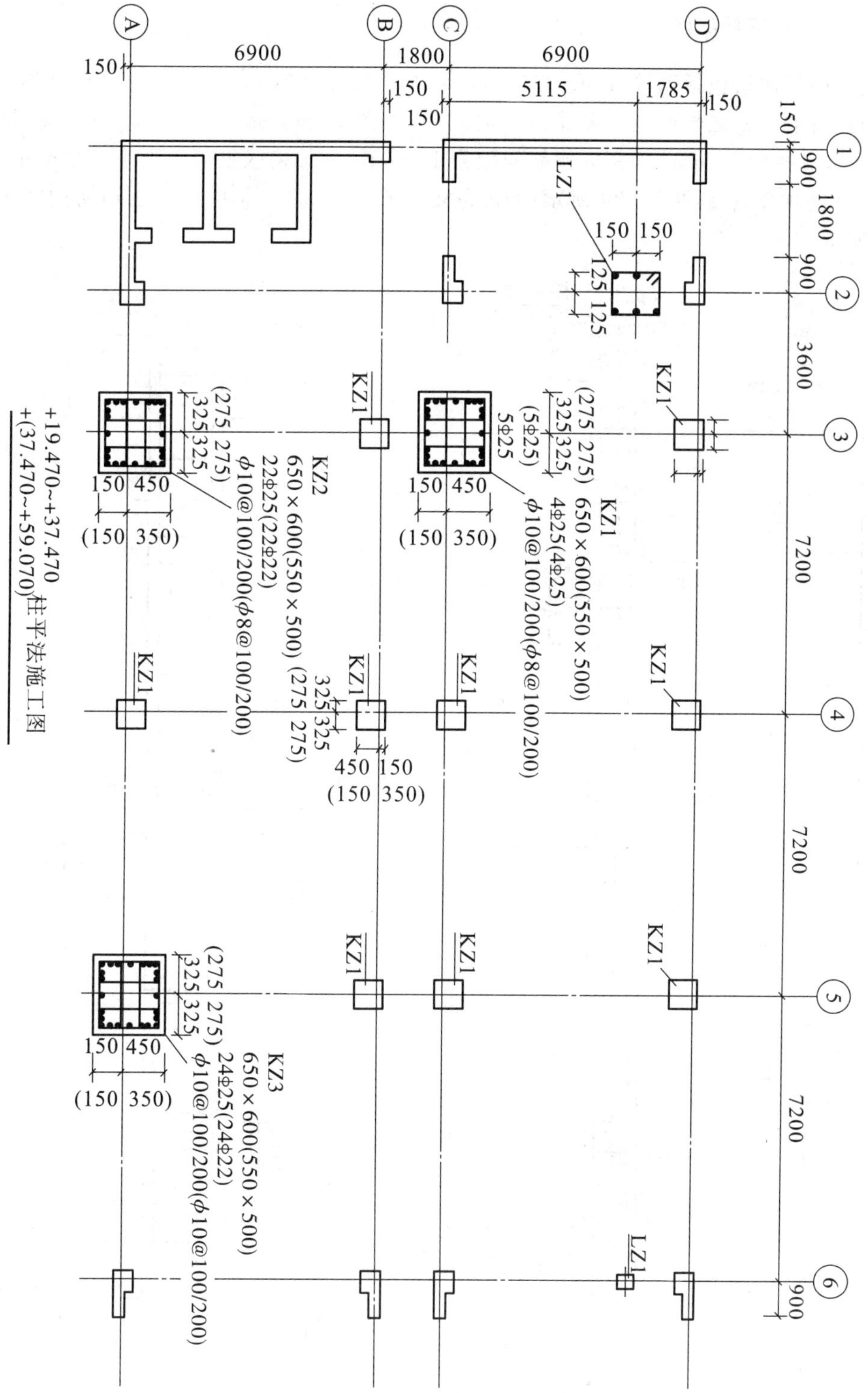

图 2－28　柱平法施工图截面注写方式示例

注：KZ3 标高＋19.470 至＋59.070 以及 KZ1 和 KZ2 标高＋37.470 至＋59.070 均采用焊接封闭箍。

2.2.3　柱箍筋的注写

柱箍筋的注写包括钢筋级别、直径与间距，当为抗震设计时，用斜线"/"区分柱端箍筋加密区与柱身非加密区长度范围箍筋的不同问题，如图 2-26 所示。ϕ10@100/200 即为钢筋是Ⅰ级，直径为 10 mm，加密区箍筋间距为 100 mm，非加密区箍筋间距为 200 mm。抗震地区柱箍筋加密区如图 2-29 所示（Hn 为楼层的柱净高）。非抗震地区箍筋加密区如图 2-30所示。

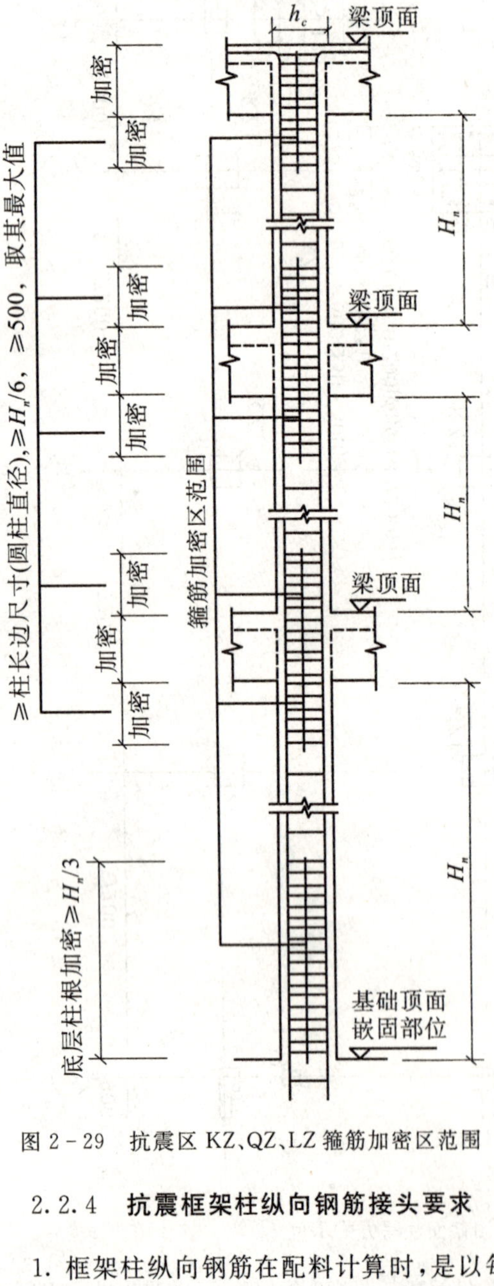

图 2-29　抗震区 KZ、QZ、LZ 箍筋加密区范围

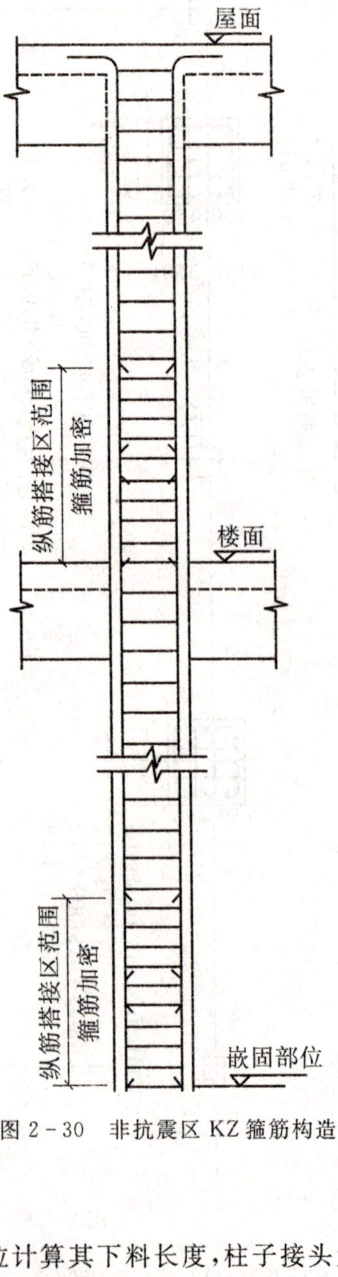

图 2-30　非抗震区 KZ 箍筋构造

2.2.4　抗震框架柱纵向钢筋接头要求

1. 框架柱纵向钢筋在配料计算时，是以每层为单位计算其下料长度，柱子接头无论采用哪种方式连接，柱相邻纵向钢筋连接接头相互错开，在同一截面内钢筋接头面积百分率不

应大于 50%，接头的位置和搭接长度，如图 2-31 所示。图中 H_n 为柱的净高，H_c 为柱截面长边尺寸，圆柱为截面直径。l_{lE} 为钢筋抗震搭接长度。

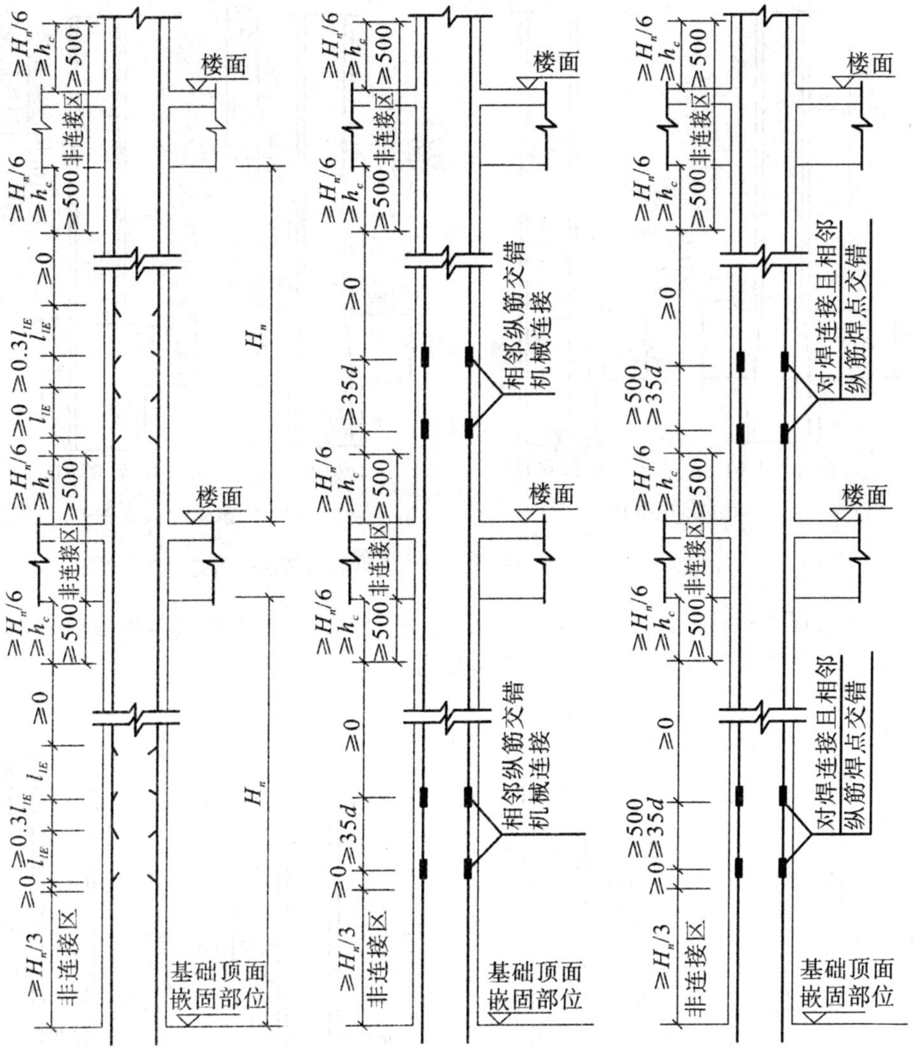

图 2-31　抗震(KZ)柱纵向钢筋连接构造

2. 当框架柱的纵向钢筋直径大于 22 mm 时，不宜采用绑扎搭接，应采用机械连接或焊接连接。

3. 当抗震柱截面发生变化时，其接头搭接的位置和接头的搭接长度如图 2-32 所示。图中 h_b 为梁的高度，c 为上柱与下柱每边所减小的尺寸。

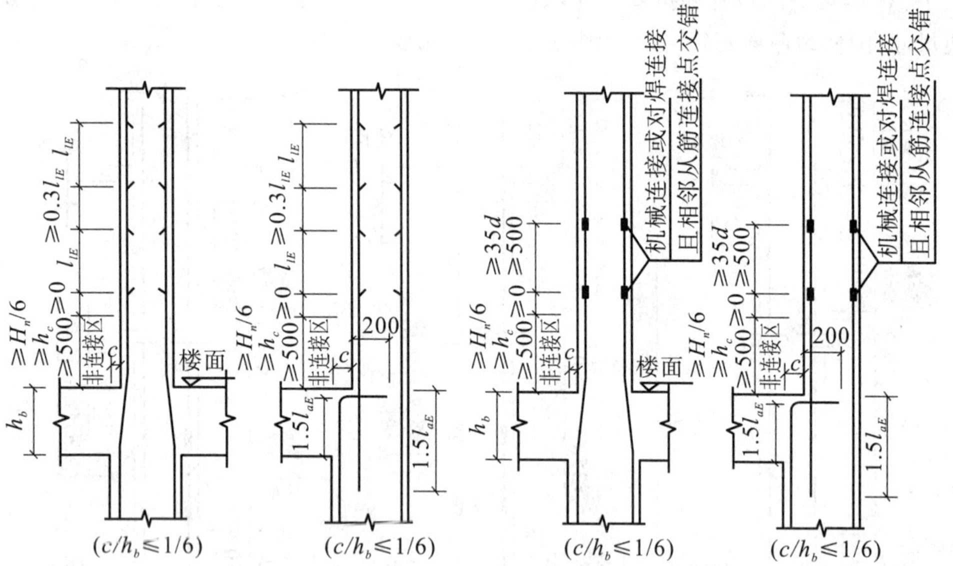

(a) 绑扎搭接　　(b) 机械或焊接连接

图 2-32　抗震(KZ)柱变截面位置纵向钢筋连接构造

4. 当非抗震框架柱截面变化时，其纵向钢筋接头的位置和搭接的长度应符合图 2-33 所示的要求。符号所表示的内容与以上图示相同。

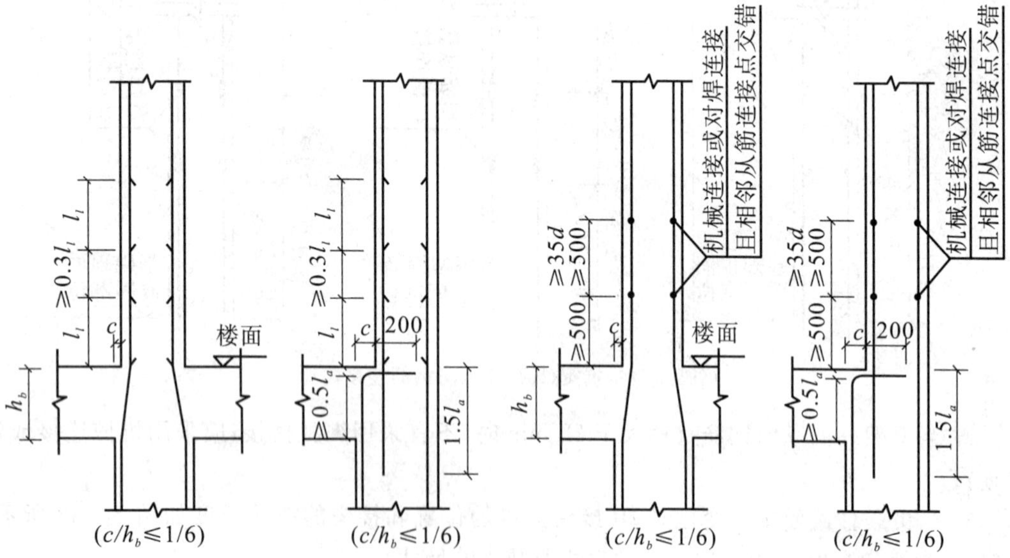

(a) 绑扎搭接　　(b) 机械或焊接连接

图 2-33　非抗震(KZ)柱中柱纵向钢筋连接构造

5. 非抗震框架柱纵向钢筋接头要求。非抗震框架柱纵向钢筋接头的位置和搭接长度应符合图 2-34 所示的要求。图中 l_l 表示钢筋绑扎搭接长度。

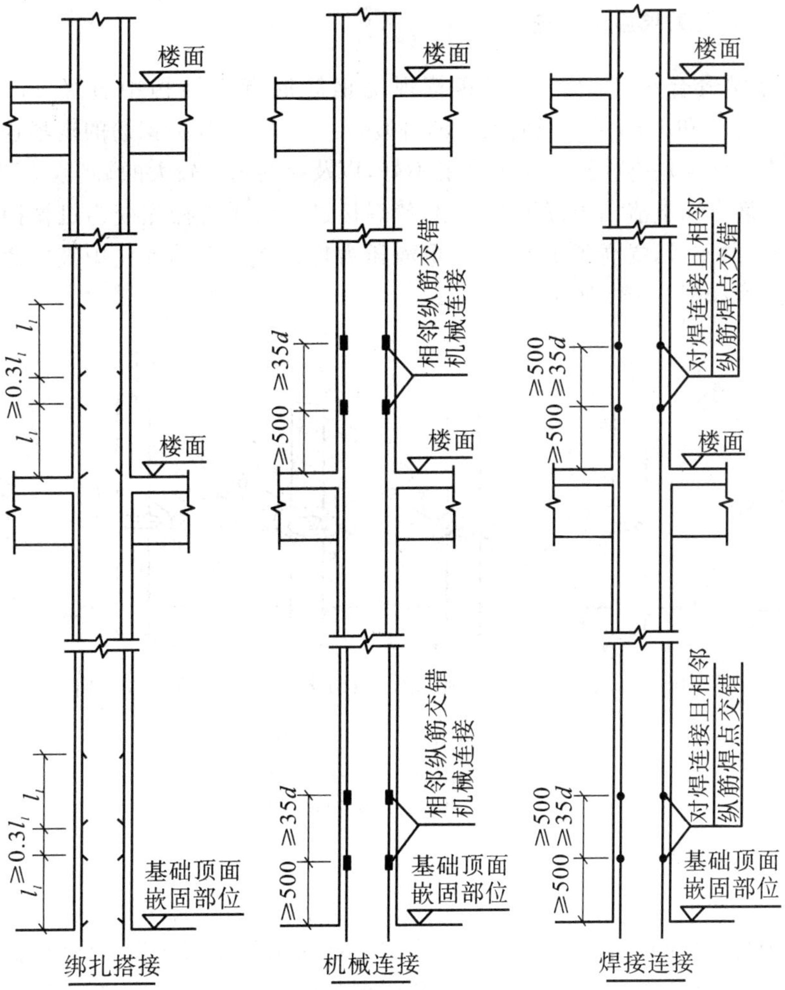

图 2-34　非抗震(KZ)柱纵向钢筋连接构造

学习情境 2.3　钢筋混凝土墙柱钢筋施工

钢筋混凝土墙柱钢筋工程一般按照以下工序进行：技术人员下钢筋材料订购单→材料报检→进场(堆放)→材料复检→技术人员按规范和图纸要求计算钢筋下料长度下钢筋下料单→钢筋加工(除锈、调直、焊接、切断、弯制等)→现场弹线→临时固定受力钢筋(定位)→焊接或机械连接→钢筋绑扎→校正等。钢筋固定并经过质量验收以后，就可以固定模板、校正、验收模板、下达浇筑令从而进行混凝土浇筑了。

钢筋的验收、存放、配料、加工等工序在梁板钢筋施工中已经介绍，本情境着重讲解几种钢筋连接形式的施工工艺和墙柱钢筋的绑扎工艺。

2.3.1　电渣压力焊施工工艺

电渣压力焊适合于工业与民用建筑现浇钢筋混凝土结构中直径 14～32 mm 的 HRB235、HRB335 和 HRB400 竖向或斜向(倾斜度 4∶1 范围内)钢筋的现场连接。这种工艺能较好解决钢筋采用绑扎连接受力性能不好,以及材料消耗较大的缺陷,特别是单机头和三机头竖向钢筋自动电渣压力焊机的应用,使焊接过程由手工操作变为机械操作和自动控制,保证了接头的质量,提高了工效,因而电渣压力焊在竖向钢筋连接中被广泛应用。电渣压力焊焊接过程如图 2－35 所示。

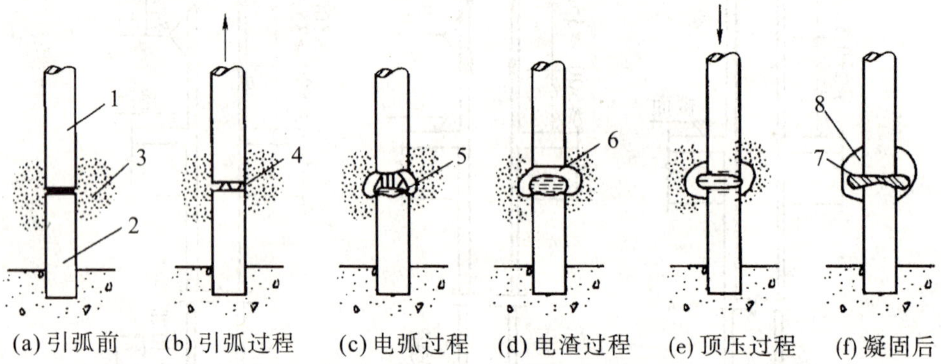

图 2－35　电渣压力焊焊接过程示意图

1—上钢筋;2—下钢筋;3—焊剂;4—电弧;5—熔池;
6—熔渣(渣池);7—焊包;8—渣壳

2.3.1.1　材料要求

1. 钢筋

钢筋的牌号、直径必须符合设计要求,有出厂证明书及复试报告单(并注意混合批的取样要求)。进口钢筋还应有化学复试单,其化学成分应满足焊接要求,并应有可焊性试验。

2. 焊剂

焊剂应有出厂合格证,性能应符合 GB5293 碳素钢埋弧焊用焊剂的规定;焊剂型号一般为 HJ431,常用的为熔炼型高锰高硅低氟焊剂或中锰高硅低氟焊剂;焊剂应存放在干燥的库房内,防止受潮,如受潮,使用前须经 250 ℃～300 ℃烘焙 2h 且有烘焙记录;使用中回收的焊剂,应除去熔渣和杂物,并应与新焊剂混合均匀后使用。

2.3.1.2　主要机具

1. 手工电渣压力焊设备包括:焊接电源、控制箱、焊接夹具、焊剂罐等,在梁板钢筋施工中已经提及。

2. 自动电渣压力焊设备(应优先采用)包括:焊接电源、控制箱、焊接夹具、操作箱、焊接机头等,如图 2－36 所示。

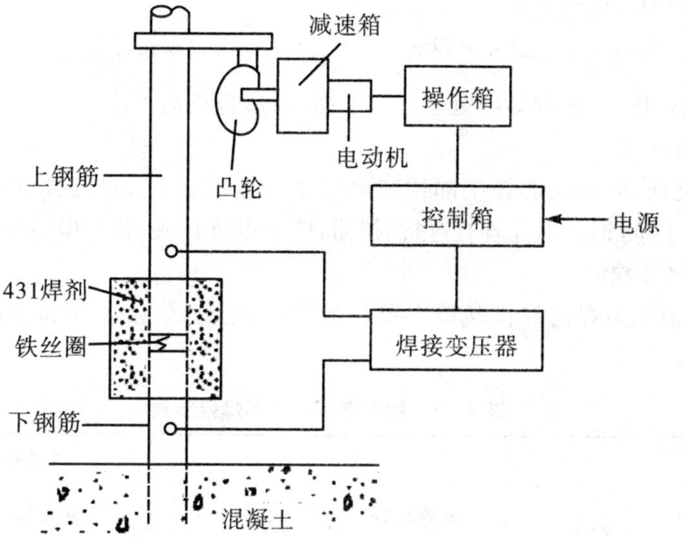

图 2-36 自动电渣压力焊示意图

3. 钢筋电渣压力焊宜采用次级空载电压较高(TSV 以上)的交流或直流焊接电源(一般直径在 32 mm 及以下的钢筋焊接时,应采用容量为 600A 的焊接电源;直径在 32 mm 及以上的钢筋焊接时,应采用容量为 1000A 的焊接电源)。当焊机容量较小时,也可以采用较小容量的同型号,同性能的两台焊机并联使用。

4. 应采用无齿锯切割机切割钢筋。

2.3.1.3 作业条件

1. 焊工必须持有有效的焊工考试合格证。

2. 设备应符合要求。焊接夹具应有足够的刚度,在最大允许荷载下应移动灵活,操作方便。焊剂罐的直径与所焊钢筋直径相适应,不致在焊接过程中烧坏。电压表、时间显示器应配备齐全,以便操作者准确掌握各项焊接参数。

3. 电源应符合要求。当电源电压下降大于 5%时,不宜进行焊接。

4. 作业场地应有安全防护措施,制定和执行安全技术措施,加强焊工的劳动保护,防止发生烧伤、触电、火灾、爆炸以及烧坏机器等事故。

5. 注意接头位置,注意同一区段内有接头钢筋截面面积的百分比,不符合《混凝土结构工程施工质量验收规范》有关条款的规定时,要调整接头位置后才能施焊。

6. 钢筋端头已用无齿锯切割机切割,且端头要平;第一组接头距楼地面≥500 mm;第一、二组接头相互错开≥35d,且≥500 mm。

2.3.1.4 操作工艺

1. 工艺流程

检查设备、电源钢筋端部 → 选择焊接参数 → 安装焊接夹具和钢筋 → 安放铁丝球 → 安放焊机罐、填装焊剂 → 施焊、做试件 → 确定焊接参数 → 施焊 → 回收焊剂 → 卸下夹具 → 质量检查

2. 电渣压力焊的施焊过程

闭合电路 ⟶ 引弧 ⟶ 电弧过程 ⟶ 电渣过程 ⟶ 挤压断电

3. 检查设备、电源,确保始终处于正常状态,严禁超负荷工作。

4. 钢筋端部检查

钢筋安装之前,应将钢筋焊接部位和电极钳口接触(150 mm 区段内)位置的锈斑、油污、杂物等清除干净,钢筋端部若有弯折、扭曲,应予以矫直或切除,但不得用锤击矫直。

5. 选择焊接参数

(1)钢筋电渣压力焊的焊接参数主要包括:焊接电流、焊接电压和焊接通电时间,见表2-5。

表 2-5 钢筋电渣压力焊焊接参数

钢筋直径(mm)	焊接电流(A)	焊接电压(V)		焊接通电时间(s)	
		电弧过程 U_{2-1}	电渣过程 U_{2-2}	电弧过程 t_1	电渣过程 t_2
16	200～250	35～45	18～22	14	4
18	250～300	35～34	18～22	15	5
20	300～350	35～45	18～22	17	5
22	350～400	35～45	18～22	18	6
25	400～450	35～45	18～22	21	6
28	500～550	35～45	18～22	24	6
32	600～650	35～45	18～22	27	7

(2)不同直径钢筋焊接时,按较小直径钢筋选择参数,焊接通电时间延长约10%。

6. 安装焊接夹具和钢筋

(1)夹具的下钳口应夹紧于下钢筋端部的适当位置,一般为1/2焊剂罐高度偏下5～10 mm,以确保焊接处的焊剂有足够的淹埋深度。

(2)上钢筋放入夹具钳口后,调准动夹头的起始点,使上下钢筋的焊接部位位于同轴状态,方可夹紧钢筋。注意常规应钢筋棱对棱,同时要考虑顶层钢筋拐尺的方向也能满足要求。

(3)钢筋一经夹紧,严防晃动,以免上下钢筋错位和夹具变形。

7. 安放引弧用的铁丝球(也可省去)。安放焊剂罐、填装焊剂。

8. 试焊、做试件、确定焊接参数

在正式进行钢筋电渣压力焊之前,必须按照选择的焊接参数进行试焊并做试件送试,以便确定合理的焊接参数。合格后,方可正式生产。当采用半自动、自动控制焊接设备时,应按照确定的参数设定好设备的各项控制数据,以确保焊接接头质量可靠。

9. 施焊操作要点

(1)闭合电路、引弧:通过操纵杆或操纵盒上的开关,先后接通焊机的焊接电流回路和电源的输入回路,在钢筋端面之间引燃电弧,开始焊接。

(2)弧过程：引燃电弧后，应控制电压值。借助操纵杆使上下钢筋端面之间保持一定的间距，进行电弧过程的延时，使焊剂不断熔化而形成必要深度的渣池。

(3)电渣过程：随后逐渐下送钢筋，使上钢筋端部插入渣池，电弧熄火，进入电渣过程的延时，使钢筋全断面加速熔化。

(4)挤压断电：电渣过程结束，迅速送上钢筋，使其断面与下钢筋端面相互接触，趁热排出熔渣和熔化金属。同时切断焊接电源。

(5)接头焊毕，应停歇 20～30 s 后(在寒冷地区施焊时，停歇时间应适当延长)，才可回收焊剂和卸下焊接夹具。

2.3.1.5　质量控制

在钢筋电渣压力焊的焊接生产中，焊工应认真进行自检，若发现偏心、弯折、烧伤、焊包不饱满等焊接缺陷，应切除接头重焊，并应查找原因，及时消除。切除接头时，应切除热影响区的钢筋，即离焊缝中心约为 1.1 倍钢筋直径的长度范围内部分应切除。

2.3.1.6　质量标准

1. 主控项目

(1)钢筋的品种和质量必须符合设计要求和有关标准的规定。需要注意进口钢筋须先经过化学成分检验和焊接试验，符合有关规定后方可焊接。

(2)钢筋的规格、焊接接头的位置、同一截面内接头的百分率，必须符合设计要求和施工规范的规定。

(3)电渣压力焊接头的力学性能检验必须合格。

(4)力学性能检验时，应从每批接头中随机切取 3 个试件做拉伸试验。3 个试件如有 1 个不合格，加倍取样。6 个试件如有 1 个不合格，该批判废。

(5)在现浇钢筋混凝土结构中，应以 300 个同牌号钢筋接头作为一批。

(6)在房屋结构中，应在不超过二楼层中 300 个同牌号钢筋接头作为一批，不足 300 个接头仍应作为一批。

2. 一般项目

钢筋电渣压力焊接头应逐个进行外观检查，结果应符合下列要求：

(1)焊包较均匀，突出部分最少高出钢筋表面 4 mm。

(2)电极与钢筋接触处，无烧伤缺陷。

(3)接头处的弯折角不大于 3°，即 52 mm/1000 mm。

(4)接头处的轴线偏移应不大于 0.1 倍钢筋直径，同时不大于 2 mm。

(5)外观检查不合格的接头应切除重焊、或采取补救措施。

(6)钢筋电渣压力焊的接头距楼地面至少 500 mm，相邻钢筋接头应错开≥35 d，且大于 500 mm。

(7)钢筋电渣压力焊接完成后的焊液应及时清除干净。

2.3.1.7　注意事项

1. 接头焊毕，应停歇 20～30s 后才能卸下夹具，以免接头弯折。

2. 在钢筋电渣压力焊生产中，应重视焊接全过程中的任何一个环节。接头部位应清理干净；钢筋安装应上下同轴；夹具紧固，严防晃动；引弧过程，力求可靠；电弧过程，延时充分；电渣过程，短而稳定；挤压过程，压力适当。若出现异常现象，应参照表 2-6 查找原因，及时清除。

3. 电渣压力焊可在负温条件下进行，但当环境温度低于－20 ℃时，则不宜进行施焊。

4. 雨天、雪天不宜进行施焊，必须施焊时，应采取有效的遮蔽措施，焊后未冷却的接头，应避免碰到冰雪。

表 2－6　钢筋电渣压力焊接头焊接缺陷与防治措施

项　次	焊接缺陷	防　止　措　施
1	轴线偏移	1. 矫直钢筋端部。端部用无齿锯垂直轴线切断，不能用切断机切，使钢筋棱对棱 2. 正确安装夹具和钢筋 3. 避免过大的挤压力 4. 及时修理或更换夹具
2	弯　折	1. 矫直钢筋部端部用无齿锯轴线切断，不能用切断机切 2. 注意安装与扶持上钢筋 3. 避免焊后过快卸夹具 4. 修理或更换夹具
3	焊包薄而大	1. 减低顶压速度 2. 减小焊接电流 3. 减少焊接时间
4	咬　边	1. 减小焊接电流 2. 缩短焊接时间 3. 注意上钳口的起始点，确保上钢筋挤压到位
5	未焊合	1. 增大焊接电流 2. 避免焊接时间过短 3. 检修夹具，确保上钢筋下送自如
6	焊包不均	1. 钢筋端面力求平整 2. 填装焊剂尽量均匀 3. 延长焊接时间，适当增加熔化量
7	气　孔	1. 按规定要求烘焙焊剂 2. 清除钢筋焊接部位的铁锈 3. 确保被焊处在焊剂中的埋入深度
8	烧　伤	1. 钢筋导电部位除净铁锈 2. 尽量夹紧钢筋
9	焊包下淌	1. 彻底封堵焊剂罐的漏孔 2. 避免焊后过快回收焊剂

5. 质量检查：

在钢筋电渣压力焊的焊接生产中，焊工应认真进行自检，若发现偏心、弯折、烧伤、焊包不饱满等焊接缺陷，应切除接头重焊，并应查找原因，及时消除。切除接头时，应切除热影响区的钢筋，即离焊缝中心约为 1.1 倍钢筋直径的长度范围内部分应切除。

6. 安全要求：

焊工操作时应穿电焊工作服、绝缘鞋和戴电焊手套、防护面罩等安全防护用品，高处作业时系安全带；电焊作业现场周围10 m范围内不得堆放易燃易爆物品；操作前应首先检查焊机和工具，如焊钳和焊接电缆的绝缘、焊机外壳保护接地和焊机的各接线点等，确认安全合格方可作业；焊接时二次线必须双线到位，严禁借用金属管道、金属脚手架、轨道及结构钢筋作为回路地线。

2.3.2 闪光对焊施工工艺

钢筋闪光对焊是利用对焊机使两端钢筋接触，通以低压的强电流，把电能转化为热能，当钢筋加热到一定程度后，立即施加轴向压力挤压，使其形成对焊接头。闪光对焊施工快速，焊接质量容易保证，适用于Ⅰ～Ⅲ级钢筋接长及预应力钢筋与螺丝端杆锚具的对焊连接。

2.3.2.1 材料要求

钢筋应有材质证明书，其性能应符合现行《钢筋混凝土用热轧带肋钢筋》、《钢筋混凝土用热轧光圆钢筋》标准的规定。

2.3.2.2 施工机具

应选用焊机容量为80～150 kVA的对焊机以及钢筋切断机。UN1－25钢筋对焊机示意图如图2-37所示，工作原理见梁板钢筋施工。

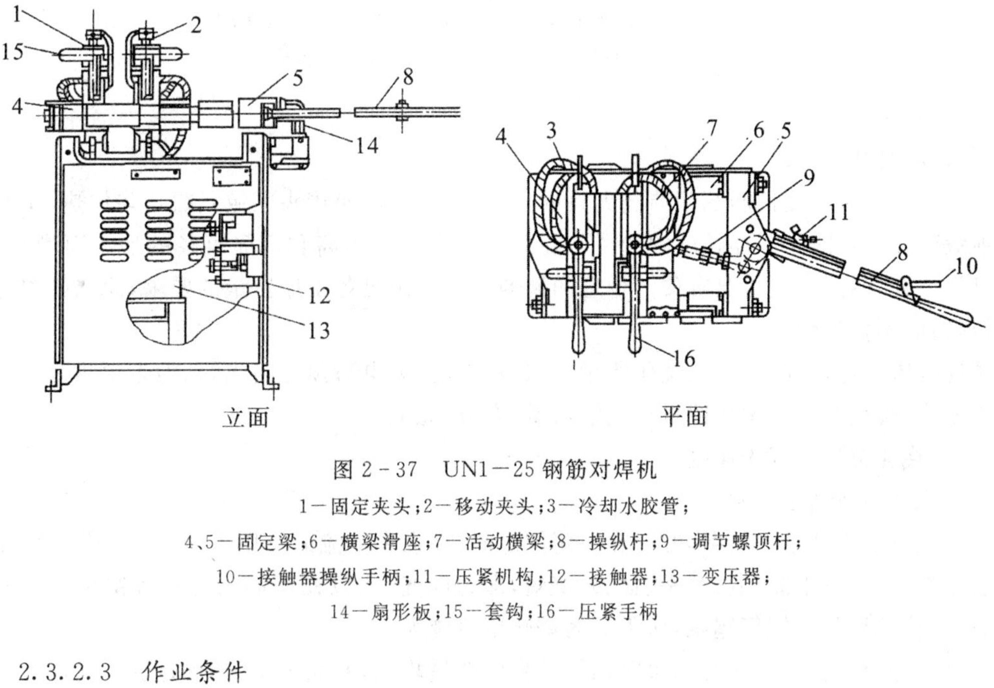

图2-37 UN1－25钢筋对焊机

1－固定夹头；2－移动夹头；3－冷却水胶管；
4、5－固定梁；6－横梁滑座；7－活动横梁；8－操纵杆；9－调节螺顶杆；
10－接触器操纵手柄；11－压紧机构；12－接触器；13－变压器；
14－扇形板；15－套钩；16－压紧手柄

2.3.2.3 作业条件

1. 应保持对焊机的机械传动、电器控制系统可靠、稳定、灵活，冷却系统通畅。电极钳口应与钢筋紧密接触，间隙不得大于钢筋直径的0.1倍，并不得大于2 mm，上下电极对中。

2. 用钢筋切断机下料时应注意使纵肋位于铅垂面上。

3. 应去除钢筋端头150 mm内，尤其是电极接触部分的铁锈、油污、泥浆。钢筋端部有弯折、扭曲时，应予以矫直或切除。

4. 钢筋防止在电极钳口内时，应将端头凸出点对凸出点。

5. 钢筋过长应搭支架，保持两电极之间钢筋处于水平位置。

6. 雨天、雪天或施焊现场风速超过 5.4 m/s(3 级风)焊接时，应采取有效遮蔽措施。

7. 可在负温条件下焊接，但当环境温度低于－20 ℃时，不宜进行施焊。

8. 在工程开工正式焊接之前，参与该项施焊的焊工应进行现场条件下的焊接工艺试验，经试验合格后，方可正式操作，试验结果应符合质量检验与验收的要求。

2.3.2.4 操作工艺

1. 对焊参数选择

为了获得良好的对焊接头，必须选择恰当的焊接参数，如图 2-38 所示。

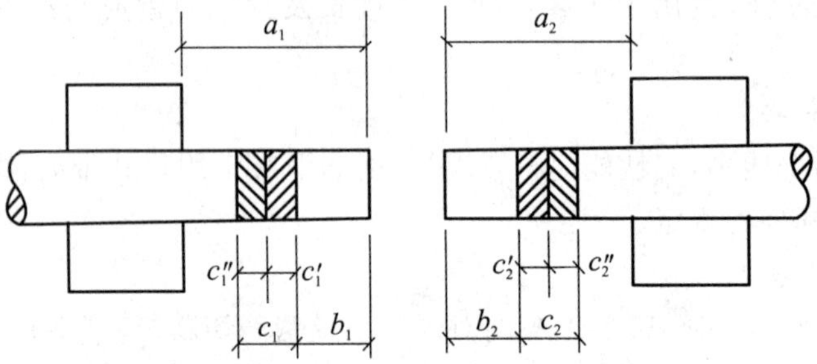

图 2-38 调直长度、闪光留量及顶锻留量

a_1、a_2－左、右钢筋调伸长度；b_1+b_2－烧化留量；c_1+c_2－顶锻留量

$c'_1+c'_2$－有电顶锻留量 $c''_1+c''_2$－无电顶锻留量

(1)调伸长度

1)调伸长度的选择

调伸长度指焊接钢筋端部伸出夹具的长度，其长度应使接头区域获得均匀加热，又不致在顶锻时发生弯曲。调伸长度的选择应随着钢筋级别的提高和钢筋直径的加大而增长；并与对焊方式，端面平整情况有关。合理的调伸长度应满足各工序留量的要求，使钢筋均匀加热，顶锻时不发生旁弯。

连续闪光焊调伸长度为：烧化留量＋顶锻(有电、无电)；预热闪光焊、闪光预热闪光焊调伸长度为：烧化留量＋预热留量＋顶锻留量(有电、无电)。

(2)烧化留量与闪光速度

1)烧化留量确定原则

焊接钢筋端部刚一接触，并存在一定间隙时，在强大电流的作用下喷射出火花及熔化的金属微粒，并且将钢筋端部冲平、加热、烧短，即为闪光，所以在钢筋闪光过程留出一定的长度，即为烧化留量。钢筋越粗，所需要的烧化留量越大。

选择原则应使闪光过程结束时钢筋端部的热量均匀，断面平整，达到足够的温度。

2)烧化留量取值

连续闪光焊：烧化留量＝两钢筋切断时严重压伤部分之和＋8 mm

预热闪光焊：烧化留量$\not<$10 mm

闪光—预热闪光焊：一次烧化留量＝两钢筋切断时严重压伤部分之和

二次烧化留量≮10 mm

3)闪光速度

闪光速度是为维持钢筋对焊闪光钢筋向前移动的速度,闪光速度随钢筋直径增大而降低,在整个闪光过程中,速度由慢到快。闪光速度主要靠经验控制。

开始时近于零,而后约 1 mm/s,终止时达 1.5～2 mm/s。

(3)预热留量与预热频率

预热留量是钢筋两端面紧密接触没有间隙,在电流作用下产生电阻热,而不闪光加热所消耗的钢筋长度,钢筋预热留量随钢筋直径增大而增加。

预热留量为 1～2 mm;预热频率 1～4 次;每次预热时间 1.5～2 s;每次预热间隙时间 3～4 s;加热至端面附近呈橘红色(700 ℃～800 ℃)即可。

(4)顶锻留量、顶锻速度、顶锻压力

1)顶锻留量

指闪光过程结束后,增大压力将钢筋顶锻压紧,在接头处挤出金属所消耗的钢筋长度。

顶锻留量应为 4～10 mm,并应随钢筋级别的提高和钢筋直径的增大而增加。其中有电顶锻约占 1/3,无电顶锻约占 2/3。

2)顶锻速度

指结束闪光过程,挤压钢筋接头时的速度。

顶锻速度越快越好,特别是顶锻开始的一瞬间应将钢筋压缩－3 mm,使焊口迅速闭合不致氧化,断电以后以 6 mm/s 的速度继续顶锻至结束,中途不得停顿。

(5)顶锻压力

即挤压钢筋接头时的压力。钢筋直径越大,所需的顶锻压力越大。

顶端压力应足以将全部的熔化金属从接头内挤出,而且还要使临近接头处约 10 mm 的金属产生塑性变形。

(6)变压器级次

变压器级次应根据钢筋级别、直径、焊机容量以及焊接工艺方法等具体情况选择。钢筋级别高,直径大,级次要高;火花过大并有强烈声响,应降低变压器级次;对焊机初级电压每降低 5%,应提高变压器级次一级。根据电流和时间的不同可选择强参数和弱参数。

强参数:大电流短时间。可以减少接头过热,提高工作效率,但易产生淬硬组织。适合于钢筋级别较低,或环境温度较高时。

弱参数:小电流长时间。可以减少温度和冷却速度。适合于钢筋级别较高,或环境温度较低时。

(7)负温焊接参数

闪光对焊可在负温条件下进行焊接,但当环境温度低于－20 ℃时,不宜进行施焊;环境温度－5 ℃的条件下进行闪光对焊时,宜采用预热闪光焊或闪光—预热闪光焊工艺;钢筋断面比较平整时,宜采用预热闪光焊;断面不平整时,宜采用闪光预热闪光焊。

钢筋负温闪光对焊工艺应控制热影响区长度。热影响区长度随钢筋级别、直径的增加而适当增加。焊接参数的选择,与常温焊接相比,可实施增加调伸长度;采用较低变压器级数;增加预热容量、预热次数、预热间隙时间和预热接触压力;减缓烧化过程的中期速度等调整手段。

(8)不同直径对焊参数

不同直径对焊时，其截面比不宜大于 1.5，按大直径选择焊接参数，应减少大直径端的调伸长度。

2. 对焊工艺选择

(1)当钢筋直径较小，钢筋级别较低，在表 2-7 规定的范围内可采用“连续闪光焊”。

表 2-7 连续闪光焊钢筋上限直径

焊机容量(kV—A)	钢筋级别	钢筋直径(mm)
160 (150)	HPB235 HRB335 HRB400 RRB400	20 22 20 20
100	HPB235 HRB335 HRB400 RRB400	20 18 16 16
80 (75)	HPB235 HRB335 HRB400 RRB400	16 14 12 12
40	HPB235 Q235 HRB335 HRB400 RRB400	10

(2)当超过表 2-7 规定，且钢筋断面没有严重压伤比较平整时，宜采用“预热闪光焊”。

(3)当钢筋端面不平整，应采用“闪光—预热闪光焊”。

(4)负温闪光对焊，宜采用预热闪光焊或闪光—预热闪光焊工艺。钢筋断面比较平整时，宜采用预热闪光焊接；断面不平整时，宜采用闪光—预热闪光焊。

3. 连续闪光焊

(1)操作工艺

烧化 → 有电顶锻 → 无电顶锻

(2)操作要点

1)确定调伸长度(两电极之间的钢筋长度，其中包括烧化留量、有电顶锻留量、无电顶锻留量)。

2)闭合一次电路，扳动手柄，使两钢筋端面轻微接触，断面间隙中即喷射出火花—闪光，继续移动手柄使钢筋两断面仍保持轻微接触形成连续闪光。当闪光到达预定的烧化留量，钢筋端头的温度已接近熔点时(白亮色)，迅速扳动手柄以一定的压力进行顶锻，先带电顶锻，再无电顶锻到一定长度，焊接完毕。

4. 预热闪光焊

(1)操作工艺

预热 → 烧化 → 有电顶锻 → 无电顶锻

(2)操作要点

1)确定调伸长度(包括预热留量、烧化留量、有电顶锻留量、无电顶锻留量)。

2)闭合一次电路，扳动手柄，使两钢筋断面交替地接触分开，钢筋断面的间隙中发出断续的闪光，形成预热过程。当预热达到温度后进入闪光阶段，以后的操作方法同连续闪光焊。

5. 闪光—预热闪光焊

(1)操作工艺

一次烧化 → 预热 → 二次烧化 → 有电顶锻 → 无电顶锻

(2)操作要点

1)确定调伸长度(包括一次烧化留量、预热留量、二次烧化留量、有电顶锻留量、无电顶锻留量)。

2)闭合一次电路，扳动手柄，使两钢筋面轻微接触，断面间隙中即喷射出火花—闪光。继续移动手柄使钢筋两断面仍保持轻微接触形成连续闪光。当闪光达到预定的一次烧化留量时，随即进入钢筋断面交替接触分开的预热阶段，当预热达到一定温度后进入闪光阶段，以后的操作方法同连续闪光焊。

2.3.2.5　质量控制

1. 组织技术人员、采购人员对生产厂家做好评审工作，合理选择机型。

2. 原材料应按规定复验合格后方能施焊，各级别钢筋应以明显标记分别堆放。

3. 焊机周围应有防风、防雨措施；应保证焊机的机械传动，电器开关、冷却水路可靠、灵活、通畅。

4. 焊接人员必须经过培训，持证上岗。

5. 质量检查人员应按验收标准进行检查和处理。

6. 现场试验员应按规定组批及时抽取试件做好力学性能试验。

7. 焊接参数应根据钢筋级别、气温高低、焊机特性、实际电压及时进行修正。经修正后的参数应做班前焊进行验证(取 3 根试件，在弯曲成型机上弯曲 90°)，合格后方能成批生产。

8. 焊接过程每 2 小时进行一次检查。

9. RRB400 钢筋直径控制在 25 mm 以下，并减少调伸长度，缩短加热时间，使热影响区长度控制在钢筋直径的 0.6 倍范围之内。

10. 施焊时应随时观察电源电压的波动情况。当电源电压大于 5%、小于 8%时，应采取提高焊接变压器级数的措施；当大于等于 8%时，不得进行焊接。

2.3.2.6　质量标准

1. 主控项目

在施工现场，应按国家现行标准《钢筋焊接及验收规程》的规定，从每批闪光对焊钢筋接头中随机切取 6 个试件做力学性能检验，其中 3 个做拉伸试验，3 个做弯曲试验。三个闪光对焊钢筋接头试件的抗拉强度均不得小于该级别钢筋规定的抗拉强度；应至少有 2 个试件断于焊缝之外，并呈延性断裂。当试验结果有 1 个试件的抗拉强度小于上述规定值，或有 2 个试件在焊缝或热影响区发生脆性断裂时，应再取 6 个试件进行复验。当仍有 1 个试件的抗拉强度小于上述规定值时，或 3 个试件断于焊缝或热影响区，呈脆性断裂，则该批接头为不合格品。三个弯曲试件中有 2 个发生破断时，应取 6 个试件进行复验。复验结果仍有 3 个发生破断时，则该批接头为不合格品。

2. 一般项目

1)钢筋接头宜设置在受力较小处。同一纵向受力钢筋不宜设置两个或两个以上接头，接头末端至钢筋弯起点的距离不应小于钢筋直径的 10 倍。

2)受力钢筋设置在同一构件内的接头宜相互错开。当设计无具体要求时，按《混凝土结构施工质量验收规范》的有关规定执行。

3)外观检查：接头处不得有横向裂纹；与电极接触处的钢筋表面，HPB235、HRB335 及 HRB400 钢筋焊接时不得有明显烧伤；负温焊接时，HRB335、HRB400 及 RRB400 钢筋均不得有烧伤；接头处的弯折角不得大于 3°；接头处的轴线偏移，不得大于钢筋直径 0.1 倍，且不得大于 2 mm；外观检查结果，当有个别接头不符合要求时，应对全部接头进行检查，挑出不合格接头，切除热影响区后重新焊接。

2.3.2.7　注意事项

1. 焊接完成后，应等接头处由白红色变为黑红色时才能松开电极，平稳取出钢筋，以免接头弯曲。未冷却的接头不应放在潮湿或有冰雪的地面上。

2. 负温施焊时，为减少淬硬倾向，可用石棉布或其他不易燃织品包裹接头；也可用石灰粉、干砂子掩埋。

3. 对焊前应清除钢筋端头约 150 mm 范围的铁锈污泥等，防止夹具和钢筋间接触不良而引起“打火”，钢筋端头有弯曲应予调直及切除。

4. 当调换焊工或更换焊接钢筋的规格和品种时，应先制作对焊试件(不小于 2 个)进行冷弯试验，合格后，方能成批焊接。

5. 焊接参数应根据钢筋特性、气温高低，电压、焊机性能等情况由操作焊工自行修正。

6. 焊接完成，应保持接头红色变为黑色才能松开夹具，平稳地取出钢筋，以免引起接头弯曲。当焊接后张预应力钢筋时，焊后趁热将焊缝毛刺打掉，利于钢筋穿入孔道。

7. 不同直径钢筋对焊，其两截面之比不宜大于 1.5 倍。

8. 焊接场地应有防风防雨措施。

2.3.3　套筒挤压机械连接施工工艺

套筒挤压机械连接是将两根待接的带肋钢筋插入钢套筒，用挤压设备沿径向挤压钢套管，使之产生塑性变形，依靠变形后的钢套筒与被连接钢筋的纵、横肋产生机械咬合称为整体的连接方式，套筒接头形式如图 2－39 所示。

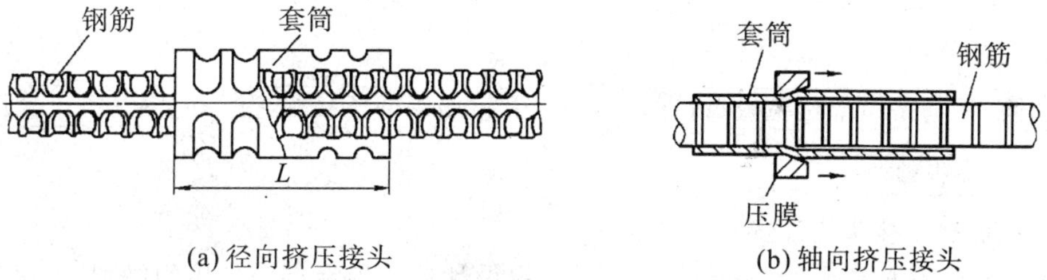

L—套筒长度

图2-39　钢筋挤压套筒接头

2.3.3.1　材料要求

1. 钢筋

直径为16～40 mm的HRB335(Ⅱ级)、HRB400(Ⅲ级)热轧带肋钢筋，符合《钢筋混凝土用热轧带肋钢筋》GB1499—98标准的要求。钢筋应平直、无损伤；表面没有裂纹、颗粒状或片状老锈。

2. 钢套筒

原材料选用优质碳素结构钢，符合现行《优质碳素结构钢》标准的要求。套筒表面没有裂纹，没有严重的锈蚀。

3. 材料配备

(1)钢筋、钢套筒的材质均经过复验，符合本标准的材料要求。

(2)钢筋端面平整、与轴线垂直、没有马蹄形或挠曲现象。

(3)钢套筒和钢筋端部清理干净，钢套筒和钢筋规格一致。

2.3.3.2　主要机具

超高压泵、超高压油管、压钳、钢筋挤压模具、吊具、角向砂轮、砂轮切割机、卡尺、卡板、钢丝刷等，连接设备示意图如图2-40所示。

2.3.3.3　作业条件

1. 参加作业人员已经过培训，并经考核合格。

2. 油泵经检查、调试，试压正常，技术参数满足使用要求。

3. 按连接钢筋规格和套筒型号选配压模，压模上有相对应的连接钢筋规格标记。

4. 技术提供单位已经提交有效的形式检验报告及基本技术参数。

5. 套筒外观尺寸经检查符合要求，套筒表面沿长度方向标有压接标记，中部两条标记线的距离不小于20 mm。

6. 钢筋与套筒进行试套，如端头有影响套筒安装的马蹄、弯折、飞边或纵肋尺寸过大者，应预先矫正或用砂轮打磨。

7. 钢筋端部应有定位标记和检查标记，定位标记距钢筋端部的距离为钢套筒长度的一半，检查标记与定位标记的距离(a)，当套筒长度小于200 mm时，a为10 mm；当套筒长度等于或大于200 mm时，a为15 mm。

2.3.3.4　操作工艺

1. 工艺流程

套筒、钢筋挤压部位检查、清理，矫正 → 钢筋端部压接标记 → 钢筋插入套筒 → 挤压 → 检查验收

2. 钢筋挤压接头的设置

本标准接头根据受力情况分为 A、B 级，由设计单位确定接头使用的级别，A 级接头其适用范围基本不受限制，B 级接头只用在钢筋受力较小或对接头延性要求不高的截面上。

3. 钢筋就位

将钢筋插入套筒内，插入深度按定位标记确定，钢筋端头离套筒长度中点不宜超过 10 mm，就位时被连接钢筋的轴心与套筒的轴心应保持同一轴线，防止偏心和弯折。

4. 挤压

在压接接头处挂好平衡器与压钳、接好进、回油油管，起动超高压泵，调节好压接所需的油压力，然后将下压模卡板打开，取出下模，把挤压机机架的开口插入被挤压的带肋钢筋的连接套中，插回下模，锁死卡板，压钳在平衡器的平衡力作用下对准套筒所需压接的标记处，控制挤压机换向阀进行挤压，压接结束后将紧锁的卡板打开，取出下模退出挤压机，则完成挤压；挤压时挤压机与钢筋轴线应保持垂直，挤压宜从套筒中央开始，并依次向两端挤压；挤压过程如发现异常现象时，应立即停止操作，检查原因，排除故障后，再继续挤压。钢筋挤压连接宜先在地面压接半个接头，然后在施工作业面上再完成另一端的挤压。

2.3.3.5　质量控制

1. 操作人员必须经技术培训，考核合格后持证上岗。

2. 切断钢筋宜用砂轮切割机或其他专用切断设备，严禁采用气割方法。

3. 压模、套筒与钢筋应相互配套使用，不得串用，当套筒两端外径和壁厚相同时，被连接钢筋的直径相差不得大于 5 mm。

4. 挤压操作时采用的挤压力、挤压道数、压痕总宽度、压痕直径（或挤压后套筒长度）等，均应符合形式检验确定的技术参数要求。钢筋接头压痕深度不够应补压，超压者应切除重新挤压。

5. 为了保证挤压设备正常运转和提高接头的合格率，在挤压设备使用前、挤压设备大修后、油压表受损或强烈震动后、套筒压痕异常且查不出其他原因时、挤压设备使用超过一年和压接头数超过 5000 个等情况之一时，应对挤压机的压力进行标定。

6. 高压泵应用液压油、油液应过滤，保持清洁，油箱应密封，防止雨水灰尘混入油箱。

7. 现场截取抽样试件后，原接头位置的钢筋允许采用同等规格的钢筋进行搭接连接，或采用焊接及机械连接方法补接。

2.3.3.6　质量标准

1. 主控项目

(1)形式检验　工程中应用钢筋套筒挤压连接时，技术提供单位应提交有效的形式检验报告，其连接性能应符合设计及《钢筋机械连接通用技术规程》标准中的相关要求。

(2)工艺检验　钢筋连接作业开始前及施工过程中，应对每批进场钢筋进行连接工艺检验，检验应符合下列要求。

1)每种规格钢筋的接头试件不应少于 3 根。

2)钢筋母材抗拉强度试件不应少于 3 根,且应取自接头试件的同 1 根钢筋。

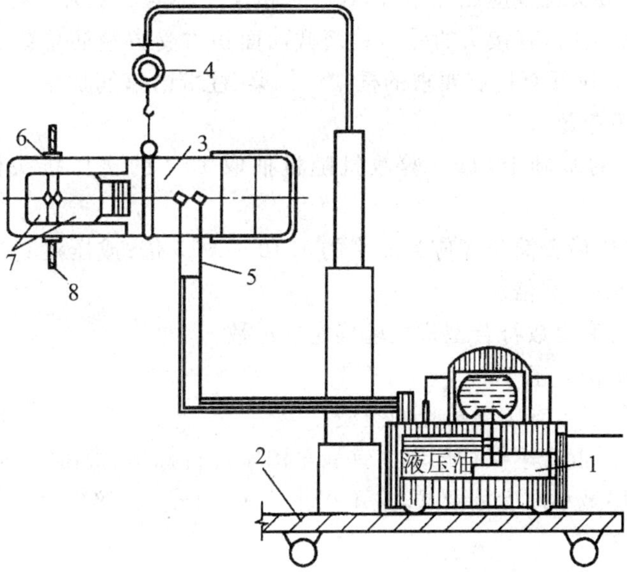

图 2-40　钢筋径向挤压连接设备示意图

1—超高压泵站;2—吊挂小车;3—挤压钳;4—平衡器;
5—软管;6—钢套管;7—压模;8—钢筋

3)3 根接头试件的抗拉强度均应符合规范的规定;对于Ⅰ级接头,试件的抗拉强度尚应大于或等于钢筋抗拉强度实测值的 0.95 倍;对于Ⅱ级接头,应大于 0.90 倍。

检验方法:检查产品合格证和接头力学性能试验报告。

(3)钢筋的品种和质量必须符合设计要求和《混凝土结构工程施工质量验收规范》中有关标准的规定。

检验方法:检查产品合格证、出厂检验报告和进场复验报告。

(4)套筒的材质应符合《优质碳素结构钢》标准的规定。

检验方法:检查产品合格证和出厂检验报告。

(5)接头的现场检验按验收批进行。在同一施工条件下采用同一批材料的同等级、同形式、同规格接头,以 500 个为一个验收批,不足 500 个也作为一个验收批;对接头的每一验收批,必须在工程结构中截取三个试件做抗拉强度试验,按设计要求的接头等级进行评定;当三个接头试件的抗拉强度均符合《钢筋机械连接通用技术规程》的要求时,该验收批评为合格;如有一个试件的强度不符合要求,应再截取六个试件进行复验,复验中如仍有一个试件的强度不符合要求,则该验收批评为不合格。

2. 一般项目

(1)钢筋的外观检查。钢筋应平直、无损伤,表面没有裂纹、颗粒状或片状老锈。

检验方法:使用前观察检查。

(2)套筒的检验以 500 个为一个检验批,每批按 10%抽检,检验结果要求目测外观无裂纹或其他肉眼可见缺陷,游标卡尺或专用量具量取外形尺寸长度及外径尺寸符合设计要求,其抽检合格率应大于或等于 95%，否则应抽取双倍数重新检验，若复检合格率仍小于 95%，则该检验批应逐个检查，合格的方可使用。

(3)受力钢筋的接头位置应相互错开，在任一接头中心至长度为钢筋直径 35 倍、且不小于 500 mm 的区段范围内，有接头的受力钢筋截面面积占受力钢筋总截面面积的百分率不宜超过 50%。接头宜避开有抗震要求的框架结构梁、柱端的箍筋加密区；如无法避开时，同一截面接头百分率不应超过 50%。

(4)在逐个自检的基础上，每一验收批随机抽取 10% 的挤压接头做外观质量检验，要求：

1)外形尺寸：挤压后套筒长度应为原来的 1.10～1.15 倍；或压痕套筒的外径波动范围为原套筒外径的 0.8～0.9 倍。

2)挤压接头的压痕道数符合型式检验确定的道数。

3)接头处弯折不得大于 4°。

4)挤压后的套筒不得有肉眼可见的裂缝。

(5)钢筋连接件的混凝土保护层厚度宜满足国家现行标准《混凝土结构设计规范》中受力钢筋混凝土保护层最小厚度的要求，且不得小于 15 mm。连接件之间的横向净距不宜小于 25 mm。

2.3.3.7　注意事项

1. 套筒在运输和储存时应防止锈蚀和污染，套筒应有保护盖，保护盖上应注明套筒的规格。现场分批验收，并按不同规格分别堆放。

2. 对先在地面压接好半个接头的钢筋，应用木方垫好，按不同规格分别码放整齐，并防止接头部位被磕碰或污染；在雨季要采取防锈措施。

3. 施工作业时，要搭设临时架子，不得随意蹬踩接头或钢筋。

2.3.4　钢筋滚轧直螺纹连接施工工艺

钢筋螺纹套筒连接一般有直、锥两种接头形式，如图 2-41 和 2-42 所示。直螺纹连接是利用钢筋端部特制的外直螺纹和套筒上的内直螺纹来连接钢筋。这种连接方法不仅接头强度高，而且施工操作简便，质量稳定可靠。直螺纹连接与锥螺纹连接相比，施工工艺基本相似，钢筋端头的螺纹加工更加容易，而且它克服了锥螺纹连接接头处钢筋断面削弱的缺点，再现浇结构施工中，正逐步取代锥螺纹连接。

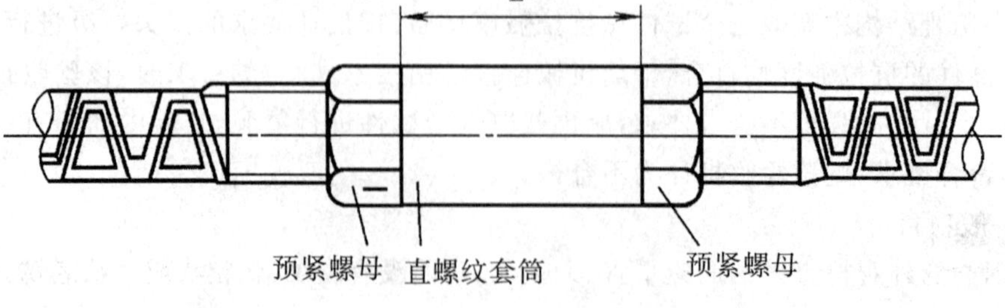

图 2-41　钢筋直螺纹套筒接头

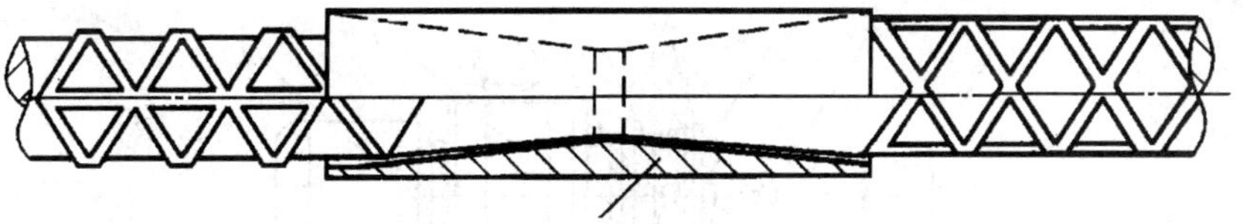

图 2-42　钢筋锥螺纹套筒接头

2.3.4.1　材料要求

1. 钢筋：直径为 16～40 mm 的 HRB335（Ⅱ级）、HRB400（Ⅲ级）热轧带肋钢筋，符合《钢筋混凝土用热轧带肋钢筋》GB1499—98 标准的要求。钢筋应平直、无损伤；表面没有裂纹、颗粒状或片状老锈，有原材质、复试报告和出厂合格证。

2. 套筒与锁母质量要求：

(1)套筒与锁母材料应采用优质碳素结构钢或合金结构钢，其材质应符合现行国标规定；

(2)成品螺纹连接套应有产品合格证；两端螺纹孔应有保护盖；套筒表面应有规格标记；

(3)套筒外观质量。

1)连接套表面无裂纹，螺牙饱满，无其他缺陷。

2)牙型规检查合格，用直螺纹塞规检查其尺寸精度。

3)各种型号和规格的连接套外表面，必须有明显的钢筋级别及规格标记。若连接套为异径，则应在两端分别做出相应的钢筋级别和直径。

4)连接套两端头的孔必须用塑料盖封上，以保持内部洁净，干燥防锈。

3. 直螺纹量规技术要求

牙型规、螺纹卡和直螺纹塞规，一般采用工具钢 T9 制成，其化学成分和硬度见表 2-8。

表 2-8　化学成分和硬度

化学成分					淬火后硬度 HRC
C	Mn	Si	S	P	—
0.85～0.94	≤0.40	≤0.35	≤0.30	≤0.035	

2.3.4.2　主要机具

钢筋直接滚丝机或钢筋剥肋滚丝机、限位挡铁、螺纹环规（通规、止规）、力矩扳手及管钳、砂轮切割机、直尺、卡具、钢丝刷、钢筋支架等，钢筋剥肋滚丝机如图 2-43 所示。

2.3.4.3　作业条件

1. 参加作业人员已经过培训，并经考核合格。

2. 钢筋原材、套筒已验收合格。

3. 滚丝机经检查和空车调试合格，其技术参数满足使用要求。

4. 进场钢筋进行连接工艺检验。

5. 技术提供单位已经提交有效的形式检验报告及基本技术参数。

6. 施工场地已硬化处理、防护棚已搭设完成，电源符合安全用电要求。

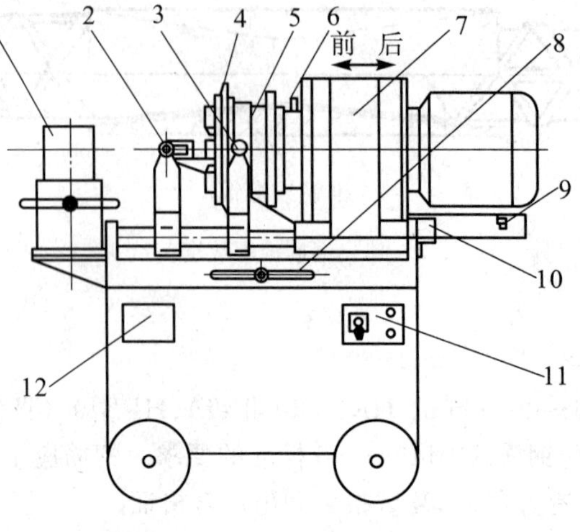

图 2-43　钢筋剥肋滚丝机

1—台钳；2—涨刀触头；3—收刀触头；4—剥肋机构；5—滚丝头；6—上水管；7—减速机；8—进给手柄；9—行程挡块；10—行程开关；11—控制面板；12—机座

7. 钢筋加工单已经审核无误。

2.3.4.4　操作工艺

1. 工艺流程

钢筋丝头加工：

钢筋下料 → (剥肋)滚轧丝头 → 丝头质量自检 → 带帽保护 → 丝头质量抽检查 → 存放待用

钢筋连接：

拧下钢筋和套筒保护帽 → 钢筋就位 → 接头拧紧 → 对已拧紧的接头做标记 → 施工检验

2. 施工要点

(1)钢筋下料：

1)核对下料单及钢筋品种、规格、长度、合格检验标识，用砂轮切割机切断，要求端部断面平整并与钢筋轴线垂直，不得有马蹄形或扭曲，钢筋端部不得弯曲，弯曲时应调直。

2)钢筋就位、夹持钢筋。利用滚丝机上的设备台钳夹持钢筋，夹持时要注意设备必须停止转动，并已在最后端；台钳在夹紧前必须将钢筋顶紧限位挡铁，否则将影响丝头长度；挡铁撤走后，不得将钢筋向前移动，否则丝头将过长；不同规格的钢筋应选用相应的限位挡铁，不得乱用；面对滚丝头方向，滚丝头顺时针方向旋转为反转，用于加工反丝螺纹；滚丝头逆时针方向旋转为正转，用于加工普通型螺纹，开机后要注意滚丝头旋转方向与所加工的丝头形式是否一致。另外，普通型螺纹与反丝螺纹各有专用滚丝头，应由厂家驻现场人员进行调整，严禁混用。

3)钢筋(直接或剥肋)滚丝

加工丝头时，应采用水溶性切削液，操作前切削液应已开始循环充分，在滚丝头出水口未出水时严禁进行加工。当气温低于0 ℃时，应掺入15%～20%亚硝酸钠，不得用机油作润滑液或不加润滑液套丝。

4)若采用直接滚轧直螺纹工艺时，应使用钢筋直接滚丝机。可用台钳夹紧，切削液已循环充分后，开始扳动进给手柄，使滚丝头进入滚丝位置。开始时，进给要舒缓平稳，在滚丝头进入钢筋端部后，滚丝头自动进给滚丝，即可松开手柄，由设备自行完成操作。滚压到设定长度后，限位开关断电，设备自动停机并延时反转，将螺纹钢筋退出滚丝头，扳动进给手柄后退，减速机退到极限位置，停机。然后移开台钳，取出钢筋，完成螺纹的加工。

5)若采用剥肋滚轧直螺纹工艺时，应使用钢筋剥肋滚丝机。先剥肋，后滚丝。用台钳夹紧，切削液已循环充分后，开始扳动进给手柄，剥肋刀片在刚接触钢筋时要舒缓，当刀片全部咬住钢筋后可以加力向前扳动手柄，待5～10 s，滚丝头自行前进时，即可松开手柄，由设备自行完成操作，待滚丝头自行反转并向后运动，不再轴向移动时，扳动手柄复位，则完成剥肋。

6)剥肋完成后，再次扳动手柄，减速机向前移动到调整长度，涨刀推动左右拉环后移，刀体与涨刀环脱离后涨开，减速机继续向前进给，涨刀触头缩回，滚丝刀开始滚压螺纹，滚压到设定长度后，进行挡铁与限位开关断电，设备自动停机并延时反转，将螺纹钢筋退出滚丝头，扳动进给手柄后退，减速机退到极限位置，停机。然后移开台钳，取出钢筋，完成螺纹的加工。

7)钢筋在剥肋或滚轧螺纹过程中，如发现台钳移动，应立即夹紧。若在滚轧螺纹过程发现没有停机反转的迹象应立即将面板开关关闭，使设备停止转动，然后按下点动按钮(红色)，使滚丝头退出钢筋，并立即修理。

8)丝头滚轧的中径、牙形、有效长度应依据技术提供单位提供的技术参数。牙顶宽度大于0.3P螺纹累计长度不得超过两个螺纹周长。标准型钢筋丝头螺纹的有效丝扣长度为1/2套筒长度，其允许误差为+2P(P为螺距)。

对于加锁母型钢筋丝头，在加锁母螺纹的有效丝扣长度应为套筒长度加锁母厚度，公差为0～2P，详见表2-9。

9)丝头尺寸检验：用专用的螺纹环规检查，其环通规应能顺利旋入，环止规旋入长度不得超过3P。

(2)钢筋连接

1)连接钢筋时，钢筋规格和连接套的规格应一致，钢筋螺纹的形式、螺距、螺纹外径应与连接套匹配。并确保钢筋和连接套的丝扣干净，完好无损。

2)连接钢筋时应对准轴线将钢筋拧入连接套，用工作扳手将丝头在套筒中央位置顶紧。当采用加锁母型套筒时应用锁母锁紧。

3)钢筋接头拧紧后用力矩扳手按不小于表2-10的拧紧力矩值检查，并加以标记。

4)接头连接完成后，标准型接头连接套筒外应有外露有效螺纹，且连接套筒单边的外露有效螺纹不得超过2P，其他连接形式应符合产品设计要求。

5)钢筋连接应根据工程实际部位选用合适的连接方法，参照图2-44。

表 2-9 加锁母型钢筋丝头的螺纹有效丝扣长度

规格	套筒长度(mm)	锁母厚度(mm)	螺纹有效丝扣长度(mm)	连接完毕后，有锁母端外露有效丝扣长度(mm)
⌀16	45	11	56+60	≤31.5
⌀18	50	11	61+60	≤34
⌀20	55	11	66+60	≤36.5
⌀22	60	11	71+60	≤39
⌀25	65	11	76+60	≤41.5
⌀28	70	11	81+60	≤44
⌀32	80	11	91+60	≤49
⌀36	90	11	101+60	≤54
⌀40	95	11	106+60	≤56.5

表 2-10 接头拧紧力矩值

钢筋直径/mm	≤16	18～20	22～25	28～32	36～40
拧紧力矩值/(N·m)	80	160	230	300	360

注：当不同直径的钢筋连接时，拧紧力矩值按较小直径钢筋的相应值取用。

2.3.4.5 质量控制

1. 切断钢筋宜用砂轮切割机或其他专用切断设备，严禁采用气割方法。

2. 加工丝头时，应采用水溶性切削液，当气温低于 0 ℃时，应掺入 15%～20%亚硝酸钠，严禁用机油作切削液或不加切削液加工丝头。

3. 操作前应对设备进行试运行，一切正常后方可开始操作。

4. 钢筋的剥肋过程只允许进行一次，不允许对已加工的丝头进行二次剥肋。

5. 连接钢筋时，套筒规格与钢筋规格必须一致，钢筋与套筒应先试套，套筒和钢筋的丝扣应干净、完好无损。

6. 现场截取抽样试件后，原接头位置的钢筋允许采用同等规格的钢筋进行搭接连接，或采用焊接及机械连接方法补接。

7. 接头连接完成后，标准型接头连接套筒外应有外露有效螺纹，且连接套筒单边的外露有效螺纹不得超过 2P。

2.3.4.6 质量标准

1. 主控项目

(1)钢筋的品种、规格必须符合设计要求，质量符合国家现行《钢筋混凝土用热轧带肋钢筋》和《钢筋混凝土用余热处理钢筋》标准的要求。

(2)套筒与锁母材质应符合国标规定，且应有质量检验单和合格证，几何尺寸要符合要求。

(3)连接钢筋时，应检查螺纹加工检验记录。

(4)钢筋接头形式检验：

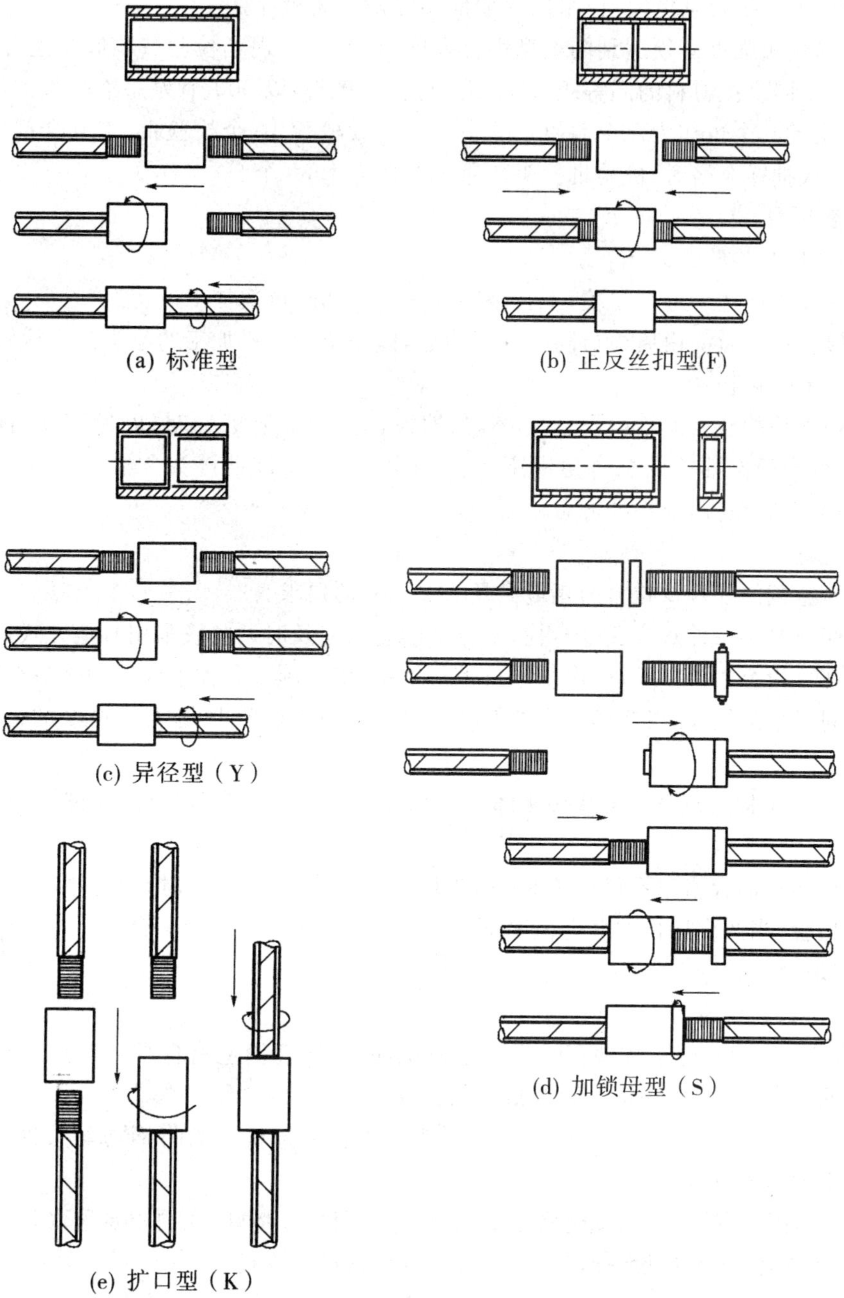

图 2-44　直螺纹连接的几种形式

工程中应用直接或剥肋滚轧直螺纹钢筋接头时，技术提供单位应提交有效的形式检验报告，其连接性能应符合《钢筋机械连接通用技术规程》中的各项规定。

(5)钢筋连接工程开始前及施工过程中，应对每批进场钢筋和接头进行工艺检验：

1)每种规格钢筋接头试件不应少于 3 根；

2)钢筋母材抗拉强度试件不应少于 3 根，且应取自接头试件的同一根钢筋；

3)接头试件应达到现行行业标准《钢筋机械连接通用技术规程》中相应等级的强度要

求，计算钢筋实际抗拉强度时，应采用钢筋的实际横截面积计算。

(6)钢筋接头强度必须达到同类型钢材强度值，接头的现场检验按验收批进行，同一施工条件下采用同一批材料的同等级、同形式、同规格接头，以500个为一个验收批进行检验与验收，不足500个也作为一个验收批。在现场连续检验10个检验批，当其全部单向拉伸试件全部一次抽样合格时，检验批接头数量可扩大为1000个。

2. 一般项目

(1)加工质量检验：

1)丝头加工应逐一进行自检，不合格的丝头立即切除重新加工。

2)自检合格的丝头由质检员随机抽样检验，以一个工作班加工的丝头为一检验批，随机抽取10%，且不少于10个。

3)现场抽检的合格率不得小于95%，当抽检合格率小于95%时，应另抽取同样数量接头重新检验，当两次抽检的总合格率不小于95%，可判断该批接头合格，如合格率仍小于95%时，采取全数检查，合格的方可使用。

(2)连接检验

1)钢筋连接的外观及拧紧力矩应满足表2-10的要求。

2)钢筋连接接头外观应逐个自检，不合格的接头应及时调整或采用其他方式连接。

3)外观自检合格的接头，应由质检员随机抽检，统一施工条件下采用同一材料的同一等级同型式同规格的接头，以连续生产的500个接头为一个检验批，不足500个的也按一个检验批验收。

4)对每一检验批的钢筋连接接头随机抽取15%，且不少于75个接头进行外观和力矩检查。

5)现场抽检的合格率不得小于95%，当抽检合格率小于95%时，应另抽取同样数量的接头重新检验，当两次抽检的总合格率不小于95%，可判断该批接头合格，如合格率仍小于95%时，采取全数检查。

2.3.4.7 注意事项

1. 锁母与套筒在运输和储存时应防止锈蚀和污染，套筒应有保护盖，盖上应标明套筒的规格。现场分批验收，并按不同规格分别存放。

2. 对加工好的丝头，应用专用的钢筋丝头保护帽或连接套筒将钢筋丝头进行保护，防止螺纹被磕碰或被污染。

3. 加工好丝头的钢筋应按规格分别堆放，底部用木方垫好，在雨季要采取防锈措施。

4. 施工作业时，要搭设临时架子，不得随意蹬踩接头或钢筋。

5. 参加施工的作业人员必须经过考核合格，并经安全教育后方能上岗；

6. 用电设备均应设三级保护，严格按用电安全规程操作；

7. 设备检验及试运转合格后方准作业；

8. 设备运行中严禁拖拽压圆机油管或砸压油管，油管反弹方向应予以遮挡；

9. 严格按各种机械使用说明与相关标准操作；

10. 高处作业或带电作业，应遵守国家颁布的《建筑安装工程安全技术规程》；

11. 机械润滑油流入专设油池集中处理，不准直接排入下水道，铁屑杂物、保护帽回收处理。

2.3.5　墙柱钢筋绑扎施工工艺

2.3.5.1　材料要求

1. 加工好的各种半成品不能有锈蚀现象，加工尺寸符合要求并按照不同的部位及类型进行标识、码放。

2. 绑扎钢筋的火烧丝表面不能有锈蚀现象。

3. 如果钢筋连接采用机械式连接，还要检查连接钢筋用的套筒的各项指标是否与国家规范相符。

2.3.5.2　主要机具

一般应备有小白线、托线板、线坠、钢筋钩子（绑扎钢筋用）、钢筋接头连接机具、卷尺等。

2.3.5.3　作业条件

1. 作业面楼（底）板混凝土强度达到上人、堆料的要求。

2. 作业面及施工缝清理干净，墙体及柱露在楼板外的钢筋接头清理干净，墙柱边线已经放好。

3. 钢筋接头所用机械设备上作业面前要进行检查，保证设备的正常运行。需要用电的设备在使用中要符合施工现场用电规定，保证施工顺利、安全的进行。

2.3.5.4　操作工艺

1. 现浇混凝土结构墙体柱钢筋绑扎的一般规定

(1)钢筋绑扎前应熟悉施工图纸，核对成品钢筋的级别、直径、形状、尺寸和数量，核对配料表和料牌，如有错漏应予以纠正或增补，同时准备好绑扎用的铁丝、绑扎工具、绑扎架等。

(2)对形状复杂的结构部位，应研究好钢筋穿插就位及与模板等其他专业配合的先后次序。

(3)墙体钢筋网绑扎时钢筋网之间应绑扎 Φ6～10 mm 钢筋制成的拉钩，间距约为 1.0 m，相互错开排列，以保证墙体钢筋网片的间距正确。

(4)柱箍筋应与受力筋垂直设置，箍筋弯钩叠合处应沿受力钢筋方向错开设置；箍筋转角与受力钢筋的交叉点均应扎牢；箍筋平直部分与纵向交叉点可间隔扎牢，以防止骨架歪斜。

(5)各受力钢筋绑扎接头要求及混凝土保护层厚度的控制参见表 2-11。

表 2-11　钢筋的混凝土保护层厚度(mm)

环境与条件	构件名称	混凝土强度等级		
		低于 C25	C25 及 C30	高于 C30
室内正常环境	墙	15	15	15
	柱	25	25	25
露天或室内高温度环境	墙	35	25	15
	柱	45	35	25
有垫层	基　础	35	35	35
无垫层		70	70	70

2. 墙体钢筋绑扎

(1)墙体钢筋绑扎安装顺序

暗柱钢筋连接 ⟶ 绑扎暗柱 ⟶ 绑扎过梁 ⟶ 绑扎墙体钢筋网片 ⟶ 调整墙体垂直度 ⟶ 加塑料垫块

(2)绑扎暗柱

箍筋弯钩叠合处应上下错开。弯钩角度应为135°,弯钩的平直段长度为10d。

(3)绑扎过梁

暗柱钢筋绑扎完后,应在暗柱上标明连梁的上下皮主筋位置(均要考虑保护层)。绑扎前要把连梁箍筋套入。侧箍筋应进暗栓1个,距洞口边线100 mm处绑扎,顶层连梁箍筋应全梁布置。连梁绑扎时要在主筋下部架立Φ48钢管临时固定,待墙筋绑扎完方可拆除。连梁绑扎时先校正连梁两边暗柱的垂直度。

(4)绑扎墙体钢筋网片

墙体竖向钢筋接头连接长度应按设计和施工质量验收规范要求。搭接接头绑扎时应有3扣绑丝,并与搭接长度范围内的3根墙体钢筋绑扎牢固,如图2-45所示,若搭接范围内没有3根墙体钢筋,则应增大搭接长度以使接头内有3根墙体钢筋。钢筋网片绑扎时,相邻绑扎丝扣应为八字形,墙体拉结筋应呈梅花形布置,相邻两拉结钩方向相反,每一扣都要绑扎,不得漏扣,所有绑扎丝头朝墙内侧。

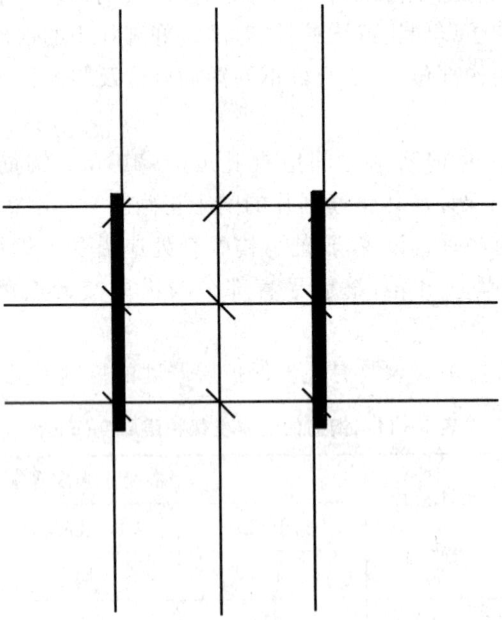

图2-45　墙体钢筋搭接接头绑扎示意图

(5)调整墙柱钢筋垂直度

在绑扎水平筋及柱主筋前要按照设计要求及施工规范调整钢筋的位置。墙体暗柱主筋绑扎完后,要用线坠吊垂直。

(6)安装保护层垫块

第一排距离结构面 250 mm，呈梅花形布置，间距 400 mm(600 mm)。柱的垫块卡在箍筋上。

3. 柱子钢筋绑扎

(1)柱子钢筋绑扎顺序

柱子钢筋连接 ⟶ 绑扎箍筋 ⟶ 调整垂直度 ⟶ 安放保护层块

(2)短向接头距离结构面为柱截面尺寸，且错开柱加密区高度长向接头距短向接头距离为 35 d 且≥500 mm；柱四角钢筋为长向接头。

(3)绑扎箍筋：箍筋弯钩叠合处相互错开，箍筋与柱筋扣扣绑扎，相邻绑扣为八字扣，且丝扣朝内。

(4)钢筋绑扎完毕后，调整垂直度，特别是四角钢筋必须垂直。

(5)保护层垫块：第一排距离结构面 250 mm，呈梅花形布置，间距 600 mm。

(6)柱上口安放定位钢筋。

4. 箍筋绑扎的要求

(1)现浇混凝土结构墙、柱钢筋绑扎中箍筋的安装施工时要注意箍筋与墙体水平筋的间距，避免出现三根以上钢筋叠加在一起的情况。

(2)墙、柱箍筋应与主筋的机械连接接头错开，如无法错开采取增大箍筋间距、增加小直径箍筋的办法。

5. 钢筋的锚固

(1)当受力钢筋采用机械连接或焊接接头时，设置在同一构件内的接头宜相互错开。竖向受力钢筋机械连接接头及焊接接头连接区段的长度为 35d(d 为竖向受力钢筋的较大直径)且不小于 500 mm，凡接头中点位于该连接区段长度内的接头均属于同一连接区段。同一连接区段内，竖向受力钢筋的接头面积百分率应符合设计要求；当设计无具体要求时，应符合下列规定：接头不宜设置在有抗震设防要求的框架柱端的箍筋加密区；当无法避开时，对等强度高质量机械连接接头，不应大于 50%，如图 2-46 所示。

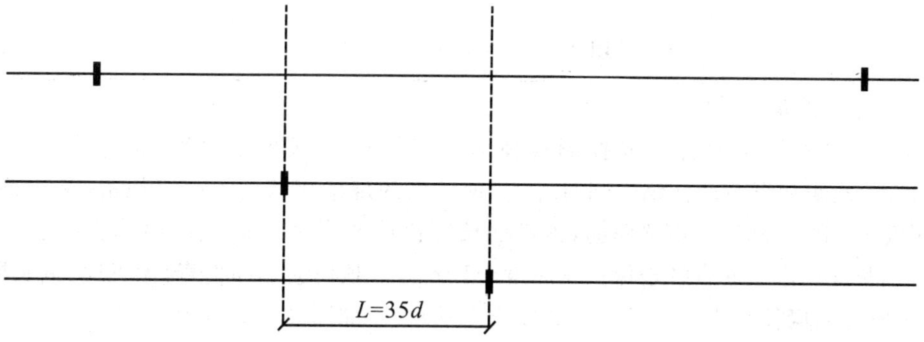

图 2-46　钢筋机械连接及焊接接头连接区段

(2)同一构件中相邻纵向受力钢筋的绑扎搭接接头宜相互错开。绑扎搭接接头中钢筋的横向净距不应小于钢筋直径，且不应小于 25 mm。

钢筋绑扎搭接接头长度按照设计要求和《混凝土结构工程施工质量验收规范》执行。凡搭接接头中点位于该连接区段长度内的搭接接头面积百分率为该区段内有搭接接头的纵向受力钢筋截面面积与全部纵向受力钢筋截面面积的比值。

同一连接区段内，竖向受力钢筋的接头面积百分率应符合设计要求；当设计无具体要求时，应符合下列规定：

对墙体构件，不宜大于25%；

对柱类构件，不宜大于50%。

2.3.5.5　质量控制

1. 钢筋保护层的质量控制

墙体钢筋可采用专用高强度定位卡具塑料卡环，如图2-47所示。也可采用双F卡，柱子钢筋可采用塑料卡环和定位箍。

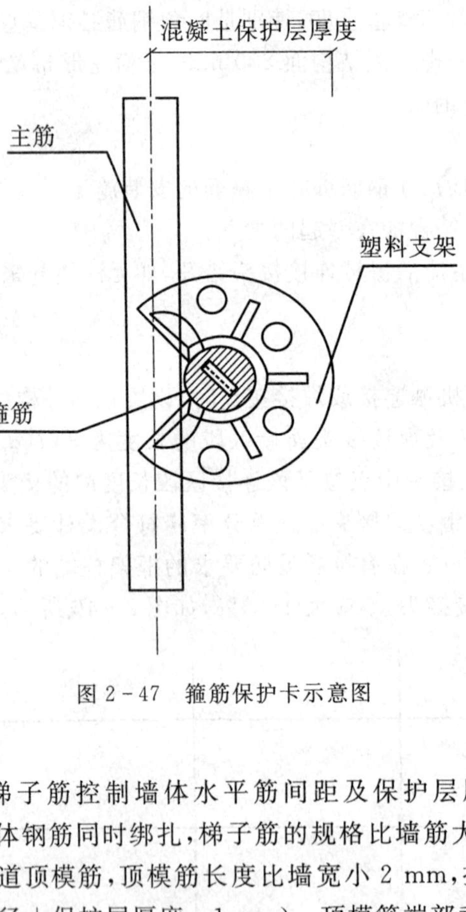

图2-47　箍筋保护卡示意图

2. 墙体钢筋定位措施

垂直方向采用竖向梯子筋控制墙体水平筋间距及保护层厚度，根据墙体长度，按1500 mm的间距放置与墙体钢筋同时绑扎，梯子筋的规格比墙筋大一个规格，可代替主筋。在梯子筋上、中、下部设三道顶模筋，顶模筋长度比墙宽小2 mm，控制墙体保护层厚度（顶模筋伸出长度＝水平筋直径＋保护层厚度－1 mm）。顶模筋端部垂直，无飞边，端头刷防锈漆（地下室外墙墙体采用的顶模筋要焊接止水钢片）。如图2-48所示。

（1）水平方向在墙体模板上口加设水平梯子筋（定距框），对墙体上部竖筋准确定位，同时控制保护层，可周转使用，水平梯子筋规格同墙筋。如图2-49所示。

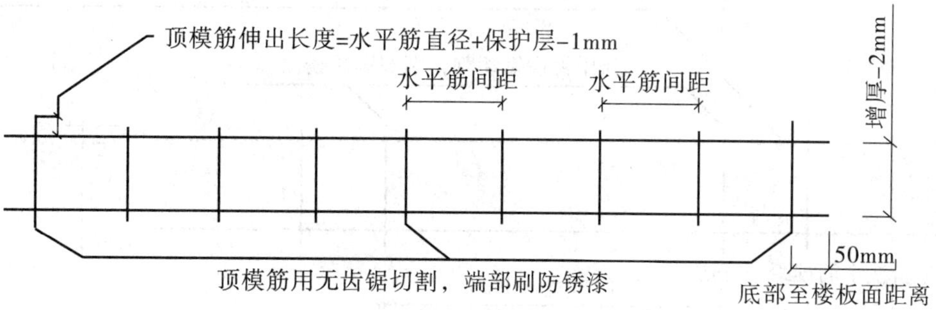

图 2-48　墙体竖向梯子筋

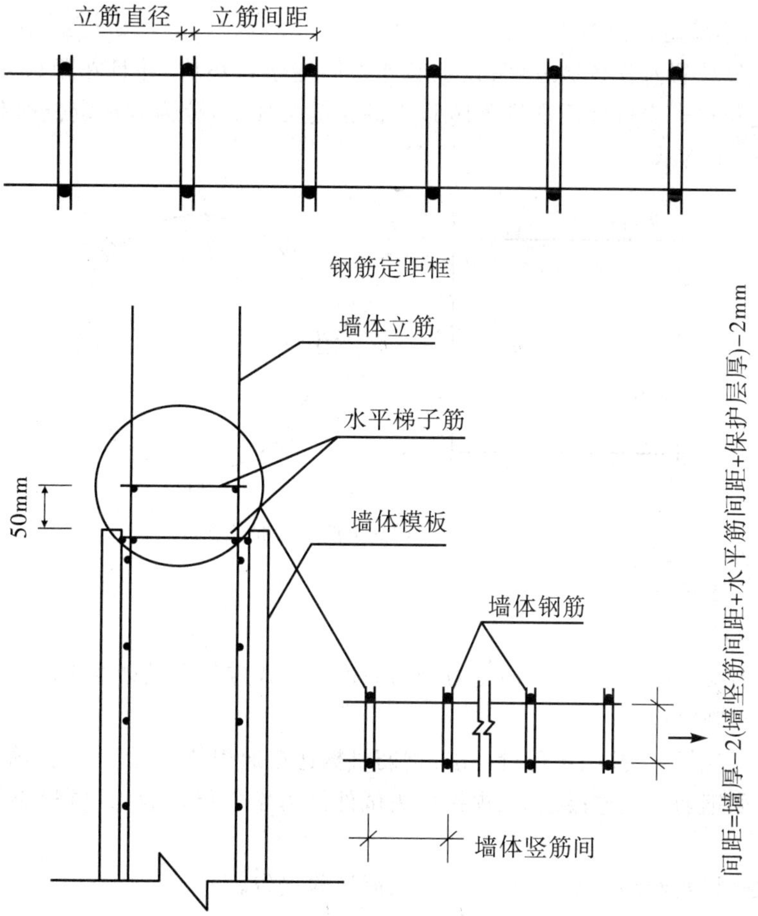

图 2-49　墙体水平梯子筋

(2)为保证剪力墙门、窗洞口尺寸，在墙体混凝土浇筑前，在门窗洞口两侧的暗柱主筋上口间安放定制的钢筋卡具，卡具安放在大模板内，距大模板上口 3～5 cm，卡具上的顶模筋能够保证门窗上口墙体保护层，并且利用大模板与顶模筋的相互作用固定定位卡。卡具规格见如图 2-50 所示。

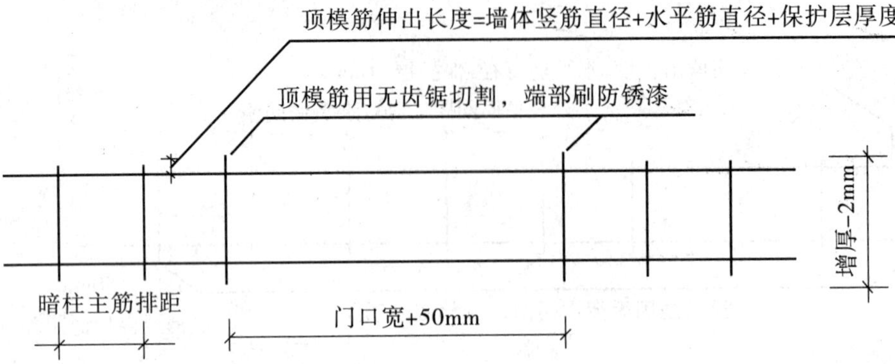

图 2－50 门窗洞口暗柱水平梯子筋

3. 柱竖向钢筋定位措施

为保证主筋位置及保护层厚度，在主筋外侧固定塑料垫块，并且在距板面 1 m 高处和模板上口设定位框。定位框用现场 ϕ16 以上的钢筋头加工，分为方柱定位框和圆柱定位框两种，如图 2－51 所示。

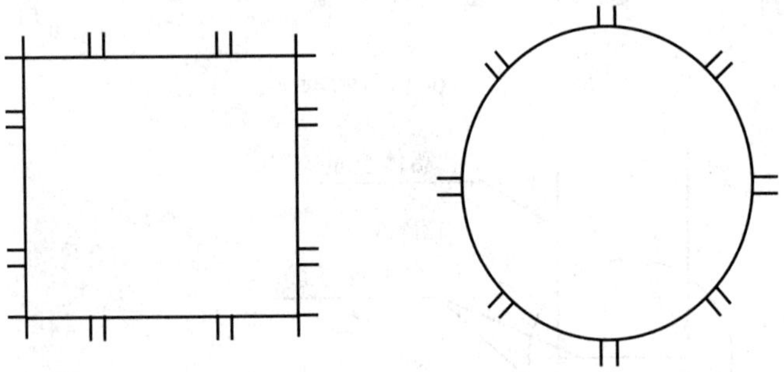

图 2－51 柱子钢筋主筋定位框示意图

2.3.5.6 质量标准

1. 主控项目

(1)现浇混凝土结构墙、柱竖向受力钢筋的连接方式应符合设计要求。

检验方法：观察检查。

(2)在施工现场，应按国家现行标准《钢筋机械连接通用技术规程》、《钢筋焊接及验收规程》的规定抽取钢筋机械连接接头、焊接接头试件做力学性能检验，其质量应符合有关规程的规定。

检验方法：检查产品合格证、接头力学性能试验报告。

2. 一般项目

(1)钢筋的接头宜设置在受力较小处，同一连接区段内的接头数量满足“施工工艺”中的要求及有关规范规定。

检验方法：观察、钢尺检查。

(2)钢筋绑扎的允许偏差的合格标准和检验方法，如表 2－12 所示。

表 2-12　钢筋绑扎位置的允许偏差和检验方法

<table>
<tr><th colspan="3">项　　目</th><th>允许偏差(mm)</th><th>检验方法</th></tr>
<tr><td rowspan="2">绑扎钢筋骨架</td><td colspan="2">长</td><td>±10</td><td>钢尺检查</td></tr>
<tr><td colspan="2">宽、高</td><td>±5</td><td>钢尺检查</td></tr>
<tr><td rowspan="4">受力钢筋</td><td colspan="2">间距</td><td>±10</td><td rowspan="2">钢尺量两端、中间各一点，取最大值</td></tr>
<tr><td colspan="2">排距</td><td>±5</td></tr>
<tr><td rowspan="2">保护层厚度</td><td>柱</td><td>±4(±5)</td><td>钢尺检查</td></tr>
<tr><td>墙</td><td>±3</td><td>钢尺检查</td></tr>
<tr><td colspan="3">绑扎箍筋、横向钢筋间距</td><td>±20</td><td>钢尺量连续三档，取最大值</td></tr>
</table>

(3)严禁出现漏扣、松扣现象。

检验方法：观察检查。

(4)箍筋弯钩与模板呈 45°，且平直段长度不小于 $10d$(d 为箍筋直径)，误差控制在 ±1 mm。

检验方法：观察检查。

2.3.5.7　注意事项

1. 成型钢筋按指定地点堆放，用垫木垫放整齐，防止钢筋变形、锈蚀、油污。

2. 绑扎墙筋时应搭临时架子，不准蹬踩钢筋。

3. 严禁随意割断钢筋，否则必须经设计人员同意，并采取质量措施。

4. 塔吊工作时，不得随意碰撞钢筋，控制好摆臂高度。

5. 大模板面刷隔离剂时，严禁污染钢筋。

6. 施工时应保证预埋电线管等位置正确，发生冲突时，可将竖向钢筋沿平面左右弯曲，横向钢筋上下弯曲，绕开预埋管。但一定要保证保护层的厚度，严禁任意切割钢筋。

7. 钢筋绑扎时，禁止碰动预埋件及洞口模板。

8. 浇筑墙柱混凝土时，混凝土工不得随意扳弯伸出的竖向钢筋。

9. 浇筑墙柱混凝土时，钢筋作业班组必须有看筋人员，发现钢筋偏位要及时纠正，发现随意破坏成品钢筋的行为要及时制止。

学习情境 2.4　钢筋混凝土墙柱模板的设计与安装

2.4.1　墙柱模板的设计计算

在“学习情境 1.4 钢筋混凝土梁、板的模板施工”中已经介绍了各种模板的构造、作用以及模板设计的内容和原则，本节将承接学习情境 1.4 中模板结构设计示例，继续完成示例项目的模板设计任务。先进行墙体模板的设计计算，再进行柱模板的设计计算，例题如前，不再重复。

2.4.1.1　墙体模板设计计算

本工程剪力墙墙高有 3 m、3.85 m、4.5 m、4.68 m、5 m 五种。

1. 荷载计算

混凝土侧压力：

$F_1=0.22\gamma_c t_0\beta_1\beta_2 V^{1/2}$

$F_2=\gamma_c H$

其中，F——新浇混凝土对模板的最大侧压力(kN/m^2)；

γ_c——混凝土的重力密度(kN/m^3)；

t_0——新浇混凝土的初凝时间，$t_0=\frac{200}{(T+15)}$(T为混凝土的温度)；

V——混凝土的浇筑速度(m/h)；

β_1——外加剂影响修正系数，不掺1.0，掺1.2；

β_2——坍落度影响修正系数，当坍落度小于30 mm时，取0.85；50～90 mm时，取1.0；110～150 mm时，取1.15；180 mm时，取1.2。

$$F_1=0.22\times24\times\frac{200}{25+15}\times1.2\times1.2\times\frac{21}{2}=53.75\ \text{kN/m}^2$$

(其中$\gamma_c=24$，T按25 ℃计，$t_0=200/(T+15)=200/(25+15)=5$，$\beta_1=1.2$，$\beta_2=1.2$，$V=2$ m/h)

按5 m墙高计算：

$F_2=\gamma_c H=120$ kN/m^2

两者取小值，得混凝土侧压力为53.75 kN/m^2。

倾倒混凝土时产生的侧压力：2 kN/m^2。

强度验算时的荷载设计值：

$(1.2\times53.75+2\times1.4)\times0.9=60.57$ kN/m^2。

挠度验算时的荷载设计值：

$1.2\times53.75\times0.9=58.05$ kN/m^2。

2. 强度和挠度验算

(1)模板面板验算(按五等跨连续梁计算)

取1000 mm宽的板带作为验算对象，则线性荷载$q=60.57$ kN/m。

1)抗弯强度验算：

小于9.68 MPa，满足要求。

2)挠度验算：

$$\omega=\frac{Kql^4}{100EI}=\frac{0.644\times58.05\times225^4}{100\times4680\times\frac{1000\times20^3}{12}}=0.31\ \text{mm}$$

小于L/250=225/250=0.9 mm，满足要求。

(2)内楞方木验算(按四跨等跨连续梁计算)

1)抗弯强度验算：

$$\sigma=\frac{M}{W}=\frac{Kql^2}{W}=\frac{0.107\times60.57\times10^{-3}\times225\times450^2}{\frac{60\times90^2}{6}}=3.65\ \text{MPa}$$

小于15 MPa，满足要求。

2)挠度验算：

$$\omega=\frac{Kql^4}{100EI}=\frac{0.632\times58.05\times10^{-3}\times225\times450^4}{100\times10000\times\frac{60\times90^3}{12}}=0.09\ \text{mm}$$

小于 L/250=450/250=1.8 mm,满足要求。

(3)外楞钢管验算(按四等跨连续梁计算)

1)抗弯强度验算：

作用在钢管上的集中荷载为

$F'=0.225\times0.45\times F=0.225\times0.45\times51.93=5.26\ \text{kN}$

$$\sigma=\frac{M}{W}=\frac{KF'l}{W}=\frac{0.21\times5.26\times10^3\times450}{5078\times2}=48.94\ \text{MPa}$$

小于 215 MPa,满足要求。

2)挠度验算：

作用在钢管上的集中荷载为

$F'=0.225\times0.45\times F=0.225\times0.45\times49.4=5.00\ \text{kN}$

$$\omega=\frac{KF'l_3}{100EI}=\frac{1.581\times5.00\times10^3\times450^3}{100\times2.1\times10^5\times1.22\times10^5}=0.28\ \text{mm}$$

小于 L/250=450/250=1.8 mm,满足要求。

(4)穿墙螺杆及 3 形扣件验算

$N=FL^2=51.93\times0.45\times0.45=10.52\ \text{kN}$

小于螺杆[N]=12.9 kN,小于 3 形扣件容许荷载 12 kN,满足要求。

3. 墙体模板施工示意图

剪力墙模板施工示意图如图 2-52 所示。

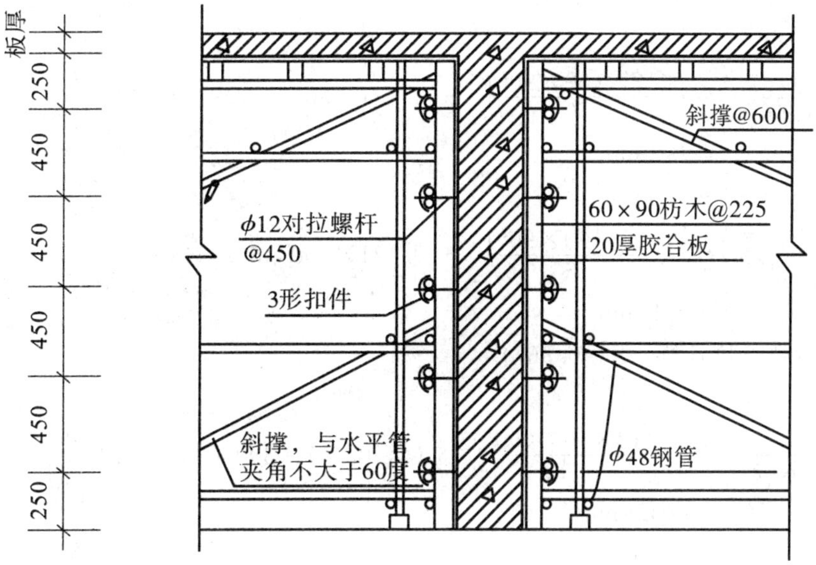

图 2-52　剪力墙模板施工示意图

2.4.1.2 柱模板设计计算

柱子的一次浇筑高度主要有 2.95 m、3 m、3.85 m、5 m 四种。根据混凝土侧压的分布情况，为了合理使用柱箍，本计算除取 3 m、3.85 m、5 m 三种高度作计算对象外，还取一次浇筑高度 1.5 m 作为计算对象。

1. 侧压力计算

$F_1=0.22\gamma_c t_0\beta_1\beta_2 V^{1/2}$

$F_2=\gamma_c H$

各项系数与墙体计算时的取值相同。计算结果如表 2-13 所示。

表 2-13 倾倒混凝土时产生的侧压力计算表(单位:kN/m²)

	H=3 m		H=3.85 m		H=5 m		H=1.5 m	
	结果	取值	结果	取值	结果	取值	结果	取值
F_1	45.79	45.79	45.79	45.79	45.79	45.79	45.79	36
F_2	72		92.4		120		36	

荷载组合：

H=1.5 m，强度计算：$F_1=(36\times1.2+4\times1.4)\times0.9=43.9\ \text{kN/m}^2$

挠度计算：$F_2=36\times1.2\times0.9=38.9\ \text{kN/m}^2$

H=3 m、3.85 m 或 5 m，强度计算：$F_1=(45.79\times1.2+4\times1.4)\times0.9=54.5\ \text{kN/m}^2$

挠度计算：$F_2=45.79\times1.2\times0.9=49.5\ \text{kN/m}^2$

2. 柱箍间距计算

方木内楞按四等跨度连续梁计算，最大挠度按跨度的 L/400。

(1)按内楞强度计算：(K=0.121)

H=1.5 m

$$S_1\leqslant\left[\frac{f_w}{KaF}\right]^{1/2}=\left\{\left[\frac{12\times(60\times90^2)}{6}\right]\div(0.121\times300\times43.9\times10^{-3})\right\}^{1/2}$$

$$=780\ \text{mm}$$

H=3 m，3.85 m，5 m

$$S_1\leqslant\left[\frac{f_w}{KaF}\right]^{1/2}=\left\{\left[\frac{12\times(60\times90^2)}{6}\right]\div(0.121\times300\times54.5\times10^{-3})\right\}^{1/2}$$

$$=701\ \text{mm}$$

(2)按内楞挠度计算：(K=0.967)

H=1.5 m

$$S_2\leqslant\left[\frac{EI}{4KaF}\right]^{1/3}=\left\{\left[\frac{12\times(60\times90^3)}{12}\right]\div(4\times0.967\times300\times38.9\times10^{-3})\right\}^{1/3}$$

$$=432\ \text{mm}$$

H=3 m，3.85 m，5 m

$$S_2\leqslant\left[\frac{EI}{4KaF}\right]^{1/3}=\left\{\left[\frac{12\times(60\times90^3)}{12}\right]\div(4\times0.967\times300\times49.5\times10^{-3})\right\}^{1/3}$$

$$=400\ \text{mm}$$

(3)按柱箍强度计算：(K＝0.125)

$H=1.5\ \text{m}$

$$S_3 \leqslant \frac{f_w}{(KFL^2)} = (215\times 5078)\div(0.125\times 43.9\times 10^{-3}\times 450^2)$$

$$=982\ \text{mm}$$

$H=3\ \text{m},3.85\ \text{m},5\ \text{m}$

$$S_3 \leqslant \frac{f_w}{(KFL^2)} = (215\times 5078)\div(0.125\times 54.5\times 10^{-3}\times 450^2)$$

$$=791\ \text{mm}$$

(4)按柱箍挠度计算：(K＝0.521)

$H=1.5\ \text{m}$

$$S_4 \leqslant \left[\frac{EI}{(4KFL)}\right]^{1/3}$$

$$=[(2.06\times 10^5\times 1.22\times 10^5)\div(4\times 0.521\times 38.9\times 10^{-3}\times 450)]^{1/3}$$

$$=883\ \text{mm}$$

$H=3\ \text{m},3.85\ \text{m},5\ \text{m}$

$$S_4 \leqslant \left[\frac{EI}{(4KFL)}\right]^{1/3}$$

$$=[(2.06\times 10^5\times 1.22\times 10^5)\div(4\times 0.521\times 49.5\times 10^{-3}\times 450)]^{1/3}$$

$$=815\ \text{mm}$$

注：a——内楞方木的间距，取 300 mm

L——对拉螺杆的水平间距，取 450 mm

对拉螺栓及 3 形扣件验算，(以荷载最大的 54.5 kN/m^2 为例)

$N=Fab=54.5\times 0.45\times 0.45=11.04$ kN，选用对拉螺栓 M12 螺杆。

$[N]=12.9$ kN 及 3 形扣件(容许荷载 12 kN)满足要求。

经过以上计算，内楞方木的间距取 300 mm；对拉螺杆的水平间距取 450 mm，柱箍间距 450 mm；对拉螺栓选 M12。

3. 柱模板施工示意图

柱模板施工示意图如图 2－53 所示。

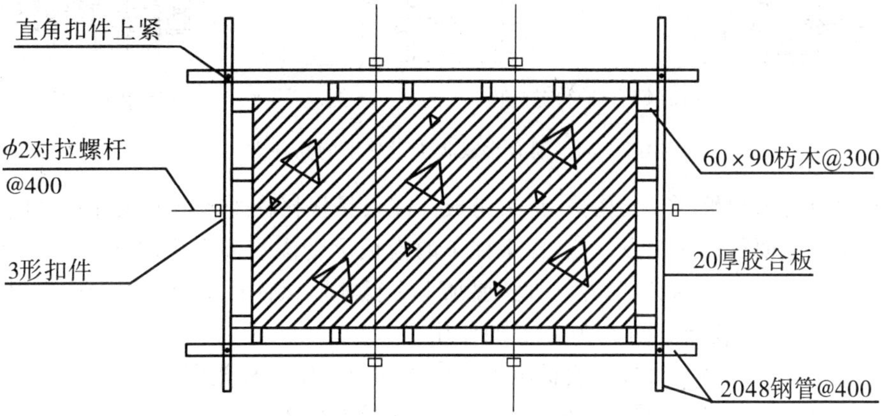

图 2－53　柱模板施工示意

2.4.2　组合钢模板的柱模板

组合钢模板又称组合式定型小钢模，是目前使用较广泛的一种通用性组合模板，由钢模板、支孔件和连接件组成。用它进行现浇钢筋混凝土结构施工，可事先按设计要求组拼成梁、柱、墙、楼板的大型模板后整体吊装，也可采用散装散拆方法，比较方便。

组合钢模板支设柱子的几种方式见图 2 - 54。

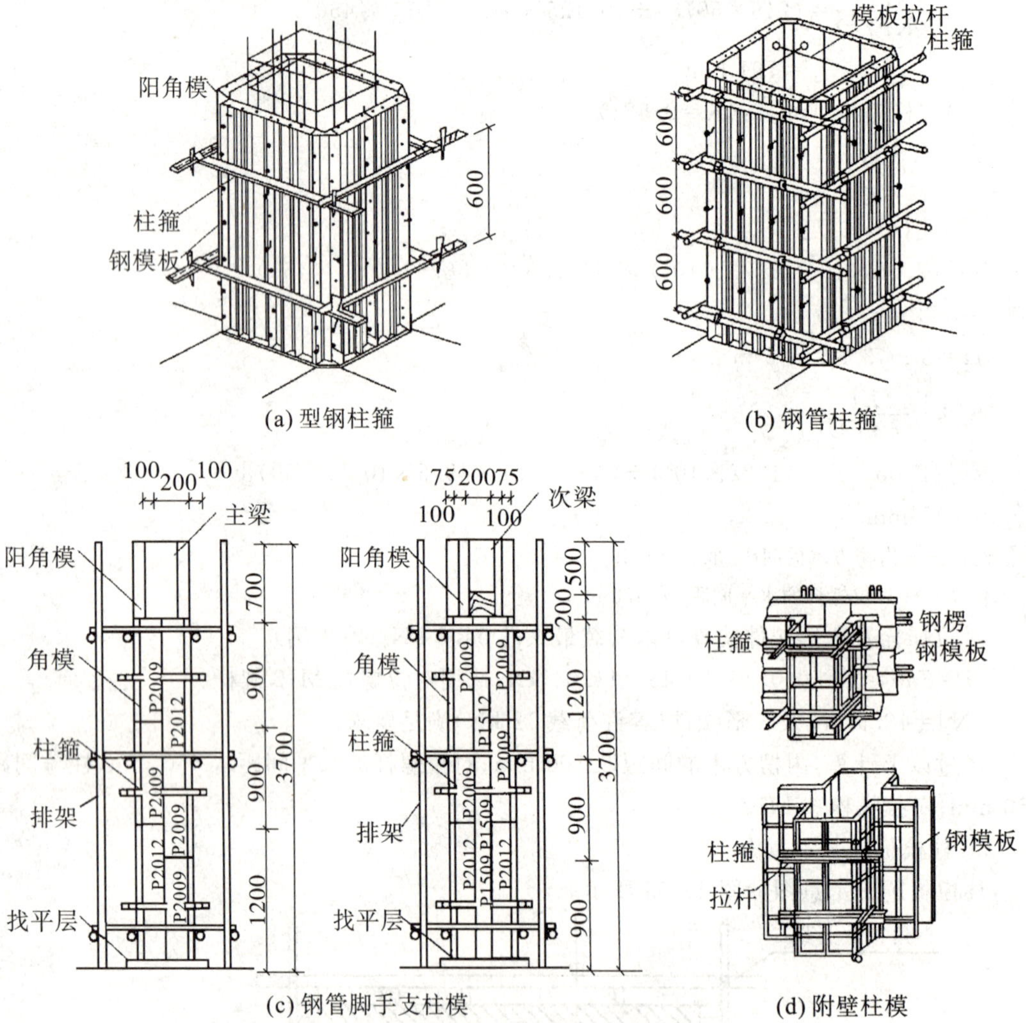

图 2 - 54　组合钢模板支设柱子的几种方式

柱子模板是由配板、角模、柱箍、排架组成。配板是根据柱子的截面尺寸和高度确定，角模是将柱子的四面配板连接在一起，由于柱子的模板承受浇筑混凝土时所产生的巨大侧压力，只靠角模不能抵抗这些侧压力，因此，要加上柱箍才能保证柱子模板不会产生爆模，柱模板外侧的排架是保证柱模板垂直和稳定的作用。

模板所使用的规格与梁板的模板施工中使用的组合钢模板相同。

保证柱模板垂直稳定的排架，使用脚手架的钢管进行搭设。

常用柱箍的规格和力学性能见表 2－14。

表 2－14　常用柱箍的规格和力学性能

材料	简图	规格(mm)	夹板长度(mm)	截面积 A(mm^2)	截面惯性矩 l_x(mm^4)	截面最小抵抗矩 W_x(mm^3)	适宜柱宽范围(mm)	重量(kg/根)
角铜	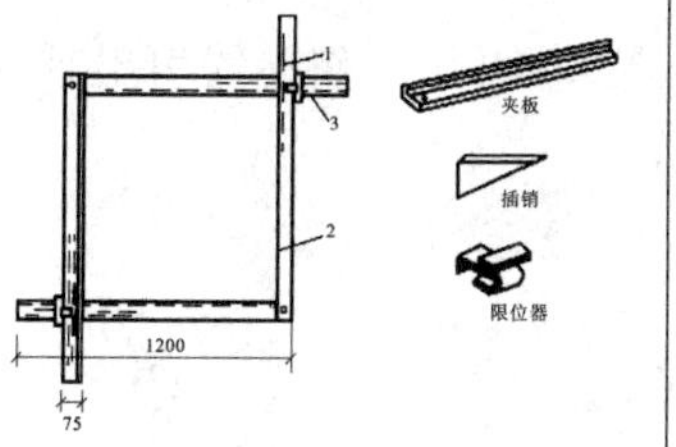	＜75×50×5	1068	612	34.85×10^4	6.83×10^5	250～750	5.01
轧制槽钢	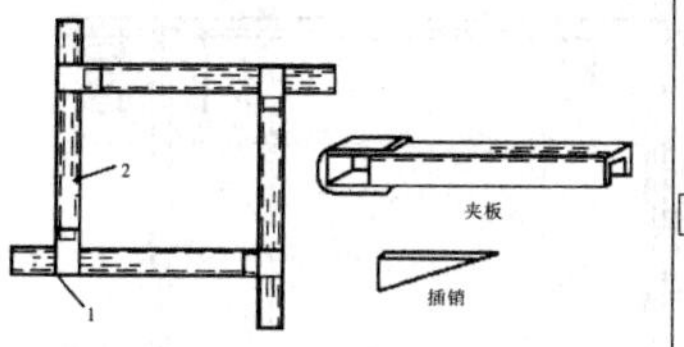	[80×43×5 [100×48×5.3	1340 1380	1024 1074	101.30×10^4 198.30×10^4	25.30×10^3 39.70×10^3	500～1000 500～1200	11.69 15.21
钢管	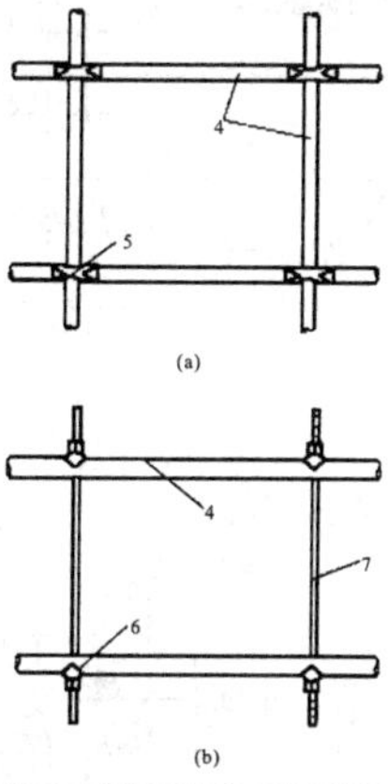	ϕ48×3.5	1200	489	12.19×10^4	5.08×10^3	300～700	4.51

注:1. 图中 1—插销;2—夹板;3—限位器;4—钢管;5—直角扣件;6—方形扣件;7—对拉螺栓
2. 由 Q235 角钢、槽钢、钢管制成。

2.4.2.1　组合钢模版的柱模板简单设计程序

(1)按照柱子断面尺寸,选用宽度方向的模板规格组配方案。

(2)根据柱子的高度方向选用模板规格组配方案。

(3)根据柱子的截面尺寸,混凝土浇筑的速度和混凝土的坍落度,确定柱箍的间距。柱箍间距一般为 400～600 mm。当柱子截面尺寸较大,混凝土浇筑的速度快,混凝土的坍落度值较大时,柱箍间距就越小。

(4)按柱子模板的稳定要求,设置外排架或柱间水平撑和斜撑。

2.4.2.2　柱模板的支设

1. 柱模板的放线

(1)在支柱前，首先弹出柱模板的位置线。柱模板放线从下层向上层转移时，除采用经纬仪外，也可采用在上层楼板上预留靶洞，用激光垂直经纬仪或线锤转移轴线的方法，如图 2－55(a)所示。

(2)建筑物较大时，除四角预留校核孔洞，在楼板上还可预留校核孔洞，以确保上层柱模板放线的准确性，如图 2－55(b)所示。

(3)为以后校核方便起见，可离轴线 1000 mm 留工作墨线，再从工作墨线引出轴线或直接利用工作墨线弹出模板位置线，如图 2－55(c)、(d)所示。

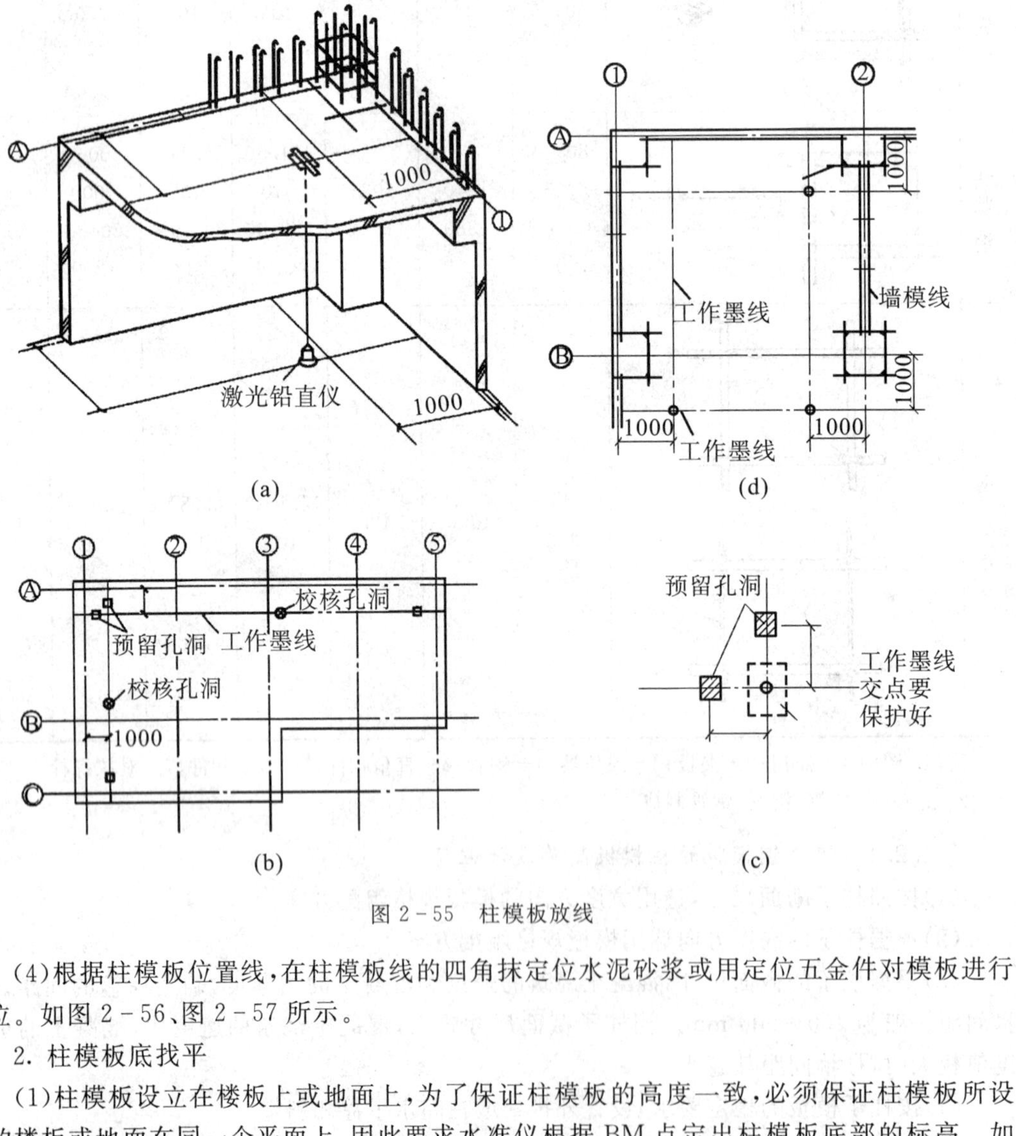

图 2－55　柱模板放线

(4)根据柱模板位置线，在柱模板线的四角抹定位水泥砂浆或用定位五金件对模板进行定位。如图 2－56、图 2－57 所示。

2. 柱模板底找平

(1)柱模板设立在楼板上或地面上，为了保证柱模板的高度一致，必须保证柱模板所设立的楼板或地面在同一个平面上，因此要求水准仪根据 BM 点定出柱模板底部的标高。如图 2－58 所示。

(2)根据定出的水平标高，在立柱模板的位置上抹水泥砂浆找平，如图 2－59(a)所示。

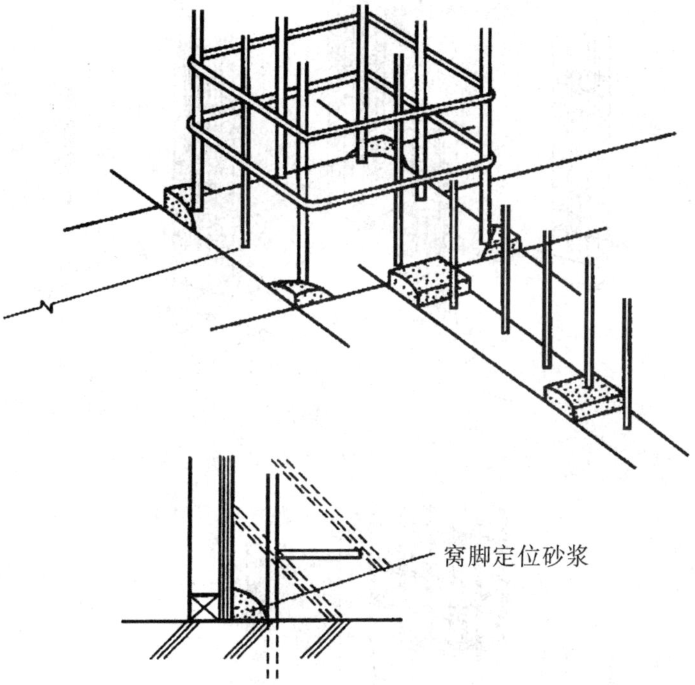

图 2－56　使用定位水泥砂浆定位

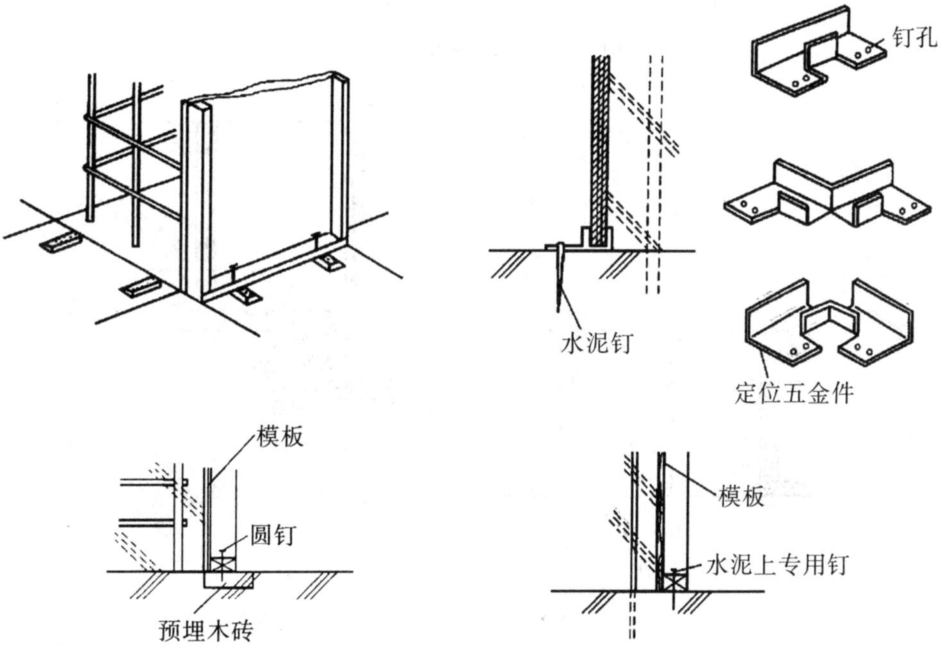

图 2－57　使用定位五金件定位

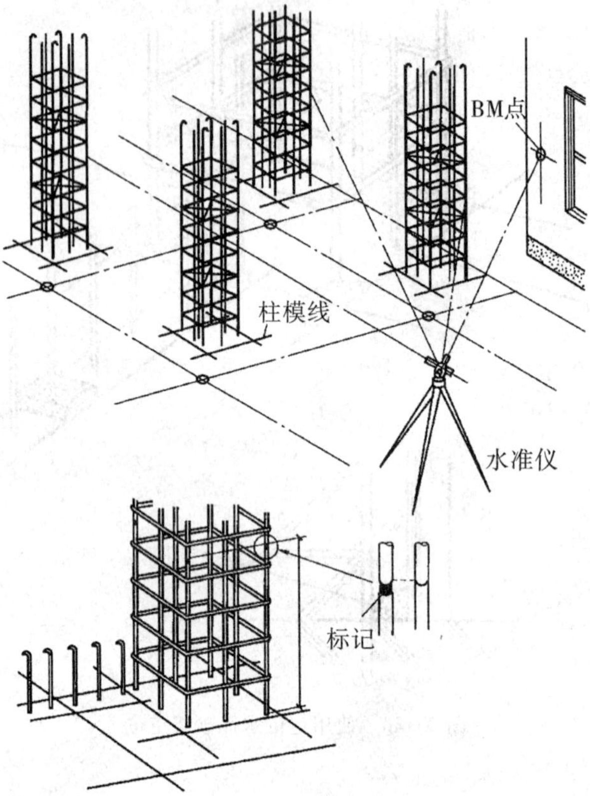

图 2-58　柱模水平标高标记

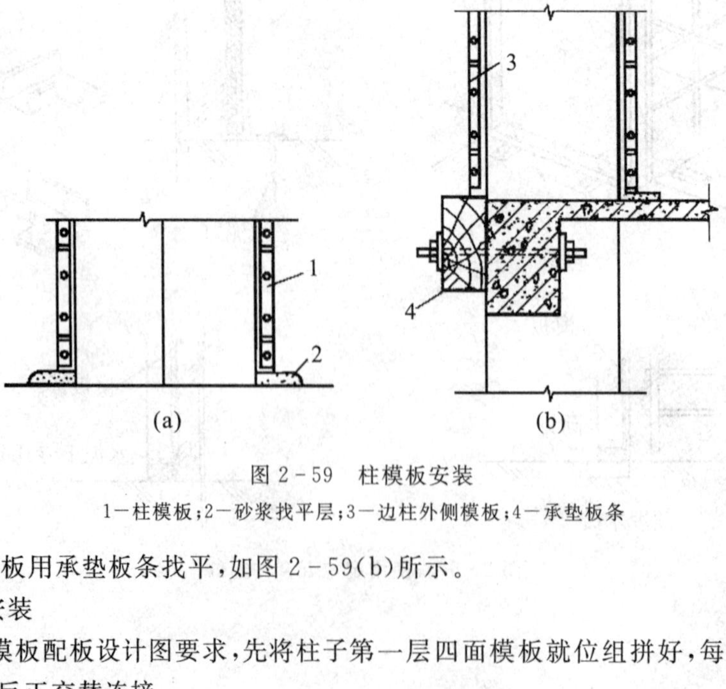

图 2-59　柱模板安装

1—柱模板;2—砂浆找平层;3—边柱外侧模板;4—承垫板条

柱外侧模板用承垫板条找平,如图 2-59(b)所示。

3. 配板安装

(1)按柱模板配板设计图要求,先将柱子第一层四面模板就位组拼好,每面安装连接角模,用 U 形卡反正交替连接。

(2)使模板四面按柱位置线角定位砂浆块就位，并使之垂直，对角线相交

(3)按设计柱箍的间距要求安装柱箍，并将销铁插牢或用螺栓固定。

4. 柱模板的校正

(1)对模板的轴线位移、垂直偏差、对角线、配板平整等进行全面校正，符合要求后，用排管和支撑将其固定。

(2)最后检查安装质量，将柱跟模板内清理干净，封闭清理口。

2.4.3　组合钢模板的墙模板

组合钢模板支设剪力墙体的几种方式见图 2-60。

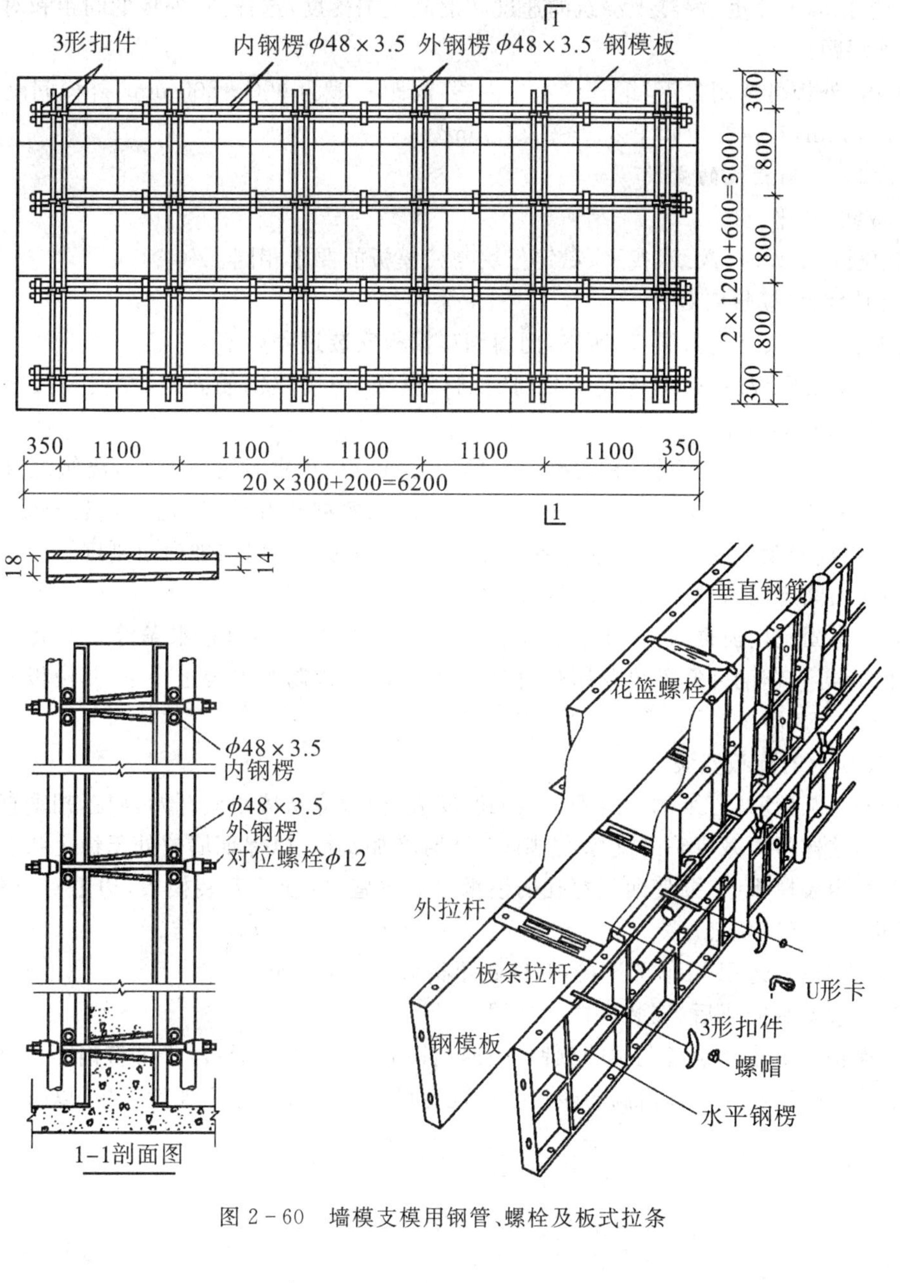

图 2-60　墙模支模用钢管、螺栓及板式拉条

剪力墙的模板是由配板、内钢楞、外钢楞、对拉螺栓组成。配板是根据墙的尺寸配制，内钢楞在对拉螺栓的固定下托住配板，增加配板的刚度和平整度，外钢楞在对拉螺栓的固定下托住内钢楞，减少内钢楞的变形，墙模板外侧应增加斜撑，以保证墙模板的稳定性。

2.4.3.1 组合钢模板的墙模板简单设计程序

(1)根据墙的平面尺寸，采用横排原则，计算出各类配板的块数和尺寸，不足处可用木模板镶补。

(2)根据墙的平面尺寸，采用竖排原则，计算出各类配板的块数和尺寸，不足处用木模板镶补。

(3)对于上述横、竖排的方案进行比较，采用木模板镶补最少的方案。

(4)根据墙的厚度、混凝土浇筑的速度和混凝土坍落度，选择内、外板的间距和对拉螺栓的规格和间距。

(5)内、外板可选用方钢、钢管或木方内楞，间距一般为 600～800 mm，外模间距一般为 800～1100 mm，对拉螺栓间距 800～1200 mm。

2.4.3.2 墙模板的支设

1. 放线、找平

墙模板在支设时，放线、找平、做定位块与柱模板的要求相同。

2. 门窗洞口模板安装

因为墙上一般有门窗洞口，所以，门窗洞口模板安装过程如下：

(1)在安装模板前，按位置线安装门窗洞口模板，与墙体钢筋固定，并安装预埋件或木砖，如图 2-61(a)所示。

(2)为了一次固定门窗框，在混凝土墙模板上可将门窗框预先安装好，浇筑混凝土时一次完成，如图 2-61(b)所示。这样对于防水、提高工效都有好处，但是对安装的要求很高，尺寸没有调整的余地，除担心找准位置尺寸外，加设临时支撑以增加门窗刚度。

(3)一次固定门窗框的施工步骤如图 2-62 所示。

(4)一次固定门窗框时，要注意内外墙的正反方向，发泡塑料止水条等要安装在正确位置上，铝合金门、窗的外露部位要用塑料薄膜保护起来，以防被混凝土污染，其模板节点构造要求如图 2-63 所示。

3. 墙模板的配板安装

(1)安装配板时，宜采用墙两侧模板同时安装，模板应从墙角模开始，向互相垂直的两个方向组拼，这样可以减少临时支撑，否则，要随时增加支撑，以保证墙模处于稳定状态。

(2)在组装模板时，要使两侧穿孔的模板对称放置，以便边安装模板，边上对拉螺栓，使墙体模板处于稳定状态。

(3)相邻模板边用 U 形卡连接，其间距不得大于 300 mm。

(4)配板安装完毕后，安装内楞和外楞。

(5)墙模板上小型设备孔洞的预留，当遇到钢筋时，可直接通过，不可将钢筋推至模板侧边，如图 2-64 所示。有预留洞的模板要按规定尺寸大小考虑是否加设支撑，以防变形。

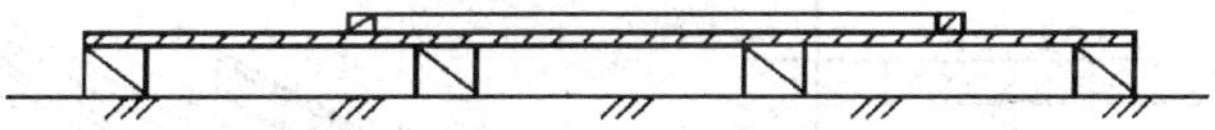

(a) 固定门窗框的墙模板，在模板上弹上门窗框位置墨线

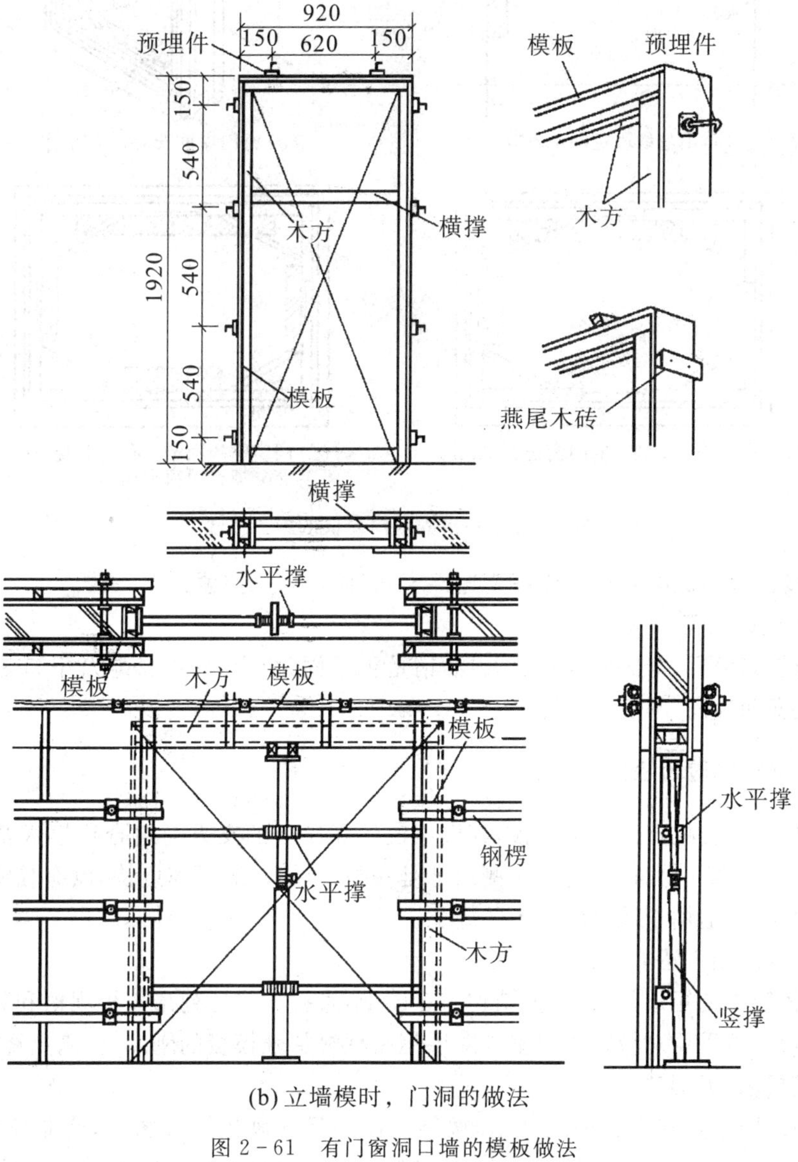

(b) 立墙模时，门洞的做法

图 2 - 61　有门窗洞口墙的模板做法

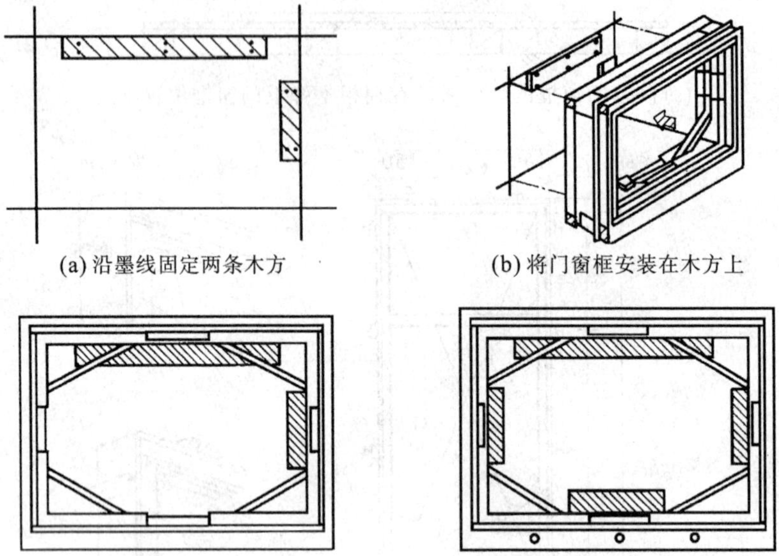

(a)沿墨线固定两条木方

(b)将门窗框安装在木方上

(c)安装好的门窗框

(d)门窗框的固定开孔使混凝土能充分填充门窗框周围

图 2-62　一次固定门窗框的施工步骤

(6)连接模板两侧的对拉螺栓都要连接牢固，而且要求拉紧力度一致。

4. 墙模板的校正

模板安装完毕后，全面检查螺栓、斜插销是否紧固、稳定，模板拼缝及下口是否严密，并校正其垂直度和标高、厚度尺寸等。

2.4.4　竹、木胶合板的柱模板

使用竹、木胶合板支设柱子模板，其模板设计和模板的支设与组合钢模板基本相同，只是用竹木胶合板做柱模时，柱的每一侧面都是一整块模板，装拆速度快，没有接缝，浇筑出混凝土柱表面光滑，适用于清水混凝土的施工。

柱模板的配制方法如下：

(1)形体简单的矩形柱，可根据结构施工图纸，直接按尺寸列出模板规格和数量。

(2)柱模板可采用对拉螺栓或室外双层钢模柱箍加强模板的刚度，以满足浇筑混凝土时柱模的刚度要求，如图 2-65 所示。

(3)圆形柱子，可在平整的地坪上，按结构图的尺寸画出模板图形，套制模板。根据样板，可用竹、木胶合板先加成半圆形，在边端钉上木柱，木柱上预先钻孔。在孔洞中用螺栓夹紧固定，木楞根据需要，可以是平口，也可以企口，如图 2-65(a)所示。

(4)支模时，用木方做竖楞，用钢丝或扁钢做柱箍，将木方与模板固定。大直径柱模板还要加模板拉杆，如图 2-65(b)、(c)所示。

(5)柱头与梁口的接头，可在梁口处拼上木枋，横向木枋要加工成与柱模的弧度相吻合，如图 2-65(d)、(e)所示。

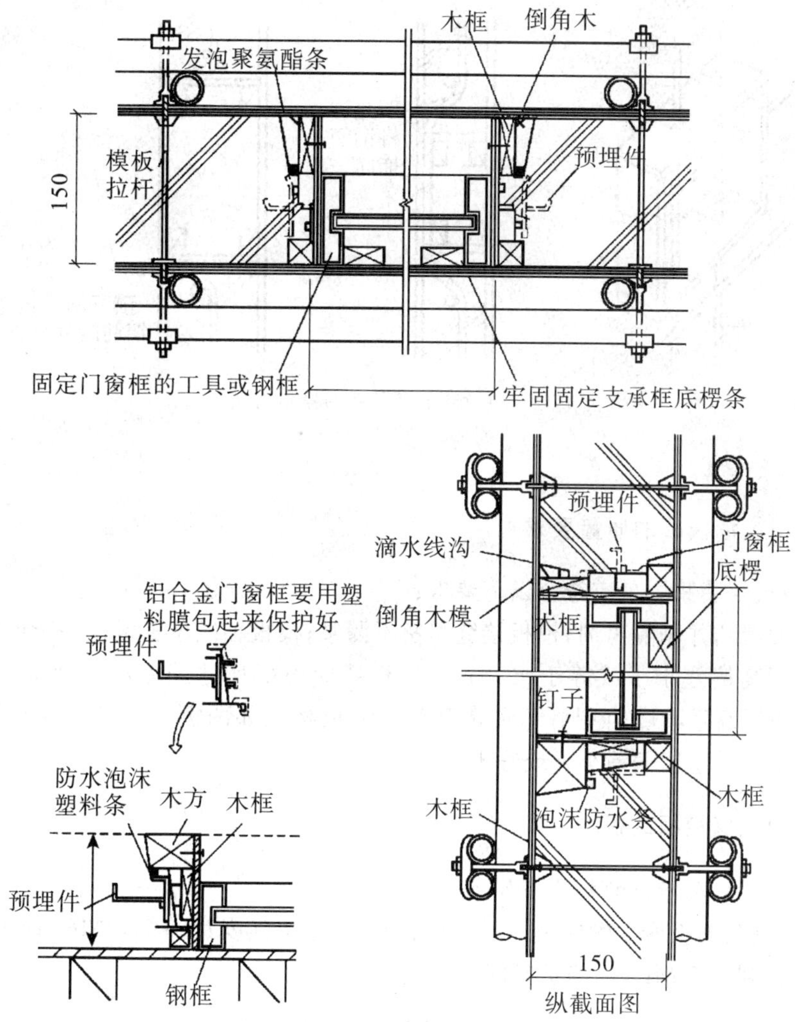

图 2－63　一次固定窗框详图

2.4.5　**竹、木胶合板的墙模板**

采用竹、木胶合板支设混凝土墙的模板，其放线、定位、设计和支设操作与组合钢模板基本相同，只是使用竹、木胶合板的组合钢模数，可以减少接缝，使墙面平整、光滑，满足清水混凝土的要求，作为内墙的模板，可以节省抹灰。在平整的混凝土墙面上只需刮二遍腻子，就能满足墙面装饰的需要。

用竹、木胶合板做墙身的整体模块，可采用简便的施工方法，将 915 mm×1830 mm 的胶合板沿长方向对半锯为 456 mm×1830 mm 的板块，根据层高沿其长方向配制模板的高度。外墙模板为 456 mm×2900 mm，内墙模板为 456 mm×2648 mm。沿拼缝和板中部各钉以 40 mm×60 mm 的小木枋，作为基本模板。沿墙长拼接时，两块板间留 3 mm 缝，用 40 mm×60 mm 小木枋盖设，余下长度配一块较狭的板。门窗洞口用 50 mm 厚木板做侧模。全部内外墙体都可采用胶合板，图 2－66 为墙模板的纵剖面和外墙转角处的模板构造。

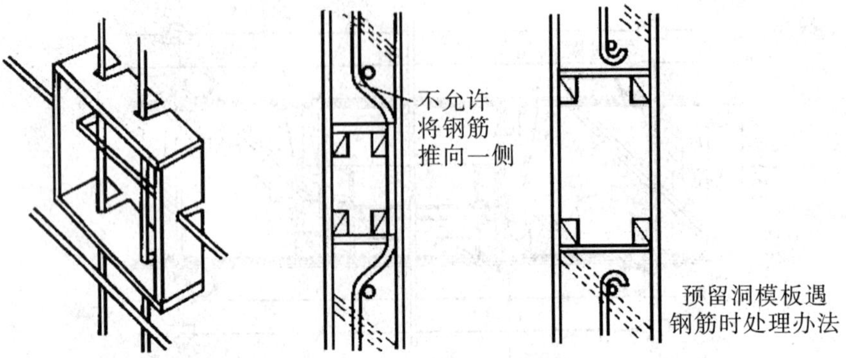

图 2-64　墙上设备孔洞模板做法

2.4.6　柱、墙模板的质量要求

柱、墙模板安装其质量应符合以下要求：

模板表面滑洁并刷隔离剂；模板接缝严密不漏浆；模板轴线位置偏差小于或等于5 mm；模板上表面标高偏差小于或等于±5 mm；模板截面内部尺寸偏差小于或等于+4 mm和−5 mm；模板层高垂直度偏差小于或等于 6 mm；模板相邻两板表面高低偏差小于或等于 2 mm；模板表面平整度偏差小于或等于 5 mm。

2.4.7　柱、墙模板的拆除

2.4.7.1　柱、墙模板的拆除条件

由于柱、墙的模板属于侧模板，所以，柱、墙的混凝土强度达到 2.5 MPa 时就可以拆除。混凝土强度达到 2.5 MPa 的养护时间参考表 2-15。

表 2-15　拆除侧模时间参照表

水泥品种	混凝土强度等级	混凝土的平均硬化温度(℃)					
		5°	10°	15°	20°	25°	30°
		混凝土强度达到 2.5 MPa 所需天数(d)					
普通水泥	C10	5	4	3	2	1.5	1
	C15	4.5	3	2.5	2	1.5	1
	≥C20	3	2.5	2	1.5	1.0	1
矿渣及火山灰质水泥	C10	8	6	4.5	3.5	2.5	2
	C15	6	4.5	3.5	2.5	2	1.5

2.4.7.2　柱、墙模板的拆除顺序

1. 柱模板拆除

(1)先拆除柱的外排架或斜支撑，卸掉柱箍和拉结螺栓。

(2)组合钢模板柱模，应自上而下分层拆除，拆除第一层时，用木锤式橡皮锤轻击模板上

口，使之松动，脱离柱混凝土后，再取下模板。

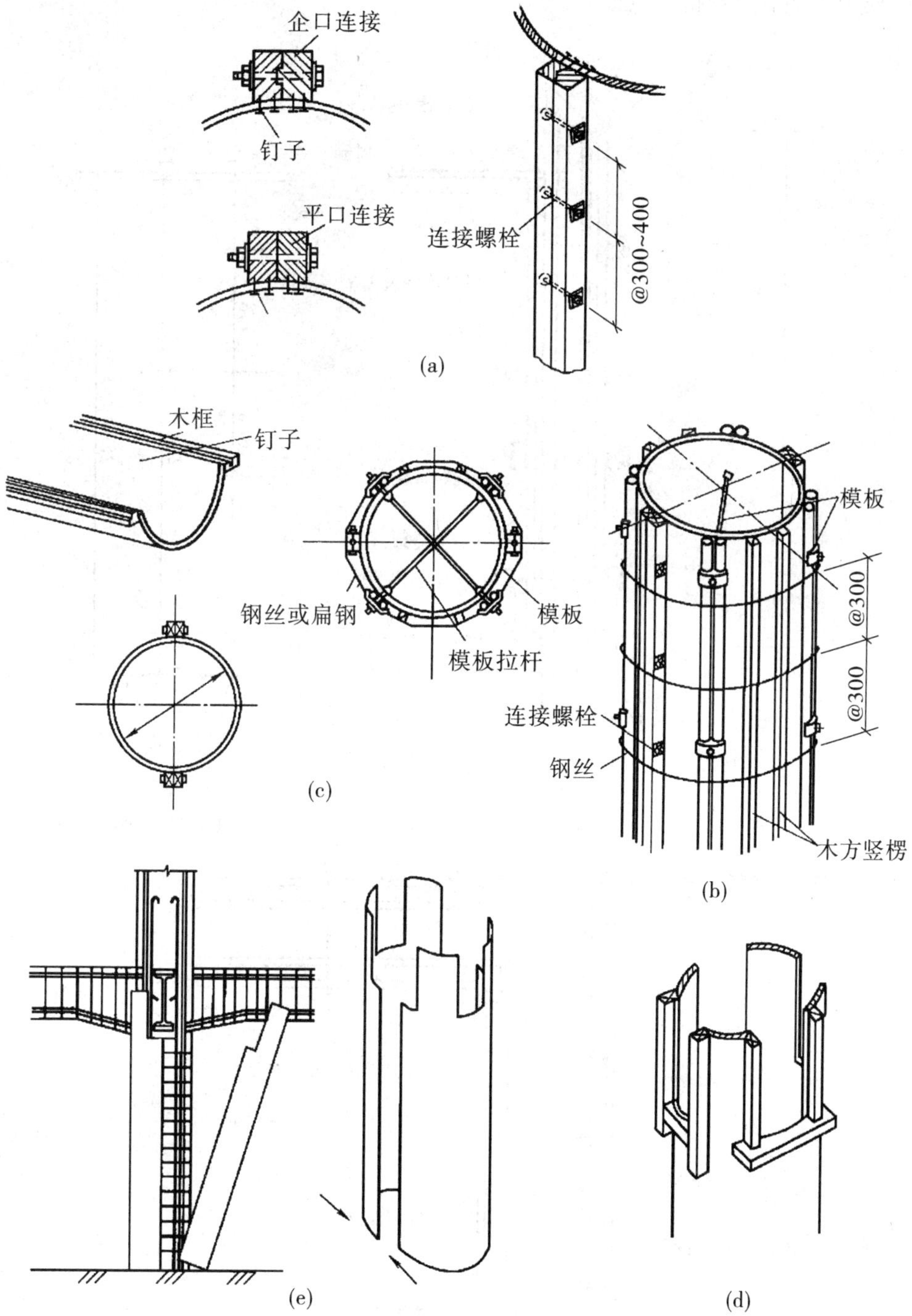

图 2-65　圆柱模板的加工及连接

(3)竹、木胶合板柱模要从上口向外侧轻击，轻撬模板，使之松动后再取下模板。

2. 墙模板拆除

(1)首先拆除墙模板的斜向支撑，自上而下的拆除穿墙螺栓及内外楞。

(2)使用橡皮锤轻击模板，使模板与混凝土脱离，再自上而下逐块拆除。

3. 模板拆除后分规格堆放整齐。

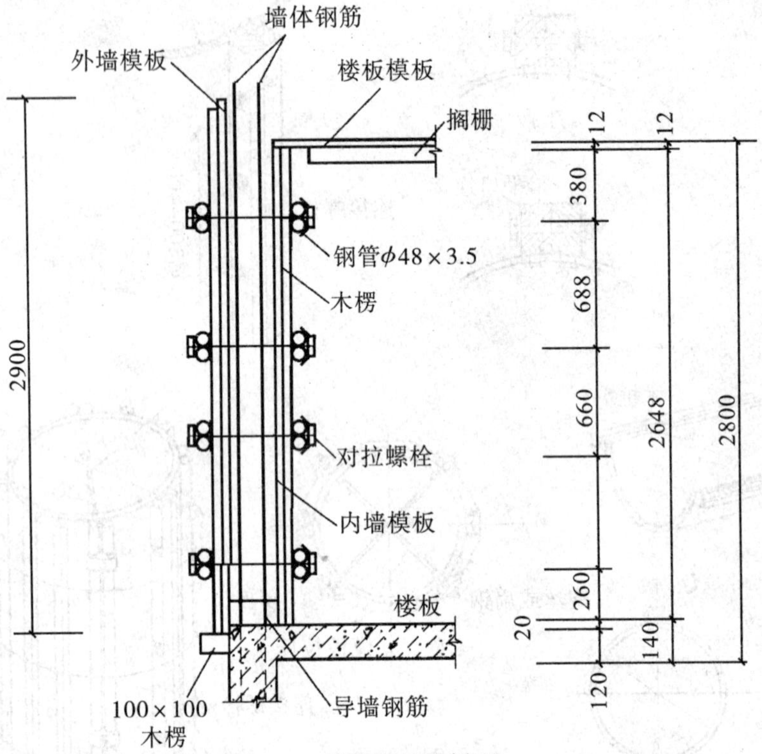

(a) 墙模板的纵剖面

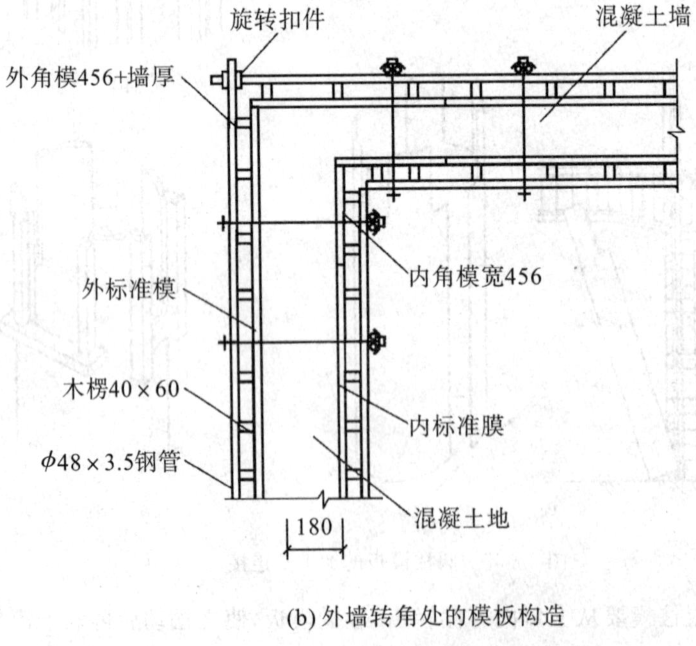

(b) 外墙转角处的模板构造

图 2-66　胶合板整体墙模板

学习情境2.5　钢筋混凝土墙柱混凝土施工

在“学习情境1.6梁、板混凝土施工”中对商品混凝土的质量要求、检验和运输；混凝土的浇筑、振捣和养护；混凝土的质量检查和缺陷防治等已做出了较为详细的介绍，在墙柱混凝土施工中仍然适用，本情境主要介绍混凝土的现场搅拌施工、墙柱的浇筑与振捣要点以及混凝土的冬季施工。

2.5.1　混凝土的现场搅拌

2.5.1.1　材料要求

1. 水泥

(1)配制普通混凝土可选用32.5级及以上等级的硅酸盐水泥、普通硅酸盐水泥、矿渣硅酸盐水泥、火山灰硅酸盐水泥或粉煤灰硅酸盐水泥，其质量必须符合现行国家标准《硅酸盐水泥、普通硅酸盐水泥》或《矿渣硅酸盐水泥、火山灰硅酸盐水泥、粉煤灰硅酸盐水泥》的规定。

(2)含氯化物的水泥严禁用在钢筋混凝土及预应力钢筋混凝土上。

(3)配制抗冻混凝土一般应选用硅酸盐水泥或普通硅酸盐水泥，不宜选用火山灰硅酸盐水泥。

(4)配制高强混凝土应选用质量稳定、强度等级不低于42.5级的硅酸盐水泥或普通硅酸盐水泥。

(5)配制泵送混凝土应选用硅酸盐水泥、普通硅酸盐水泥或矿渣硅酸盐水泥；不宜选用火山灰硅酸盐水泥。

(6)配制大体积混凝土应选用矿渣硅酸盐水泥、火山灰硅酸盐水泥、粉煤灰硅酸盐水泥等，当选用硅酸盐水泥或普通硅酸盐水泥时，应采取相应措施延缓水化热的释放。

(7)当混凝土用在需预防碱集料反应的工程部位时，应优先选用低碱水泥(碱含当量0.6%以下)。

2. 细骨料

(1)选用级配区为Ⅱ区的中砂，其质量应符合《普通混凝土用砂质量标准及检验方法》的规定。

(2)当混凝土强度等级低于C30时，中砂含泥量不应大于5%、泥块含量不应大于2%；当混凝土强度等级等于或高于C30或有其他特殊要求时，中砂含泥量不应大于3%、泥块含量不应大于1%；而高强混凝土中砂的含泥量则不应大于2%、泥块含量不应大于0.5%。

(3)用于高强混凝土和泵送混凝土的中砂，其通过0.315 mm筛孔的颗粒含量不应少于15%，通过0.16 mm筛孔的颗粒含量不应少于5%。

3. 粗骨料

(1)选用质地坚硬、级配良好、不含杂质的碎石或卵石，石子粒径一般为5～31.5 mm，其质量应符合《普通混凝土用碎石或卵石质量标准及检验方法》的规定。

(2)石子含泥量不应大于1%、泥块含量不应大于0.5%；用于高强混凝土的石子含泥量则不应大于0.5%；泥块含量不应大于0.2%。

(3)高强混凝土石子的最大粒径不应大于 25 mm、针片状颗粒含量不宜大于 5%；而泵送混凝土石子的最大粒径与输送管径之比宜符合表 2-16 的规定，其针片状颗粒含量不宜大于 10%。

表 2-16　粗骨料粒径与输送管径之比

石子品种	泵送高度(m)	粗骨料粒径与输送管径之比
碎石	<50	≤1∶3.0
	50—100	≤1∶4.0
	>100	≤1∶5.0
卵石	<50	≤1∶2.5
	50—100	≤1∶3.0
	>100	≤1∶4.0

4. 水

宜采用饮用水。当采用其他来源水时，水质应符合国家现行标准《混凝土拌合用水质量标准》的要求。

5. 外加剂

(1)选择外加剂的品种应根据设计、施工的要求，以及与水泥的相容性等因素；质量指标应符合现行《混凝土外加剂》、《混凝土外加剂应用技术规范》等的质量标准。

(2)外加剂的掺量，应按其品种并根据使用要求、施工条件、混凝土原材料等因素通过试验确定。

(3)在钢筋混凝土及预应力钢筋混凝土中，禁止使用含氯化物的外加剂。

6. 掺合料

目前混凝土中掺用的矿物掺合料主要为粉煤灰，质量应符合现行《用于水泥和混凝土中的粉煤灰》的有关规定，其掺量通过试验确定。

2.5.1.2　主要机具

建立混凝土自动搅拌站，应配备强制式搅拌机、电子自动计量的配料装置、双向传送带、装载机、自卸翻斗车，以及制作混凝土试块的试模及测定混凝土和易性的坍落度筒等。

小型混凝土搅拌站应配备强制式搅拌机、铁锹、双轮手推车、磅秤及必要的量具，制作混凝土试块的试模及测定混凝土和易性的坍落度筒等。

2.5.1.3　作业条件

1. 各种机具均处于完好状态、运转正常，各种计量器具经检测符合要求，现场标准养护室或养护箱经验收符合要求。

2. 实验室已按要求下达混凝土配合比通知单。

3. 水、电源已经接好，能满足混凝土连续施工的需要。

4. 混凝土开盘鉴定已完成、混凝土浇灌申请已被批准、操作人员全部到位并进行了技术交底。

2.5.1.4　操作工艺

1. 现场根据试验室下达的混凝土配合比计算出每罐搅拌用的各种材料及水的用量。

2. 在搅拌地点明显处悬挂混凝土搅拌配合比标牌。

3. 混凝土搅拌用的各种原材料必须经过称量，计量误差在规定范围之内，严禁采用不称量的其他办法。

4. 搅拌机刚开始工作时，应先加水空转湿润后再投料。第一罐应搅拌同配合比的水泥砂浆，用于润滑搅拌机、混凝土输送泵及管路，以后则每罐按规定数量投料。

5. 投料顺序：粗细骨料、水泥和水可同时加入。掺合料与水泥可同时投放，外加剂的添加宜滞后于水和水泥。

6. 混凝土搅拌应使砂、石、水泥完全拌合均匀，颜色一致，搅拌的最短时间应符合表2-17的规定；当掺有外加剂、掺合料时，搅拌时间应适当延长（具体视外加剂的要求确定）。冬期施工时，搅拌时间应比常温施工适当延长，一般为常温时间的1.5倍。

表2-17　混凝土搅拌的最短时间(s)

混凝土坍落度(mm)	搅拌机机型	搅拌机出机量		
		<250	250～500	>500
≤30	强制式	60	90	120
>30	强制式	60	60	90

7. 冬期施工时，搅拌前应用热水或蒸气冲洗搅拌机，搅拌混凝土优先采用加热水的办法，当骨料不加热时，水可加热到100 ℃，但水泥不能与80 ℃以上的水直接接触，投料顺序可改为先投骨料和热水，稍加搅拌后再投入水泥。

2.5.1.5　*质量控制*

1. 各种材料必须有出厂质量合格证明、材料复验报告单，不合格产品不准使用。

2. 用于工程结构上的混凝土，均应由实验室根据实际使用的材料通过试配进行配合比设计。当原材料有变更时，现场应及时通知实验室调整配合比。投料时各种材料的计量误差不得超过以下规定：水泥、掺合料、水、外加剂为±2%；粗、细骨料为±3%。

3. 对首次使用的混凝土配合比应进行开盘鉴定，开始生产时应至少留置一组标准试件，作为验证配合比的依据。

4. 搅拌机操作手必须由经过培训、掌握混凝土施工基本知识、工作认真负责的技工担任，人员要相对稳定。

5. 现场使用的各种计量器具必须经检测部门校验，精度在允许偏差值之内；为减少计量误差，尽量采用自动计量的混凝土配料机。

6. 投料前要复核袋装水泥的重量；如使用散装水泥，则必须经过称量，其他材料也必须严格按要求计量。

7. 严格控制水灰比，经常测定骨料的含水率（特别是雨季），并根据测试结果调整材料用量；冬期施工如使用防冻剂溶液时，所含水分应从拌合水中扣除。

8. 当混凝土可泵性差或出现泌水、离析、难以泵送及浇灌时，应立即对投料计量、混凝土输送泵、泵送管路及泵送工艺等进行检查，并采取措施加以解决。

9. 加强混凝土搅拌过程的检查，每一工作班至少二次对各种原材料的掺量、混凝土搅拌时间、混凝土坍落度等进行抽查，并做好记录。

10. 冬期施工混凝土所用骨料必须清洁，不得含有冰、雪等冻结物及易冻裂的矿物质；在掺用含有钾、钠离子防冻剂的混凝土中不得混有活性骨料；冬期施工混凝土的入模温度不得低于 5 ℃、出罐温度不得低于 10 ℃。

11. 按有关规定制作混凝土试块，搞好养护、按时送检。

12. 水泥、砂、石、外加剂、掺合料应分类推放，标识清楚。应注明产地、品种、数量、进场时间、检验状态等，水泥还应有出厂时间。

2.5.1.6　质量标准

1. 主控项目

(1)水泥进场时应对其品种、级别、包装或散装仓号、出厂日期等进行检查，并对其强度、安定性及其他必要的性能指标进行复验，其质量必须符合现行国家标准《硅酸盐水泥、普通硅酸盐水泥》等的规定。当在使用中对水泥质量有怀疑或水泥出厂超过三个月(快硬硅酸盐水泥超过一个月)时，应进行复验，并按复验结果使用。

钢筋混凝土结构、预应力混凝土结构中，严禁使用含氯化物的水泥。

检验方法：检查产品合格证、出厂检验报告和进场复验报告。

(2)掺用外加剂的质量及应用技术应符合国家现行标准《混凝土外加剂》、《混凝土外加剂应用技术规范》等和有关环境保护的规定。

检验方法：检查产品合格证、出厂检验报告和进场复验报告。

(3)混凝土中氯化物和碱的总含量应符合《混凝土结构设计规范》和设计的要求。

检验方法：检查原材料试验报告和氯化物、碱的总含量计算书。

(4)结构混凝土的强度等级必须符合设计要求。用于检查结构构件混凝土强度的试件，应在混凝土的浇筑地点随机抽取，取样与试件留置应符合下列规定：

每拌制 100 盘且不超过100 m^3 的同配合比的混凝土，取样不得少于一次；每工件工作班拌制的同一配合比的混凝土不足 100 盘时，取样不得少于一次；当一次连续浇筑超过100 m^3 时，同一配合比的混凝土每 200 m^3 取样不得少于一次；每一楼层、同一配合比的混凝土，取样不得少于一次；每次取样应至少留置一组标准养护试件，同条件养护试件的留置组数应根据实际需要确定。

检验方法：检查施工记录及试件强度试验报告。

(5)对有抗渗要求的混凝土结构，其混凝土试件应在浇筑地点随机取样。同一工程、同一配合比的混凝土，取样不应少于一次，留置组数可根据实际需要确定。

检验方法：检查试件抗渗试验报告。

2. 一般项目

(1)普通混凝土用砂、石料的质量应符合国家现行标准《普通混凝土用砂质量标准及检验方法》、《普通混凝土用碎石或卵石质量标准及检验方法》的规定。

检验方法：检查进场复验报告。

(2)普通混凝土中掺用粉煤灰，质量应符合《用于水泥和混凝土中的粉煤灰》GB1596—91 的有关规定，其掺量通过试验确定。

检验方法：检查产品合格证和进场复验报告。

(3)搅拌混凝土宜采用饮用水。当采用其他来源水时，水质应符合国家现行标准《混凝土拌合用水标准》的要求。

检验方法：检查水质试验报告。

2.5.1.7　注意事项

(1)采用泵送混凝土时应随用随搅拌，避免在搅拌筒内或输送管路中存留时间过长，造成管路堵塞。

(2)当出现混凝土输送困难时，严禁随意加水，可以采取加少量减水剂的方法予以解决。

(3)夏季要对混凝土输送管路进行遮阳，冬期要对混凝土输送管路和混凝土进行保温。

2.5.2　柱、墙混凝土的现场浇注与振捣

混凝土的现场浇注与振捣的一般规定在梁、板施工时已经讲述，这里强调当对柱、墙这两种典型的竖向构件承载力和混凝土外表面要求较高时，浇注与振捣时需要注意的要点。

2.5.2.1　柱混凝土浇筑

(1)柱浇筑前，或新浇混凝土与下层混凝土结合处，应在底面上均匀浇筑 50 mm 厚与混凝土配合比相同的水泥砂浆。砂浆应用铁铲等工具入模，不应用料斗直接倒入模内。

(2)柱混凝土应分层浇筑振捣，每层浇筑厚度应控制在 500 mm 左右。混凝土下料点应分散布置循环推进，连续进行，振动棒不得触动钢筋和预埋件。除上面振捣外，下面要有人随时敲打模板。

(3)柱高在 3 m 之内，可在柱顶直接下灰浇筑，超过 3 m 时应采取措施(用串桶)或在模板侧面开门子洞安装斜溜槽分段浇筑。每段高度不得超过 2 m，每段混凝土浇筑后将门子洞模板封闭严密，并用箍套牢。

(4)柱子混凝土应一次浇筑完毕，如需留施工缝时应留在主梁下面。无梁楼板应留在柱帽下面。在梁板整体浇筑时，应在柱浇筑完毕后停歇 1～1.5 h，使其获得初步沉实，再继续浇筑。

(5)浇筑完毕后，应随时将伸出的搭接钢筋整理到位。

(6)构造柱混凝土应分层浇筑，每层厚度不得超过 300 mm。

2.5.2.2　剪力墙混凝土浇筑

(1)剪力墙墙体浇筑流向以角部为起点，应在底面上均匀浇筑 50 mm 厚与混凝土配合比相同的水泥砂浆。砂浆应用铁铲等工具入模，不应用料斗直接倒入模内。

(2)为保证混凝土密实，剪力墙底层混凝土振捣时间适当延长，上层混凝土表面应以出现翻浆、不再有显著下沉、不再有大量气泡上冒为准。

(3)浇筑墙体混凝土应连续进行，间隔时间不应超过 2 小时，每层浇筑厚度控制在60 cm 左右，因此必须预先安排好混凝土下料位置和振动器操作人员数量。

(4)为使上下层混凝土结合成整体，上层混凝土振捣要在下层混凝土初凝之前进行，并要求振捣棒插入下层混凝土 5～10 cm。

(5)振动棒移动间距应小于 50 cm，在钢筋较密的情况下移动间距可控制在 30 cm 左右。每一振点的延续时间经表面呈现浮浆为度，为使上下层混凝土结合成整体，振动器应插入下层混凝土 5 cm。振动时注意钢筋密集及洞口部位，为防止出现漏振，须在洞口两侧同时振捣，下灰高度也要大体一致。大洞口的洞底模板应开口，并在此处浇筑振捣。

(6)混凝土墙体浇筑完毕之后，将上口甩出的钢筋加以整理，用木抹子按标高线将墙上表层混凝土找平。

(7)为保证竖向混凝土无冷缝，竖向结构浇筑完毕之后，紧接着浇筑水平结构，浇筑方向应从四周向中心平行推进，并在浇筑前先在楼板上搭设人行栈道，以免踩踏钢筋。

2.5.3　混凝土的冬季施工

我国《钢筋混凝土工程施工及验收规范》规定：根据当地气温资料、室外平均气温连续5天稳定低于+5 ℃时，混凝土及钢筋混凝土工程应采取冬期施工技术措施进行施工。

2.5.3.1　混凝土冬期施工原理

1. 混凝土受冻原理

新浇筑混凝土中的水主要分为两部分：

(1)吸附在组成材料颗粒表面和毛细管中的水。这部分水与水泥颗粒起水化作用，使混凝土的强度逐渐增强，称为水化水。

(2)存在于组成材料颗粒空隙之间的水。这部分水主要是对混凝土的和易性起作用，称为游离水(或自由水)。

混凝土的凝结、硬化并逐步获得强度，是由于水泥水化作用的结果。水化作用在一定湿度条件下主要取决于温度，温度愈高，强度增长也愈快，反之则慢。冬期施工时，由于气温较低，水化作用减弱，混凝土强度增长减慢。当温度降至0 ℃以下时，水泥水化作用基本停止，混凝土强度亦停止增长；当混凝土温度降至-1～-1.5 ℃时，游离水开始结冰；当混凝土温度降至约-4 ℃时，水化水也开始结冰，水化作用停止，混凝土强度不再增长。

水结冰后体积增大8%～9%，在混凝土内部产生冰胀应力。如果此时混凝土的强度还较低，冰胀应力会使强度较低的混凝土结构内部产生微裂缝，混凝土的强度、密实性及耐久性等都会因此而降低。同时，由于混凝土和钢筋的导热性能有差异，在钢筋周围将形成冰膜，从而削弱了混凝土与钢筋之间的粘结力。

2. 混凝土受冻临界强度

混凝土受冻临界强度是指混凝土在遭受冻结前具备抵抗冰胀应力的能力，使混凝土受冻后的强度损失不超过5%而必须的最低强度。

受冻的混凝土在解冻后，其强度虽能继续增长，但已不能达到原设计的强度等级。混凝土遭受冻结后强度损失，与遭冻时间的早晚、冻结前混凝土的强度、水灰比等有关。遭受冻结时间愈早、受冻前强度愈低，水灰比愈大，则强度损失愈多，反之则损失愈少。为了减少混凝土受冻后的强度损失，保证解冻后混凝土的强度能够达到设计要求的强度等级，必须使混凝土在受冻前具备抵抗冰胀应力的能力。经过试验得知，混凝土经过预先养护达到某一强度值后再遭冻结，混凝土解冻后强度还能继续增长，能达到设计强度的95%以上，对结构强度影响不大。

受冻临界强度与水泥品种、混凝土强度等级有关。对普通硅酸盐水泥配制的混凝土，为设计强度等级的30%；对矿渣硅酸盐水泥配制的混凝土，为设计强度等级的40%。

3. 混凝土冬期施工措施

在混凝土冬期施工时，为确保混凝土在遭冻结前达到受冻临界强度，可采取下列措施：

(1)采用高活性的水泥，如高强度等级水泥，快硬水泥等；

(2)降低水灰比，减少用水量，使用低流动性或干硬性混凝土；

(3)浇筑前将混凝土或其组成材料加温，提高混凝土的入模温度，使混凝土既早强又不易冻结；

(4)对已浇筑的混凝土采取保温或加温措施，人为地造成一个温湿条件，对混凝土进行养护；

(5)搅拌时，加入一定的外加剂，加速混凝土硬化，尽快达到临界强度；或降低水的冰点，使混凝土在负温下不致冻结。

实际施工中采取何种措施，应根据气温情况，结构特点、工期要求等综合考虑，以达到最佳技术经济效果为准。

2.5.3.2　混凝土冬期施工方法

混凝土冬期施工方法主要有三类：混凝土养护期间不加热的方法、混凝土养护期间加热的方法和综合方法。混凝土养护期间不加热的方法包括：蓄热法、掺外加剂法等；混凝土养护期间加热的方法包括：电极加热法、电器加热法、感应加热法、蒸汽加热法和暖棚法等；综合方法即把上述两类方法综合应用，如目前常用的综合蓄热法，即在蓄热法基础上掺加外加剂(早强剂或防冻剂)或进行短时加热等综合措施。

选择混凝土冬期施工方法，要考虑环境气温、结构类型和特点、原材料、工期要求、能源情况和经济指标等多方面因素。对工期不紧和无特殊限制的工程，从节约能源和降低冬期施工费用考虑，应优先选用养护期间不加热的施工方法或综合方法；在有工期限制、施工条件又允许时才考虑选用混凝土养护期间的加热方法。无论采用何种方法，应进行技术经济比较才能确定。一个理想的冬期施工方案，应当是在杜绝混凝土早期受冻的前提下，用最低的冬期施工费用，在最短的施工期限内，获得优良的施工质量。

1. 蓄热法

蓄热法是利用混凝土原材料预热的热量及水泥水化热，通过适当的保温覆盖，延缓混凝土的冷却速度，使混凝土在冻结前达到受冻临界强度的一种冬期施工方法。此法适用于室外最低温度不低于15 ℃的地面以下工程或表面系数(指结构冷却的表面与全部体积的比值)不大于15的结构。蓄热法具有施工简单、节能和冬期施工费用低等特点，应优先采用。

蓄热法施工宜采用标号高、水化热大的硅酸盐水泥或普通硅酸盐水泥，以提高水化作用放热量。水泥不允许加热，但应保持正温，可提前搬入搅拌机棚内。

对原材料的加热，因水的比热大，且水的加热设备简单，故应首先考虑加热水，如水加热至极限温度而热量仍不能满足要求时，再考虑加热砂石。水、砂、石的加热极限温度视水泥标号和品种而定，当水泥标号小于52.5号时，水加热极限温度为80 ℃，砂、石加热极限温度为60 ℃；当水泥标号等于和大于52.5号时，水加热极限温度为60 ℃，砂、石加热极限温度为40 ℃。如水加热的温度超过80 ℃，则搅拌时应先与砂石拌和，然后再加入水泥以防止水泥假凝。

蓄热法养护的三个基本要素是混凝土的入模温度、围护层的总传热系数和水泥水化热值。应通过热工计算调整以上三个要素，目的是使混凝土冷却到0 ℃时，混凝土强度能达到临界强度的要求。

2. 掺外加剂法

在混凝土中加入适量的抗冻剂、早强剂、减水剂及加气剂，可使混凝土在负温下进行水化作用，增长强度。可使混凝土冬期施工工艺大大简化，节约能源，减少附加设施、降低冬期施工费用，是冬期施工有发展前途的施工方法。

加入抗冻剂，可降低混凝土中水的冰点，使之在一定负温下不冻结，为水泥水化提供必要的水分。加入早强剂，可使混凝土在液相存在的条件下，加速水泥水化的过程，使混凝土早期强度迅速增长。加入减水剂，可减少用水量，以减轻因水的冻胀对混凝土产生的危害。加入加气剂，可使混凝土内部存在大量微小封闭的气泡，可缓解冰胀应力并提高混凝土的抗冻耐久性。

各种外加剂其性能不同，使用时应限制其掺量。氯化钠（$NaCl$）、氯化钙（$CaCl_2$）有抗冻、早强作用，但对钢筋有腐蚀作用，在一般钢筋混凝土结构中，其掺量不应超过水泥用量的1%。由于其掺量有限，故只宜用于－10 ℃以内的负温情况；亚硝酸钠（$NaNO_2$）有抗冻、阻锈、减水的作用，用于－10 ℃以内的负温情况；碳酸钾（K_2CO_3）、尿素、胺水有抗冻作用，可用于更低温条件下施工。但碳酸钾促凝作用强烈，胺水、尿素有缓凝作用，宜分别加入缓凝剂及促凝剂以调节其凝结时间；硫酸钠（Na_2SO_4）有早强作用，但对混凝土后期强度不利，其掺量一般不宜超过水泥用量的3%；三乙醇胺[$NH_3(C_2H_4OH)_2$]有早强作用，其用量不少于水泥用量的0.02%，也不大于0.05%；木素磺酸钙有缓凝、减水和阻锈作用；加气剂目前常采用松香加热起泡。

混凝土冬期施工外加剂配方，应满足抗冻早强的需要，不应腐蚀钢筋，不应影响混凝土后期强度和其他物理力学性能或产生其他不良影响。单一的外加剂一般不能满足混凝土冬期施工的需要，宜采用复合配方。理想的配方应由抗冻剂、早强剂、减水剂和加气剂组成，而以抗冻剂为核心，抗冻剂的成分与分量应根据大气负温值、结构特点等选用。常用抗冻剂的配方可参考表2－18。

表2－18 常用抗冻剂的参考配方

混凝土硬化温度(℃)	参考配方(水泥重量的百分率)
0	尿素3＋硫酸2＋木钙0.25 硝酸钠3＋硫酸钠2＋木钙0.25 亚硝酸钠3＋硫酸钠2＋木钙0.25 碳酸钾3＋硫酸钠2＋木钙0.25
－5	亚硝酸钠4＋硫酸钠2＋木钙0.25 亚硝酸钠2＋硝酸钠3＋硫酸钠2＋木钙0.25 碳酸钾5＋碳酸钠2＋木钙0.25 尿素2＋硝酸钠2＋硫酸钠2＋木钙0.25
－10	亚硝酸钠7＋硫酸钠2＋木钙0.25 乙酸钠2＋硝酸钠5＋硫酸钠2＋木钙0.25 亚硝酸钠3＋硝酸钠5＋硫酸钠2＋木钙0.25 尿素3＋硝酸钠5＋硫酸钠2＋木钙0.25

注：1. 外加剂掺量均为无水物净重；

2. 混凝土硬化温度，是指混凝土本身温度。当无保温覆盖层时，按日最低温度掌握；当有保温覆盖层时，可按日平均气温掌握。

外加剂抗冻混凝土的施工要点如下：

(1)配合比

1)水泥。掺抗冻剂的混凝土，应优先选用硅酸盐水泥或普通硅酸盐水泥，标号不宜低于42.5级，不宜采用火山灰水泥，严禁使用高铝水泥。水泥用量：C20级混凝土，每立方米不小于300 kg；C40级混凝土，每立方米不小于450 kg；

2)水灰比。C20级混凝土，宜采用0.5～0.6；C40级混凝土，宜采用0.35～0.45；

3)坍落度。掺抗冻剂的混凝土坍落度，应严格控制在1～3 cm之间。

(2)原材料温度

为提高掺抗冻剂混凝土的入模温度，对混凝土所用的原材料应进行加温。其做法参见上述蓄热法养护。

(3)混凝土搅拌

1)应有专人负责，严格掌握抗冻剂的掺量；

2)搅拌前应先用蒸汽或热水对搅拌机进行预热；

3)搅拌时间不小于3～5 min。

(4)外加剂的加入方法

1)外加剂应先溶解于水，配制溶液的水应保持在30 ℃～50 ℃，浓度不宜大于20%；使用时，如因温度下降结晶沉淀，应再加热溶液方可使用；

2)配制引气剂的水温不得低于90 ℃，溶液浓度不得大于1%；

3)氯化钙与引气剂或引气型减水剂复合使用时，应先加入引气剂或引气型减水剂，经搅拌后再加入氯化钙溶液；

4)钙盐与硫酸盐复合使用时，应先加入钙盐溶液，经搅拌后再加入硫酸盐溶液；

5)以粉剂直接加入的抗冻剂，如有结块，应先行磨碎，并通过0.63 mm筛后，方可加入。

(5)混凝土温度控制

1)掺抗冻剂的混凝土拌和物的出机温度，不得低于10 ℃；

2)混凝土拌和物的入模温度，不得低于5 ℃；

3)有条件时，应尽量提高混凝土的入模温度，争取延长混凝土正温养护时间。

(6)混凝土浇筑

1)在混凝土浇筑前，应清除模板、钢筋上的冰雪，但不得用蒸汽直接融化，以免再度结冰；

2)掺抗冻剂的混凝土浇筑方法与普通混凝土浇筑相同；

3)混凝土运至浇筑地点后，应在15 min内浇筑完毕，立即用薄膜及保温材料覆盖。

(7)混凝土养护

1)在负温条件下，不得洒水养护混凝土；

2)外露表面必须覆盖；覆盖层数，应根据环境温度确定；对结构较薄弱或容易受冻害的部位，应加强覆盖；

3)养护期内，每隔2～4h测温一次；养护温度不得低于抗冻剂规定的温度；如气温有下降趋势时，应采取保温或加温的措施；

4)在混凝土未达到混凝土受冻临界强度之前，应保证混凝土在不低于抗冻剂所要求的温度下进行养护；

5)混凝土试件应有两类组成:一类作标准养护;另一类作同条件养护。同条件养护试件,应在解冻后方可进行抗压试验。

3. 蒸汽加热法

蒸汽加热法是利用低压(不高于 0.07 MPa)饱和蒸汽对新浇筑的混凝土构件进行加热养护,使其保持一定的温度和湿度,加快混凝土的凝结硬化。该方法适用于各种类型的混凝土构件,但需要锅炉等设备,消耗能源多,费用高,应用时应进行经济和技术分析后采用。

(1)蒸汽加热的方法

为加快构件的脱模,在混凝土构件预制厂常采用蒸汽养护窑进行蒸汽加热法养护。在现浇混凝土结构中,根据蒸汽加热混凝土的方式不同,一般有蒸汽室法、汽套法、毛细管法和构件内部通汽法等蒸汽养护方法。

1)蒸汽室法。蒸汽室法是利用坑道或砌筑能拆卸的蒸汽室,通入蒸汽,对混凝土进行加热养护。该法温度易于控制,施工简便,养护时间短,但蒸汽消耗量大,并应注意设置冷凝水排放设施。适用于预制厂或加热地槽中的混凝土结构(如建筑物基础、设备基础等),尤其是预制构件厂采用隧道窑进行混凝土构件养护,可形成连续生产线,大大降低了施工费用。

2)汽套法。汽套法是在构件模板外部再加密封的套板,模板与套板间的空隙不宜超过 15 mm,在套板内通入蒸汽加热养护混凝土。该法加热均匀,但设备复杂、费用大,只在特殊条件下用于养护水平结构的梁、板等整体混凝土构件。

汽套可以用模板,也可以用其他不透风的材料。混凝土构件应互相连通,水平构件应沿构件长度方向每隔 1.5～2.0 m 设一通气孔;对于竖向结构,应在垂直方向每隔 3～4 m 分段供汽,并在各部位设置测温点。

3)毛细管法。毛细管法是利用在模板中开出适当的蒸汽管沟,设置"毛细管模板"将蒸汽通在模板内进行混凝土养护。该法用汽少、加热均匀,适用于竖向结构。此外大模板施工,亦有在模板背面加装蒸汽管道,再用薄铁皮封闭并适当加以保温,用于大模板工程的冬季施工。

用毛细管法时,模板的厚度不宜小于 40 mm,模板上的沟槽可做成三角形、矩形或半圆形,深度为 20～30 mm(约为模板的 4/5),宽度为 30～50 mm,应用 0.5～2 mm 厚薄钢板或白铁皮钉在模板上进行沟槽的封盖,形成蒸汽的毛管。沟槽的间距为 200～250 mm。为避免在浇筑混凝土时沟槽内落入杂物,上部开口处应用木塞封堵。每个沟槽的底部设置面积等于沟槽断面的孔口,以便通入蒸汽。

养护用蒸汽由分汽箱从底部送入,楼层高的应分层送入,每层高度不宜超过 2 m;蒸汽由上部泄汽管排出,泄汽管直径一般为进汽管直径的 1/2;构件的下部应设置冷凝水排出管。

4)构件内部通气法。构件内部通气法在构件内部预埋外表面涂有废机油隔离剂的钢管或胶皮管,浇筑混凝土后隔一定时间将管子抽出,形成孔洞,再于一端孔内插入短管即可通入蒸汽进行混凝土加热养护,或直接在预埋的钢管中通入蒸汽进行混凝土加热养护。该法直接对混凝土内部进行加热,热能损耗小,适用于大型竖向结构或大断面的梁等构件。

采用构件内部通气法时,混凝土温度一般控制在 30 ℃～60 ℃,待混凝土达到要求强度后,用砂浆或细石混凝土灌入通气孔以封闭。构件内需留汽孔数量,可根据蒸汽经孔壁发出的热量等于混凝土经过围护(模板等)向空气散发出的热量来计算。

(2)蒸汽加热法的一般要求

1)用蒸汽加热法养护混凝土应控制最高温度，当采用普通硅酸盐水泥时，温度不宜超过80 ℃；用矿渣硅酸盐水泥时可提高到85 ℃～95 ℃。

2)控制混凝土的升、降温速度：对于结构表面系数<6的混凝土构件，其最大升温速度为10 ℃/h，最大降温速度为5 ℃/h；对于结构表面系数≥6的混凝土构件，其最大升温速度为15 ℃/h，最大降温速度为10 ℃/h。

3)蒸汽应采用低压饱和蒸汽，加热应均匀，并须排除冷凝水和防止结冰。

4)地基土为不应受水浸的混凝土基础或掺有引气型外加剂的混凝土，不宜采用蒸汽养护。

5)在适当位置设置测温点，其距离按构件外形确定，要有代表性，每2～4h测温一次，做好记录，如实际温度与计划温度有出入时，应及时增减气量。

6)拆模必须待混凝土冷却到+5 ℃以后方可进行。如混凝土与外界空气温度相差大于20 ℃时，拆模后的混凝土外露表面，应暂时用适当的保温材料加以覆盖，使混凝土表面冷却过程缓慢进行；完全冷却的混凝土有较高的脆性，所以蒸汽加热法养护的混凝土，不得在冷却前，遭受冲击荷载或动力荷载的作用。

4. 电热法

电热法是利用电流通过导体混凝土发出的热量，加热养护混凝土。电热法耗电量较大，附加费用较高。电热法分有电极法、电炉法和综合法三种，以电极法较为常用。常用的电极法有表面电极法、棒形电极法和弦形电极法。

(1)表面电极法

表面电极法是将电极固定在模板内侧，电极可用ϕ6钢筋或宽40～60 mm的白铁皮做成。电极的间距，钢筋为200～300 mm；白铁皮为100～150 mm。表面电极法，配极简单，间距易控制，常用于墙、梁及基础等结构上。

(2)棒形电极法

棒形电极法是利用ϕ6～ϕ12钢筋制成电极，直接由结构表面插入或穿过模板孔插入混凝土内，其长度由结构断面而定。棒形电极不易发生短路，但其耗钢量较大，常用于柱、梁及基础等结构上。

(3)弦形电极法

弦形电极法是利用ϕ6～ϕ10钢筋制成电极，每段长2.5～3.0 m，混凝土浇筑前用绝缘垫块将电极固定在箍筋上，电极端部弯成直角露出模板。弦形电极耗钢量较大，常用于钢筋不多的柱、梁及厚度大于200 mm的板和基础等结构上。

2.5.3.3　混凝土冬期施工的质量检查和温度测定

1. 质量检查

混凝土工程冬期施工的质量检查，除按常温施工混凝土的有关规定进行检查外，还应进行以下质量检查：

(1)外加剂的质量和掺量；

(2)测量水和外加剂溶液以及骨料的热温度和加入搅拌机时的温度；

(3)测量混凝土自搅拌机中卸出时和浇筑时的温度；

(4)为了检测冬期施工混凝土强度，混凝土试件的留置除按常温施工要求外，尚应增设不少于两组与结构相同条件养护的试件，分别用于检验受冻前的混凝土强度和转入常温养护 28d 的强度；

(5)与结构和构件同条件养护的受冻混凝土试件，解冻后方可试压。

2. 温度测定

混凝土养护温度的测定应符合下列规定：

(1)采用蓄热法养护时，在养护期间至少每 6h 测定一次；

(2)对掺用抗冻剂的混凝土，强度未达到 3.5 N/mm^2 以前每 2h 测定一次，以后每 6 h 测定一次；

(3)采用蒸汽法或电流加热法时，在升温降温间每 1h 测定一次，在恒温期间每 2h 测定一次；

(4)对室外气温和周围环境温度在每昼夜内至少应定时定点测量四次。

测量方法是将温度表插入预埋在混凝土中一端封闭的白铁管中，并加以覆盖与外界气温隔离，测温表在测温孔内至少停留 3 min，然后取出，记下温度。

测温孔应设在温度较低和有代表性的位置。当采用蓄热法养护时，应留在易于散热的部位；当采用加热养护时，应在离热源不同的位置分别设置；大体积混凝土应在表面及内部分别设置。所有测温孔均应编号，并绘制测温孔布置图。

复习思考题

2-1 试说明轴心受压普通箍筋柱和螺旋箍筋柱的区别。

2-2 怎样确定轴心受压和偏心受压的计算长度？

2-3 试分析偏心受压短柱的两种破坏形态。形成这两种破坏形态的条件各是什么？

2-4 钢筋混凝土柱中纵向钢筋配置应符合哪些规定？

2-5 柱的箍筋应符合哪些规定？

2-6 钢筋混凝土剪力墙分为哪几类？

2-7 剪力墙的配筋要求是什么？

2-8 什么是柱的列表注写法和截面注写法？

2-9 柱子箍筋加密是怎样规定的？

2-10 柱子纵向钢筋接头有哪些规定？

2-11 钢筋闪光对焊的工作原理是什么？

2-12 钢筋闪光对焊接头的质量要求是什么？

2-13 钢筋电渣压力焊工作原理是什么？适用范围是什么？

2-14 钢筋电渣压力焊接头的质量要求是什么？

2-15 柱、墙混凝土怎样进行柱模板的支设？

2-16 怎样进行墙模板的支设？

2-17 柱、墙模板的质量要求是什么？

2-18 柱、墙模板拆除的时间有什么要求？

2-19 怎样进行混凝土浇筑？有什么要求？

习　题

2-1 已知某多层现浇钢筋混凝土框架结构，首层柱高 $H=5.6$ m，中柱承受的轴向力设计值 $N=1900$ kN，截面尺寸 $b=h=400$ mm。混凝土强度等级为 C25，钢筋为 HRB335 级钢筋，求所需纵向钢筋面积 A'_s。

2-2 一偏心受压构件，截面为矩形，$b=350$ mm，$h=550$ mm，$a=a'=40$ mm，计算长度 $l_0=5$ m。混

凝土强度等级为 C30，纵向受力钢筋采用 HRB400 级钢筋。当其控制截面中作用的轴向压力设计值 $N=3850$ kN，弯矩设计值 $M=98.3$ kN · m 时，计算所需的 A_s 和 A'_s。

2－3　已知数据同题 2－2，采用对称配筋，试分别采用迭代法和近似公式法求所需的 A_s 和 A'_s。

实训练习

以本项目介绍的知识和钢筋混凝土柱施工相关标准为依据，在实训指导教师的辅助下，完成习题 2－3 中柱相关的施工内容：

1. 读懂施工图；
2. 编制施工方案；
3. 模板的设计，安装；
4. 钢筋下料、加工、绑扎、质量检查。

学习项目 3 钢筋混凝土楼梯施工

【学习目标】 通过本学习项目的学习，能够掌握楼梯施工图的识读；能够熟练进行楼梯的测量放样；能够掌握楼梯模板设计方法和模板安装施工；能够掌握楼梯钢筋的施工；能够掌握楼梯混凝土浇筑、养护和质量检查方法。

【项目描述】 见项目 1

【项目内容】 本项目将以此建筑中的钢筋混凝土楼梯施工为载体，以工作过程为导向介绍楼梯的钢筋加工、楼梯钢筋绑扎及安装、楼梯模板设计、楼梯模板安装和拆除、楼梯混凝土的运输、楼梯混凝土的浇筑和养护等内容，并进行相应的操作训练。另外，为了让学生了解楼梯中钢筋的由来，本项目还介绍了楼梯配筋计算的基本原理。

学习情境 3.1 钢筋混凝土楼梯结构计算

3.1.1 楼梯的种类

楼梯是多层及高层房屋建筑的重要组成部分。为满足承重及防火要求，一般采用钢筋混凝土楼梯。这种楼梯按施工方法的不同可分为现浇式和装配式；按制作的材料有木楼梯、钢楼梯、钢木楼梯、竹楼梯和钢筋混凝土楼梯等；按结构受力状态可分为梁式、板式、剪刀式和螺旋式(图 3－1)。前两种属平面受力体系，后两种则为空间受力体系。本节主要介绍常见的梁式楼梯和板式楼梯。

钢筋混凝土现浇楼梯由梯段和平台两部分组成，其平面布置和踏步尺寸等由建筑设计确定。通常现浇楼梯的梯段可以是一块斜放的板，板端支承在平台梁上，最下面的梯段可支承在地垄墙上，如图 3－1(b)所示。这种形式的楼梯称为板式楼梯。梯段上的荷载可直接传给平台梁或地垄墙。这种楼梯下表面平整，因而施工支模较方便，外观也较轻巧，但斜板较厚(约为跨度的 1/25、1/30)，适用于梯段水平投影在 3 m 以内的楼梯。当梯段较长时，为节约材料，可在斜板两侧或中间设置斜梁，这种楼梯称为梁式楼梯，如图 3－1(a)所示。作用于楼梯上的荷载先由踏步板传给斜梁，再由斜梁传给平台梁或地垄墙。但这种楼梯施工支模较复杂，并显得较笨重。由于上述两种楼梯的组成和传力路线不同，其计算方法也有各自的特点。

3.1.2 现浇板式楼梯的计算与构造

当楼梯的跨度不大、活荷载较小时，一般可采用板式楼梯。

板式楼梯由梯段板、平台板和平台梁组成。梯段板是一块带有踏步的斜板，分别支承于上、下平台梁上。

3.1.2.1 梯段板

梯段板在计算时，首先需要假定其厚度。为了保证板具有一定的刚度，梯段板的厚度一

般可取 $l_0/30$ 左右(l_0 为梯段板水平方向的跨度)。

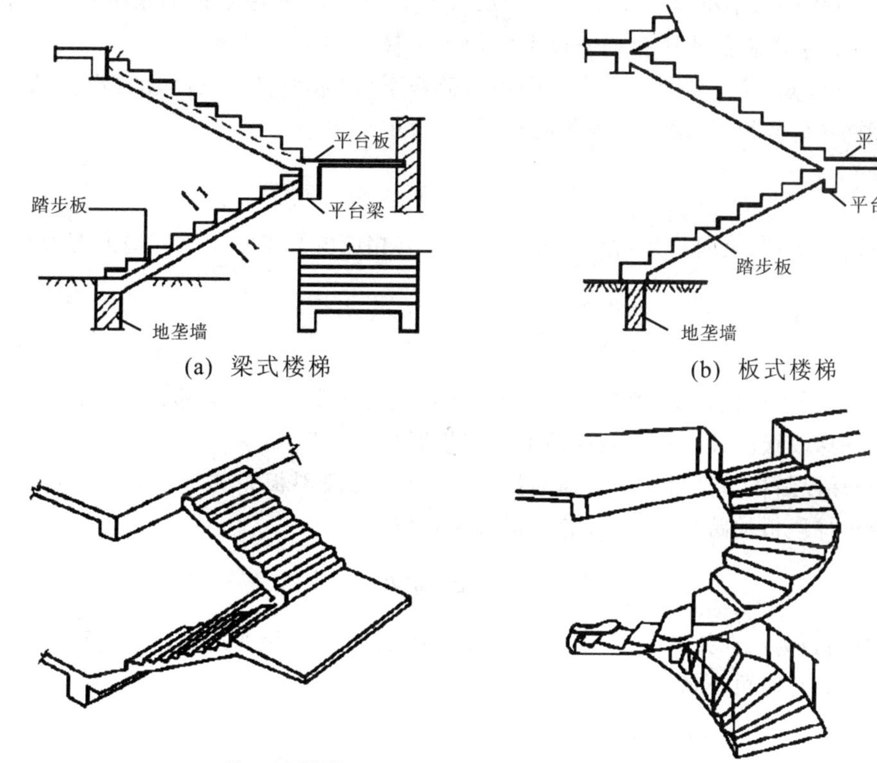

(a) 梁式楼梯　　(b) 板式楼梯

(c) 剪刀式楼梯　　(d) 螺旋式楼梯

图 3-1　各种形式的楼梯

梯段板的荷载计算,应考虑活荷载、踏步自重、斜板自重等荷载作用。由于活荷载是沿水平方向分布,而斜板自重却是沿板的倾斜方向分布,为了使计算方便,一般将荷载均换算成沿水平方向分布再进行计算。

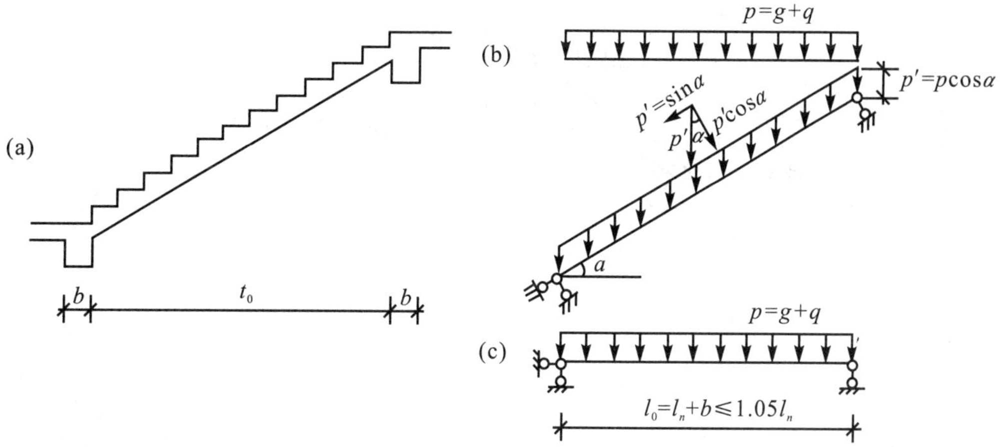

图 3-2　楼梯板的内力计算

计算梯段板时,可取出 1 m 宽板带或以整个梯段板作为计算单元。两端支承在平台梁上的梯段板，如图 3-2(a)所示，内力计算时，可以简化为简支斜板，计算简图如图 3-2(b)所示。斜板又可化作水平板计算，如图 3-2(c)所示，计算跨度按斜板的水平投影长度取值，荷载亦可化作沿斜板的水平投影长度上的均布荷载(指梯段板自重)。

由结构力学可知，简支斜梁(板)在竖向均布荷载下(沿水平投影长度)的最大弯矩与相应的简支水平梁(荷载相同、水平跨度相同)的最大弯矩是相等的，即

$$M_{\max}=\frac{1}{8}(g+q)l_0^2 \tag{3-1}$$

而简支斜梁(板)在竖向均布荷载下的最大剪力与相应的简支水平梁的最大剪力有如下关系

$$V_{\max}=\frac{1}{2}(g+q)l_n \tag{3-2}$$

式中，g、q——作用于梯段板上的沿水平投影方向永久荷载及可变荷载的设计值；

l_0、l_n——梯段板的计算跨度及净跨的水平投影长度。

但考虑到梯段斜板与平台梁为整体连接，平台梁对梯段斜板有弹性约束作用这一有利因素，故可减小梯段板的跨中弯矩，计算时最大弯矩取

$$M_{\max}=\frac{1}{10}(g+q)l_0^2 \tag{3-3}$$

由于梯段斜板为斜向搁置受弯构件，竖向荷载除引起弯矩和剪力外，还将产生轴向力，但其影响很小，设计时可不考虑。

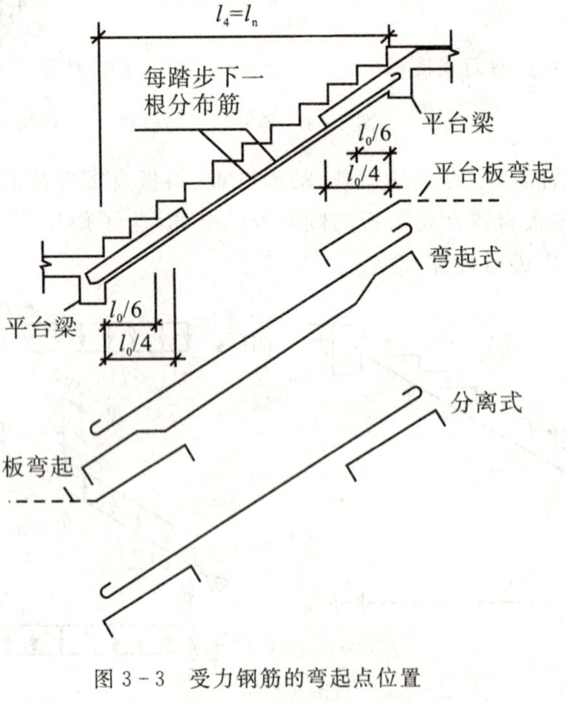

图 3-3 受力钢筋的弯起点位置

梯段斜板中受力钢筋按跨中弯矩计算求得，配筋可采用弯起式或分离式。采用弯起式时，一半钢筋伸入支座，一半靠近支座处弯起，以承受支座处实际存在的负弯矩，支座截面负筋的用量一般可取与跨中截面相同，受力钢筋的弯起点位置见图 3-3。在垂直受力钢筋方

向仍应按构造配置分布钢筋，并要求每个踏步板内至少放置一根钢筋。梯段斜板和一般板计算一样，可不必进行斜截面抗剪承载力验算。

3.1.2.2　平台板

平台板一般均属单向板（有时也可能是双向板），当板的两边均与梁整体连接时，考虑梁对板的弹性约束，板的跨中弯矩也可按 $M=\frac{1}{10}(g+q)l_0^2$ 计算。当板的一边与梁整体连接而另一边支承在墙上时，板的跨中弯矩则应按 $M=\frac{1}{8}(g+q)l_0^2$ 计算，式中 l_0 为平台板的计算跨度。

3.1.2.3　平台梁

平台梁两端一般支承在楼梯间承重墙上，承受梯段板、平台板传来的均布荷载和平台梁自重，可按简支的倒L形梁计算。平台梁截面高度一般取 $h \geqslant l_0/12$（l_0 为平台梁的计算跨度）。其他构造要求与一般梁相同。

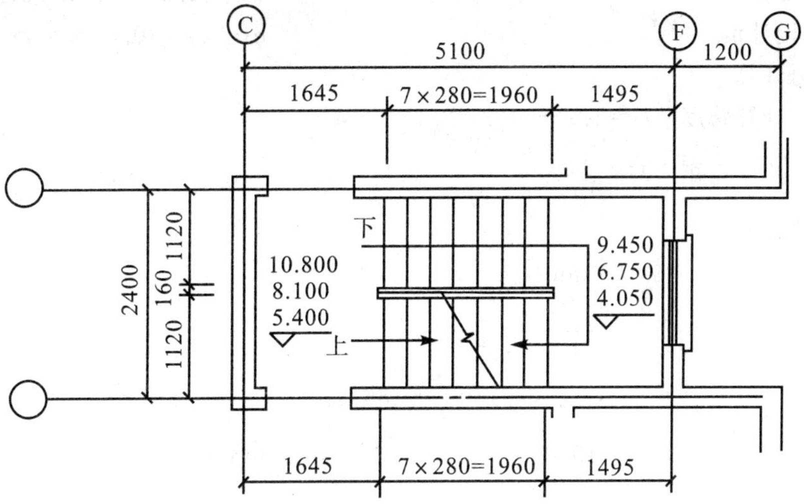

图3-4　板式楼梯平面布置

3.1.2.4　案例

以本项目为例，来设计梯段板、平台板和平台梁。板式钢筋混凝土楼梯尺寸如图3-4所示。

设计资料：混凝土C20；

板内钢筋HPB235级；

梁内受力钢筋HRB335级。

活荷载标准值 $q_k=2.5\ \mathrm{kN/m^2}$

解：

1. 梯段板计算

(1)确定板厚

梯段板跨度为 $l_0=1960+b=1960+200=2160$ mm，厚度为 $h=\frac{l_0}{30}=\frac{2160}{30}=72$ mm，取 $h=80$ mm

(2)荷载计算(取 1 m 宽板带计算)

楼梯斜板的倾斜角：

$\alpha=\arctan\dfrac{168}{280}=\arctan 0.6=30°59'$，$\cos\alpha=0.857$

恒荷载　　踏步重　　$\dfrac{1.0}{0.216}\times\dfrac{1}{2}\times0.28\times0.168\times25=2.722\ \text{kN/m}$

　　　　　斜板重　　$\dfrac{1.0}{0.857}\times0.08\times25=2.334\ \text{kN/m}$

20 mm 厚水泥砂浆找平　$\dfrac{0.28+0.168}{0.216}\times1.0\times0.02\times20=0.830\ \text{kN/m}$

恒载标准值　　$g_k=5.886\ \text{kN/m}$

恒载设计值　　$g_d=1.2\times5.886=7.063\ \text{kN/m}$

活载标准值　　$q_k=2.5\times1.0=2.5\ \text{kN/m}$

活载设计值　　$q_d=1.4\times2.5=3.5\ \text{kN/m}$

荷载总设计值　　$q'_d=q_d+g_d=10.56\ \text{kN/m}$

(3)内力计算

计算跨度　$l_0=1.96+0.2=2.16\ \text{m}$

跨中弯矩　$M=\dfrac{1}{10}q'_d l_0^2=\dfrac{1}{10}\times10.56\times2.16^2=4.93\ \text{kN}\cdot\text{m}$

(4)配筋计算

$h_0=h-25=80-25=55\ \text{mm}$

$\alpha_s=\dfrac{M}{\alpha_1 f_c b h_0^2}=\dfrac{4.93\times10^6}{1.0\times9.6\times1000\times55^2}=0.169$

$\xi=1-\sqrt{1-2\alpha_s}=1-\sqrt{1-2\times0.169}=0.186<\xi_b$

$A_s=\xi b h_0\dfrac{\alpha_1 f_c}{f_y}=0.186\times1000\times55\times\dfrac{1.0\times9.6}{210}=468\ \text{mm}^2$

梯段板受力筋选用ϕ10@160($As=491\ \text{mm}^2$)。

每踏步下选用 1 ϕ8 构造筋(图 3-5)。

2.平台板计算(取 1 m 宽板带作为计算单元)

(1)荷载计算

恒载标准值　设平台板厚为 80 mm,则自重　　$0.08\times1.0\times25=2\ \text{kN/m}$

　　200 mm 厚水泥砂浆面层　　$0.02\times1.0\times20=0.40\ \text{kN/m}$

　　200 mm 厚混合砂浆打底刮大白底层　　$0.02\times1.0\times20=0.40\ \text{kN/m}$

恒载标准值　　$g_k=2.8\ \text{kN/m}$

恒载设计值　　$g_d=1.2\times2.8=3.36\ \text{kN/m}$

活载设计值　　$q_d=1.4\times2.5=3.5\ \text{kN/m}$

总荷载设计值　　$p=g_d+q_d=3.36+3.5=6.86\ \text{kN/m}$

(2)内力计算

计算跨度　　$l_0=l_n+\dfrac{h}{2}=(1.645-0.12-0.1)+\dfrac{0.08}{2}=1.465\ \text{m}$

(这里假定梯梁宽 200 mm,墙厚 240 mm。)

跨中弯矩　$M=\frac{1}{8}pl_0^2=\frac{1}{8}\times 6.86\times 1.468^2=1.84\ \text{kN}\cdot\text{m}$

(3)配筋计算

$h_0=h-25=80-25=55\ \text{mm}$

$\alpha_s=\frac{M}{\alpha_1 f_c b h_0^2}=\frac{1.84\times 10^6}{1.0\times 9.6\times 1000\times 55^2}=0.063$

$\xi=1-\sqrt{1-2\alpha_s}=1-\sqrt{1-2\times 0.063}=0.065<\xi_b$

$A_s=\xi b h_0\frac{\alpha_1 f_c}{f_y}=0.065\times 1000\times 55\times\frac{1.0\times 9.6}{210}=163\ \text{mm}^2$

按构造选用ϕ8@200($As=251\ \text{mm}^2$)(图3-5)

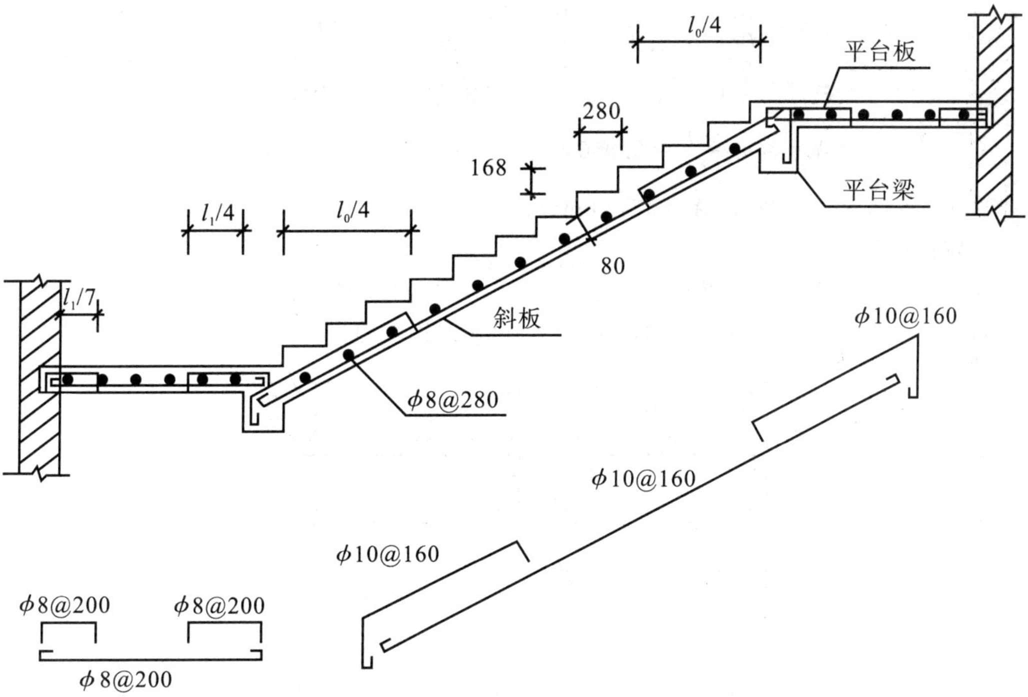

图3-5　梯段板、平台板配筋

(4)平台梁计算

梯段板传来　　$10.56\times\frac{1.96}{2}=10.35\ \text{kN/m}$

平台板传来　　$6.86\times\left(\frac{1.645}{2}+0.20\right)=7.01\ \text{kN/m}$

梁自重(假定$b\times h=200\ \text{mm}\times 300\ \text{mm}$)

$$1.2\times 0.2\times(0.3-0.08)\times 25=1.32\ \text{kN/m}$$

$$q=18.68\ \text{kN/m}$$

(5)内力计算

$l_0=l_n+a=(2.4-0.24)+0.24=2.4\ \text{m}$

$l_0=1.05l_n=1.05\times(2.4-0.24)=2.268\ \text{m}$

取两者中的较小值，最后取 $l_0=2.268$ m

$$M_{max}=\frac{1}{8}ql_0^2=\frac{1}{8}\times 18.68\times 2.268^2=12.01\ kN\cdot m$$

$$V_{max}=\frac{1}{2}ql_n=\frac{1}{2}\times 18.68\times 2.16=20.17\ kN$$

(6)配筋计算

1)纵向钢筋(按第一类倒 L 形截面计算)

翼缘宽度　$b'_f=\frac{l_0}{6}=\frac{2268}{6}=378$ mm

$$h_0=300-40=260\ mm$$

$$\alpha_s=\frac{M}{\alpha_1 f_c b h_0^2}=\frac{12.01\times 10^6}{1.0\times 9.6\times 378\times 260^2}=0.049$$

$$\xi=1-\sqrt{1-2\alpha_s}=1-\sqrt{1-2\times 0.049}=0.050<\xi_b$$

$$A_s=\xi b h_0\frac{\alpha_1 f_c}{f_y}=0.050\times 378\times 260\times\frac{1.0\times 9.6}{300}=157\ mm^2$$

选用 2 ϕ10 的纵向钢筋($A_s=157$ mm²)。

2)箍筋计算

$$0.7f_t b h_0=0.7\times 1.1\times 200\times 260=400\ kN>V_{max}=20.17\ kN$$

仅采用箍筋，并按构造确定，实用 ϕ6@200 的双肢箍，见图 3-6。

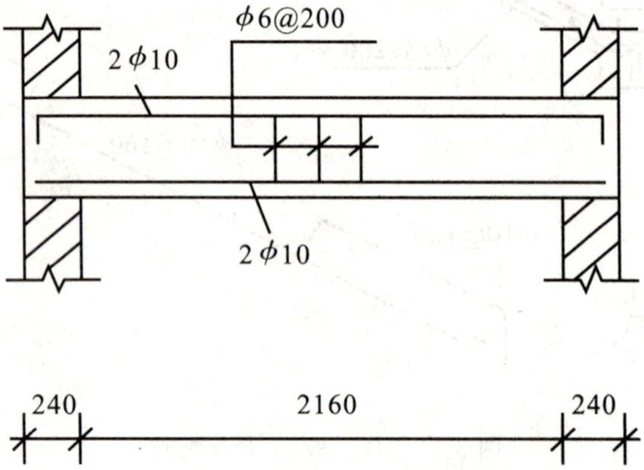

图 3-6　楼梯平台梁配筋

3.1.3　现浇梁式楼梯的计算与构造

3.1.3.1　踏步板

梁式楼梯的踏步板为两端支承在梯段斜梁上的单向板(图 3-7a)，为了方便，可在竖向切出一个踏步作为计算单元(图 3-7b 中阴影所示)，其截面为梯形，可按截面面积相等的原则简化为同宽度的矩形截面的简支梁计算，计算简图见图 3-7(c)。

由于未考虑踏步板按全部梯形截面参与受弯工作，故其斜板部分可以薄一些，厚度一般取 $\delta=30\sim40$ mm。踏步板配筋除按计算确定外，要求每个踏步一般不宜少于 2 ϕ6 受力钢筋，布置在踏步下面斜板中，并沿梯段布置间距不大于 300 mm 的分布钢筋，见图 3-8。

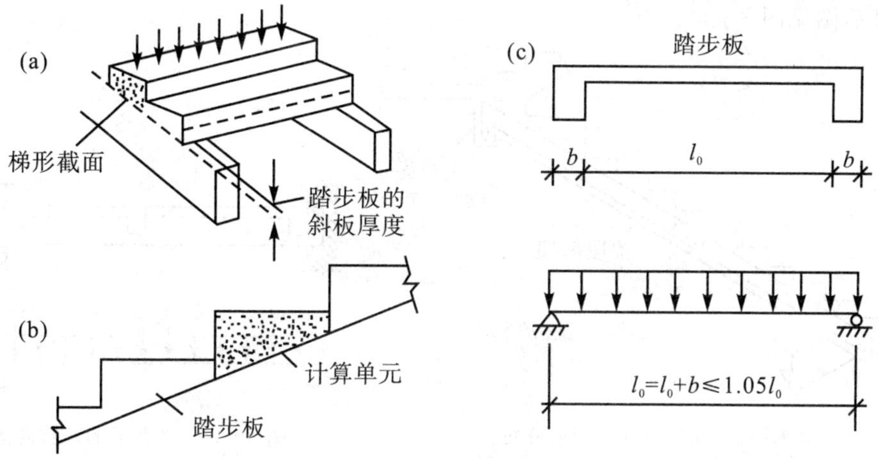

图 3－7　踏步板的内力计算

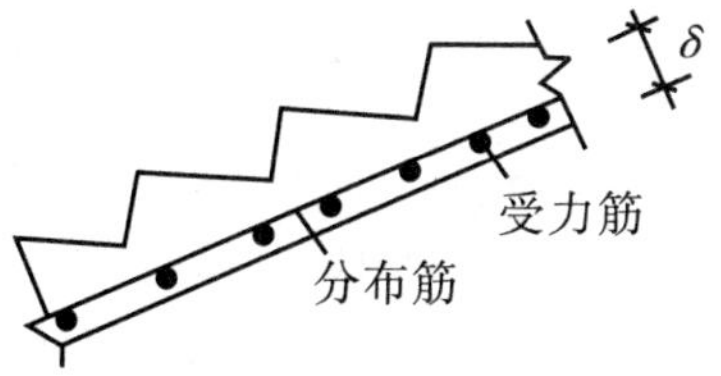

图 3－8　踏步板的配筋分布图

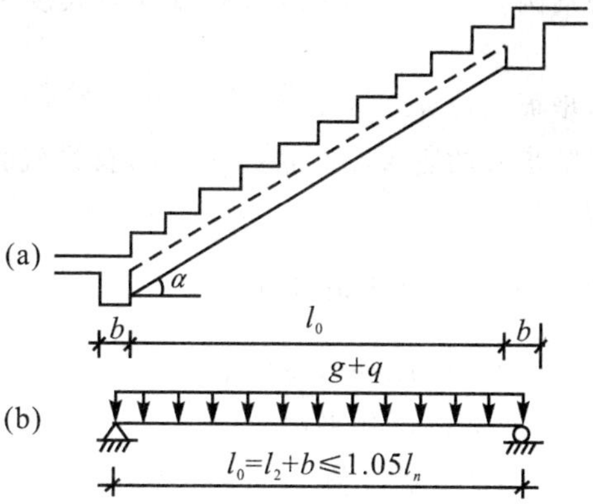

图 3－9　梯段斜梁的内力计算

3.1.3.2　梯段斜梁

梯段斜梁两端支承在平台梁上，承受踏步传来的荷载，图 3－9(a)为其纵剖面。计算内力时，与板式楼梯中梯段斜板的计算原理相同，可简化为简支斜梁，又将其简化作水平梁计算，计算简图见图 3－9(b)，其内力按下式计算(轴向力亦不予考虑)。

$$M_{\max}=\frac{1}{8}(g+q)l_0^2 \tag{3-4}$$

$$V_{\max}=\frac{1}{2}(g+q)l_n\cos\alpha \tag{3-5}$$

式中，$M_{\max}$，$V_{\max}$——简支斜梁在竖向均布荷载下的最大弯矩和剪力；

l_0，l_n——梯段斜梁的计算跨度及净跨的水平投影长度。

梯段斜梁按倒 L 形截面计算，踏步板下斜板为其受压翼缘。梯段梁的截面高度一般取 $h\geqslant l_0/20$。梯段梁的配筋与一般梁相同，配筋图见图 3－10。

3.1.3.3　平台梁与平台板

梁式楼梯的平台梁、平台板与板式楼梯基本相同，其不同处仅在于，梁式楼梯中的平台梁除承受平台板传来的均布荷载和平台梁自重外，还承受梯段斜梁传来的集中荷载。平台梁的计算简图见图 3－11。

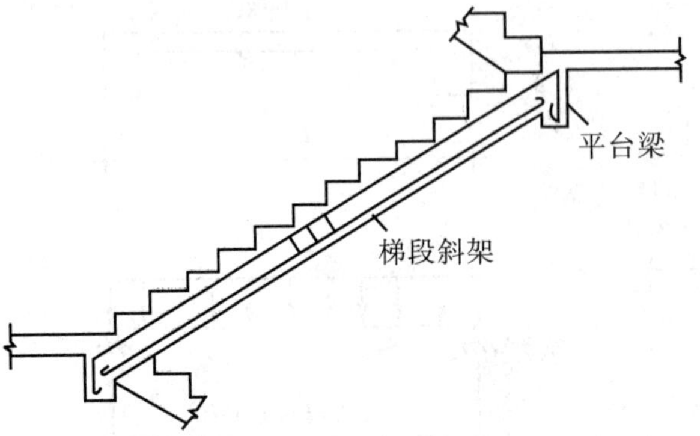

图 3－10 梯段斜梁的配筋分布

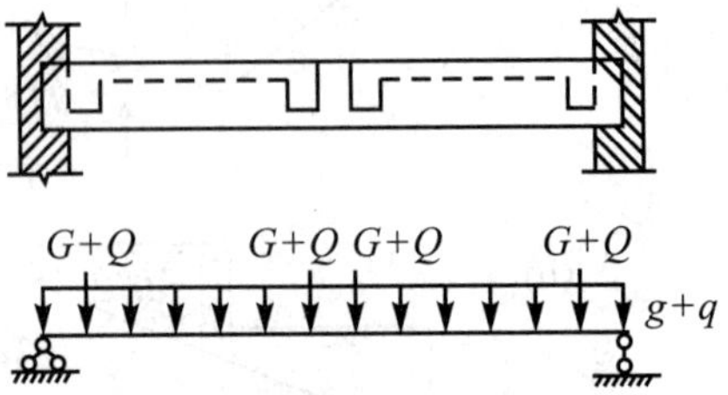

图 3－11 平台梁的计算简图

3.1.3.4 现浇梁式楼梯设计案例

若将案例 3.1.2.4 的板式楼梯改为梁式楼梯，试设计计算此梁式楼梯。

解：

1. 踏步板的计算

假定踏步板的底板厚度 $\delta=40$ mm，斜梁截面取 $b\times h=150\ \text{mm}\times 250\ \text{mm}$。

(1)荷载计算

恒荷载：三角形踏步板自重 $\frac{1}{2}\times 0.28\times 0.168\times 25=0.588$ kN/m

40 mm 厚踏步板自重 $0.04\times\sqrt{0.28^2+0.168^2}\times 25=0.327$ kN/m

20 mm 厚找平层 $0.02\times(0.28+0.168)\times 20=0.179$ kN/m

恒荷载标准值 $g_k=1.094$ kN/m

恒荷载设计值 $g_d=1.2\times 1.094=1.313$ kN/m

活荷载标准值 $q_k=2.5\times 0.28=0.70$ kN/m

活荷载设计值 $q_d=1.4\times 0.7=0.98$ kN/m

荷载设计值总量 $q'_d=g_d+q_d=1.313+0.98=2.293$ kN/m

将荷载总量化为垂直于斜板方向 $q''_d=q'_d\cos\alpha=2.293\times 0.857=1.97$ kN/m

(2)内力计算

计算跨度 $l_0=l_n+a=0.82+0.15=0.97$ m

$l_0=1.05l_n=1.05\times 0.82=0.86$ m

取二者较小值 $l_0=0.86$ m

跨中弯矩 $M=\frac{1}{8}q''_d l_0^2=\frac{1}{8}\times 1.97\times 0.86^2=0.182$ kN/m

(3)配筋计算

为计算方便，板的有效高度 h_0 可近似地按 $c/2$ 计算（c 为板厚加踏步三角形斜边之高度）

$$h_0=\frac{c}{2}=\frac{1}{2}\times(40+168\times 0.857)=92\ \text{mm}$$

踏步板斜向宽度 $b=\sqrt{280^2+168^2}=327$ mm

$$\alpha_s=\frac{M}{\alpha_1 f_c b h_0^2}=\frac{182000}{1.0\times 9.6\times 327\times 92^2}=0.007$$

$$\xi=1-\sqrt{1-2\alpha_s}=1-\sqrt{1-2\times 0.007}=0.007$$

$$A_s=\xi b h_0\ \frac{\alpha_1 f_c}{f_y}=0.007\times 327\times 92\times\frac{1.0\times 9.6}{210}=9.63\ \text{mm}^2$$

按最小配筋率配置

$$A_s=\rho_{\min} bh=0.2\%\times 327\times(92+20)=73.25\ \text{mm}^2$$

每级踏步采用2ϕ8($A_s=101\ \text{mm}^2$)受力钢筋。分布筋选用ϕ6@300

2.楼梯斜梁计算

(1)荷载计算(将斜向荷载化为沿水平方向分布)

由踏步板传来 $\frac{2.293}{0.28}\times\frac{1.12}{2}=4.586\ \text{kN/m}$

梁自重 $1.2\times 0.15\times(0.25-0.04)\times 25\times\frac{1}{0.857}=1.103\ \text{kN/m}$

沿水平方向分布的荷载总计 $q=5.689\ \text{kN/m}$

(2)内力计算

$$l_0=l_n+a=1.960+0.20=1.86\ \text{m}$$

$$l_0=1.05l_n=1.05\times 1.96=2.06\ \text{m}$$

取 $l_0=1.86\ \text{m}$

$$M=\frac{1}{8}ql_0^2=\frac{1}{8}\times 5.689\times 1.86^2=2.46\ \text{kN}\cdot\text{m}$$

$$V_{斜}=V_{平}\cos\alpha=\frac{1}{2}\times 5.689\times 1.86\times 0.857=4.53\ \text{kN}$$

(3)配筋计算(按倒L形截面计算)

翼缘宽度

$$b'_f=\frac{l_{斜}}{6}=\frac{1}{6}\times\frac{186}{0.857}=362\ \text{mm}$$

$$b'_f=b+\frac{1}{2}s_0=150+\frac{1}{2}\times 820=560\ \text{mm}$$

取 $b'_f=362\ \text{mm}$;$h_0=250-40=210\ \text{mm}$。

纵筋计算

$$\alpha_s=\frac{M}{\alpha_1 f_c b'_f h_0^2}=\frac{2460000}{1.0\times 9.6\times 362\times 210^2}=0.016$$

$$\xi=1-\sqrt{1-2\alpha_s}=1-\sqrt{1-2\times 0.016}=0.016$$

$$A_s=\xi b'_f h_0\ \frac{\alpha_1 f_c}{f_y}=0.016\times 362\times 210\times\frac{1.0\times 9.6}{300}=38.92\ \text{mm}^2$$

选用2ϕ12($A_s=226\ \text{mm}_2$)$>\rho_{\min} b'_f h=0.2\%\times 362\times 250=181\ \text{mm}^2$

箍筋计算 $0.7f_t bh_0=0.7\times 1.1\times 150\times 210=24.3\ \text{kN}>V_{斜}=4.53\ \text{kN}$

按构造要求配置ϕ6@200箍筋。

钢筋布置见图3-12。

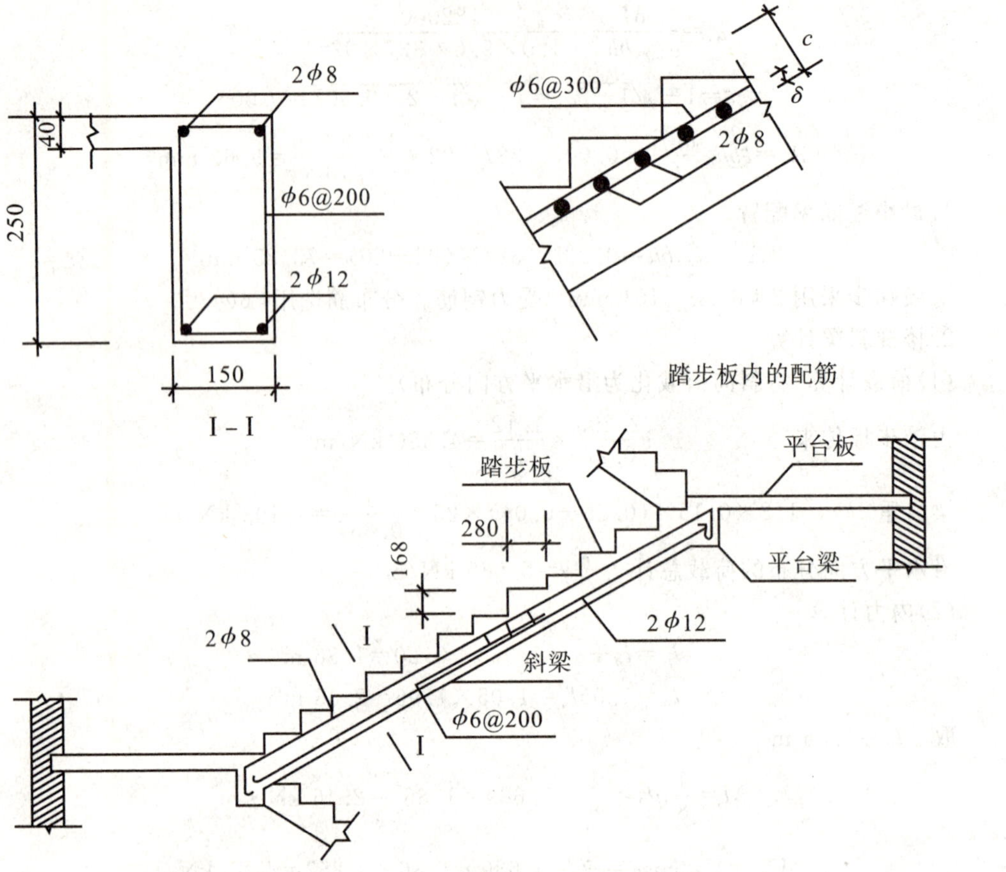

图 3－12　梁式楼梯配筋示意图

3.1.4　折线形楼梯计算与构造

为了满足建筑使用要求，在房屋中有时需要采用折线形楼梯（图 3－13a）。

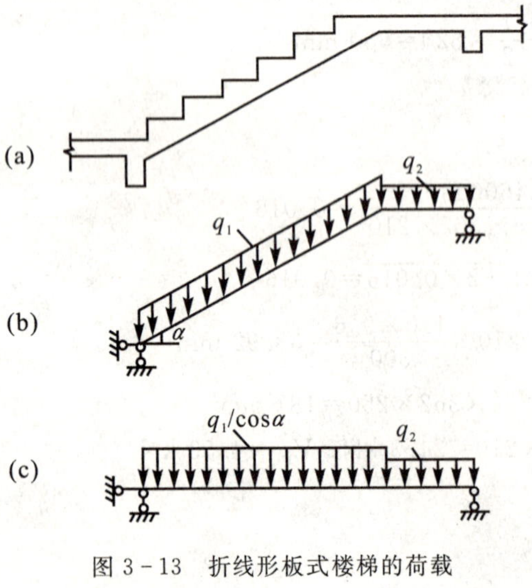

图 3－13　折线形板式楼梯的荷载

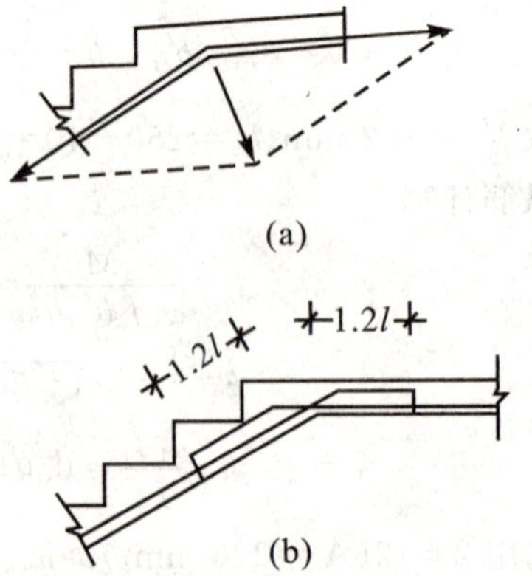

(a)混凝土保护层剥落，钢筋被拉出；
(b)转角处钢筋的锚固措施

图 3－14　折线形楼梯在板曲折处的配筋

折线形楼梯梁(板)的计算与普通梁(板)式楼梯一样,一般将斜梯段上的荷载化为沿水平长度方向分布的荷载(见图 3-13b),然后再按简支梁(图 3-13c)计算 M_{max} 及 V_{max} 的值。

由于折线形楼梯在梁(板)曲折处形成内折角,在配筋时,若钢筋沿内折角连续配置,则此处受拉钢筋将产生较大的向外的合力,可能使该处混凝土保护层剥落,钢筋被拉出而失去作用,见图 3-14(a),因此,在内折角处,配筋时应采取将钢筋断开并分别予以锚固的措施,见图 3-14(b)。在梁的内折角处,箍筋应适当加密。

学习情境 3.2　钢筋混凝土楼梯施工图识读

楼梯是由楼梯段、休息平台和栏杆或栏板组成。楼梯详图一般分建筑详图和结构详图,并分别绘制,分别编入建筑施工图和结构施工图中。当楼梯的构造和装修都比较简单时,也可将建筑详图与结构详图合并绘制,或编入建筑施工图中,或编入结构施工图中。楼梯详图主要表明楼梯形式、结构类型、楼梯间各部位的尺寸及装修做法,为楼梯的施工制作提供依据。

楼梯建筑详图一般包括楼梯平面图、楼梯剖面图及栏杆或栏板、扶手、踏步大样图等图样。

3.2.1　楼梯平面图

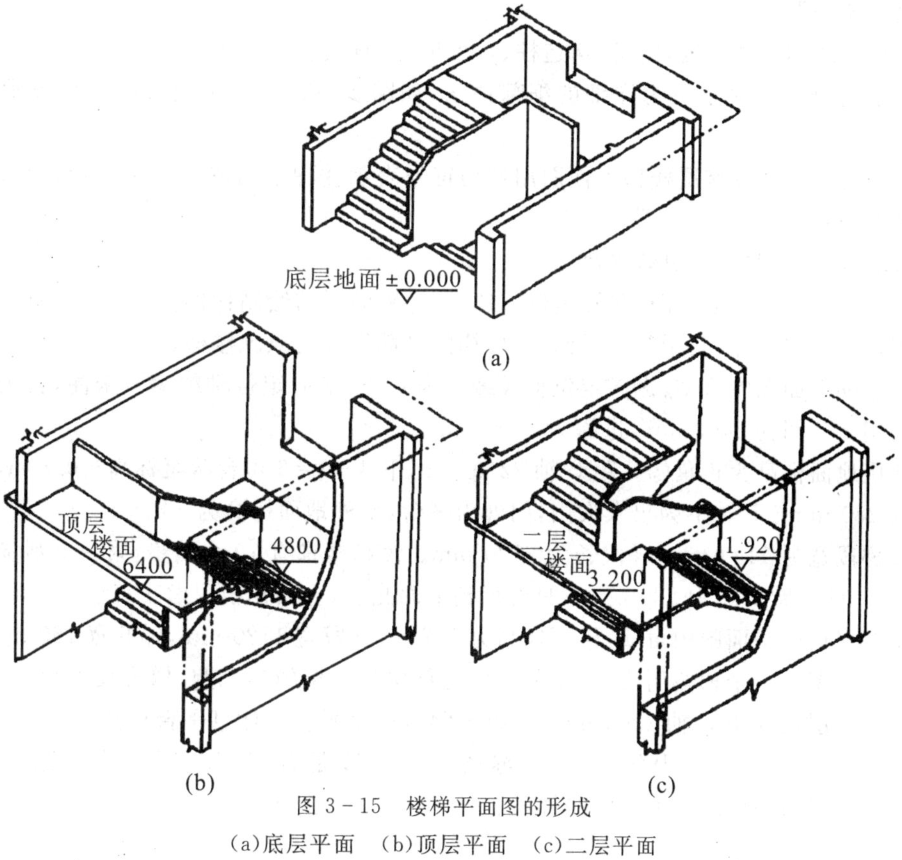

图 3-15　楼梯平面图的形成

(a)底层平面　(b)顶层平面　(c)二层平面

3.2.1.1 楼梯平面图的形成

楼梯平面图是距每层楼地面 1 m 以上(尽量剖到楼梯间的门窗)沿水平方向剖开，向下投影所得到的水平剖面图(见图 3-15)，各层被剖到的楼梯段用 45°折断线表示。楼梯平面图一般应分层绘制，对于三层以上的建筑物，当中间各层楼梯完全相同时，可用一个图样表示，同时标有中间各层的楼面标高。

3.2.1.2 楼梯平面图的主要内容

楼梯平面图一般包括以下内容：

1.图名与比例。通常楼梯平面图的比例为 1∶50，以便于识读。

2.轴线编号、开间及进深尺寸。楼梯平面图的轴线编号必须与建筑平面图中所表示的楼梯间的轴线编号相同，若编号不标，则代表通用。开间、进深尺寸也应与建筑平面图中所表示的楼梯间的尺寸相等。

3.楼地面及休息平台标高。楼梯平面图所表示的每一部位的高度不同，而水平投影图不能表示高度。因此，用标高表示出楼地面及休息平台这些重要部位的高度。

4.楼梯段宽度及梯井宽度。

5.楼梯段水平投影长度及休息平台宽度。

楼梯段水平投影长度＝踏步宽×(踏步数－1)，休息平台宽度≥楼梯段宽。

6.楼梯走向。在楼梯段中部，用带箭头的细实线"→"表示楼梯走向，并注有"上"或"下"的字样。其中，"上"或"下"均是相对该层楼地面而言，即以该层楼地面为起点，表示出某段楼梯是上还是下。

7.楼梯间的墙体厚度，门窗、构造柱、垃圾道等的位置。

8.索引符号。对于更为详细的细部做法，如踏步、扶手等，采用索引符号表示另绘有详图。

9.剖切符号。在首层楼梯平面图用剖切符号表示楼梯剖面图的剖切位置、投影方向及剖面图的编号。

3.2.1.3 楼梯平面图的识读

图 3-16 为楼梯平面图，图号是建－12，楼梯平面图的绘制比例为 1∶50。有一至六层平面图，其中三至五层共用一个平面图，楼梯的平面形式为双跑楼梯。

从楼梯平面图中可知：纵向定位轴线编号为 C、F，横向定位轴线编号未注，代表两个楼梯间通用。开间为 2400 mm，进深为 5100 mm。

首层地面标高为正负零。距 C 轴 2210 mm，下 4＋1＝5 步台阶至标高－0.8 m，台阶踏面宽为 280 mm。F 轴上为出入大门，门外为平台，室外地面标高为－0.9 m。

楼梯段宽为 1120 mm，梯段长为 2520 mm。该跑楼梯有 10 个踏步，第一个踏步距 C 轴 1365 mm，踏步踏面宽为 280 mm。只看得到下面几步，上面几步用虚线表示。

从二层楼梯平面图中可知：楼面标高为 2.7 m，梯段宽 1120 mm，梯井宽 160 mm。

该平面图内三个梯段组成，完整的一段是首层到二层的第二跑，梯段长 1400 mm，六个踏步。从二层楼面距 C 轴 2205 mm，下第二跑至休息平台。休息平台标高为 1.68 m，宽为 1215 mm(1495 与 1215 中的小值)。继续下的一段是首层到二层的第一跑。距 C 轴 1645 mm被剖切的梯段是上三层的梯段。

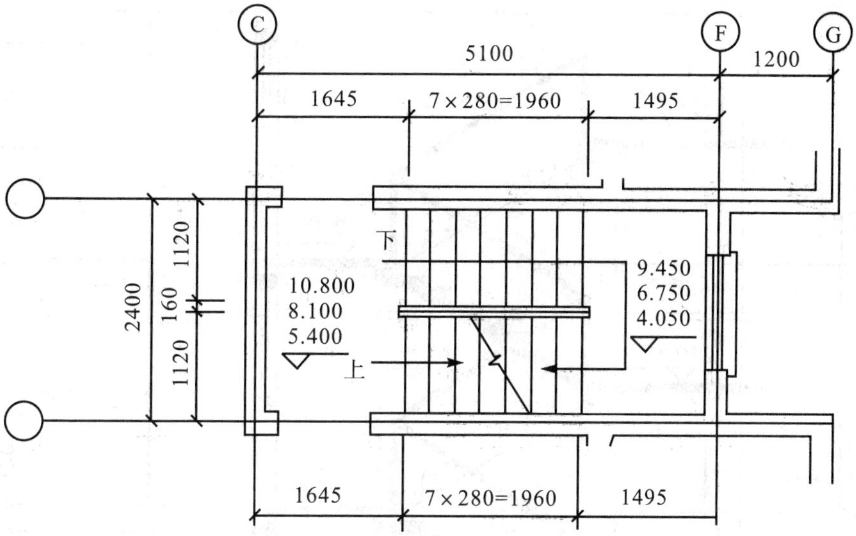

(a)三至五层楼梯平面图　1∶50

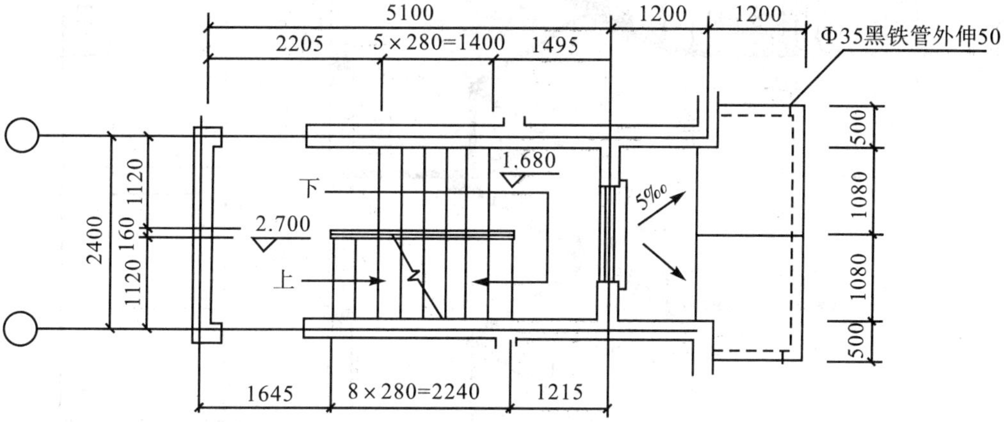

(b)二层楼梯平面图　1∶50

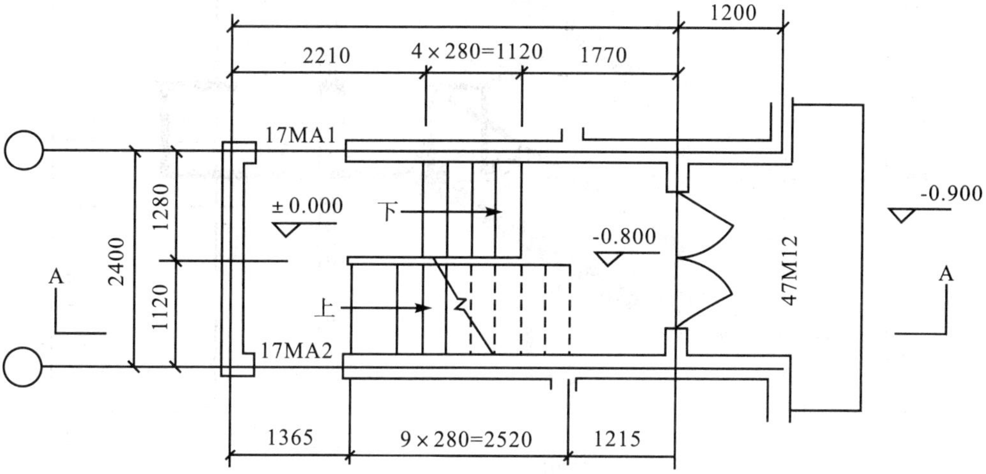

(c)首层平面　1∶50

图 3-16　楼梯平面图

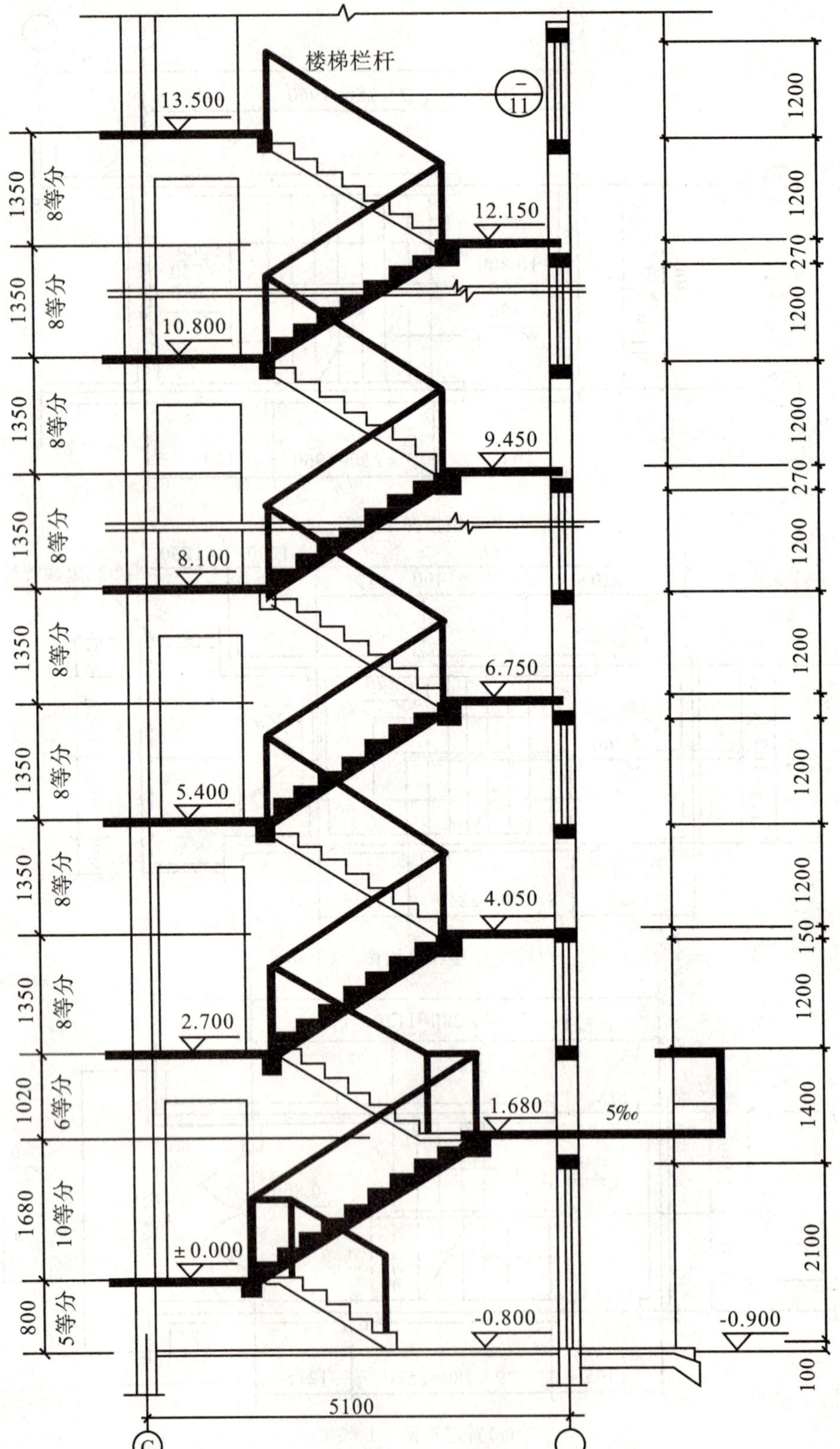

图 3-17 楼梯 A—A 剖面 1∶50

三至五层可依次阅读。

六层平面图所表达的是两个完整的楼梯段，是六层下到五层的两段，不再向上，临空处设置水平栏杆。

首层楼梯平面图上有 A—A 剖切符号。

3.2.2　楼梯剖面图(见图 3-17)

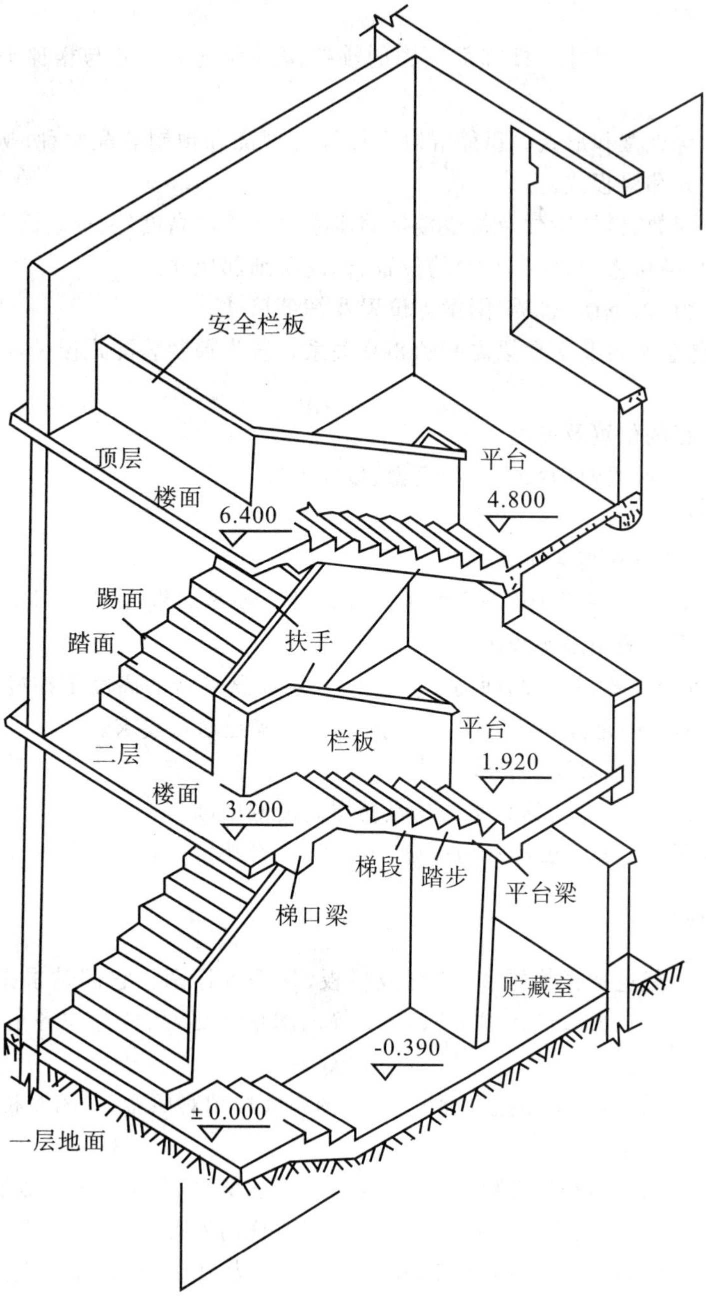

图 3-18　楼梯剖面图的形成

3.2.2.1 楼梯剖面图的形成

假想用一铅垂面，将楼梯某一跑和门窗洞垂直剖开，向未剖到的另一跑方向投影，所得到的垂直剖面图就是楼梯剖面图（见图 3－18），剖切面所在位置表示在楼梯首层平面图上。

3.2.2.2 楼梯剖面图的内容

楼梯剖面图重点表明楼梯间的竖向关系，具体内容包括：

1. 图名与比例。楼梯剖面图的图名与楼梯平面图中的剖切编号相同，比例也与楼梯平面图的比例相一致。

2. 轴线编号与进深尺寸。楼梯剖面图的轴线编号和进深尺寸与楼梯平面图的编号相同、尺寸相等。

3. 楼梯的结构类型和形式。钢筋混凝土楼梯有现浇和预制装配两种；从楼梯段的受力形式又可分为板式和梁板式。

4. 建筑物的层数、楼梯段数及每段楼梯踏步个数和踏步高度（又称踢面高度）。

5. 室内地面、各层楼面、休息平台的位置、标高及细部尺寸。

6. 楼梯间门窗、窗下墙、过梁、圈梁等位置及细部尺寸。

7. 楼梯段、休息平台及平台梁之间的相互关系。若为预制装配式楼梯，应写出预制构件代号。

8. 栏杆或栏板的位置及高度。

9. 投影后所看到的构件轮廓线，如门窗、垃圾道等。

10. 索引符号。

3.2.2.3 楼梯剖面图的识读

在图 3－17A－A 剖面图中，剖面的两侧墙体轴线编号分别为 C、F，并将剖到的楼梯踏步、梁及板涂黑，看到的用细实线画出。

第一跑有 10 个踏步，每个踢面高 168 mm，一层休息平台的高度不在楼层高度的一半，其标高为 1.68 m，目的是提高休息平台下净空高度，满足通行要求。

第二跑为 6 步，踢面高 170 mm。

其他楼层每跑均为 8 步，休息平台均在楼层高度的中间。

F 轴墙上窗洞上方的涂黑部分为过梁，下方的为圈梁。

3.2.3 楼梯大样图

楼梯大样图一般包括楼梯踏步、栏杆或栏板、扶手等详图。它们是根据索引符号画出的，采用较大比例绘制，如 1∶20、1∶5、1∶2 等。图形详尽，尺寸标注齐全，并配有文字说明，作为施工的依据。

阅读楼梯大样图时，一定要把平面图、剖面图与大样图对照看，三图互相补充，才能对其从平面到空间有全面了解。

从图 3－17 中的索引符号看出楼梯的栏杆、扶手等详图采用标准图集第 11 页的做法。图 3－19 摘自第 11 页。从栏杆立面图上首先了解栏杆的外观形状，然后逐个了解组成栏杆的各种材料。如第一根立柱为圆钢$\phi 25$，梯段其他立柱为圆钢$\phi 16$。A 节点详图中立柱之间的连接件为钢板，宽 30 mm，厚 4 mm，围成高度为 80 mm 的矩形。B 节点详图中表示立柱的固定方法。

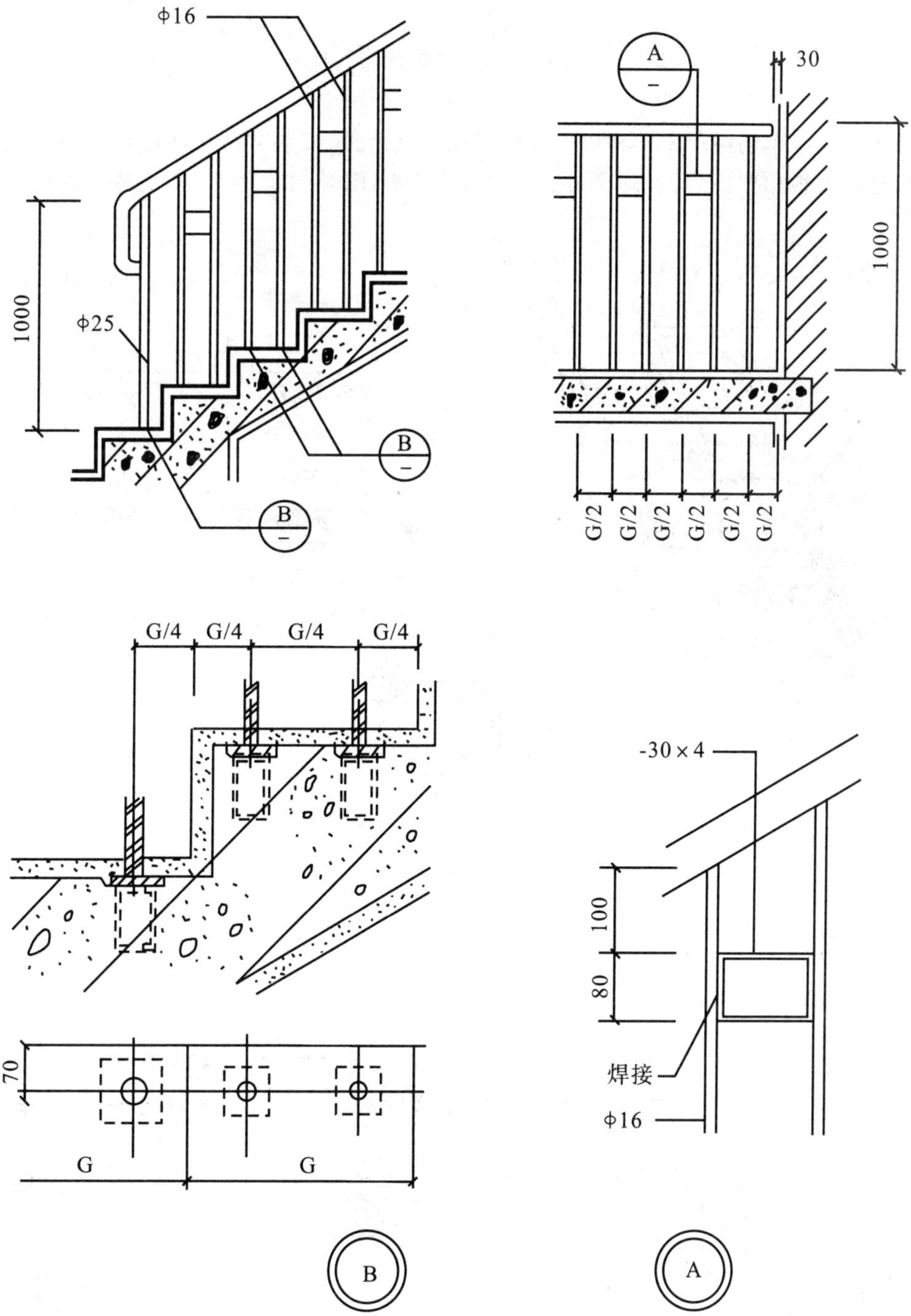

图 3-19　栏杆、扶手的做法

学习情境 3.3　楼梯模板施工

常用的现浇钢筋混凝土楼梯模板有板式和梁式两种，安装方法大体相似。楼梯模板的构造与楼板模板相似，不同点是倾斜支设和做成踏步，图 3-20 为板式楼梯模板的构造。

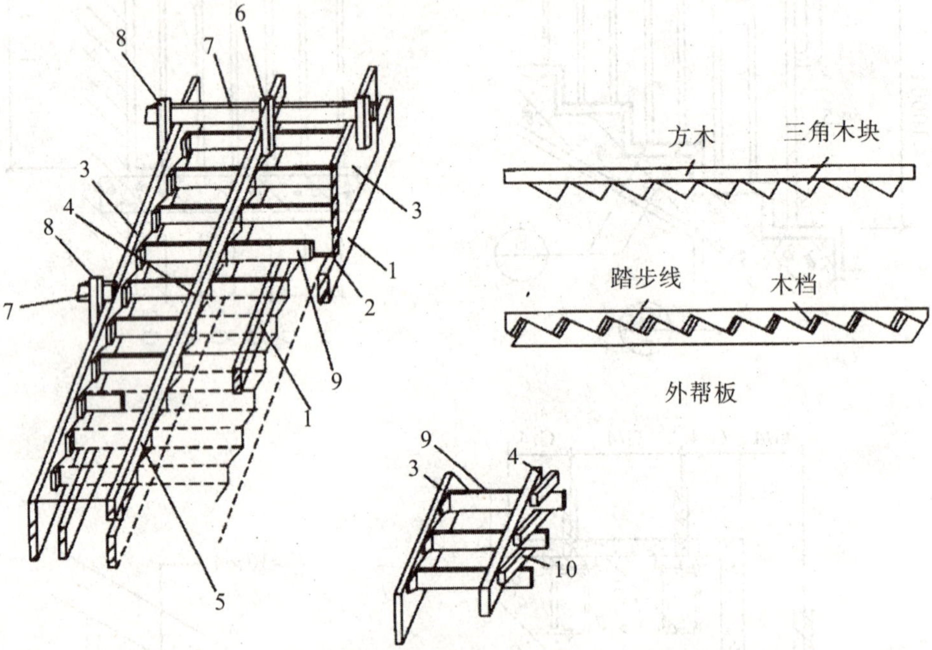

图 3-20　楼梯模板构造

1—外班板；2—底板；3—踏步挡板；4—楞木；5—立木；6—横楞；7—方木；8—反三角木；9—吊木；10—顶木；11—踏步线

3.3.1　楼梯模板放样

楼梯模板有斜度，制作安装比较复杂，各部分的尺寸必须通过计算或放样才能确定。图 3-21为现浇板式楼梯的平面图和剖面图，现以此图为例，说明楼梯模板放样的步骤和方法。

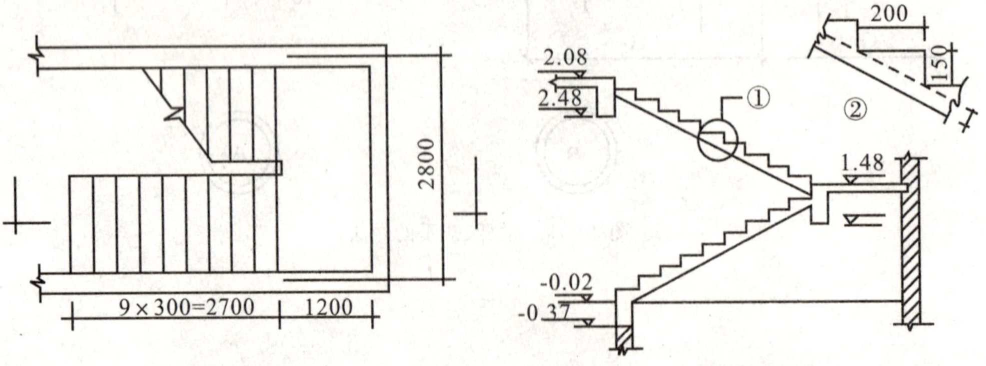

(a)楼梯平面图　　(b)楼梯剖面图

图 3-21 楼梯详图

在平整的水泥地坪上，先放出互相垂直的两根直线 $x—x$ 和 $y—y$，如图 3－22 所示。$x—x$ 是水平基准线相当于室内地坪。然后根据图 3－21 所给的尺寸，用 1∶1 或 1∶2 的比例放出楼梯的纵向剖面。第一级踏步的上点和下点标注为 a 和 b，最后一级踏步的上点和下点标注为 A 和 B，连 Aa 和 Bb，作 Bb 的平行线，间距为板厚 80 mm，此平行线与楼梯梁的竖边相交于 C、c。在 Aa、Bb 之间，根据踏步的高 150 mm 和踏步的宽 300 mm 绘出踏步，再根据模板的厚度绘出轮廓线的外线，如图 3－22(b)所示，即得出模板的底板，踏步以及楼梯梁的模板图。然后画出支撑系统和反三角木，如图 3－23 所示，就是楼梯的模板和支撑系统放样，其他各级梯段的放样方法均同。

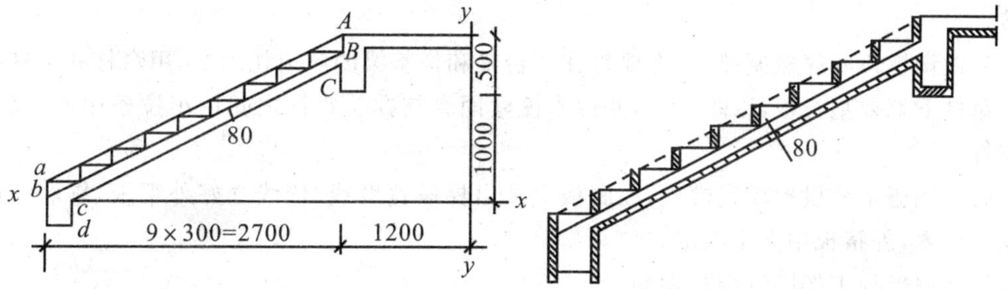

(a)楼梯剖面　　(b)楼梯支模剖面

图 3－22　楼梯放样

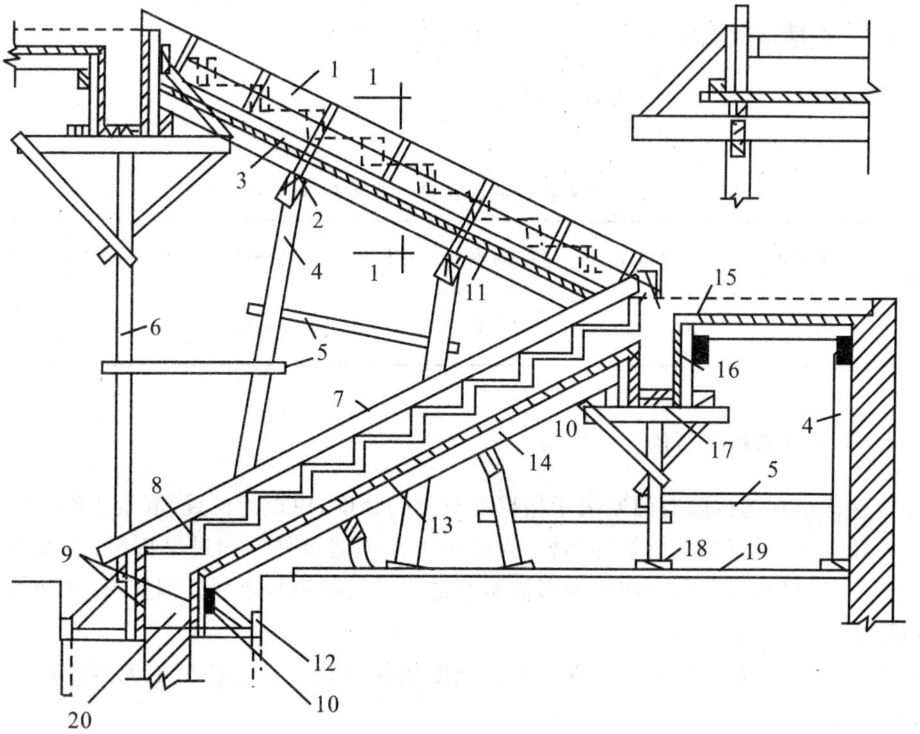

图 3－23　楼梯模板及支撑系统

1—外帮板；2—牵杠；3—夹木；4—牵杠撑；5—拉杆；6—顶撑；7—反三角木；8—踏步挡板；9—梯基侧板；10—托木；11—上梯段底板；12—木桩；13—下梯段底板；14—搁栅；15—平台底板；16—平台梁侧板；17—平台梁底板；18—木楔；19—垫板；20—梯基梁

3.3.2　楼梯模板的制作和安装

放好楼梯模板的样后，就可以根据放样图制作模板和安装模板，具体施工过程包括：

1. 先根据放样图制作外帮板、反三角木、梯梁侧板、底板等配件。反三角木系在方木上钉三角木块而成。外帮板用 30～50 mm 厚的木板拼成，其宽度要大于楼梯段的总厚度。在侧面画出每级踏步的剖面并钉上木档，作为钉踏步侧板的依据。

2. 先立好平台梁的模板，然后安装平台板的模板，其方法和一般梁板相同。靠梯段一面的侧板要预留缺口；若为最下一级，梁侧板应加以固定。若为中间梯级，则与下一级楼梯梁连接。

3. 铺设梯段的底板搁栅，上下要钉在平台梁和梯基梁的侧板托木上，用牵杠和牵杠撑支牢。牵杠下端要垫长板，以防下沉，并用木楔紧固牵杠撑。牵杠之间用小拉条相连，以增加稳定性。

4. 在搁栅上铺设梯段底模板，在底板上画出梯段宽度线，依线立好外帮板，靠墙一面则安反三角木，外帮板用夹木固定。

5. 在底模板上按图纸绑扎钢筋。

6. 钉踏步侧板于外帮板上，靠墙一面无外帮板，踏步侧板固定在反三角木上。

模板安装的质量要求应符合《混凝土结构工程施工质量验收规范》的有关规定。

3.3.3　楼梯模板的用料

楼梯模板的用料尺寸可参考表 3－1。

表 3－1　楼梯模板的用料尺寸参考表(单位:mm)

斜搁栅断面	搁栅间距	牵杠断面	牵杠间距	底板厚	外帮板厚	反三角木	外帮板宽
50×100	400～500	70×150	1000～1200	20～25	30～50	50×100	＞踏步高加板厚

3.3.4　楼梯模板的拆除

现浇楼梯模板的拆除时间取决于楼梯混凝土的强度、模板的位置、混凝土硬化时的气温等条件。及时拆模，可提高模板的周转，为后续工作创造条件。如过早拆模；因混凝土未达到一定强度，过早承受荷载会产生变形甚至会造成重大的质量事故。因而，楼梯模板及其支架的拆除应遵守下列规定；

1. 不承重模板(如侧模板)，应在混凝土强度能保证其表面及棱角不因拆除模扳而受损坏时，方可拆除。

2. 承重模板，应在与结构同条件养护的试块达到规定的强度(参见梁板模板拆除)后，方可拆除。

3. 在拆除模板过程中，如发现混凝土有影响结构安全的质量问题时，应暂停拆除，经过处理后方可继续拆除。

4.对于已拆除模板及其支架的楼梯，应在混凝土强度达到设计强度等级后，才允许承受全部计算荷载。当承受的施工荷载大于计算荷载时，必须经过核算，加设临时支撑。

5.拆模时不要用力过猛，拆下来的模板要及时运走、整理、堆放，以利再用。

6.拆模顺序一般应是后支的先拆，先支的后拆，先拆除非承重模板后拆除承重模板，一般是谁安谁拆。

7.拆除梁板式楼梯模板的顺序，首先是梯板底模，其次是梁侧模板，最后是梁底模板。拆除跨度较大的梁下支柱时，应先从跨中开始，分别拆向两端。

8.拆模时，应尽量避免混凝土表面或模板受到损坏，注意模板整块下落时伤人。

学习情境3.4　楼梯钢筋加工与绑扎

3.4.1　楼梯钢筋下料长度计算(见图3-24)

3.4.1.1　梯板下部纵筋

梯板下部纵筋位于踏步段斜板的下部，其计算依据为梯板净跨度 l_n；梯板下部纵筋两端分别锚入高端梯梁和低端梯梁，其锚固长度 l_{a1} 满足 $\geqslant 5d$ 且 $\geqslant h$；在具体计算中，可以取锚固长度 $l_{a1}=\max(5d,h)$。其中 d 为钢筋直径，h 为梯板厚度。

根据上述分析，梯板下部纵筋的计算过程为：

1.下部纵筋以及分布筋下料长度的计算：

梯板下部单根纵筋的下料长度 $l=l_n\times k+2l_{a1}$，其中 $l_{a1}=\max(5d,h)$ (3-6)

单根分布筋长度 $=b_n-2a$ (3-7)

式中，l_n——梯板净跨度(mm)；

l_{a1}——纵筋锚固长度(mm)；

b_n——梯板净宽度(mm)；

k——楼梯斜坡系数，$k=\dfrac{\sqrt{b_s^2+h_s^2}}{b_s}$，其中 b_s 为踏步宽度，h_s 为踏步高度；

a——混凝土保护层厚度(mm)。

2.下部纵筋以及分布筋根数的计算：

梯板下部纵筋的根数 $=(b_n-2a)/$间距$+1$ (3-8)

分布筋的根数 $=(l_n\times k-50\times 2)/$间距$+1$ (3-9)

3.4.1.2　梯板低端扣筋

梯板低端扣筋位于踏步段斜板的低端；扣筋的一端扣在踏步段斜板上，直钩长度为 h_1；扣筋的另一端锚入低端梯梁内，弯锚长度为 l_a(弯锚部分由锚入直段长度和直钩长度 l_2 组成)。

根据上述分析，梯板低端扣筋的计算过程为：

1.低端扣筋以及分布筋下料长度的计算

$$\begin{cases} l_1=[l_n/4+(b-a_{梁})]\cdot k \\ l_2=l_a-(b-a_{梁})k \\ h_1=h-a_{板} \end{cases} \tag{3-10}$$

式中，l_1——扣筋沿梯板方向的直段长度(mm)；

l_2——伸入梯梁内钢筋的直钩长度(mm)；

h_1——扣筋扣在踏步段斜板上的直钩长度(mm)；

b——梯梁的宽度(mm)；

$a_{梁}$、$a_{板}$——分别为楼梯梁板混凝土保护层的厚度。正常情况下 $a_{梁}=25$ mm，$a_{板}=15$ mm。

则单根低端扣筋的下料长度$=l_1+l_2+h_1-2d-2.5d$ (3-11)

其中，$2d$ 是 90°弯曲的量度差值；$2.5d$ 是 135°弯曲的量度差值。

单根低端扣筋中的分布筋下料长度$=b_n-2a_{板}$ (3-12)

式中，b_n——梯板净宽度(mm)。

2. 低端扣筋以及分布筋根数的计算

梯板低端扣筋的根数$=(b_n-2a_{板})$/间距$+1$ (3-13)

分布筋的根数$=\dfrac{l_n/4\times k}{间距}+1$ (3-14)

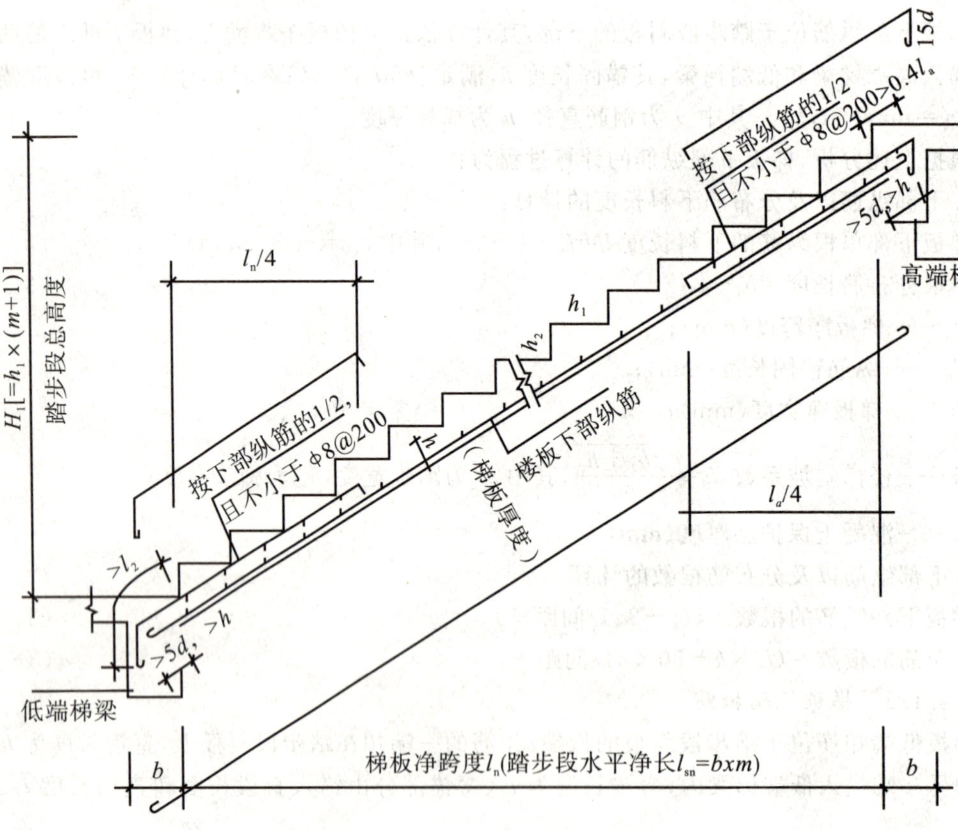

图 3-24 楼梯板钢筋构造示意

3.4.1.3 梯板高端扣筋

梯板高端扣筋位于踏步段斜板的高端，扣筋的一端扣在踏步段斜板上，直钩长度为 h_1，扣筋的另一端锚入高端梯梁内，锚入直段长度$\geqslant 0.4l_a$，直钩长度 $l_2=15\ d$。

根据上述分析，梯板高端扣筋的计算过程为：

1. 高端扣筋以及分布筋下料长度的计算

$$h_1 = h - a_{板}$$

$$l_1 = \frac{l_n}{4}k + 0.4l_a \qquad (3-15)$$

$$l_2 = 15\ d$$

则单根高端扣筋的下料长度 $= l_1 + l_2 + h_1 - 2\ d - 2.5\ d$

单根高端扣筋中的分布筋下料长度 $= b_n - 2a_{板}$

2. 高端扣筋以及分布筋根数的计算

与低端扣筋以及分布筋根数的计算方法相同。

3.4.1.4　案例

以本项目为例计算板式钢筋混凝土楼梯段钢筋的下料长度(参见案例 3.1.2.4)

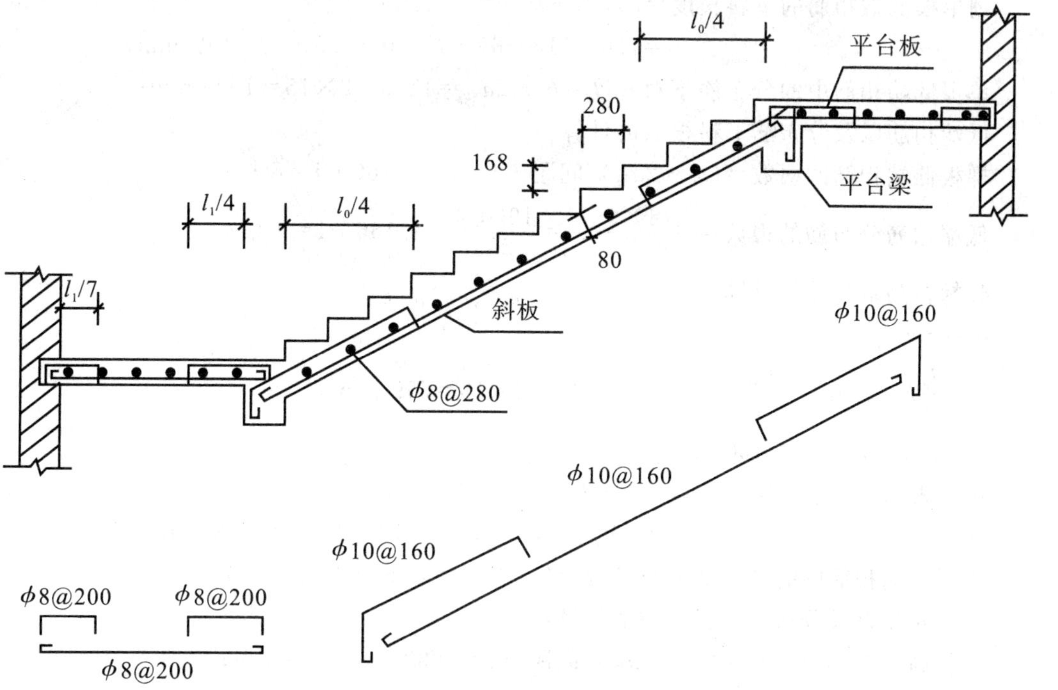

图 3-25　楼梯板配筋

根据图 3-25 计算楼梯钢筋的下料长度。已知:

$h = 80$ mm, $b_s = 280$ mm, $h_s = 168$ mm, $l_n = 1960$ mm, 梯梁截面 $b \times h = 200 \times 300$, 梯板净宽度 $b_n = 1120$ mm, 混凝土强度等级为 C20($l_a = 34d$), 梯板分布筋为 ϕ8@280 梯板纵筋及扣筋均为 Φ10。

解:

1. 首先进行斜坡系数 k 的计算

斜坡系数 $k = \frac{\sqrt{b_s^2 + h_s^2}}{b_s} = \frac{\sqrt{280^2 + 168^2}}{280} = 1.166$

2. 梯板下部纵筋的计算

纵筋锚固长度 $l_{a1} = \max(5d, h) = \max(5 \times 10, 80) = 80$ mm;

梯板下部单根纵筋的下料长度 $l=l_n\times k+2l_{a1}=1960\times1.166+2\times80=2445$ mm；

单根分布筋下料长度$=b_n-2a=1120-2\times15=1090$ mm；

下部纵筋以及分布筋下料根数的计算：

梯板下部纵筋的根数$=(b_n-2a)$/间距$+1=\dfrac{1120-2\times15}{160}+1=8$ 根；

分布筋的根数$=(l_n\times k-50\times2)$/间距$+1=\dfrac{1960\times1.166-50\times2}{280}+1=9$ 根；

3. 梯板低端扣筋的计算

$l_1=[l_n/4+(b-a_{梁})]\cdot k=[1960/4+(200-25)]\times1.166=776$ mm

$l_2=l_a-(b-a_{梁})k=32\times10-(200-25)\times1.166=116$ mm

$h_1=h-a_{板}=80-15=65$ mm；

则单根低端扣筋的下料长度$=l_1+l_2+h_1-2d-2.5d$

$=776+116+65-2\times10-2.5\times10=912$ mm；

单根低端扣筋中的分布筋下料长度$=b_n-2a_{板}=1120-2\times15=1090$ mm；

低端扣筋以及分布筋下料根数的计算：

梯板低端扣筋的根数$=(b_n-2a_{板})$/间距$+1=1090/160+1=8$ 根；

低端扣筋分布筋的根数$=\dfrac{l_n/4\times k}{间距}+1=\dfrac{1960/4}{280}\times1.166+1=4$ 根；

4. 梯板高端扣筋的计算

$h_1=h-a_{板}=80-15=65$ mm；

$l_1=\dfrac{l_n}{4}k+0.4l_a=\dfrac{1960}{4}\times1.166+0.4\times32\times10=699$ mm；

$l_2=15d=15\times10=150$ mm；

则单根高端扣筋的下料长度$=l_1+l_2+h_1-2d-2.5d$

$=699+150+65-2\times10-2.5\times10=869$ mm；

单根高端扣筋中的分布筋下料长度$=b_n-2a_{板}=1120-2\times15=1090$ mm；

高端扣筋以及分布筋下料根数的计算：

梯板高端扣筋的根数$=(b_n-2a_{板})$/间距$+1=1090/160+1=8$ 根；

高端扣筋分布筋的根数$=\dfrac{l_n/4\times k}{间距}+1=\dfrac{1960/4}{280}\times1.166+1=4$ 根；

上面只计算了一跑的钢筋，一个楼梯间有两跑，把上述计算的钢筋数量乘以 2 即可。

3.4.1.5　楼梯钢筋配料单的编制

1. 编制钢筋配料单之前必须熟悉图纸，把结构施工图中钢筋的品种、规格列成钢筋明细表，并读出钢筋设计尺寸。

2. 计算钢筋的下料长度。

3. 根据钢筋下料长度填写和编写钢筋配料单，汇总编制钢筋配料单。在配料单中，要反映出工程名称，钢筋编号，钢筋简图和尺寸，钢筋直径、数量、下料长度、质量等。

4. 填写钢筋料牌根据钢筋配料单，将每一编号的钢筋制作一块料牌，作为钢筋加工的依据，见图 3－26 所示。

根据上例计算的结果，编制的钢筋配料单如表 3－2 所示。

表3-2　钢筋配料单

构件名称	钢筋编号	简图	钢号	直径(mm)	下料长度(mm)	每跑根数	合计根数	质量(kg)
第三层楼梯	①	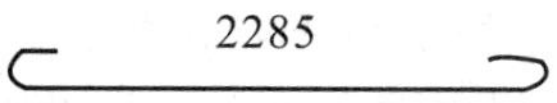	Φ	10	2445	8	16	24.1
	②	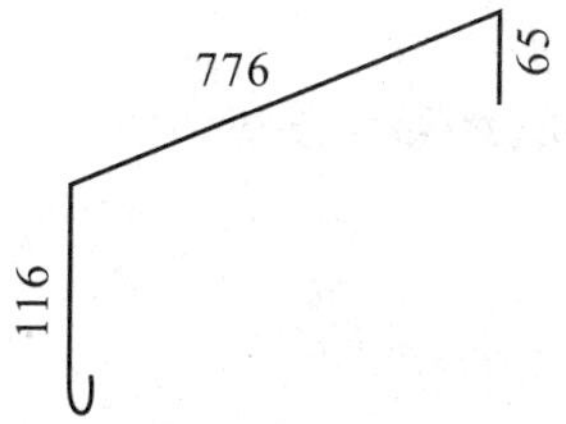	Φ	10	912	8	16	9.0
	③	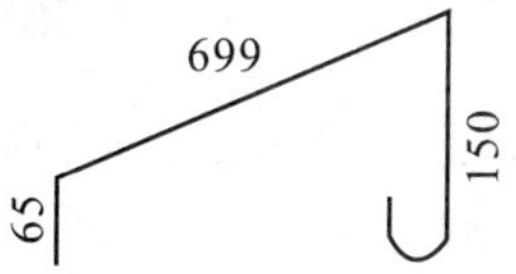	Φ	10	869	8	16	8.6
	④		Φ	8	1090	17	34	14.6

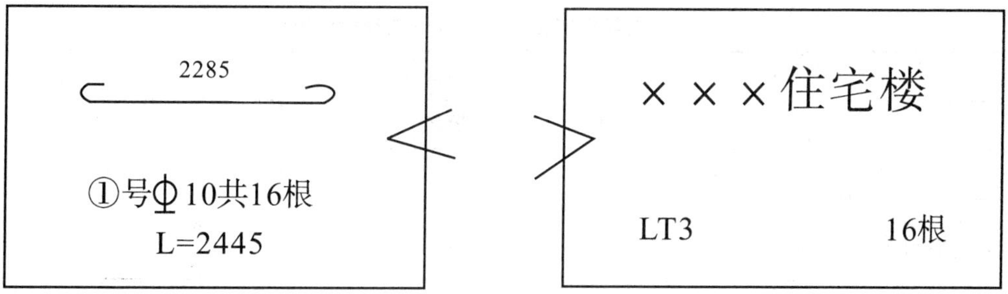

反面　　　　正面

图3-26　钢筋料牌

3.4.2　楼梯钢筋施工

楼梯钢筋的施工的主要过程包括钢筋的加工、钢筋的绑扎、连接和安装。楼梯钢筋的加工同梁、板钢筋的加工过程相同，也包括调直、除锈、切断、接长和弯曲等工作。但考虑到楼梯的构造特点和位置的特殊，楼梯钢筋的施工有自己的要求。

3.4.2.1　工艺流程

以板式楼梯钢筋绑扎为例，其工艺流程为：弹放钢筋位置线→布放钢筋→绑扎梁钢筋→绑扎板钢筋→垫混凝土垫块。

3.4.2.2　操作要点

1. 画线。按设计要求，先把楼梯梯段板受力钢筋和横向分布钢筋的位置弹放在其模板上，上下楼梯平台梁箍筋位置标到平台梁模板上。

2. 布放钢筋。先将梯段板纵向钢筋按弹放好的位置线放好，然后将上下楼梯平台梁的箍筋和纵向钢筋在模板内穿好。

3. 绑扎梁钢筋。按画线位置,按梁钢筋的绑扎方法和要求,绑扎好上下梁的钢筋。

4. 绑扎板钢筋。楼梯梯段板是斜的,为了保证纵向钢筋不向下移,可以先在上下平台梁边各先绑扎一根横向分布钢筋,再逐点绑扎好其他横向分布钢筋,这样,梯段板的板底钢筋就绑扎完成了。绑扎上部负弯矩钢筋和负弯矩钢筋的分布钢筋,并把交叉点全部绑牢。

5. 底板筋绑完,待踏步模板支好后,再绑扎踏步钢筋。主筋接头数量和位置均要符合施工规范的规定。

6. 垫混凝土垫块。分别垫上梁板混凝土垫块,楼梯梯段板垫块厚度比楼梯梁垫块厚度稍薄一些,注意不要垫反。

3.4.3 楼梯钢筋施工质量检查验收

楼梯钢筋工程属于隐蔽工程,在浇筑混凝土前应对钢筋及预埋件进行隐蔽工程验收,并按规定记好隐蔽工程记录,以便检查。

按《混凝土结构工程施工质量验收规范》进行验收,其内容包括:纵向受力钢筋的品种、规格、数量、位置(见表 3－3)是否正确,特别要检查负筋的位置;钢筋的连接方式、接头位置、接头数量、接头面积百分率是否符合规定;箍筋、横向钢筋的品种、规格、数量、间距等;预埋件的规格、数量、位置等;检查钢筋绑扎是否牢固,有无变形、松脱和开焊。钢筋工程的施工质量检验应分主控项目、一般项目按规定的检验方法检验。

表 3－3 钢筋安置位置的允许偏差和检验方法

项目			允许偏差(mm)	检验方法
绑扎钢筋网	长、宽		±10	钢尺检查
	网眼尺寸		±20	钢尺量连续三挡,取最大值
绑扎钢筋骨架	长		±10	钢尺检查
	宽、高		±5	钢尺检查
受力钢筋	间距		±10	钢尺量两端、中间各一点,取最大值
	排距		±5	
	保护层厚度	基础	±10	钢尺检查
		柱、梁	±5	钢尺检查
		板、墙、壳	±3	钢尺检查
绑扎箍筋、横向钢筋间距			±20	钢尺量连续三挡,取最大值
钢筋弯起点位置			20	钢尺检查
预埋件	中心线位置		5	钢尺检查
	水平高差		+3.0	钢尺和塞尺检

学习情境 3.5 楼梯混凝土的施工

楼梯混凝土工程包括混凝土配料、搅拌、运输、浇筑、振捣和养护等施工过程,各个施工过程相互联系和影响，任一施工过程处理不当都会影响混凝土的最终质量。因此，在施工中必须注意各个环节并严格按照规范要求进行施工，以确保混凝土的工程质量。

楼梯混凝土配料时为了确保混凝土的质量，在施工中必须及时进行施工配合比的换算和严格控制称量。

施工中要根据工程量大小、混凝土的坍落度和骨料尺寸等因素选择搅拌机型号时，既要满足技术要求，又要考虑经济效果和节约能源。为了获得优质的混凝土拌和物，除正确选择搅拌机外，还必须正确确定搅拌制度，即搅拌时间、投料顺序和进料容量等。下面重点介绍楼梯混凝土的运输、浇筑和振捣施工。

3.5.1　楼梯混凝土运输

混凝土从拌制地点运往浇筑地点可以用井架、塔式起重机和混凝土泵有多种工具运输，选用时应根据建筑物的结构特点、混凝土的总运输量与每日所需的运输量、水平及垂直运输的距离、现有设备情况以及气候、地形、道路条件等因素综合考虑。不论采用何种运输方法，在运输混凝土的工作中，都应满足下列要求：

1. 混凝土应保持原有的均匀性，不发生离析现象；

2. 混凝土运至浇筑地点，其坍落度应符合浇筑时所要求的塌落度值；

3. 混凝土从搅拌机中卸出后，应及早运至浇筑地点，不得因运输时间过长而影响混凝土在初凝前浇筑完毕，混凝土从搅拌机中卸出到浇筑完毕的延续时间不宜超相关规定。

3.5.2　混凝土浇筑前的准备

3.5.2.1

对模板及其支架进行检查，应确保标高、位置尺寸正确，强度、刚度、稳定性及严密性满足要求；模板中的垃圾、泥土和钢筋上的油污应加以清除；木模板应浇水润湿，但不允许留有积水。

3.5.2.2

对钢筋及预埋件应请设计人员、工程监理人员共同检查钢筋的级别、直径、位置、接头及保护层的厚度是否符合设计和规范要求，并认真作好隐蔽工程记录。

3.5.2.3

准备和检查材料、机具等；注意天气预报，不宜在雨雪天气浇筑混凝土。

3.5.2.4

做好施工组织工作和技术、安全交底工作。

3.5.3　楼梯混凝土的施工

3.5.3.1　作业条件

浇筑混凝土层段的模板、钢筋、预埋件及管线等全部安装完毕，经检查符合设计要求，并办完隐、预检手续。浇筑混凝土用的架子及马道已支搭完毕，并经检查合格。水泥、砂、石及外加剂等经检查符合有关标准要求，试验室已下达混凝土配合比通知单。磅秤（或自动上料系统）经检查核定计量准确，振捣器（棒）经检验试运转合格。工长根据根据施工方案对操作班组进行全面技术交底。

3.5.3.2　工艺流程

作业准备→混凝土搅拌→混凝土运输→楼梯混凝土浇筑与振捣→养护

3.5.3.3　楼梯混凝土浇筑

楼梯段混凝土自下而上浇筑，先振实底板混凝土，达到踏步位置时再与踏步混凝土一起浇捣，不断连续向上推进，并随时用木抹子（或塑料抹子）将踏步上表面抹平。如果由于技术或施工组织上的原因，不能对混凝土结构一次连续浇筑完毕，而必须停歇较长的时间，其停歇时间已超过混凝土的初凝时间，致使混凝土已初凝；当继续浇混凝土时，形成了接缝，即为施工缝。施工缝的位置应在混凝土浇筑前按设计要求和施工技术方案确定。施工缝的处理应按施工技术方案执行。

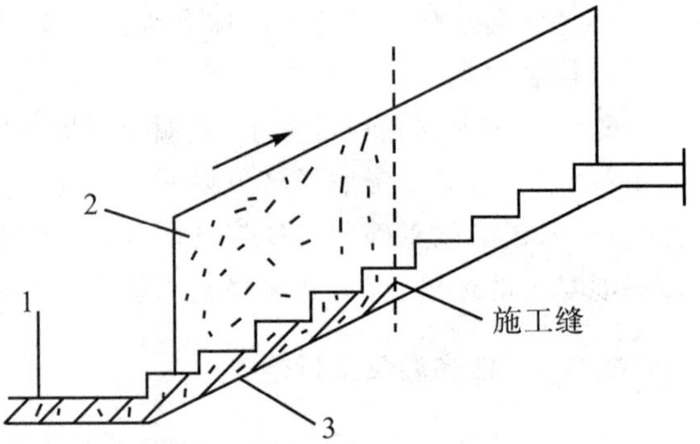

图 3-27　楼梯的施工缝位置
1-平台；2-栏板；3-踏步

1. 施工缝的留设位置：施工缝设置的原则，一般宜留在结构受力（剪力）较小且便于施工的部位。施了缝位置：楼梯混凝土宜连续浇筑完、多层楼梯的施工缝应留置在楼梯段 1/3 的部位（图 3-27）。这与梁、板混凝土施工缝留设是相同的。如梯段有 9 个踏步时，可留在距上平台有 3 个踏步位置。

2. 施工缝的处理

施工缝处继续浇筑混凝土时，应待混凝土的抗压强度不小于 1.2 MPa 方可进行。混凝土达到这一强度的时间取决于水泥的标号、混凝土的强度等级、气温等，可以根据试块试验确定，也可以查阅有关手册确定。施工缝浇筑混凝土之前，应除去施工缝表面的水泥薄膜、松动石子和软弱的混凝土层，并加以充分湿润和冲洗干净，不得有积水。浇筑时，施工缝处宜先铺水泥浆（水泥∶水＝1∶0.4），或与混凝土成分相同的水泥砂浆一层，厚度为 30～50 mm，以保证接缝的质量。浇筑过程中，施工缝应细致捣实，使其紧密结合。

复习思考题

3-1 楼梯主要由哪些部分组成？各部分的作用和要求是什么？

3-2 楼梯结构受力状态分为哪几种类型？

3-3 如何选取现浇梁式楼梯的踏步板的结构计算模型？板式楼梯梯段部分的分布钢筋配置有何要求？

3-4 折线形楼梯梁内折角处箍筋配置有什么要求？

3-5 楼梯建筑详图包括哪儿部分？

3-6 楼梯平面图一般包括的主要内容有哪些？楼梯剖面图包括的主要内容又有哪些？如何识读楼梯建筑详图？

3-7 楼梯模板如何放样？

3-8 楼梯模板如何制作和安装？用料有什么要求？

3-9 楼梯模板拆除应遵守哪些规定？

3-10 楼梯钢筋下料长度如何计算？怎样编写楼梯钢筋配料单？

3-11 楼梯钢筋施工工艺流程是什么？如何绑扎板钢筋？

3－12 楼梯钢筋施工质量检查验收的内容有哪些？

3－13 简述楼梯混凝土施工过程。楼梯混凝土运输有什么要求？

3－14 楼梯混凝土浇筑前要做哪些准备工作？

3－15 楼梯混凝土浇筑与振捣的有哪些要求？

3－16 楼梯施工缝留设在什么位置？应怎样处理？

3－17 楼梯混凝土质量检查包括哪些内容？混凝土试块如何制作？强度怎样评定？

习　题

3－1 教学楼板式楼梯平面如图 3－28 所示，混凝土 C25 级，钢筋：板为 HPB235 级，梁为 HRB335 级。板上活载标准值 q_k＝3.5 kN/m，板上为 20 mm 厚水泥砂浆加 10 mm 厚水磨石面层（γ＝22 kN/m^3），板底为 20 mm 厚混合砂浆加纸筋打底（γ＝20 kN/m^3），试设计此楼梯的梯段板、平台板、平台梁，并绘制施工图。

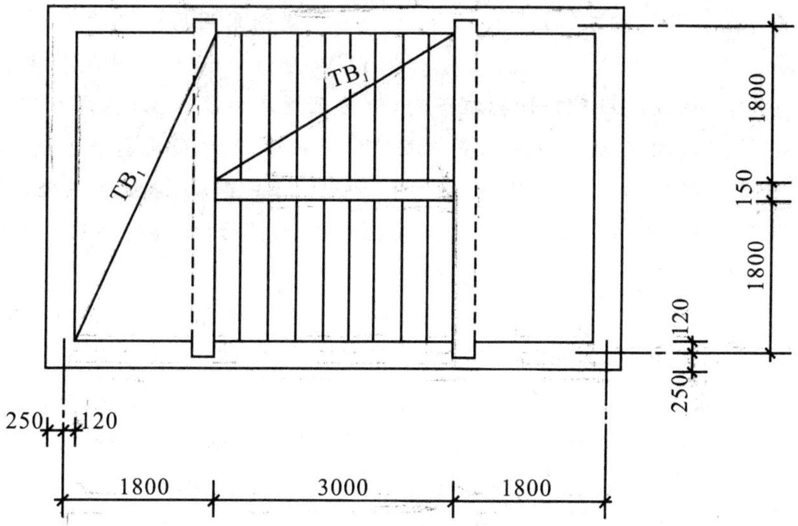

图 3－28　习题 3－1 图

3－2 计算习题 3－1 的钢筋下料长度，并编制钢筋的配料单。

学习项目 4 预应力混凝土梁施工

【学习目标】 通过本学习项目的学习，学生能够掌握预应力混凝土构件的钢筋、混凝土的技术性能、种类、特点和应用；掌握张拉机具及锚具和夹具的性能和选用；掌握预应力混凝土构件的施工工艺及质量控制方法。

【项目描述】 工程概况：某市政高架桥工程，全长 16.35 km，桥跨结构采用预应力箱型梁和预应力板式梁等几种不同的结构形式，跨径也各不相等。某工程公司接受任务后编制施工组织设计，展开施工作业。根据工程特点和公司的具体情况，对于数量不多的 22 m 预应力板梁采用先张法进行施工，而对于 35 m 预应力箱梁则采用后张法的施工方案。

先张法施工 22 m 预应力空心板：采用 2 台 YCW200T－60 千斤顶按整体张拉，一端张拉，放张工艺生产。钢绞线用砂轮切割机下料，为防止预应力筋移位，在每片梁两端用 1 cm 厚的钢板作成 U 形槽固定预应力筋位置。用 YC－60 型千斤顶进行初应力调整，一般为 10%～20%，随后进行整体张拉。待张拉完 8 h 后进行绑扎钢筋、浇筑底板砼、穿充气胶囊、再浇筑腹板及顶板砼。当砼强度达到设计强度标准值 90%后，便进行预应力筋的放张。

1. 张拉的一般操作

(1)先用 YC－60 型千斤顶逐根对钢绞线施加 10%σ_{con}的张拉应力进行初调，使钢绞线拉直、锚固端和连接处拉紧。然后用 2 台 YCW200T－60 千斤顶按整体张拉，先张拉至 10%σ_{con}，量取千斤顶油缸长度，作为测量钢绞线延伸量的基点。然后张拉至 20%σ_{con}，量取千斤顶油缸长度，估算钢绞线在初应力时的伸长量，继续张拉至 50%σ_{con}，量取千斤顶油缸长度，计算出钢绞线在 10%σ_{con}～50%σ_{con}的延伸量。千斤顶回油进行第二次张拉，先张拉至 50%σ_{con}时测量千斤顶油缸长度，作为钢绞线延伸量的基点，张拉至 100%σ_{con}后，量取千斤顶油缸长度，计算钢绞线在 50%σ_{con}～100%σ_{con}时的延伸量。将钢绞线在初应力时估算伸长量加张拉 10%σ_{con}～50%σ_{con}时的伸长量再加张拉 50%σ_{con}～100%σ_{con}时的伸长量即为钢绞线的实际伸长量。

张拉时两千斤顶同步进行，保持横梁平行移动，预应力筋均匀受力。

(2)持荷

空心板采用的钢绞线选定持荷时间为 2 min，使预应力筋完成部分徐变。

(3)锚固

补足或放松钢绞线的拉力至控制应力，测量、记录预应力筋的延伸量，并核对实测值与理论计算值，其误差应在±6%范围内，锚固预应力筋，千斤顶回油至零。

2. 钢筋的加工及安装

钢筋的加工尺寸严格按图纸设计要求进行，钢筋的安装直接在台座上进行。钢筋接头设置在内力较小处，并错开布置；绑扎搭接的接头数量，在同一截面内不能超过在钢筋受拉区不超过 25%，受压区不超 50%，接头间距相互错开不小于 50 cm。钢筋绑扎的截面尺寸应严格按图纸和规范的要求进行。绑扎钢筋工作应在张拉完 8 h 后进行，在绑扎过程中不允许踩碰钢绞线，防止断筋伤人事故的发生。

3. 模板的安装

模板的安装采用龙门吊拼装然后人工调整的办法。模板安装前要打磨干净并涂刷脱模剂；相互连接的模板，螺栓不要一次拧紧，整体检查模板线形，发现偏差及时调整后拧紧连接螺栓，固定好支撑杆；模板连接缝间隙大于2 mm时应用腻子刮平，端模预应力筋孔的位置要准确，安装后与定位板上对应的力筋孔要求均在一条轴心线上。由于施工中实际上存在误差，力筋张拉时有移动，制作模板时端模力筋孔按力筋直径扩大2～4 mm。芯模采用充气胶囊，在安装前仔细检查，是否有漏气的地方，发现了及时处理，同时芯模的固定钢筋位置要准确，牢固。模板安装前由质检员检查合格后，报请监理工程师检验，合格后才能进入下一道工序。

4. 空心板砼的浇筑

(1)砼的拌制

严格按规定的配合比配料，砼坍落度控制在57 cm，砼搅拌时间大于2～5 min。

(2)砼的运输

砼用机动翻斗车运输到现场，小型龙门吊起吊漏斗到工作面布料。在运输过程中不能使砼发生离析现象。

(3)砼的浇筑方法

砼浇筑采取一次性浇筑的方法：待底板砼振捣密实抹平后安装充气胶囊，然后浇筑腹板和顶板砼，浇筑时应从一端呈台阶状循序进展到另一端，在端部为避免梁端产生不密实现象，应改从另一端向相反方向投料。每层下料的厚度不能超过30 cm，振捣棒在振捣上层砼时，必须插入下层砼5～10 cm。作好顶板砼的收面拉毛工作，砼振捣方法采用交频插入式振捣棒。

(4)砼浇筑要求及注意事项

①砼浇筑必须连续施工，不能间断时间过长，有备用机械和备用设备，在开始浇筑砼前对运输车、振动器、水泵等机械都要有一定数量的备用，以便对突发机械、机具的故障有应急措施。

②为防止芯模上浮和偏位，应随时检查定位钢筋和压块固定情况。

③空心板砼振捣时不要碰到钢绞线，以防断筋伤人事故的发生。并不能接触及充气胶囊，防止出现穿孔漏气现象。

④砼的养护

砼浇筑完后，由专人负责砼的养护工作，用无纺土工布覆盖洒水养护，并保持土工布始终湿润。

⑤预拱度的监测

制定预制梁板计划，尽量缩短存梁时间，严格控制预应力筋的放松时砼的强度，确保砼强度达到设计强度的90％时放松。建立制梁台账及起拱观测台账，发现问题及时解决。

5. 钢绞线放张

待砼强度达到设计强度的90％便可进行放张，放张的方法采用千斤顶整体放张，放张分两次完成。放张时应均匀，不得骤然放松。

预应力全部放张后，用砂轮切割机切断钢绞线，切断顺序为先固定端再切张拉端，切割后的外露端头，应用砂浆封闭或涂刷防蚀材料，防止生锈。

后张法施工 35 m 预应力箱型梁：

1. 张拉前的工作

张拉前需要完成梁内预留孔道、制束、制锚、穿束和张拉机具设备的准备工作。

(1)预留孔道

预留孔道是后张构件制作的特殊工序，孔道的形式、尺寸和质量对后张构件的质量有直接的影响，直接将预应力钢束穿入管道内。

预留孔道注意事项：

1)预留孔道的尺寸与位置应正确，孔道应平顺，端部的预埋钢垫板应垂直于孔道中心线。

2)管道应采用定位钢筋固定安装，使其能牢固地置于模板内的设计位置，并在混凝土浇筑期间不产生位移。固定各种成孔管道用的定位钢筋的间距，对于直线段波纹管不宜大于0.8 m。对于竖曲线管道宜适当加密。

3)金属管道接头处的连接管宜采用一个直径级别的同类管道，其长度宜为被连接管道内径的 5～7 倍。连接时应不使接头处产生角度变化及在混凝土浇筑期间发生管道的转动或移位，并应缠裹紧密防止水泥浆的渗入。

4)所有管道均应设压浆孔，还应在最高点设排气孔及需要时在最低点设排水孔。压浆管、排气管和排水管应是最小内径为 20 mm 和标准管或适宜的塑性管，与管道之间的连接应采用金属或塑料结构扣件，长度应足以从管道引出结构物以外。

5)管道在模板内安装完毕后，应将其端部盖好，防止水或其他杂物进入。

(2)预应力筋安装

1)将一根钢束中的全部钢绞线编束后在浇筑混凝土之前整体装入管道中。穿束前应全面检查锚垫和孔道，锚垫板应位置正确，若锚垫板移位，造成垫板平面和孔道中轴线不垂直时，应用楔形垫板加以纠正；保证孔道内畅通、无水分和杂物，孔道应完整无缺。制好的钢丝束应检查其绑扎是否牢固、端头有无弯折现象；钢丝束长度和孔拉编号，穿束时核对长度，对号穿入孔道。穿束工作采用人工直接穿束，较长的还可借助一根 Φ5 的长钢丝作为引线，用卷扬机进行穿束。

2)预应力筋安装后的保护

2. 预应力张拉

后张法是先浇筑混凝土构件，待原构件达到设计规定的强度后，才可对预应力筋进行张拉锚固。后张法工艺无需专用张拉台座，可在施工现场直接张拉预应力筋。

(1)对力筋施加预应力之前，应对构件进行检验，外观和尺寸应符合质量标准要求。张拉时，构件的混凝土强度应符合设计要求，不应低于设计强度等级值的 90%。

(2)拉顺序：预制梁混凝土的实际强度达到设计标号的 90%后，按照图纸设计张拉顺序，先张拉 N1 钢束至 100%的控制张拉应力，再张拉 N2 钢束至 100%的控制张拉应力，然后张拉 N3 钢束至 100%的控制张拉应力，最后张拉 N4 钢束至 100%的控制张拉应力。

(3)应使用能张拉多根钢绞线或钢丝的千斤顶同时对每一钢束中的全部力筋施加应力，但对扁平管道中不多于 4 根的钢绞线除外。

(4)后张法预应力的张拉程序：

钢绞线束，有自锚性能的夹片式锚具

0→初应力→σ_{con}(持荷5 min锚固)

3.预应力筋伸长值的计算与伸长量的测量

4.液压千斤顶

使用液压千斤顶时的注意事项：

(1)油管在使用前应检查有无裂纹,接头是否牢靠,接头螺纹的规格是否一致,以防在使用中发生意外事故。

(2)新的或久置的千斤顶,因油缸内存有较多空气,开始使用时活塞可能出现微小的突跳现象,可将千斤顶空载往复运行二、三次,以排除内腔的空气。

(3)千斤顶在工程过程中,加、卸荷应力求平稳,避免冲击。

(4)千斤顶带压工作或试验时,操作人员应站在两侧,端面方向禁止站人,危险地段应设防护装置。千斤顶带有压力时,严禁拆卸液压系统中的任何零部件。

(5)千斤顶的外露工作表面经常擦拭,保持清洁。工作完毕后应将活塞回程到底。闲置时应加罩防尘放于室内;室外临时放置时,应做到防尘、防雨、防晒。搬动过程中,应小心轻放,防止碰撞。

(6)定期进行维修、清洗等保养工作。在使用中如发现有漏油、活塞表面划伤等现象时,应停止使用,分析原因,必要时应进行拆检和更换零部件。

5.张拉要点

应尽量减少力筋与孔道摩擦,以免造成过大的应力损失或使构件出现裂缝、翘曲变形。力筋的张拉顺序应按设计规定进行,若无规定时,应综合以下两方面因素核算确定:其一,避免张拉时构件截面呈现过大的偏心受力状态,应使已张拉的全力线处在受压区内,边缘不产生拉应力;其二,应计算分批张拉的预应力损失值,分别加到先张拉的力筋控制应力值σ_{con}内,但σ_{con}不能超过有关规定,否则应在全部张拉后进行第二次张拉,补足预应力损失。对于长度大于或等于25 m的直线和曲线预应力筋应在两端张拉。张拉时,两端千斤顶升降速度大致相等,测量伸长的原始空隙、伸长值、插垫等工作应在两端同时进行,千斤顶到位将主油缸少许充油,使之蹬紧,让预应力筋绷直,在预应力筋拉至规定的初应力时,应停车测原始空隙或划线作标记;为减少压缩损失,插垫可在张拉应力大于σ_{con}时进行。在任何情况下,预应力筋的σ_{con}不得大于最大张拉应力的规定。两端同时张拉成束预应力筋时,为减少应力损失,应先压紧一端锚塞,并在另一端补足至σ_{con}值后,再压紧锚塞。

6.滑丝和断丝处理

在张拉过程中,由于各种原因会引起预应力筋断丝或滑丝,使预应力筋受力不均,甚至使构件不能建立足够的预应力。因此需要限制预应力筋的断丝和滑丝数量,为此要做好以下工作:

(1)加强对设备、锚具和预应力筋的检查;

(2)严格执行张拉工艺防止滑丝、断丝;

(3)滑丝与断丝的处理。

7.孔道压浆和封端

(1)压浆前的准备工作

1)割切锚外钢绞线。露头锚上部多余的预应力筋需割切,采用切割机切割,以免预应力筋和锚具过热而产生滑丝现象,预应力切割后的余留长度不得超过2 cm。

2)封锚。锚具外面的预应力筋间隙应用环氧树脂胶或棉花和水泥浆填塞,以免冒浆而损失灌浆压力,封锚时应留排气孔。

3)冲洗孔道。孔道在压浆前应用压力水冲洗,以排除孔内粉渣等杂物,保证孔壁的结合良好。在冲洗过程中,如发现冒水、漏水的现象,则应及时堵塞漏洞。当发现有串孔现象,又不易处理时,应判明串孔数量,在压浆时几个串孔同时压注。或者某一孔压浆后,立即对相邻孔道用高压水彻底冲洗。

(2)压浆工艺

1)孔道压浆顺序是先下后上,要将集中在一处的孔一次压完。若中间因故障停歇时,应立即将孔道内的水泥浆冲洗干净,以便重新压浆时,孔道畅通无阻。对曲线孔道和竖向孔道应由最低点的压浆孔压入,由最高点的排气孔排气和泌水(本桥压浆顺序按图纸要求)。

2)压浆管长度超过 30 m 时,提高压力 100~200 kPa 每个压浆孔道两端的锚塞进、出口应安装一节带阀门的短管,以备压注完毕时封闭,保持孔道中的水泥浆在有压状态下凝结。整个压浆系统及胶管各阀门处内径不小于 10 mm,以防堵塞。

3)预应力筋张拉后,孔道应尽早压浆,一般不宜超过 14 d。压浆一般分为两次进行,每一孔道宜于两端先后各压一次。两次间隔时间以达到先压注的水泥浆分泌又未出凝为度,一般为 30~45 min;有时也可从构件中部灌浆孔压入,再从两端的灌浆孔把空隙补满。对泌水率较小的水泥浆,通过试验证明可达到孔道饱满时,可采用一次压浆的方法。

4)压浆应使用活塞式压泵,不得使用压缩空气。压浆的压力已保证入孔内的水泥浆密实为准,开始压力要小,逐步增加,一般为 0.5~0.7 MPa;当输浆管道较长或采用一次压浆时,应适当加大压力。梁体竖向预应力筋孔道的压浆最大压力可控制在 0.3~0.4 MPa。每个孔道压浆至最大压力后,应有一定的稳压时间。压浆应达到孔道另一端饱满和出浆,并应达到排气孔排出与规定稠度相同的水泥浆为止。

5)为检查孔道内水泥浆的实际密度,压浆后应从检查孔内抽查压浆的密实情况,如有不实,应及时处理和纠正。要在拌制水泥浆的同时,制作标准试块,经与构件同等条件养护达到设计强度 80%后可撤销养护。压浆时有关人员应戴防护眼镜,以免水泥浆喷伤眼睛。压浆完毕后认真填写施工记录。

先张法和后张法施工是预应力结构最常见的两种方法,在工程结构中有着广泛的应用。特别是近年来,大跨度、大空间的结构发展迅速,预应力构件的生产和使用更加频繁。

【项目剖析】 本项目将以此项目描述中预应力混凝土构件施工为载体,以工作过程为导向,介绍预应力混凝土构件张拉设备、张拉工艺及混凝土施工等内容。

学习情境 4.1 预应力混凝土梁制作前的准备工作

预应力混凝土是在外荷载作用于构件之前,利用钢筋张拉后的弹性回缩,对构件受拉区的混凝土预先施加压力,产生预压应力,当构件在荷载作用下产生拉应力时,首先抵消预应力,然后随着荷载不断增加,受拉区混凝土才受拉开裂,从而延迟了构件裂缝的出现和限制了裂缝的开展,提高了构件的抗裂度和刚度。

4.1.1　预应力混凝土的类型

由于普通混凝土构件具有自身的一些缺点，如混凝土抗裂性差等。混凝土抗拉强度和极限拉应变值都很小，其极限拉应变约为（1.0～1.5）$\times 10^{-4}$，此时钢筋应变仅为屈服应变的 10%左右，若使构件在使用荷载下不出现裂缝，则需很大截面；钢筋和混凝土的强度不能得到充分发挥；结构自重大，用于大跨度或承受动力荷载的结构成为不可能或很不经济。

而预应力混凝土结构在预压应力作用下，混凝土受拉区的应力已大为减小，或受压（如图 4－1）。

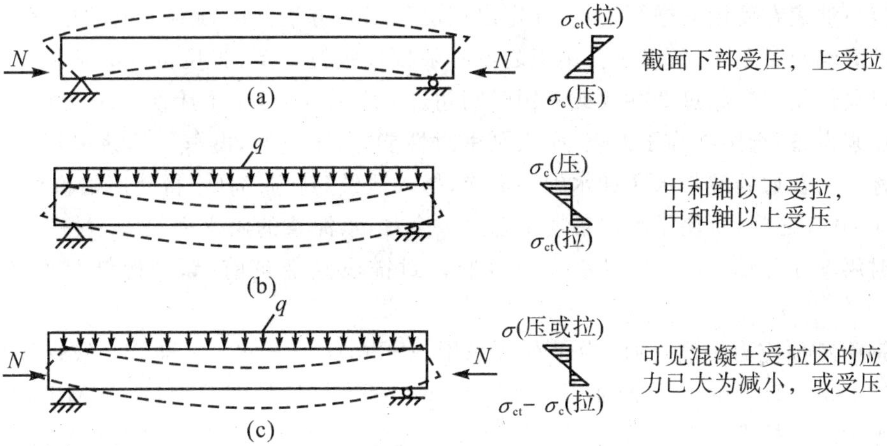

图 4－1　预应力混凝土梁的应力图

与钢筋混凝土构件相比，预应力混凝土构件的优点是：

（1）可延缓混凝土构件的开裂，提高构件的抗裂性和抗渗性，改善结构的耐久性；

（2）可提高构件刚度大，减小变形；

（3）充分发挥材料高强度性能，节约钢筋，减轻自重，降低造价；

（4）提高构件的抗剪性能、受压构件的稳定性及抗疲劳性等；

（5）在跨度较大的结构中，其综合经济效益较好，并能扩大预制装配化程度。

缺点是：构造、施工和计算均较钢筋混凝土构件复杂，且延性较差。

在重型工业厂房结构、民用房屋结构、铁路及公路桥梁结构、塔桅结构、蓄液池、压力管道等结构中广泛应用。预应力混凝土的使用范围和数量，已成为一个国家建筑技术水平的重要标志之一。

预应力混凝土结构的钢筋有非预应力钢筋和预应力钢筋，常用的预应力钢筋有甲级冷拔低碳钢丝、冷拉Ⅱ～Ⅳ级钢筋、碳素钢丝、钢绞线、热处理钢筋及精轧螺纹钢筋等。一般要求混凝土的强度等级不低于 C30。目前，我国在一些重要的预应力混凝土结构中，已开始采用 C50～C60 的高强混凝土，最高混凝土强度等级已达到 C80，并逐步向更高强度等级的混凝土发展。国外混凝土的平均抗压强度每 10 年提高 5～10 MPa，现已出现抗压强度高达 200 MPa 的混凝土。

预应力混凝土按预应力度大小分：全预应力混凝土和部分预应力混凝土。预应力混凝土按施工方式分：预制预应力混凝土、现浇预应力混凝土和叠合预应力混凝土等。按预加应力的方法分：先张法预应力混凝土、后张法预应力混凝土和无黏结后张法预应力混凝土。

在预应力混凝土构件生产中，不能掺用对钢筋有侵蚀作用的氯盐，如氯化钙、氯化钠等，否则会发生严重质量事故。

4.1.2 预应力混凝土制作前准备工作

1. 复核图纸，平整场地，检修施工用设备，检查原材料及水电体供应，确保正常施工不无故中断。

2. 张拉设备：根据设计张拉力的大小选择吨位，行程适宜的千斤顶及与之配套的高压油泵和油表。油表在使用前进行校正，并定出正确的回归方程。因预应力值的准确性对箱梁的质量的影响至关重要，所以张拉施工之前必须校核张拉设备，张拉机具必须由专人操作。若张拉机具使用次数超过 200 次或停用时间超过 6 个月，则对于千斤顶及油表再次校核。

3. 压浆设备：选用准确压力表，压浆泵密封性能好，不漏浆，漏气。压浆采用的水泥浆，由精确称量的普通硅酸盐水泥和水配制而成，掺入适量的膨胀剂(不得使用铝粉)，水灰比一般在 0.4～0.5 之间，所使用水泥龄期不超过一个月，水泥浆的泌水率最大不超过 3%，拌和后 3 小时泌率小于 2%，24 h 泌水完全吸收。封锚段砼浇筑前，新老砼结合面按施工缝处理。

4. 钢筋及预应力钢筋：预应力钢绞线采用 ASTMA416－92a 标准 270 级钢绞线，公称直径 ϕ15 mm～24 mm，公称截面积 $A=140\ mm^2$，标准抗拉强度 $R_{by}=1860$ MPa，松弛率符合低松弛钢绞线标准。非预应力钢筋符合技术规范要求。施工所用的钢筋及预应力钢绞线，进场时，有出厂合格证，并进行外观检查，表面无裂纹，毛刺，机械损伤，油污、死弯等缺陷。在外观检查合格后，钢筋进场时每批 10 t 一个取样单位，预应力钢绞线每批 20 t 为一个取样单位，进行拉力试验屈用点、抗拉强度、伸长率、弹性模量等试验，各项检测指标均等合设计和规范要求。钢筋存放在采用砼硬化的材料场地中，下部垫块枕木距地面 20 cm 以上，并用防雨布严密覆盖。

5. 砂、石料、水泥：砂石料进场前，以《公路工程水泥混凝土试验规程》的标准为依据，进行试验，确保不合格的材料不进场。浇筑砼前，由监理工程指挥部质检人员现场再次检查砂石料质量，如有疑问，则再次进行试验，确保不合格的材料不使用，对于不符合质量要求的砂、石料立即清除出施工现场。每批水泥进场时，均有出厂检验报告单，同时工地试验室以 100 t 为一批进行取样试验，不足 100 t 仍按一批进行试验，合格后方可使用。水泥用水泥罐存放，并有稳妥的防潮措施。

6. 梁体砼掺加高效减水剂，以提高砼和易性。外加剂由试验确定，使用前经试验室做配合比试验，同时在施工或严格的控制掺水量。减水剂专库存放，不直接存放于施工现场。

7. 混凝土配合比的要求：施工前，由试验室专门做出配合比，施工中严格按配合比进行配料，拌和，并严格控制坍落度。压浆采用水泥浆，由精确称量的普通硅酸盐水泥和水配制而成，水泥龄期不超过一个月，水泥浆的泌水率最大不超过 4%，拌和后 3 h 泌水率小于 2%，24 h 内泌水完全吸收。

学习情境4.2　先张法预应力混凝土梁施工

4.2.1　张拉设备与张拉工具

先张法是在浇筑混凝土构件之前，张拉预应力筋，将其临时锚固在台座或钢模上，然后浇筑混凝土构件，待混凝土达到一定强度(一般不低于混凝土标准强度的75%)，并使预应力筋与混凝土间有足够黏结力时，放松预应力，预应力筋弹性回缩，借助于混凝土与预应力筋间的黏结力，对混凝土产生预压应力。

先张法一般用于预制构件厂生产定型的中小型构件，如楼板、屋面板、檩条及吊车梁等。

图4-2为采用先张法施工工艺生产预制构件的示意图。先张法生产有台座法、台模法两种。用台座法生产时，预应力筋的张拉、锚固、构件浇筑、养护和预应力筋放松等工序都在台座上进行，预应力筋的张拉力由台座承受。台模法为机组流水、传送带生产方法，此时预应力筋的张拉力由钢台模承受。

本节主要介绍台座法生产预应力混凝土构件的预应力施工方法。

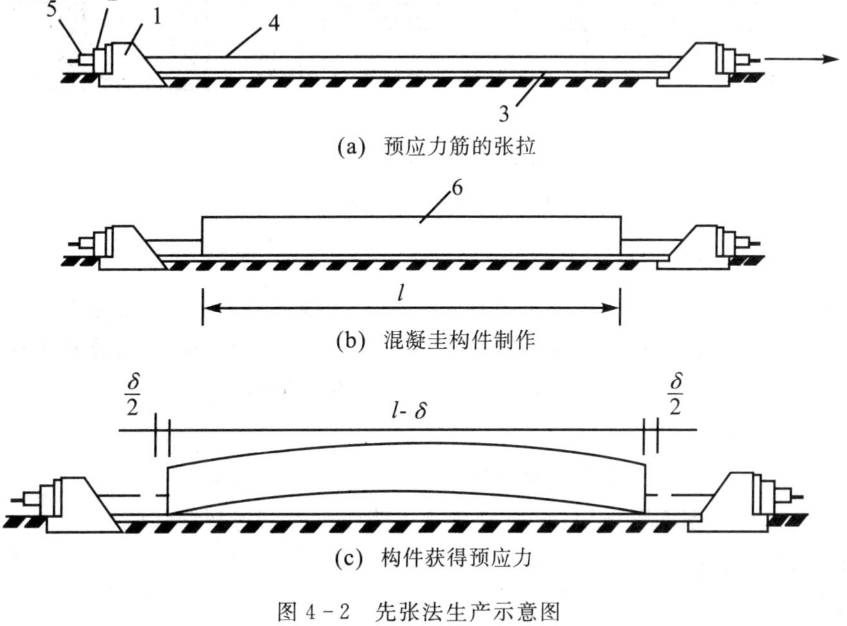

图4-2　先张法生产示意图

1—台座；2—横梁；3—台面；4—预应力筋；5—夹具；6—混凝土构件

先张法施工的主要设备包括台座、夹具和张拉设备。

1. 台座

用台座法生产预应力混凝土构件时，预应力筋锚固在台座横梁上，台座承受全部预应力筋的拉力，故台座应有足够的强度、刚度和稳定性，以免因台座变形、倾覆或滑移而引起预应力损失。根据承力结构的不同，台座分为墩式台座、槽式台座、桩式台座等。

(1)墩式台座

墩式台座由台面、横梁和承力结构等组成(如图4-3)。台座的长度和宽度由场地大小、构件类型和产量而定，一般长度为100～200 m，宽度为2～4 m。由于台座长度较长，张拉一次可生产多根构件，也可减少因钢筋滑动引起的预应力损失。目前，常用台面局部加厚，由台墩与台面共同受力的墩式台座。当生产空心板、平板等平面布筋的小型构件时，由于张拉力不大，可采用简易墩式台座。它将卧梁和台座浇筑成整体，锚固钢丝的角钢用螺栓锚固在卧梁上，充分利用台面受力。

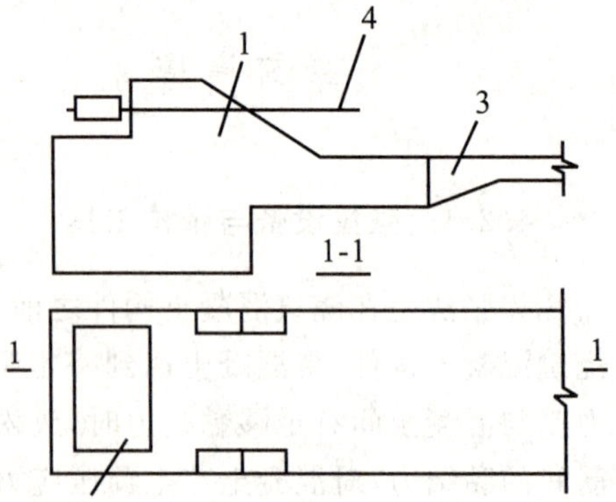

图 4－3　墩式台座

1－台墩；2－横梁；3－局部加厚台面；4－预应力筋

(2)槽式台座。生产吊车梁、屋架等预应力混凝土构件时，由于张拉力和倾覆力矩都较大，大多采用槽式台座。由于它具有通长的钢筋混凝土压杆，可承受较大的张拉力和倾覆力矩，其上加砌砖墙，加盖后还可进行蒸汽养护，如图 4－4 所示。为方便混凝土运输和蒸汽养护，槽式台座多低于地面。为便于拆迁，压杆亦可分段浇制。

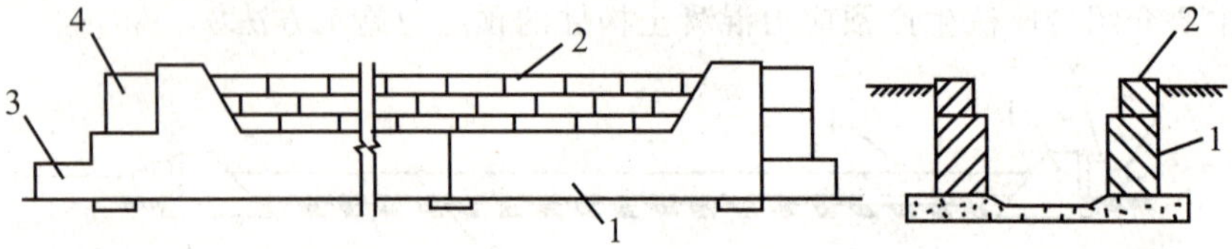

图 4－4　槽式台座

1－压杆；2－砖墙；3－下横梁；4－上横梁

2.夹具

夹具是先张法施工中预应力筋张拉和临时固定的锚固装置，按其用途不同可分为锚固夹具和张拉夹具。夹具进入施工现场时必须检查其出厂质量证明书，以及其中所列的各项性能指标，并进行必要的静载试验，符合质量要求后方可使用。

(1)夹具的要求

1)要具有良好的自锚性能和放张性能。

2)当夹具组件达到实际极限拉力时，其组成部件不得出现裂缝和破坏。

3)构造简单，能够多次重复使用。

(2)锚固夹具

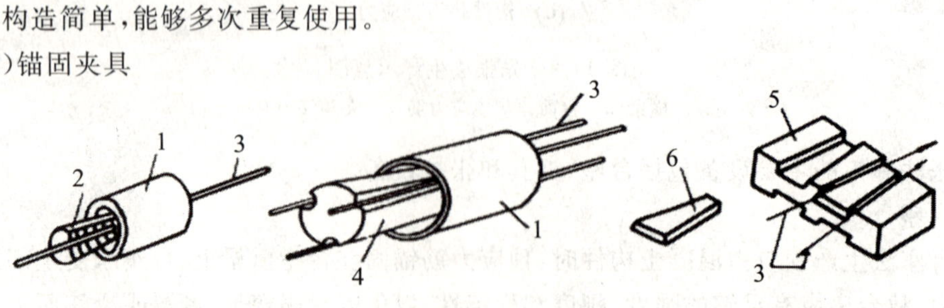

(a)圆锥齿板式　(b)圆锥槽式　(c)楔形式

图 4－5　钢质锥形夹具

1－套筒；2－齿板；3－钢丝；4－锥塞；5－锚板；6－楔块

1)钢丝锚固夹具多采用钢质锥形夹具和镦头夹具。

钢质锥形夹具多用于锚固直径为 3～5 mm 的单根钢丝，如图 4－5 所示。镦头夹具是通过承力板或梳筋板将经过端部热镦或冷镦的钢丝进行锚固，多用于预应力钢丝固定端的锚固，如图 4－6 所示。

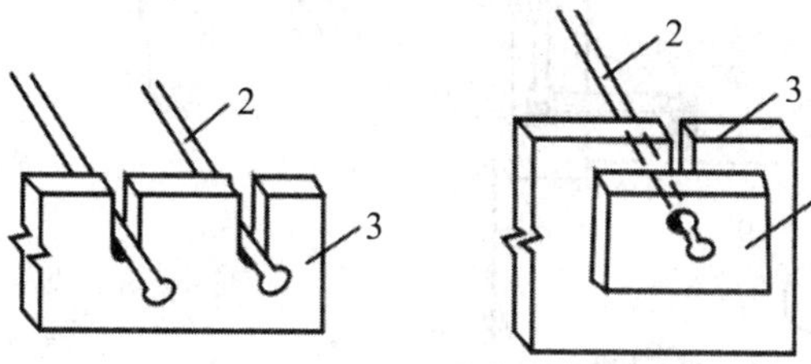

图 4－6　固定端镦头夹具

1—垫片；2—镦头钢丝；3—承力板

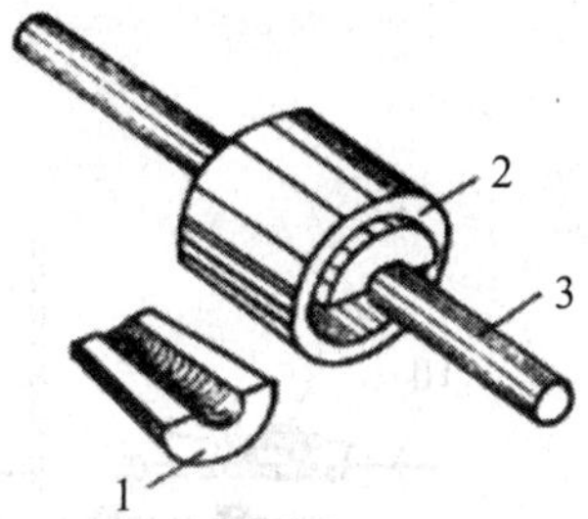

图 4－7　两片式销片夹具

1—销片；2—套筒；3—预应力筋

2)钢筋锚固夹具

钢筋锚固常用圆套筒两片式或三片式夹具，由套筒和夹片组成，如图 4－7 所示。其型号有 YJ12、YJ14；用 YC—18 型千斤顶张拉时，适用于锚固直径为 12 mm、14 mm 的单根冷拉 HRB335、HRB400、RRB400 级钢筋。

(3)张拉夹具

常用的张拉夹具有钳式夹具、偏心式夹具和楔形夹具等，如图 4－8 所示。

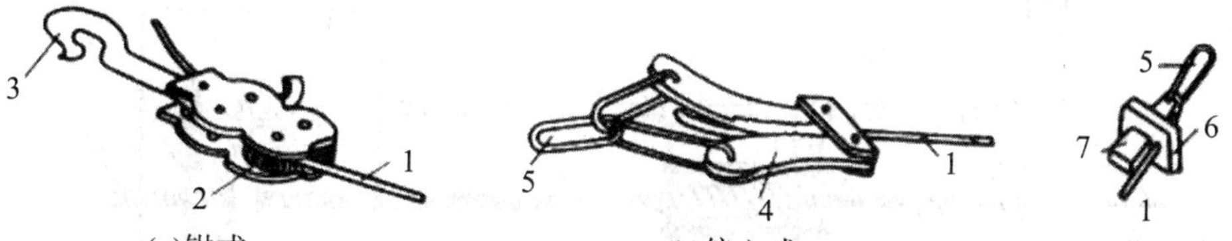

(a)钳式　(b)偏心式　(c)楔形式

图 4－8　钢丝的张拉夹具

1—钢丝；2—钳齿；3—拉钩；4—偏心齿条；5—拉环；6—锚板；7—楔块

3. 张拉设备

(1)卷扬机

在长线台座上张拉预应力筋时，由于张拉行程大，多采用卷扬机张拉、用杠杆或弹簧测力装置配合完成。这种张拉机在对单根小直径钢筋或钢丝应用较为广泛，图 4－9 为电动卷扬机张拉、杠杆测力装置。

(2)电动螺杆张拉机

电动螺杆张拉机由螺杆、电动机、变速箱、测力计及顶杆等组成，如图 4－10 所示。具有构造简单、操作灵活、移动方便、速度快、运行稳定、张拉行程大等特点，多用于张拉单根预应力钢丝。

(3)液压千斤顶

液压千斤顶可用于张拉单根或成组的预应力筋。穿心式千斤顶最大张拉力为 20 kN，最大行程为 200 mm；一般可与圆套筒三片式夹具配合张拉锚固直径 12～20 mm 的单根冷拉

HRB335、HRB400 和 RRB400 钢筋，也可用于钢绞线或钢丝束的张拉，图 4-11 为 YC—20 型穿心式千斤顶张拉过程示意图。当预应力筋成组张拉时，多采用油压千斤顶进行张拉。

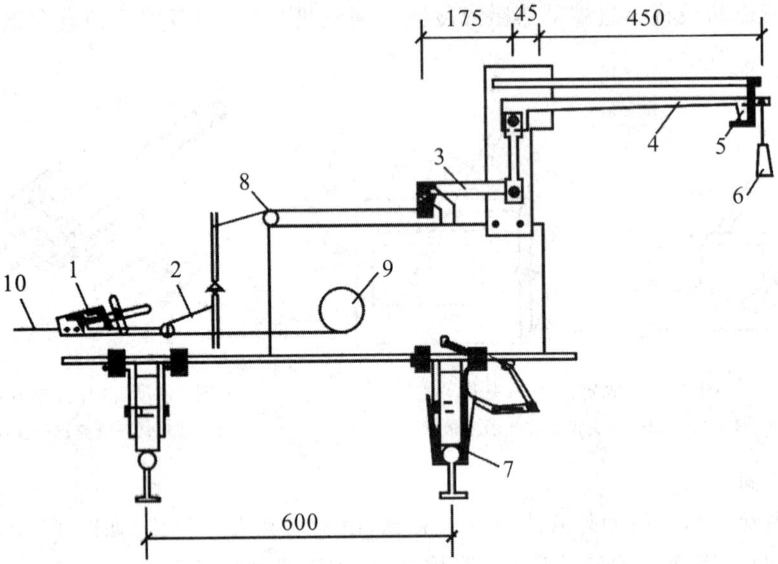

图 4-9　卷扬机张拉、杠杆测力装置示意图

1—钳式张拉夹具；2—钢丝绳；3、4—杠杆；5—断电器；6—砝码；7—夹轨器；8—导向轮；9—卷扬机；10—钢丝

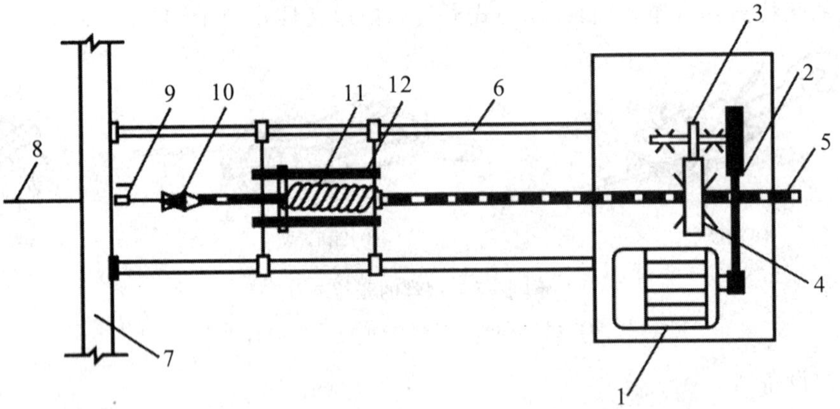

图 4-10　电动螺杆张拉机

1—电动机；2—皮带；3—齿轮；4—齿轮螺母；5—螺杆；6—顶杆；
7—台座横梁；8—钢丝；9—锚固夹具；10—张拉夹具；11—弹簧测力计；12—滑动架

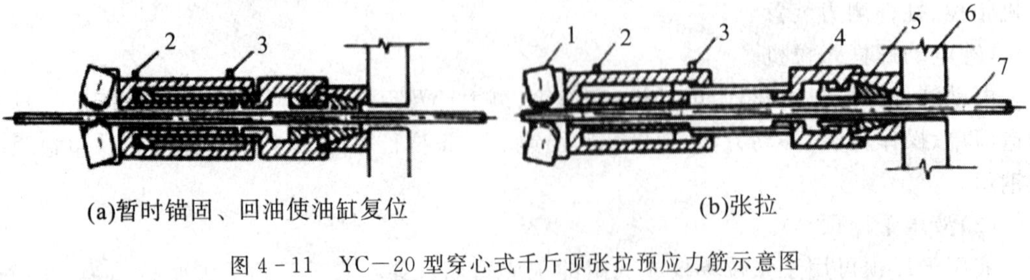

(a)暂时锚固、回油使油缸复位　　　　(b)张拉

图 4-11　YC—20 型穿心式千斤顶张拉预应力筋示意图

1—偏心夹具；2—后油嘴；3—前油嘴；4—弹性顶压头；5—销片夹具；6—台座横梁；7—预应力筋

选择张拉设备时，为了保证设备、人身安全和张拉力准确，张拉设备的张拉力应不小于预应力筋张拉力的 1.5 倍；张拉设备的张拉行程应不小于预应力筋张拉伸长值的 1.1～1.3 倍。

4.2.2 张拉工艺

先张法预应力混凝土构件在台座上生产时，其工艺流程一般如图 4-12 所示。

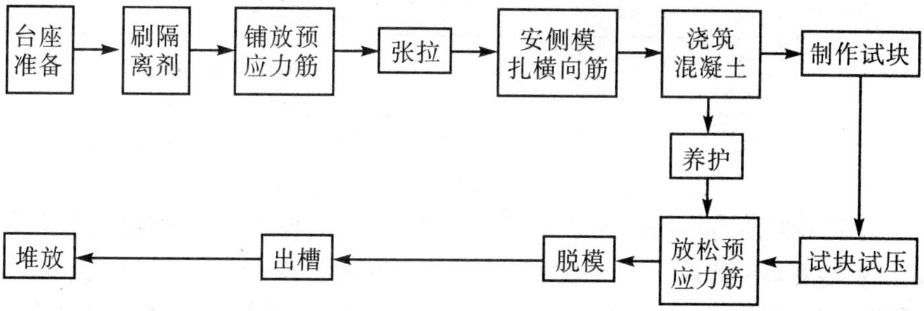

图 4-12 先张法工艺流程

预应力混凝土先张法施工工艺的特点是：预应力筋在浇筑混凝土前张拉，预应力的传递依靠预应力筋与混凝土之间的粘结力，为了获得良好质量的构件，在整个生产过程中，除确保混凝土质量以外，还必须确保预应力筋与混凝土之间的良好粘结，使预应力混凝土构件获得符合设计要求的预应力值。

碳素钢丝因其强度很高，且表面光滑，它与混凝土粘结力较差。因此，必要时可采取刻痕和压波措施，以提高钢丝与混凝土的粘结力。压波一般分局部压波和全部压波两种，施工经验认为波长取 39 mm，波高取 1.5～2.0 mm 比较合适。

1.预应力筋的铺设与张拉

(1)预应力筋的铺设

为了便于脱模，在铺放预应力筋前，在台面及模板上应先刷隔离剂，但应采取一定措施，防止隔离剂污损预应力筋，影响预应力筋与混凝土的黏结。

预应力钢丝宜用牵引车铺设，接长可借助钢丝拼接器采用 20～22 号铁丝密排绑扎。

(2)预应力筋的张拉

预应力筋的张拉应根据设计要求，采用合适的张拉方法、张拉顺序和张拉程序进行，并应有可靠的质量保证措施和安全技术措施。

1)张拉控制应力的确定

预应力筋的张拉控制应力应符合设计要求。在施工中为了提高构件的抗裂性能，部分抵消由于应力松弛、摩擦、钢筋分批张拉以及预应力筋与台座之间温度因素产生的预应力损失，张拉应力可按设计值提高 5%，但其最大张拉控制应力不得超过表 4-1 的规定。

2)张拉程序

预应力筋的张拉程序有超张拉和一次张拉两种。为了弥补预应力筋的松弛损失，一般采用超张拉程序的方法张拉预应力筋，可按下列两种张拉程序之一进行张拉。

表 4-1　最大张拉控制应力值

钢种	张拉方法	
	先张法	后张法
碳素钢丝、刻痕钢丝、钢绞线	$0.80f_{ptk}$	$0.75f_{ptk}$
热处理钢筋、冷拔低碳钢丝	$0.75f_{ptk}$	$0.70f_{ptk}$
冷拉钢筋	$0.95f_{pyk}$	$0.90f_{pyk}$

注：f_{ptk} 为预应力筋的极限抗拉强度标准值；f_{pyk} 为冷拉钢筋的屈服强度标准值。

$$0\rightarrow 1.05\sigma_{con}\xrightarrow{\text{持荷 2 min}}\sigma_{con}$$

$$0\rightarrow 1.03\sigma_{con}$$

其中，σ_{con} 为张拉控制应力，一般由设计而定。所谓“松弛”，即钢材在常温、高应力状态下具有不断产生塑性变形的特性。松弛的数值与张拉控制应力和延续时间有关，控制应力高，松弛也大，所以钢丝、钢绞线的松弛损失比冷拉热轧钢筋大，松弛损失还随着时间的延续而增加，但在第一分钟内可完成损失总值的 50%，24 h 内则可完成 80%。先超张拉 5%再持荷 2 min，则可减少 50%以上的松弛应力损失。

3)张拉力的计算

预应力筋张拉力 F_P 可按下式计算：

$$F_P=(1+m)\sigma_{con}A_P \tag{4-1}$$

式中，m——超张拉百分率(%)；

A_P——预应力筋截面面积(mm^2)。

4)预应力筋的校核

预应力筋张拉后，一般应校核其伸长值。其实际伸长值与理论伸长值的偏差不应超过 +10%、-5%；若超过，应暂停张拉，查明原因并采取措施予以调整后，方可继续张拉。预应力筋的理论伸长值 ΔL 按下式计算：

$$\Delta L=\frac{F_P\cdot l}{A_P\cdot E_S} \tag{4-2}$$

式中，F_P——预应力筋张拉力(N)；

l——预应力筋的长度(mm)；

A_P——预应力筋的截面面积(mm^2)；

E_S——预应力筋的弹性模量(N/mm^2)。

对于长线台座生产，构件的预应力筋为钢丝时，一般常用弹簧测力计直接测定钢丝的张拉力，伸长值可不作校核，钢丝张拉锚固后，应采用钢丝测力仪检查钢丝的预应力值。

5)张拉方法与要求

预应力筋的张拉可采用单根张拉或多根同时张拉，当预应力筋数量不多，张拉设备拉力有限时常采用单根张拉。当预应力筋数量较多且密集布筋，张拉设备拉力较大时，则可采用多根同时张拉。在确定预应力筋张拉顺序时，应考虑尽可能减少台座的倾覆力矩和偏心力，先张拉靠近台座截面重心处的预应力筋。

多根预应力筋同时张拉时，应预先调整初应力，使其相互之间的应力一致。预应力筋张拉锚固后，实际预应力值与工程设计规定检验值的相对允许误差应在±5%以内。在张拉过程中预应力筋断裂或滑脱的数量，严禁超过结构同一截面预应力筋总根数的5%，且严禁相邻两根断裂或滑脱；在浇筑混凝土前发生断裂或滑脱的预应力筋必须予以更换。预应力筋张拉描固后，预应力筋位置与设计位置的偏差不得大于5 mm，且不得大于构件截面最短边长的4%。张拉过程中，应按《混凝土结构工程施工质量验收规范》GB50204－2002的要求填写有关表格。

施工中应注意安全。张拉时，正对钢筋两端禁止站人。敲击锚具的锥塞或楔块时，不应用力过猛，以免损伤预应力筋而断裂伤人，但又要锚固可靠。冬期张拉预应力筋时，其温度不宜低于－15 ℃，且应考虑预应力筋容易脆断的危险。

2.混凝土的浇筑与养护

确定预应力混凝土的配合比时，应尽量减少混凝土的收缩和徐变，以减少预应力损失。一般应采用低水灰比、控制水泥用量并级配良好的骨料。

预应力筋张拉完成后，钢筋绑扎、模板拼装和混凝土浇筑等工作应尽快跟上。混凝土浇筑时，振动器不得碰撞预应力筋并保证混凝土振捣密实。混凝土未达到一定强度前，不允许碰撞或踩动预应力筋。

采用重叠法生产构件时，应待下层构件的混凝土强度达到5.0 MPa后，方可浇筑上层构件的混凝土。

预应力混凝土可采用自然养护或湿热养护。但必须注意，当预应力混凝土构件进行湿热养护时，应采取正确的养护制度以减少由于温差引起的预应力损失。当预应力筋张拉后锚固在台座上，温度升高使预应力筋膨胀伸长，而混凝土逐渐硬结，将引起预应力筋的应力减小且永远不能恢复，并引起预应力损失；因此，先张法在台座上生产预应力混凝土构件时，其最高允许的养护温度应根据设计规定的允许温差(张拉钢筋时的温度与台座养护温度之差)计算确定。当混凝土强度达到7.5 N/mm^2(粗钢筋配筋)或10 N/mm^2(钢丝、钢绞线配筋)以上时，则可不受设计规定的温差限制。以机组流水法或传送带法用钢模制作预应力构件，湿热养护时钢模与预应力筋同步伸缩，故不引起温差预应力损失。

3.预应力筋的放张

(1)放张要求

放张预应力筋时，混凝土必须达到设计要求的强度；如设计无要求时，应不得低于混凝土强度标准值的75%。同时，应保证预应力筋与混凝土之间具有足够的粘结力。

(2)放张方法与顺序

预应力筋放张应根据配筋情况和数量，选用正确的方法和顺序，否则会引起构件翘曲、开裂和断筋等现象。

1)放张方法

配筋不多的中小型钢筋混凝土构件，钢丝可用砂轮锯或切断机切断等方法放张。配筋多的钢筋混凝土构件，钢丝应同时放张；如逐根放张，则最后几根钢丝将由于承受过大的拉力而突然断裂，易使构件端部开裂。

对钢丝、热处理钢筋及冷拉Ⅳ级钢筋，不得用电弧切割，宜用砂轮锯或切断机切断。多根钢丝或钢筋的同时放张，应采用油压千斤顶、砂箱、楔块等。

采用湿热养护的预应力混凝土构件，宜热态放张预应力筋，而不宜降温后再放张。

2)放张顺序

预应力筋的放张顺序，应符合设计要求。如设计无要求时，应满足下列规定：

①对承受轴心预压力的构件(如压杆、桩等)，所有预应力筋应同时放张。

②对承受偏心预压力的构件(如吊车梁)，先同时放张预压力较小区域的预应力筋，再同时放张预压力较大区域的预应力筋。

③如不能按以上规定放张时，应分阶段、对称、相互交错地放张，以防止在放张过程中构件发生翘曲、裂纹及预应力筋断裂等现象。

学习情境 4.3　后张法预应力混凝土梁施工

后张法是先制作混凝土构件，在放置预应力筋的部位预先留有孔道，待构件混凝土达到规定强度后，将预应力筋穿入孔道内，用张拉机具夹持预应力筋将其张拉至设计规定的控制应力，然后借助锚具将预应力筋锚固在构件端部，最后进行孔道灌浆(亦有不灌浆者)，预应力筋的张拉力主要通过锚具传递给混凝土构件，使混凝土产生预压应力。图 4－13 为预应力混凝土箱形梁实图，图 4－14 为预应力后张法构件生产的工艺流程图。

图 4－13　预应力混凝土箱形梁实图

后张法的特点是直接在构件上张拉预应力筋，构件在张拉过程中完成混凝土的弹性压缩，因此不直接影响预应力筋有效预应力值的建立。锚具是预应力构件的一个组成部分，永远留在构件上，不能重复使用。

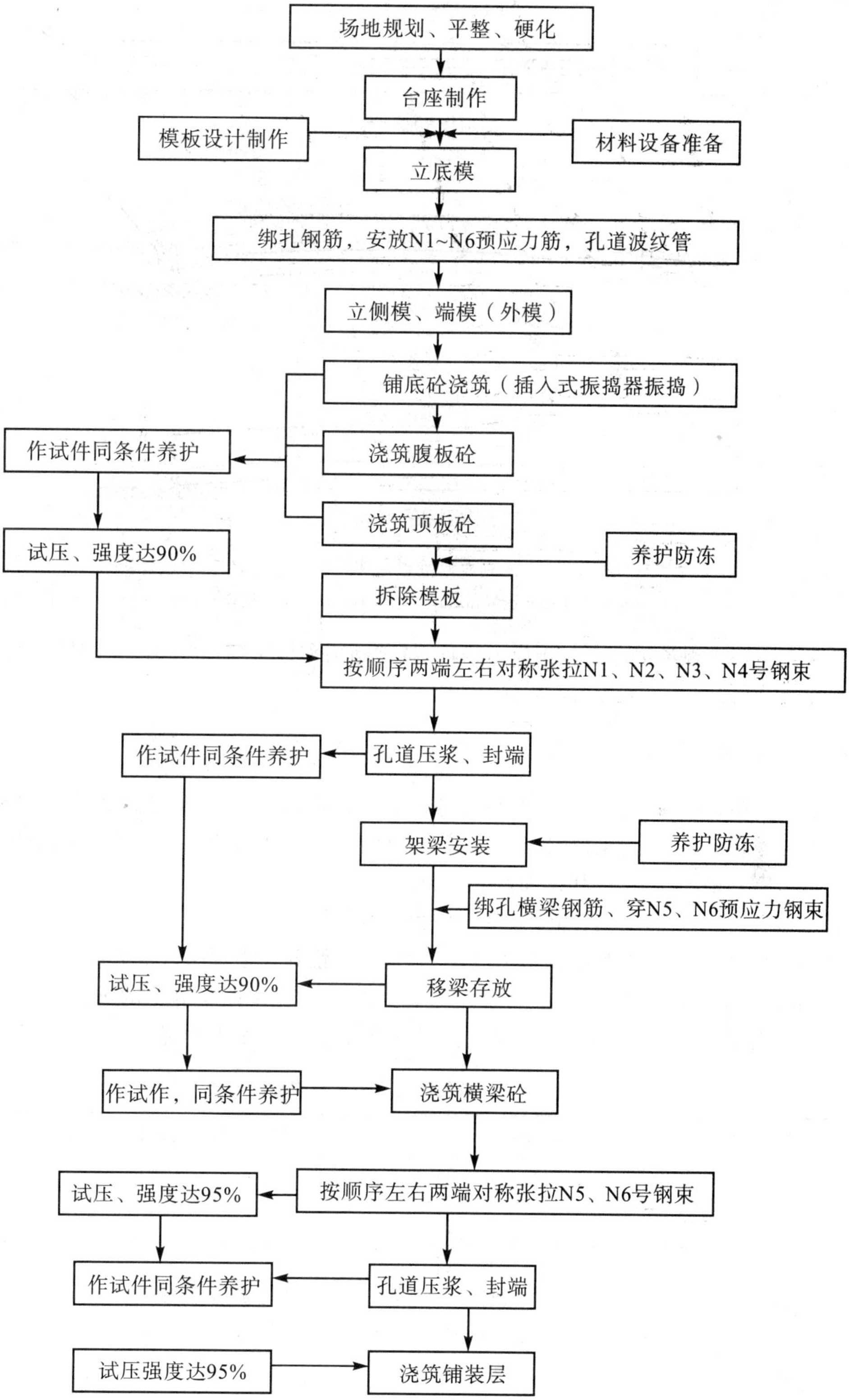

图4－14　施工工艺流程图

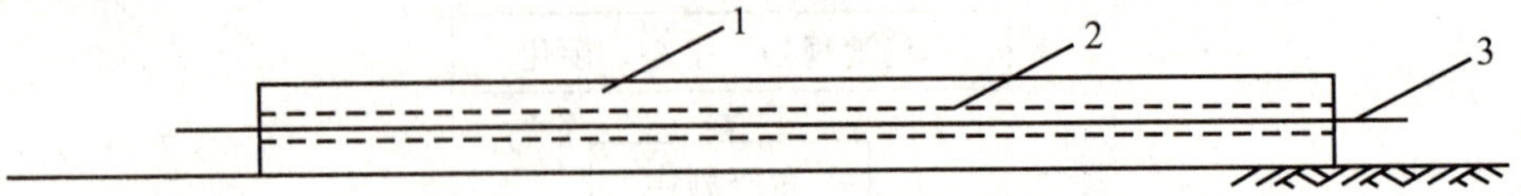

(a)制作混凝土构件

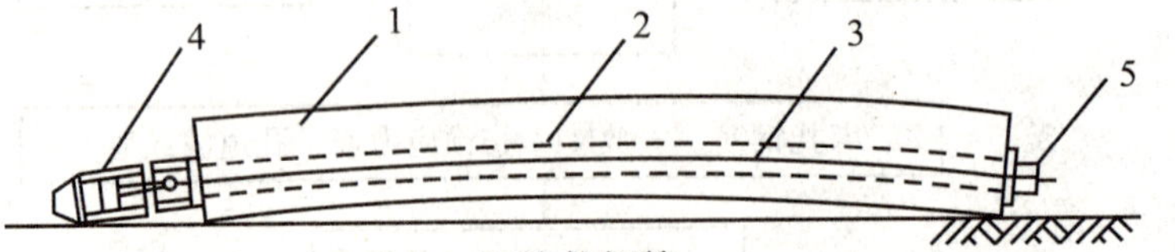

(b)张拉钢筋

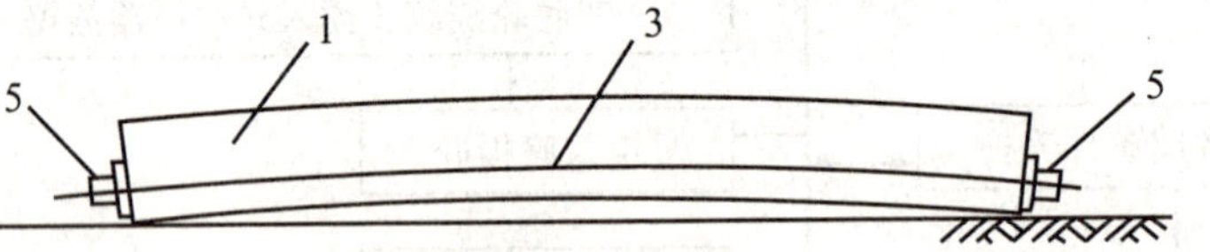

(c)锚固和孔道灌浆

图 4－15　预应力混凝土后张法生产示意图

1—混凝土构件;2—预留孔道;3—预应力筋;4—千斤顶;5—锚具

后张法宜用于现场生产大型预应力构件、特种结构和构筑物,亦可作为一种预制构件的拼装手段。

4.3.1　张拉设备与张拉工具

在后张法中,预应力筋、锚具和张拉设备是配套使用的。目前,后张法中常用的预应力筋主要有单根粗钢筋、钢筋束(或钢绞线束)和钢丝束三类;张拉设备多采用液压千斤顶;锚具需具有可靠的锚固能力,按其锚固性能分为两类:

Ⅰ类锚具:适用于承受动、静荷载的预应力混凝土结构。

Ⅱ类锚具:仅适用于有粘结预应力混凝土结构,且锚具处于预应力变化不大的部位。

Ⅰ、Ⅱ类锚具的静载锚固性能,由预应力锚具组装件静载试验测定的锚具效率系数 η_a 和达到实测极限拉力时的总应变 ε_{apu} 确定。其值应符合表 4－2 中的规定。

表 4－2　锚具锚固系数和总应变

锚具类型	锚具效率系数 η_a	实测极限拉力时的总应变 ε_{apu}
Ⅰ类锚具	≥0.95	≥2.0
Ⅱ类锚具	≥0.90	≥1.7

Ⅰ类锚具组装件,除必须满足静载锚固性能外,尚须满足循环次数为 200 万次的疲劳性能试验。如用在抗震结构中,还应满足循环次数为 50 次的周期荷载试验。

除上述外,锚具尚应具有下列性能:

(1)在预应力锚具组装件达到实际破断拉力时,全部零件均不得出现裂缝和破坏(设计规定者除外);

(2)除能满足分级张拉和补张拉外,宜具有能放松预应力筋的性能;

(3)锚具或其附件上宜设置灌浆孔,灌浆孔应有足够的截面面积,以保证浆液畅通。

1. 单根粗钢筋

(1)锚具

根据构件的长度和张拉工艺的要求,单根预应力钢筋可在一端或两端张拉。一般张拉端均采用螺丝端杆锚具;而固定端除了采用螺丝端杆锚具外,还可采用帮条锚具或镦头锚具。

1)螺丝端杆锚具　由螺丝端杆、螺母和垫板三部分组成。型号有 LM18～LM36,适用于直径不大于 36 mm 的热处理钢筋,如图 4－16 所示。

螺丝端杆锚具与预应力筋采用对焊连接,张拉设备张拉螺丝端杆用螺母锚固。

螺丝端杆可用同类热处理钢筋或热处理 45 号钢制作。制作时,先粗加工至接近设计尺寸,再调质热处理,然后精加工至设计尺寸,热处理后不能有裂纹和伤痕,硬度为 HB251～283,抗拉极限强度不小于 700 N/mm^2,伸长率 $\delta \geq 14\%$,螺母可用 3 号钢制作。

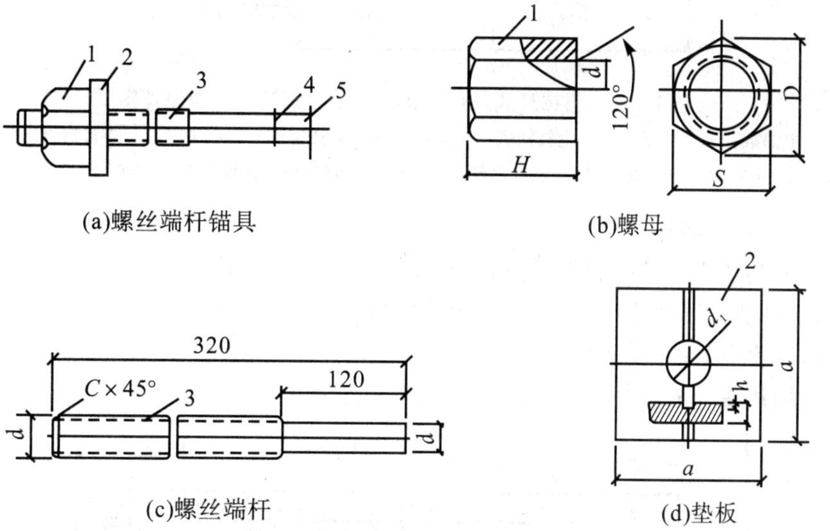

图 4－16　螺丝端杆锚具

1－螺母;2－垫板;3－螺丝端杆;4－对焊接头;5－预应力筋

2)帮条锚具由帮条和衬板组成。帮条采用与预应力筋同级别的钢筋,衬板采用普通低碳钢的钢板。帮条锚具的三根帮条应成 120°均匀布置,并垂直于衬板与预应力筋焊接牢固,如图 4－17。

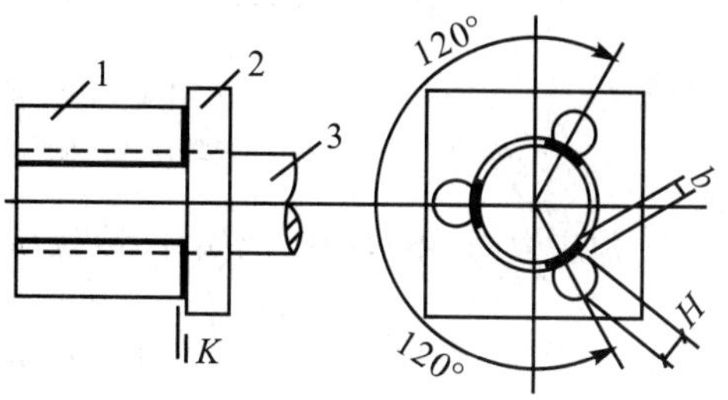

图 4－17　帮条锚具

1－帮条;2－衬板;3－预应力筋

3)镦头锚具由镦头和垫板组成。镦头一般是直接在预应力筋端部热镦、冷镦或锻打成型。

(2)张拉设备

单根粗钢筋的张拉设备一般有 YL－60 型拉杆式千斤顶,YC－60 型、YC－20 型、YC－18 型穿心式千斤顶。

图 4－18 是用拉杆式千斤顶张拉单根粗钢筋时的工作原理图。拉杆式千斤顶由主油

缸、主缸活塞、回油缸、回油活塞、连接器、传力架、活塞拉杆等组成。张拉前，先将连接器旋在预应力筋的螺丝端杆上，相互连接牢固；千斤顶由传力架支承在构件端部的钢板上。张拉时，高压油进入主油缸，推动主缸活塞及拉杆，通过连接器和螺丝端杆，预应力筋被拉伸。千斤顶拉力的大小可由油泵压力表的读数直接显示，当张拉力达到规定数值时，拧紧螺丝端杆上的螺母，此时张拉完成的预应力筋被锚固在构件的端部。锚固后回油缸进油，推动回油活塞工作，千斤顶脱离构件，主缸活塞、拉杆和连接器回到原始位置。最后将连接器从螺丝端杆上卸掉，卸下千斤顶，张拉结束。

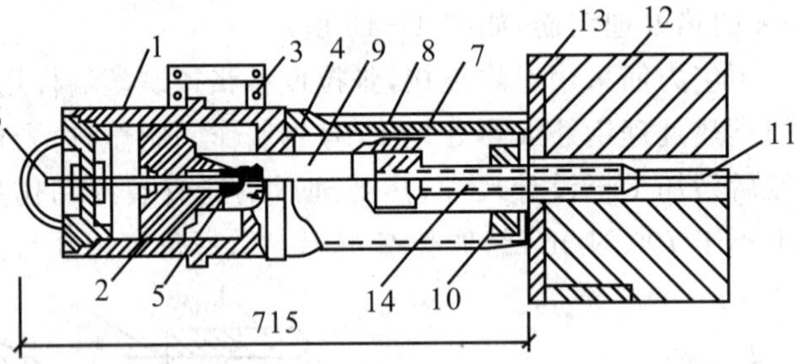

图 4-18　用拉杆式千斤顶张拉单根粗钢筋的工作原理图

1—主油缸；2—主缸活塞；3—主缸油嘴；4—副缸；5—副缸活塞；6—副缸油嘴；7—连接器；8—顶杆
9—拉杆；10—螺母；11—预应力筋；12—混凝土构件；13—预埋钢板；14—螺丝端杆

(3)预应力筋的制作

单根粗钢筋预应力筋的制作，包括配料、对焊、冷拉等工序。预应力筋的下料长度应通过计算确定，计算时要考虑锚具种类、对焊接头或镦粗头的压缩量、张拉伸长值、冷拉的冷拉率和弹性回缩率、构件长度等因素。

现以两端用螺丝端杆锚具张拉预应力筋为例说明其下料长度计算方法(见图 4-19)。

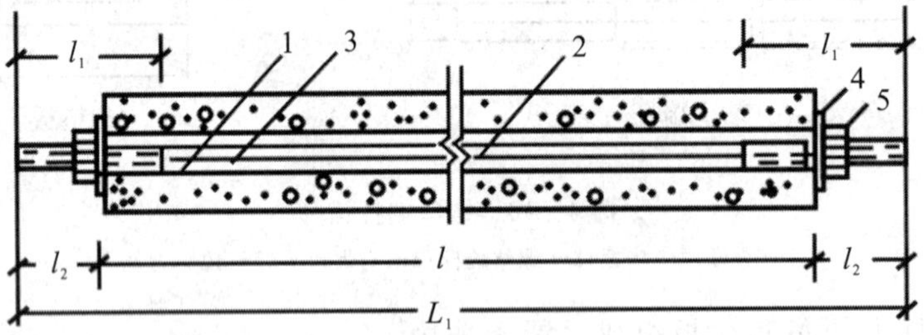

图 4-19　粗钢筋下料长度计算示意图

1—螺丝端杆；2—预应力钢筋；3—对焊接头；4—垫板；5—螺母

预应力筋(不包括螺丝端杆)冷拉前的下料长度 L：

$$L=\frac{L_0}{1+\gamma-\delta}+n\Delta=\frac{l+2l_2-2l_1}{1+\gamma-\delta}+n\Delta \tag{4-3}$$

式中，l——构件的孔道长度(mm)；

l_1——螺丝端杆长度，一般为 320 mm；

l_2——螺丝端杆伸出构件外的长度，一般为 120～150 mm；

γ——预应力筋的冷拉率(由试验确定)；

δ——预应力筋的冷拉弹性回缩率，一般为 0.4%～0.6%；

n——对焊接头的数量；

Δ——每个对焊接头钢筋对焊长度损失，一般取一个钢筋直径(mm)。

当采用一端张拉时，固定端可采用帮条锚具或镦头锚具，其长度视锚具尺寸而定。

2. 预应力钢筋束和钢绞线束

(1)锚具及张拉设备

钢筋束和钢绞线束具有强度高、柔性好的优点。目前常用的锚具有 JM12 型、精铸 JM12 型、KT—Z 型(可锻铸铁锥形)以及 XM 型、QM 型锚具。

1)JM12 型锚具 JM12 型锚具是一种利用楔块原理锚固多根预应力筋的锚具，它既可作为张拉端的锚具，亦可作为固定端的锚具，或作为重复使用的工具锚。JM12 型锚具有光 JM12—3 至 JM12—6、螺 JM12—3 至 JM12—6、绞 JM12—5 至 JM12—6 等十种，分别用来锚固 3～6 根光圆 Φ'12 钢筋、3～6 根螺纹 Φ'12 钢筋和 5～6 束 Φ'12 钢绞线。如图 4-20 所示为 JM12—6 型锚具的构造。

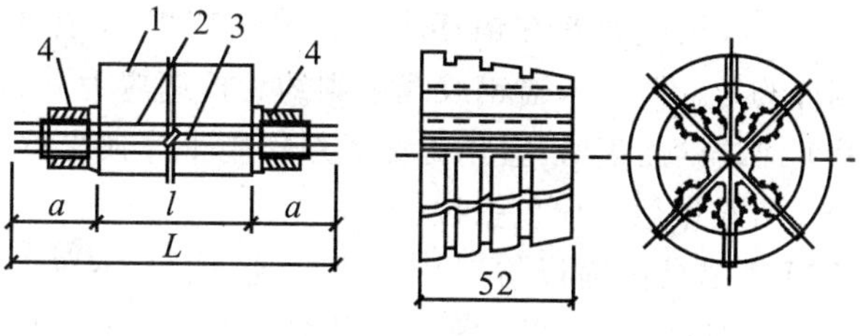

图 4-20　JM12—6 型锚具

1—混凝土构件；2—孔道；3—钢筋束；4—JM—6 型锚具的夹片

JM12 型锚具由锚环和夹片组成。JM12 型锚具性能好，锚固时钢筋束或钢绞线束被单根夹紧，不受直径误差的影响，且预应力筋是在呈直线状态下被张拉和锚固，受力性能好。为此，近年来为适应小吨位高强钢丝束的锚固，还发展了锚固 6～7 根φ5 碳素钢丝的 JM5—6 和 JM5—7 型锚具。JM12 型锚具用于锚固钢筋束时的滑移值，不应大于 3 mm；用于锚固钢绞线时，滑移值不应大于 5 mm。

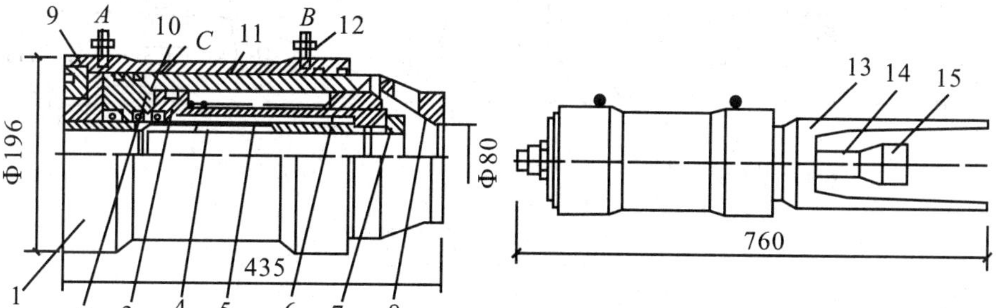

图 4-21　YC—60 型千斤顶

1—大缸缸体；2—穿心套；3—顶压活塞；4—护套；5—回程弹簧；6—连接套；7—顶压套；8—撑套

9—堵头；10—密封圈；11—两缸缸体；12—油嘴；13—撑脚；14—拉杆；15—连接套筒

JM12 型锚具宜选用相应的 YC—60 型穿心式千斤顶张拉预应力筋。YC—60 型穿心式千斤顶的构造如图 4-21 所示。

2)KT—Z 型锚具　KT—Z 型锚具为可锻铸铁锥形锚具，由锚塞和锚环组成。其构造如图 4－22 所示。KT－Z 型锚具可用于锚固 3～6 根Φʲ12 钢筋束或钢绞线束。该锚具为半埋式，使用时先将锚环小头嵌入承压钢板中，并用断续焊缝焊牢，然后共同预埋在构件端部。

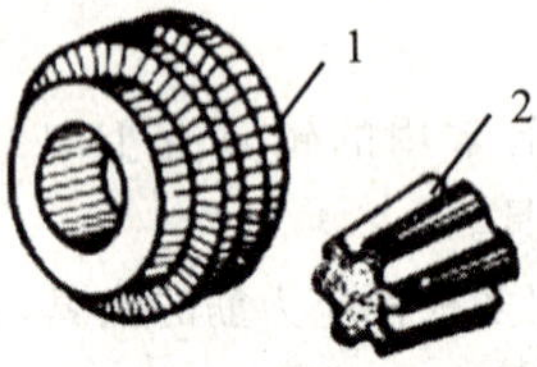

图 4－22　KT－Z 型锚具

1－锚环；2－锚塞

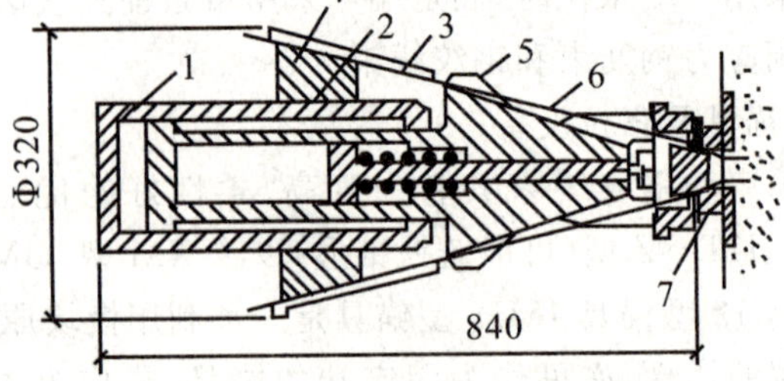

图 4－23　锥锚式千斤顶

1－主缸；2－副缸；3－楔块；4－锥形卡环
5－推楔翼片；6－钢丝；7－锥形锚头

使用 KT－Z 型锚具时，预应力筋在锚环小口处形成弯折，因而产生摩擦损失，该损失值，对钢筋束约为控制应力 σ_{con} 的 4%；对钢绞线束则约为控制应力 σ_{con} 的 2%。

KT－Z 型锚具用于螺纹钢筋束时，宜用锥锚式双作用千斤顶张拉(见图 4－23)；用于钢绞线束，则宜用 YC－60 型双作用千斤顶张拉。

3)XM 型锚具　XM 型锚具由锚板与三片夹片组成，如图 4－24 所示。它既适用于锚固钢绞线束，又适用于锚固钢丝束；既可锚固单根预应力筋，又可锚固多根预应力筋。当用于锚固多根预应力筋时，既可单根张拉、逐根锚固，又可成组张拉，成组锚固。另外它还既可用作工作锚具，又可用作工具锚具。近年来随着预应力混凝土结构和无粘结预应力结构的发展，XM 型锚具已得到广泛应用。实践证明，XM 型锚具具有通用性强、性能可靠、施工方便、便于高空作业的特点。

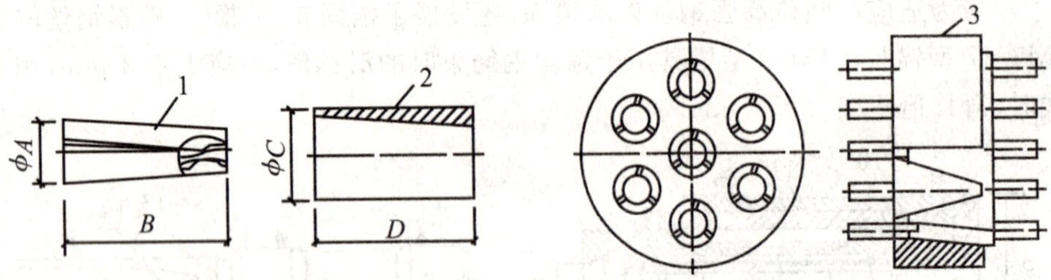

(a)单根XM型锚具　　　　(b)多根XM型锚具

图 4－24　XM 型锚具

1－夹片；2－锚环；3－锚板

XM 型锚具的锚板采用 45 号钢，经热处理后其硬度达 HB＝285±15。锚孔沿圆周排列，间距不小于 36 mm，锚孔中心线的倾角 1∶20。锚板顶面应垂直于锚孔中心线，以利于夹片均匀塞入。夹片采用三片式，按 120°均分开缝、沿轴向有倾斜偏转角，倾斜偏转角的方向与钢绞线的扭角相反，以确保夹片能夹紧钢绞线或钢丝束的每一根外围钢丝，形成可靠的锚固。

XM 型锚具在充分满足自锚条件下，夹片的锥面选用了较大的锥角，使 XM 型锚具，可当工作锚与工具锚使用。当用作工具锚时，可在夹片和锚板之间涂抹一层能在极大压强下保持润滑性能的固体润滑剂(如石墨、石蜡等),当千斤顶回程时,用锤轻轻一击,即可松开脱落;用作工作锚时,具有连续反复张拉的功能,可用行程不大的千斤顶张拉任意长度的钢绞线。

(2)钢筋束和钢绞线束的制作

钢筋束和钢绞线束一般成盘状供应,长度较长,不需要对焊接长。其制作工序是:开盘→下料→编束。下料时,宜采用切断机或砂轮锯切机,不得采用电弧切割。钢绞线在切断前,在切口两侧各 50 mm 处,应用铅丝绑扎,以免钢绞线松散。编束是将钢绞线理顺后,用铅丝每隔 1.0 m 左右绑扎成束,在穿筋时应注意防止扭结。

钢筋束和钢绞线束的下料长度 L 可按下式计算:

一端张拉时:$L=l+a+b$　(4-4)

两端张拉时:$L=l+2a$　(4-5)

式中,l——构件孔道长度(mm);

a——张拉端留量,与锚具和张拉设备尺寸有关(mm);

b——固定端留量,一般为 80 mm。

3. 钢丝束

(1)锚具

钢丝束一般由几根到几十根直径 3～5 mm 平行的碳素钢丝组成。目前常用的锚具有钢质锥形锚具、锥形螺杆锚具和钢丝束镦头锚具,也可用 XM 型锚具和 QM 型锚具。

1)钢质锥形锚具　由锚环和锚塞(图 4-25)组成,用于锚固以锥锚式双作用千斤顶张拉的钢丝束。锚环内孔的锥度应与钳塞的锥度一致。锚塞上刻有细齿槽,夹紧钢丝防止滑动。

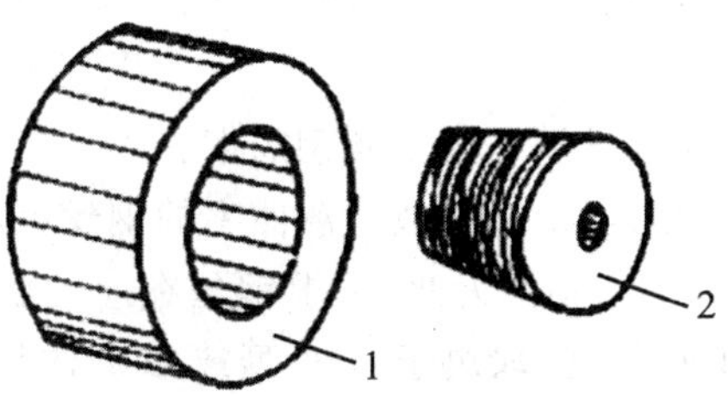

图 4-25　钢质锥形锚具

1—锚环;2—锚塞

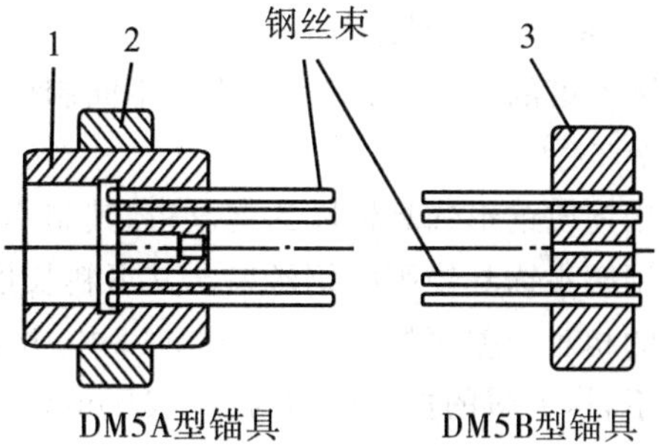

图 4-26　钢丝束镦头锚具

1—锚环;2—螺母;3—锚板

锥形锚具的主要缺点是当钢丝直径误差较大时,易产生单根滑丝现象,且滑丝后很难补救,如用加大顶锚力的办法来防止滑丝,过大的顶锚力易使钢丝咬伤。此外,钢丝锚固时呈辐射状态,弯折处受力较大。

2)钢丝束镦头锚具用于锚固 12～54 根 $\phi 5$ 碳素钢丝的钢丝束,分为张拉端使用的 DM5A 型和固定端使用的 DM5B 型。DM5A 型由锚环和螺母组成,DM5B 型仅有一块锚板(如图 4-26)。墩头锚具的滑移值不应大于 1 mm,其镦头强度,不得低于钢丝规定抗拉强度的 98%。

钢丝束镦头锚具的锚环与锚板用 45 号钢制作,先经调质热处理后再进行机械加工。螺母用 30 号钢制作。锚环的内外壁均有丝扣，内丝扣用于连接张拉螺丝杆，外丝扣用于拧紧螺母锚固钢丝束。锚环和锚板四周钻孔，以固定镦头的钢丝，孔数和间距由钢丝根数而定。

张拉时，张拉螺丝杆一端与锚环内丝扣连接，另一端与拉杆式千斤顶的拉头连接，当张拉到控制应力时，锚环被拉出，则拧紧锚环外丝扣上的螺母加以锚固。

3)锥形螺杆锚具用于锚固 14～28 根直径 5 mm 的钢丝束。由锥形螺杆、套筒、螺母等组成(图 4－27)。锥形螺杆和套筒皆由 45 号钢制成。锥形螺杆锚具与 YL－60、YL－90 拉杆式千斤顶配套使用，YC－60、YC－90 穿心式千斤顶亦可应用。与拉杆式千斤顶共同使用时的安装方法如图 4－28 所示。

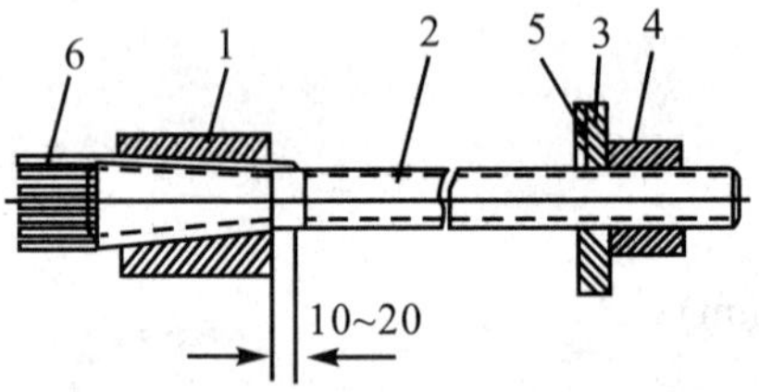

图 4－27　锥形螺杆锚具

1－套筒；2－锥形螺杆；3－垫板；4－螺母

5－排气槽；6－碳素钢丝 $\varphi^{s}5$

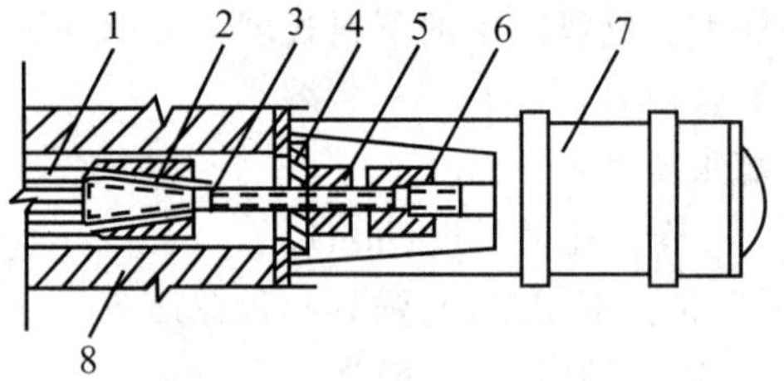

图 4－28　锥形螺杆锚具与拉杆式千斤顶的安装示意图

1－钢丝束；2－套筒；3－锥形螺杆；4－垫板；5－螺母；

6－千斤顶连接螺母；7－拉杆式千斤顶；8－预应力混凝土

(2)张拉设备

钢质锥形锚具用锥锚式双作用千斤顶进行张拉。镦头锚具用 YC－60 千斤顶(穿心式千斤顶)或拉杆式千斤顶张拉。大跨度结构、长钢丝束等引伸量大者，用穿心式千斤顶为宜。锥形螺杆锚具宜用拉杆式千斤顶或穿心式千斤顶张拉。

(3)钢丝束的制作

钢丝束的制作，随锚具形式的不同制作方式也有差异，一般包括调直、下料、编束和安装锚具等工序。

用钢质锥形锚具锚固的钢丝束，其制作和下料长度计算基本上同钢筋束。

用镦头锚具锚固的钢丝束一其下料长度应力求精确，对直的或一般曲率的钢丝束，下料长度的相对误差要控制在 L/5000 以内，并且不大于 5 mm。为此，要求钢丝在应力状态下切断下料，下料的控制应力为 300 N/mm^2。钢丝下料长度，取决于是 A 型或 B 型锚具以及一端张拉或两端张拉。

用锥形螺杆锚固的钢丝束，经过矫直的钢丝可以在非应力状态下料。

为防止钢丝扭结，必须进行编束。在平整场地上先把钢丝理顺平放，然后在其全长中每隔 1 m 左右用 22 号铅丝编成帘子状(图 4－29)，再每隔 1 m 放一个按端杆直径制成的螺丝衬圈，并将编好的钢丝帘绕衬圈围成圆束绑扎牢固。

锥形螺杆锚具的安装需经过预紧，即先把钢丝均匀地分布在锥形螺杆的周围，套上套筒，通过工具式套筒将套筒打紧，再用千斤顶和工具式预紧器以 110%～130%的张拉控制应力预紧，将钢丝束牢固地锚固在锚具内(图 4－30)。

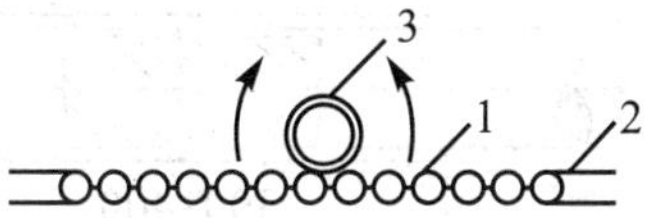

图4-29　钢丝束的编束

1—钢丝；2—铅丝；3—衬圈

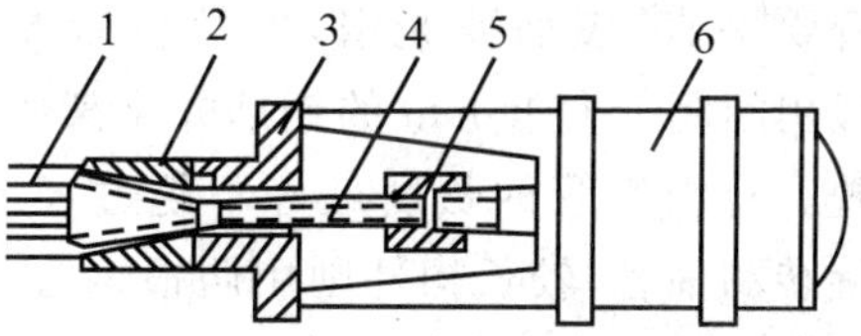

图4-30　锥形螺杆锚具的预紧

1—钢丝束；2—套筒；3—预紧器；4—锥形螺杆

5—千斤顶连接螺母；6—千斤顶

4.3.2　张拉工艺

后张法施工步骤是先制作混凝土构件，预留孔道；待构件混凝土达到规定强度后，在孔道内穿放预应力筋，张拉并锚固；最后孔道灌浆。图4-31是后张法施工的工艺流程图，下面主要介绍孔道留设、预应力筋张拉和孔道灌浆三部分内容。

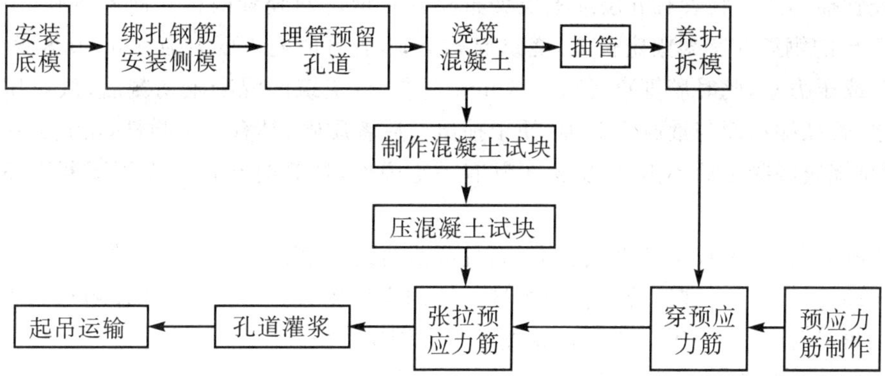

图4-31　后张法工艺流程

1.孔道留设

孔道留设是后张法构件制作中的关键工作。孔道直径取决于预应力筋和锚具，用螺丝端杆的粗钢筋，孔道直径应比螺丝端杆的螺纹直径大10～15 mm；用JM12型锚具的钢筋束或钢绞线束，对JM12—3、JM12—4孔道直径为42 mm，对JM12—5、JM12—6则为50 mm。

(1)孔道留设的基本要求

1)孔道直径应保证预应力筋(束)能顺利穿过。

2)孔道应按设计要求的位置、尺寸埋设准确、牢固，浇筑混凝土时不应出现移位和变形。

3)在设计规定位置上留设灌浆孔和排气孔。

4)在曲线孔道的曲线波峰部位应设置排气兼泌水管，必要时可在最低点设置排水管。

5)灌浆孔及泌水管的孔径应能保证浆液畅通。

(2)孔道留设的方法

孔道留设的方法一般有钢管抽芯法、胶管抽芯法和预埋波纹管法。预埋波纹管法只适用于曲线形孔道。

1)钢管抽芯法预先将钢管埋设在模板内孔道位置处，在混凝土浇筑过程中和浇筑之后，每间隔一定时间慢慢转动钢管，使之不与混凝土粘结，待混凝土初凝后、终凝前抽出钢管，即形成孔道。该法只可留设直线孔道。

钢管要平直，表面要光滑，安放位置要准确。一般用间距不大于 1 m 的钢筋井字架固定钢管位置。每根钢管的长度最好不超过15 m，以便于旋转和抽管，较长构件则用两根钢管，中间用 0.5 mm 厚的铁皮套管连接（如图 4-32）。

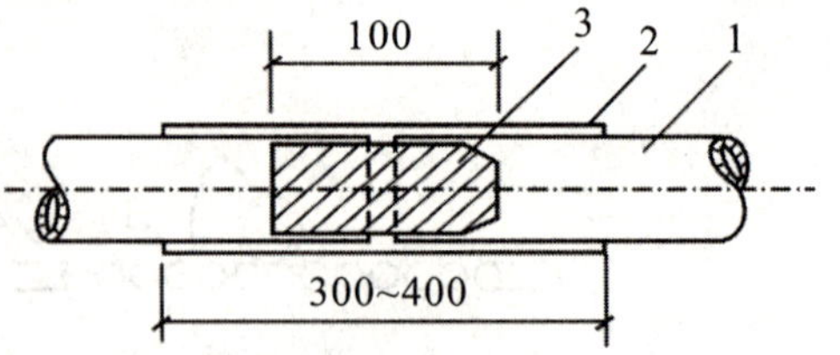

图 4-32　钢管连接方式

1—钢管；2—白铁皮套管；3—硬木塞

恰当掌握抽管时间，过早会坍孔，太晚则抽管困难。一般在初凝后、终凝前，以手指按压混凝土不粘浆且无明显印痕时则可抽管。

抽管顺序宜先上后下，抽管可用人工或卷扬机，抽管要边抽边转，速度均匀，与孔道成一直线。

在留设孔道的同时还要在设计规定位置留设灌浆孔。一般在构件两端和中间每隔 12 m留一个直径 20 mm 的灌浆孔，并在构件两端各设一个排气孔。

2）胶管抽芯法　胶管有五层或七层夹布胶管和钢丝网胶管两种。前者质软，用间距不大于 0.5 m 的钢筋井字架固定位置，浇筑混凝土前，胶管内充入压力为 0.6～0.8 N/mm^2 的压缩空气或压力水，此时胶管直径增大 3 mm 左右，待浇筑的混凝土初凝后，放出压缩空气或压力水，管径缩小而与混凝土脱离，便于抽出。后者质硬，具有一定弹性，留孔方法与钢管一样，只是浇筑混凝土后不需转动，由于其有一定弹性，抽管时在拉力作用下断面缩小易于拔出。

胶管抽芯留孔，不仅可留直线孔道，而且可留曲线孔道。

3）预埋波纹管法　波纹管为特制的带波纹的金属管，与混凝土有良好的粘结力。波纹管不再抽出，用间距不大于 0.8 m 的钢筋井字架固定。

2. 预应力筋张拉

张拉预应力筋时，构件混凝土的强度应按设计规定，如设计无规定则不宜低于混凝土标准强度的 75%。用块体拼装的预应力构件，其拼装立缝处混凝土或砂浆的强度，如设计无规定时，不应低于块体混凝土标准强度的 40%，且不得低于 15 N/mm^2。

（1）张拉控制应力

后张法施工张拉控制应力应符合设计规定。在施工中需要对预应力筋进行超张拉时，可比设计要求提高 5%，但其最大张拉控制应力不得超过表 4-1 的规定。

后张法施工的张拉程序、预应力筋张拉力计算及伸长值验算与先张法相同。

（2）张拉方法

为减少预应力筋与预留孔孔壁摩擦而引起的应力损失，预应力筋张拉端的设置应符合设计要求。当无设计规定时，应符合下列规定：

1）抽芯成形孔道　曲线形预应力筋和长度大于 24 m 的直线预应力筋，应采用两端张拉；长度等于或小于 24 m 的直线预应力筋，可一端张拉。

2）预埋波纹管孔道　曲线形预应力筋和长度大于 30 m 的直线预应力筋宜在两端张拉；长度等于或小于 30 m 直线预应力筋，可在一端张拉。

当同一截面中有多根一端张拉的预应力筋时，张拉端宜分别设置在构件两端。用双作用千斤顶两端同时张拉钢筋束、钢绞线束或钢丝束时，为减少顶压时的应力损失，可先顶压一端的锚塞，而另一端在补足张拉力后再行顶压。

后张法预应力筋张拉还应注意下列问题：

1)对配有多根预应力筋的构件，不可能同时张拉，只能分批、对称地进行张拉，以免构件承受过大的偏心压力。分批张拉，要考虑后批预应力筋张拉时产生的混凝土弹性压缩，会对先批张拉的预应力筋的张拉应力产生影响。

2)对平卧叠浇的预应力混凝土构件，上层构件的重量产生的水平摩阻力，会阻止下层构件在预应力筋张拉时混凝土弹性压缩的自由变形，待上层构件起吊后，由于摩阻力影响消失会增加混凝土弹性压缩的变形，从而引起预应力损失。该损失值随构件形式、隔离层和张拉方式而不同。为便于施工，可采取逐层加大超张拉的办法来弥补该预应力损失，但底层超张拉值不宜比顶层张拉力大5%(钢丝、钢绞线、热处理钢筋)或9%(冷拉Ⅱ～Ⅳ级钢筋)，并且要保证底层构件的控制应力，冷拉Ⅱ～Ⅳ级钢筋不得大于95%的屈服强度值，钢丝、钢绞线和热处理钢筋不大于标准强度的80%。如隔离层的隔离效果好，也可采用同一张拉应力值。

3. 孔道灌浆

预应力筋张拉锚固后，应随即进行孔道灌浆，以防止预应力筋锈蚀，增加结构的抗裂性、耐久性和整体性。

灌浆宜用强度等级不低于32.5级的普通硅酸盐水泥调制的水泥浆，对空隙大的孔道，水泥浆中可掺适量的细砂，但水泥浆和水泥砂浆的强度不宜低于20 N/mm^2，且应有较大的流动性和较小的干缩性、泌水性(搅拌后3 h的泌水率宜控制在2%)，水灰比一般为0.40～0.45。

为使孔道灌浆饱满，可在灰浆中掺入0.05‰～0.1‰的铝粉或0.25%的木质素磺酸钙。

灌浆前，用压力水冲洗和润湿孔道。灌浆过程中，可用电动或手动灰浆泵进行灌浆，水泥浆应均匀缓慢地注入，不得中断。灌满孔道并封闭气孔后，宜继续以0.5 MPa～0.6 MPa的压力灌浆，并稳定一段时间，以确保孔道灌浆的密实性。对不掺外加剂的水泥浆，可采用二次灌浆法来提高灌浆的密实性。

灌浆顺序应先下后上。曲线孔道灌浆宜由最低点注入水泥浆，至最高点排气孔排尽空气并溢出浓浆为止。

复习思考题

4-1 试述锚具和夹具的种类及适用范围。

4-2 在进行预应力筋张拉时，为什么要进行超张拉？

4-3 简述预应力筋放松的方法和适用范围。

4-4 简述后张法预应力孔道留设的方法及使用范围。

4-5 在后张法中，预应力筋张拉的方法有哪些？

4-6 后张法施工中孔道灌浆的目的是什么？对灌浆材料有什么要求？如何进行灌浆？

4-7 采用后张法时，产生预应力损失的原因有哪些？有什么补救措施？

4-8 当采用后张法时，对于平卧叠浇构件，如何保证有效预应力的建立？

4-9 有几种预应力筋张拉程序？程序中为什么要超张拉和持荷2分钟？

4-10 预应力筋为什么要先对焊后冷拉？

习　题

4－1 预应力混凝土屋架，采用拉杆式千斤顶张拉后张法施工，两端为螺丝端杆锚具，孔道长度为23.80 m。预应力筋为冷拉Ⅳ级钢筋，直径为20 mm，钢筋长度为9 m。实测钢筋冷拉率为4%，弹性回缩率为0.3%，试计算钢筋的下料长度。

4－2 某车间采用6 m长预应力钢筋混凝土吊车梁，配置直线预应力钢绞线束2束4 ϕ^j15.2，采用YC60千斤顶一端张拉，XM锚具锚固，试计算钢绞线束的下料长度。

4－3 某车间采用24 m的预应力混凝土屋架，孔道长度为2380 cm，配4根冷拉Ⅲ级Φ25预应力筋，钢筋弹性模量 $E_s=1.8\times10^5$ N/mm²，张拉控制应力 $\sigma_{con}=425$ N/mm²，混凝土为C40，其弹性模量为 3.25×10^4 N/mm²，屋架下弦截面如图所示，按设计规范计算得第一批预应力损失值 $\sigma_l=31.2$ N/mm²，采用对角线对称分两批张拉，YC60千斤顶，张拉缸液压活塞面积 $F=162.9$ cm²，试进行预应力筋的张拉计算。

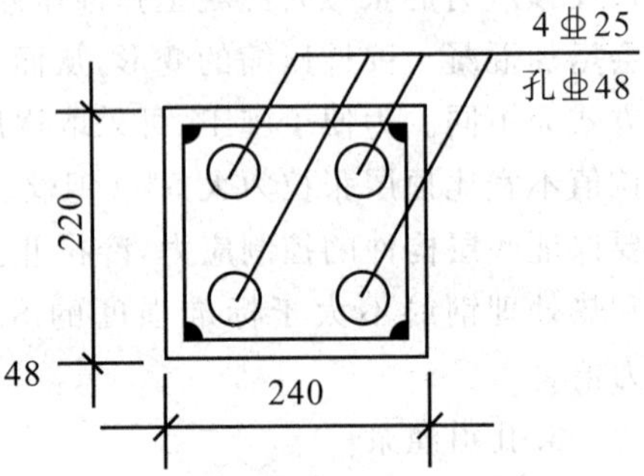

图4－33　题4－3图

4－4 某预应力混凝土屋架，孔道长2980 cm，预应力筋为钢绞线束，配 $6\varphi^j15.2$，张拉程序为 $0\rightarrow1.03\sigma_{con}$ 三层叠浇屋架，试计算其下料长度和张拉力。

学习项目 5　承重墙砌体工程施工

【学习目标】 通过本学习项目的学习，了解墙体的类型及组成材料；掌握墙体砌筑的基本要求；熟练阅读砌体结构房屋施工图；掌握墙体各细部砌筑方法及质量控制要点；掌握墙体质量验收标准及安全要求。

【项目描述】 风雅钱塘花园二期 D 标段项目砖砌体专项方案。

1. 工程概况

风雅钱塘花园二期工程 D 标段，位于杭州市钱塘江南岸滨江区杭政储出(2003)52 号地块，东、南、西、北分别以江晖路、月明路、江汉路、江南大道为界。本工程中 7＃楼、11＃楼建筑面积分别为 37109 m^2、32597 m^2。层高为 2.9 m，外墙为 240×115×90(mm)多孔粘土砖，内墙为 240×240×115(mm)和 240×115×115(mm)页岩砖，虚线部分由用户自理。

2. 技术要求

填充墙体：

(1)标高±0.000 以下的外墙或与土体接触部分采用 MU10 烧结普通砖，M10 水泥砂浆砌筑，地下室内隔墙采用 MU10 烧结页岩多孔砖 KP1 型，M5 混合砂浆砌筑。

(2)标高±0.000 以上的外墙：

240 厚采用 MU10 粘土多孔砖，M5 混合砂浆砌筑。

标高±0.000 以上的内墙：

240 厚采用 MU7.5 烧结页岩空心砖，M5 混合砂浆砌筑。

120 厚采用 MU10 烧结页岩多孔砖，M5 混合砂浆砌筑。

3. 基本规定

砌筑前应根据工程施工图的具体情况，结合砌块的具体规格尺寸绘制排列图，按图施工。

砖的品种、标号必须符合设计要求，并应规格一致。

砖墙砌筑等该层混凝土模板拆除后即可进行，在砖墙砌筑前，要先清理基层，浇水湿润，砖块在砌筑前一天，也要用水湿润，含水率宜为 10%～15%。

隔墙长度大于 5 m 时，墙顶部与梁或板之间斜砌，砌块砖必须逐块敲紧挤实，填满砂浆，待下部所砌墙体沉实后再砌顶部斜砌块砖。

4. 砖及砌块砌筑施工

(1)施工准备

砖的强度等级必须符合设计要求，并应按《承重粘土空心砖》JC196－75 进行检验和验收。拌制砂浆的水应符合《混凝土拌合用水》JGJ63－89 的要求。

砖在运输装卸过程中，严禁倾倒和抛掷。经验收的砖，应按强度等级堆放整齐，堆置高度不宜超过 2 m。

常温条件下，砖应提前 1～2d 浇水湿润。砌筑时砖的含水率控制在 10%～15%。

控制砂浆及混凝土的水泥，如标号不明或厂期超过 3 个月，应经试鉴定后方可使用。

砂浆用砂宜采用中砂,并应过筛,不得含有草根等杂物。砂中含泥量,对于水泥砂浆和强度等级不小于M5的水泥混合砂浆,不应超过5%,对于强度等小于M5的水泥混合砂浆,不应超过10%。

砂浆的配合比应采用重量比。配合比应事先经试验确定。如砂浆的组成材料有变更,其配合比应重新确定。试配砂浆,应按设计强度等级提高15%。砂浆稠度宜控制在70~90 mm。

(2)施工要求

砌体应上下错缝、内外搭砌,宜采用一顺一丁或梅花丁的砌筑的形式。砖柱不得采用包心砌法。

砌体灰缝应横平竖直,砂浆饱满。水平灰缝和竖向灰缝宽度可为10 mm,但不应小于8 mm,也不应大于12 mm。竖向灰缝宜用内外临时夹住后灌缝,使其砂浆饱满,其饱满度不应低于80%,严禁用水冲浆灌缝,不得出现瞎缝、透明缝,填充墙纵横交接处及转角处均应错缝搭砌,无构造柱处用钢筋拉结。

砌筑用砂浆应随拌随用。水泥砂浆和水泥混合砂浆必须分别在拌后3 h和4 h内使用完毕。如施工期间最高气温超过30 ℃,必须分别在拌成后2 h和3 h内使用完毕。

砂浆拌合后和使用时,均应盛入贮灰器内。如砂浆出现泌水现象,应在砌筑前贮灰器内再次拌合。

砌体宜采用"三一"砌砖法砌筑,即一铲灰、一块砖、一挤揉,并随手将挤出的砂浆刮去。操作时砖块要放平、跟线,并经常进行自检,如发现角偏差及时纠正,严禁事后撞砖修正。采用铺浆法砌筑时,铺浆长度不得超过500 mm。

砌筑砌体时,多孔砖的孔洞应垂直于受压面,砌筑前应试摆。

临时间断处的高度差,不得超过一步脚手架的高度。

砌体接槎时,必须将接槎的表面清理干净,浇水湿润,并应填实砂浆,保持灰缝平直。

砌筑时应注意及时预埋木砖。木砖应经防腐处理,预埋时小头在外,大头在内,数量按洞口高度确定。洞口高度在1.2 m以内时,每边放2块,高度2~3 m时每边放4块,预埋木砖部位一般在洞口上下四皮砖处开始,中间均匀分布。

雨天施工时,砂浆的稠度应适当减小,每日砌筑高度不宜超过1.2 m。收工时,砌体顶面应予覆盖。

冬期施工时,尚应符合现行规范冬期施工的有关规定。

墙砌体要当天砌筑,当天检查验收。砌筑时还要与水电、消防、暖通密切配合,接口处理正确。

【项目内容】 从以上施工方案可看出,砌体工程施工内容包括:砌体材料的选择;砌筑方法的选择;块材墙体施工工艺流程的确定;墙体质量标准及控制要点等。本项目将以此工程的墙体施工为载体讲述块材墙体的材料类型及选择原则、砌体结构施工图识读、砌体施工工艺等,并进行砌体施工实训。

学习情境5.1　墙体施工的基本知识

5.1.1　墙体的类型

墙体是建筑物的重要组成部分之一，它起到承重、围护和分隔的作用。

5.1.1.1　按墙体所在位置分类

按墙体在平面上所处位置不同，可分为外墙和内墙；纵墙和横墙。位于房屋周边的墙统称为外墙，它起着挡风、阻雨、保温、隔热等围护作用。凡位于房屋内部的墙统称为内墙，它起分隔室内空间，同时起一定的隔声、防火等作用。沿建筑物短轴方向布置的墙称为横墙，有内横墙和外横墙，外横墙位于房屋两端也叫山墙。沿建筑物长轴方向布置的墙称为纵墙，又有内纵墙和外纵墙之分。对于一片墙来说，窗与窗之间和窗与门之间的墙称为窗间墙，窗台下面的墙体称为窗下墙。墙体各部分名称见图5－1。

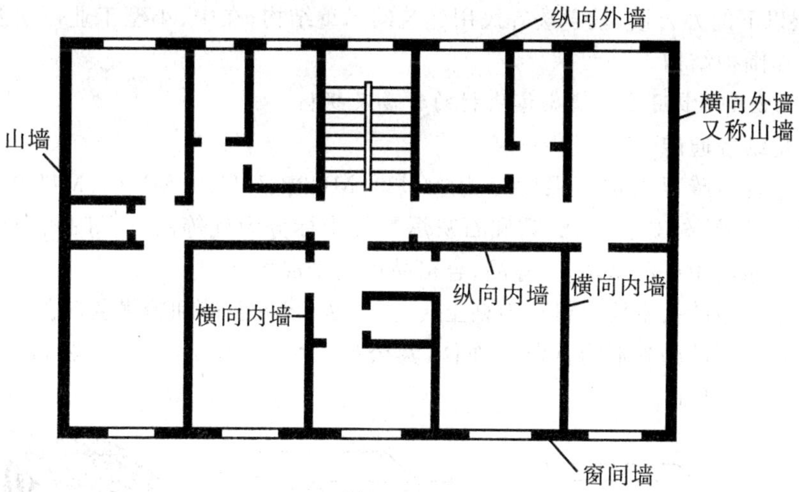

图5－1　墙体各部分名称

5.1.1.2　按墙体受力状况分类

在混合结构建筑中，按墙体受力方式分为两种：承重墙直接承受上部结构传来的荷载；非承重墙不承受外来荷载。非承重墙又可以分为两种：一是自承重墙，不承受外来荷载，仅承受自身重量并将其传至基础；二是隔墙，起分隔房间的作用，不承受外来荷载，并把自身重量传给梁或楼板。非承重墙包括隔墙、填充墙和建筑幕墙等。框架结构中的墙称框架填充墙，悬挂在建筑物外部的轻质墙称为幕墙，包括金属幕墙和玻璃幕墙等。外墙可能是承重墙或仅作围护墙，不承重；内墙可能是承重墙或仅作分隔墙，不承重。

5.1.1.3　按墙体构造和施工方式分类

按照构造方式墙体可以分为实体墙、空心墙和组合墙三种。实体墙由单一材料组成，如砖墙、砌块墙等。空体墙也是由单一材料组成，可由单一材料砌成内部空腔，也可用具有孔洞的材料建造墙，如空斗砖墙、空心砌块墙等。组合墙由两种以上材料组合而成，例如混凝土、加气混凝土复合板材墙。其中混凝土起承重作用，加气混凝土起保温隔热作用。

5.1.2 砌体的组成材料

块体用砂浆砌筑在一起形成砌体。块体是砌体的主要组成部分，通常占砌体总体积的78%以上。砌体结构用的块体材料一般分成天然石材和人工砖石两大类。人工砖石有经过焙烧的烧结普通砖、烧结多孔砖以及不经过焙烧的硅酸盐砖、混凝土小型空心砌块、轻集料混凝土砌块等。

砌体工程是由两种不同材料组成的，选用材料和砌筑质量为两项影响工程质量的关键因素。试验分析表明，在影响砖砌体质量的主要因素——砖的质量、砂浆的质量和施工质量中，施工质量所占比重达50%左右。

砌体结构在我国有悠久的历史，目前在建筑工程中仍占有相当的比重。这种结构的主要优点是：取材方便、施工简单、成本低廉，性能优良；主要缺点是：施工仍以手工操作为主，劳动强度大、生产率低，而且烧制粘土砖占用大量农田，因而采用新型墙体材料，改善砌体施工工艺是砌筑工程改革的重点。基于上述特点，砌体结构主要用作6层以下的住宅楼、旅馆，5层以下的办公楼、教学楼等民用建筑的承重结构；在中、小型工业厂房及框架结构中常用砌体作围护结构。

5.1.2.1 常用承重墙砌体块材的种类及规格

1. 烧结普通砖

烧结普通砖根据抗压强度分为MU30、MU25、MU20、MU15、MU10五个强度等级。根据尺寸偏差、外观质量、泛霜和石灰爆裂等指标分为优等品、一等品、合格品三个质量等级。优等品适用于清水墙，一等品、合格品可用于混水墙。

烧结普通砖按主要原料分为粘土砖、页岩砖、煤矸石砖和粉煤灰砖。

烧结普通砖的外形为直角六面体，其公称尺寸为：长240 mm、宽115 mm、高53 mm。如图5-2(a)所示。

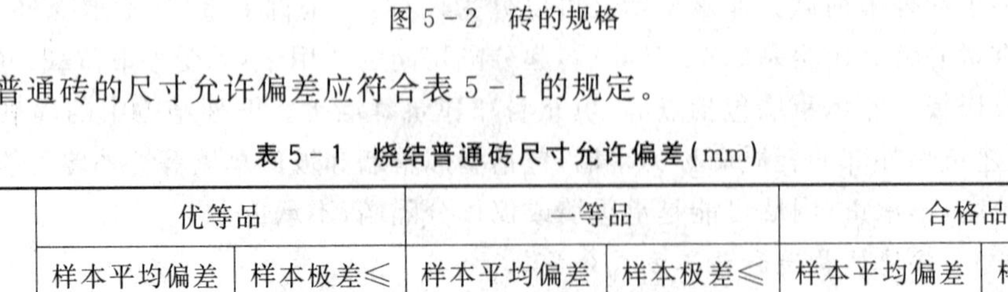

图5-2 砖的规格

烧结普通砖的尺寸允许偏差应符合表5-1的规定。

表5-1 烧结普通砖尺寸允许偏差(mm)

公称尺寸	优等品		一等品		合格品	
	样本平均偏差	样本极差≤	样本平均偏差	样本极差≤	样本平均偏差	样本极差≤
240	±2.0	8	±2.5	8	±3.0	8
115	±1.5	6	±2.0	6	±2.5	7
53	±1.5	4	±1.6	5	±2.0	6

烧结普通砖的外观质量应符合表5-2的规定。

表5-2　烧结普通砖外观质量(mm)

项目	优等品	一等品	合格品
(1)两条面高度差　不大于	2	3	5
(2)弯曲　不大于	2	3	5
(3)杂质凸出高度　不大于	2	3	5
(4)缺棱掉角的三个破坏尺寸同时不大于裂纹长度	15	20	30
a.大面上宽度方向及其延伸至条面长度	70	70	110
b.大面上长度方向及其延伸至顶面的长度或条顶面上水平裂纹的长度	100	100	150
(5)完整面不得少于	一条面和一顶面	一条面和一顶面	—
(6)颜色	基本一致	—	—

注:凡有下列缺陷之一者,不得称为完整面:
1.缺损在条面或顶面上造成的破坏面尺寸同时大于10 mm×10 mm;
2.条面或顶面上裂纹宽度大于1 mm,其长度超过30 mm;
3.压陷、粘底、焦花在条面或顶面上的凹陷或凸出超过2 mm,区域尺寸同时大于10 mm×10 mm。

烧结普通砖的强度应符合表5-3的规定。

表5-3　烧结普通砖强度(MPa)

强度等级	抗压强度平均值≥	变异系数≤0.21	变异系数>0.21
		强度标准值≥	单块最小抗压强度值≥
MU30	30.0	22.0	25.0
MU25	25.0	18.0	22.0
MU20	20.0	14.0	16.0
MU15	15.0	10.0	12.0
MU10	10.0	6.5	7.5

2.煤渣砖

煤渣砖根据抗压强度和抗折强度分为MU20、MU15、MU10、MU7.5四个强度等级。

煤渣砖根据尺寸偏差、外观质量、强度等级分为:优等品、一等品、合格品。

煤渣砖以煤渣为主要原料,掺入适量石灰、石膏,经混合、压制成型,蒸养或蒸压而成的实心砖。

煤渣砖的外形为矩形体,公称尺寸为:长240 mm,宽115 mm,高53 mm。

煤渣砖的尺寸偏差与外观质量应符合表5-4的规定。

表 5-4 煤渣砖尺寸偏差与外观质量(mm)

项目		指标		
		优等品	一等品	合格品
(1)尺寸允许偏差 长度 宽度 高度		±2	±3	±4
(2)对应高度差	不大于	1	2	3
(3)每一缺棱掉角的最小破坏尺寸	不大于	10	20	30
(4)完整面	不少于	二条面和一顶面或二顶面和一条面	一条面和一顶面	一条面和一顶面
(5)裂缝长度 a.大面上宽度方向及其延伸到条面长度	不大于	30	50	70
b.大面上长度方向及其延伸到顶面上的长度或条、顶水平裂纹的长度		50	70	100
(6)层裂		不允许	不允许	不允许

注:在条面或顶面上破坏面的两个尺寸同时大于 10 mm 和 20 mm 者为非完整面。

煤渣砖的强度应符合表 5-5 的规定,优等品的强度等级应不低于 MU15,一等品的强度等级应不低于 MU10,合格品的强度等级应不低于 MU7.5。

表 5-5 煤渣砖强度

强度等级	抗压强度(MPa)		抗折强度(MPa)	
	10 块平均值不小于	单块值不小于	10 块平均值不小于	单块值不小于
MU20	20.0	15.0	4.0	3.0
MU15	15.0	11.2	3.2	2.4
MU10	10.0	7.5	2.5	1.9
MU7.5	7.5	5.6	2.0	1.5

3.烧结多孔砖

以粘土、页岩、煤矸石或粉煤灰为主要原料,经过焙烧而成、孔洞率不小于 25%,孔的尺寸小而数量多,主要用于承重部位的砖,简称多孔砖。目前多孔砖分为 P 型砖和 M 型砖,P 型砖的尺寸为 240 mm×115 mm×90 mm,M 型砖的尺寸为 190 mm×190 mm×90 mm,如图5-2(b)、(c)所示.烧结多孔砖根据抗压强度、变异系数分为 MU30、MU25、MU20、MU15、MU10 五个强度等级。

烧结多孔砖根据尺寸偏差、外观质量、强度等级和物理性能分为优等品、一等品、合格品三个等级。

烧结多孔砖的孔洞尺寸应符合表5－6的规定。

表5－6　烧结多孔砖孔洞规定

圆孔直径	非圆孔内切圆直径	手抓孔
≤22 mm	≤15 mm	(30～40) mm×(75～85) mm

烧结多孔砖的尺寸允许偏差应符合表5－7的规定。

表5－7　烧结多孔砖的尺寸允许偏差(mm)

尺寸	优等品		一等品		合格品	
	样本平均偏差	样本极差≤	样本平均偏差	样本极差≤	样本平均偏差	样本极差≤
290、240	±2.0	5	±2.5	7	±3.0	8
190、180、175、140、115	±1.5	4	±2.0	6	±2.5	7
90	±1.5	3	±1.6	5	±2.0	6

烧结多孔砖的外观质量应符合表5－8的规定。

表5－8　烧结多孔砖的外观质量

项目	指标		
	优等品	一等品	合格品
(1)颜色(一条面和一顶面)	一致	基本一致	—
(2)完整面不得少于	一条面和一顶面	一条面和一顶面	—
(3)缺棱掉角的三个破坏面尺寸不得同时大于(mm)	15	20	30
(4)裂纹长度不大于(mm)			
a.大面上深入孔壁15 mm以上宽度方向及其延伸到条面的长度	60	80	100
b.大面上深入孔壁15 mm以上长度方向及其延伸到顶面的长度	60	100	120
c.条、顶面上的水平裂纹	80	100	120
(5)杂质在砖面上造成的凸出高度不大于(mm)	3	4	5

注:凡有下列缺陷之一者,不能称为完整面:

1.缺损在条面或顶面上造成的破坏面尺寸同时大于20 mm×30 mm;

2.条面或顶面上裂纹宽度大于1 mm,其长度超过70 mm;

3.压陷、粘底、焦花在条面或顶面上的凹陷或凸出超过2 mm,区域尺寸同时大于20 mm×30 mm。

烧结多孔砖的强度应符合表 5-9 的规定。

表 5-9 烧结多孔砖的强度

强度等级	抗压强度(MPa)	变异系数 δ≤0.21	变异系数 δ>0.21
	平均值不小于	强度标准值不小于(MPa)	单块最小抗压强度不小于(MPa)
MU30	30	20	25
MU25	25	18	22
MU20	20	14	16
MU15	15	10	12
MU10	10	6.5	7.5

4. 砌块

砌块由普通混凝土或轻骨料混凝土制成，其尺寸规格为 390 mm×190 mm×190 mm、空心率在 25%～50%的空心砌块，称为混凝土小型空心砌块，简称混凝土砌块或砌块。采用较大尺寸的砌块代替小块砖砌筑砌体，可以减轻劳动量并可以加快施工进度，在节土、节能、利废等方面具有较大的社会效益，并能减少环境污染，是墙体改革的一个重要方向。

砌块的强度等级有 MU5、MU7.5、MU10、MU15、MU20 五个强度等级。

普通混凝土小型空心砌块的尺寸允许偏差应符合表 5-10 的规定。

表 5-10 普通混凝土小型空心砌块尺寸允许偏差

项目	优等品	一等品	合格品
长度	±2	±3	±3
宽度	±2	±3	±3
高度	±2	±3	±3，-4

普通混凝土小型空心砌块外观质量应符合表 5-11 的规定。

表 5-11 普通混凝土小型空心砌块外观质量

项目		优等品	一等品	合格品
(1)弯曲(mm) 不大于		2	2	3
(2)缺棱掉角	个数不大于	0	2	2
	三个方向投影尺寸的最小值(mm) 不大于	0	20	30
(3)裂纹延伸投影的尺寸累计(mm) 不大于		0	20	30

普通混凝土小型空心砌块的抗压强度应符合表 5-12 的规定。

表5-12　普通混凝土小型空心砌块抗压强度(单位：MPa)

强度等级	砌块抗压强度	
	5块平均值不小于	单块最小值不小于
MU5	5.0	4.0
MU7.5	7.5	6.0
MU10	10.0	8.0
MU15	15.0	12.0
MU20	20.0	16.0

5.1.2.2　*砂浆*

砌体是用砂浆将单个块材砌筑成为整体的。砂浆在砌体中的作用是使块材与砂浆接触表面产生黏结力和摩擦力，从而把散放的块材凝结成为整体以承受荷载，并且砂浆可以抹平块材表面使其应力分布均匀。同时，砂浆填满了块材间的缝隙，降低了砌体的透风性，提高了砌体的隔热和防水性能。

砂浆是由胶结料(水泥、石灰)、细集料(砂)、水以及根据需要掺入的掺合料和外加剂等组分，按一定比例(质量比和体积比)混合后搅拌而成的。

1.砂浆的种类

(1)水泥砂浆　无塑性掺合料的纯水泥砂浆具有较高的强度和耐久性，但和易性差，多用于强度和潮湿环境的砌体中。

(2)混合砂浆　有塑性掺合料的水泥砂浆，如水泥白灰砂浆，具有一定的强度和耐久性，且和易性和保水性好，多用于一般墙体中。

(3)非水泥砂浆　不含有水泥的砂浆，如白灰砂浆、黏土砂浆等，强度低且耐久性差，可用于简易或临时建筑的砌体中。

(4)砌块专用砂浆　由水泥、水、砂以及根据需要掺入一定比例的掺合料和外加剂等组成，采用机械拌合而成，专门用于砌筑混凝土砌块的砌筑砂浆。

为了改善砂浆在砌筑时的和易性，可掺入适量的塑化剂，除石灰膏等掺和剂外，还有微沫剂，也称松香皂，它是松香、碱(氢氧化钠或碳酸钠)及水加热熬制而成。和易性好的砂浆便于施工，易于保证质量，提高劳动生产率。砂浆的和易性主要取决于砂浆的稠度和保水性。

2.原材料要求

(1)水泥　水泥的强度等级应根据设计要求进行选择。水泥砂浆采用的水泥，其强度等级不宜大于32.5级；水泥混合砂浆采用的水泥，其强度等级不宜大于42.5级。

(2)砂　砂宜用中砂，其中毛石砌体宜用粗砂。砂的含泥量：对水泥砂浆和强度等级不小于M5的水泥混合砂浆不应超过5%；强度等级小于M5的水泥混合砂浆不应超过10%。

(3)石灰膏　生石灰熟化成石灰膏时，应用孔径不大于3 mm×3 mm的网过滤，熟化时间不得少于7d；磨细生石灰粉的熟化时间不得小于2d。沉淀池中贮存的石灰膏，应采取防止干燥、冻结和污染的措施。配置水泥石灰砂浆时，不得采用脱水硬化的石灰膏。

(4)黏土膏　采用黏土或粉质土制备黏土膏时，宜用搅拌机加水搅拌，通过孔径不大于

3 mm×3 mm 的网过筛。用比色法鉴定黏土中的有机物含量时应浅于标准色。

(5)电石膏制作电石膏的电石渣应用孔径不大于 3 mm×3 mm 的网过滤,检验时应加热至 70 ℃并保持 20 min,没有乙炔气味后,方可使用。

(6)粉煤灰　粉煤灰的品质指标应符合表 5－13 的要求。

表 5－13　粉煤灰品质指标

序号	指标		级别		
			Ⅰ	Ⅱ	Ⅲ
1	细度(0.045 mm 方孔筛筛余)(%)	不大于	12	20	45
2	需水量比(%)	不大于	95	105	115
3	烧水量(%)	不大于	5	8	15
4	含水量(%)	不大于	1	1	不规定
5	三氧化硫(%)	不大于	3	3	3

(7)磨细生石灰粉。磨细生石灰粉的品质指标应符合表 5－14 的要求。

表 5－14　建筑生石灰品质指标

序号	指标		钙质生石粉			镁质生石粉		
			优等品	一等品	合格品	优等品	一等品	合格品
1	$CaO+MgO$ 含量(%)	不大于	85	80	75	80	75	70
2	CO_2 含量(%)	不大于	7	9	11	8	10	12
3	细度	0.90 mm 筛筛余(%) 不大于	0.2	0.5	1.5	0.2	0.5	1.5
		0.125 mm 筛筛余(%)不大于	7.0	12.0	18.0	7.0	12.0	18.0

(8)水　水质应符合现行行业标准《混凝土拌合用水标准》JGJ63－1989 的规定。

(9)外加剂　凡在砂浆中掺入有机塑化剂、早强剂、缓凝剂、防冻剂等,应经检验和试配符合,方可使用。有机塑化剂应有砌体强度的形式检验报告。

3.技术条件

(1)砌筑砂浆的强度等级宜采用 MU20、MU15、MU10、MU7.5、MU5、MU2.5。

(2)砂浆试配时应采用机械搅拌,搅拌时间应自投料结束算起,并应符合下列规定:对水泥砂浆和水泥混合砂浆不得小于 120 s;掺用粉煤灰和外加剂的砂浆不得小于 180 s。

1)水泥砂浆拌合物的密度不宜小于 1900 kg/m³;水泥混合砂浆拌合物的密度不宜小于 1800 kg/m³。

2)砌筑砂浆稠度、分层度、试配强度必须同时符合要求。

3)砌筑砂浆的稠度应按表 5－15 规定选用。

4)砌筑砂浆的分层度不得大于 30 mm。

5)水泥砂浆中水泥用量不应小于 200 kg/m³;水泥混合砂浆和掺和料总量宜为 300～350 kg/m³。

6)具有冻融循环次数要求的砌筑砂浆，经冻融试验后，质量损失率不得大于5%，抗压强度损失不得大于25%。

表5－15　砌筑砂浆的稠度(mm)

砌体种类	砂浆稠度
烧结普通砖砌体	70～90
轻骨料混凝土小型空心砌块砌体	60～90
烧结多孔砖、空心砖砌体	60～80
烧结普通砖平拱式过梁	50～70
空斗墙，筒拱	
普通混凝土小型空心砌块砌体	
加气混凝土砌块砌体	
石砌体	30～50

5.1.3　砖墙、柱砌筑的基本要求

5.1.3.1　*砖墙砌体的组砌形式*

普通砖墙的厚度有半砖、一砖半、二砖等。墙面组砌的常用形式有：一顺一丁、三顺一丁、梅花丁等，砖墙的组砌形式如图5－3所示。

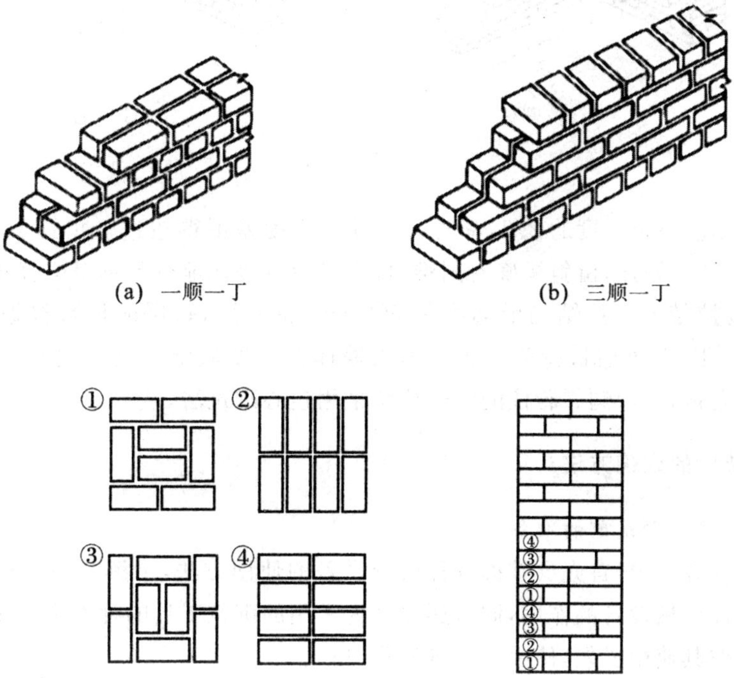

(a) 一顺一丁　(b) 三顺一丁

(c) 砖柱错缝排砖

图5－3　砖墙、柱砌筑形式

5.1.3.2　砌筑的基本要求

砌体的质量应符合施工验收规范和操作规程的要求，做到横平竖直、灰浆饱满、上下错缝、接槎可靠。

1. 横平竖直　砌体的水平灰缝应平直，竖向灰缝应垂直对齐，不得游丁走缝，以使砖块均匀受压，墙面美观。

2. 灰浆饱满　砌体的水平灰缝的砂浆饱满度要达到 80% 以上，水平灰缝和竖缝的厚度规定为 10 mm±2 mm，过厚易使砖块浮滑，过薄会使砌体粘结力降低。灰浆饱满可保证砖块均匀受压，避免受弯、受剪和局部受压状态的出现。

3. 上下错缝　为了保证墙体的整体性和传力有效，砖块的排列方式应遵循内外搭接、上下错缝的原则，避免出现通缝受压。砖块错缝搭接长度应不小于 1/4 砖长。

4. 接槎可靠　由于墙体的砌筑需分段进行，相邻砌体不能同时砌筑而设置的临时间断，以便于先砌部分与后砌部分的结合。留槎处的灰缝砂浆不易饱满，故应少留槎。接槎主要有两种方式：斜槎和直槎，如图 5-4 所示。

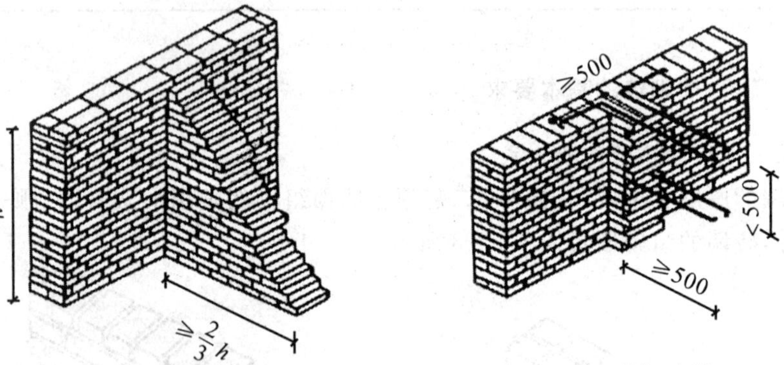

(a) 斜槎　　(b) 直槎

图 5-4　接槎

斜槎长度不应小于高度的 2/3，临时间断处的高度差不得超过一步脚手架的高度。一般应留斜槎，除转角处外，留斜槎确有困难时，方可留直槎。地震区不得留直槎，直槎必须做成阳槎，并加设拉结筋。拉结筋沿墙高每 500 mm 留一层，每层的根数根据墙厚来定，每 120 mm 厚留一根，但每层最少为两根。埋入墙体的长度从留槎处算起，每边均不应小于 500 mm，末端应有 90°弯钩。砖柱的组砌严禁采用包心砌筑法。

5.1.4　砖墙的砌筑方法

5.1.4.1　墙体砌筑前的准备

在砌筑工程施工中，首先要掌握各种机械设备的使用方法，了解其使用功能，才能在施工中更好的发挥机械设备的作用，同时还要掌握常用的砌筑工具的种类和使用方法，才能在进行操作中掌握其使用要领，使手工工具操作自如。

1. 常用工具的种类

(1)小型工具

1)瓦刀

又叫泥刀，是个人使用及保管的工具。用于涂抹、摊铺砂浆、砍削砖块、打灰条及发喧。其形状如图5－5所示。

图5－5　瓦刀

桃形大铲　长三角形大铲　长方形大铲

图5－6　大铲

2)大铲

用于铲灰、铺灰和刮浆的工具，也可以在操作中用它随时调和砂浆。大铲以桃形者居多，也有长三角形和长方形。它是实施“三一”(一铲灰、一块砖、一揉挤)砌筑法的关键工具，如图5－6所示。

3)刨锛

用以打砍砖块的工具，也可当作小锤与大铲配合使用。为了便于打“七分头”(3/4砖)，有的操作者在刨锛手柄上刻一凹槽线为记号，使凹口到刨锛刃口的距离为3/4砖长，形状如图5－7所示。

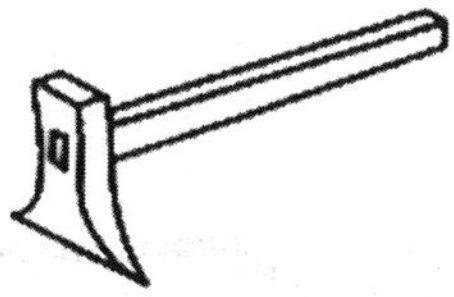

图5－7　刨锛

图5－8　手锤

4)手锤

俗称小榔头，作敲凿石料和开凿异型砖之用，形状如图5－8所示。

5)钢凿

又叫錾子，可用45号或60号钢锻造。一般直径为20～80 mm，长150～250 mm。与小锤配合用于打凿石料、开剖异型砖等。其端部有尖头和扁头两种，如图5－9所示。

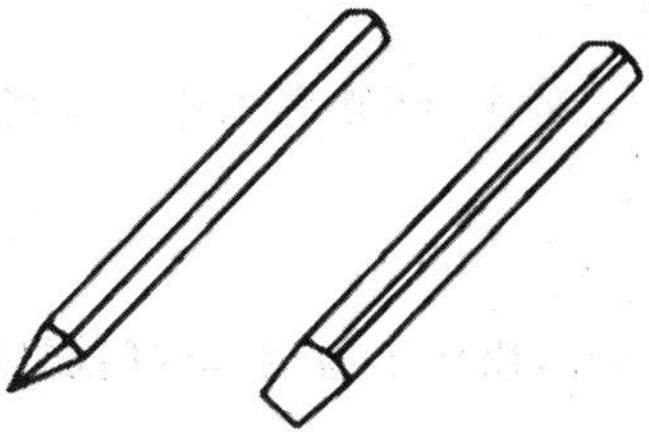

图5－9　钢凿

图5－10　摊灰尺

6)摊灰尺

用不易变形的木材制成。操作时放在墙上作为控制灰缝及铺剖砂浆用，如图5－10所示。

7)溜子

又叫灰匙、勾缝刀,一般以φ8钢筋打扁制成,并装上木柄,通常用于清水墙勾缝。用0.5～1 mm厚的薄钢板制成较宽的溜子,则用于毛石墙的勾缝,如图5-11所示。

8)灰板

又叫托灰板,用不易变形的木材制成。在勾缝时,用它承托砂浆,如图5-12所示。

9)抿子

用0.8～1 mm厚的钢板制成,并铆上执手安装木柄成为工具。可用于石墙的抹缝、勾缝,如图5-13所示。

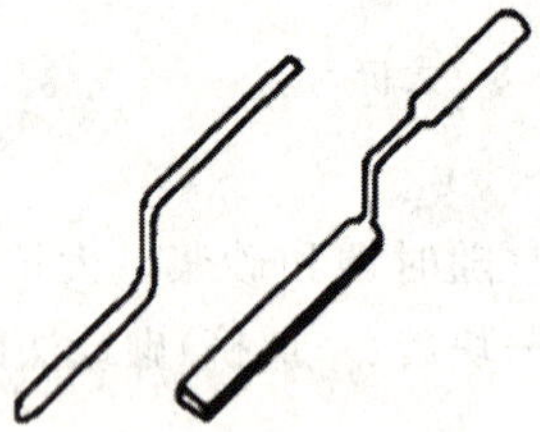

图5-11　溜子

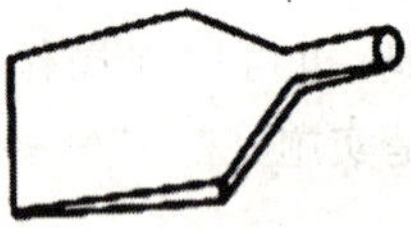

图5-12　灰刀

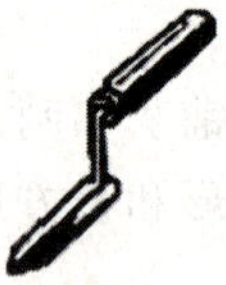

图5-13　抿子

(2)其他工具

1)筛子

主要用来筛砂。筛孔直径有4 mm、6 mm、8 mm等数种。勾缝需用细砂时,可利用铁窗纱钉在小木框上制成小筛子,如图5-14所示。

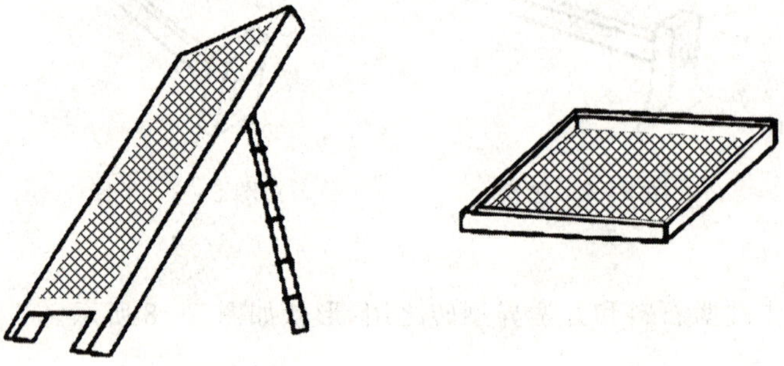

立筛　　　　　　小方筛

图5-14　筛子

2)铁锹

又称铁锹,分为尖头和方头两种,用于挖土、装车、筛砂等工作。市场上有成品出售,如图5-15所示。

3)手推车

容量约0.12 m^3,轮轴总宽度应小于900 mm,以便于通过室内门洞口。用于运输砂浆、砖和其他散装材料,如图5-16所示。

图 5－15　铁锹

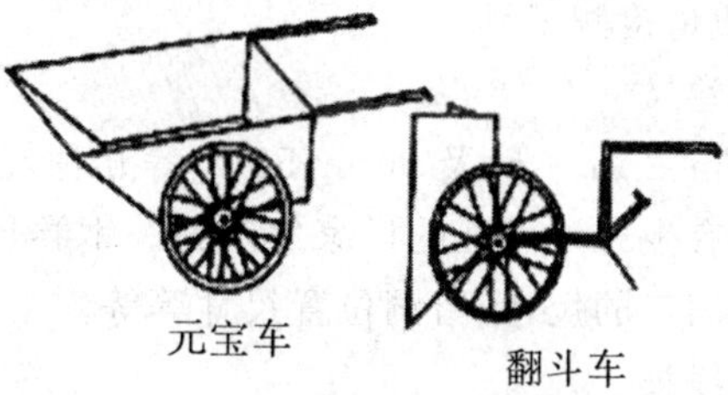

图 5－16　手推车

4)砖夹

施工单位自制的夹砖工具。可用Φ6 钢筋锻造，一次可以夹起 4 块标准砖，用于装卸砖块，砖夹形状如图 5－17 所示。

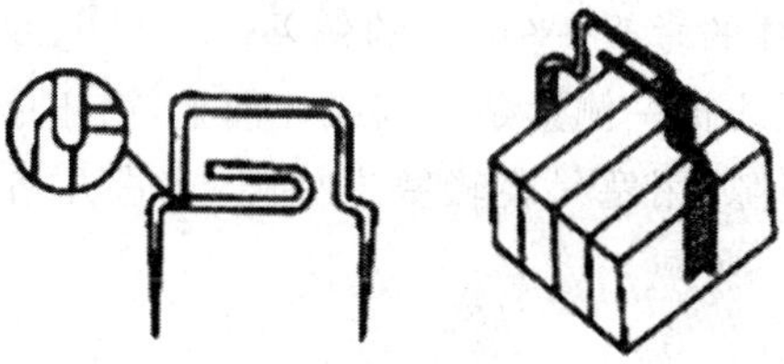

图 5－17　砖夹

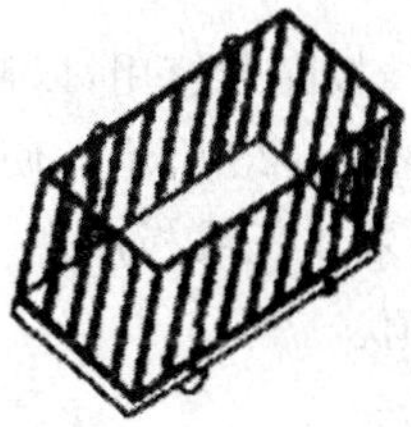

图 5－18　砖笼

5)砖笼

砖笼是采用塔吊施工时吊运砖块的工具。施工时，在底板上先码好一定数量的砖，然后把砖笼套上并固定，再起吊到指定地点，如此周转使用，砖笼的形状如图 5－18 所示。

6)料斗

料斗是采用塔吊施工时吊运砂浆的工具。当砂浆运到指定地点后，打开启闭口，将砂浆放入贮灰槽内。料斗形状如图 5－19 所示。

7)灰槽

用 1～2 mm 厚黑铁皮制成，供砖瓦工存放砂浆用，灰槽形状如图 5－21 所示。

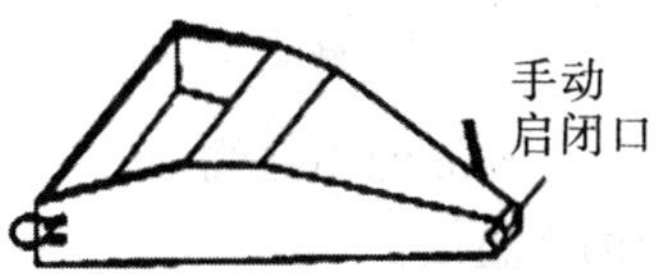

图 5－19　料斗

图 5－20　灰槽

8)其他工具

如橡皮水管(内径 25 mm)、大水桶、灰镐、灰勺、钢丝刷及笤帚等，如图 5－21 所示。

图 5－21　灰镐、灰勺、钢丝刷

(3)质量检测工具

1)钢卷尺

有 1 m、2 m、3 m 及 30 m、50 m 等几种规格。砖瓦工操作宜选用 2 m 的钢卷尺。钢卷尺应选用有生产许可证的厂家生产的。钢卷尺主要用来量测轴线尺寸、位置及墙长、墙厚，还有门窗洞口的尺寸、留洞位置尺寸等等。

2)托线板

又称靠尺板，用于检查墙面垂直和平整度。由施工单位用木材自制，长 1.2～1.5 m；也有铝制商品，如图 5-22 所示。

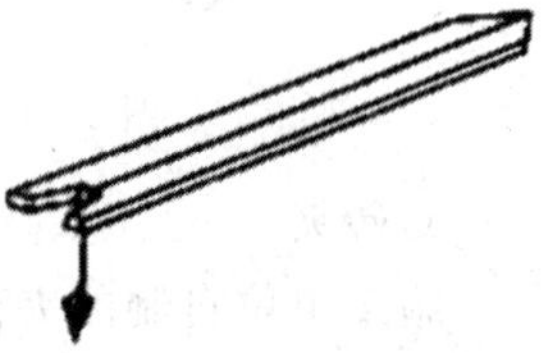

图 5-22　托线板与线锤

3)线锤

吊挂垂直度用，主要与托线板配合使用，如图 5-22 所示。

4)塞尺

塞尺与托线板配合使用，以测定墙、柱的垂直、平整度的偏差。塞尺上每一格表示厚度方向 1 mm，如图 5-23 所示。使用时，托线板一侧紧贴于墙或柱面上，由于墙或柱面本身的平整度不够，必然与托线板产生一定的缝隙，用塞尺轻轻塞进缝隙，塞进几格就表示墙面或柱面偏差的数值。

5)水平尺

用铁和铝合金制成，中间镶嵌玻璃水准管，用来检查砌体对水平位置的偏差，如图 5-23 所示。

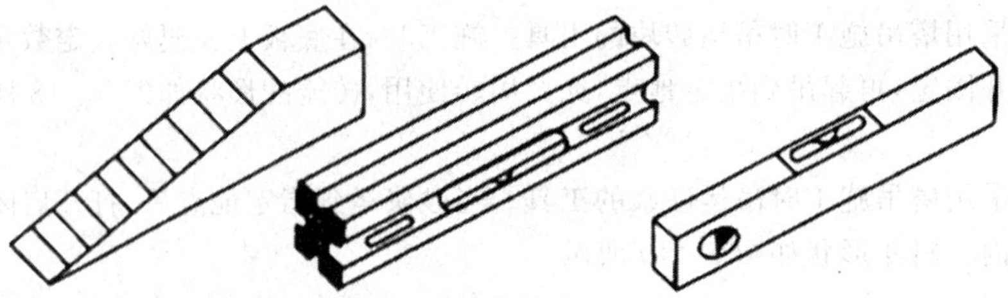

塞尺　　水平尺

图 5-23　塞尺和水平尺

6)准线

它是砌墙时拉的细线。一般使用直径为 0.5～1 mm 的小白线、麻线、尼龙线或弦线，用于砌体砌筑时拉水平用；另外也用来检查水平缝的平直度。

7)百格网

用于检查砌体水平缝砂浆饱满度的工具。可用铁丝编制锡焊而成，也有在有机玻璃上划格而成，其规格为一块标准砖的大面尺寸。将其长宽方向各分成 10 格，画成 100 个小格，故称百格网，如图 5-24 所示。

8)方尺

用木材制成边长为 200 mm 的直角尺，有阴角和阳角两种，分别用于检查砌体转角的方整程度，方尺形状如图 5-24 所示。

9)龙门板

龙门板是在房屋定位放线后，砌筑时定轴线、中心线的标准，如图 5-25 所示。施工定位时一般要求板顶面的高程即为建筑物的相对标高±0.000。在板上画出轴线位置，以画

“中”字示意，板顶面还要钉一根 20～25 mm 长的钉子。当在两个相对的龙门板之间拉上准线，则该线就表示为建筑物的轴线。有的在“中”字的两侧还分别画出墙身宽度位置线和大放脚排底宽度位置线，以便于操作人员检查核对。施工中严禁碰撞和踩踏龙门板，也不允许坐人。建筑物基础施工完毕后，把轴线标高等标志引测到基础墙上后，方可拆除龙门板、桩。

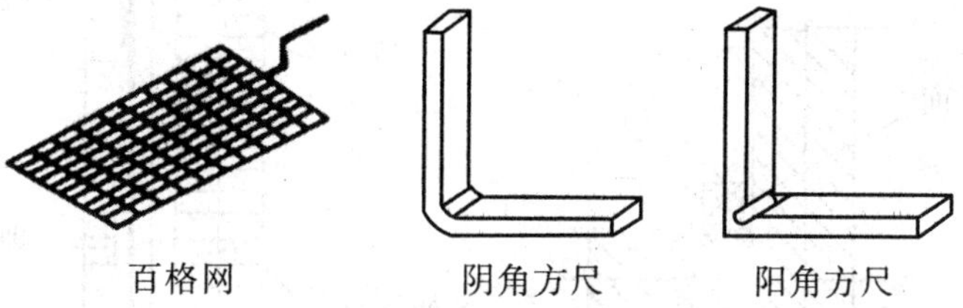

图 5－24　百格网和方尺

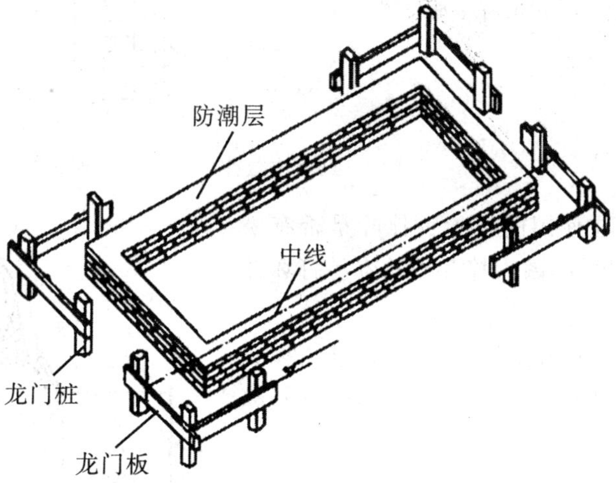

图 5－25　龙门板

10)皮数杆

皮数杆是砌筑砌体在高度方向的基准。皮数杆分为基础用和地上用两种。

基础用皮数杆比较简单，一般使用 30 mm×30 mm 的小木杆，由现场施工员绘制。一般在进行条形基础施工时，先在要立皮数杆的地方预埋一根小木桩，到砌筑基础墙时，将画好的皮数杆钉到小木桩上。皮数杆顶应高出防潮层的位置，杆上要画出砖皮数、地圈梁、防潮层等的位置，并标出高度和厚度。皮数杆上的砖层还要按顺序编号。画到防潮层底的标高处，砖层必须是整皮数。如果条形基础垫层表面不平，可以一开始砌砖时就用细石混凝土找平。

±0.000 以上的皮数杆，也称为大皮数杆。一般由施工人员经计算排画，经质量人员检验合格后方可使用。皮数杆的设置，要根据房屋大小和平面复杂程度而定，一般要求转角处和施工段分界处设立皮数杆。当为一道通长的墙身时，皮数杆的间距要求不大于 20 m。如果房屋构造比较复杂，皮数杆应该编号，并对号入座。皮数杆四个面的画法，如图 5－26 所示。

2. 砌筑常用的机械设备

砌筑常用的机械设备主要是用于搅拌砌筑砂浆的砂浆机。如图 5－27 所示。砂浆搅拌机：简称灰浆机，用于搅拌砂浆。常用规格有 200L 和 325L 两种，无论是哪种型号的砂浆机在使用与维护中应做到以下的要求：

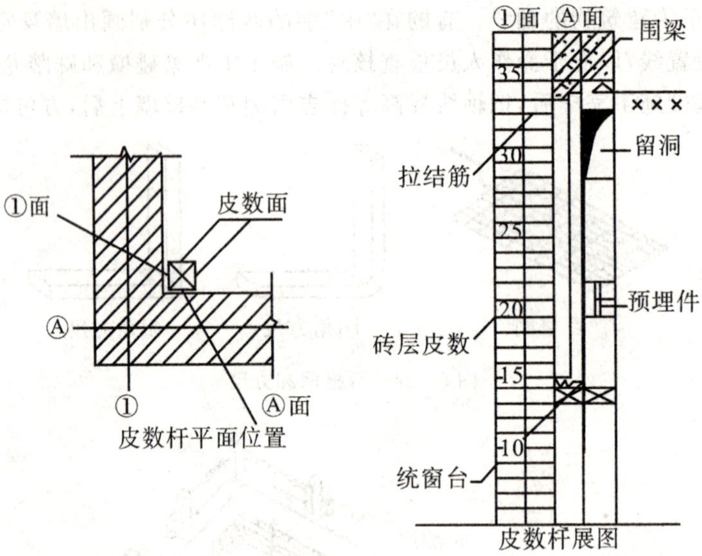

图 5－26　皮数杆

(1)砂浆搅拌机在使用前应检查拌叶是否有松动现象，如有松动应紧固，因为拌叶松动容易打坏拌筒，甚至扭弯转轴。

(2)工作前还需检查各处润滑情况，保证机械有充分的润滑，轴承边口易于侵入尘土而加速磨损，故应特别注意清洁。

(3)检查搅拌机的电器线路连接是否牢靠，接地装置或电动机的接零亦应安全有效，三角皮带的松紧要适度，进出料装置须操纵灵活和安全可靠。检查拌桶内是否有残留的砂浆硬块，如有砂浆硬块而没有清除就起动机器，拌叶易被卡塞，使拌筒在运转以后被拖反而造成事故。

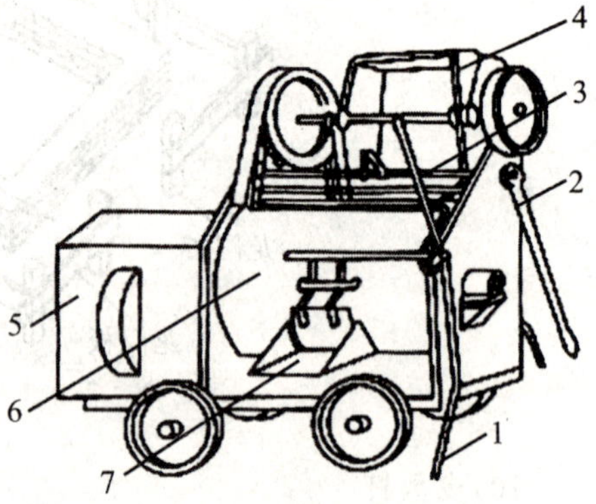

图 5－27　砂浆搅拌机

1—水管；2—上料操纵手柄；3—出料操纵手柄；4—上料斗；5—变速箱；6—搅拌机；7—出灰门

(4)以上各项检查无误后再起动砂浆机。

(5)加料时，应先加水，再一边加料一边加水，加料不能超过规定容量。

(6)运转中不得用手或木棒等伸入搅拌筒内或在筒内清理灰浆，并严格防止铁棒及其他物体落入拌筒内。

(7)工作中，需注意电动机和轴承的温度，轴承的温度一般不宜超过 60 ℃，电机温度不得超过铭牌规定值。

(8)带有防漏浆密封装置的拌合机，应检查调整转轴的密封间隙，如果漏浆，可旋转压盖帽来重新压紧密封填料。

(9)搅拌叶与筒壁的间隙应保持 3～6 mm 为宜，如磨损后超过 10 mm，搅拌质量和效率将大为降低，应及时调整和修理。

(10)作业中，如发生故障不能继续运行时，应立即切断电源，将筒内灰浆倒出，进行检查,排除故障。

(11)搅拌完毕,卸料时须使用出料手柄,不能用手扳推拌筒。

(12)工作结束后,要进行全面的清洗工作和日常保养工作。

3. 常用砌筑脚手架

(1)钢管脚手架

它具有搭拆灵活、安全度高、使用方便等优点,是目前建筑施工中大量采用的一种脚手架。它既可以搭成单排脚手架,也可以搭成双排或多排脚手架,搭设的技术要求见表5-16。

表5-16 扣件式钢管脚手架技术要求

杆件名称	长度(m)	构造要求
立杆	4.5～6	纵向间距≯2 m,横向间距:单排时立杆离墙1.2～1.4 m;双排时内排立杆离墙0.4 m,外排立杆离墙1.7 m
大横杆	4.5～6	间距1.8 m(1 m高设扶手栏杆),接头要错开,用一字扣连接,大横杆与立杆用十字扣连接
小横杆	2～2.3	间距≯1.5 m,单排时一端搁入墙内240 mm,一头搁于大横杆上,并至少伸出大横杆100 mm;双排时里端离墙100 mm,小横杆与大横杆用十字扣连接,三步以上时,小横杆加长,与墙拉结
剪刀撑	4.5～6	设置在脚手架的端头、转角和沿墙纵向每隔30 m处,从底到顶连接布置,与地面呈45°～60°夹角,与立杆(或小横杆探头)用回转扣件连接

(2)工具式里脚手架

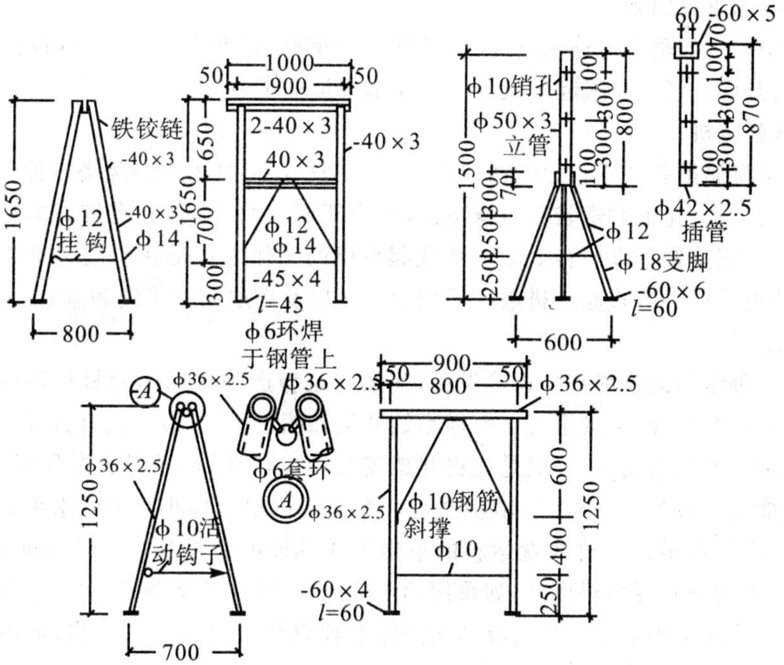

图5-28　工具式里脚手架

在砌筑房屋内墙或外墙时,也可以用里脚手。里脚手可用钢管搭设,也可以用竹木等材料搭设。工具式里脚手一般有折叠式、支柱式、高登和平台架等，如图 5－28 所示。搭设时，在两个里脚手架上搁脚手板后，即可堆放材料和上人进行砌墙操作。

(3)砌砖操作平台

它是由几榀支架组成的支撑重量的框架，在框架上满铺脚手板形成一个平台，在上面可以堆放砖及砂浆进行砌筑。

脚手架使用要点：

1)脚手架由专业架子工搭设，未经验收的不能使用。使用中未经专业搭设负责人同意，不得随意自搭飞跳或自行拆除某些杆件。

2)脚手架上所设的各类安全设施，如安全网、安全围护栏等不得任意拆除。

3)当墙身砌筑高度超过地坪 1.2 m 时，应由架子工搭设脚手架。一层以上或 4 m 以上高度时应设安全网。

4)砌筑时架子上的允许堆料荷载不应超过 3000 N/m^2。堆砖不能超过 3 层，砖要顶头朝外码放。灰斗和其他材料应分散放置，以保证使用安全。

5)上下脚手架应走斜道或梯子，不准翻爬脚手架。

6)脚手架上有霜雪时，应清扫干净后方可进行操作。

7)大雨或大风后要仔细检查整个脚手架，如发现沉降、变形、偏斜，应立即报告，经纠正加固后才能使用。

4.材料运输

砌筑工程中不仅要运输大量的砖(或砌块)、砂浆，而且还要运输脚手架、脚手板和各种预制构件。不仅有垂直运输，而且还有地面和楼面的水平运输。其中垂直运输是影响砌筑工程施工速度的重要因素。

目前常用的主要垂直运输工具有：轻型塔式起重机、带起重臂的井架(设内外吊盘)、龙门架、独杆提升架。轻型塔式起重机也常用作水平运输工具。

(1)塔式起重机

塔式起重机属吊装和垂直运输两用设备，有一般塔、自身塔和内爬塔三种形式。塔式起重机具有高的塔身，起重臂安装在塔身顶部，形成 T 形工作空间，并有较高的有效高度和较大的工作半径，起重臂可以回转 360°。塔式起重机的工作方式是在不同起重半径下回转作业，形成作业覆盖区。塔式起重机被广泛应用在多层及高层结构吊装和垂直运输作业中。

(2)井架

井架是一种常用的物料垂直运输设备，井架有定型产品或用不同材料搭设。井架通常由井身、起重臂和内(外)吊盘组成。普通型钢井架如图 5－29 所示，自升式外吊盘小井架如图 5－30 所示。井架的安装，一般是先将井架安装固定位置，然后设置缆风绳或附墙拉结。起重臂起重能力一般为 5～10 kN；在其外伸工作范围内也可作小距离的水平运输。吊盘起重量为 10～15 kN，吊盘内可放置运料的手推车或其他散装材料。搭设高度可达 40 m 左右，在采取可靠措施后可搭得更高，如采用两层缆风，一层在井架顶部，另一层设于把杆支座处。其工作方式是水平运输工具将物料运至作业地点装入吊盘或吊斗内，再由吊盘或吊斗的升降来完成垂直运输作业。

井架具有稳定性好、运输量大、可搭设较大高度的特点，故是一种常用的砌筑工程垂直运输设备。

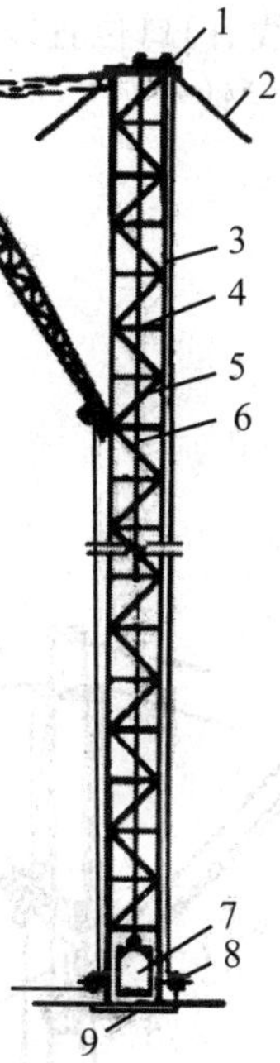

图 5-29　钢井架

1,8—滑轮;2—缆风;3—立柱;4—平撑
5—斜撑;6—钢丝绳;7—内吊盘;9—垫木

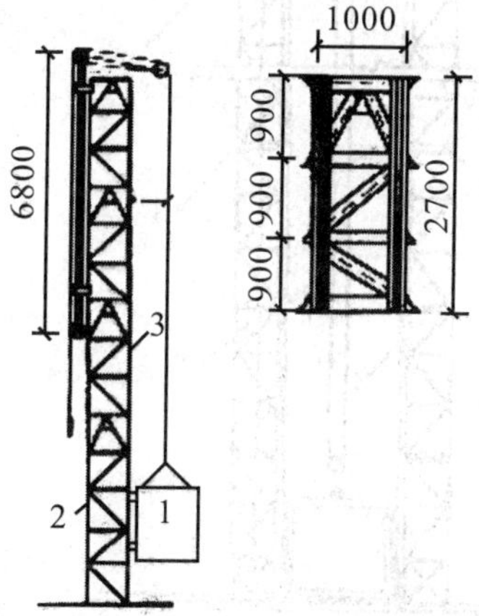

图 5-30　自升式外吊盘小井架

1—吊盘;2—底部节;3—标准节

(3)龙门架

龙门架也是一种常用的物料垂直运输设备,一般为定型产品。它是由两根三角形截面或矩形截面的立柱及带有天轮的横梁组成,形成门式架。在龙门架上设置滑轮、导轨、吊盘、缆风绳等。立柱是由格构柱用螺栓拼装而成,格构柱一般由角钢或钢管焊接而成,也可直接用厚壁钢管组成。龙门架的安装方式和工作方法与井架基本相同,但龙门架的构造简单、拆除方便,节省材料,适用于中小型工程。其起重高度为 15～30 m,起重量为 6～52 kN,一般可满足多层房屋砌筑工程施工的要求。常用的龙门架如图 5-31 所示。

(4)桅杆式起重机

桅杆式起重机有定型产品,是最简易的一种物料垂直运输设备,它有双摇臂木拔杆(图 5-32)、双摇臂钢拔杆格构式立杆提升架和墙头吊等形式。其安装方式和工作方式也与井架和龙门架类似,砌筑用桅杆式起重机起重量一般在 10 kN 以内,提升高度一般不超过 25 m。用吊笼和摇臂进行提升。

5.垂直运输设备使用应注意的事项

安全架设必须有可靠的地基与基座,一般采用碎砖石夯实,上做 150 mm 厚 C15 级混凝土垫层;高柱下设底座和 50 mm×200 mm 的垫木。当高度在 15 m 以下时设一道缆风绳,在 15 m 以上时,每增高 5～10 m,增设一道缆风绳。井字架每道不少于 4 根,龙门架不少于 6 根。缆风绳宜用 7～9 m 的钢丝绳与地面成 45°夹角。安装要牢靠,竖直度偏差不得超过高度的 1/6,应设卷扬机作业棚及避雷设施。

5.1.4.2　*砌筑施工的准备*

1.抄平放线

砌筑墙体之前，首先按施工图弹出墙的外边线和轴线、门口位置线等。

(1)首先用经纬仪定出主轴线的位置。用钢尺测量主轴线的距离与施工图的尺寸是否相符。

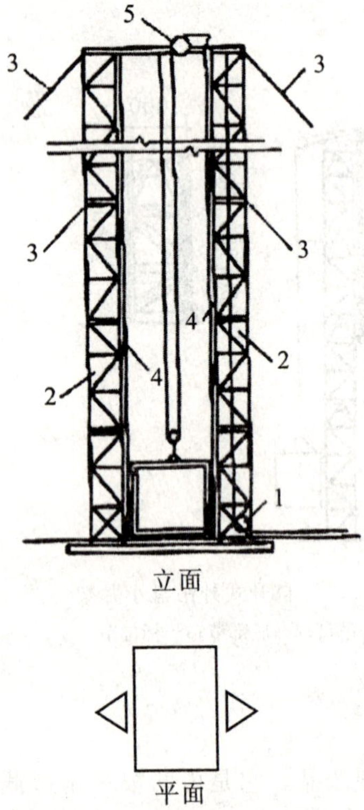

图 5-31 龙门架

1—地轮；2—立柱；3—缆风绳

4—导轨；5—天轮

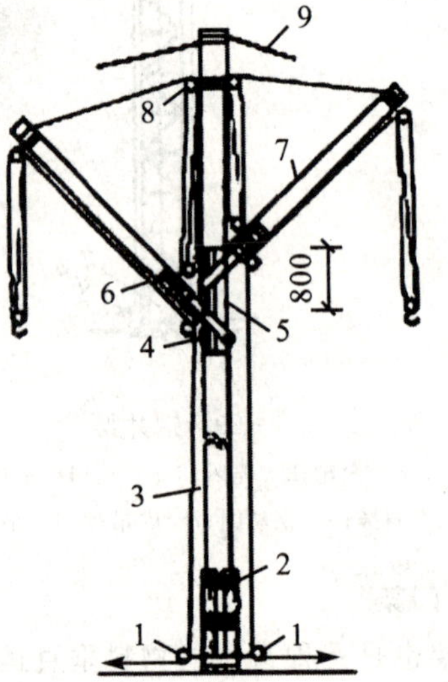

图 5-32 双摇臂木拔杆

1—地轮；2—10 号钢丝绑扎；3—木拔杆；4—铁夹板；

5—白铁皮护套；6—螺栓；7—摇臂；8—滑轮；9—缆风绳

(2)当主轴线的测量尺寸与施工图尺寸要求相差在允许范围内时，将差值平均分解到每个轴线尺寸上。

(3)当轴线的测量尺寸与施工图尺寸要求相差超过允许范围，应找出问题重新测量。

(4)在主轴线间拉尺划出各个轴线的位点，再用钢板尺划出墙的边线点。

(5)根据墙的厚度和轴线与墙的关系，画出墙的边线点：12 墙应画 115 mm 宽；24 墙应画 240 mm 宽；37 墙应画 365 mm 宽；50 墙应画 490 mm 宽。

(6)根据画出的墙边线，用墨斗弹出墙边墨线，当弹不上边线时，可以弹出墙的轴线。

(7)根据施工图，在墙边线内弹出门口等细部的位置线。

(8)放线尺寸的允许偏差见表 5-17。

表 5-17 放线尺寸的允许偏差

长度 L、宽度 B(m)	允许偏差(mm)	长度 L、宽度 B(m)	允许偏差(mm)
L(或 B)≤30	±5	60<L(或 B)≤90	±15
30<L(或 B)≤60	±10	L(或 B)>90	±20

(9)抄平就是使用水准仪确定每层房屋的标高位置。

2.选砖、浇砖

只有选好砖,才能更好地完成砌筑墙体的任务。合格的砖不仅能达到设计要求的力学性能,而且外观尺寸、颜色也要合格,尤其是在砌清水墙时,选好砖更为重要。砖的力学性能除抽样到实验室做实验外,现场还应进行目测检查,目测检查应做到以下几点:

(1)砖的外观不能缺棱掉角,颜色要均匀一致。

(2)砖的尺寸:砖的 240 mm×115 mm 面叫大面,240 mm×53 mm 面叫顺面,115 mm×53 mm 面叫顶面。砌砖按直长排列,以顺面外露,称顺砖;以顶面外露称丁砖。

粘土砖虽然国家有统一规定的尺寸要求,但是每个砖厂出产的砖尺寸不一致,检测时将一个条面上放两个丁面,外边对齐时两个丁面的缝应是 10 mm。

(3)在常温下施工,粘土砖应在砌筑提前一天浇水润湿。水进入砖深度 10～20 mm 为宜。

(4)在一般情况下,一栋建筑物所用的砖应是由一个砖厂制作,中途不得换砖。

3.皮数杆制作和设立

皮数杆是砌筑墙体的竖向标高的依据,它表示砌体的层数和建筑物各种门窗、洞口、梁板的高度。因此,皮数杆制作和设立时应符合以下要求:

(1)以建筑物设计的结构标高为准。皮数杆到建筑物的设计标高必须是整层。例如:窗台处设计标高为 0.9 m,每皮砖厚 54 mm,加上 10 mm 灰缝,合计为 64 mm。砖的皮数=900/64=14.06 层,不是整数层。这时可以取 14 层,但是 14 层处标高必须是 0.9 m,将误差的尺寸平均分到各层灰缝处,画到门窗过梁处也应该照此种方法处理。有时为了达到建筑物设计标高的准确,窗台以下和窗台以上的灰缝厚度不同,只要这种偏差在允许范围内就可以处理完好。

(2)每皮砖的厚度是根据工地进场的砖,从各砖堆中抽取 10 块砖样,量其总厚度,取其平均值作为画皮数杆的依据。

(3)灰缝厚度为 8～12 mm,一般取 10 mm。

(4)根据砖和灰缝的厚度,计算出的层数画在木制杆上,即为皮数杆。

(5)皮数杆的±0.000 与抄平木桩的±0.000 对准后固定。

(6)二层以上的±0.000 应由首层墙上标定的±0.000 点用钢尺垂直量出层高产生。

(7)皮数杆立在墙的转角,内外墙交接处,楼梯间和施工缝甩槎处,间距不大于 15 m。

4.灰斗和砖的堆放位置

灰斗的间距要适应砌筑者的身高和步距,一般为 1.5 m。第一个灰斗离墙角 0.8 m,灰斗前部及灰斗之间放置双排三层平砖,在门窗口对应的位置可不放砖,灰斗的位置相应退出门窗口边 0.8 m。灰斗和砖与墙的间距为 0.5 m,作为操作走廊,如图 5-33 所示。

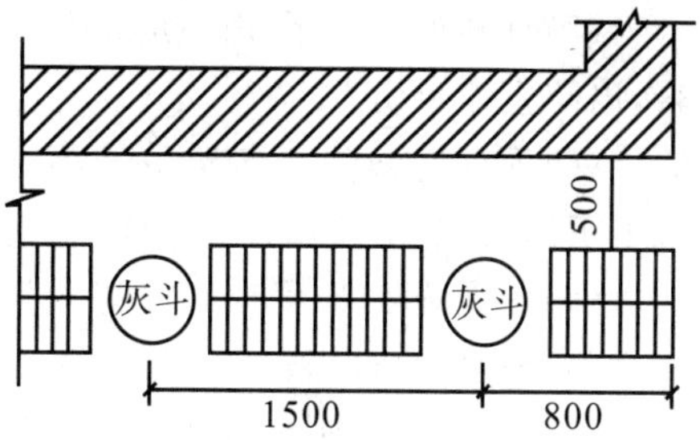

图 5-33　灰斗和砖的排放

5.1.4.3　技术交底和安全交底

1.技术交底

技术交底是项目工长或专业技术人员在施工前向班组的工人进行分项工程施工工艺的

交底,交底时,应根据施工工程的具体情况,提出达到施工规范、规程、工艺的要求及具体的措施,要达到的质量等级的标准等主要内容如下：

(1)分项工程的设计图纸所示关键部位的情况,例如,门窗洞口的尺寸、标高,大梁、圈梁、过梁的尺寸、标高,留槎、设拉筋、木砖预埋件的要求等。

(2)分项工程的施工工艺要求要针对工程的具体情况,提出施工程序、施工方法和操作要点。

(3)提出要达到的质量标准及保证质量的具体措施。

(4)施工组织、平面布置、文明施工、节约材料等方面的要求。

(5)防止产生质量通病的方法及操作中应特别注意的关键部位。

技术交底的方式有许多种,以上内容是以书面形式向施工工人进行技术交底,针对工程的具体情况也可以采用样板交底的形式,以某个工人砌成的质量较好的墙体为样板,提示其他工人照此样去做。对于工作内容比较简单、操作时间较短的项目也可以利用口头交底的形式。

2.安全交底

安全交底是在施工前必须要做的一项书面交底的工作。由工长向施工工人进行安全操作所出的要求,一般包括：

(1)操作之前必须检查操作环境是否符合安全技术要求。

(2)砌筑基础时,注意基坑土质变化,防止塌方伤人。

(3)墙体砌筑高度超过 1.2 m 时,应搭设脚手架,一层以上楼层当采用里脚手架时,应挂水平安全网。

(4)脚手架上堆载不准超过 2.7 kN/m^2,堆砖高度不准超过双排三层半。

(5)楼层施工中,楼板上堆放机具、材料等不准超过使用荷载。

(6)操作人员不准站在墙体上挂线、刮缝、清扫墙面及检查大角。

(7)打转时要面向内,朝墙体,不准向外打转,以防止碎砖伤人。

(8)垂直运输的井字架吊笼等不准超载,不准上下运人,在吊笼稳固后才能上人推车。

(9)冬季施工要及时清扫脚手架上的冰霜、积雪,斜道要设防滑条。

(10)雨季施工刚砌的墙体做好防雨措施。

(11)进入施工现场人员必须戴安全帽。

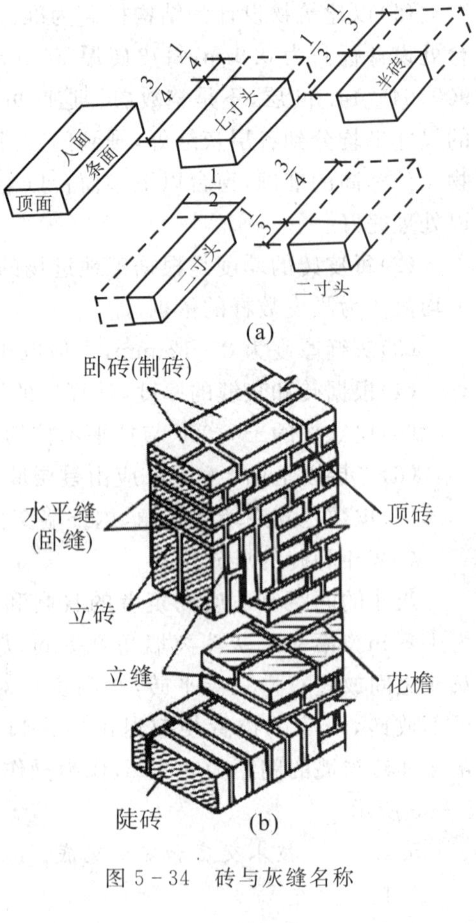

图 5-34　砖与灰缝名称

5.1.4.4　烧结普通砖砌体组砌方法

1.砖砌体编排组砌方式的原则

砖砌体的组砌形式包括砖砌基础、砖墙、砖柱等不同砌体中砖的编排方式。砖的编排方式，不但影响到墙面的美观，而且影响墙体的力学性能，墙体在受力超过其本身的强度，就会出现裂缝。这种裂缝从竖向和斜向贯通墙体形成通缝。如果砌墙时，砖层之间本身就存在通缝，就会更容易使墙身破坏出现裂缝，所以在墙体编排上应考虑以下几点：

(1)编排墙体的组砌形式，首先要从受力情况考虑，墙体的墙面不准出现通缝，上下层的竖缝错开不超过 1/4 砖长，墙内部的通缝不超过 1/4 砖长，砖柱不准采用包心的组砌形式。

(2)编排墙体组砌形式时还要考虑墙面的美观和工人砌墙时采用的习惯组砌方法，例如，当砖的条面和丁面比例不符合规定要求时，采用梅花丁的组砌方法，砌出的墙面比较美观。

(3)编排墙体组砌形式时，不但一面墙体要错缝连接，而且纵横墙间也要错缝连接，尤其是纵横墙间接槎的连接牢固才能使纵横墙组成牢固的整体房屋。

(4)墙体的错缝是利用砖的条面、丁面、斗面、七分头、半砖、二寸头等进行编排、组砌形成。七分头为 3/4 砖长，半砖为 1/2 砖长，二寸头为 1/4 砖长，如图 5－34 所示。

2.砖砌体的组砌方法

普通砖墙的厚度有半砖墙 115 mm、3/4 砖墙 178 mm 厚、一砖墙 240 mm 厚、一砖半墙 365 mm 厚、二砖墙 490 mm 厚，个别的有 4/5 砖墙 300 mm 厚。

砖砌体排列方法有上下皮一顺一丁砌法、梅花丁砌法、三顺一丁砌法、五顺一丁砌法、全顺砌法、丁砌法、三七缝砌法、柱的组砌法、两平一侧、300 mm 厚砖墙组砌法、附墙垛的组砌法、十字墙及丁字墙组砌法。

(1)上下皮一顺一丁砌法

这种组砌方法又称满丁满条。从墙的立面看，为一皮丁砖一皮顺砖，相互错缝 1/4 而砌成。条砖上下对齐的叫十字缝，条砖上下层相错。半砖叫骑马缝，如图 5－35、图 5－36、图 5－37 所示。

一顺一丁砌筑形式适合于砌筑一砖、一砖半及二砖墙。该法砌筑的墙体受力合理，整体性好，易于操作，墙面也容易控制平直，目前应用较广。对砖的尺寸要求严格，如果砖的丁面与条面比例不相符时，砌丁面那皮的竖缝与砌条面那皮的竖缝不一样大小，使墙面砖缝不均匀，影响墙体的美观。而且当砖的规格不一致时，竖缝不易对齐，在墙的转角、丁字接头、门窗洞口等处都要砍砖，因此，效率受到一定限制。所以这种组砌形式一般用于砌基础墙、承重内墙、混水外墙和砖的丁面与条面比例符合要求的清水外墙。

图5－35　上下皮一顺一顶砌法立面

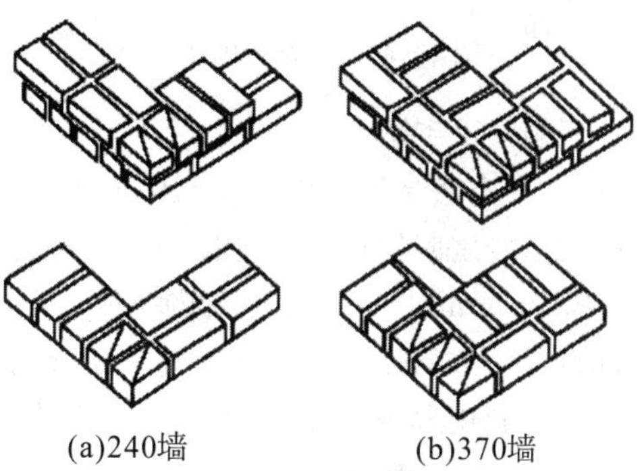

(a)240墙　　(b)370墙

图 5－36　上下皮一顺一定丁砌法平面

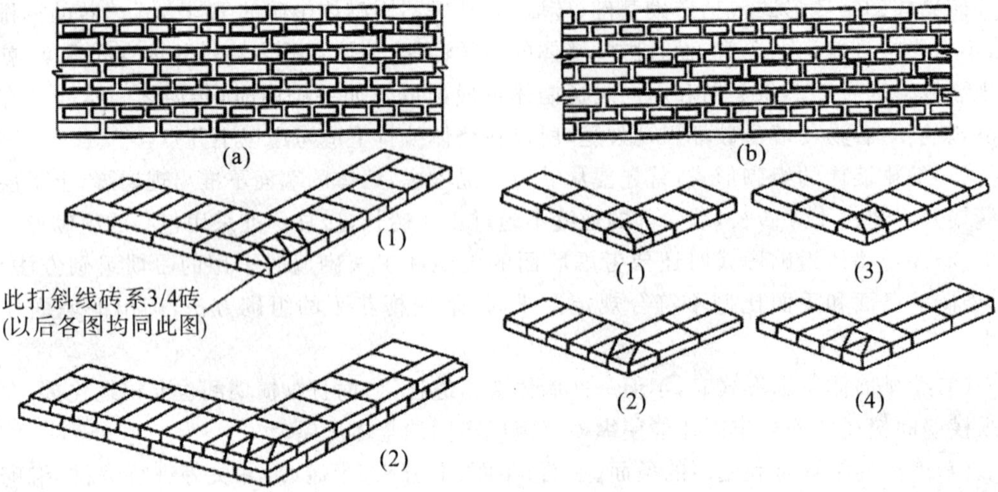

图 5-37　一顺一丁砌法

(a)十字缝;(b)骑马缝

(2)梅花丁砌法(又叫沙包式)

在同一皮上,由顺砖和丁砖相间铺砌而成,上下两皮间竖缝错开 1/4 砖长,丁砖压在条砖的中间。梅花丁砌法墙体厚度至少为一砖,如图 5-38 所示。当砌 370 mm 墙时,如果墙体外面是清水墙里面是混水墙时,可以采用清水墙一面是梅花丁,混水墙一面是双丁双条组成,这样可以避免打砖,这种砌法外竖缝每皮都能错开 1/4 砖长,但是墙体内部有 1/4 砖长的通缝,墙的整体性不如一顺一丁好。梅花丁一般用于清水外墙,对砖的尺寸要求不太严格,但施工比一顺一丁砌法复杂,该法砌筑效率较低。

图 5-38　梅花丁砌法

图 5-39　三顺一丁砌法

(3)三顺一丁砌法

三顺一丁砌法是指三皮顺砖一皮丁砖相互交替叠砌而成,上下皮顺砖之间搭接 1/2 砖长,顺砖与丁砖之间搭接 1/4 砖长,同时要使檐墙与山墙的丁砖层不在同一皮,以利于搭接。当墙厚≥370 mm 时,里墙皮也要砌一顺一丁。这种砌法常在砖的规格不太一致时,以及砌清水墙时使用,容易使墙面达到平整美观,在转角处减少七分头。同时由于顺砖多,砌筑效率较高,且能利用部分半砖,但出现三皮通缝,易使墙体整体性稍差,多适用于砌筑一砖和一砖半墙,如图 5-39 所示。

(4)五顺一丁砌法

这种组砌方法，从墙的立面看，为一皮丁砖五皮顺砖，强度和整体性更次，但能更多地利用半砖。当墙厚≥370 mm 时，里皮墙也要砌一顺一丁，如图 5－40 所示。

（5）全顺砌法

这种组砌方法也称为条砌法，从墙的立面看，每皮砖均为顺砖，各砖错缝均为 1/2 砖长。这种方法主要用于半砖墙，其形式如图 5－41 所示。

图 5－40　五顺一丁砌法

图 5－41　全顺砌法

（6）丁砌法

这种组砌方法，从墙的立面看，每一皮砖均为丁砖，各砖错缝为 1/4 砖长，常用于半圆和弧形砖墙以及圆形建筑物，如烟囱、水塔、水池、圆仓等的墙身，如图 5－42 所示。

（7）三七缝砌法

这种组砌方法，每层都有七分头丁砖，其优点同每皮一顺一丁法，如图 5－43 所示。

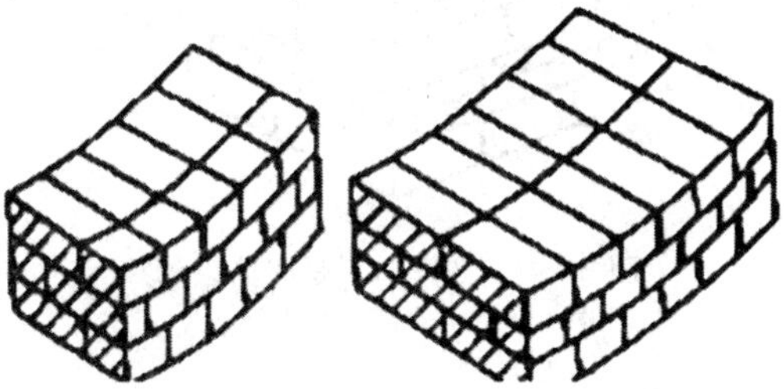

图 5－42　丁砌法

图 5－43　三七缝砌法

（8）柱的组砌法

一般常见的砖柱尺寸有 240 mm×240 mm、370 mm×370 mm、490 mm×490 mm、370 mm×490 mm、490 mm×620 mm 等，其组砌方法如图 5－44 所示。

（9）两平一侧

该砌法又称 180 mm 墙组砌法，是指由两皮顺砖和旁砌一块侧砖相隔砌成。当墙厚为 3/4 砖时，平砌砖均为顺砖，上下皮平砌顺砖与侧砌顺砖间竖缝错开 1/2 砖长；上下皮平砌顺砖与侧砌顺砖间竖缝相互错开 1/2 砖长，上下皮顶砖与侧砌顺砖间竖缝相互错开 1/4 砖长。其组砌方法如图 5－45 所示。这种砌筑形式适合于 3/4 砖墙和 4/5 砖墙。

（10）300 mm 厚砖墙组砌法

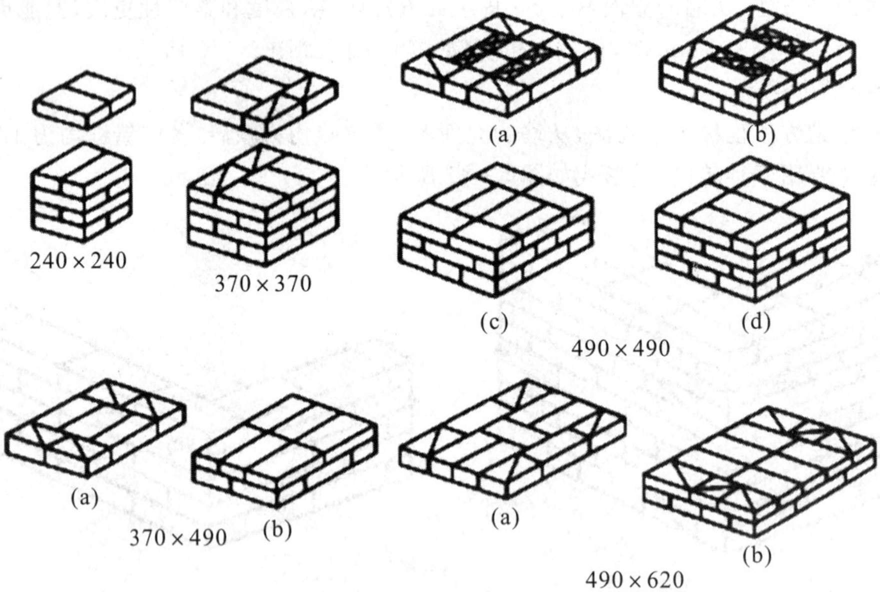

图 5-44　砖柱的组砌法

300 mm 厚砖墙是砌筑两皮砖为一层，平砌部位采用两顺或两丁砖，侧砖仍为一顺砖，第二个砌结面，则平砌与侧面的位置相互交错，如图 5-46 所示。

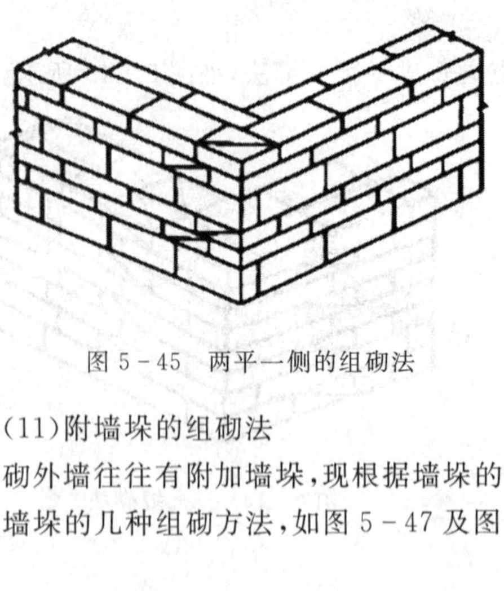

图 5-45　两平一侧的组砌法

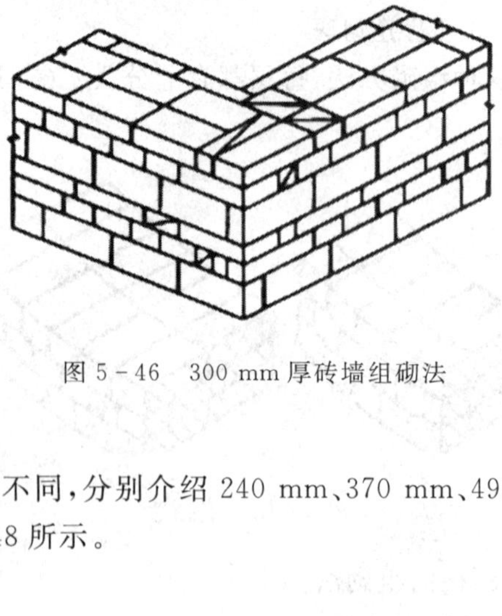

图 5-46　300 mm 厚砖墙组砌法

(11)附墙垛的组砌法

砌外墙往往有附加墙垛，现根据墙垛的尺寸不同，分别介绍 240 mm、370 mm、490 mm 宽度墙垛的几种组砌方法，如图 5-47 及图 5-48 所示。

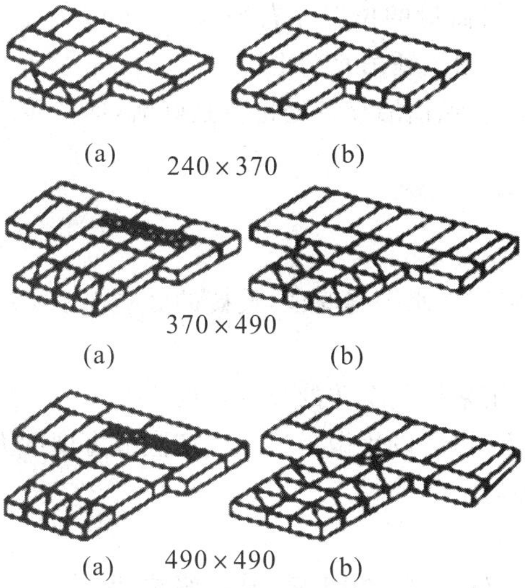

图 5－47　附墙垛理论组砌法

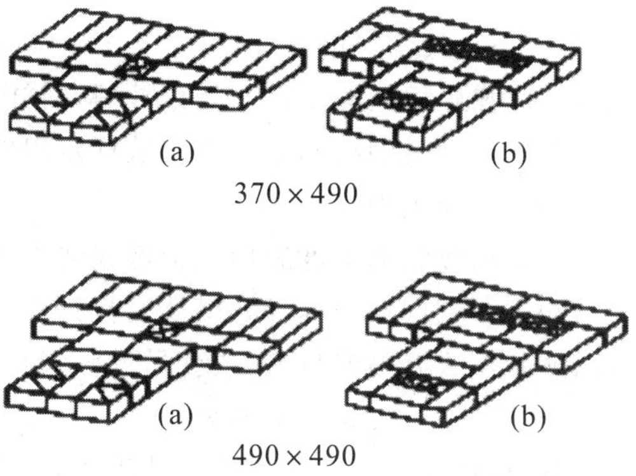

图 5－48　附墙垛习惯组砌法

(12)十字墙及丁字墙组砌法

在内外墙交接及内墙交接时，往往会遇到如图 5－49 及图 5－50 所示的砌法。

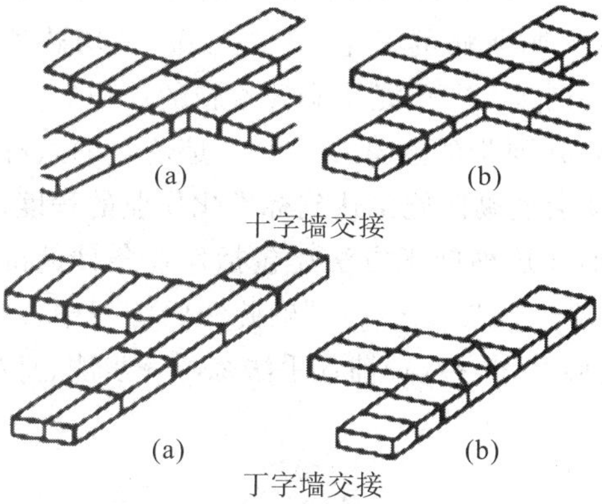

图 5－49　十字墙及丁字墙(240 墙)组砌法

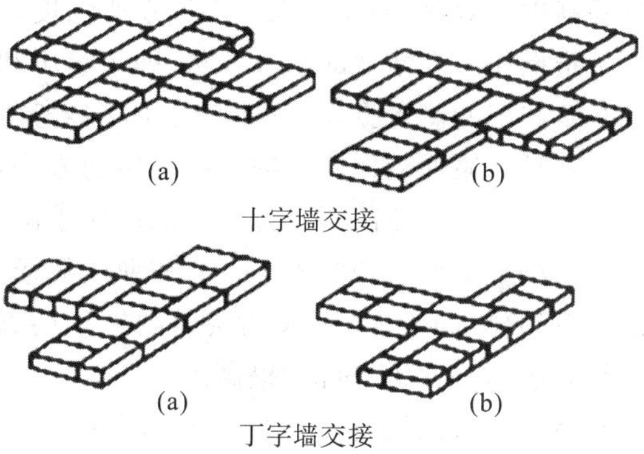

图 5－50　十字墙及丁字墙(370 墙)组砌法

以上各种组砌方法不是绝对的，可以根据各地的经验自行选择，只要达到错缝，拉结整体性好的要求即可。

5.1.4.5　*砖砌体的摆砖撂底*

无论是砖砌基础、墙体和砖柱，在砌筑以前首先砖摆砖撂底后才能进行砌筑，完成一栋砖砌建筑物施工，墙体砌筑的是否美观牢固，按预定的组砌方法进行摆砖撂底，是施工中的关键环节。

1.砖墙摆砖撂底的要求

(1)首先决定砌体采用哪种砌墙方法，内墙与外墙可以采用不同的组砌形式。

(2)必须进行统一摆砖撂底，在门窗口处也要将砖摆过去，在甩门窗口不但尺寸符合要求，而且门窗口两侧砖的组砌是好活，也就是门窗口甩口处正是丁面或七分头、二分头。

(3)门窗口两侧的窗间墙砖的组砌，要对称，不准砌成阴阳膀。

(4)当门窗口两侧不能赶好活时,允许在施工图门窗口的位置左右平移 60 mm,但是 2 层以上的门窗口的位置用经纬仪根据一层位置转上或用线锤吊直转上。

(5)纵横墙交接处、横墙需要隔层伸入纵墙内,所以纵横墙交接处也应是好活,即整砖或七分头、二寸头。

2.砖墙摆砖撂底的操作

(1)在弹好墙线的基础上先摆外墙,后摆内墙。

(2)根据确定的组砌形式和皮数杆定出的竖缝宽度和水平缝厚度,使砖的竖缝与水平缝大小一致,墙面美观。

(3)定出竖缝的宽度后用木板做成要求的尺寸,用来控制摆砖的竖缝宽度。

(4)当摆到门窗口处,纵、横墙交接处不能赶好活时,可以用微量尺寸改变竖缝宽度的大小,已达到摆成好活的目的,改变后的竖缝尺寸应均匀一致。

5.1.4.6 *砌砖操作基本方法*

砌砖操作工艺在我国流传了几千年,从使用瓦刀砌墙到使用大铲,从挤浆法、刮浆法、满口灰法等各种方法的操作到统一的"三一"砌砖法("三一"砌砖法,即是一块砖、一铲灰、一揉压,并随手将挤出的砂浆刮去的砌筑方法),发展到现在的"二三八一"砌筑法,砌砖的施工工艺逐步走向完美。

"二三八一"砌砖法是在"三一"砌砖的基础上发展起来的砌砖操作方法,使用这种方法可以提高砌砖效率、施工质量,降低劳动强度,减少职业病的发生。"二三八一"砌砖法的"二"是指操作中人站立的两种步法,即丁字步和并列步。"三"是指砌砖弯腰的动作的身法,即铲灰拿砖用的侧弯腰,转身铺灰的丁字步弯腰和并列步的正弯腰。"八"是铺灰的八种手法。"一"是挤浆的动作。掌握这种砌砖的方法,就会使砌砖施工达到标准化作业的程度。

"二三八一"砌砖法不只是单一的操作手法,形成这种施工方法还包括作业条件的准备和砂浆的配置都要符合"二三八一"作业的要求。在掌握"二三八一"砌砖法的练习中,应首先从分解动作练起,练习的顺序是:拿砖、选砖、转砖练习→八种铺灰手法练习→步法、身法、铺灰综合练习→熟练、巩固、提高练习。

1.拿砖、选砖、转砖

(1)拿砖时,应以手指夹持砖面,减少砖面与手指的摩擦,防止将手磨破。

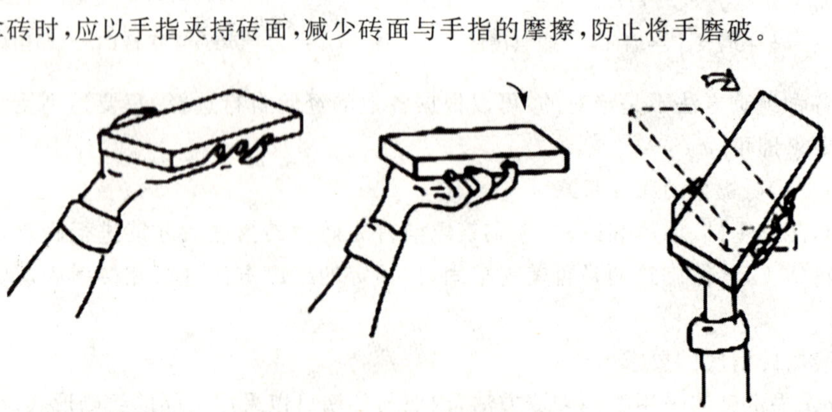

(a)左手平托砖　　(b)四指拔动　　(c)砖旋转

图 5-51　转砖

(2)选砖、砌砖时，应将砖的光面朝外，黏土砖的条面一面是粗面，一面是光面，光面的尺寸比粗面小，所以又叫小面。丁面两个都是光面，缺棱掉角和粗面，应朝里。

(3)转砖。当砖拿到手，朝外的一侧面不符合要求时，要使砖砖面进行选择，所以要进行转砖。转砖时，以拇指处掌面为轴心，拇指不动，用其他四个手指拨动砖，使砖转动180°，用拇指和其他四个手指夹住砖面，如图5-51所示。

2.铺灰手法

(1)铲灰

在练习铺灰以前，首先要练习铲灰，铲灰前先用大铲面将砂浆表面摊平一下，然后轻轻地将铲面插进砂浆中，铲出适合砌一块砖的灰量。铲出的灰在大铲面上位置要准确，靠近里侧成条状。

(2)砌条砖的"甩"法

"甩"是用于砌筑离身较远，砌筑面较低的部位。铲取砂浆成均匀条状，当大铲提升到砌筑部位，将铲面转成90°，顺砖条面中心甩出，使砂浆被拉成条状均匀落下，用手腕向上抖动配合手臂上的挑力来完成。"甩"出的灰条与砖同样长，宽约90 mm，厚约30 mm。落灰正处于要砌的条砖位置上，离墙边15～20 mm，与墙面平行，如图5-52所示。

图5-52　砌条砖甩灰

图5-53　砌条砖扣灰

(3)砌条砖的"扣"法

"扣"法适用于砌近身、较高的砌筑面，或反手砌墙。铲取灰条成条状，当大铲提升到砌筑部位，将铲面转90°，反铲扣除，用手臂向前推出扣落砂浆。"扣"法铲面运动路线与"甩"法正好相反，是手心向下折回动作。落灰点和铺灰形成尺寸与"甩"法相同，如图5-53所示。

(4)砌条砖的"泼"法

"泼"法适用于砌近身及身体后部的砌筑部位。铲取扁平状的灰条，提取到砌筑部位将铲面竖向翻转，使得手柄在前，平行向前推进，泼出灰条成扁平状，灰条厚14～16 mm，宽100 mm左右，长度240 mm.这种动作比"甩"、"扣"简便，熟练后可用手腕转动呈"半泼半甩"动作，这种动作比甩灰条省力，砌砖也省力。砌筑时，可采用"远甩近泼"特别在砌到墙体尽头，身体不能后退，将手臂伸向后部用"泼"的手法完成铺灰，动作轻松自如，如图5-54所示。

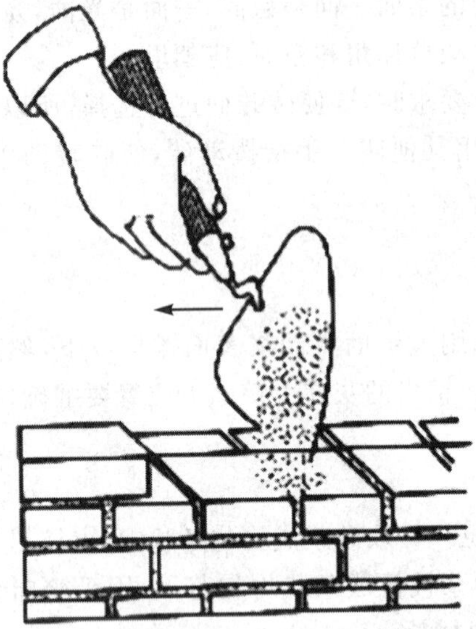

图 5-54　砌条砖泼灰

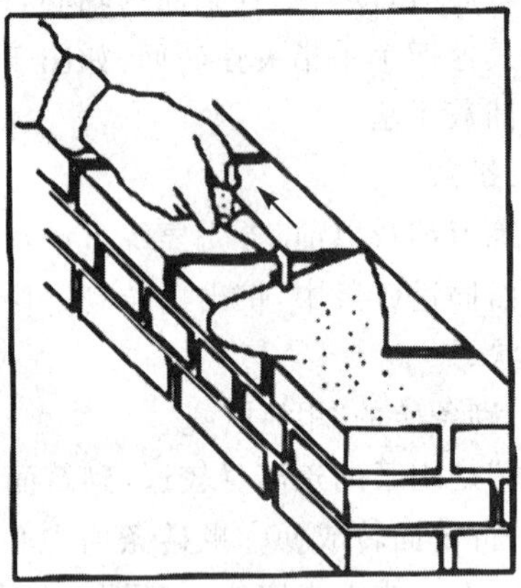

图 5-55　砌条砖溜灰

(5)砌条砖的“溜”法

“溜”法适合砌筑离身较远的部位的砖，是最简单、最省力的铺灰动作。铲取扁平灰条，将铲送到砌筑部位，铲面倾斜，抽铲落灰溜出灰的形状，尺寸与泼出的灰相同，如图 5-56 所示。

(6)砌丁砖的“扣”法

是用于砌三七墙的里丁砖。铲取灰条，当大铲提升到砌筑部位，将铲面横向转 90°，手心向下，用手臂向前推力，扣落砂浆，落灰点恰在要砌的丁砖位置上，铺灰的形状、尺寸与砌条砖甩出的相同，其位置不是出于条砖位置，而是出于丁砖的位置，然后用大铲刮灰条的夹背，使外口形成一个高棱灰条，在砌丁砖时能在竖缝挤上满口灰，如图 5-56 所示。

(7)砌丁砖“溜”法

“溜”法适用于砌丁砖。铲取扁平状的灰条，前部略高，将大铲提升到砌筑部位，铲边比齐墙边，铲面倾斜，抽铲落灰，形成灰条外高里低，如图 5-57 所示。

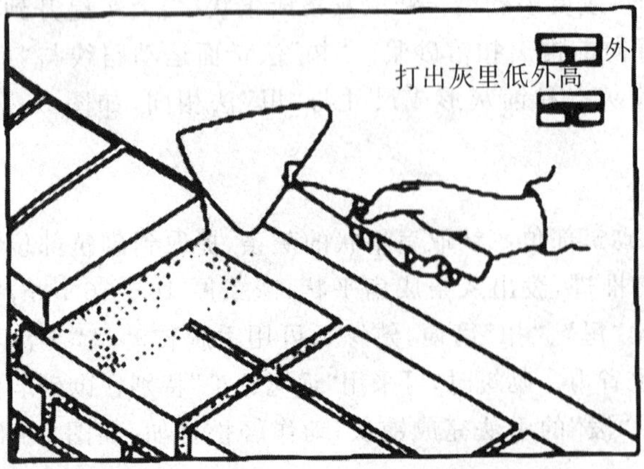

图 5-56　砌丁砖扣灰

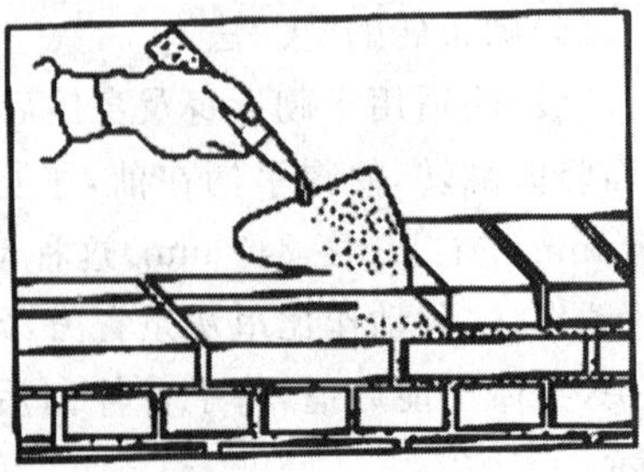

图 5-57　砌丁砖溜灰

(8)砌丁砖"泼"法

"泼"法适用于里脚手架砌外丁砖。泼灰分两种,反泼用于砌离身较远的部位,如图5－58所示。铲取扁平灰条,将大铲提升到砌筑部位,顺丁砖的方向,将铲面翻转,反腕横向平拉,将灰铺于丁砖处,形成外高里低的灰条。正泼用于砌近身正面对墙部位,用正腕往怀里带,形成灰条,反泼如图5－59所示。

图5－58　砌丁砖正泼灰

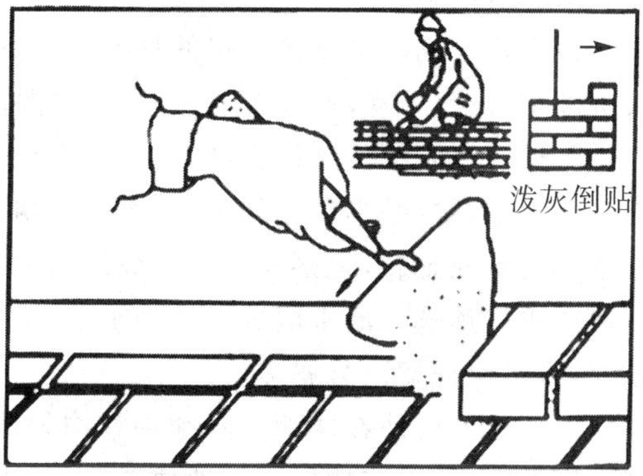

图5－59　砌丁砖平拉反泼灰

(9)砌丁砖"一带二法"

由于砌丁砖时,外口灰不易挤严,有的瓦工采取打碰头灰的砌法,先在灰槽处在砖上打碰头灰,然后再铲取砂浆转身铺灰,这样砌一块砖要做两次铲灰动作,如图5－60所示。"一带二"是把这两个动作合二为一,利用在砌筑面上铺灰之际,将砖的丁头伸入落灰接打碰头灰,故称"一带二"。"一带二"铺灰后需用大铲摊平砂浆,然后挤浆。接打碰头灰,如图5－61所示为将砂浆摊平。

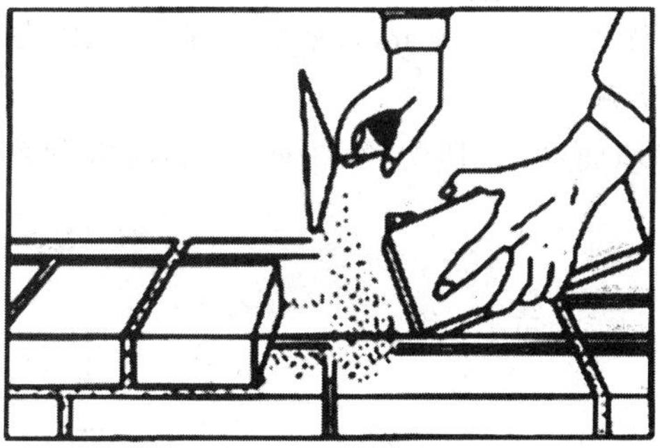

图5－60　接答碰头灰

图5－61　摊平砂浆

以上几种铺灰手法要求落灰点准确,灰量合适砌一块砖用,铺出灰条均匀、一次成形,以减少铺灰后再用大铲摊平砂浆等多余动作。砌筑时,要依照砌筑部位的变化,有规律的变换手法,做到动作简练,省力、快速地进行砌砖,从而提高砌筑的效率。由于各种铺灰动作采取交替活动,使手臂、腕关节各部分肌肉在作业中能得到休息,也能获得消除疲劳'预防职业病的效果。

5.1.5 砌筑墙体的操作要领及注意事项

以上介绍了砌砖操作的基本方法。此外，还应熟练掌握基本的操作技能和操作要领以及注意事项，才能很好地完成砌筑工程的施工任务。

操作要领概括为“注意选砖，横平竖直，灰缝均匀，砂浆饱满，上下错缝，咬槎严密，上跟线，下跟棱，不游丁，不走缝”。

1.润砖。润砖是砌筑工程的重要一环。常温下，润砖应在砌筑前 1～2d 浇水浸湿，以浸入深度 15 mm 为宜，不应太干，也不可过湿。干砖难于操作，湿砖则造成砂浆流淌。

2.选砖。同批砖有优劣，同一砖四面也不相同，物尽其用，砌筑不同部位，选配适宜的砖面是一项重要的基本功。选砖的要领是“执一备二眼观三”。具体操作是用手掌托起砖块，在掌上旋转或翻转，观察和选定完好的砖面，用于所砌墙体部位。同时，在取砖时，对第二、三块砖也应预选。清水墙选砖尤为重要，应选取规格一致、颜色相同、光滑方整的砖面放在外面，方可保证墙面整齐美观。

3.放砖。砖块在墙面上必须平整均匀，严禁倾斜，当里手高时墙面张；当里手低时墙面背。因此，砌筑时应均匀水平地放置砖块，避免形成鱼鳞墙而影响美观。

4.跟线穿墙。砌砖一定要跟线，要遵循“上跟线，下跟棱，左右相跟要对平”的口诀，即砖的上棱边应距线 1 mm 左右，下棱边要与下已砌的砖棱平，左右前后位置要准确。

穿墙是指从上面第一块砖往下穿看到底。每皮砖都要在同一平面上，如有出入，及时修理纠正。

5.认真自检。一般砌三层砖要用线锤吊大角，五皮砖用靠尺检查墙面垂直平整度，即所谓的“三层一吊、五层一靠”。

当砌到一步架时，要用托线板全面检查垂直及平整度，墙体大角应绝对垂直平整，若有偏差，及时纠正，严禁砸撬墙体。

6.及时划缝。砌清水墙应随砌随划缝，划缝深度为 8～10 mm，划缝应深度一致，划缝完成后用笤帚清扫干净，混水墙应随砌随刮净舌头灰。

7.保持清洁，文明操作。铺灰挤浆时应保持墙面清洁，切勿掉、扔砖头，随时收起落地灰，做到活完脚底清。

学习情境 5.2 砖墙砌筑的施工

5.2.1 砌体结构施工图的识读

5.2.1.1 概述

在砌体结构主体施工中，首先应读懂施工图的要求，按施工图要求做好施工准备工作。

在进行砌体结构主体施工时，主要读懂房屋建筑图，其包括：建筑平面图、剖面图、立面图和墙身详图。

将一幢房屋的全貌及各细部，按正投影原理及建筑制图的有关规定，准确而详细地在图纸上表达出来，就是房屋建筑图。房屋建筑图是指导房屋施工、设备安装的技术文件。

1.房屋的类型及组成

房屋按使用功能可以分为民用建筑(居住建筑、公共建筑)、工业建筑(厂房、仓库等建筑)和农业建筑(粮仓、饲养场等)。各种不同功能的房屋,虽然它们的使用要求、空间组合、外形、规模等各不相同,但是构成建筑物的主要部分一般都有基础、墙、柱、梁、楼板、地面、楼梯、屋顶、门、窗等,此外还有阳台、雨篷、台阶、窗台、雨水管、明沟或散水,以及其他一些构配件。

2.房屋的建造过程和房屋施工图的分类

建造房屋要经过两个过程,一是设计,二是施工。首先,根据所建房屋的要求和有关技术条件,进行初步设计,绘制房屋的初步设计图,初步设计图是设计过程中用来征求意见的图样,比较简略,经研究、修改和审批之后,再完整、详细地绘制出房屋施工图。房屋施工图是建造房屋的技术依据,是直接用来指导施工的,要求表达完整、尺寸齐全、准确无误。

房屋施工图由于专业分类不同,又分为建筑施工图、结构施工图和设备施工图,简称"建施"、"结施"和"设施"。设备施工图按需要又分为给排水施工图、采暖通风施工图、电气施工图等,简称"水施"、"暖施"和"电施"。

由此可见,在房屋的设计阶段,需要绘制初步设计图和施工图;在施工阶段,要读懂整套施工图,并按照图纸进行施工。因此,从事建筑专业的工程技术人员,必须掌握识读和绘制房屋施工图的其本技能。

3.房屋施工图的有关规定

为了保证制图质量、提高效率、表达统一,绘制和阅读房屋施工图应依据正投影原理及视图、剖面图和断面图的基本图示方法,遵守《房屋建筑制图统一标准》GB/T50001－2001;在绘制和阅读总平面图时,应遵守《总图制图标准》GB/T50103－2001;在绘制和阅读建筑平面图、建筑立面图、建筑详图时,应遵守《建筑制图标准》GB/T50104－2001;在绘制和阅读结构施工图时,应遵守《建筑结构制图标准》GB/T50105－2001;在绘制和阅读给水排水施工图时,应遵守《给水排水制图标准》GB/T50106－2001。现就下列几项简要说明有关规定的主要内容和表示方法。

(1)图线

建筑专业制图采用的各种线型、线宽,应符合《建筑制图标准》中的规定,如表5－18所示。绘图时,应按照所绘图样的具体情况选定粗实线的宽度"b",其他线型的宽度也就随之而定;如果所绘图样比较简单,可采用两种线宽的线宽组,其线宽比为b∶0.25b。

表5－18　建筑制图中的图线

粗实线	———————	b	平面图、剖面图及详图中被剖切到的主要轮廓线;立面图中的外轮廓线;构配件详图中的可见轮廓线。如墙的断面轮廓线;剖切符号等。
中实线	———————	0.5b	平面图、立面图、剖面图中建筑物构配件的轮廓线;平面图、剖面图中被剖到的次要建筑物构造(包括构配件)的轮廓线;构配件详图中的一般轮廓线。如楼梯、踏步、台阶、花坛等
细实线	———————	0.25b	尺寸线、尺寸界线、索引符号、标高符号、门窗分格线、图例线、粉刷线等
中虚线	– – – – – – – –	0.5b	不可见轮廓线;拟扩建的建筑物轮廓线
细点划线	—— —— —— ——	0.25b	中心线、对称线、定位轴线
折断线	———\/———	0.25b	不需画全的断开界线

(2)比例

建筑专业制图选用的比例，应符合《建筑制图标准》中的有关规定，如表 5－19 所示。

表 5－19　建筑制图比例

图名	比例
建筑物或构筑物的平面图、立面图、剖面图	1∶50、1∶100、1∶200
建筑物或构筑物的局部放大图	1∶10、1∶20、1∶50
配件及构造详图	1∶1、1∶2、1∶5、1∶20、1∶50

(3)常用图例

表 5－20　常用构造及配件图例

名称	图例	说明
楼梯	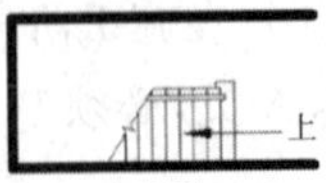底层 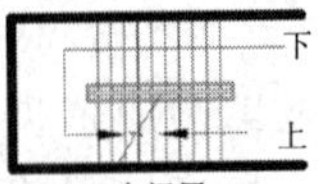中间层 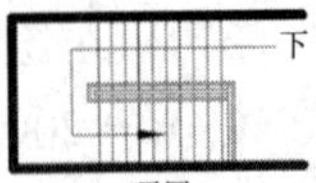顶层	1. 平面图 2. 楼梯的形式和步数应按实际情况绘制
单层固定窗	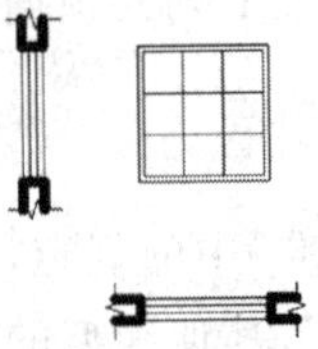	1. 窗的名称代号用 C 表示 2. 立面图中的斜线表示窗的开启方向，实线为外开，虚线为内开；开启方向线交角的一侧安装合页 3. 图例中，剖面图所示左为外，右为内，平面图所示下为外，上为内 4. 平、剖面图上的虚线，仅说明开关方式，在设计图中不需要表示
单层外开上悬窗	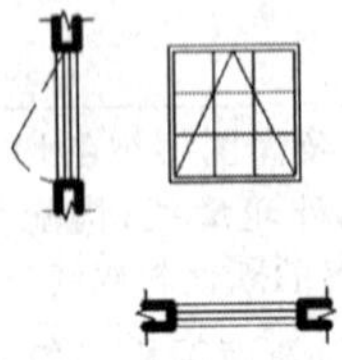	
单层外开平开窗	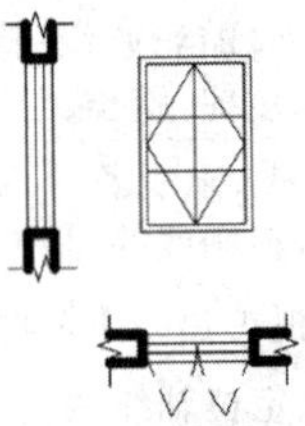	

名称	图例	说明
单扇门（包括平开式单面弹簧）	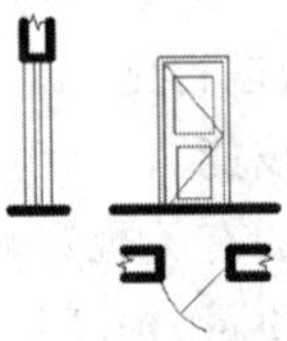	1. 门的名称代号用 M 表示 2. 图例中剖面图左为外，右为内，平面图下为外，上为内 3. 立面图上开启方向线交角的一侧安装合页，实线为外开，虚线为内开 4. 平面图上门线 45°或 90°开启弧线宜绘出 5. 立面图上的开启线在一般设计图中可不表示，在详图及室内设计图上应表示
双扇门	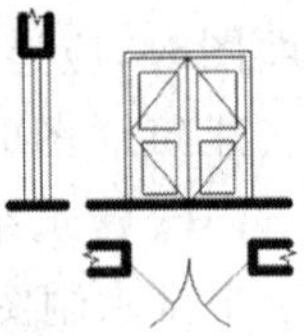	
单扇双面弹簧门	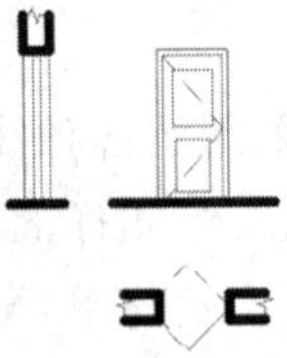	
墙中单扇推拉门	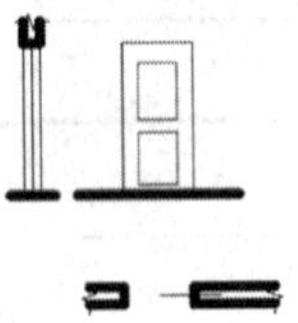	
双扇双面弹簧门	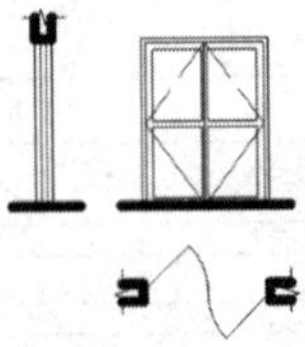	

建筑物和构筑物是按比例缩小绘制在图纸上的，对于有些建筑构件及建筑材料，往往不可能按实际投影画出，同时用文字注释也难以表达清楚。为了得到简单而明了的效果，《建筑制图标准》规定了统一的图例和代号，常用构造及配件图例见表 5－20，常用建筑材料图例，见表 5－21。

表 5－21　常用建筑材料图例

名称	图例	说明
自然土壤		包括各种自然土壤
夯实土壤		
砂、灰土	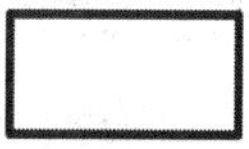	靠近轮廓线处点较密
普通砖	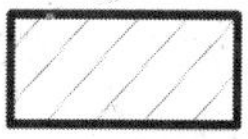	包括砌体、砌块；断面较窄不易画图例时可涂红
饰面砖		包括铺地砖、马赛克、陶瓷棉砖、人造大理石等
混凝土	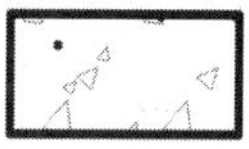	本图例仅适用于能承重的混凝土及钢筋混凝土；包括各种标号、骨料、添加剂的混凝土；在剖面图上画钢筋时，不画图例线；断面较窄不易画图例线时可涂黑
钢筋混凝土		
毛石	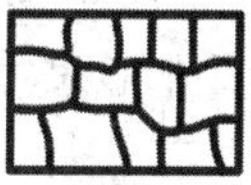	
木材	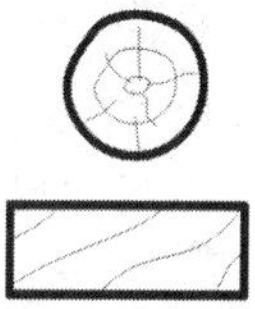	上图为横断面，下图为纵断面
防水材料		构造层次多或比例较大时，采用上面图例

(4)标高

标高是标注建筑物高程的另一种尺寸形式。标高分绝对标高和相对标高两种。绝对标高以黄海平均海平面为零点，相对标高以单个建筑物的室内底层地面为零点，写成±0.000。建筑施工图中的标高符号应按图 5－62(a)所示形式以细实线绘制，图 5－62(b)所示为具体画法。标高数字以米为单位，精确到小数点后三位数（总平面图中精确到小数点后两位数），标注方法如 5—62(c)所示。标高数字前“－”表示该面低于零点标高，高于零点的标高不注“＋”号。如在同一位置表示几个不同标高时，数字可按图 5－62(d)的形式注写。

5.2.1.2　建筑施工图

建筑施工图是表示建筑物的总体布局、外部造型、内部布置、细部构造、内外装修以及施工要求的图样。建筑施工图主要用来作为施工放线、砌墙、安装门窗、室内外装修以及编制预算和施工组织计划等的依据。一般包括总平面图、建筑平面图、建筑立面图、建筑剖面图和建筑详图。

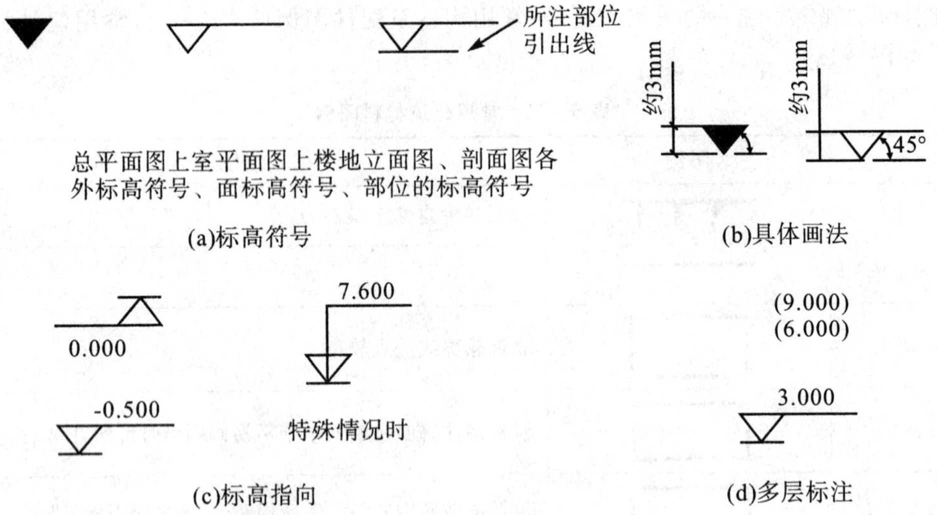

图 5-62 标高符号

1. 建筑施工图的识读要求

(1)建筑平面图的识读

利用以前所学过的制图和识图的知识，看懂建筑平面图所表示的内容，在识读建筑平面图时，应掌握以下内容：

1)平面图所表示各房间的开间、进深尺寸，建筑物的平面外形尺寸及各轴线间的尺寸，定位轴线的数量等。

2)各房间的名称，楼梯间的位置等。

3)各道墙上门窗洞口的位置和尺寸，门窗的种类、数量和尺寸。

4)各道墙体的厚度，所用材料，墙体的内外边线与轴线的关系和尺寸。

5)梁、过梁、圈梁、构造柱的编号、数量、位置、形状、尺寸。

6)各房间的设备与墙体有关的细节要求。如暖气沟、消防箱、电闸箱等装置在墙体内的要求、尺寸位置。

7)平面图外围四周墙各自的朝向。

8)楼面各部位的建筑标高。

(2)建筑剖面图的识读

剖面图应读懂以下内容：

1)首先识别建筑剖面图在建筑平面图上的剖面位置和所剖切的建筑部位。

2)掌握剖面图剖切部位的建筑标高，包括室外地坪标高，首层地面标高，窗台标高，过梁、圈梁标高，大梁、楼板标高，挑檐、阳台、雨篷等标高。

3)掌握楼梯间、楼梯梁、休息平台等标高位置。

(3)建筑立面图的识读

在识读建筑立面图时，应掌握以下的内容：

1)首先识读建筑立面图所表示建筑物的哪个里面。

2)掌握各立面的装饰的要求。

3)掌握各立面上各层墙体上门窗、挑檐、阳台、雨篷的形式等。

(4)建筑详图的识读

在施工图中,由于平、立、剖面图的比例较小,许多细部无法表达清楚,必须用较大比例绘制局部详图,以表示其细部构造及尺寸。在识读详图时应掌握以下内容:

1)识读详图索引。根据详图索引的编号和详图所在施工图的编号,查找详图的方法。

2)读懂详图所表示的内容、细部尺寸和总体构造的相互关系。

(5)标准图的识读

在建筑施工图设计时,将那些经常使用的公共配件编制成图集,便于各施工图共同引用的图集称为标准图,所以在识图时,还要掌握标准图的识读方法。

标准图的识读,主要是通过施工详图索引及所标明的标准图集名称、页数及详图的编号,查找对应的图集。

2. 总平面图

将拟建工程四周一定范围内的新建、拟建、原有和拆除的建筑物连同其周围的地形地物状况,用水平投影和相应的图例所画出的图样,称总平面图。它能反映出新建房屋和原有房屋的位置、朝向、道路、绿化等的布置以及地形、地貌、标高等。总平面图是新建房屋施工定位、土方施工以及其他专业(如水、暖、电、煤气等)管线总平面图设计的重要依据。

总平面图一般采用1∶500、1∶1000、1∶2000的比例,表5-22给出了总平面图中的部分图例。

表5-22 总平面图常用图例

名称	图例	名称	图例
新建建筑物	 右上角用点数 或数字表示层数	原有道路	
		台阶	 箭头表示向上
原有建筑物	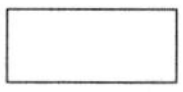		
拆除的建筑物		填挖边坡	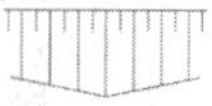
新建道路	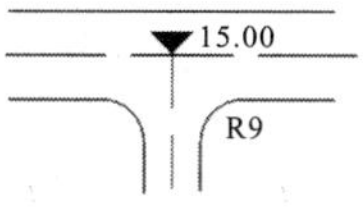	围墙及大门	
		阔叶灌木	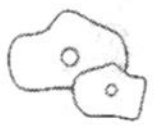

在总平面图中,除图例以外,通常还要画出带有指北方向的风向频率玫瑰图(简称风玫瑰图,参见图5-63右下角所绘图形),用来表示该地区常年的风向频率和房屋的朝向。风玫瑰图是根据当地多年平均统计的风向次数,按一定比例绘制的,风的吹向是从外吹向中心。实线表示全年风向频率,虚线表示夏季风向频率。

在总平面图中,常标出新建房屋的总长,总宽和定位尺寸,新建房屋室内底层地面和室外地面的绝对标高,尺寸和标高都以"m"为单位,注写到小数点以后两位数字。

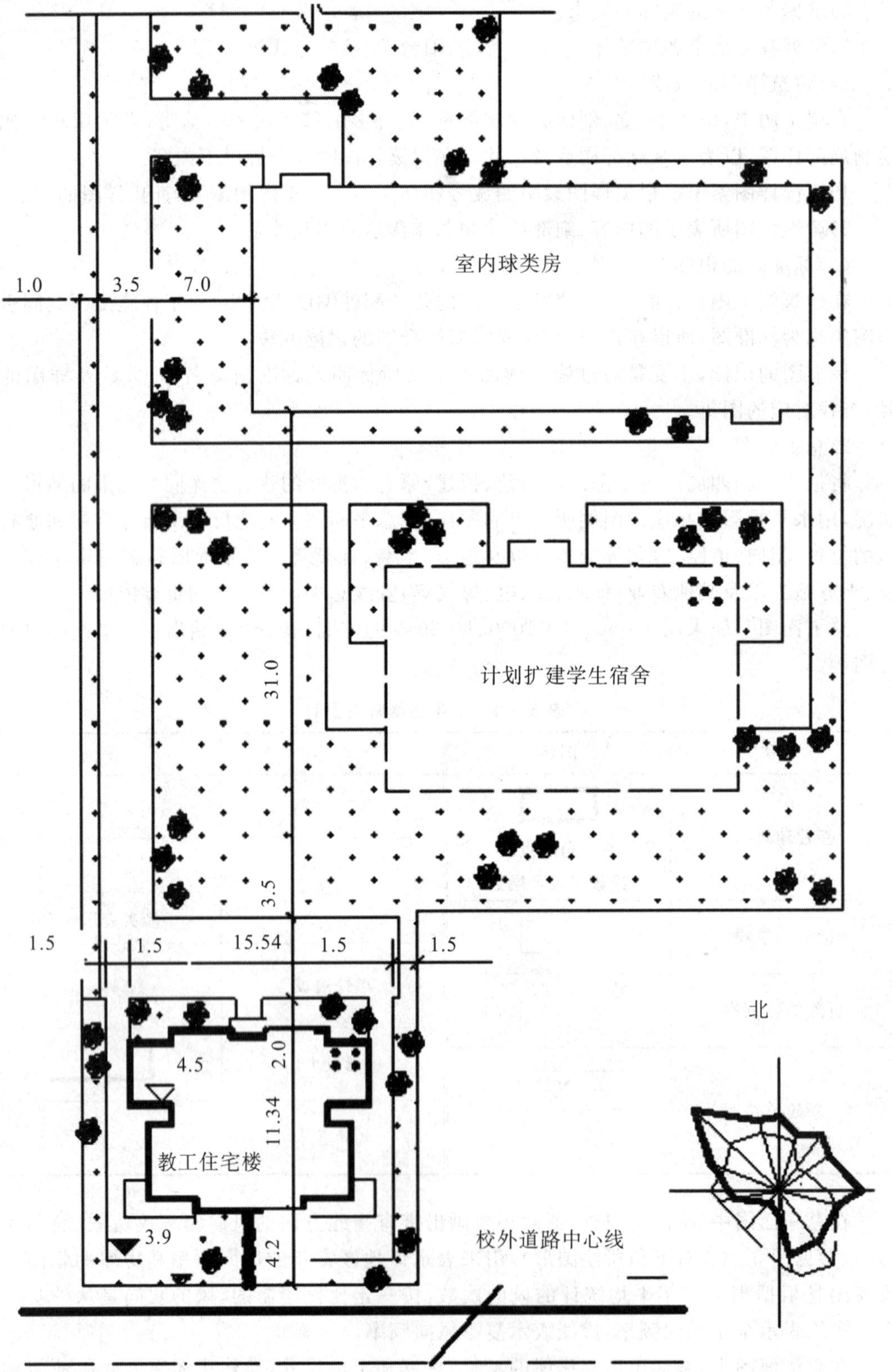
室内球类房
1.0
3.5
7.0
计划扩建学生宿舍
31.0
3.5
1.5
1.5
15.54
1.5
1.5
北
4.5
2.0
11.34
教工住宅楼
3.9
4.2
校外道路中心线

图 5-63　总平面图

3.建筑平面图

建筑平面图是房屋的水平剖面图，是假想用一个水平剖切面，沿门窗洞的位置将房屋切开，移去剖切平面上方的房屋，将留下的部分向水平投影面做正投影所得到的图样。它主要用来表示房屋的平面布置情况，在施工过程中，是进行放线、砌墙和安装门窗等工作的依据。

(1)图示内容

一般的，建筑平面图应包括以下内容：

1)图名、比例、朝向、层次；

2)纵、横定位轴线及其编号；

3)墙、柱的断面形状和大小；

4)各房间的分隔情况，门窗布置及型号；

5)楼梯梯段的走向和级数；

6)其他构配件如台阶、雨篷、阳台的位置，卫生间、厨房、壁橱等固定设备及雨水管、明沟的布置；

7)轴线间距、各建筑构配件的定形尺寸、定位尺寸以及楼地面的标高；

8)剖面图的剖切符号；

9)详图索引符号；

10)施工说明等。

(2)相关规定和要求

1)定位轴线

定位轴线用细点划线绘制，其编号注在直径为8～10 mm的圆内，圆心在定位轴线的延长线或延长线的折线上。平面图上定位轴线的编号，标注在图样的下方与左侧，横向编号用阿拉伯数字，从左至右顺序编写，竖向编号用大写拉丁字母(I、O、Z除外)从下至上顺序编写。在标注非承重的分隔墙或次要的承重构件时，可在两根轴线之间附加轴线，附加轴线的编号应按图5-64所规定的分数表示。

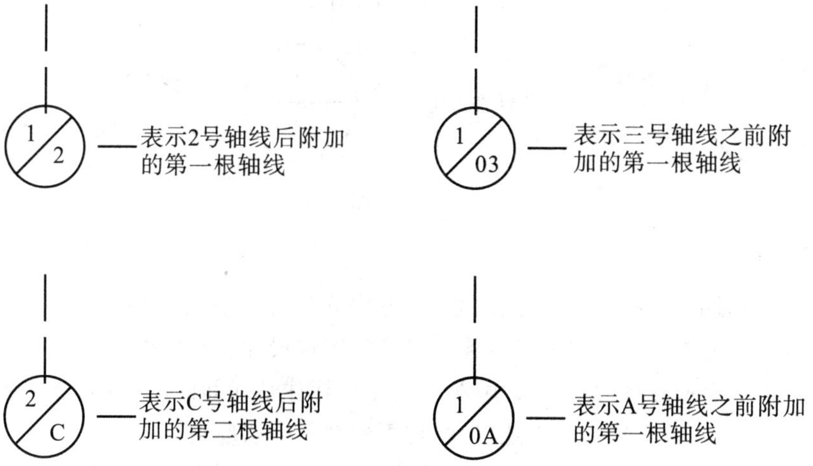

图5-64　附加轴线及其编号

2)图线

建筑平面图中被剖切到的主要轮廓线，如墙的断面轮廓线用粗实线表示；次要轮廓线，如楼梯、踏步、台阶等，用中实线表示；图例线、引出线、标高符号等用细实线表示。

3)符号和图例

在底层平面图上应画出指北针，所指方向应与总平面图中风玫瑰的指北方向一致。指北针用细实线绘制，圆的直径为 24 mm，指北针尾部宽为 3 mm，指针尖端指向北，由指北针可以看出整幢住宅和各个房间的朝向。

对需要另画详图表达的局部构造或构件，应在图中相应部位用索引符号索引；而索引出的详图，则应画出详图符号。索引符号以细实线绘制，圆的直径为 10 mm，引出线应指在要索引的位置上，当引出的是剖面详图时，用粗实线表示剖切位置，引出线所在的一侧为剖视方向，圆内编号的含义如图 5－64 所示；详图符号应以粗实线绘制，直径为 14 mm，当详图与被索引的图样不在同一张图纸内时，可用细实线在详图符号内画一水平直径，圆内编号的含义如图 5－65 所示。

比例为 1：100、1：200 时，建筑平面图中的墙、柱断面不画建筑材料图例，而按《建筑制图标准》的规定，采用简化画法，砖墙涂红，钢筋混凝土涂黑。

门窗按规定图例绘制，代号分别为 M、C，钢门、钢窗的代号分别为 GM、GC，代号后面的阿拉伯数字是它们的型号。

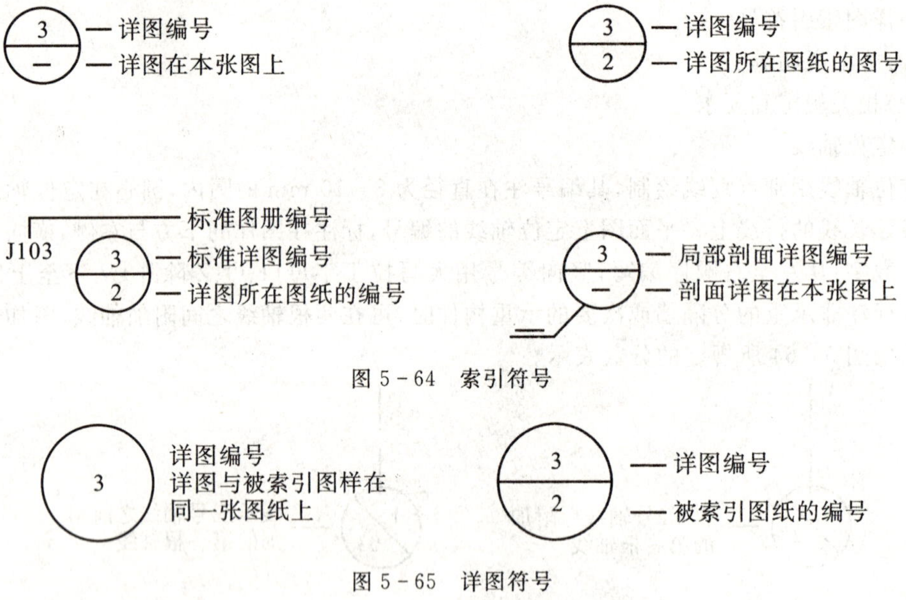

图 5－64　索引符号

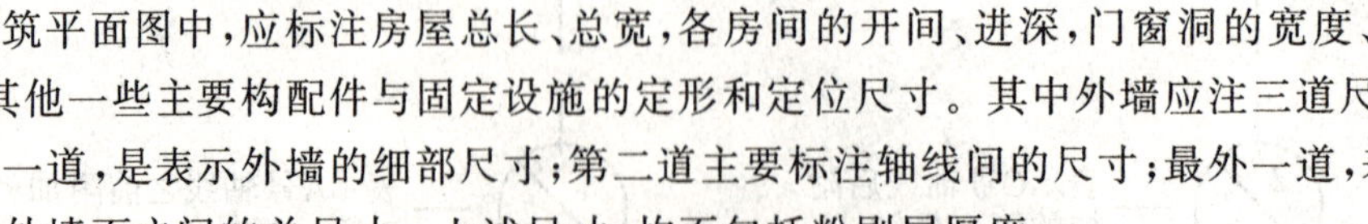

图 5－65　详图符号

4)尺寸标注

在建筑平面图中，应标注房屋总长、总宽，各房间的开间、进深，门窗洞的宽度、位置、墙厚，以及其他一些主要构配件与固定设施的定形和定位尺寸。其中外墙应注三道尺寸，最靠近图形的一道，是表示外墙的细部尺寸；第二道主要标注轴线间的尺寸；最外一道，表示这幢住宅两端外墙面之间的总尺寸。上述尺寸，均不包括粉刷层厚度。

在建筑平面图中，宜标注室内外地面、楼地面、阳台等处的完成面标高，即包括面层(粉刷层厚度)在内的建筑标高。在底层平面图中，还应标注出地面的相对标高，在地面有起伏处，应画出分界线。

(3)建筑平面图识读

底层平面图是在底层窗台之上，底层通向二层楼梯平台之下水平剖切后，按俯视方向投射所得到的图形，主要反映这幢住宅底层的平面布置和房间大小。

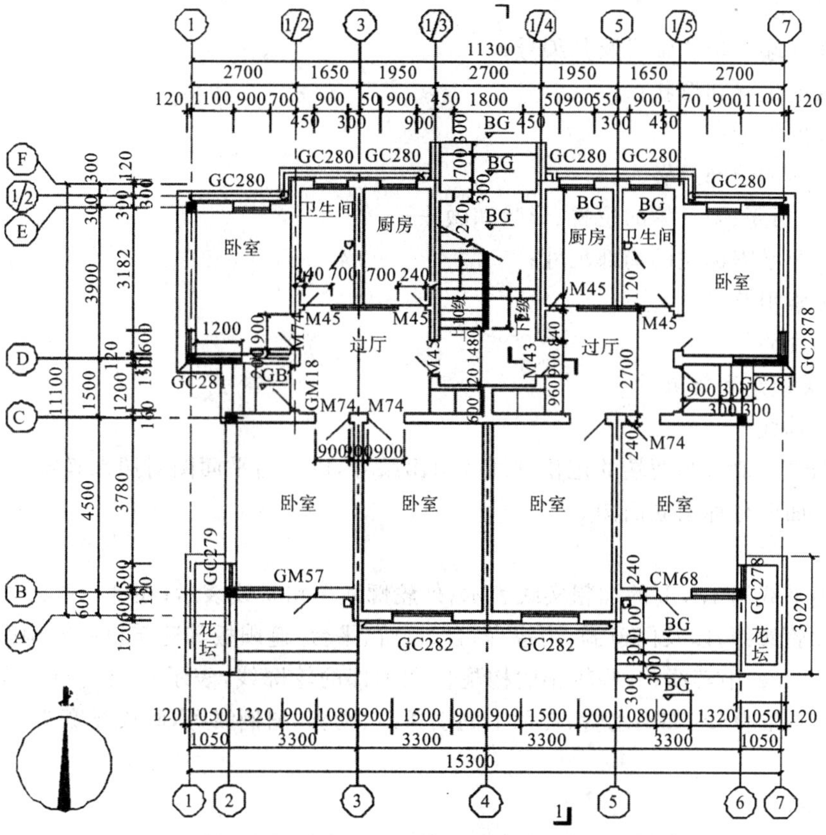

图 5－66　底层平面图

图 5－66 表示这幢住宅楼的底层平面图。图中可看出住宅北面室外标高为－0.600 m，上两级台阶后标高为－0.320 m，进门洞后标高为－0.300 m，上两级踏步，至标高为±0.000 m的地面，继续上 18 级台阶则到达二楼楼面。底层分东西两户，每户各有三个卧室、一个过厅、一个厨房和一个卫生间。从门 M43 进入任一户，首先是一过厅，过厅的大门(M43)旁边，有一个壁橱；过厅与厨房、卫生间之间有玻璃隔墙分隔；过厅向南，分别有大、小两间朝南卧室，大的开间为 3300 mm，进深为 5100 mm，小的开间为 3300 mm，进深为 4500 mm；过厅向北，有一小卧室，开间 2700 mm，进深为 3900 mm；另外还可看到室外构配件和固定设施，如房屋四周的明沟、散水和雨水管的位置；北面的门洞外、住宅的东侧和西侧(过厅通往室外处)，东南角和西南角分别有台阶和平台；在东南角和西南角的台阶角隅外，各有一个花坛。

4. 建筑立面图

建筑立面图是在与房屋立面相平行的投影面上所作的正投影。它主要用来表示建筑物的体型和外貌，并表明外墙面的装修要求。

房屋有多个立面，通常把房屋的主要入口的立面图画为正立面图，从而确定背立面图和侧立面图。有定位轴线的建筑物，根据两端定位轴线编号确定立面图名称；无定位轴线的建筑物，则可按房屋的朝向来定立面图的名称，例如南立面图、东立面图。

(1)图示内容

1)图名、比例；

2)立面两端的定位轴线及其编号；

3)门窗的位置和形状；

4)屋顶的外形；

5)外墙面的装饰及做法；

6)台阶、雨篷、阳台等的位置、形状和做法；

7)标高及必需标注的局部尺寸；

8)详图索引符号；

9)施工说明等。

(2)相关规定和要求

1)定位轴线

立面图中一般只画两端的定位轴线并给出编号，以便与平面图对照来确定立面的朝向，如①～⑦立面图也称南立面图。

2)图线

室外地平线用1.4 b的加粗实线表示；外轮廓线用粗实线表示；在外轮廓线之内的凹进或凸出墙面轮廓线，以及门窗洞、雨篷、阳台、台阶、平台、遮阳板等建筑设施或构配件的轮廓线，画成0.5 b的中实线；一些较小的构配件和细部的轮廓线，表示立面上凹进或凸出的一些次要构造或装修线，如雨水管，墙面上的引条线、勒脚、图例线等，画成线宽为0.25 b的细实线。

3)尺寸标注

在立面图中，一般不标注房屋的总长和总高，也不标注门、窗的宽度和高度尺寸，而应标注室内外地面、楼面、阳台、平台、檐口、门、窗等处的标高。在建筑立面图中注写标高时，除门、窗洞口不包括粉刷层外，通常在标注构件的上顶面(如女儿墙顶面和阳台栏杆顶面)时，用建筑标高，即完成面标高；而在标注构件下底面(如阳台底面、雨篷底面)时，用结构标高，即不包括粉刷层的毛面标高。

(3)建筑立面图识读

图5-67是住宅①～⑦立面图，也是南立面图，外轮廓线所包围的范围表示这幢住宅的总长和总高，屋顶用女儿墙包檐形式，共四层，各层布局相同，左右对称，每层居中的两个窗台和窗顶，在两侧连在一起，做成窗套，各类门窗至少有一处画出它们的开启方向线，在底层的东西两侧，分别有台阶和平台，在平台的上方，二、三、四层都有阳台，在四层的阳台之上，还有雨篷；中间墙面的墙脚处有600 mm高的勒脚；墙面上还反映出雨水管、水斗和雨水口的位置；屋顶有水箱。

图中还用文字说明来表明立面装修的主要做法。外墙面及阳台栏板面的做法是掺10％黑石子的鹅黄石子干粘石；窗套、阳台上的小花台、四层阳台顶上的雨篷，都是用白马赛克贴面；引条线用白水泥浆勾缝；外墙面墙角处的勒脚，用1∶2的水泥砂浆粉面层；在中间凸出处的侧墙面上，分别有一根直径为100镀锌铁皮雨水管。

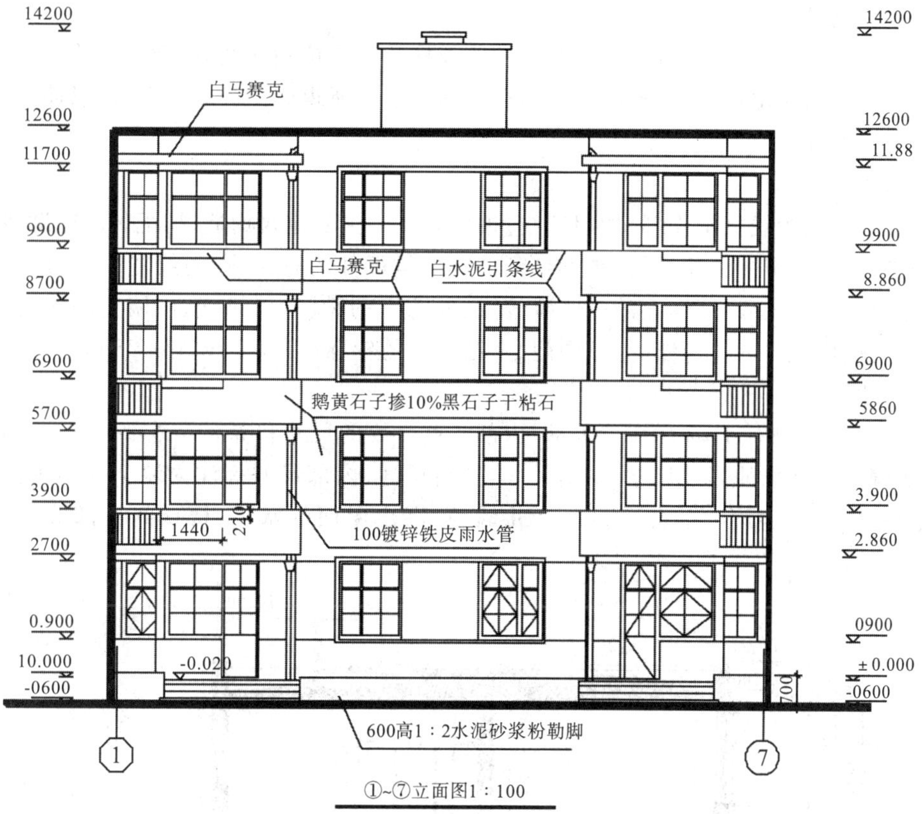

图 5－67　①～⑦立面图

5. 建筑剖面图

建筑剖面图是房屋的垂直剖面图，是假想用一个铅垂剖切平面剖开房屋，将位于剖切平面与观察者的部分移去，留下的部分向投影面作投影所得到的图形。建筑剖面图的剖切位置根据具体情况而定，一般选在内部结构较复杂，能反映房屋全貌和构造特征的地方，剖面图的数量视房屋的复杂程度和施工中的实际需要而定。

建筑剖面图主要用来表示房屋的内部分层、结构形式、构造方法、材料、做法、各部位间的联系及其标高等情况。在施工过程中，建筑剖面图是进行分层、砌筑内墙、铺设楼板、屋面板和楼梯、内部装修等工作的依据。

(1)图示内容

1)图名、比例；

2)外墙的定位轴线及其编号；

3)剖切到的室内外地面、楼板、屋顶、内外墙及门窗、各种梁、楼梯、阳台、雨篷等的位置、形状及图例；

4)未剖切到的可见部分轮廓线，如墙、门窗、梁、柱的位置和形状；

5)垂直尺寸及标高；

6)详图索引符号；

7)施工说明等。

(2)相关规定和要求

1)定位轴线

在建筑剖面图中，通常给出被剖切到的墙或柱子的定位轴线及其间距，建筑剖面图中定位轴线的左右相对位置，应与平面图中剖视方向投射后所得到的投影相一致，以便于与建筑平面图对照识读。

2)图线

室外地平线为线宽1.4b的加粗实线；被剖切到的主要建筑构造、构配件的轮廓线，室外台阶和平台，为线宽b的粗实线；被剖切到的次要构配件的轮廓线，为线宽0.5b的中实线；屋面、楼地面的面层线、墙面上的一些装修线(外墙上的勒脚、引条线、内墙上的踢脚板)、一些固定设施、构配件的轮廓线(如壁橱门、水箱内部的轮廓线)等为线宽0.25b的细实线。

3)尺寸标注

在建筑剖面图中，应标注房屋外部、内部一些必要的尺寸和标高。外部尺寸通常标注三道，门窗洞及洞间墙的高度尺寸、层高尺寸、总高尺寸；内部尺寸标注内墙上的门窗洞高度；室外地面、楼地面、阳台、平台、檐口、女儿墙顶，高出屋面的水箱、楼梯间顶部等处应标注标高。

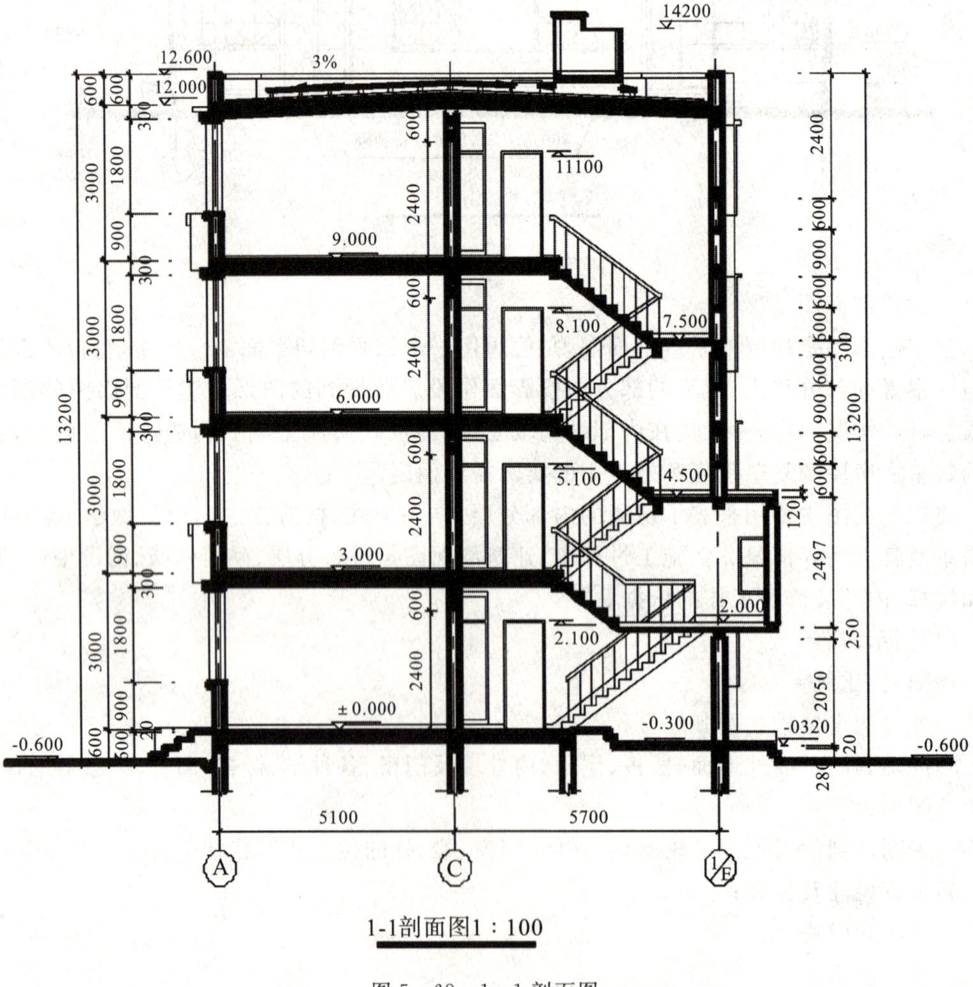

1-1剖面图1：100

图5-68　1-1剖面图

在建筑剖面图中，主要标注高度方向的尺寸，对楼地面、楼梯、平台等处，应标注建筑标高(包括粉刷层高度)，其余部位标注结构标高(不包括粉刷层)。

(3)建筑剖面图识读

图5-68是四层住宅楼1—1剖面图。1—1剖面图是用两个侧平面进行剖切所得到的，一个剖切面位于楼梯间进门的两级台阶处，即从下一层楼面到上一层楼面的第二上行梯段处，在东边住户大门M43处转折成另一个侧立剖切面，通过东边住户的过厅与大卧室的门和窗进行剖切。建筑剖面图一般采用和建筑平面图相同的比例。在图中可看到，被剖切到的建筑构配件，如室外地面的地平线、室内地面的架空板、楼板和面层线(底层架空板和楼层楼板为现浇钢筋混凝土板，涂黑表示)；被剖切到的轴线为A和1/E的外墙、轴线为C的内墙，底层到二层的楼梯平台凸出处的外墙，以及这些墙面上的门、窗、窗套、过梁、圈梁等构配件的断面形状或图例，被剖切到的梯段及楼梯平台(含面层线)；伸出屋面的女儿墙及钢筋混凝土压顶，钢筋混凝土构件屋面板和面层线，屋顶的架空隔热板，带有检修孔的水箱和孔盖。未剖切到的可见构配件，如南墙外西边住户的室外台阶、平台和花坛，各楼层的阳台及其上的小花台，四层阳台顶上的雨篷，北墙外西边住户厨房的外墙面及其上的勒脚、引条线和窗套，楼梯间未被剖切到的可见楼梯段、栏杆、扶手及西墙上的踢脚板，西端墙和压顶，支撑架热板的砖墩，屋面检修孔，支撑水箱的矮墙等。

6.建筑详图

建筑详图是建筑细部的施工图。因为建筑平、立、剖面图一般采用较小的比例，因而某些建筑构配件(如门、窗、楼梯、阳台等)和节点(如檐口、窗顶、窗台、明沟等)的详细构造和尺寸都不能在这些图中表达清楚。根据施工需要，在建筑平、立、剖面图中引出索引符号，在索引符号所指出的图纸上，另外绘制比例较大的图样，也称大样图或节点图。因此，建筑详图是建筑平、立、剖面图的补充。

建筑详图一般表达构配件的详细构造，所用的各种材料及其规格，各部分的连接方法和相对位置关系，各部分的详细尺寸，有关施工要求和做法等，同时，建筑详图必须画出详图符号，与被索引图样上的索引符号相对应。

图5-69是楼梯节点详图。编号为1的详图表明了踏步的踏面上马赛克防滑条的定形和定位尺寸，以及扶手的定位尺寸。

从编号为2的详图中可以看出楼板是钢筋混凝土板，细石混凝土面层；梯段是由楼梯梁和踏步板组成的现浇钢筋混凝土板式楼梯，板底用10 mm厚纸筋灰浆粉平后刷白，踏步用20 mm厚1∶2水泥砂浆粉面；为了防止行人行走时滑跌，在每级踏步口贴一条25 mm宽的马赛克，高于踏面，作为防滑条；为了保障行人安全，在梯段或平台临空一侧，设栏杆和扶手，栏杆用方钢和扁钢焊成，它们的材料、尺寸和油漆颜色都已表明在图中，栏杆的下端焊接在带有直径为8 mm钢筋弯脚的钢板上，钢板预埋于踏步中；栏杆的上端装有扶手，图中注明了扶手的油漆颜色，也注明了栏杆的上端与镶嵌在扶手底部的钢铁件焊接在一起。

从编号为3的详图中可以看出扶手的断面形状和尺寸，扶手材料是木材，用通长扁钢镶嵌在扶手的底部，并用木螺钉连接，栏杆则焊接在扁钢上。

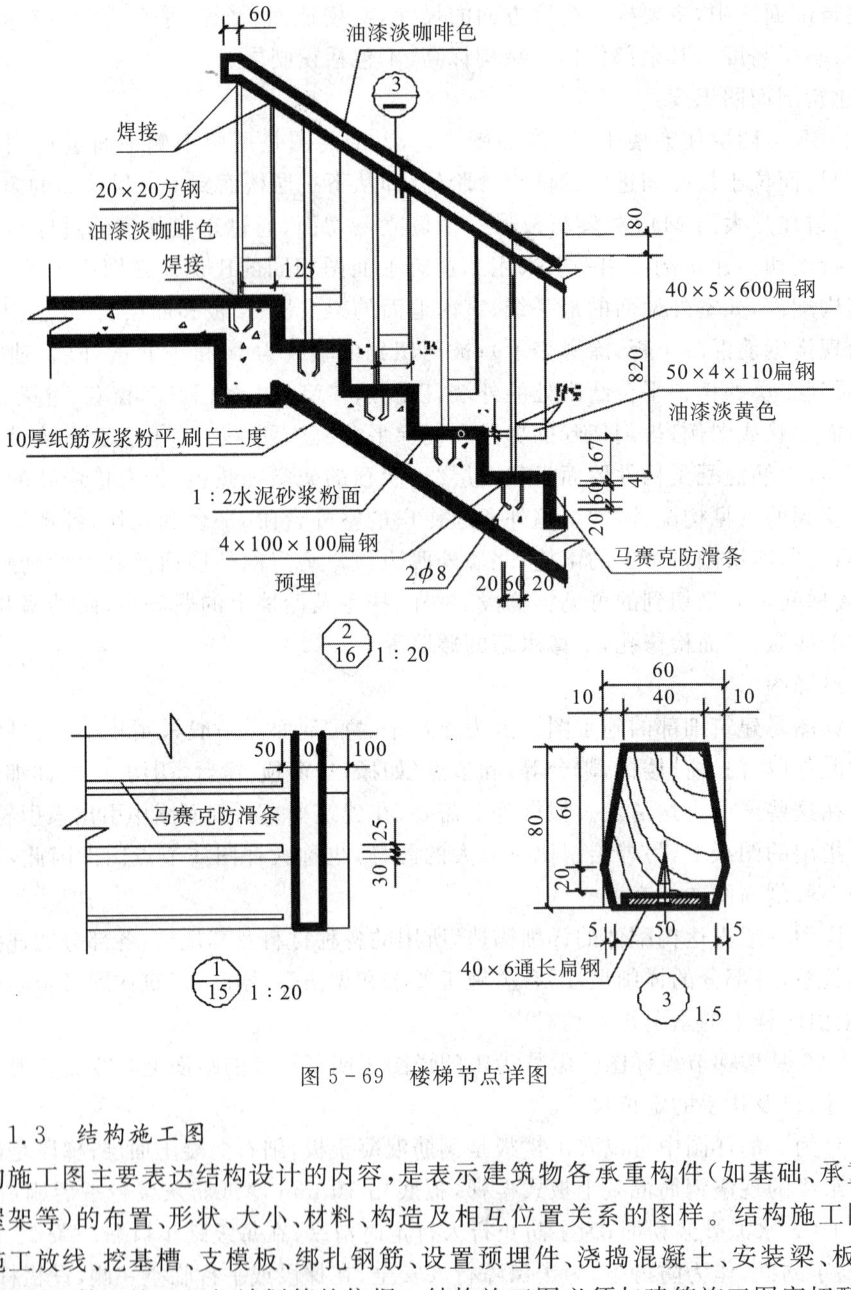

图 5－69　楼梯节点详图

5.2.1.3　结构施工图

结构施工图主要表达结构设计的内容，是表示建筑物各承重构件（如基础、承重墙、柱、梁、板、屋架等）的布置、形状、大小、材料、构造及相互位置关系的图样。结构施工图主要用来作为施工放线、挖基槽、支模板、绑扎钢筋、设置预埋件、浇捣混凝土、安装梁、板、柱等构件，以及编制预算和施工组织计划等的依据。结构施工图必须与建筑施工图密切配合，这两个工种的施工图之间不能有矛盾。

结构施工图一般有基础图、结构布置图和结构详图等。为了图示方便，在结构施工图中表示各类构件名称时，可用代号表示。常用构件代号如表 5－23 所示。

表 5-23　常用构件代号

名称	代号	名称	代号	名称	代号
板	B	梁	L	基础梁	JL
屋面板	WB	屋面梁	WL	楼梯梁	TL
空心板	KB	圈　梁	QL	屋　架	WJ
楼梯板	TB	过　梁	GL	框　架	KJ
檐口板	YB	雨　篷	YP	钢　架	GJ
墙　板	QB	阳　台	YT	柱	Z
天沟板	TGB	预埋件	M	基　础	J

下面以楼层结构图为例阐述结构图表达的内容。

楼层结构平面图是假想沿楼板面将房屋水平剖切后所作的水平投影图，主要表示楼面板及其下面的墙、梁、柱等承重构件的平面布置情况，它是施工时布置或安放各层承重构件的依据。如果各层楼面结构布置情况相同，可只画一个楼层结构平面图，但应注明合用各层的层数。

(1)图示内容和要求

楼层结构平面图一般包括图名、比例；定位轴线及编号；各种梁、柱、楼板的布置和代号，承重墙和柱子的位置等。

结构平面图中应标注各轴线间尺寸、轴线总尺寸，还应标注有关承重构件的尺寸，如雨篷和阳台的外挑尺寸、雨篷梁和阳台梁伸进墙内的尺寸、楼梯间两侧横墙的外伸尺寸和现浇板的宽度尺寸等。此外，还必须注明各种梁、板的底面结构标高，作为安装或支模的依据。

在结构平面图中，可见的钢筋混凝土楼板的轮廓线用细实线表示，剖切到的墙身轮廓线用中实线表示，楼板下面不可见的墙身轮廓线用中虚线表示，钢筋用粗实线表示，剖切到的钢筋混凝土柱子用涂黑表示。

(2)楼层结构平面图读图

图 5-70 是住宅楼二层结构平面图。图中可看出大部分楼面采用 120 mm 厚的现浇钢筋混凝土板，在楼梯间两边，厨房和卫生间采用 100 mm 厚的现浇钢筋混凝土板。由于厨房和卫生间需要安装管道，浇筑时要在楼板上预留管道孔洞。现浇的钢筋混凝土楼板采用规定的代号 B 表示，其后的数字是编号，括号内数字是板的厚度。现浇楼板 B—6 上的荷载，在中间部分传给梁 L—1 后，再传给梁下面的墙身。现浇楼板的钢筋配置采用将钢筋直接画在平面图中的表示方法，如 B—1，板底受力钢筋是编号为 1 的Φ10@150，分布钢筋是编号为 4 的Φ8@200。每一代号的布置，只要详细画出一处，在这一处楼板的总范围内用细实线画一条对角线，其他各处相同布置的楼板，只标注板的编号就可以了。

圈梁、过梁和梁 L—1 的断面形状、大小和配筋，均在断面图中表示清楚，并标注出梁底的结构标高 2.700 m 作为施工的依据。梁底的结构标高也可加括号，直接标注在结构平面图中梁的代号和编号之后，如 QL(2.700)。

在图 5-70 的楼层结构平面图中，圈梁的断面尺寸不相同，与板的连接情况也有所不同，如 QL—1 是矩形，而用于窗套处的 QL—2 是 L 型，只有一边与板连接。水平剖切后，有的圈梁是可见的，有的圈梁只有一部分可见。为了清楚表示圈梁的平面布置连通情况，图中只画出圈梁的轮廓线并标注 QL。此外，还用粗虚线表示出了不可见过梁的平面布置情况。

楼梯部分的结构较复杂，在楼层结构平面图中，由于比例过小，不能清楚表达楼梯结构的平面布置，故需另外画出楼梯结构详图，在这里只需画出两条细实线对角线，并注明"楼梯间"就可以了。

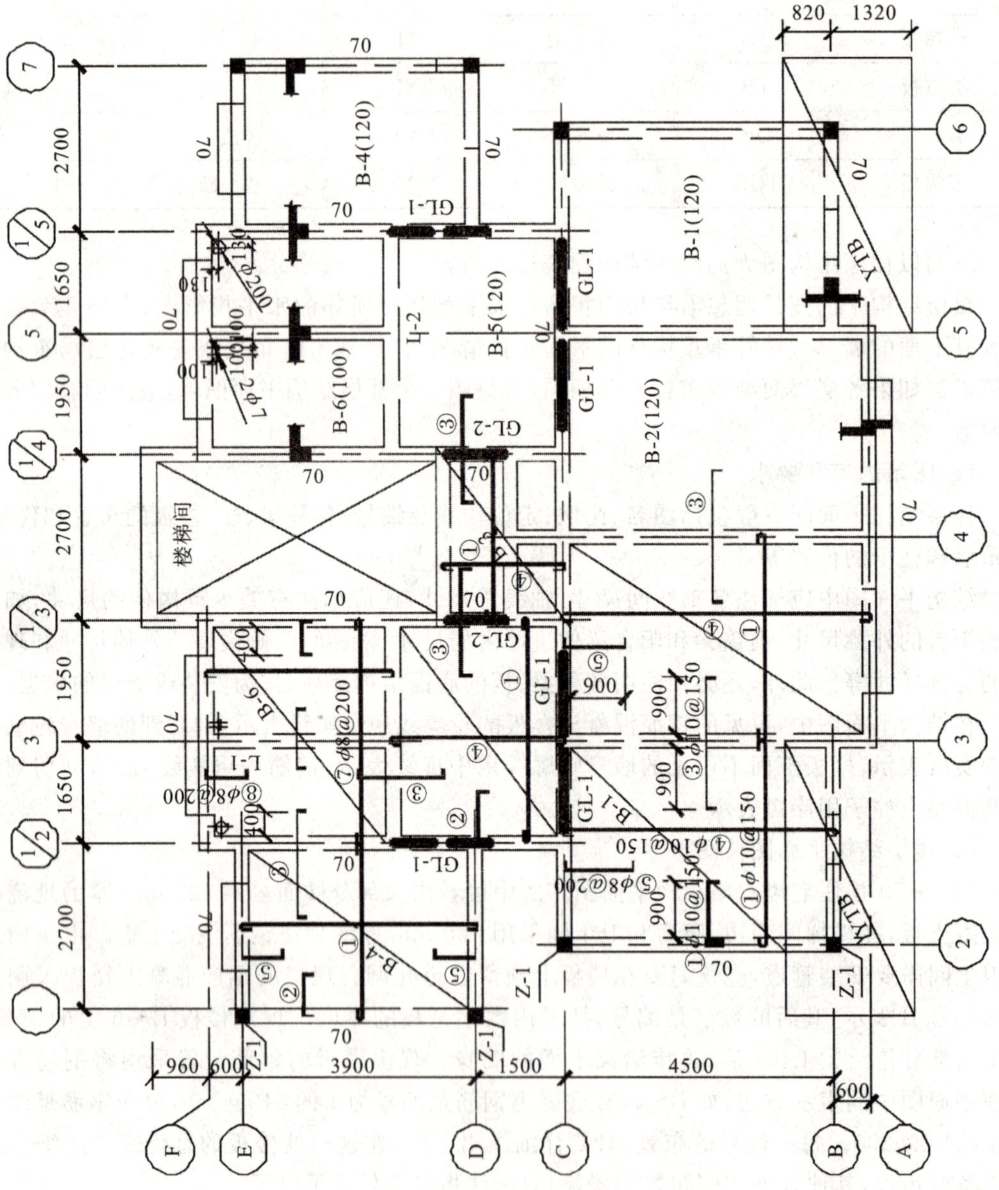

图 5-70 楼层结构

5.2.2 砖墙砌筑施工工艺流程

抄平放线→选砖，确定内外墙组砌方式→皮数杆制作和设立摆砖撂底→浇砖、砂浆配置、上料→盘角挂线→砌砖→下木砖、拉筋、预埋件→弹楼层水平墨线（楼层标高以上 50 cm

处)→质量验收→现场清理。

施工要点:

砌体一般采用一顺一丁(满丁满条)、梅花丁或三顺一丁砌法,不采用五顺一丁砌法,砖柱不得采用先砌四周后填心的包心砌法。

确定接头方式:组砌形式确定以后,接头形式也随之而定,采用一顺一丁形式组砌的砖墙的接头形式,如图 5－71 和 5－72 所示。

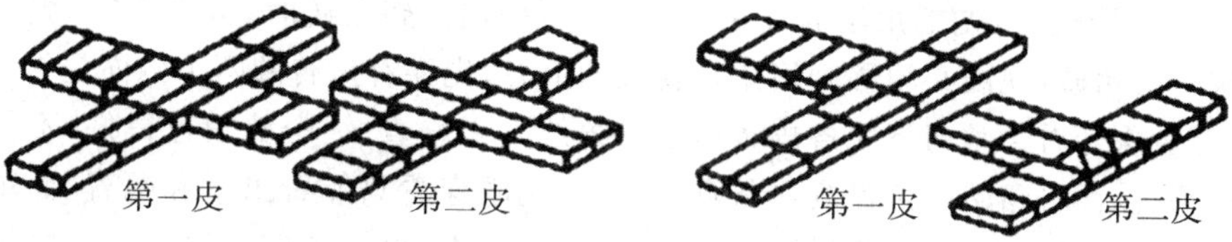

(a)十字接头　(b)丁字接头

图 5－71　一砖墙的接头

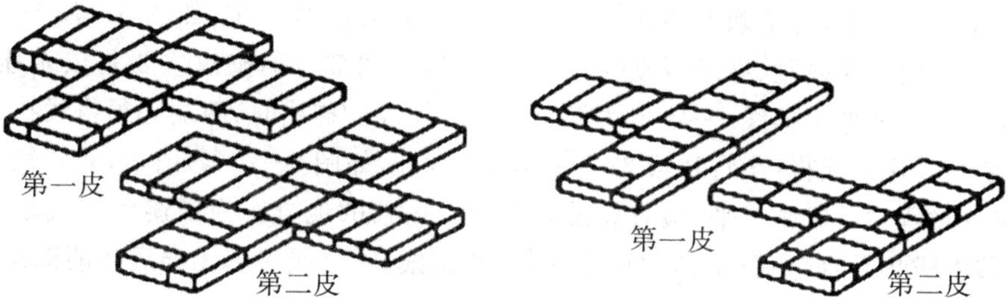

(a)十字接头　(b)丁字接头

图 5－72　一砖半墙的接头

1. 排砖撂底(干摆砖)

(1)在基础墙面防潮层上或楼板上弹出墙身线,画出门洞口尺寸线,当砌清水墙时,还须画出窗洞口的位置,在摆砌中同时将窗间墙的竖缝分配好。

(2)在砌筑之前,都要进行摆砖(撂底)。在整个房屋外墙的长度方向放上卧砖,排出灰缝宽度(约 1 cm),从一个大角摆到另一个大角。一般采用山墙放丁砖,檐墙放顺砖,即俗称为“山丁檐跑”的方式。

在摆砖时注意门和窗洞口、窗间墙、附墙砖垛处的错缝砌法,看看能不能赶上好活(即排成砖的模数,不打破砖)。如果在门、窗口处差 1～2 cm 赶不上好活,允许将门窗移动1～2 cm,凑一下好活。根据门、窗洞口宽度,如必须打破砖时,在清水墙面上的破活最好赶在窗口上下不明显的地方,不应赶在墙垛部位,另外在摆砖时,还要考虑在门、窗口两侧的砖要对称,不得出现阴阳膀,所以在摆砖时必须要有一个全面的计划。

(3)防潮层的上表面应该水平。为了校验与皮数杆上的皮数是否吻合,也要通过撂底找正标高。如果水平灰缝太厚,一次找不到标高,可以分次分批逐步找到标高,争取在窗台口甚至窗上口达到皮数杆规定标高,但四周的水平缝必须在同一水平线上。

2. 选砖

砌清水墙应选择棱角整齐、无弯曲裂纹、颜色均匀、规格基本一致的砖。敲击时声音响亮,焙烧过火变色、变形的砖可用在不影响外观的内墙上。

3. 盘角

一栋砖砌建筑物是否垂直，很大程度上取决于其墙角是否垂直，因为砌墙的线挂在墙角上，墙根据准线进行砌筑。一般情况下，只要墙角垂直，墙面就垂直了，所以砌墙的最大难点是砌墙角。因此，砌角必须由技术水平较高的人来操作，并且每个墙角要由专人负责砌筑到顶，一般中途不准换人。

砌角应选用棱角整齐，砖面方正的砖。所用的七分头必须按尺寸预先打好。砌角应与墙身的砌筑交错进行，先把角砌起3～5层砖后再砌墙。砌角砖时，应做到“一眼看三处”。就是每砌一块角砖，视线必须移到墙角垂直线的上方，先穿看角砖的两个侧面是否与下层砖面顺直，然后再穿看大角与下面各皮砖形成的角线是否顺直，一个墙角盘得好，不但角砖的两侧平而垂直，而且角砖的角盘成一条直线，盘角用眼穿看只能看出平和顺直，而垂直还要依靠线锤和托线板。盘角时，要做到三层一吊、五层一靠，也就是砌三层角砖就要用线锤吊测一下垂直度，砌五层角砖就用托线板靠测一下垂直和平整度，发现偏差及时纠正。

4. 挂线

在砖墙的砌筑中，为了确保墙面的垂直平整，必须要挂线砌筑，如图5-73所示。当一道长墙两端墙角依靠线坠、靠尺板砌起一定高度时，中间部分的砌筑主要是依靠挂线，一般一砖厚墙采用单面外手挂线，一砖半墙就必须双面挂线。挂线时，两端必须将线拉紧。线挂好后，在墙角处用别线棍(小竹片或22号火烧丝)别住，如图5-73(a)所示，防止线陷入灰缝中。在砌墙过程中要经常穿平，检查有没有顶线或塌腰的地方。为了避免挂线较长中部下垂，可用砖将线垫平直，如图5-73(b)所示，俗称腰线砖，当线平直无误后才能砌筑。

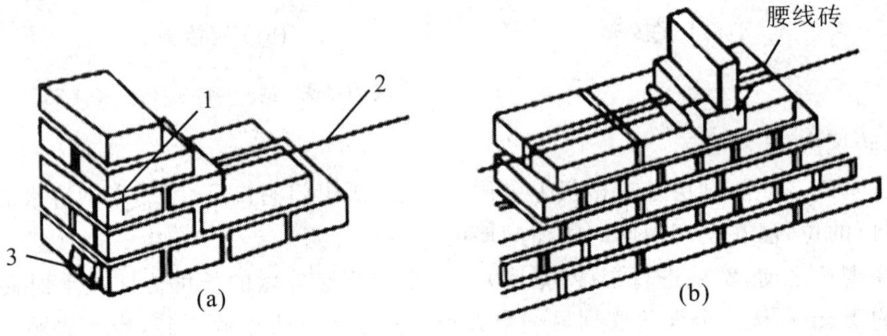

图5-73 挂线方法

1—别线棍；2—挂线；3—简易挂线坠

还有一种挂线方法，不用坠线，俗称拉立线，一般是砌内隔墙时用。在拴立线时，应先检查预留槎子是否垂直。根据拴好的垂直线拉水平线。水平线的两端要由立线的里侧往外拴牢，两端拴的水平线要与砖缝一致，不得错层造成偏差。挂立线方法如图5-74所示。

挂线虽然是砌墙的依据，但是准线有时也会受风或其他因素的影响偏离正确位置，所以在砌砖时要经常检查，发现有偏离时要及时纠正。同时，在砌筑时要学会“穿墙”，即穿看下面已砌好的墙面，找准新砖位置。这种操作技术要在砌筑实践中不断熟练提高。

5. 砌墙

一般民用建筑的砌墙应先砌纵墙后砌横墙。在纵、横墙砌完第一步架，即1.2 m高后，再接着砌筑第二步架。

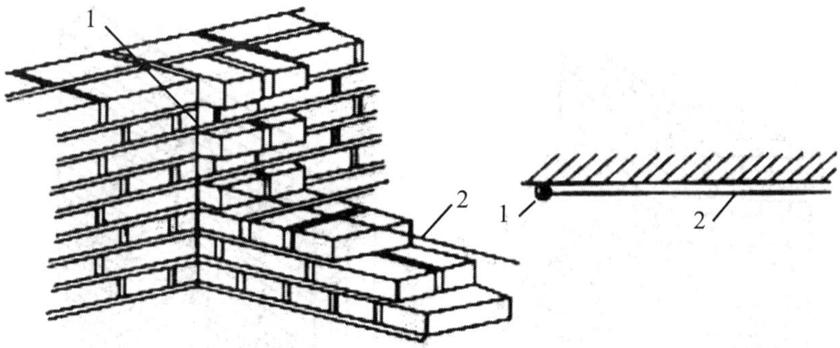

图 5-74　挂立线
1—立线；2—水平线

(1)不得在下列墙体或部位设置脚手眼：

1)120 mm 厚墙、料石清水墙和独立柱；

2)过梁上与过梁成 60°角的三角形范围及过梁跨度 1/2 的高度范围内；

3)宽度小于 1 m 的窗间墙；

4)砌体门窗洞口两侧 200 mm 和转角处 450 mm 范围内；

5)梁或梁垫下及其左右 500 mm 范围内；

6)设计不允许设置脚手眼的部位。

(2)墙体的连接

为了使建筑物的纵横墙相互支撑成为一个整体，不仅单体墙要错缝搭接砌筑牢固，墙体和墙体连接也要互相错缝搭接咬槎砌筑，以增强建筑物的整体性。因此，砖砌体的转角处和交接处应同时砌筑，严禁无可靠措施的内外墙分砌施工。对不能同时砌筑而又必须留置的临时间断处应砌成斜槎，斜槎水平投影长度不应小于高度的 2/3。纵横墙之间施工留槎和接槎的操作质量好坏是重要的因素之一，因此必须重视墙体留槎接槎的施工质量。

1)踏步槎

踏步槎的砌筑是将留槎的接槎砌成台阶的形式，如图 5-75 所示。其高度一般不大于 1.2 m，其长度应不小于高度的 2/3。留槎的砖要平整，槎子侧面腰垂直。踏步槎的优点是镶砌接头时灰缝容易饱满，接头质量容易得到保障。但踏步槎留置困难，水平缝不容易平。

2)直槎

每隔一皮砖砌出墙外 1/4 砖长作为镶接槎之用，槎口形成整齐的凸槎。如图 5-76 所示。这种接槎留置和镶嵌都很方便；但灰缝不宜饱满，而且即使在镶砖时砂浆很密实，但由于两次不同时间砌筑的砂浆因收缩变形情况不同，接槎处的砂浆不可能完全饱满。所以留直槎时，必须加拉结钢筋。非抗震设防及抗震设防烈度为 6 度、7 度地区的临时间断处，当不能留斜槎时，除转角处外，可留直槎，但直槎必须做成凸槎。留直槎处应加设拉结钢筋，拉结钢筋的数量为每 120 mm 墙厚放置一根Φ6 拉结钢筋(120 mm 墙厚放置 2Φ6 拉结钢筋)，近距沿墙高不应超过 500 mm；埋入长度从留槎处算起每边均不应小于 500 mm，对抗震烈度为 6 度、7 度的地区，不应小于 1000 mm；末端应有 90°弯钩。

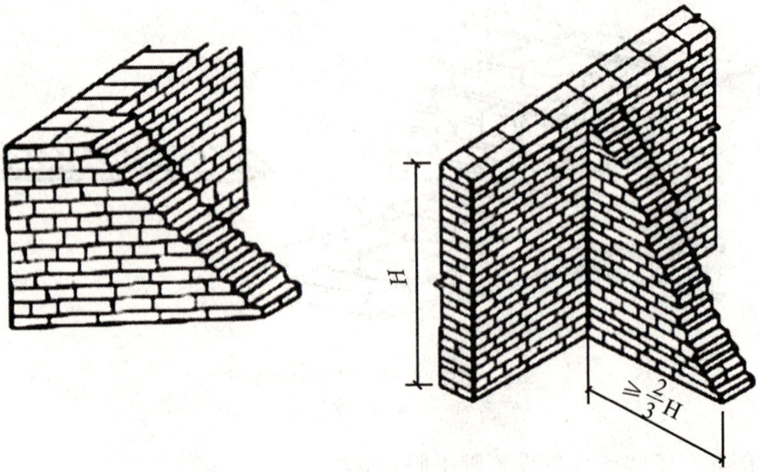

图 5－75　踏步槎

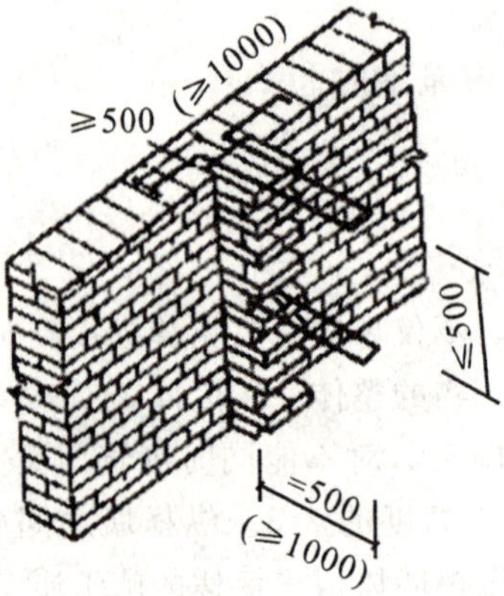

图 5－76　直槎

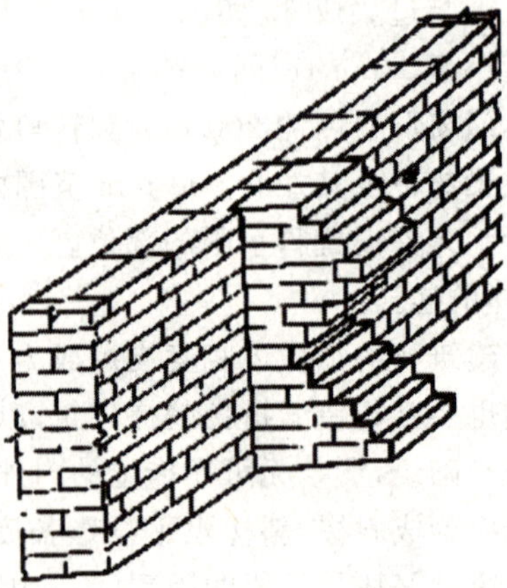

图 5－77　老虎槎

3)老虎槎

砌数皮砖形成踏步槎后再向外逐皮伸出，形成老虎口状，如图 5－77 所示。老虎槎留置较难，但镶砌时灰缝容易饱满，咬砌面积较直槎大，质量较直槎好，拉结钢筋的要求与直槎要求相同。

4)构造柱处留槎

墙内设构造柱时，砖墙与构造柱连接处应砌成大马牙槎，如图 5－78 所示。每一个大马牙槎沿高度尺寸不宜超过 30 cm，按砖的皮数应以四退四进为好，砌筑大马牙槎时，应先退后进，槽口两侧砌成 60 mm 深的大马牙齿槽，并按规定压布钢筋，如图 5－79 所示。随砌要把砖缝挤出的舌头灰清理干净，落到槎子上的散灰、落入构造柱内的砂浆杂物应全部清净，否则，就会影响构造柱混凝土的质量。

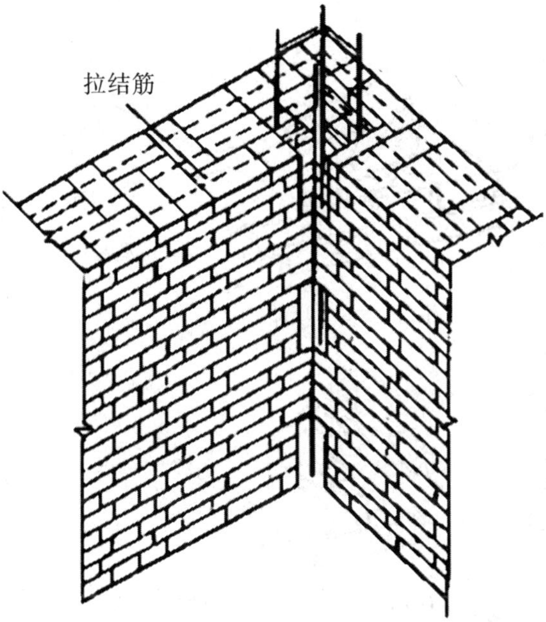

图 5-78　大马牙槎

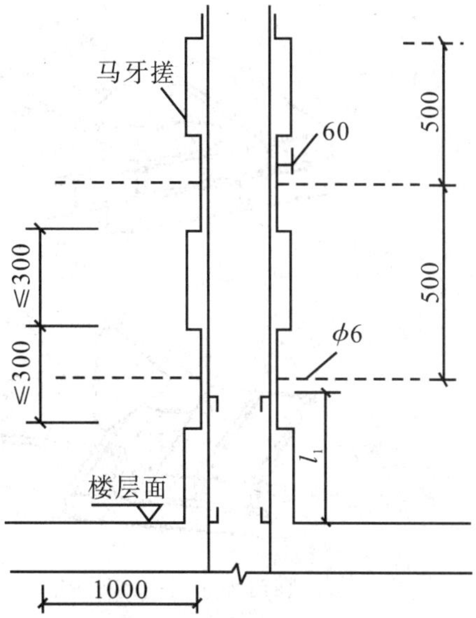

图 5-79　大马牙槎处钢筋布置

5)接槎

接槎时,插砌砖的上下水平缝竖缝的砂浆要铺饱满,再进行挤压。尤其是插砖的上部水平缝一定要用大铲将砂浆塞实。拉结钢筋调直砌入水平缝内,接槎处的砖要连接平直。

6. 抄平

在第一步架砌完后用水平仪抄平,从每层楼面的设计标高提 50 cm,在纵横墙上弹出 50 cm线作为房屋其他部分施工标高控制的依据。

5.2.2.1　*砖墙砌筑基本操作*

规范规定:砌筑实心砖砌体宜采用"三一"砌砖法。所谓"三一"砌砖法就是采用一铲灰、一块砖、一揉挤的砌法,也叫满铺满挤操作法。根据其操作顺序现把要领分述于下。

1. 砌砖前先做好调灰、选砖、检查墙面等工作。操作时右手拿铲、左手拿砖,当用大铲从桶中舀起一铲灰时,左手顺手取一块砖,右手把灰铺在墙上后,左手将砖稍稍蹭着灰面,把灰挤一点到砖顶头的立缝里,然后把砖揉一揉,顺手用大铲把挤到墙面上的灰刮下,甩到前面立缝中或灰筒中。这些动作要连续、快速。

2. 砌的砖必须跟着挂的线走。俗语说"上跟线,下跟棱,左右相跟要对平"。就是说,砌砖时砖的上棱边要与线约离 1 mm,下棱边要与下层已砌好的砖棱平,左右前后的砖位置要准确。此外,上下层要错缝,相隔一层要对直,俗话叫"不要游丁走缝,更不能上下层对缝"。

3. 砌条砖和砌丁砖在铺灰方向和手使劲的方向是不同的。砌丁砖又有推砌和拉砌两种,所以砌时手腕必须根据方向不同而变换,如图 5-80 所示,这要通过练基本功达到熟练。

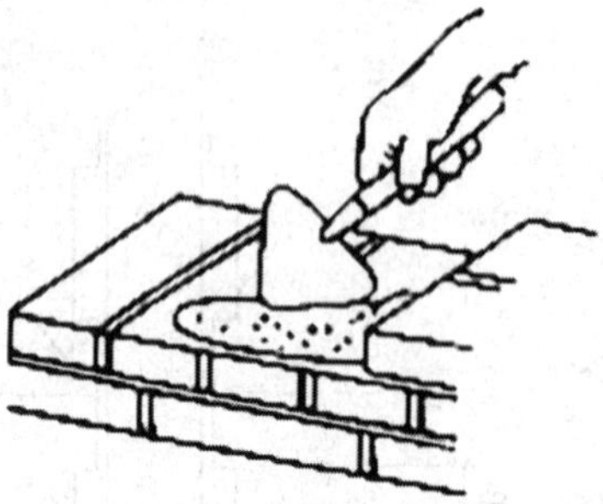

(a)条砖正手甩浆手法

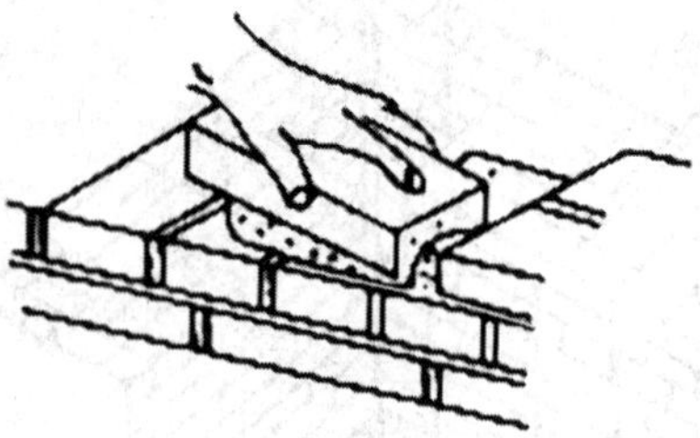

(b)带二条砖揉浆手法

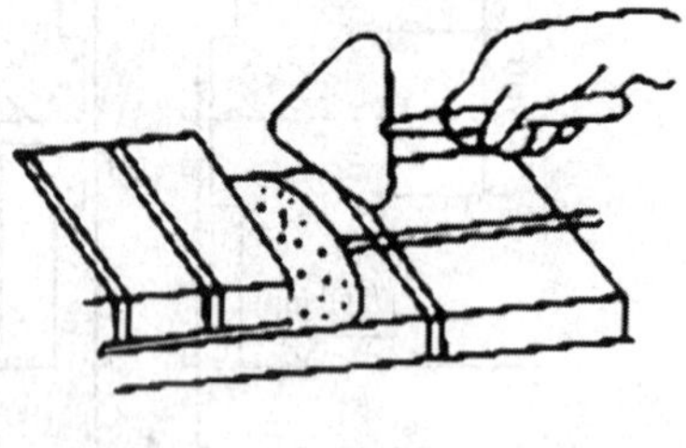

(a)丁砖正手甩浆手法

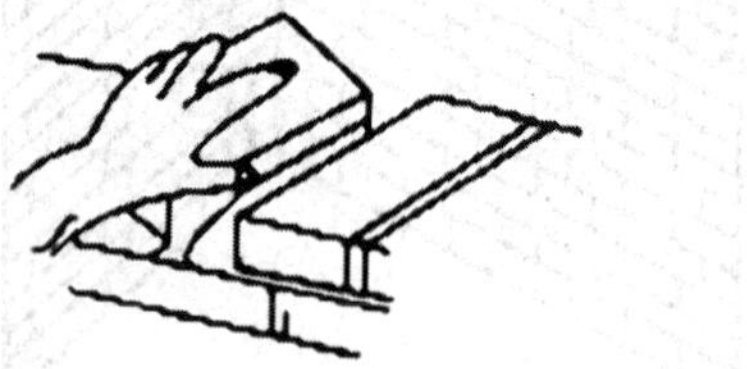

(b)丁砖一带二碰头灰挤浆手法

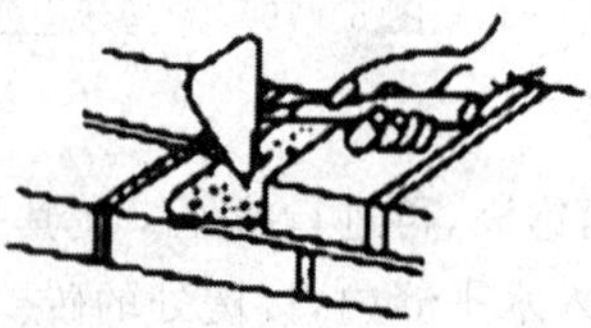

(a)丁砖反手甩浆手法

(b)条砖揉灰刮浆手法

图 5-80　砌砖操作方法

4. 砌的砖必须放平，切不能灰浆半边厚、半边薄，造成砖面倾斜。如果养成这种不好的习惯，砌出的墙面不垂直，俗称“张”(向外倾斜)或“背”(向内倾斜)；也有的出现墙虽垂直，但每层砖出一点马蹄棱，使墙面不美观。同时砌完一块砖后要看它砌得是否平直，灰缝是否均匀一致，砖面是否冒出小线、拱出小线，是否低于小线及凹进小线太多，有了偏差要及时纠正。

墙砌起一步架，要用靠尺板全面检查是否垂直、平整。在砌筑中一般是三层用线坠吊一吊角直不直，五层用靠尺板靠一靠墙面垂直平整，俗话叫“三层一吊，五层一靠”。

5. 砌筑中还要学会选砖。尤其是清水墙面，砖面的选择很重要。当一块砖拿在手中，用掌根支起转一下，看哪一面整齐、美观即砌在外侧。有些有经验的老工人一般在取一块砖时，就把下一步砌得两块砖已看好，选在眼里，哪块砖应用在什么地方，取砖时都作了安排，所以取砖时得心应手，能砌出整齐美观的墙面。

6. 砌好的墙不能砸。如果墙面有鼓肚，用砸砖的办法把墙面砸平整，这对墙的质量没有好处，而且这也不是应有的操作习惯。发现墙面有大的偏差应该拆了重砌，才能保证质量。

7. 在操作中还要掌握一块砖用多少灰浆就舀多少，不要铺的超过砖长太多，多了还要铲掉，反而减慢了速度。此外，铺了灰不要再用铲来回扒，或用铲角抠一点灰去打碰头缝，这种手法容易造成灰浆不饱满；砌完的砖不要用大铲去敲打。这些要求称为“严禁扒、拉、凿”。

以上讲的几条，就是一块砖、一铲灰、一挤揉的“三一”砌砖法。这些基本手法，初学者必须在有经验的老工人指导下准确掌握，并要通过实践达到快速熟练的程度。

5.2.2.2　砖墙砌筑工艺法

1.大角的砌筑

大角处的1 m范围内，要挑选方正和规格较好的砖砌筑，砌清水墙时尤其要如此。大角处用的“七分头”一定要棱角方正、打制尺寸正确，一般先打好一批备用，将其中打制尺寸较差的用于次要部分。开始时先砌3～6皮砖，用方尺检查其方正度，用线坠检查其垂直度。当大角砌到1 m左右高时，应使用托线板认真检查大角的垂直度，再继续往上砌筑。操作中要用眼“穿”看已砌好的角，根据三点共一线的原理来掌握垂直度，另外，还要不断用托线板检查垂直度。砌大角的人员应相对固定，避免因操作者手法的不同而造成大角垂直度不稳定的现象。砌墙砌到翻架子（由下一层脚手翻到上一层脚手砌筑）时，特别容易出现偏差。这时要加强检查工作，随时纠正偏差。

2.门窗洞口的砌筑工艺

门洞在开始砌砖时就会遇到，一般分先立门框砌筑和后塞门口（又称后嵌樘子）砌筑两种。

如果是先立门框的，砌砖时要离开门框边3 mm左右，不能顶死，以免门框受挤压变形。同时要经常检查门框的位置和垂直度，随时纠正，门框与砖墙用燕尾木砖（或大小头木砖）拉结，如图5-81所示。

如后立门框，应按墨斗线砌筑（一般所弹的墨斗线比门框外包宽2 cm），并根据门框高度安放木砖。

采用大小头木砖，预埋时应小头在外，大头在内。洞口高在1.2 m以内每边放2块；高1.2～2 m每边放3块；高2～3 m每边放4块。预埋转的部位一般在洞口上下边四皮砖，中间均匀分布。木砖要提前做好防腐处理。窗框侧面的墙同样处理，一般无腰头的窗每侧各放2块木砖，上下各离2～3皮砖；有腰头的窗要放3块，即除了上下各一块以外中间还要放1块，后塞口做法如图5-82所示。

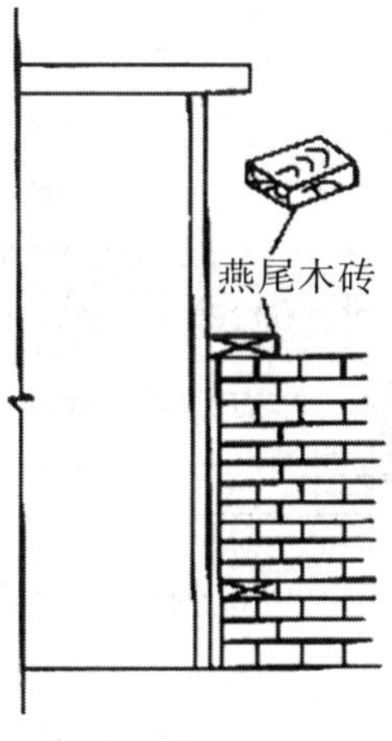

图5-81　先立木门口做法

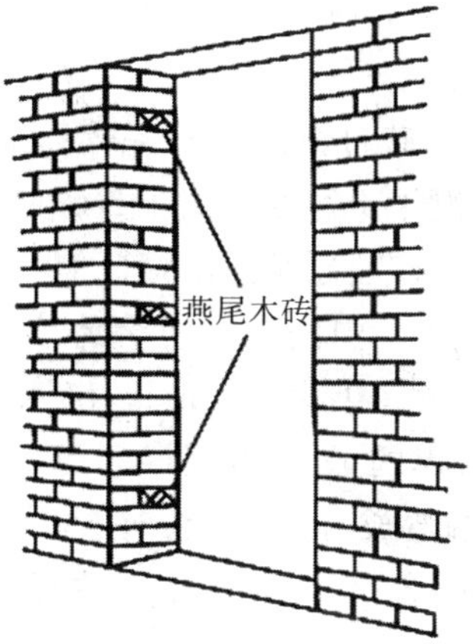

图5-82　后塞木门口做法

推拉门、金属门窗不同木砖，其做法各地不同，有的按图纸设计要求砌入铁件，有的预留安装洞口，这些均应按设计要求预留，不得事后剔凿。墙体拉结筋的位置、钢筋规格、数量、间距均应按设计要求留置，不应错放、漏放。

当墙砌到窗洞标高时，须按尺寸留置窗洞，然后再砌窗洞间的窗间墙，还要进行砌筑窗台、窗顶发砖碹或安放钢筋混凝土过梁等操作。

(1)窗台砌筑。窗台分出砖檐(又称出平砖)和出虎头砖两种砌法，如图 5-83 所示。

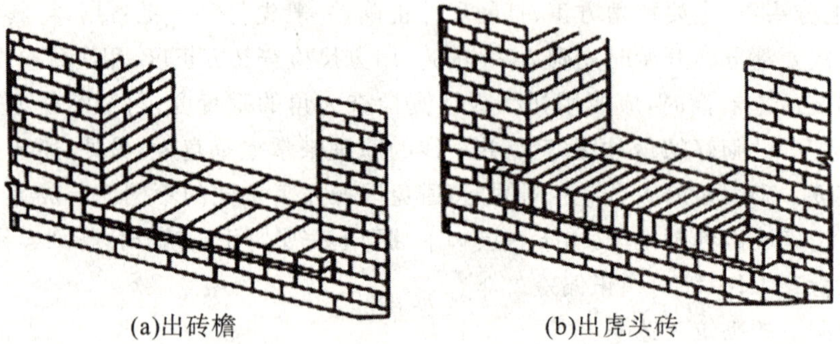

(a)出砖檐　(b)出虎头砖

图 5-83　砖窗台的形式

出砖檐的砌法是在窗台标高下一层砖，根据分口线把两头砖砌过分口线 6 cm，挑出墙面 6 cm，砌时把线挂在两头挑出的砖角上。砌出檐砖时，立缝要打碰头灰。

出虎头砖的砌法是在窗台标高下两层砖就要根据分口线将两头的陡砖(侧砖)砌过分口线 10～12 cm，并向外留 2 cm 的泛水，挑出墙面 6 cm。窗口两头的陡砖砌好后，在砖上挂线，中间的陡砖以一块丁砖的位置放两块陡砖的规矩砌筑。操作方法是把灰打在砖中间，四边留 1 cm 左右，一块挤一块地砌，灰浆要饱满。

出砖檐砌法由于上部是空口容易使砖碰掉，成品保护比较困难，因此可以采取只砌窗间墙下压住的挑砖，窗口处的砖可以等到抹灰以前再砌。

(2)窗间墙的砌筑。窗台砌完后，拉通准线砌窗间墙。窗间墙部分一般都是一人独立操作，操作时要求跟通线进行，并要与相邻操作者经常通气。砌第一皮砖时要防止砌成阴阳膀(窗口两边不一致，窗间墙两端用砖不一致)，往上砌时，位于皮数杆处的操作者，要经常提醒大家皮数杆上标志的预留、预埋等要求。

3. 砖过梁

(1)平砌钢筋砖过梁。由砖平砌而成，在底部配置钢筋，一般用于跨度不大于 2 m 的门窗口上。砌筑方法是，砖墙砌至高出窗口 10～20 mm 时，架设过梁模板。中间起拱应为跨度的 1%，如窗口为 1 m，则起拱为 10 mm。浇水湿润模板，上铺 30 mm 厚的 1∶3 水泥砂浆层。按图纸要求把钢筋两端弯成方钩，弯钩向上，分中埋入砂浆层中。两端各伸入支座砌体内不应少于 25 cm。第一皮应砌成顶砖，每砌完一皮砖应用稀砂浆灌缝，使砂浆密实饱满。最下一皮砖用顶砖砌筑，钢筋的 90°弯钩埋入墙的竖缝内。也可以在模板上先砌一皮丁砖，再放钢筋，逐层平砌砖。在过梁范围内，应采用一顺一丁砌法或梅花丁，钢筋直径应由计算确定，水平

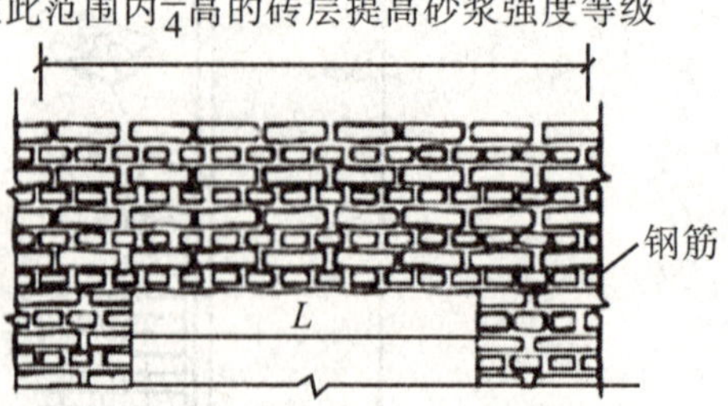

图 5-84　平砌钢筋砖过梁

间距应不大于 120 mm，一般不少于 2 ϕ6 钢筋，并与砖墙同时砌筑。在钢筋长度范围内和高度为跨度的$\frac{1}{4}$范围内(但不少于 5 皮砖)，砌体砂浆比砌墙用砂浆应提高一级强度等级，一般不低于 M5 砂浆。例如，用 M2.5 砂浆砌筑 1.6 m 洞口，在 40 cm 砖过梁高度范围内，需用 M5 砂浆砌筑，如图 5 - 84 所示。过梁底部的模板，应在砂浆强度达到设计强度等级的 50%以上时，方可拆除，以防止过梁变形或塌落。

(2)砖拱过梁。用普通黏土砖和水泥混合砂浆砌成。可分为平拱和弧拱两种，如图 5 - 85 及图 5 - 86 所示。

图 5 - 85　砖平拱

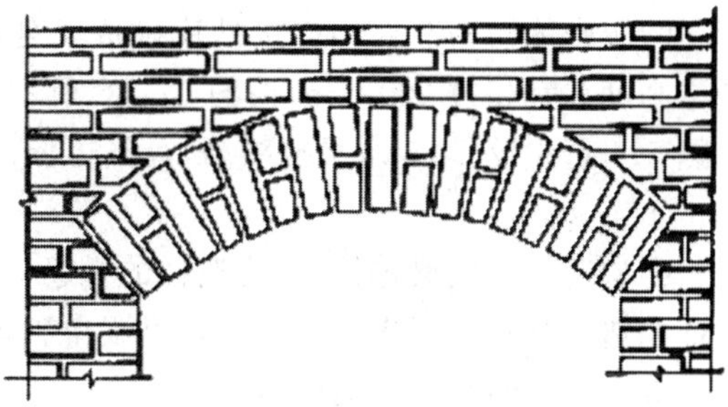

图 5 - 86　砖弧拱

砖平拱呈倒梯形，拱高有 240 mm、300 mm、365 mm，拱厚等于墙厚。砖平拱应用不低于 MU10 级的砖和 M5 级以上的砂浆砌筑。砌筑时，拱脚两边的墙端砌成 1∶4～1∶5 斜度的斜面，拱脚处退进 20～30 mm 拱底处支设模板，模板中部应起拱 1%。在模板上画出砖及灰缝的位置及宽度，务必使砖块为单数。采用满刀灰法，从两边对称向中间砌，每块砖要对准模板上画线，正中一块应挤紧，竖向灰缝是上宽下窄呈契形，在拱底灰缝宽度应不小于 5 mm；在拱顶灰缝宽度应不大于 15 mm，拱座砌筑如图 5 - 87 所示。

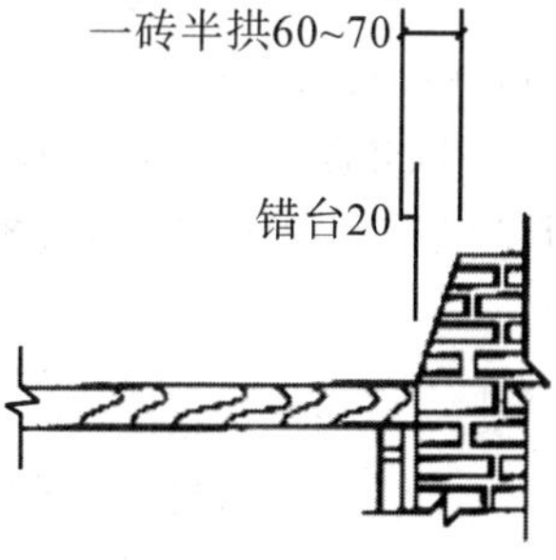

图 5 - 87　拱座砌筑

砖弧拱外形呈圆弧形，构造要求与平拱相同，砖弧拱砌筑时，模板应按设计要求做成圆弧形。砌筑时应从两边对称向中间砌。灰缝呈放射状，上宽下窄，拱底灰缝宽度应不小于 5 mm；在拱顶灰缝宽度应不大于 25 mm。也可用加工好的契形砖来砌，此时灰缝宽度应上下一样，控制在 8～10 mm。砖平拱和砖弧拱底部的模板，应待灰缝砂浆强度达到设计强度的 50%以上时，方可拆除。

4. 构造柱的砌筑

构造柱是按构造要求和有关规定设置在墙体中适当部位的钢筋混凝土柔性小柱。构造柱与圈梁形成空间柔性框架，用于增强房屋的整体刚度和延性，提高墙体抵抗变形的能力和抗震能力，构成抗震设防的第二道防线。当房屋遭遇地震破坏时，裂而不倒。

(1)构造柱的构造要求

1)设置构造柱的砖砌体，宜用普通砖和水泥混合砂浆砌筑。普通砖的强度等级不应低于 MU10，砂浆的强度等级不应低于 MU5，构造柱的混凝土强度等级不宜低于 C20 级。

2)构造柱的最小截面尺寸不宜小于 240 mm×240 mm，其厚度不应小于墙厚，边柱、角柱的截面宽度宜适当加大。

3)柱内竖向受力钢筋，对于中柱不宜少于 4Φ12，对于边柱和角柱不宜少于 4Φ14；当房屋抗震设防烈度 7 度时超过六层，8 度时超过五层和 9 度时，构造柱纵向钢筋宜采用 4Φ14，箍筋间距不应大于 200 mm，竖向钢筋的直径也不宜大于 16 mm。

4)构造柱的箍筋，一般部位宜采用Φ6，间距200 mm，楼层上下 500 mm 范围内宜采用Φ6，间距100 mm。

5)砖砌体与构造柱的连接处应砌成马牙槎，每一马牙槎高度不宜超过 300 mm，如图 5－88 所示，并沿墙高每隔 500 mm 设 2Φ6 水平拉结筋，且每边伸入墙内不宜小于 1 m。

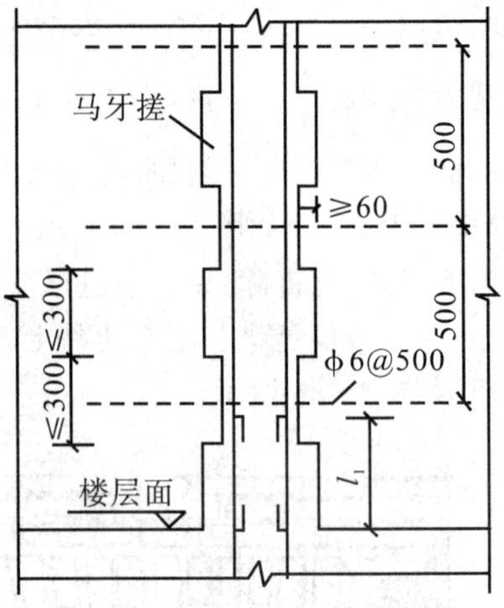

图 5－88　拉结钢筋布置及马牙搓

6)构造柱与圈梁连接处，构造柱的纵筋应穿过圈梁，保证构造柱纵筋上下贯通。构造柱可不单独设置基础，但应伸入地面下 500 mm，或与埋深小于 500 mm 的基础圈梁相连。

7)组合砖墙砌体结构房屋应在基础顶面，在有组合墙的楼层处设置现浇钢筋混凝土圈梁。

圈梁的截面高度不宜小于 240 mm，纵向钢筋不宜小于 4Φ12，纵向钢筋应伸入构造柱内，并应符合受拉钢筋的锚固要求。圈梁的箍筋宜采用Φ6，间距 200 mm。

8)组合砖墙砌体结构房屋，应在纵横墙交接处，墙端部和较大洞口的洞边设置构造柱，其间距不宜大于 4.0 m，各层洞口宜设置在相应位置，并宜上下对齐。

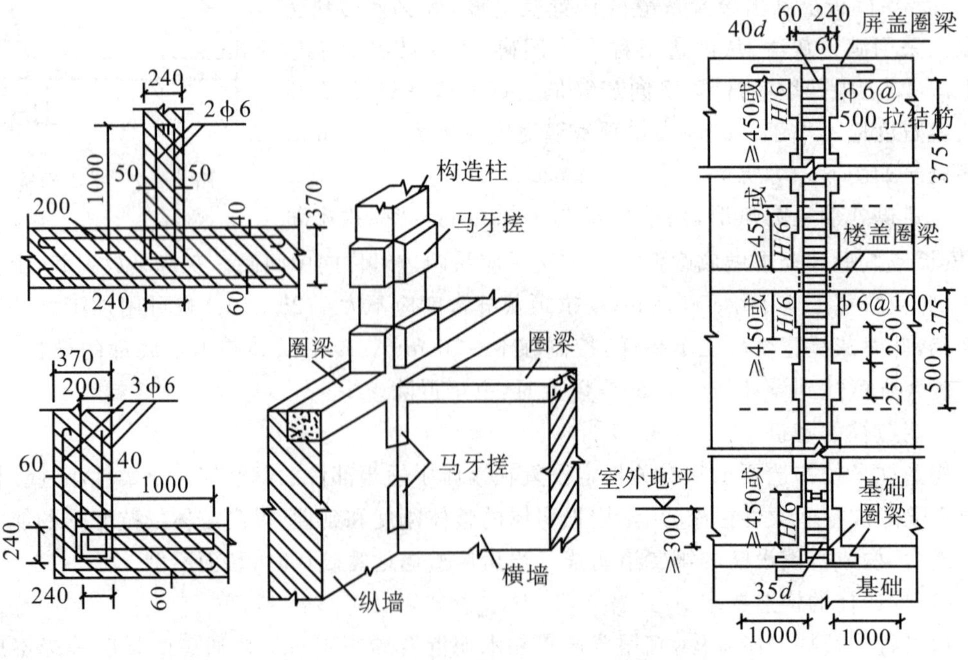

图 5－89　构造柱与砖砌体连接构造

9)当房屋高度和层数接近规定的限制时，纵横墙构造间距应符合下列要求：

①横墙内的构造柱间距不宜大于层高的二倍；下部 1/3 楼层的构造柱间距适当减小。

②当外纵墙开间大于 3.9 m 时，应另设加强措施，内纵墙构造柱间距不宜大于 4.2 m。

10)组合砖墙的施工程序应先砌墙后浇混凝土。

11)柱内竖向钢筋混凝土保护层厚度，一般宜为 20 mm，且应不小于 15 mm。构造柱与砖砌体连接构造，如图 5-89 所示。

(2)构造柱施工技术要求

1)构造柱施工应按下列顺序进行：绑扎钢筋→砌砖墙→支模板→浇捣混凝土。钢筋混凝土圈梁应现浇。

2)构造柱的竖向受力钢筋需结长时，可采用绑扎接头，其搭接长度一般为 35 倍钢筋的直径，在绑扎接头区段的箍筋间距不应大于 200 mm，箍筋在楼板和地面上下 $H/6$ 处应加密，间距≤100 mm，如图 5-90 所示。

3)构造柱的竖向受力钢筋，绑扎前必须做除锈、调直处理，钢筋末端应做弯钩。底层构造柱的竖向受力钢筋与基础圈梁（或混凝土底脚）的锚固长度不应小于 35 倍竖向钢筋直径，并保证钢筋位置正确，如图 5-91 所示。

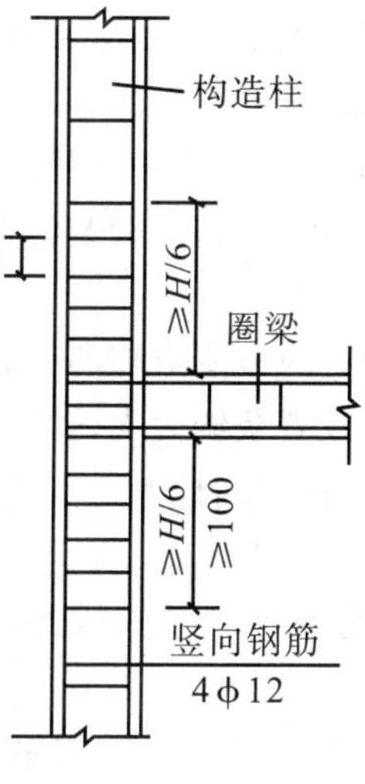

图 5-90　构造柱箍筋加密（H 指层高）

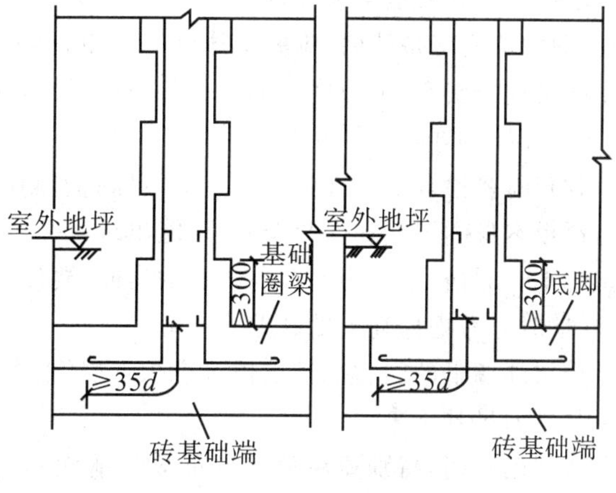

图 5-91　构造柱根

4)构造柱模板宜用组合钢模板。在各层砖墙砌好后，分层支设。构造柱和圈梁的模板，都必须与所在的砖墙面严密贴紧，支撑牢靠，堵塞缝隙，以防漏浆。在逐层安装模板之前，必须根据构造柱轴线校正竖向钢筋位置和垂直度。箍筋间距应准确，并分别与构造柱的变向钢筋和圈梁的纵筋相垂直，绑扎牢靠。构造柱钢筋的混凝土保护层厚度宜为 20 mm，且不小于 15 mm。

5)砌砖墙时，从每层构造柱脚开始，砌马牙槎应先退后进，以保证构造柱脚为大断面。当马牙槎齿深为 120 mm 时，其上口可采用一皮进 60 mm，再一皮进 120 mm 的方法，以保证浇筑混凝土后，上角密实。马牙槎内的灰缝砂浆必须密实饱满，其水平灰缝砂浆饱满度不得低于 80%。

6)在浇筑构造柱混凝土前，必须将砖墙和模板浇水湿润（钢模板面不浇水，刷隔离剂），并将模板内的砂浆残块、砖渣等杂物清理干净。为了便于清理，可事先在砌墙时，在各层构造柱底部（圈梁面上）留出二皮砖高的洞口，杂物清除后立即用砖砌封闭洞口。

7)构造柱的混凝土浇筑可以分段进行,每段高度不宜大于 2 m,或每个楼层分两次浇筑。在施工条件较好,并能确保浇捣密实时,亦可每一楼层一次浇筑,浇筑用的混凝土,其坍落度一般以 50～70 mm 为宜,以保证浇筑密实,亦可根据施工条件,气温高低,在保证浇捣密实情况下加以调整。

8)浇捣构造柱混凝土时,宜用插入式振动器,分层捣实。振捣棒随振随拔,每次振捣层的厚度不得超过振捣棒有效长度的 1.25 倍,一般为 200 mm 左右。振捣时,振捣棒应避免直接碰触钢筋和砖墙,严禁通过砖墙传振,以免砖墙鼓肚和灰缝开裂。

9)在新老混凝土接槎处,须用水冲洗、湿润,再铺 10～20 mm 厚的水泥砂浆(用原混凝土配合比去掉石子后的比例),方可继续浇筑混凝土。在砌完一层墙厚和浇筑该层构造柱混凝土前,应及时对已砌好的独立墙体加稳定支撑,必须在该层构造柱混凝土浇捣完毕后,才能进行上一层的施工。

5.梁底、板底砖的处理

砖墙砌到楼板底时应砌成丁砖层。如果楼板是现浇的,并直接支撑在砖墙上,则应砌低一皮砖,使楼板的支撑处混凝土加厚,支撑点得到加强。

填充墙砌到框架梁底时,墙与梁底的缝隙要用铁楔子或木楔子打紧,然后用1∶2水泥砂浆嵌填密实。如果是混水墙,可以用与平面交角在 45°～60°的斜砖顶紧(俗称走马撑或鹅毛皮)。假如填充墙是外墙,应等砌体沉降结束,砂浆达到强度后再用楔子楔紧,然后用 1∶2 水泥砂浆嵌填密实,因为这一部分是薄弱点,最容易造成外墙渗漏,施工时要特别注意。

6.楼层墙体的砌筑

砌砖前要检查皮数杆是否是由下层标高引测的,还要检查内墙皮数杆的杆底标高,有时因为楼板本身的误差和安装误差,可能出现第一皮砖砌不下或者灰缝太大,这时要用细石混凝土垫平。厕所、卫生间等容易积水的房间,要注意图纸上该类房间地面比其他房间低的情况,砌墙时应考虑标高上的高差。

楼层外墙上的门、窗、挑出件等应与下层门、窗、挑出件等在同一垂直线上,分口线应用线坠从下面吊挂下来。

楼层砌砖时,特别要注意砖的堆放不能太多,不准超过允许的荷载。如果房屋楼板超荷,有时会引起重大事故。

7.坡屋顶的封山、拔檐

(1)封山。坡屋顶的山墙,再砌到沿口标高处就要往上收山尖。砌山尖时,把山尖皮数杆钉在山墙中心线上,在皮数杆上的屋脊标高处钉上一个钉子,然后向前后檐挂斜线,按皮数杆的皮数和斜线的标志,以退踏步槎的形式向上砌筑,这时,皮数杆在中间,两坡只有斜线,其灰缝厚度完全靠操作者技术水平自己掌握,可以用砌 3～5 皮砖量一下高度的办法来控制,山尖砌好以后就可以安放檩条。

檩条安放固定好后,即可以封山。封山有两种形式,一种是平封山(俗称插檀档子);另一种是把山墙砌得高出屋面,叫做高封山。

平封山的砌法是按已放好的檩条上皮拉线砌筑,或按屋面钉好的望板找平砌筑,封山顶坡的砖要砍成契形砌成斜坡,然后抹灰找平等待盖瓦。

高封山的砌法是在脊檩端头钉一小挂线杆,自高封山顶部标高往前后檐拉线,线的坡度应与屋面坡度一致,作为砌高封山的标准,在封山内侧 20 cm 高处挑出 6 cm 的平砖作为滴水檐。高封山砌完后，在墙顶上砌1～2层压顶出檐砖。高封山在外观上屋脊处和檐口处高出屋面应该一致，要做到这一点必须要把斜线挂好。收山尖和高封山的形式，分别如图5-92和图5-93所示。

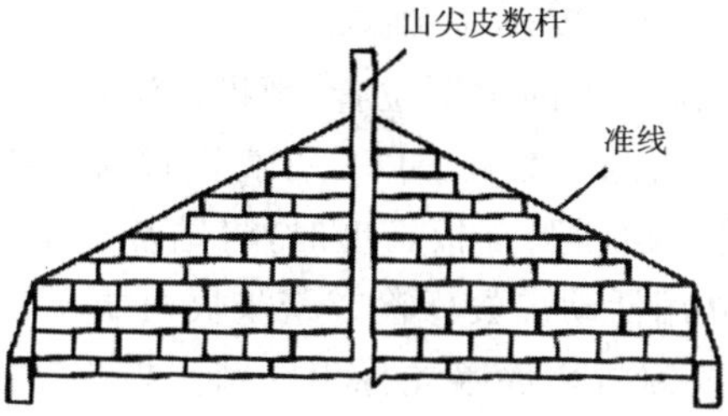

图5-92　收山尖

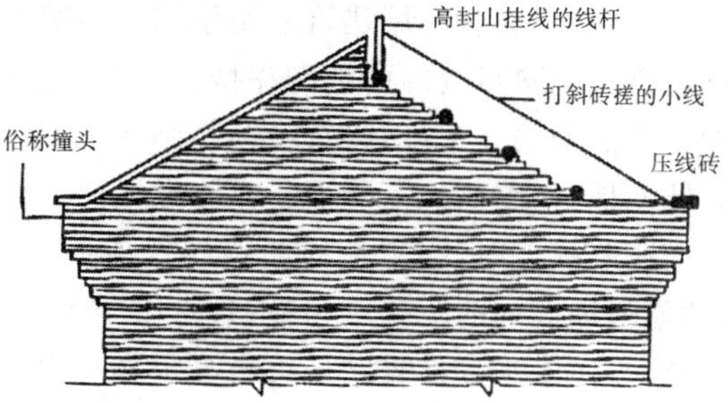

图5-93　高封山

(2)封檐和拔檐。在坡屋顶的檐口部分，前后沿墙砌到檐口底时，先挑出2～3皮砖，此道工序被称为封檐。封檐前应检查墙身高度是否符合要求，前后两坡及左右两边是否连接，两端高度是否在同一水平线上。砌筑前先在封檐两端挑出1～2块砖再顺着砖的下口拉线穿平，清水墙封檐的灰缝应与砖墙灰缝错开。砌挑檐砖时，头缝应批灰，同时外口应略高于里口。

在沿墙做封檐的同时，两山墙也要做好挑檐，挑檐的砖要选用边角整齐的。山墙挑檐也叫拔檐，一般挑出的层数较多，要求把砖透水，砌筑时灰缝严密，特别是挑层中竖向灰缝必须饱满。砌筑时宜由外往里水平靠向已砌好的砖，将竖缝挤紧，砖放平后不宜再动，然后再砌一块砖把它压住。当出檐或拔檐较大时，不宜一次完成，以免重量过大，造成水平缝变形而倒塌，拔檐(挑檐)的做法如图5-94所示。

8.腰线

由于建筑物构造上的需要或为了增加其外形美观，沿房屋外墙面的水平方向用砖挑出各种装饰线条，这种水平线条叫做腰线。砌法基本与挑檐相同，只是一般多用顶砖逐皮挑出，每皮挑出一般为1/4砖长，最多不得超过1/3砖长.也有用砖角斜砌挑出，组成连续的三角状砖牙；还有的用立砖与顶砖组合挑砌花饰等，如图5-95所示。

图5-94　拔檐(挑檐)法

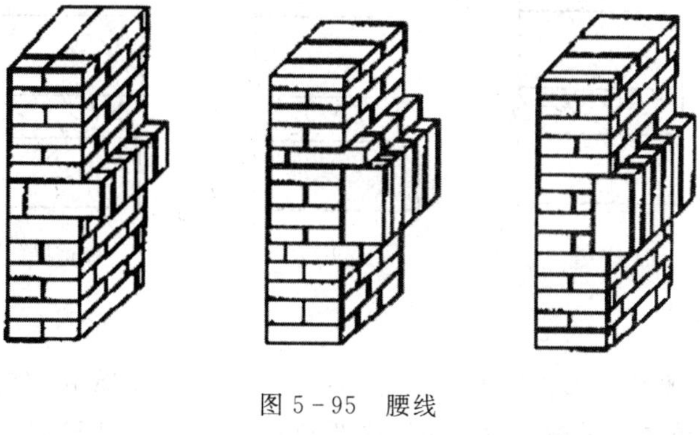

图5-95　腰线

9.楼梯栏杆和踏步

(1)栏杆。砖砌栏杆基本上同砌山尖和封山相同。它是在楼梯栏杆两端各立一根皮数杆，标明栏杆的砖层及标高，按标高在两皮数杆间拉斜向准线，准线即是栏杆的位置及高度，如图 5－96 所示。砌到准线时，砖要砌成斜形，使砌筑坡度与准线吻合，全部砌完后，栏杆顶用水泥砂浆进行抹灰，作为楼梯扶手。

(2)踏步。有些民用建筑采用楼梯间砖墙直接支撑预制踏步板，可将预制成“L”或“一”形钢筋混凝土踏步板的两端砌在楼梯墙上，这样踏步板的安砌应和砌墙配合进行。施工前先做一个活动的皮数杆，将每步标高画在上面，每个踏步板的水平位置，用投影法标在楼梯间砖墙底部，如图 5－97 所示。应注意楼梯间标高是否与皮数杆底同一标高，当标高不同应调整其高差施工时，踏步板的两边砖墙应同时砌筑。砌到踏步板高度时，将踏步板坐浆放平，两端伸进墙内的距离应相等，且不小于 12 cm，并用活动皮数杆检查踏步板两端高低，进行调整，再用水平尺检查踏步板自身水平。同时用线锤将墙底事先标出的踏步板水平投影位置，向上吊线检查踏步板水平方向进出情况，当两个方向尺寸都正确无误后，才能进行下步砌筑。

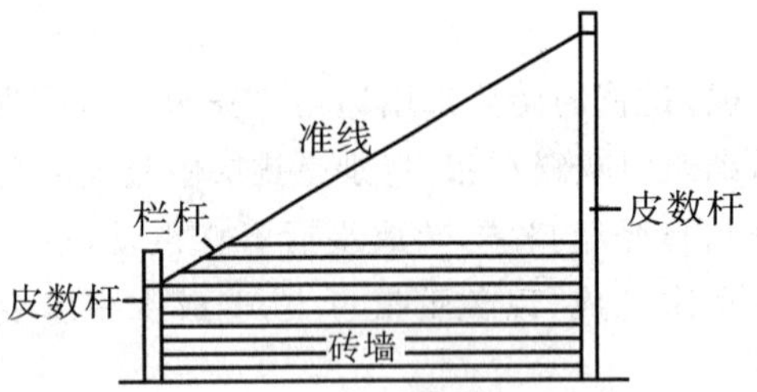

图 5－96　楼梯栏杆

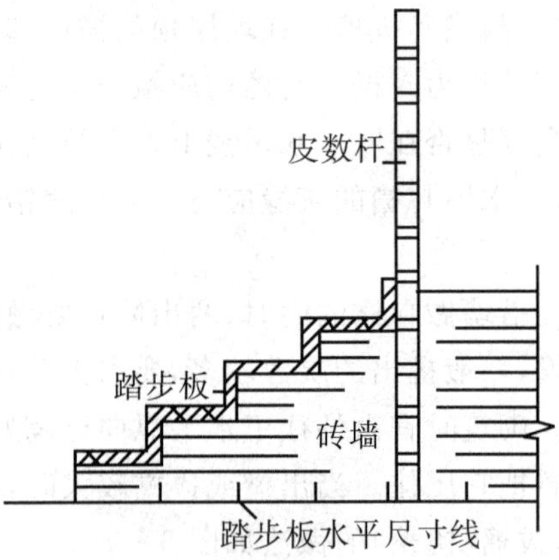

图 5－97　预制踏步板的安砌

10. 清水墙勾缝

清水墙砌筑完毕要及时抠缝，可以用小钢皮或竹棍抠划，也可以用钢线刷剔刷，抠缝深度应根据勾缝形式来确定，一般深度为 1 cm 左右。勾缝形式一般有 4 种，如图 5－98 所示。

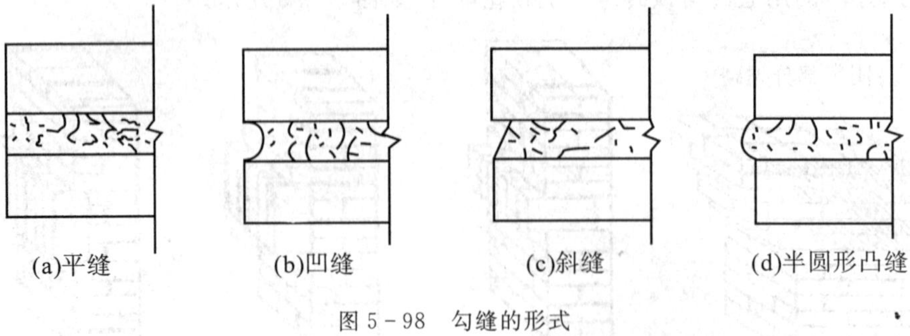

(a)平缝　(b)凹缝　(c)斜缝　(d)半圆形凸缝

图 5－98　勾缝的形式

(1)平缝。操作简便，勾成的墙面平整，不易剥落和积污，防雨水的渗透作用较好，但墙面较为单调。平缝一般采用深浅两种做法，深的约凹进墙面 3～5 mm。

(2)凹缝。凹缝是将灰缝凹进墙面 5～8 mm 的一种形式。凹面可做成半圆形，勾凹缝的墙面有立体感。

(3)斜缝。斜缝是把灰缝的上口压进墙面 3～4 mm,下口与墙面平,使其成为斜面向上的缝,斜缝泄水方便。

(4)凸缝。凸缝是在灰缝面做成一个半圆形的凸线,凸出墙面 5 mm 左右。凸缝墙面线条明显、清晰,外观美丽,但操作比较费事。

勾缝一般使用稠度为 4～5 cm 的 1∶1 水泥砂浆。水泥采用 32.5 级水泥,砂要经过 3 mm 筛孔的筛子过筛。因砂浆用量不多,一般采用人工拌制。

勾缝以前应先将脚手眼清理干净并洒水湿润,再用与原墙相同的砖补砌严密,同时要把门窗框周围的缝隙用 1∶3 水泥砂浆堵严嵌实,深浅要一致,并要把碰掉的外墙窗台等补砌好。要对灰缝进行整理,对偏斜的灰缝用钢凿剔凿,缺损处用 1∶2 水泥砂浆加氧化铁红调成与墙面相似的颜色修补(俗称做假砖),对于抠挖不深的灰缝要用钢凿剔深,最后将墙面黏结的泥浆、砂浆、杂物清除干净。

勾缝前一天应将墙面浇水洇透,勾缝的顺序是从上而下,先勾横缝,后勾竖缝。勾横缝的操作方法是,左手拿托灰板紧靠墙面,右手拿长溜子,将托灰板顶在要勾的缝下边,右手用溜子将灰浆喂入缝内,同时自右向左随勾随移动托灰板。勾完一段后,再用溜子自左向右在砖缝内溜压密实,使其平整,深浅一致。勾竖缝的操作方法是用短溜子在托灰板上把灰浆刮起(俗称刁灰),然后勾入缝中,使其塞压紧密、平整,如图 5-99 所示。

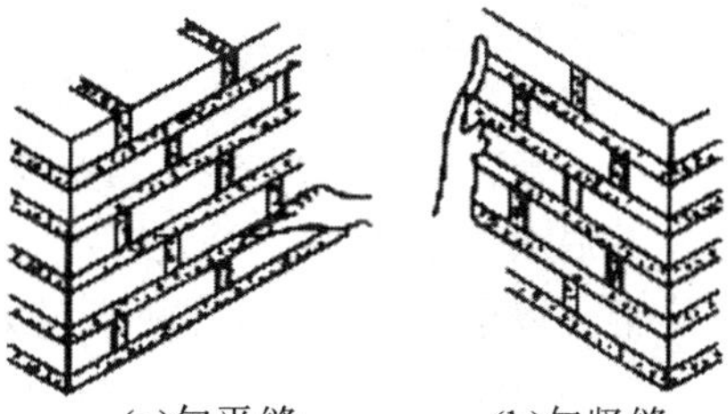

(a)勾平缝　(b)勾竖缝

图 5-99　勾缝的操作手法

勾好的平缝与竖缝要深浅一致,交圈对口,一段墙勾完以后要用笤帚把墙面扫干净,勾完的灰缝不应有搭槎、毛疵、舌头灰等毛病。墙面的阳角处水平缝转角要方正,阴角的竖缝要勾成弓形缝,左右分明。不要从上到下勾成一条直线,影响美观。砖碹的缝要勾立面和底面,虎头砖要勾三面,转角处要勾方正,灰缝面要颜色一致,黏结牢固、压实抹光、无开裂,砖墙面要洁净。

学习情境 5.3　施工质量检查及验收

5.3.1　砖墙砌筑后的成品保护

1. 墙体拉结钢筋、抗震构造柱钢筋、墙体钢筋及各种预埋件、暖卫、电器管线等,均应注意保护,不得任意拆改或损坏。

2. 砂浆稠度应适宜,砌墙时应防止砂浆溅脏墙面。

3. 在吊放平台脚手架或安装大模板(内浇外砌建筑)时,指挥人员和吊车司机要认真指挥和操作,防止碰撞刚砌好的砖墙。

4. 在高车架进料口周围,应用塑料薄膜或木板等遮盖,保持墙面洁净。

5. 尚未安装楼板或屋面的墙和柱,当可能遇大风时,应采取临时支撑等措施,以保证施工中的稳定性。

6. 雨天施工收工时,应覆盖砌体表面。

5.3.2 砖墙砌筑时应注意的质量问题

砖砌体施工中经常出现的质量问题称为质量通病。造成这些质量问题有的是由原材料引起的，有的是由施工操作引起的。

1. 砖砌体砂浆不饱满

砖层水平灰缝砂浆饱满度低于80%，竖缝内无砂浆称为砂浆不饱满。造成这种现象的主要原因如下：

(1)砌筑砂浆和易性差，在砌砖时不能很好地将灰条挤压密实，造成砂浆不饱满。因此，应改善砌筑砂浆的和易性。

(2)操作手法不对。在用砖压灰条带时将灰条碰出小坑，挤压后小坑处不能使水平缝砂浆饱满。因此，要改变砌砖手法，砖压带灰条要平推不能倾斜。

2. 基础墙位移

防治的方法是：基础砖撂底要正确，收退大方角两边要相等，退到墙身之前要检查轴线和边线是否正确，如偏差较小可在基础部位纠正，不得在防潮层以上退台或出沿。

3. 混水墙粗糙

混水墙出现通缝和花槽通天缝，主要是操作人员忽视混水墙的砌筑。因此，要使操作者明确砖墙组砌方法的意义不仅是为了美观，更是受力的需要。当利用半砖时，应将半砖分散砌于墙中，同时也要满足搭接1/4砖长的要求。砖柱的砌筑，除了要有丰富的经验以外，还要确定组砌方法。墙体的组砌形式，应根据所砌部位的受力性质和砖的规格来确定。一般清水墙常采用一顺一丁和梅花丁砌筑；在地震区，为增强齿缝受拉强度，可以采用骑马缝砌筑；砌蓄水池也可以采用三顺一丁砌法；双面清水墙可采用梅花丁砌法等等。

4.“螺丝墙”

在二层楼房砌筑时，各道纵横墙不可能同时砌筑，而是分别砌筑。各道墙砌筑的依据是皮数杆，当皮数杆设立的标高出现问题或工人砌筑的皮数出现问题，在墙体连接时，同一标高的砖层数不同，不能交圈，这就叫做螺丝墙。出现螺丝墙后就很难处理。如果内外墙都是混水墙，只能采取打薄砖或用砂浆找平，这样既影响美观又降低质量，如果外墙是清水墙就使整层的墙推倒重砌。出现螺丝墙的主要原因如下：

(1)立皮数杆时没有对准各层地面标高±0.000的位置；楼面抄平时，将水平标高尺寸读错或皮数杆设立后被移动所造成。

(2)工人砌墙的皮数与皮数杆不相符，尤其是在楼层上继续砌墙时，砖层与皮数杆的层数不可能都相符，就要用灰缝的厚度来调整。砌到一定高度后把砖层的标高都调整在同一标高上。如果砌筑时没有把标高层数搞清，误将砌层砌高了认为是砌低了，结果砌筑时加厚灰缝，砌到平口赶上层数正好高出一层砖。因此，在砌砖前一定要先搞清楚所砌部位的标高的情况，砌到一定高度时要与其他部位核对砖的层数，看一看在砌同一层时与皮数杆的皮数是否相同，如果发现有误差，及时进行调整，这样做就不会出现“螺丝”墙。

5. 清水墙面游丁走缝

清水墙上下竖缝发生错位、弯斜，叫游丁走缝。游丁走缝影响清水墙的美观，也反映了发生游丁走缝墙的两个侧面垂直度发生变化，影响了墙面竖缝的宽度。在质量检验标准中规定的游丁走缝允许偏差，以一层一皮砖为准时，不得超过20 mm，超过这个标准就是游丁走缝质量问题。产生游丁走缝的原因有以下几个方面：

(1)砖的规格尺寸误差较大，或者砌筑过程中发生供应砖的厂家变化，使砖的规格误差不一致，竖缝位置不好掌控，容易走缝。

(2)在砌墙前摆砖，未考虑到窗口位置，砌到窗台处分口时，口边的摆砖发生变化，使得窗间墙的竖缝与下面墙的竖缝发生错位。

(3)在砌墙时丁砖的位置隔层相对时不垂直，没有对齐。

防止墙面产生游丁走缝的方法，应从砌墙前的摆砖开始，先测定一下现场砖的规格，遇到砖的规格误差不统一，先将条砖缝子摆均，每次砌丁砖时要掌握丁压中，就是丁砖的中线与条砖的中线相重。砌筑时要采用“砌一看二”的方法，就是砌第一块丁砖的竖缝要使其摆均，砌第二块丁砖时穿看一下竖缝与下部隔层丁砖的竖缝垂直。砌筑面积较大的清水墙时，在已经砌完的几层砖中沿墙每米处设一条标准垂直竖缝准线，每当砌到标准线处用眼穿一次。标准垂直准线之间将竖缝分均匀，就能减少游丁走缝的误差。

6. 水平缝大小不均匀，砖墙凹凸不平

产生墙面凹凸不平、水平灰缝不直的原因不外乎砖不规格、拉的准线不紧，而遇上刮风天，砖过分潮湿，出现游墙、脚手架层面处操作不便等因素。要改变这种状况，应把过分超标准的砖挑出来使用于不重要的地方，特别潮湿的砖不宜上墙或者适当调整砂浆的稠度。脚手架层面处由专人巡回检查操作质量，立皮数杆要保证标高一致，盘角时灰缝要掌握均匀，砌砖时小线要拉紧，防止一层线松，一层线紧。

对于内浇大模板外墙墙体砌筑时，在窗间墙上，抗震柱两边分上、中、下留出 6 cm×12 cm通孔，抗震柱外墙面垫 5 cm 厚木板，用花篮螺栓与大模板连接牢固，混凝土要分层浇灌，振捣棒不可直接触及外墙。楼层圈梁外三皮 12 cm 砖墙也应认真加固，如在振捣时发现砖墙已经膨胀，则应随时拆掉重砌。

7. 留槎不符合要求，构造柱未按规定砌筑

有些砖墙的接槎处出现通缝，或者后砌部分的砖没有伸至墙根，产生的原因一方面是操作者对接槎的重要性认识不足；另一方面是施工组织不当，造成留槎过多。纠正的办法是加强对操作者的培训，马牙槎要随砌随清，拉结条及其他加筋要经常清点检查，避免遗留。在施工组织和安排时，也要统一考虑留槎位置。

操作者对构造柱的认识不足，是未按规定砌筑的主要原因，因此要加强教育。构造柱砖墙应砌成马牙槎，设置好拉结筋从柱脚开始先退后进，当齿深 12 cm 时，上口一皮进 6 cm，再上一皮进 12 cm，以保证混凝土浇灌时上角密实。构造柱内的落地灰、砖渣、杂物要清理干净，防止夹渣。

8. 清水墙面勾缝污染

清水墙面勾缝深浅不一、竖缝不直、十字缝搭接不平等质量问题，主要是墙面浇水不透，有的没有开缝，缝隙太小，溜子无法嵌入缝内；采取加浆勾缝时，因托灰板接触墙面而污染，勾缝结束又未彻底清扫。所以，勾缝前要对墙面浇好水，做好灰缝开补，勾缝结束后要彻底清扫。

5.3.3 砖墙砌筑质量要求

1. 主控项目

(1)砖和砂浆的强度等级必须符合设计要求

抽检数量：每一生产厂家的砖到现场后，按烧结砖15万块、多孔砖5万块、灰砂砖及粉煤灰砖10万块各为一验收批，抽检数量为1组。砂浆试块的抽验数量执行标准GB50203—2002第4.0、12条的有关规定。

检验方法：查砖和砂浆试块试验报告。

(2)砌体水平灰缝的砂浆饱满度不得小于80%。

抽验数量：每检验批抽查不应少于5处。

检验方法：用百格网检查砖底面与砂浆的黏结痕迹面积。每处检测3块砖，取其平均值。

(3)砖砌体的转角处和交接处应同时砌筑，严禁无可靠措施的内外墙分砌施工。对不能同时砌筑而又必须留置的临时间断处应砌成斜槎，斜槎水平投影长度不应小于高度的2/3。

抽验数量：每检验批抽20%接槎，且不应少于5处。

检验方法：观察检查。

(4)非抗震设防及抗震设防烈度为6度、7度地区的临时间断处，当不能留槎时，除转角处外，可留直槎，但直槎必须做成凸槎。留直槎处应加设拉结钢筋，拉结钢筋的数量为每120 mm墙厚放置1ϕ6拉结钢筋(120 mm墙厚放置2ϕ6拉结钢筋)，间距沿墙高不应超过500 mm；埋入长度从留槎处算起每边均不应小于500 mm，对抗震设防烈度6度、7度的地区，不应小于1000 mm；末端应有90°弯钩(图5－100)。

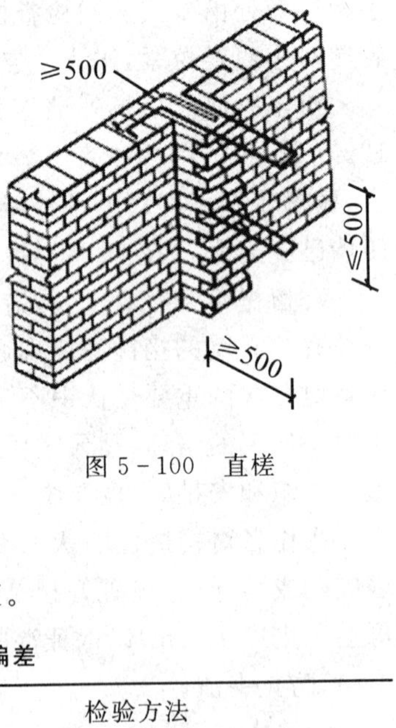

图5－100 直槎

抽验数量：每检验批抽20%接槎，且不应少于5处。

检验方法：观察和尺量检查。

合格标准：留槎正确，拉结钢筋设置数量、直径正确，竖向间距偏差不超过100 mm，留置长度基本符合规定。

(5)砖砌体的位置及垂直允许偏差应符合表的5－24规定。

表5－24 砖砌体的位置及垂直度允许偏差

<table>
<tr><th>项次</th><th colspan="3">项目</th><th>允许偏差(mm)</th><th>检验方法</th></tr>
<tr><td>1</td><td colspan="3">轴线位置偏移</td><td>10</td><td>用经纬仪和尺检查或用其他测量仪器检查</td></tr>
<tr><td rowspan="3">2</td><td rowspan="3">垂直度</td><td colspan="2">每层</td><td>5</td><td>用2 m托线板检查</td></tr>
<tr><td rowspan="2">全高</td><td>≤10 m</td><td>10</td><td rowspan="2">用经纬仪，吊线和尺检查，或用其他测量仪器检查</td></tr>
<tr><td>>10m</td><td>20</td></tr>
</table>

抽检数量：轴线查全部承重墙柱；外墙垂直度全高查阳角，不应少于4处，每层每20 m查一处；内墙按有代表性的自然间抽10%，但不应少于3间，每间不应少于2处，柱不少于

5 根。

2. 一般项目

(1)砖砌体组砌方法应正确，上、下错缝，内外搭砌，砖柱不得采用包心砌法。

抽检数量：外墙每 20 m 抽查一处，每处 3～5 m，且不应少于 3 处；内墙按有代表性的自然间抽 10%，且不应少于 3 间。

检验方法：观察检查。

合格标准：除符合本条要求外，清水墙、窗间墙无通缝；混水墙中长度大于或等于 300 mm的通缝每间不超过 3 处，且不得位于同一面墙体上。

(2)砖砌体的灰缝应横平竖直，厚薄均匀。水平灰缝厚度宜为 10 mm，但不应小于 8 mm，也不应大于 12 mm。

抽验数量：每步脚手架施工的砌体，每 20m 抽查 1 处。

检验方法：用尺量 10 皮砖砌体高度折算。

砖砌体的一般尺寸允许偏差应符合表 5－25 的规定。

表 5－25　砖砌体一般尺寸度允许偏差

项次	项目		允许偏差(mm)	检验方法	检验数量
1	基础顶面和露面标高		±15	用水平仪和尺检查	不应少于 5 处
2	表面平整度	清水墙、柱	5	用 2 m 靠尺和楔形塞尺检查	有代表性自然间 10%，但不应少于 3 间，每间不应小于 2 处
		混水墙、柱	8		
3	门窗洞口高、宽(后塞口)		±5	用尺检查	检查批洞口的 10%，且不应小于 5 处
4	外墙上下窗口偏移		20	以底层窗口为准，用经纬仪或吊线检查	检验批的 10%，且不应小于 5 处
5	水平灰缝平直度	清水墙	7	拉 10 m 线和尺检查	有代表性自然间 10%，但不应少于 3 间，每间不应少于 2 处
		混水墙	10		
6	清水墙游丁走缝		20	吊线和尺检查，以每层第一皮砖为准	有代表性自然间 10%，但不应少于 3 间，每间不应小于 2 处

5.3.4　安全要求

1. 检查脚手架：砖瓦工上班前要检查脚手架的绑扎是否符合要求，对于钢管脚手架，要检查其扣件是否松动。

雪天或大雨以后要检查脚手架是否下沉，还要检查有无空头板和迭头板。若发现上述问题，要立即通知有关人员纠正。

2. 正确使用脚手架：无论是单排或双排脚手架，其承载能力都是 3.0 kPa，一般在脚手架上堆砖高度不得超过三皮侧砖，操作人员不能在脚手架上嬉戏及多人集中在一起。不得坐在脚手架的栏杆上休息，发现有脚手架板损坏要及时更换。

3. 严禁站在墙上工作或行走，工作完毕应将墙上和脚手架上多余的材料、工具清理干净。

在脚手架上砍凿砖块时，应面对墙面，防止砍下的砖块碎屑落下伤人，应及时清理或集中在容器内运走。

4. 门窗的支撑及拉结杆应固定在楼面上，不得拉在脚手架上。

复习思考题

5-1 墙体依其所处位置不同、材料不同、构造不同、施工方法不同可分为哪几种类型？

5-2 砖墙、柱砌筑的基本要求有哪些？

5-3 砌筑砂浆的有哪些种类？分别适用于什么环境？

5-4 什么叫皮数杆？皮数杆如何布置与划线？

5-5 砌筑工程常用的垂直运输设施有哪些？在安装和使用时应注意哪些问题？

5-6 砌体工程安全施工的内容有哪些？

5-7 砖墙摆砖撂底的要求有哪些？

5-8 什么是“二三八一”砌砖法？

5-9 砌筑墙体的操作要领及注意事项是什么？

5-10 砖墙砌筑的施工工艺流程是什么？

5-11 什么是构造柱？有何作用？

5-12 清水墙的勾缝形式有哪几种？分别有什么特点？

5-13 构造柱的构造要求有哪些？

5-14 砖墙砌筑中有哪些需要注意的质量问题？

5-15 砖墙砌筑质量要求有哪些？如何进行质量检查？

5-16 砌体墙每日砌筑高度的规定及原因是什么？

学习项目 6　非承重墙砌体工程施工

【学习目标】 通过本学习项目的学习，了解非承重墙体的材料、类型；掌握非承重墙体施工的基本知识及施工方法；掌握非承重墙体施工质量控制要点。

【项目描述】

1. 工程概况：

杭政储出(2005)35 号地块(宜·家时代)工程是由杭州绿园房地产开发有限公司兴建的工程，整个工程由二幢高层建筑物(1＃楼 24 层和 2＃楼 17 层)和一层地下室组成，结构形式为框架剪力墙结构，建筑面积 48507.6 m^2，其中地下室建筑面积为 11772.6 m^2，建筑高度 78.5 m。工程位于杭州市拱墅区祥符镇育苗路南，西塘河东侧。

2. 砌筑材料

本工程地下室内墙采用 MU10 蒸压灰砂砖，M7.5 水泥砂浆砌筑，±0.000 以上外墙采用非承重空心砖，M5 混合砂浆砌筑，其余围护墙体采用轻质砂加气混凝土砌块，砂加气砌块砌筑专用粘结剂砌筑。

3. 技术要求

(1)砌筑材料应按规定的质量标准及出厂合格证进行验收，同时现场取样送检，合格后方可使用。砌筑前应按照设计要求，做好砂浆配合比，施工中严格按配合比集中拌制砂浆，并做砂浆试块强度试验。砂加气砌块按厂家标准图集施工。

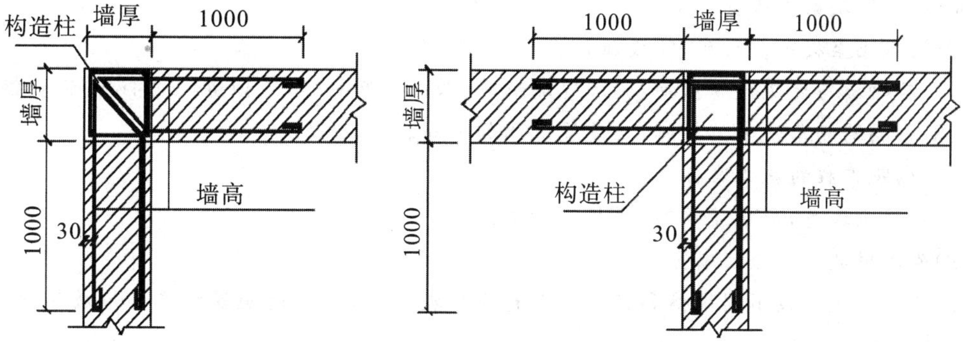

图 6－1　构造柱与墙体拉筋示意图

(2)砌体的转角，丁字接头处应同时砌筑，并使纵横墙咬合，若咬槎砌筑有困难时，应在交接处灰缝内砌入 ϕ6 拉结钢筋，钢筋垂直间距不大于 600 mm，每边伸入墙内 1000 mm，钢筋两端弯勾。砌体的端部(无砼墙柱时)须加设构造柱和拉结钢筋。砌体墙的阴角和阳角，以及沿砌体墙每隔约 6000 mm 设置构造柱，构造柱截面尺寸为墙厚×240 mm，纵筋 4 Φ12，箍筋 ϕ6@200，在上、下楼层梁相应位置各预期留 4 Φ12 与构造柱纵筋连接，构造柱与砖墙交接处，应设墙体拉筋，如图 6－2 所示。施工时应先砌墙后浇构造柱。

(3)框架柱、剪力墙与填充墙连接处，应按建筑施工图中的位置，在结构施工时，沿墙、柱高每隔 600 mm 在墙、柱宽内预留 2 ϕ6“U”形拉结钢筋，拉结钢筋锚入砼内 200 mm，伸出墙柱外皮 1000 mm。隔墙内每 600 mm 高沿墙全长设置 2 ϕ 6 钢筋，两端与墙、柱预留拉结筋焊接。

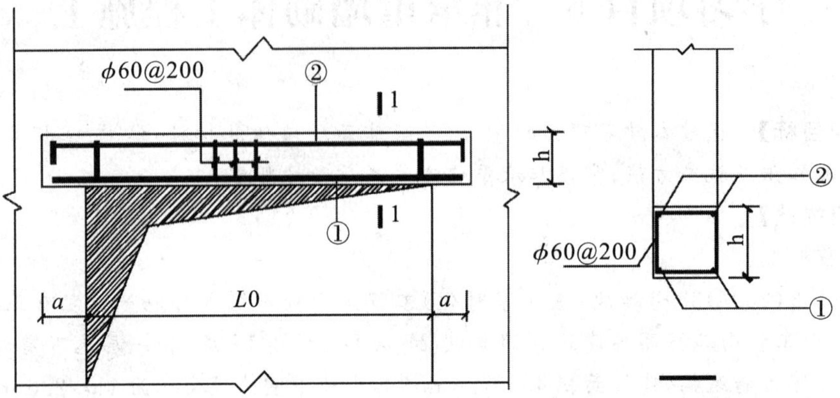

图 6-2　过梁大样图

(4)后砌隔墙当墙≥4 m 时，在墙高度中部(门窗洞顶)设置与柱子连接的通长钢筋砼圈梁。截面尺寸：墙厚×150 mm，纵筋上下各 2 Φ10，箍筋 ϕ6@200。柱(砼墙)施工时预埋 4 Φ12 与圈梁筋焊接。圈梁遇过梁时，分别按截面、配筋较大者设置。

(5)砌块墙体上的门过梁，采用 C20 混凝土，过梁长度为洞口宽度＋2a。洞顶离梁底距离小于砼过梁高度时，过梁与梁整浇；当洞口侧边离墙柱边小于 a，柱(砼墙)施工时在过梁纵筋相应位置预埋连接钢筋。

(6)每层砌至板底或梁底附近时，应待砌块沉实后再往上砌至梁、板底部，用斜面砖与梁、板顶紧，逐块敲紧砌实。

如果不砌至楼板或梁底，须设压顶。

(7)后砌墙与现浇板的拉结：施工现浇板时，若板底有隔墙，须预留 ϕ 6@1600 锚拉钢筋。

(8)当隔墙拐角处未设柱时，应设置墙体加强筋。

(9)砌筑工程的施工准备：

1)装卸砌块时，应堆放整齐，严禁倾卸丢掷。

2)砌块堆放应符合要求：

①现场砌块应按不同规格和标号分别整齐堆放，堆垛上应设明显标志。堆放场地必须平整，并应有排水措施。

②砌块的堆置高度不宜超过 1.6 m，垛与垛之间应留有适当的通道。

3)砌体施工前，应先将砌筑面抄平，然后按图纸放出轴线。

4)不得使用龄期不足 28 d 的砌块进行砌筑。

5)卫生间、洗衣间等加气砼砌体隔墙的下部，在地面做 C15 砼，150 mm 高左右，与墙体同厚度。

4. 施工要点

(1)应尽量采用规格砌块。砌筑时应清除砌块表面污物和砌块孔洞的底部毛边。砌块应底面朝上砌筑。

(2)从转角定位处开始砌筑，内外墙同时砌筑，纵横墙交错搭接。

(3)墙体的临时间断处应砌成斜槎,斜槎长度不应小于高度的2/3。如留斜槎确有困难时,除转角处外,也可砌成直槎,但必须采用拉结网片或其他措施,以保证连结牢靠。

(4)砌体的灰缝应做到横平竖直,全部灰缝均应填铺砂浆。水平灰缝的砂浆饱满程度,不得低于90%,竖直灰缝的砂浆饱满程度不得低于60%。严禁用水冲浆灌灰缝。砌体水平灰缝的厚度和竖直灰缝的宽度应控制在8～12 mm。埋设的拉结钢筋和网片,必须放置在砂浆层中。

(5)砌筑灰浆为M5水泥砂浆,砂浆的分层度一般应小于2 cm,稠度一般控制在5～7 cm为宜,当气候异常时,可适当地加入减水剂、塑化剂等。

(6)在每一楼层,对每种强度等级的砂浆和混凝土,至少制作一组试块(每组三块)。如砂浆和混凝土的强度等级或配合比变更时,也应制作试块以便检查。

(7)对设计规定的各种洞、沟槽和预埋件等,应在砌筑时预留或预埋,不得在砌好的墙体上打凿。

(8)对墙体表面的平整度和垂直度,灰缝的均匀程度及砂浆饱满度等,应随时检查并校正所发现的偏差。在砌完每楼层后,应校核墙体的轴线尺寸和标高。在允许内的轴线以及标高的偏差,可在楼板面上予以校正。

(9)砌筑高度每天不宜大于1.8 m。

(10)较大型设备房间需预留设备进出口,经设备安装就位完成后,再砌筑或封板。

【项目内容】 本项目将以本建筑的填充墙施工为载体,讲述非承重墙体的材料类型及选择、施工方法及控制要点,并进行相应的砌筑实训。

学习情境6.1 非承重墙体施工的基本知识

6.1.1 常用非承重墙砌体块材的种类及规格

1.烧结空心砖

烧结空心砖根据密度分为800、900、1100三个密度级别。

每个密度级根据孔洞及其排数、尺寸偏差、外观质量、强度等级和物理性能分为优等品、一等品和合格品三个等级。

烧结空心砖是以黏土、页岩、煤矸石等为主要原料,经焙烧而成的空心砖。烧结空心砖的外形为矩形体,在与砂浆的结合面上应设有增加结合力的深度1 mm以上的凹槽线,如图6-3所示。

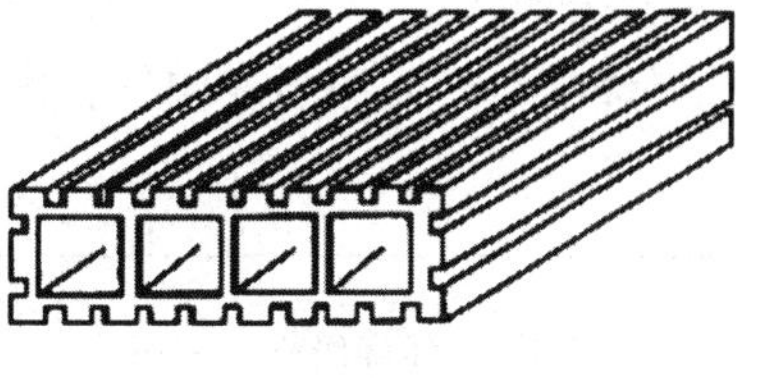

图6-3 烧结空心砖

烧结空心砖的长度、宽度、高度应符合下列要求:

(1)290、190、140、90 mm;

(2)240、180(175)、115 mm。

烧结空心砖的尺寸允许偏差应符合表6-1的规定。

表 6-1 烧结空心砖允许偏差

尺寸	尺寸允许偏差(mm)		
	优等品	一等品	合格品
>200	±4	±5	±7
200～100	±3	±4	±5
<100	±3	±4	±4

烧结空心砖的外观质量应符合表 6-2 的规定。

表 6-2 烧结空心砖外观质量

项目	指标		
	优等品	一等品	合格品
(1)弯曲不大于(mm)	3	4	5
(2)缺棱掉角的三个破坏尺寸不得同时大于(mm)	15	30	40
(3)未贯穿裂纹长度不大于(mm) a.大面上宽度方向及其延伸到条面的长度； b.大面上长度方向或条面上水平方向的长度	 不允许 不允许	 100 120	 140 160
(4)贯穿裂纹长度不大于(mm) a.大面上宽度方向及其延伸到条面的长度； b.壁、肋沿长度方向、宽度方向及其水平方向的长度	 不允许 不允许	 60 60	 80 80
(5)壁、肋内残缺长度不大于(mm)	不允许	60	80
(6)完整面不小于	一条面和一大面	一条面或一大面	—
(7)欠火砖和酥砖	不允许	不允许	不允许

注:凡有下列缺陷之一者,不能称为完整面:

1.缺陷在大面、条面上造成的破坏面尺寸同时大于 20 mm×30 mm。

2.大面、条面上裂纹宽度大于 1 mm,其长度超过 70 mm。

3.压陷、粘底、焦花在大面、条面上的凹陷或凸出超过 2 mm,区域尺寸同时大于 20 mm×30 mm。

烧结空心砖的强度应符合表 6-3 的规定。

表 6-3 烧结空心砖强度(MPa)

品质级别	强度级别	大面抗压强度		条面抗压强度	
		平均值不小于	单块最小值不小于	平均值不小于	单块最小值不小于
优等品	MU5	5	3.7	3.4	2.3
一等品	MU3	3	2.2	2.2	1.4
合格品	MU2	2	1.4	1.4	0.9

烧结空心砖的密度级别应符合表 6-4 的规定。

表6-4　烧结空心砖密度级别

密度级别	五块密度平均值(kg/m^3)
800	800
900	800～900
1100	901～1100

2. 蒸压灰砂空心砖

蒸压灰砂空心砖根据抗压强度分为MU25、MU20、MU15、MU10、MU7.5五个强度等级。

蒸压灰砂空心砖根据强度等级、尺寸允许偏差和外观质量分为优等品、一等品和合格品。

蒸压灰砂空心砖是以石灰、砂为主要原料，经坯料制备、压制成型、蒸压养护而制成的孔洞率大于15%的空心砖。

蒸压灰砂空心砖的规格及公称尺寸列于表6-5。孔洞采用圆形或其他孔形。孔洞应垂直于大面。

表6-5　蒸压灰砂空心砖公称尺寸

规格代号	公称尺寸(mm)		
	长	宽	高
NF	240	115	53
1.5NF	240	115	90
2NF	240	115	115
3NF	240	115	175

蒸压灰砂空心砖的尺寸允许偏差、外观质量和孔洞率应符合表6-6的规定。

表6-6　蒸压砂空心砖相关相关指标

项目		指标		
		优等品	一等品	合格品
(1)尺寸允许偏差				
长度(mm)	不大于	±2	±2	±3
宽度(mm)	不大于	±1	±2	±3
高度(mm)	不大于	±1	±2	±3
(2)相对高度差(mm)	不大于	±1	±2	±3
(3)孔洞率(%)	不小于	15	15	15
(4)外壁厚度(mm)	不小于	10	10	10
(5)肋厚度(mm)	不小于	7	7	

（续表）

项目		指标		
		优等品	一等品	合格品
(6)缺棱掉角最小尺寸(mm)	不大于	15	20	25
(7)完整面	不少于	1 条面和 1 顶面	1 条面或 1 顶面	1 条面或 1 顶面
(8)裂纹长度(mm)	不大于			
a.条面上高度方向及其延伸到大面的长度；		30	50	70
b.条面上长度方向及其延伸到顶面上的水平裂纹长度		50	70	100

注：凡有以下缺陷者，均为非完整面：

1.缺棱掉角或掉角的最小尺寸大于 8 mm；

2.灰球、黏土团、草根等杂物造成破坏面尺寸大于 10 mm×20 mm；

3.有气泡、麻面、龟裂等缺陷造成的凹陷与凸起分别超过 2 mm。

蒸压灰砂空心砖的抗压强度应符合表 6－7 的规定。优等品的强度等级应不低于 MU15，一等品的强度等级应不低于 MU10。

表 6－7　蒸压灰砂空心砖抗压强度

强度等级	抗压强度(MPa)	
	5 块平均值不小于	单块最小值不小于
MU25	25	20
MU20	20	16
MU15	15	12
MU10	10	8
MU7.5	7.5	6

3.页岩实心砖

页岩砖是国家提倡发展的建筑节能材料，是替代黏土砖的更新产品。

页岩是由黏土在地壳运动中挤压而形成的岩石。它是一种沉积岩，是固结较弱的黏土经过挤压、脱水、重结晶和胶结作用而形成的。由于它层理分明、易剥离而称为页岩。页岩一般为褐色、灰色或黑色，硬度不高，易破碎，容易加工成理想的制砖原料。页岩以其对硅、钙、碳的含量不同而分为硅质页岩、钙质页岩和碳质页岩。其中以硅质页岩变形小、吸湿性小、砖不易风化和产品质量易保证等优点更适于生产页岩砖使用。含有大量 K_2O、Na_2O、CaO 的页岩则不适于作为烧结页岩砖的材料。

我国有着丰富的页岩资源，许多地区有不同程度的分布，其中主要为硅质页岩。发展页岩砖有着良好的条件。页岩与黏土有着相似的化学成分，硅、钙、铝、铁化合物占总成分 80%以上。

烧结页岩砖在我国已有成熟的技术，主要品种有实心砖和多孔砖。

4. 砌块

砌块作为一种墙体材料，具有适应性强、砌筑方便灵活的特点，应用日趋广泛。砌块可以充分利用地方材料和工业废料作为原料，种类较多，可用于承重墙和填充墙砌筑。用于承重墙砌筑的砌块一般有普通混凝土小型空心砌块、轻骨料混凝土小型空心砌块(简称小砌块)；用于填充墙砌筑的砌块有加气混凝土砌块、轻骨料混凝土小型空心砌块。

(1)轻骨料混凝土小型空心砌块

1)轻骨料混凝土小型空心砌块按其强度分为 MU1.5、MU2.5、MU3.5、MU5、MU7.5、MU10 六个强度等级。

2)轻骨料混凝土小型空心砌块按尺寸偏差、外观质量分为优等品、一等品和合格品。

轻骨料混凝土小型空心砌块是以水泥、轻骨料、砂、水等预制成的。

轻骨料小型空心砌块主规格尺寸为 390 mm×190 mm×190 mm。按其孔的排数有单排孔、双排孔、三排孔和四排孔等四类。

轻骨料混凝土小型空心砌块按其密度分为 500、600、700、800、900、1000、1200、1400 八个密度等级。

轻骨料混凝土小型空心砌块的尺寸允许偏差应符合表 6-8 规定。

表 6-8　轻骨料混凝土小型空心砌块尺寸允许偏差

项目	优等品	一等品	合格品
长度	±2	±3	±3
宽度	±2	±3	±3
高度	±2	±3	+3，−4

注：最小外壁厚和肋厚不应小于 20 mm。

轻骨料混凝土小型空心砌块的外观质量应符合表 6-9 的规定。

表 6-9　轻骨料混凝土小型空心砌块的外观质量

项目			优等品	一等品	合格品
(1)缺棱掉角	个数	不大于	0	2	2
	三个方向投影尺寸的最小值(mm)	不大于	0	20	30
(2)裂缝延伸投影的尺寸累计(mm)		不大于	0	20	30

轻骨料混凝土小型空心砌块的密度应符合表 6-10 的规定，其规定值允许最大偏差为 100 kg/m³。

表 6-10　轻骨料混凝土小型空心砌块密度

密度等级	砌块干燥表观密度的范围	密度等级	砌块干燥表观密度的范围
500	≤500	900	810～900
600	510～600	1000	910～1000
700	610～700	1200	1010～1200
800	710～801	1400	1210～1400

轻骨料混凝土小型空心砌块的抗压强度，符合表 6－11 要求者为优等品或一等品；密度等级范围不满足要求者为合格品。

表 6－11　轻骨料混凝土小型空心砌块抗压强度

强度等级	砌块抗压强度(MPa)		密度等级范围不大于
	5 块平均值不小于	单块最小值不小于	
MU1.5	1.5	1.2	800
MU2.5	2.5	2	
MU3.5	3.5	2.8	1200
MU5	5	4	
MU7.5	7.5	6	1400
MU10	10	8	

(2)加气混凝土砌块工程

加气混凝土砌块按其抗压强度分为 A1、A2、A2.5、A3.5、A5、A7.5、A10 七个强度等级。

加气混凝土砌块按其密度分为 B03、B04、B05、B06、B07、B08 六个密度等级。

加气混凝土砌块是以水泥、矿渣、砂、石灰为主要原料，加入发气剂，经搅拌成型、蒸压养护而成的实心砌块。加气混凝土砌块的规格尺寸见表 6－12。

表 6－12　加气混凝土砌块的规格尺寸

砌块公称尺寸			砌块制作尺寸		
长度 L	宽度 B	高度 H	长度 L_1	宽度 B_1	高度 H_1
	100	200			
	125				
	150				
	200				
600	250	250			
	300		$L-10$	B	$H-10$
	120	300			
	180				
	240				

加气混凝土砌块按尺寸偏差与外观质量、密度、抗压强度分为优等品、一等品和合格品。

加气混凝土砌块的尺寸允许偏差和外观质量应符合表 6－13 的规定。

表6-13　加气混凝土砌块的规格尺寸允许偏差和外观质量

项目		指标		
		优等品	一等品	合格品
(1)尺寸允许偏差(mm)	长度 L_1	±3	±4	±5
	宽度 B_1	±2	±3	+3,−4
	高度 H_1	±2	±3	+3,−4
(2)缺棱掉角	个数,不多于(个)	0	1	2
	最大尺寸不得大于(mm)	0	70	70
	最小尺寸不得大于(mm)	0	30	30
(3)平面弯曲不得大于(mm)		0	3	5
(4)裂纹	条数不多于(条)	0	1	2
	任一面上的裂纹不得大于裂纹方向的	0	1/3	1/2
	贯穿一棱二面的裂纹长度不得大于裂纹所在的裂纹方向尺寸总和的	0	1/3	1/3
(5)爆裂、粘膜和损坏深度不得大于(mm)		10	20	30
(6)表面疏松、层裂		不允许	不允许	不允许
(7)表面油污		不允许	不允许	不允许

加气混凝土砌块的抗压强度应符合表6-14的规定。

表6-14　加气混凝土砌块的抗压强度

强度等级	立方体抗压强度(MPa)	
	15块平均值不小于	单块最小值不小于
A1	1	0.8
A2	2	1.6
A2.5	2.5	2
A3.5	3.5	2.8
A5	5	4
A7.5	7.5	6
A10	10	8

加气混凝土砌块的强度等级应符合表6-15的规定。

表 6-15 加气混凝土砌块的强度等级

密度级别		B03	B04	B05	B06	B07	B08
强度等级	优等品	A1	A2	A3.5	A5	A7.5	A10
	一等品	A1	A2	A3.5	A5	A7.5	A10
	合格品	A1	A2	A2.5	A3.5	A5	A7.5

加气混凝土砌块的密度应符合表 6-16 的规定。

表 6-16 加气混凝土砌块密度(kg/m^3)

密度级别		B03	B04	B05	B06	B07	B08
强度等级	优等品	300	400	500	600	700	800
	一等品	330	430	530	630	730	830
	合格品	350	450	550	650	750	850

6.1.2 框架结构常用填充墙厚度及材料选用

1. 外墙和分户墙

可选材料及厚度

(1)灰砂砖:180 厚;

(2)页岩实心砖:180、140 厚;

(3)黏土(页岩)空心砖:180 厚;

(4)陶粒混凝土实心砌块:190(空心或实心)、140 厚(实心);

(5)蒸压加气混凝土砌块:200 或 180 厚。

2. 厨厕隔墙

(1)可选材料及厚度

1)灰砂砖:120 厚;

2)页岩实心砖:120 厚;

3)黏土(页岩)空心砖:120 厚;

4)陶粒混凝土实心砌块:140(空心或实心)、90(实心)或 75 厚(实心);

5)蒸压加气混凝土砌块:120、100 厚。

(2)防水处理措施

1)分层抹灰;

2)最下面三皮砖采用灰砂砖砌筑;

3)混凝土反基;

有水房间墙体先用 C20 防水砼做与墙同厚、高 200 mm 的基础,同时楼面及周围墙体 300 mm 高以下应做一防水涂层,墙体应用防水砂浆抹灰。

4)采用空心砌块时最下面一皮砖的盲孔用细石混凝土填实。

3. 普通内墙可选材料及厚度

(1)灰砂砖:120 厚;

(2)页岩实心砖:120 厚;

(3)黏土(页岩)空心砖:120 厚;

(4)陶粒混凝土实心砌块:140(空心或实心)、90(实心)或 75 厚(实心);

(5)蒸压加气混凝土砌块:120 厚。

4. 女儿墙

女儿墙不宜采用空心砌块,并应加设钢筋砼构造柱及压顶。

5. 地下室隔墙,露天围护墙体可选材料及厚度

(1)灰砂砖:120、180 厚;

(2)页岩实心砖:120、180 厚。

学习情境 6.2 各种非承重墙体施工

6.2.1 烧结空心砖砌体

6.2.1.1 空心砖墙

砌筑空心砖墙时,砖应提前 1～2d 浇水湿润,砌筑时砖的含水率为 10%～15%。

空心砖墙应侧砌,其孔洞呈水平方向,上下皮垂直灰缝错开 1/2 砖长。空心砖底部宜砌 3 皮烧结普通砖,如图 6-4 所示。

空心砖墙与烧结普通砖交接处,应以普通砖墙引出不小于 240 mm 长与空心砖墙相接,并与隔 2 皮空心砖高在交接处的水平灰缝中设置 2Φ6 钢筋作为拉结筋,拉结钢筋在空心砖墙中的长度不小于空心砖长加 240 mm,如图 6-5 所示。

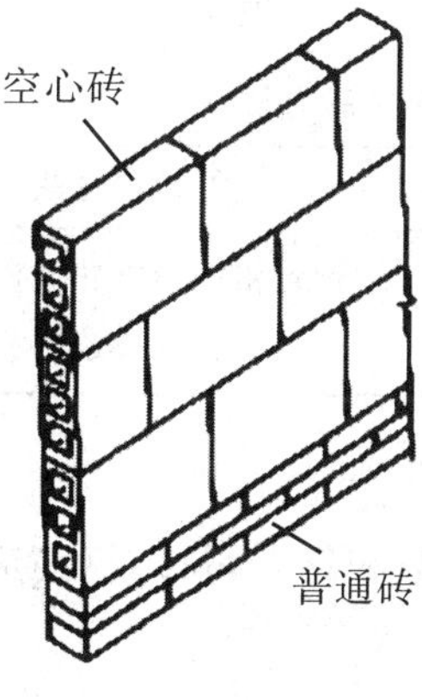

图 6-4 空心砖墙

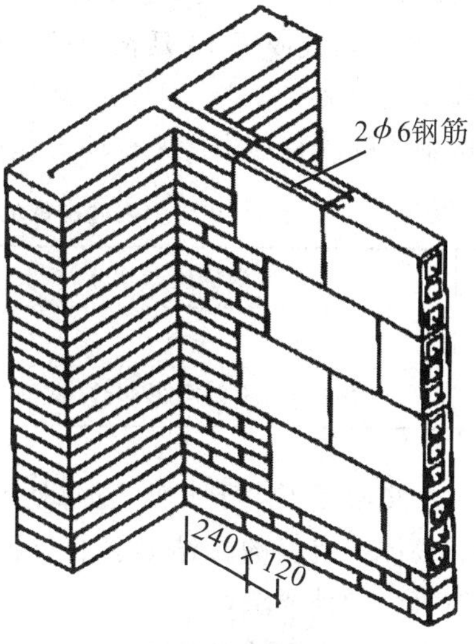

图 6-5 空心砖墙与普通砖墙交接

空心砖墙的转角处,应用烧结普通砖砌筑,砌筑长度角边不小于 240 mm。

空心砖墙砌筑不得留置斜槎或直槎,中途停歇时,应将墙顶砌平。在转角处、交接处,空心砖与普通砖应同时砌起。

空心砖墙中不得留置脚手眼，不得对空心砖进行砍凿。

6.2.1.2　空心砖砌体质量

空心砖砌体的质量分为合格和不合格两个等级。

空心砖砌体质量应符合以下规定：

(1)主控项目全部符合规定；

(2)一般项目应有 80%及以上的抽检处符合规定偏差在允许偏差范围以内。

1.空心砖砌体主控项目

砖和砌筑砂浆的强度等级应符合设计要求。

检验方法：检查砖的产品合格证书、产品性能检测报告和砂浆试块试验报告。

2.空心砖砌体一般项目

(1)空心砖砌体一般尺寸的允许偏差应符合表 6－17 的规定。

表 6－17　空心砖砌体一般尺寸允许偏差(mm)

项次	项目		允许偏差	检验方法
1	轴线位移		10	用尺检验
	垂直度	小于或等于 3 m	5	用 2 m 托线或吊线、尺检查
		大于 3 m	10	
2	表面平整度		8	用 3 m 靠尺和塞尺检查
3	门窗洞口高、宽(后塞口)		±5	用尺检查
4	外墙上、下窗口偏移		20	用经纬仪或吊线检查

抽检数量：对表中 1、2 项，在检验批的标准间中随机抽查 10%，但不应少于 3 间；大面积房间和楼道按两个轴线或每 10 延长米按一标准间计数。每间检验不应少于 3 处。对表中 3、4 项，在检验批中抽查 10%，且不应少于 5 处。

(2)空心砖砌体的砂浆饱满度及检验方法应符合表 6－18 的规定。

表 6－18　空心砖砌体的砂浆饱满度及检验方法

灰缝	饱满度及要求	检验方法
水平灰缝	≥80%	用百格网检查砖底面砂浆的粘结痕迹面积
垂直灰缝	填满砂浆、不得有透明缝、瞎缝、假缝	

抽检数量：每步架子不少于 3 处，且每处不应少于 3 块。

(3)空心砖砌体中留置的拉结钢筋的位置应与砖皮数相符合，拉结钢筋应留置于灰缝中，埋置长度应符合设计要求。

抽检数量：在检验批中抽检 20%，且不应少于 5 处。

检验方法：观察和用尺量检查。

(4)空心砖砌筑时应错缝搭砌，搭砌长度宜为空心砖长的 1/2，但不应小于空心砖长的 1/3。

抽检数量：在检验批的标准间中抽查 10%，且不应少于 3 间。

检验方法：观察和尺量检查。

(5)空心砖砌体的灰缝厚度和宽度应确。水平灰缝厚度和垂直灰缝宽度应为8～12 mm。

抽检数量：在检验批的标准间中抽查10%，且不应少于3间。

检验方法：用尺量5皮空心砖的高度和2 m砌体长度折算。

(6)空心砖墙砌至接近梁、板底时，应留一定空隙，待空心砖砌筑完并应至少间隔7d后，再将其补砌挤紧。

抽检数量：每验收批抽10%墙片(每两柱间的空心砖墙为一片墙)，且不应少于3片墙。

检验方法：观察检查。

6.2.2　砌块砌体施工

6.2.2.1　*砌块的材料要求*

1. 砌块应符合设计要求和国家现行标准的规定。

2. 普通混凝土小砌块吸水率很小，砌筑前无需浇水，当天气干燥炎热时，可提前洒水湿润；轻骨料混凝土小砌块吸水率较大，应提前2d浇水湿润，含水率宜为5%～8%；加气混凝土砌块砌筑时，应向砌筑面适量浇水，但含水量不宜过大，以免砌块孔隙中含水过多，影响砌体质量。

3. 砌筑时，小砌块的生产龄期不应小于28d，并应清除表面污物，承重墙体严禁使用断裂或壁肋中有竖向裂缝的小砌块。

6.2.2.2　*砌块砌筑前的准备工作*

1. 编制砌块排列图

(1)砌块规格确定

砌块的规格、型号应符合一定的模数。砌块规格尺寸的确定与建筑物的层高、开间、进深尺寸有关。合理地确定砌块规格，使砌块型号最少，将有利于生产、降低成本和加快施工进度。在墙体上大量使用的主要规格砌块，称为主规格砌块；与它搭配使用的砌块，称为副规格砌块。

(2)砌筑排列图

一般在施工前应绘制砌块排列图，然后按图施工，砌块排列图按每片纵横墙分别绘制。如图6-6所示。在立面图上用1∶50或1∶30的比例绘制出纵横墙，然后将过梁、平板、大梁、楼梯、混凝土垫块等在图上标出，再将预留孔洞标出，在纵墙和横墙上画水平灰缝线，最后按砌块错缝搭接的构造要求和竖缝的大小进行排列。

砌块以主砌块为主，副砌块为辅，需要镶砖时应整砖镶砌，而且尽量对称分布。

(3)砌块的排列技术要求

1)上下皮砌块要错缝搭接，搭接长度一般应为砌块长度的1/2，或不小于砌块皮高的1/3，以保证砌块能搭接牢固。外墙转角处及纵横墙交接处应用砌块相互搭接，如图6-6(c)所示。如纵横墙不能相互搭接，则每二皮应设置一道钢筋网片。

2)砌块中水平灰缝厚度应为8～12 mm，当水平灰缝中有配筋或柔性拉结条时，其灰缝厚度应为12 mm，竖缝的宽度为7～12 mm。

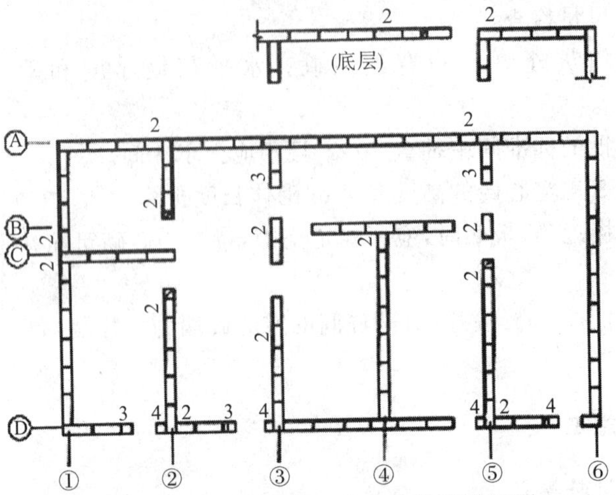

(a)二层(底层)第一皮砌块排列平面图

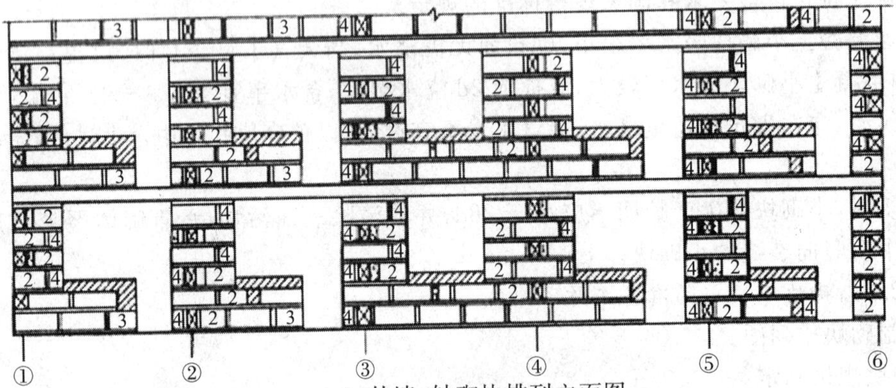

(b)外墙A轴砌块排列立面图

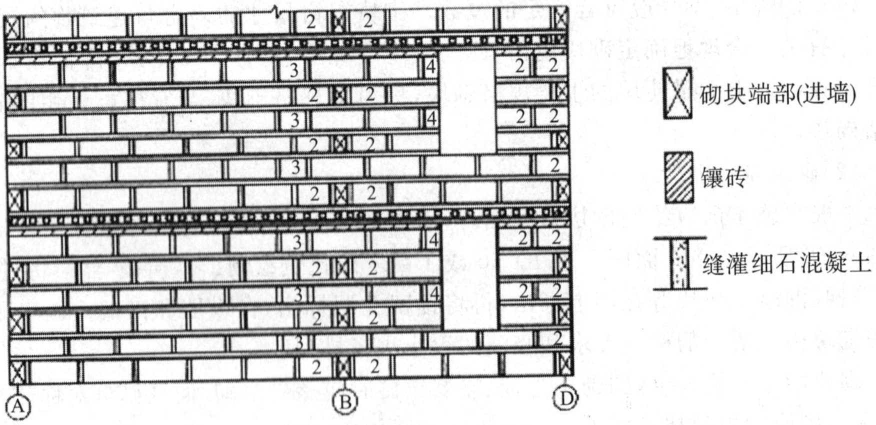

(c)外墙1轴砌块排列立面图

图 6－6　砌块排列图

注：空号砌块(880 mm×380 mm×240 mm)；2 号砌块(580 mm×380 mm×240 mm)；
3 号砌块(430 mm×380 mm×240 mm)；4 号砌块(280 mm×380 mm×240 mm)

2. 砌块安装前的准备工作

(1)砌块的规格、型号应符合一定的模数。砌块的规格、型号应符合一定的模数。砌块规格尺寸的确定与建筑物的层高、开间、进深尺寸有关。合理地确定砌块规格，使砌块型号最少，将有利于生产、降低成本和加快施工进度。

(2)接槎可靠。砌块墙体的转角处和内外墙交接处应同时砌筑。墙体的临时间断处应砌成斜槎。在非抗震设防地区，除外墙转角处外，墙体的临时间断处也可砌成直槎，要求直槎从墙面伸出200 mm，并沿墙高每隔600 mm设2 ϕ6拉结钢筋或ϕ4钢筋网片。拉结钢筋或钢筋网片的埋入长度，从留槎处算起，每边不小于600 mm，且必须准确埋入水平灰缝或芯柱内。

3. 砌块的砌筑

(1)砌块砌体砌筑时，应立皮数杆且挂线施工，以保证水平灰缝的平直度和竖向构造变化部位的留设正确。水平灰缝采用铺灰法铺设，小砌块的一次铺灰长度一般不超过2块主规格块体的长度。对于小砌块竖向灰缝，应采用加浆方法，使其砂浆饱满；对于加气混凝土砌块，宜用内外临时夹板灌缝。

(2)砌筑填充墙时，墙底部应砌筑高度不小于200 mm的烧结普通砖或多孔砖。填充墙砌至接近梁、板底时，应留一定空隙，待砌墙完成7d后在抹灰前采用侧砖或立砖、砌块斜砌挤紧，其倾斜度为60°左右，并用砂浆填塞饱满。

(3)常温条件下，小砌块每日的砌筑高度，对承重墙体宜在1.5 m或一步脚手架高度内；对填充墙体不宜超过1.8m。

4. 砌块砌体的质量要求及保证措施

(1)横平竖直

即要求砌块砌体水平灰缝平直、表面平整和竖向垂直等。砌筑时必须立皮数杆，挂线砌筑，并应随时用线锤、直尺检查和校正墙面的平整度和竖向垂直度。

(2)灰浆饱满

砌块砌体的水平和竖向灰缝宽度一般为10 mm，要求不应小于8 mm，也不应大于12 mm，其水平灰缝和竖向灰缝宽度的允许偏差见表6－19。加气混凝土砌块砌体的水平灰缝厚度要求宜为15 mm，垂直灰缝宽度宜为20 mm。

(3)错缝搭接

砌块砌体的砌筑应错缝搭接，对单排孔小砌块还应对齐孔洞。

砌筑承重墙时，小砌块的搭接长度不应小于90 mm。砌筑框架结构填充墙时，小砌块的搭接长度不应小于90 mm；加气混凝土砌块的搭接长度不应小于砌块长度的1/3。

5. 砌块砌体的质量标准

(1)小砌块和砂浆的强度等级必须符合设计要求。

抽检数量：每一生产厂家，每1万块小砌块至少应抽检一组。用于多层以上建筑基础和底层的小砌块抽检数量不应少于2组。砂浆试块的抽检数量应符合现行标准GB50203—2002第4.0.12条的有关规定。

检验方法：查小砌块和砂浆试块试验报告。

(2)小砌块砌体水平灰缝的砂浆饱满度，应按净面积计算不得低于90%；竖向灰缝饱满度不得小于80%，竖缝凹槽部位应用砌筑砂浆填实；不得出现瞎缝、透明缝。

抽检数量：每检验批不应少于3处。

检验方法：用专用百格网检测小砌块与砂浆粘结痕迹，每处检测3块小砌体，取其平均值。

(3)小砌块墙体转角处和纵横墙交接处应同时砌筑。临时间断处应砌成斜槎,斜槎水平投影长度不应小于高度的 2/3。

抽检数量:每检验批抽 20%接槎,且不应少于 5 处。

检验方法:观察检查。

(4)小砌块墙体水平灰缝厚度和竖向灰缝宽度宜为 10 mm,但不应大于 12 mm,也不应小于 8 mm。

抽检数量:每楼层的检测点不应少于 3 处。

抽检方法:用尺量 5 皮小砌块的高度和 2 m 砌体长度折算。

(5)小砌块墙体的一般尺寸允许偏差见表 6-19。

表 6-19　砌块墙体的允许偏差值

<table>
<tr><th colspan="3">项目</th><th>允许偏差(mm)</th><th>检验方法</th></tr>
<tr><td colspan="3">轴线位移</td><td>10</td><td>用经纬仪或拉线和尺检查</td></tr>
<tr><td colspan="3">基础顶面或楼面标高</td><td>1~15</td><td>用水准仪或尺检查</td></tr>
<tr><td rowspan="3">垂直度</td><td colspan="2">每层</td><td>5</td><td>用吊线法检查</td></tr>
<tr><td rowspan="2">全高</td><td><10 m</td><td>10</td><td rowspan="2">用经纬仪或吊线和尺检查</td></tr>
<tr><td>>10 m</td><td>20</td></tr>
<tr><td rowspan="2">表面平整度</td><td colspan="2">清水墙、柱</td><td>5</td><td rowspan="2">用 2 m 靠尺检查</td></tr>
<tr><td colspan="2">清水墙、柱</td><td>8</td></tr>
<tr><td rowspan="2">水平灰缝平直度</td><td colspan="2">清水墙 10 m 以内</td><td>7</td><td rowspan="2">用 10 m 线和尺检查</td></tr>
<tr><td colspan="2">清水墙 10 m 以内</td><td>10</td></tr>
<tr><td colspan="3">水平灰缝厚度(连续 5 皮砌块累计数)</td><td>±10</td><td rowspan="4">用尺量测</td></tr>
<tr><td colspan="3">垂直灰缝厚度(连续 5 皮砌数)包括凹面深度</td><td>±15</td></tr>
<tr><td rowspan="2">门窗洞口(后塞框)</td><td colspan="2">宽度</td><td>±5</td></tr>
<tr><td colspan="2">高度</td><td>+15,-5</td></tr>
</table>

6.2.3　轻骨料混凝土小型空心砌块砌体

6.2.3.1　*一般构造要求*

混凝土小型空心砌块砌体所用的材料,除满足强度计算要求外,尚应符合下列要求:

1. 对室内地面以下的砌体,应采用普通混凝土小砌块和不低于 M5 的水泥砂浆。

2. 五层及五层以上民用建筑的底层墙体,应采用不低于 MU5 的混凝土小砌块和 M5 的砌筑砂浆。

3. 在墙体的下列部位,应用 C20 混凝土灌实砌块的孔洞:

(1)底层室内地面以下或防潮层以下的砌体。

(2)无圈梁的楼板支撑面下的一皮砌块。

(3)没有设置混凝土垫块的屋架、梁等构件支撑面下,高度不应小于 600 mm,长度不应小于 600 mm 的砌体。

(4)挑梁支撑面下，距墙中心线每边不应小于 300 mm，高度不应小于 600 mm 的砌体。

砌块墙与后砌隔墙交接处，应沿墙高每隔 400 mm 在水平灰缝内设置不少于 2 ϕ4、横筋间距不大于 200 mm 的焊接钢筋网片，钢筋网片伸入后砌隔墙内不应小于 600 mm，如图 6－7 所示。

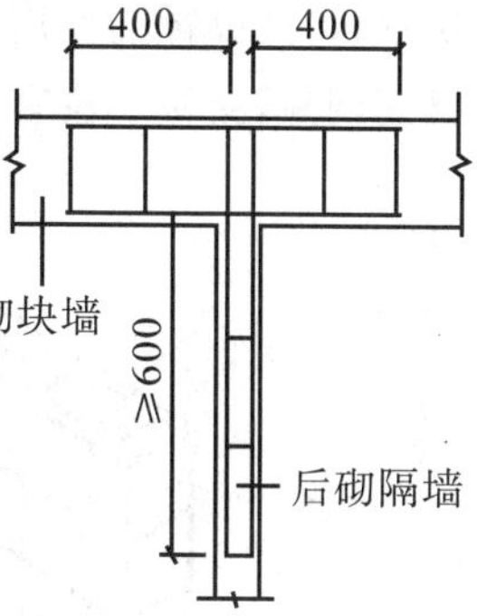

图 6－7　砌块墙与后砌隔墙

6.2.3.2　轻骨料混凝土小型空心砌块的施工

普通混凝土小砌块不宜浇水；当天气干燥炎热时，可在砌块上稍加喷水润湿；轻集料混凝土小砌块施工前可洒水，但不宜过多。龄期不足 28d 及潮湿的小砌块不得进行砌筑。

应尽量采用主规格小砌块，小砌块的强度等级应符合设计要求，并应清除小砌块表面的污物和芯柱用小砌块孔洞底部的毛边。

在房屋四角或楼梯间转角处设立皮数杆，皮数杆间距不得超过 15 m。皮数杆上应画出各皮小砌块的高度及灰缝厚度。在皮数杆上相对小砌块上边线之间拉准线，小砌块依准线砌筑。

小砌块砌筑应从转角或定位处开始，内外墙同时砌筑，纵横墙交错搭接。外墙转角处应使小砌块隔皮露端面；T 字交接处应使横墙小砌块隔皮露端面，纵墙在交接处改砌两块辅助规格小砌块(尺寸为 290 mm×190 mm×190 mm，一头开口)，所有露端面用水泥砂浆抹平，如图 6－8 所示。

小砌块应对孔错缝搭砌。上下皮小砌块竖向灰缝相互错开 190 mm。个别情况下，当无法对孔砌筑时，普通混凝土小砌块错缝长度不应小于 90 mm，轻骨料混凝土小砌块错缝长度不应小于 120 mm；当不能保证此规定时，应在水平灰缝中设置 2 ϕ4 钢筋网片，钢筋网片每端均应超过该垂直灰缝，其长度不得小于 300 mm，如图 6－9 所示。

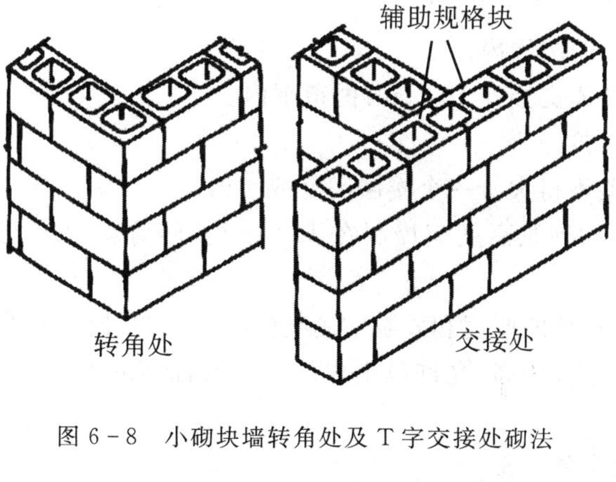

图 6－8　小砌块墙转角处及 T 字交接处砌法

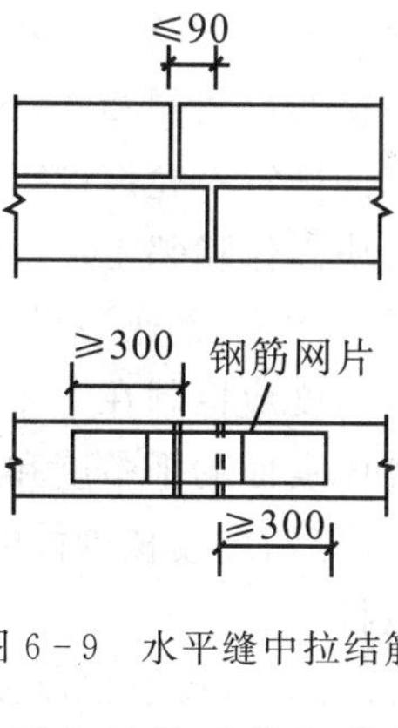

图 6－9　水平缝中拉结筋

小砌块砌体的灰缝应横平竖直，全部灰缝均应铺填砂浆；水平灰缝的砂浆饱满度不得低于 90%；竖向灰缝的砂浆板饱满度不得低于 80%；砌筑中不得出现瞎缝、透明缝。水平灰缝厚度和竖向灰缝宽度应控制在 8～12 mm。当缺少辅助规格小砌块时，砌体通缝不应超过两皮砌块。

小砌块砌体临时间断处应砌成斜槎，斜槎长度不应小于斜槎高度的 2/3(一般按一步脚手架高度控制);如留斜槎有困难,除外墙转角处及抗震设防地区,砌体临时间断处不应留直槎外,可从砌体面伸出 200 mm 砌成阴阳槎,并沿砌体高每三皮砌块(600 mm),设拉结筋或钢筋网片,接槎部位宜延至门窗洞口,如图 6-10 所示。

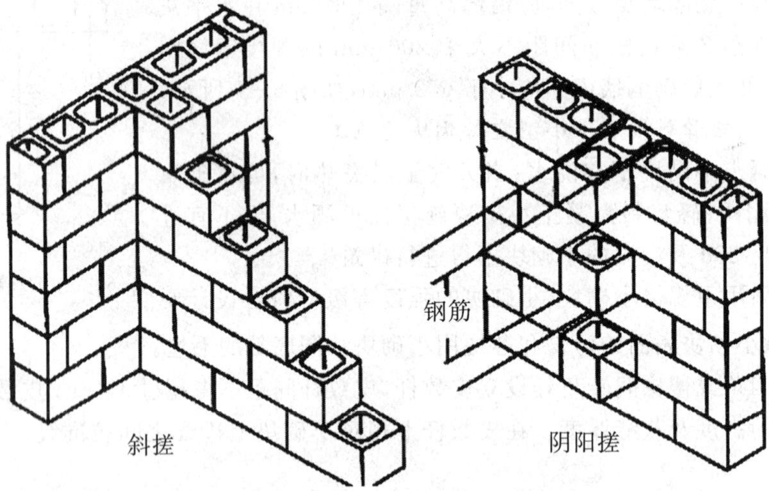

图 6-10　小砌块砌体斜槎和阴阳槎

承重砌体严禁使用断裂小砌块或壁肋中有竖向凹形裂缝的小砌块砌筑,也不得采用小砌块与烧结普通砖等其他块体材料混合砌筑。

小砌块砌体内不宜设脚手眼,如必须设置时,可用辅助规格 190 mm×190 mm×190 mm 小砌块侧砌,利用其孔洞做脚手眼,砌体完工后用 C15 混凝土填实。但在砌体下列部位不得设置脚手眼:

1. 过梁上部,与过梁成 60°角的三角形及过梁跨度 1/2 范围内。

2. 宽度不大于 800 mm 的窗间墙。

3. 梁和梁垫下及左右各 500 mm 的范围内。

4. 门窗洞口两侧 200 mm 内和砌体交接处 400 mm 的范围内。

5. 设计规定不允许设脚手眼的部位。

小砌块砌体相邻工作段的高度差不得大于一个楼层高度或 4 m。

常温条件下,普通混凝土小砌块日砌筑高度应控制在 1.8 m 内,轻骨料混凝土小砌块的日砌筑高度应控制在 2.4 m 内。

对砌体表面的平整度和垂直度,灰缝的厚度和砂浆饱满度应随时检查,校正偏差。在砌完每一楼层后,应校核砌体的轴线尺寸和标高,允许范围内的轴线及标高的偏差,可在楼板面上予以校正。

6.2.3.3　轻骨料混凝土小砌块砌体质量

混凝土小砌块砌体的质量分为合格和不合格两个等级。

混凝土小砌块砌体质量合格应符合以下规定:

1. 主控项目全部符合规定。

2. 一般项目应有 80%及以上的抽检处符合规定或偏差值在允许偏差范围内。

3. 混凝土小砌块砌体主控项目

(1)小砌块和砂浆的强度等级必须符合设计要求。

抽检数量：每一生产厂家，每1万块小砌块至少应抽检一组。用于多层以上建筑基础和底层的小砌块抽检数量不应少于2组。砂浆试块的抽检数量：每一检验批且不超过250 m^3砌体的各种类型及强度等级的砌筑砂浆，每台搅拌机应至少抽检一次。

检验方法：查小砌块和砂浆试块试验报告。

(2)砌体水平灰缝的砂浆饱满度，应按净面积计算不得低于90%；竖向灰缝饱满度不得小于80%；竖向缝凹槽部位应用砌筑砂浆填实，不得出现瞎缝、透明缝。

抽检数量：每检验批不应少于3处。

检验方法：用专用百格网检测小砌块与砂浆黏结痕迹，每处检测3块小砌块，取其平均值。

(3)墙体转角处和纵横墙交接处应同时砌筑。临时间断处应砌成斜槎，斜槎水平投影长度不应小于高度的2/3。

抽检数量：每检验批抽20%接槎，且不应少于5处。

检验方法：观察检查。

(4)砌体的轴线偏移和垂直度偏差应符合表6-20的规定。

表6-20　混凝土小砌块的轴线及垂直度允许偏差

<table>
<tr><th>项次</th><th colspan="3">项目</th><th>允许偏差(mm)</th><th>检验方法</th></tr>
<tr><td>1</td><td colspan="3">轴线位置偏移</td><td>10</td><td>用经纬仪和尺检查或用其他测量仪器检查</td></tr>
<tr><td rowspan="3">2</td><td rowspan="3">垂直度</td><td colspan="2">每层</td><td>5</td><td>用2 m托线板检查</td></tr>
<tr><td rowspan="2">全高</td><td>≤10 m</td><td>10</td><td rowspan="2">用经纬仪、吊线和尺检查，或用其他测量仪器检查</td></tr>
<tr><td>>10 m</td><td>20</td></tr>
</table>

抽检数量：轴线查全部承重墙柱；外墙垂直度全高查阳角，不应少于4处，每层每20 m查一处；内墙按有代表性的自然间抽查10%，但不应少于3间，每间不少于2处，柱不少于5根。

4.混凝土小砌块砌体一般项目

(1)砌体的水平灰缝厚度和竖向灰缝宽度宜为10 mm，但不应大于12 mm，也不应小于8 mm。

抽检数量：每楼层的检测点不应少于3处。

检验方法：用尺量5皮小砌块的高度和2 m砌体长度折算。

(2)小砌块砌体的一般尺寸允许偏差应符合表6-21的规定。

6.2.4　加气混凝土砌块工程

加气混凝土砌块按其抗压强度分为A1、A2、A3、A4、A5、A6、A7、A8、A9、A10七个强度等级。

加气混凝土砌块按其密度分为B03、B04、B05、B06、B07、B08六个密度级别。

表 6-21 小砌砖砌体一般尺寸允许偏差

项次	项目		允许偏差(mm)	检验方法	抽验数量
1	基础顶面和楼面标高		±15	用水平仪和尺检查	不应少于5处
2	表面平整度	清水墙、柱	5	用2 m靠尺和楔形塞尺检查	有代表性自然间10%,但不应少于3间,每间不应少于2处
		混水墙、柱	8		
3	门窗洞口高、宽(后塞口)		±5	用尺检查	检验批洞口的10%,且不应少于5处
4	外墙上、下窗口偏移		20	以底层窗口为准,用经纬仪或吊线检查	检验批洞口的10%,且不应少于5处
5	水平灰缝平直度	清水墙	7	用10 m线和尺检查	有代表性自然间10%,但不应少于3间,每间不应少于2处
		混水墙	10		

6.2.4.1 加气混凝土砌块

加气混凝土砌块是以水泥、矿渣、砂、石灰等为主要原料,加入发气剂,经搅拌成型、蒸压养护而成的实心砌块。加气混凝土砌块的规格尺寸见表 6-22。

表 6-22 加气混凝土砌块的规格尺寸

砌块公称尺寸			砌块制作尺寸		
长度 L	宽度 B	高度 H	长度 L_1	宽度 B_1	高度 H_1
600	100 125 150 200 250 300	200 250	$L-10$	B	$H-10$
	120 180 240	300			

加气混凝土砌块按尺寸偏差与外观质量、密度和抗压强度分为优等品、一等品和合格品。加气混凝土砌块的尺寸允许偏差和外观质量应符合表 6-23 的规定。

表6－23　加气混凝土砌块的规格尺寸

项目		指标		
		优等品	一等品	合格品
(1)尺寸允许偏差(mm)	长度 L_1	±3	±4	±5
	宽度 B_1	±2	±3	+3,－4
	高度 H_1	±2	±3	+3,－4
(2)缺棱掉角	个数,不多于(个)	0	1	2
	最大尺寸不得大于(mm)	0	70	70
	最小尺寸不得大于(mm)	0	30	30
(3)平面弯曲不得大于(mm)		0	3	5
(4)裂纹	条数不多于(条)	0	1	2
	任一面上的裂纹不得大于裂纹方向的	0	1/3	1/2
	贯穿一棱二面的裂纹长度不得大于裂纹所在的裂纹方向尺寸总和的	0	1/3	1/3
(5)爆裂、黏膜和损坏深度不得大于(mm)		10	20	30
(6)表面疏松、层裂		不允许	不允许	不允许
(7)表面油污		不允许	不允许	不允许

加气混凝土砌块的抗压强度应符合表6－24的规定。

表6－24　加气混凝土砌块的抗压强度

强度等级	立方体抗压强度(MPa)	
	15块平均值不小于	单块最小值不小于
A1	1	0.8
A2	2	1.6
A2.5	2.5	2
A3.5	3.5	2.8
A5	5	4
A7.5	7.5	6
A10	10	8

加气混凝土砌块的强度等级应符合表 6－25 的规定。

表 6－25　加气混凝土砌块的强度等级

密度级别		B03	B04	B05	B06	B07	B08
强度等级	优等品	A1	A2	A3.5	A5	A7.5	A10
	一等品	A1	A2	A3.5	A5	A7.5	A10
	合格品	A1	A2	A2.5	A3.5	A5	A7.5

加气混凝土砌块的密度应符合表 6－26 的规定。

表 6－26　加气混凝土砌块密度(kg/m³)

密度级别		B03	B04	B05	B06	B07	B08
强度等级	优等品	300	400	500	600	700	800
	一等品	330	430	530	630	730	830
	合格品	350	450	550	650	750	850

6.2.4.2　加气混凝土砌块砌体

1.加气混凝土砌块砌体构造

加气混凝土砌块可砌成单层墙或双层墙。单层墙是将加气混凝土砌块立砌，墙厚为砌块的宽度。双层墙是将加气混凝土砌块立砌两层中间夹以空气层，两层砌块间每隔500 mm墙高在水平灰缝中放置 Φ4～Φ6 的钢筋扒钉，扒钉间距为 600 mm，空气层厚度为70～80 mm，如图 6－11 所示。

非承重加气混凝土砌块墙的转角处、与承重墙交接处，均应沿墙高 1 m 左右，在水平灰缝中放置拉结钢筋，拉结钢筋为 2 ϕ6，钢筋伸入墙内不少于 700 mm，如图 6－12 所示。

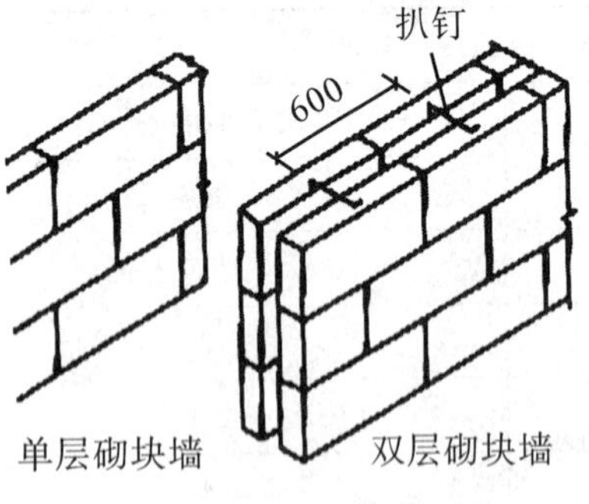

图 6－11　加气混凝土砌块墙

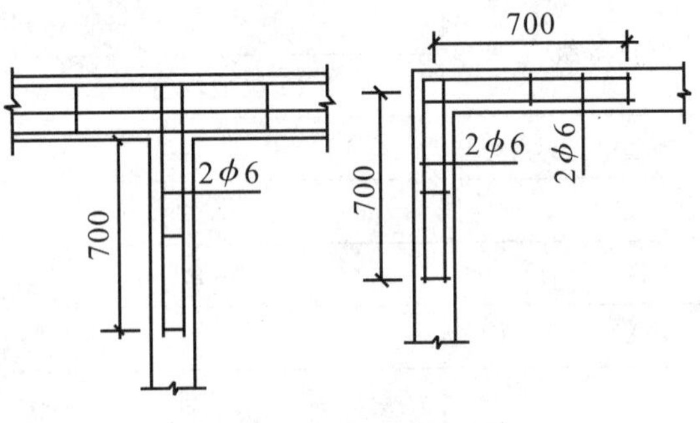

图 6－12　非承重砌块墙拉结钢筋

加气混凝土砌块外墙的窗口下一皮砌块下的水平灰缝中应设置拉结钢筋，拉结钢筋为 3 ϕ6，钢筋伸过窗口侧边应不小于 500 mm，如图 6－13 所示。

2.加气混凝土砌块砌体施工

(1)承重加气混凝土砌块砌体所用砌块强度等级应不低于 A7.5，砂浆强度不低于 M5。

(2)加气混凝土砌块的砌筑面上应适量洒水。

(3)加气混凝土砌块墙的灰缝应横平竖直，砂浆饱满，水平灰缝砂浆饱满度不应小于

90%；竖向灰缝砂浆饱满度不应小于80%。水平灰缝厚度宜为15 mm；竖向灰缝宽度宜为20 mm。

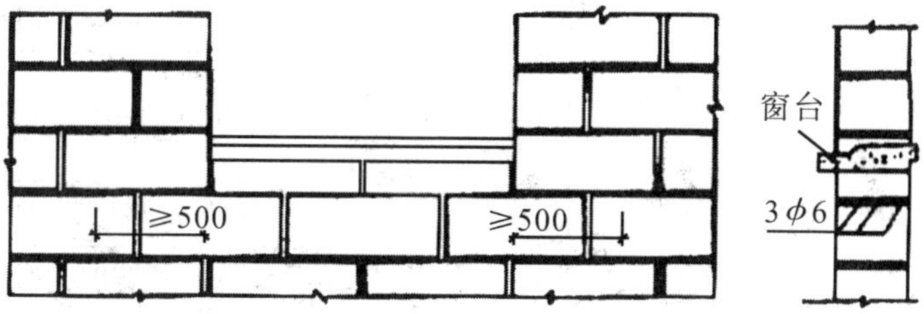

图6-13　砌块墙窗口下配筋

加气混凝土砌块砌筑前，应根据建筑物的平面、立面图绘制砌块排列图。在墙体转角处设置皮数杆，皮数杆上画出砌块皮数及砌块高度，并在相对砌块上边线间拉准线，依准线砌筑。

砌筑加气混凝土砌块宜采用专用工具(铺灰铲、锯、钻、镂、平直架等)。

加气混凝土砌块墙的上下皮砌块的竖向灰缝应相互错开，错开长度宜为300 mm，并不小于150 mm。如不能满足时，应在水平灰缝设置2 φ6的拉结钢筋或φ4的钢筋网片，拉结钢筋或钢筋网片的长度应不小于700 mm。

加气混凝土砌块墙的转角处，应使纵横墙的砌块相互搭砌，隔皮砌块露端面。加气混凝土砌块墙的T字交接处，应使横墙砌块隔皮露端面，并坐中于纵墙砌块。

(4)加气混凝土砌块墙如无切实有效措施，不得使用于下列部位：

1)建筑物室内地面标高以下部位。

2)长期浸水或经常受干湿交替部位。

3)受化学环境侵蚀(如强酸、强碱)或高浓度二氧化碳等环境。

4)砌块表面经常处于80 ℃以上的高温环境。

加气混凝土砌块墙上不得留设脚手眼。

每一楼层内的砌块墙体应连续砌完，不留接槎。如必须留槎时应留成斜槎，或在门窗洞口侧边间断。

6.2.4.3　*加气混凝土砌块砌体质量*

加气混凝土砌块砌体质量分为合格和不合格两个等级。

加气混凝土砌块砌体质量合格应符合以下规定：

(1)主控项目应全部符合规定。

(2)一般项目应有80%及以上的抽检处符合规定，或偏差值在允许偏差范围以内。

1.加气混凝土砌块砌体主控项目

砌块和砌筑砂浆的强度等级应符合设计要求。

检验方法：检查砌块的产品合格证书、产品性能检测报告和砂浆试块试验报告。

2.加气混凝土砌块砌体一般项目

(1)砌块一般尺寸的允许偏差应符合表6-27的规定。

表 6-27 加气混凝土砌体一般尺寸允许偏差(mm)

项次	项目		允许偏差	检验方法
1	轴线位移		10	用尺检验
	垂直度	小于或等于 3	5	用 2 m 托线或吊线、尺检查
		大于 3	10	
2	表面平整度		8	用 3 m 靠尺和楔形塞尺检查
3	门窗洞口高、宽(后塞口)		±5	用尺检查
4	外墙上、下窗口偏移		20	用经纬仪或吊线检查

抽检数量:对表中 1、2 项,在检验批的标准间中随机抽查 10%,但不应少于 3 间;大面积房间和楼道按两个轴线或每 10 延长米按一标准间计数。每间检验不应少于 3 处。对表中 3、4 项,在检验批中抽检 10%,且不应少于 5 处。

(2)加气混凝土砌块不应与其他块材混砌。

抽检数量:在检验批中抽检 20%,且不应少于 5 处。

检验方法:外观检查。

(3)加气混凝土砌块砌体的灰缝砂浆饱满度不应小于 80%。

抽检数量:每步架子不少于 3 处,且每处不应少于 3 块。

抽检方法:用百格网检查砌块底面砂浆的黏结痕迹面积。

(4)加气混凝土砌块砌体留置的拉结钢筋或网片的位置与砌块皮数相符合。拉结钢筋或网片应留置于灰缝中,埋置长度应符合设计要求,竖向位置偏差不应超过一皮砌块高度。

抽检数量:在检验批中抽检 20%,且不应少于 5 处。

抽检方法:观察和用尺量检查。

(5)砌块砌筑时应错缝搭接,搭接长度不应小于砌块长度的 1/3;竖向通缝不应大于 2 皮。

抽检数量:在检验批的标准间中抽查 10%,且不应少于 3 间。

检验方法:观察和用尺检查。

(6)加气混凝土砌块砌体的水平灰缝厚度及竖向灰缝宽度分别宜为 15 mm 和 20 mm。

抽检数量:在检验批的标准间中抽查 10%,且不应少于 3 间。

检验方法:用尺量 5 皮砌块的高度和 2 m 砌体长度。

(7)加气混凝土砌块砌至接近梁、板底时,应留一定空隙,待墙体砌筑完并应至少间隔 7d 后,再将其补砌挤紧。

抽检数量:每验收批抽 10% 墙片(每两柱间的填充墙为一墙片),且不应少于 3 片墙。

检验方法:观察检查。

6.2.4.4 *粉煤灰砌块工程*

粉煤灰砌块按其立方体试件的抗压强度分为 MU10 和 MU13 两个强度等级。

粉煤灰砌块按其尺寸允许偏差、外观质量和干缩性能分为一等品和合格品。

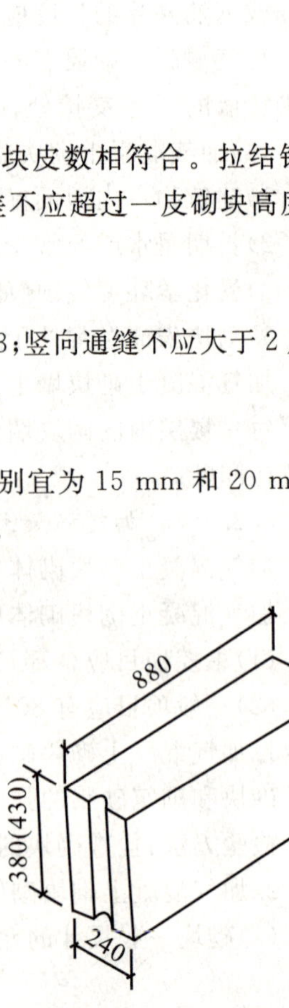

图 6-14 粉煤灰砌块

1. 粉煤灰砌块

粉煤灰砌块是以粉煤灰、石灰、石膏和轻集料为原料，加水搅拌、振动成型、蒸汽养护而成的密实砌块。

粉煤灰砌块的主规格外形尺寸为 880 mm×380 mm×240 mm，880 mm×430 mm×240 mm。砌块端面应加灌浆槽，做浆面宜设抗剪槽，如图 6－14 所示。

粉煤灰砌块的尺寸允许偏差和外观质量应符合表 6－28 的规定。

表 6－28　粉煤灰砌块外观质量

项目		指标	
		一等品	合格品
(1)尺寸允许偏差不大于(mm)	长度	+4，−6	+5，−10
	宽度	±3	±6
	高度	+4，−6	+5，−10
(2)表面疏松		不允许	
(3)贯穿面棱的裂缝		不允许	
(4)任一面上的裂缝长度，不得大于裂缝方向砌块尺寸的		1/3	
(5)石灰团、石膏团		直径大于 5 mm 的不允许	
(6)粉煤灰团、空洞和爆裂		直径大于 30 mm 的不允许	直径大于 50 mm 的不允许
(7)局部凸起高度不大于(mm)		10	15
(8)翘曲不大于(mm)		6	8
(9)缺棱掉角在长宽高三个方向上投影的最大值不大于(mm)		30	50
(10)高低差不大于(mm)	长度方向	6	8
	宽度方向	4	5

粉煤灰砌块的立方体抗压强度、人工碳化后强度应符合表 6－29 的规定。

表 6－29　粉煤灰砌块强度

产品等级	强度等级	抗压强度(MPa)		人工炭化后强度(MPa)不小于
		3 块平均值不小于	单块最小值不小于	
一等	MU13	13	10.5	7.5
合格	MU10	10	8	6

2. 粉煤灰砌块砌体

粉煤灰砌块适用于砌筑粉煤灰砌块墙。墙厚 240 mm，所用砌筑砂浆强度等级应不低于 M2.5。

粉煤灰砌块墙砌筑前，应按设计图绘制砌块排列图，并在墙体转角处设置皮数杆。粉煤灰砌块的砌筑面适量浇水。

粉煤灰砌块的砌筑方法可采用“铺灰灌浆法”先在墙顶上摊铺砂浆，然后将砌块按砌筑位置摆放到砂浆层上，并与前一块砌块靠拢，留出不大于 20 mm 的空隙。待砌完一皮砌块后，在空隙两旁装上夹板或塞上泡沫塑料条，在砌块的灌浆槽内灌砂浆，直至灌满。等到砂浆开始硬化不流淌时，即可卸掉夹板或取出泡沫塑料条。

粉煤灰砌块上下皮的垂直灰缝应相互错开，错开长度不应小于砌块长度的 1/3。

粉煤灰砌块墙的灰缝应横平竖直，砂浆饱满。水平灰缝的砂浆饱满度不应小于 90%；竖向灰缝的砂浆饱满度不应小于 80%。水平灰缝厚度不得大于 15 mm；竖向灰缝宽度不得大于 20 mm。

粉煤灰砌块墙的转角处，应使纵横墙砌块相互搭砌，隔皮砌块露端面，露端面应锯平灌浆槽。粉煤灰砌块墙的 T 字交接处，应使横墙砌块隔皮露端面，并坐中于纵墙砌块，露端面应锯平灌浆槽。

粉煤灰砌块墙砌到接近上层楼板底时，因最上一皮不能灌浆，可改用烧结普通砖或煤渣砖斜砌挤紧。

砌筑粉煤灰砌块外墙时，不得留脚手眼。每一楼层内的砌块墙应连续砌完，尽量不留接槎。如必须留槎时应留成斜槎，或在门洞口侧边间断。

3. 粉煤灰砌块砌体质量

粉煤灰砌块砌体的质量标准可参照加气混凝土砌块砌体的质量标准。

粉煤灰砌块砌体的允许偏差应符合表 6-30 的规定。

表 6-30 粉煤灰砌块砌体允许偏差

<table>
<tr><th>项次</th><th colspan="3">项目</th><th>允许偏差(mm)</th><th>检验方法</th></tr>
<tr><td>1</td><td colspan="3">轴线位移</td><td>10</td><td>用经纬仪、水平仪复查或检查施工记录</td></tr>
<tr><td>2</td><td colspan="3">基础或楼面标高</td><td>±15</td><td>用经纬仪、水平仪复查或检查施工记录</td></tr>
<tr><td rowspan="3">3</td><td rowspan="3">垂直度</td><td colspan="2">每楼层</td><td>5</td><td>用吊线法检查</td></tr>
<tr><td rowspan="2">全高</td><td>10 m 以下</td><td>10</td><td>用经纬仪或吊线检查</td></tr>
<tr><td>10 m 以上</td><td>20</td><td>用经纬仪或吊线检查</td></tr>
<tr><td>4</td><td colspan="3">表面平整度</td><td>10</td><td>用 2 m 长直尺和塞尺检查</td></tr>
<tr><td rowspan="2">5</td><td colspan="2" rowspan="2">水平灰缝平直度</td><td>清水墙</td><td>7</td><td rowspan="2">灰缝上口处用 10 m 长的线拉直并用尺检查</td></tr>
<tr><td>混水墙</td><td>10</td></tr>
<tr><td>6</td><td colspan="3">水平灰缝厚度</td><td>(+10、-5)</td><td>用经纬仪或吊线检查</td></tr>
<tr><td>7</td><td colspan="3">竖向灰缝宽度</td><td>(+10、-5)>30
用细石混凝土</td><td>用尺检查</td></tr>
<tr><td>8</td><td colspan="3">门窗洞口宽度(后塞框)</td><td>(+10、-5)</td><td>用尺检查</td></tr>
<tr><td>9</td><td colspan="3">清水墙面游丁走缝</td><td>2</td><td>用吊线和尺检查</td></tr>
</table>

6.2.5　砌体工程安全技术

1. 在操作之前必须检查操作环境是否符合安全要求，道路是否通畅，机具是否完好无损，安全设施和防护用品是否齐全，经检查符合要求后方可施工。

2. 砌基础时，应检查和经常注意基坑土质变化情况，有无崩裂现象。堆放砌筑材料应离开坑边 1 m 以上。当深基坑装设挡土板或支撑时，操作人员应设梯子上下，不得攀跳。运料不得碰撞支撑，也不得踩踏砌体和支撑上下。

3. 墙身砌体高度超过地坪 1.2 m 以上时，应搭设脚手架。在一层以上或高度超过 4 m 时，采用里脚手架必须支搭安全网；采用外脚手架应设护身栏和挡脚板后方可砌筑。

4. 脚手架上堆料量不得超过规定荷载，堆砖高度不得超过 3 皮侧砖，同一块脚手板上的操作人员不应超过二人。

5. 在楼层(特别是预制板面)施工时，堆放机具、砖块等物品不得超过使用荷载。如超过荷载时，必须经过验算采取有效加固措施后，方可进行堆放及施工。

6. 不准站在墙顶上做划线、刮缝及清扫墙面或检查大角等工作。

7. 不准用不稳固的工具或物体在脚手板上垫高操作，更不准在未经过加固的情况下，在一层脚手架上随意再叠加一层。

8. 砍砖时应面向内打，防止碎砖跳出伤人。

9. 用于垂直运输的吊笼、滑车、绳索、刹车等，必须满足负荷要求，牢固无损；吊运时不得超载，并需经常检查，发现问题及时修理。

10. 用起重机吊砖要用砖笼；吊砂浆的料斗不能装得过满。吊杆回转范围内不得有人停留，吊件落到架子上时，砌筑人员要暂停操作，并避开一边。

11. 砖、石运输车辆两车前后距离平道上不小于 2 m，坡道上不小于 10 m；装砖时要先取高处后取低处，防止垛倒砸人。

12. 已砌好的山墙，应临时用联系杆(如檩条等)放置各跨山墙上，使其练习稳定，或采取其他有效的加固措施。

13. 冬期施工时，脚手板上如有冰霜、积雪，应先清除后才能上架子进行操作。

14. 如遇雨天及每天下班时，要做好防雨措施，以防止雨水冲走砂浆，致使砌体倒塌。

15. 在同一垂直面内上下交叉作业时，必须设置安全隔板，下方操作人员必须佩带安全帽。

16. 人工垂直往上或往下(深坑)转递砖石时，要搭递砖架子，架子的站人板宽度应不小于 60 cm。

17. 用锤打石时，应先检查铁锤有无破裂，锤柄是否牢固。打锤要按照石纹走向落锤，锤口要平，落锤要准，同时要看清附近情况有无危险，然后落锤，以免伤人。

18. 不准在墙顶或架上修改石材，以免震动墙体影响质量或石片掉下伤人。

19. 不准徒手移动上墙的料石，以免压破或擦伤手指。

20. 不准勉强在超过胸部以上的墙体上进行砌筑，以免将墙体碰撞倒塌或上石时失手掉下造成安全事故。

21. 石块不得往下掷。运石上下时，脚手板要钉装牢固，并钉防滑条及扶手栏杆。

22. 已经就位的砌块，必须立即进行竖缝灌浆；对稳定性较差的窗间墙、独立柱和挑出墙面较多的部位，应加临时稳定支撑，以保证其稳定性。

在台风季节，应及时进行圈梁施工，加盖楼板，或采取其他稳定措施。

23.在砌块砌体上，不宜拉锚缆风绳，不宜吊挂重物，也不宜作为其他施工临时设施、支撑的支撑点，如果确实需要时，应采取有效的构造措施。

24.大风、大雨、冰冻等异常气候之后，应检查砌体是否有垂直度的变化，是否产生了裂缝，是否有不均匀下沉等现象。

复习思考题

6-1 烧结普通砖砌筑前为什么要浇水？而混凝土砌块在砌筑前却不应浇水的原因是什么？

6-2 常用非承重墙砌体块材的种类及规格有哪些？

6-3 空心砖砌体质量验收有哪些内容？如何进行质量检查？

6-4 砌块砌体的质量要求及保证措施有哪些？

6-5 轻骨料混凝土小型空心砌块砌体的一般构造要求有哪些？

6-6 加气混凝土砌块墙如无切实有效措施，不得使用于哪些部位？

6-7 砌体工程有哪些安全技术要求？

学习项目7　综合实训

【学习目标】　通过综合实训,使学生能够进一步掌握:熟悉建筑工程设计文件和施工规范;熟练阅读建筑施工图;掌握建筑主体施工测量放样方法;掌握模板施工、钢筋施工及混凝土施工的操作要点;掌握填充墙体施工操作要点;熟悉建筑工程施工前期阶段工作内容、施工阶段工作程序及内容及主体施工完成后应做的工作。

学习情境7.1　概述

7.1.1　实训地点

某(几个)框架结构的建筑工程项目部。

7.1.2　实训的组织形式

提倡采用现场教学的方法,本课程教学要体现教师为辅,学生为主的思路;校内专职教师为辅,企业兼职教师为主;理论知识学习为辅,实践技能锻炼为主的思路,充分提高学生的学习兴趣,激发学生的学习机智,增加其实践操作能力。体现高职高专的教育思路,紧密结合职业教育的目标,提高学生的岗位适应能力。在教学活动中使学生掌握本课程的职业岗位能力,提升学生的职业素养,增强职业道德修养。

以小组为单位参加项目实训,采用以实习指导教师为辅、项目现场管理人员为主的联合指导方式。

7.1.3　实训管理要求

(1)严格遵守国家法令,遵守学校及实习所在单位的各项规章制度和纪律。

(2)实习期间要严格遵守工地规章制度和安全操作规程,进入施工工地必须戴安全帽,随时注意安全,防止发生安全事故。

(3)做到一切行动听指挥,服从指导老师和工地负责人的领导和安排。严格遵守工地上的各项规章制度和安全措施,爱护现场的各种设施。未经有关人员同意不得乱动工地上的各种设施、保证安全生产。

(4)学生实习中要积极主动,遵守纪律,要虚心向工程技术人员及工人师傅学习,脚踏实地,扎扎实实,深入工程实际,参加具体工作以培养实际工作能力。

(5)每天写好实训日记、记录施工情况、心得体会、工作创新建议等。

(6)实训结束前写好实训报告卡,对业务收获进行小结。

(7)严格考勤、不迟到、不早退、作好每天出勤纪录,原则上不能请假,特殊情况请假累计不能超过实习总天数的三分之一,并须经指导老师批准或工地负责人的批准,方可离开实习地点,否则不计实习成绩。

(8)上工地必须戴安全帽，严禁穿拖鞋、高跟鞋进入工地。

(9)在实训期间，收集有关的信息资料，并进行分类保存。

(10)调查研究新技术、新工艺、新材料的应用情况和新经验的总结工作。

(11)实习期间要认真观察、勤于思考、虚心请教、做到“多看、多思、多问、多总结”，并且要发挥踏实、肯干、吃苦耐劳的精神，争取高质量地完成实训任务。

7.1.4　实训进程安排

表 7.1　实训进程安排

序号	实训内容	时间(学时)
1	施工准备	6
2	主体工程施工	38
3	填充墙施工	10
4	工程资料整理	6
合计		60

学习情境 7.2　施工准备

7.2.1　实训目的

1.熟悉施工准备的内容；

2.阅读工程设计资料，理解设计意图，熟悉设计内容；

3.协助编制施工组织设计；

4.熟悉即将在工程中用到的测量仪器、施工设备和工具；

5.对施工阶段安全控制要点、质量控制要点及进度的安排要做到心中有数。

7.2.2　实训内容

1.结合建筑施工规范及相关标准进行建筑工程设计图的识读

基本要求：根据所学知识理解并熟悉建筑工程设计图的内容。

2.编制或协助编制施工组织设计

基本要求：掌握施工组织设计的编制方法及内容，理解并熟悉本工程的施工组织设计的内容，为后面的施工打下基础。

3.掌握测量仪器的功能和使用方法。

7.2.3　理论与技能支持

1.应知

(1)建筑工程制图基本知识；

(2)建筑材料基本知识；

(3)建筑工程测量基本知识；
(4)建筑主体工程设计基本知识；
(5)建筑工程施工基本知识。
2.应会
(1)熟练掌握建筑工程制图标准；
(2)熟练查阅并理解建筑工程相关图集；
(3)熟练查阅建筑工程施工规范及行业标准；
(4)熟练的操作测量仪器。

7.2.4　应交成果

实训报告的内容包括：
1.本工程的概况；
2.设计资料中存在的问题；
3.本工程施工方案；
4.本工程中所用测量仪器的功能及使用方法。

学习情境7.3　主体工程施工

7.3.1　实训目的

1.熟练使用测量仪器进行建筑物的定位和放线；
2.熟练使用测量仪器或钢尺等工具进行主体的轴线投测和高程传递；
3.熟练使用测量仪器或工具进行梁、板、柱等构件位置的确定；
4.掌握原材料的检验方法和验收程序；
5.掌握钢筋的加工、绑扎、安装方法及质量控制要点；
6.掌握模板安装、拆处方法及质量、安全控制要点；
7.掌握混凝土的运输、浇筑和养护的方法及质量控制要点；
8.掌握各构件在连接节点处钢筋、模板及混凝土的处理方法。

7.3.2　实训内容

1.建筑物的定位和放线；
2.主体施工测量；
3.原材料检验；
4.梁、板、柱的钢筋施工；
5.梁、板、柱的模板施工；
6.梁、板、柱的混凝土施工。

7.3.3　理论与技能支持

1.应知

(1)建筑主体工程测量基本知识；
(2)建筑主体工程钢筋施工基本知识；
(3)建筑主体工程模板施工基本知识；
(4)建筑主体工程混凝土施工基本知识；
(5)建筑主体工程施工质量验收基本知识；
(6)建筑主体工程施工安全方面基本知识。

2.应会

(1)使用测量仪器及工具进行建筑物的定位和放线，主体的轴线投测和高程传递，梁、板、柱构件等构件位置确定；
(2)通过观察及相应的检测设备进行原材料的检测；
(3)梁、板、柱钢筋的下料、加工、连接、绑扎、安装及以上各工序的质量和安全控制；
(4)梁、板、柱模板的设计、安装和拆除及以上各工序的质量和安全控制；
(5)梁、板、柱混凝土的浇筑、振捣、养护及以上各工序的质量和安全控制。

7.3.4　应交成果

实训报告内容包括：

1.本工程测量的方法、内容和精度；
2.本工程梁、板、柱主要使用钢筋类型、加工方法、连接方法以及绑扎和安装方法；
3.本工程梁、板、柱使用模板类型、规格及安装、拆除非法；
4.本工程梁、板、柱使用的混凝土强度等级、运输工具、浇筑振捣方法及养护方法。
5.本工程主体工程施工阶段遇到的问题及解决的方法。

学习情境7.4　填充墙施工

7.4.1　实训目的

1.熟练使用测量工具进行填充墙位置的确定；
2.熟悉填充墙材料的类型及砌筑方式；
3.掌握填充墙体与周围的梁、板、柱的连接方法及要求；
4.掌握填充墙施工的质量控制要点。

7.4.2　实训内容

1.填充墙体材料的检验；
2.填充墙位置的确定；
3.填充墙砌筑；
4.填充墙体的质量检测。

7.4.3　理论与技能支持

1.应知

(1)填充墙组成材料的基本知识；
(2)填充墙施工的基本知识；
(3)填充墙质量控制方面的基本知识。
2.应会
(1)使用测量工具确定填充墙位置；
(2)填充墙砌筑；
(3)使用相应的检查方法及检测工具进行填充墙质量检测。

7.4.4　应交成果

实训报告内容包括：
1.本工程填充墙体所用的材料；
2.本工程填充墙体的砌筑方式；
3.本工程填充墙与周围构件的连接方式；
4.本工程填充墙施工时存在的问题和解决的方法。

学习情境7.5　工程资料整理

7.5.1　实训目的

1.熟悉工程资料的类型及每一项所含内容；
2.掌握工程资料整理的方法；
3.掌握资料的验收后归档程序。

7.5.2　实训内容

1.主体工程施工质量控制资料的填写和整理；
2.主体工程施工质量验收资料的填写和整理；
3.工程管理资料的整理。

7.5.3　理论与技能支持

1.应知
(1)建筑主体工程施工质量控制方面的基本知识；
(2)建筑主体工程施工质量验收方面的基本知识；
(3)资料整理和归档基本知识。
2.应会
(1)填写各种质量验收表格；
(2)按程序报批中期交付验收；
(3)填写各类交付验收表格；
(4)对验收资料进行整理和存档。

7.5.4　应交成果

实训报告内容包括：

1.本工程的资料包括哪些内容；

2.工程资料整理和归档的程序；

3.在对本工程的资料进行编写时遇到的问题和解决的方法。

附　录

附录 A

附表 A.1　混凝土强度标准值、设计值和弹性模量　　N/mm^2

强度种类与弹性模量		C15	C20	C25	C30	C35	C40	C45	C50	C55	C60	C65	C70	C75	C80
强度标准值	轴心抗压 f_{ck}	10.0	13.4	16.7	20.1	23.4	26.8	29.6	32.4	35.5	38.5	41.5	44.5	47.4	50.2
	轴心抗拉 f_{tk}	1.27	1.54	1.78	2.01	2.20	2.39	2.51	2.64	2.74	2.85	2.93	2.99	3.05	3.11
强度设计值	轴心抗压 f_c	7.2	9.6	11.9	14.3	16.7	19.1	21.1	23.1	25.3	27.5	29.7	31.8	33.8	35.9
	轴心抗拉 f_t	0.91	1.10	1.27	1.43	1.57	1.71	1.80	1.89	1.96	2.04	2.09	2.14	2.18	2.22
弹性模量 $E_c/10^4$		2.20	2.55	2.80	3.00	3.15	3.25	3.35	3.45	3.55	3.60	3.65	3.70	3.75	3.80

（表头"混凝土强度等级"统领 C15～C80 各列）

附表 A.2　钢筋强度标准值、设计值和弹性模量　　N/mm^2

种类		符号	d/mm	抗拉强度设计值 f_y	抗压强度设计值 f'_y	强度标准值 f_{yk}	弹性模量 E
热轧钢筋	HPB235(Q235)	Φ	8～20	210	210	235	2.1×10^5
	HRB335(20MnSi)	Φ	6～50	300	300	335	2.0×10^5
	HRB400（20MnSiV，20MnSiNb，20MnTi)	Φ	6～50	360	360	400	2.0×10^5
	RRB400(K20MnSi)	Φ^R	8～40	360	360	400	$2.0/10^5$

注：1. 在钢筋混凝土结构中，轴心受拉和小偏心受拉构件的钢筋强度设计值大于 300 N/mm^2 时，仍应按 300 N/mm^2 取；

2. 当采用直径大于 40 mm 的钢筋时，应有可靠的工程经验。

附表 A.3 预应力钢筋强度标准值、设计值和弹性模量 N/mm²

种类		符号	d/mm	f	f	f'	E
钢绞线	1×3	Φ^S	8.6～12.9	1860	1320	390	1.95×10⁵
				1720	1220		
				1570	1110		
	1×7		9.5～15.2	1860	1320	390	
				1720	1220		
消除应力钢丝	光面	Φ^P	4～9	1770	1250	410	2.05×10⁵
	螺旋肋	Φ^{II}		1670	1180		
				1570	1110		
	刻痕	Φ^I	5、7	1570	1110	410	

附录B

附表 B.1 混凝土结构的环境类别

环境类别		条件
一		室内正常环境
二	a	室内潮湿环境;非严寒和非寒冷地区的露天环境、与无侵蚀性的水或土壤直接接触的环境
	b	严寒和寒冷地区的露天环境、与无侵蚀性的水或土壤直接接触的环境
三		使用除冰盐的环境;严寒和寒冷地区冬季水冬天变动的环境;滨海室外环境
四		海水环境
五		受人为或自然的侵蚀性物质影响的环境

注:严寒和寒冷地区的划分度符合国家现行标准 JGJ24－86《民用建筑热工设计规程》的规定。

附表 B.2 纵向受力钢筋的混凝主保护层最小厚度 mm

环境类别		板、墙、壳			梁			柱		
		≤C20	C25～C45	≥C50	≤C20	C25～C45	≥C50	≤C20	C25～C45	≥C50
一		20	15	15	30	25	25	30	30	30
二	a	—	20	20	—	30	30	—30	30	
	b	—	25	20	—	35	30	—	35	30
三		—	30	25	—40	35	—	40	35	

注:基础中纵向受力钢筋的混凝土保护层厚度不应小于 40 mm;当无垫层时不应小于 70 mm。

附表 B.3　钢筋混凝土结构构件中纵向受力钢筋的最小配筋百分率　%

受力类型		最小配筋百分率
受压构件	全部纵向钢筋	0.6
	一侧纵向钢筋	0.2
受弯构件、偏心受拉、轴心受拉构件一侧的受拉钢筋		0.2 和 $45f_t/f_y$ 中的较大值

注：1. 受压构件全部纵向钢筋最小配筋百分率，当采用 HRB400 级、RRB400 级钢筋时，应按表中规定减小 0.1；当混凝土强度等级为 C60 及以上时，应按表中规定增大 0.1；

2. 偏心受拉构件中的受压钢筋，应按受压构件一侧纵向钢筋考虑；

3. 受压构件的全部纵向钢筋和一侧纵向钢筋的配筋率以及轴心受拉构件和小偏心受拉构件一侧受拉钢筋的配筋率应按构件的全截面面积计算；受弯构件、大偏心受拉构件一侧受拉钢筋的配筋率应按全截面面积扣除受压翼缘面积 $(b'_f-b)h$ 后的截面面积计算；

4. 当钢筋沿构件截面周边布置时，"一侧纵向钢筋"系指沿受力方向两个对边中的一边布置的纵向钢筋。

附录 C

附表 C.1　钢筋截面面积及理论质量

钢筋直径 d/mm	钢筋截面面积 A(mm^2)及钢筋排成一行时梁的最小宽度 b(mm)												单根钢筋理论质量 /(kg/m)
	一根	二根	三根		四根		五根		六根	七根	八根	九根	
	A_s	A_s	A_s	b	A_s	b	A_s	b	A_s	A_s	A_s	A_s	
6	28.3	57	85		113		141		170	198	226	255	0.222
8	50.3	101	151		201		251		302	352	402	452	0.395
10	78.5	157	236		314		393		471	550	628	707	0.617
12	113.1	226	339	150	452	200/180	565	250/220	679	792	905	1018	0.888
14	153.9	308	462	150	615	200/180	770	250/200	924	1078	1232	1385	1.21
16	201.1	402	603	180/150	804	200	1005	250	1206	1407	1608	1810	1.58
18	254.5	509	763	180/150	1018	220/200	1272	300/250	1527	1781	2036	2290	2.00
20	314.2	628	942	180	1256	220	1575	300/250	1885	2199	2513	2827	2.47
22	380.1	760	1140	180	1520	250/220	1900	300	2281	2661	3041	3421	2.98
25	490.9	982	1473	200/180	1964	250	2454	300	2945	3436	3927	4418	3.85
28	615.8	1232	1847	200	2463	250	3079	350/300	3695	4310	4926	5542	4.83
32	804.2	1609	2413	220	3217	300	4021	350	4826	5630	6434	7238	6.31
36	1017.9	2036	3054		4072		5089		6107	7125	8143	9161	7.99
40	1256.6	2513	3770		5027		6283		7540	8796	10053	11310	9.87
50	1964	3928	5892		7856		9820		11784	13748	15712	17676	15.42

注：表中梁最小宽度 b 为分数时，横线以上数字表示钢筋在梁顶部时所需宽度，横线以下数字表示钢筋在梁底部时所需宽度。

附表 C.2 每米板宽各种钢筋间距的钢筋截面面积 mm^2

钢筋间距/mm	钢筋直径/mm													
	3	4	5	6	6/8	8	8/10	10	10/12	12	12/14	14	14/16	16
70	101	180	280	404	561	719	920	1121	1369	1616	1907	2199	2536	2872
75	94.3	168	262	377	524	671	859	1047	1277	1508	1780	2052	2367	2671
80	88.4	157	245	354	491	639	805	981	1198	1414	1669	1924	2218	2513
85	83.2	148	231	333	462	592	758	924	1127	1331	1571	1811	2008	2365
90	78.5	140	218	314	439	559	716	872	1064	1257	1483	1710	1972	2234
95	74.5	132	207	298	414	529	678	826	1008	1190	1405	1620	1868	2116
100	70.6	126	196	283	393	503	644	785	958	1131	1335	1539	1775	2011
110	64.2	114	178	257	357	457	585	714	871	1028	1214	1399	1614	1828
120	58.9	105	163	236	327	419	537	654	798	942	1113	1283	1480	1676
125	56.5	101	157	226	314	402	515	628	766	905	1068	1231	1420	1608
130	54.4	96.6	151	218	302	387	495	604	737	870	1027	1184	1366	1547
140	50.5	89.7	140	202	281	359	460	561	684	808	954	0199	1268	1436
150	47.1	83.8	131	189	262	335	429	523	639	754	890	1026	1183	1340
160	44.1	78.5	123	177	246	314	403	491	599	707	834	962	1110	1257
170	41.5	73.9	115	166	231	296	379	462	564	665	785	905	1044	1183
180	39.2	69.8	109	157	218	279	358	436	532	628	742	855	985	1117
190	37.2	66.1	103	149	207	265	339	413	504	595	703	810	934	1058
200	35.3	62.8	98.2	141	196	251	322	393	479	565	668	770	888	1005
220	32.1	57.1	89.2	129	179	229	293	357	436	514	607	700	807	914
240	29.4	52.4	81.8	118	164	210	268	327	399	471	556	641	740	838
250	28.3	50.3	78.5	113	157	201	258	314	383	452	534	616	710	804
260	27.2	48.3	75.5	109	151	193	248	302	369	435	513	592	682	773
280	25.2	44.9	70.1	101	140	180	230	280	342	404	477	550	634	718
300	23.6	41.9	65.5	94.2	131	168	215	262	319	399	445	513	592	670
320	22.1	39.3	61.4	88.4	123	157	201	245	299	353	417	481	554	628

注：表中 6/8，8/10，…系指该两种直径的钢筋交替放置。

附表 C.3 钢绞线、钢丝公称直径、公称截面面积及理论质量

种类		公称直径/mm	公称截面面积/mm²	理论质量/(kg/m)	种类	公称直径/mm	公称截面面积/mm²	理论质量/(kg/m)
钢绞线	1×3	8.6	37.4	0.295	钢丝	4.0	12.57	0.099
		10.8	59.3	0.465		5.0	19.63	0.154
		12.9	85.4	0.671		6.0	28.27	0.222
	1×7标准型	9.5	54.8	0.432		7.0	38.48	0.302
		11.1	74.8	0.58		8.0	50.26	0.394
		12.7	98.7	0.774		9.0	63.62	0.499
		15.2	139	1.101				

参考文献

1.徐占发.建筑施工.北京:机械工业出版社,2009.
2.孙大群.主体结构施工.北京:中国建筑工业出版社,2007.
3.张迪.钢筋工程施工与组织.北京:中国水利电力出版社,2009.
4.阚柯.建筑工程测量.北京:中国建材工业出版社,2009.
5.《混凝土结构工程施工及验收规范》(GB50204—2002)
6.《混凝土结构设计规范》(GB/TS001—02002)
7.《砌体工程施工质量验收规范》(GB50203—2002)